Frank Eckgold

**Systemprogrammierung
OS/2 2.x**

**Aus dem Bereich
Computerliteratur**

Programmieren mit Turbo C++ 3.1 für Windows
von Gerd Kebschull

Arbeiten mit MS-DOS QBasic
von Michael Halvorson und David Rygmyr
(Ein Microsoft Press/Vieweg-Buch)

Microsoft BASIC PDS 7.1
von Frederik Ramm

Effektiv Starten mit Visual Basic
von Dagmar Sieberichs und Hans-Joachim Krüger

**Das Vieweg Buch zu Visual Basic 2.0
für Windows**
von Andreas Maslo

Das Vieweg Buch zu Borland Pascal 7.0
von Andreas Maslo

Das Vieweg Buch zu Borland C++ 3.0
von Axel Kotulla

Systemprogrammierung OS/2 2.x
von Frank Eckgold

Windows Power-Programmierung
von Michael Schumann

100 Rezepte für Turbo Pascal
von Erik Wischnewski

Die Turbo Vision zu Turbo Pascal 7.0
von Arnulf Wallrabe

Grafik und Animation mit Borland Pascal 7.0
von Andreas Bartel

Vieweg

Frank Eckgold

Systemprogrammierung OS/2 2.x

vieweg

Das in diesem Buch enthaltene Programm-Material ist mit keiner Verpflichtung oder Garantie irgendeiner Art verbunden. Der Autor und der Verlag übernehmen infolgedessen keine Verantwortung und werden keine daraus folgende oder sonstige Haftung übernehmen, die auf irgendeine Art aus der Benutzung dieses Programm-Materials oder Teilen davon entsteht.

Alle Rechte vorbehalten
Additional material to this book can be downloaded from http://extras.springer.com.
© Friedr. Vieweg & Sohn Verlagsgesellschaft mbH, Braunschweig/Wiesbaden, 1993
Softcover reprint of the hardcover 1st edition 1993
Der Verlag Vieweg ist ein Unternehmen der Verlagsgruppe Bertelsmann International.

Das Werk einschließlich aller seiner Teile ist urheberrechtlich geschützt. Jede Verwertung außerhalb der engen Grenzen des Urheberrechtsgesetzes ist ohne Zustimmung des Verlags unzulässig und strafbar. Das gilt insbesondere für Vervielfältigungen, Übersetzungen, Mikroverfilmungen und die Einspeicherung und Verarbeitung in elektronischen Systemen.

Gedruckt auf säurefreiem Papier

ISBN 978-3-322-87234-0   ISBN 978-3-322-87233-3 (eBook)
DOI 10.1007/978-3-322-87233-3

Vorwort

Das Betriebssystem OS/2 hat aus Sicht des Programmentwicklers mit seiner Version 2.0 einen Vollständigkeitsgrad erreicht, der eine ernsthafte Konkurrenz zu bereits seit langem etablierten preemptiven Multitaskingsystemen erlaubt.

Natürlich sind Fortentwicklungen und damit weitere Versionen des OS/2 zu erwarten; für den Programmentwickler jedoch dürfte sich - zumindest für die bereits angekündigte Version 2.1 - kaum nennenswertes ändern. Die jetzt schon in der Version 2.0 realisierte Funktions- und Nachrichtenstruktur wird zumindest für die nächsten Versionen des OS/2 nur geringfügig erweitert werden.

Damit bleiben auch die im vorliegenden Buch beschriebenen Programmentwicklungsschnittstellen für die nächsten Versionen aktuell und umfassend - daher kann die Titelformulierung *OS/2 2.xx* vertreten werden

INHALTSVERZEICHNIS

1 Einleitung 1
    1 Was leistet OS/2 2.0 ? 1
    1.2 Struktur des Betriebssystems 2
        1.2.1 API : Applikation Programming Interface 2
        1.2.2 GUI : Graphic User Interface 3
        1.2.3 GPI : Graphic Programming Interface 4
        1.2.4 Weitere Funktionsbereiche 4
    1.3 Notwendige Vorkenntnisse 5
    1.4 Aufbau des Buchs 7

2 Grundbegriffe 11
    2.1 Beispielprogramm : hallo_1.c 13
    2.2 hallo_2.c : ...etwas mehr Aufwand 19

3 Fenster 33
    3.1 Definitionen 33
        3.1.1 PM-Oberflächenfenster 33
        3.1.2 Fensterposition und Fenstergröße 34
        3.1.3 Eltern - Kindbeziehung 34
        3.1.4 Besitz von Fenstern 35
        3.1.5 Programmfenster 35
        3.1.6 Eingabefocus 36
        3.1.7 Modale und nichtmodale Dialogfenster 36
        3.1.8 System-modale Fenster 37
        3.1.9 Fensterklassen 37
    3.2 Nachrichten 38
    3.3 Fensterprogrammierung 41
        3.3.1 Nachrichtenbearbeitung : WM-PAINT 41
        3.3.2 Beziehung zu anderen Fenstern 43
        3.3.3 Fenstergröße und Fensterposition 44
        3.3.4 Fenstertitel 46
        3.3.5 Fensterrahmen invertieren 47
        3.3.6 Einfache Nachrichtenboxen 48
        3.3.7 Fehlerbestimmung 49
        3.3.8 Kreieren von Dialogkontrollelementen 50
        3.3.9 Handle von Kontrollelementen 52
        3.3.10 Abfrage von Systemparametern 53

3.4 Fenster : Funktionen.. 54
3.5 Fenster : Datentypen und Strukturen....................................... 119
3.6 Fenster: Nachrichten 122
3.7 Makrodefinitionen... 128

4 Dialogprogrammierung **131**
   4.1 Einführung.. 131
   4.2 Definitionen... 131
   4.3 Definition eines Dialogs.. 134
   4.4 Öffnen und Bearbeiten eines Dialogs..................................... 136
   4.5 Schließen eines Dialogs.. 138

5 Kontrollelemente **141**
   5.1 Editorfeld (entry field).. 142
      5.1.1 Programmierung.. 142
      5.1.2 Stilangaben.. 146
      5.1.3 Ereignismeldung... 146
      5.1.4 Nachrichten an das Kontrollelement............................ 147
   5.2 Mehrfachzeilen-Editierfeld (MLE)... 152
      5.2.1 Programmierung.. 152
      5.2.2 Stilangaben.. 155
      5.2.3 Ereignismeldung... 155
      5.2.4 Nachrichten an das Kontrollelement............................ 159
      5.2.5 Datenstrukturen... 175
   5.3 Listboxen und Comboboxen... 177
      5.3.1 Programmierung.. 177
      5.3.2 Stilangaben.. 182
      5.3.3 Ereignismeldung... 182
      5.3.4 Nachrichten an das Kontrollelement............................ 183
      5.3.5 Datenstrukturen... 190
      5.3.6 Stilangaben.. 190
      5.3.7 Ereignismeldung... 191
      5.3.8 Nachrichten an das Kontrollelement............................ 191
   5.4 Auswahlknopf (button))... 194
      5.4.1 Programmierung.. 194
      5.4.2 Stilangaben.. 196
      5.4.3 Ereignismeldung... 197
      5.4.4 Nachrichten an das Kontrollelement............................ 198
   5.5 Drehknopf (spinbutton).. 202
      5.5.1 Programmierung.. 202

5.5.2 Stilangaben.. 203
5.5.3 Ereignismeldung.. 204
5.5.4 Nachrichten an das Kontrollelement...................... 205
5.6 StaticText 209
    5.6.1 Programmierung... 209
    5.6.2 Stilangaben.. 209
    5.6.3 Ereignismeldung.. 211
    5.6.4 Nachrichten an das Kontrollelement...................... 211
5.7 Schieber (slider) 212
    5.7.1 Programmierung... 212
    5.7.2 Stilangaben.. 214
    5.7.3 Ereignismeldung.. 215
    5.7.4 Nachrichten an das Kontrollelement...................... 216
    5.7.5 Datenstrukturen.. 222
5.8 Rollbalken (scrollbar).. 223
    5.8.1 Programmierung... 223
    5.8.2 Stilangaben.. 229
    5.8.3 Ereignismeldung.. 229
    5.8.4 Nachrichten an das Kontrollelement...................... 231
    5.8.5 Datenstrukturen.. 232
5.9 Werteset (value set).. 234
    5.9.1 Programmierung... 234
    5.9.2 Stilangaben.. 237
    5.9.3 Ereignismeldung.. 237
    5.9.4 Nachrichten an das Kontrollelement...................... 238
    5.9.5 Datenstrukturen.. 243

6 Komplexe Kontrollelemente.. 245
6.1 Dateiauswahl (file dialog)... 246
    6.1.1 Programmierung... 246
    6.1.2 Stilangaben.. 247
    6.1.3 Nachrichten an das Kontrollelement...................... 248
    6.1.4 Datenstrukturen.. 250
6.2 Zeichensatzauswahl (font dialog).. 251
    6.2.1 Programmierung... 251
    6.2.2 Stilangaben.. 251
    6.2.3 Nachrichten an das Kontrollelement...................... 252
    6.2.4 Datenstrukturen.. 255
6.3 Notizbuch (notebook).. 257
    6.3.1 Programmierung... 257

  6.3.2 Stilangaben.. 263
  6.3.3 Ereignismeldung... 264
  6.3.4 Nachrichten an das Kontrollelement.. 264
  6.3.5 Datenstrukturen... 273
 6.4 Container.. 273
  6.4.1 Programmierung.. 273
  6.4.2 Stilangaben.. 278
  6.4.3 Ereignismeldung... 279
  6.4.4 Nachrichten an das Kontrollelement.. 283
  6.4.5 Datenstrukturen... 298
 6.5 Funktionen... 311
 6.6 Nachrichten 329

7 Menueprogrammierung... 339
 7.1 Definitionen... 339
 7.2 Gestaltung von Menues... 340
 7.3 Abfrage von Menueaktionen... 343
 7.4 Darstellen eines Popupmenues... 345
 7.5 Manipulation von Menuezeilen.. 347
 7.6 Menue : Funktionen.. 349
 7.7 Menuekontrolstil... 352
 7.8 Ereignismeldung... 353
 7.9 Nachrichten an Menues... 355
 7.10 Datenstrukturen.. 365

8 Mauszeiger und Cursor 367
 8.1 Position des Mauszeigers... 367
 8.2 Darstellung des Mauszeigers... 367
 8.3 Programmierung des Mauszeigers... 368
 8.4 Programmierung des Cursors... 370
 8.5 Mauszeiger : Funktionen... 372
 8.6 Textcursor : Funktionen... 383

9 Zeitgeber (Timer) 387
 9.1 Programmierung.. 388
 9.2 Timer : Funktionen... 390
 9.3 Ereignismeldung... 391

10 Tastaturabfrage ... 393
10.1 Programmierung ... 393
10.2 Ereignismeldung : WM_CHAR ... 394
10.3 Definition Virtueller Tastencode ... 396

11 Grafik : Definitionen ... 399
11.1 Elementarobjekte ... 399
11.2 Darstellungsmethode ... 401
11.3 Programmierungsgrundsätze ... 402
11.4 Präsentationsräume ... 402
11.5 Gerätekontexte ... 404
11.6 Koordinatenräume ... 404
11.7 Transformationen ... 406
11.7.1 Skalierungstransformation ... 408
11.7.2 Rotationstransformation ... 409
11.7.4 Scherungstransformation ... 410
11.8 Ausschneidebereiche (clipping) ... 410
11.8.1 Ausschneidepfad im Weltkoordinatensystem ... 411
11.8.2 Ausschneidepfad im Modellraum ... 411
11.8.3 Ausschneidebereich im Seitenkoordinatensystem ... 412
11.8.4 Ausschneidebereiche im Geräteraum ... 412

12 Grafikprogrammierung ... 413
12.1 Präsentationsraum und Gerätekontext ... 413
12.2 Primitivattribute ... 415
12.3 Linienprimitive ... 417
12.4 Kreisbögen ... 420
12.4.1 Kreis um Mittelpunkt ... 422
12.4.2 Ellipse durch 3 Punkte ... 423
12.4.3 Kreisbogen durch 3 Punkte ... 424
12.5 Komplexe Kurven ... 425
12.5.1 Filletkurven ... 426
12.5.2 Splines ... 427
12.6 Punktsymbole (marker) ... 428
12.7 Füllbereiche ... 430
12.8 Ausschnittbereiche ... 434
12.8.1 Bereich aus Vektorzeichen ... 435
12.9 Textausgabe ... 436
12.9.1 Zeichenmodus ... 438
12.9.2 Winkel der Textausgaben ... 438

12.9.3 Zeichengröße... 439
12.9.4 Textausgaberichtung.. 440
12.9.5 Zeichenscherung.. 441
12.9.6 Zeichenfarbe und Überschreibmodus............................ 441
12.9.7 Zeichenabstand... 442
12.10 Zeichensätze.. 442
    OS/2 2.0 Bitmapzeichensätze 443
    OS/2 2.0 Vektorzeichensätze... 443
    12.10.1 Definitionen 444
    12.10.2 Laden von Zeichensätzen................................... 445

13 Grafik : Funktionen 459
13.1 Grafikprimitive : Funktionen.. 459
13.2 Allgemeine Gerätefunktionen.. 531

14 Farben... 547
14.1 Definition RGB... 549
14.2 Farbtabellen.. 551
14.3 Programmierung... 556
    14.3.1 Abfrage der Gerätefähigkeiten........................... 556
    14.3.2 Formate der logischen Farbtabelle..................... 558
    14.3.3 Änderung der physikalischen Farbpalette......... 560
    14.3.4 Farbtabellen löschen... 561
14.4 Nachrichten bei Farbtabellen... 562
14.5 Farben : Funktionen... 563

15 Bitmaphandhabung.. 577
15.1 Darstellung einer Bitmap... 577
15.2 Bitmapdaten kopieren.. 579
15.3 Anlegen einer Bitmap... 580
15.4 Kopieren : Fensterrechteck in Bitmap.................................. 585
15.5 Grafikausgabe in Bitmap.. 587
15.6 Löschen einer Bitmap... 589
15.7 Bitmap : Funktionen... 589

16 Druckeransteuerung 613
16.1 Druckeruntersystem... 613
16.2 Druckerinformationen.. 615
16.3 Druckerprogrammierung.. 616
16.4 Informationen über Druckertreiber....................................... 627

16.5 Direktes Drucken 629
16.6 Gerätefunktionen 632
16.7 Spoolerfunktionen 634

17 Speichergrafik (retained graphic) **657**
17.1 Definition 657
17.2 Programmierung 658
17.3 Verkettete Segmente 662
17.4 Editieren von Segmentinhalten 664
    17.4.1 Positionieren auf Segmentelementen 664
    17.4.2 Einfügen neuer Segmentzeilen 665
    17.4.3 Aufrufen von Segmenten durch Segmente 666
    17.4.4 Segmenttransformationen 667
    17.4.5 Kopieren von Elementen 667
17.5 Speichergrafik : Funktionen 668

18 Metadateien **685**
18.1 Definition 685
18.2 Programmierung 686
18.3 Metadatei : Funktionen 690

19 Dateisystem **697**
19.1 Definitionen 697
    19.1.1 HPFS-Dateien 698
    19.1.2 Verwendung von Metazeichen in Namen 699
    19.1.3 Spezielle Gerätenamen 700
19.2 Programmierung von Laufwerken 701
19.3 Verzeichnishandhabung 702
19.4 Datei öffnen und schließen 703
    19.4.1 Kopieren von Dateien 705
    19.4.2 Verschieben von Dateien 706
    19.4.3 Löschen von Dateien 706
    19.4.4 Änderung der Dateigröße 706
    19.4.5 Sperren von Dateibereichen 706
    19.4.6 Dateisuche 708
    19.4.7 Lesen aus Dateien 710
    19.4.8 Schreiben in Dateien 711

19.5 Erweiterte Dateiattribute 712
    19.5.1 Aufbau von erweiterten Attributen 713
    19.5.2 Programmierung von erweiterten Attributen 716
19.6 Dateihandhabung : Funktionen 718

20 Speicherverwaltung 751
20.1 Speichergröße 751
20.2 Speicherfixierung (commitment) 753
20.3 Speicherschutz 754
20.4 Unterallozierung (suballocating) 756
20.5 Gemeinsamer Speicherbereich 757
20.6 Speicher : Funktionen 760

21 Parallelverarbeitung 775

22 Threadprogrammierung 777
22.1 Multitasking Strategie 777
22.2 Programmieren von Threads 778
    22.2.1 Threads starten 778
    22.2.2 Beenden eines Threads 780
    22.2.3 Informationen über einen Thread 780
    22.2.4 Berarbeitung eines Threads 780
    22.2.5 Kritische Thread-Bereiche 781
    22.2.6 Nebenwirkungen 781
22.3 Prozeßprogrammierung 783
22.4 Parallelprogrammierung : Funktionen 785

23 Semaphore 799
23.1 Ereignissemaphore 800
23.2 Mutexsemaphore 803
23.3 Muxwaitsemaphore 805
23.4 Semaphore : Funktionen 807

24 Informationsleitung (pipe) 827
24.1 Definition 827
24.2 Programmierung 828
24.3 Informationsleitung : Funktionen 832

25 Infowarteschlangen (queues) **841**
25.1 Definitionen 841
25.2 Programmierung 842
25.3 Infowarteschlange : Funktionen 844

26 Komplexer Datenaustausch **851**
26.1 Clipboard-Programmierung 851
    26.1.1 Kopieren von Daten in das Clipboard 852
    26.1.2 Kopieren von Daten aus dem Clipboard 854
26.2 Dynamischer Datenaustausch 855
    26.2.1 Initialisierung des Protokolls 856
    26.2.2 Transaktionen 857
    26.2.3 Beenden des DDE-Protokolls 859
    26.2.4 DDE-Datenfomat 859
26.3 DDE : Funktionen 860
26.4 DDE : Nachrichten 865

27 Atomtabellen **871**
27.1 Programmierung von Atomtabellen 872
27.2 Atome : Funktionen 873

28 Initialisationsdateien **881**
28.1 Programmierung 881
28.2 Initialisationsdateien : Funktionen 882

A1 Definition von Ressourcen **891**
A1.1 Allgemeines 891
A1.2 Ressourcenbeschreibungsbefehle 891

A2 Inhaltsindex **909**
A2.1 Anwendung 909
A2.2 Inhaltsindex 910

Sachwortverzeichnis **943**

1 Einleitung

1.1 Was leistet OS/2 2.0 ?

Das Betriebssystem OS/2 2.0 stellt dem Programmierer ein umfassendes und in seiner Funktionalität abgeschlossenes Instrument zur System- und Anwendungsprogrammierung zur Verfügung. OS/2 setzt dabei mindestens die Existenz eines 80386-Prozessors voraus; gleichzeitig werden aber alle Hardwareeigenschaften dieses Prozessors konsequent genutzt. Im einzelnen bedeutet dies -und das wird der Programmierer von DOS-Anwendungen erleichtert zur Kenntnis nehmenden programmiertechnischen Zugriff auf

1. einen linear adressierbaren, nicht segmentierten 4-Gigabyte Adreßraum (damit wird die umständliche Handhabung von Far- und Hugepointern unnötig)
2. 32-Bit Operanden und Operationen mit entsprechend hoher Ausführungsgeschwindigkeit; dies schließt selbstverständlich auch die Bereitstellung von 32-Bit Pointern ein.
3. Direkt auf der Prozessorhardware basierendes Taskmanagement (Gesprächsverwaltung).

An dieser Stelle soll auch gleich gesagt werden, was OS/2 2.0 nicht kann.

1. Es ist *kein Multiusersystem* (die Funktionalität zur Verwaltung mehrerer in ihren Zugriffsrechten unterschiedlicher Systembenutzer ist nicht implementiert),
2. OS/2 2.0 unterstützt nur eingeschränkt die Handhabung *verteilter Anwendungen*; verteilte Anwendungen führen ein Programm auf mehreren Rechnern verteilt und parallel aus.

Vergleicht man OS/2 2.0 mit konkurrierenden Multitasking-Betriebssystemen auf PC-Basis, so zeigt sich trotzdem schnell die außerordentliche Leistungsfähigkeit von OS/2. Die aus Nutzersicht parallele Verarbeitung mehrerer gleichzeitig aktiver Programme setzt eine geeignete Zuteilung von Betriebsmitteln an die einzelnen laufenden Anwendungen voraus; insbesondere müssen Rechenzeit, Kernspeicheranforderungen und Dateizugriffe auf die Anwendungen verteilt werden. OS/2 2.0 verwaltet diese Ressourcenverteilung unabhängig und eigenständig von den aktiven Anwendungen (*preemptives Multitasking*); dies ist ein entscheidender Vorteil gegenüber »Quasimultitasking«-Betriebssystemen, die die Handhabung von Systemressourcen den einzelnen Anwenderprogrammen überlassen und damit unsauber programmierten Anwendungen die Möglichkeit geben, einen effektiven Gesamtbetrieb zu blockieren.

Gegenüber Mitkonkurrenten, die ebenso wie OS/2 2.0 die 32-Bitadressierung des Speicherbereiches und preemptives Multitasking beherrschen, bietet OS/2 2.0 ein programmiertechnisch *vollständig integriertes* -und damit durch direkte Nutzung von Betriebssystemfunktion programmierbares- GUI (Graphic User Interface: Grafische Benutzeroberfläche) sowie zusätzlich ein System zur Programmierung von Anwendungsgrafiken (GPI : Graphic Programming Interface).

Das bedeutet, daß sowohl *»echtes« Multitasking* und *volle 32-Bit Operationen* als auch ein einfacher und leistungsstarker Zugang zur vollständigen Grafikprogrammierung (*grafische Benutzeroberfläche* und *Grafikanwendungen*) programmiertechnisch *in einem System zusammengefaßt* sind.

Damit fallen Schnittstellen- und Normierungsprobleme weg, die ansonsten bei getrennter Definition von Betriebssystem und grafischer Oberfläche dem System- und Anwendungsprogrammierer das Leben schwer machen.

1.2 Struktur des Betriebssystems

Aus programmiertechnischer Sicht gliedert sich OS/2 2.0 in drei Hauptbestandteile.

1.2.1 API : Applikation Programming Interface

Das auch unter dem Kürzel *Control Program* bekannte API stellt Betriebssystemfunktionen zur Verfügung, die im Einzelnen nachfolgend genannte Aufgabenbereiche abdecken. Alle API-Funktionen beginnen aus Standardisierungsgründen mit der Zeichenfolge **Dos**.

1. Datei und Festplattenverwaltung
2. Kernspeicherverwaltung
3. PEC : Programm Execution Control (Verwaltung parallel laufender Programme und Programmteile)
4. Informationsaustausch zwischen parallel laufenden Programmen (Semaphoren, Pipes und Queues (Warteschlangen))
5. Handhabung von Timern

6. Fehler und Ausnahmebehandlung (Error-und Exeptionmanagement)
7. Handhabung von Geräteein- und Ausgaben
8. Funktionen zur Handhabung von Textausgabe und Unterstützung national unterschiedlicher Zeichensätze

1.2.2 GUI : Graphic User Interface

Das GUI des OS/2 beinhaltet alle Funktionen, die der Darstellung und Handhabung von Elementen der grafischen Benutzeroberfläche (z.B. Fenster, Dialogboxen, Icons) dienen; dieser Teil des OS/2 wird in der Literatur teilweise auch mit *Presentation Manager Window Programming Interface* benannt.

Die Benennung der Funktionen in diesem Bereich ist ebenfalls standardisiert; Funktionsnamen beginnen mit dem Kürzel **Win**.

Das Bewegen von Icons von einem Fenster des Präsentationsmanagers zu einem anderen Fenster (Drag and Drop) wird hier inhaltlich dem Bereich der Programmierung der grafischen Benutzeroberfläche zugerechnet; die entsprechenden Betriebssystemfunktionen beginnen mit dem Kürzel **Drg**.

Im Einzelnen deckt das GUI folgende Leistungsbereiche ab.

1. Definition und Handhabung von Fenstern
2. Handhabung und Auswertung von Systemnachrichten
3. Klassendefinitionen (Windowclasses)
4. Fensterfunktionen
5. Tastatur - und Maushandhabung
6. Spezielle Kontrollelemente : Das GUI stellt in großem Umfang spezielle Kontrollelemente zur Verfügung, die dem System- und Anwendungsprogrammierer einen großen Teil Arbeit abnehmen können. Neben »einfachen« Kontrollelementen wie z.B. Auswahlknöpfen (Buttons), Menüs, editierbaren Feldern und Rollbalken (Scrollbars) sind auch durchaus komplexere Objekte wie z. B. Zeichensatzdialoge (font dialog controls) und Dateiauswahldialoge (file dialog controls) als fertige Kontrollelemente vordefiniert.
7. Definition und Handhabung von Mauszeiger, Icon und Cursor
8. Handhabung von Grafikausgabe in Fenstern (hier wird natürlich auch der Bereich des GPI (siehe folgenden Text) berührt; einige der hier notwendigen Funktionen beginnen dementsprechend mit dem Kürzel **Gpi**)
9. Handhabung von Zwischenablagen (Clipboard-Management)

10. direkter Datenaustausch zwischen Programmen (DDE: Dynamic Data Exchange)
11. Funktionen zur direkten Manipulation des Präsentationsmanagers (verschieben von Programmsymbolen (Icons) von einem Fenster des Präsentationsmanagers in ein anderes Fenster; die in diesen Teilbereich fallenden Betriebssystemfunktionen beginnen mit dem Kürzel **Drg**)
12. Definition und Handhabung von Timern

1.2.3 GPI : Graphic Programming Interface

Die Manipulation und Ausgabe von Zeichnungen und Bitmaps in Fenster von PM-Programmen wird durch Funktionen des GPI verfügbar gemacht. Neben Standardaufgaben wie z.B. der Farbmanipulation, dem Zeichnen von Punkten und Linien und der Ausgabe von punktweise definierten Grafiken (Bitmaps) stellt das GPI folgende komplexe Einzelleistungen zur Verfügung.

1. Handhabung von Flächenbereichen und Polygonen
2. Textausgabe
3. Definition und Handhabung von Farbpaletten
4. Zeichensatzmanipulationen (Fontmanagement)
5. Koordinatensysteme und Darstellungstransformationen
6. Ausgabe von Grafiken (Printjob und Spooler-Management)

1.2.4 Weitere Funktionsbereiche

Neben den genannten drei Hauptbereichen stellt OS/2 2.0 noch folgende weitere Funktionsgruppen zur Verfügung, die entsprechend ihrem Inhalt dem API, GUI oder dem GPI zuzuordnen sind.

1. Device-Funktionen : Diese Funktionen dienen der Handhabung von Devicekontexten, die über die Möglichkeiten der entsprechenden DOS-Funktionen des API hinausgehen; Funktionen dieses Teilbereiches beginnen mit dem Kürzel **Dev**.
2. Funktionen zur Handhabung der dynamischen Datenformatierung (Dynamic Data Formating); Funktionen dieses Bereiches beginnen mit dem Kürzel **Ddf**
3. Handhabung von Initialisationsdateien (Profile Management). Hier werden Funktionen bereitgestellt, die die Verwaltung und Manipulation von OS/2-

Profiles behandeln; Funktionen dieses Bereiches beginnen mit dem Kürzel **Prf**

4. Spooler-Funktionen : Spooler-Funktionen stellen die Handhabung von Warteschlangen zu äußeren Geräten bzw. deren Schnittstellen zur Verfügung; Funktionen dieses Bereiches beginnen mit dem Kürzel **Spl**

Mit den genannten drei Haupt- und Nebenfunktionsbereichen stellt OS/2 2.0 insgesamt etwa 650 Betriebssystemfunktionen zur Verfügung, die aus programmtechnischer Sicht alle Aufgaben eines Multitasking-Betriebssystems mit integrierter grafischer Benutzeroberfläche handhabbar machen.

1.3 Notwendige Vorkenntnisse

Das gesamte Programmierschnittstellensystem des OS/2 2.0 -im wesentlichen also die drei Interfacebereiche API, GUI und GPI mit ihren Funktionen- sowie alle Typdefinitionen und Konstantenfestlegungen sind in C-Syntax gehalten. Beispielprogramme des vorliegenden Buches sind ebenfalls in C-Syntax verfaßt.

Damit ist notwendige Voraussetzung zur sinnvollen Nutzung des vorliegenden Buchs das Beherrschen der Programmiersprache C.

Wie bei allen anderen Multitasking-Betriebssystemen müssen auch bei OS/2 2.0 parallel arbeitende Anwendungen Informationen mit dem Betriebssystemkern oder anderen Anwendungen austauschen; damit kommt der Nachrichtenbearbeitung bei der Anwendungs- und Systemprogrammierung unter OS/2 2.0 eine zentrale Bedeutung zu.

In diesem Buch werden allerdings keinerlei Grundkenntnisse bzgl. der Programmierung von Multitasking-Systemen vorausgesetzt; Aufbau und Funktionsweise von OS/2 Programmen, die die Leistungen der grafischen Benutzeroberfläche nutzen, werden beginnend mit den Grundbegriffen detailliert dargestellt und anhand von Beispielprogrammen erläutert.

Grundsätzlich sind Beispielprogramme, Erläuterungen von Funktionsweisen, Definition von Betriebssystemfunktionen und OS/2-Konstanten unabhängig von der Wahl des eingesetzten Entwicklungswerkzeugs (Compiler, Linker etc.).

Die nutzerseitige Handhabung von Elementen der grafischen Oberfläche des OS/2 2.0 wird als bekannt vorausgesetzt.

Grundsätzlich können »normale«, auf die Funktionalität von DOS aufbauende Programme von OS/2 innerhalb eines »DOS-Fensters« - also innerhalb eines textorientierten, auf ein OS/2-Fenster beschränkten Ausgabebereichs - ablaufen; irgendeine Nutzung der grafischen Oberfläche oder des Multitaskingkerns ist hier nicht sonderlich sinnvoll oder möglich.

C-Programmierer, die ihre »Sporen bei der Programmierung unter DOS« verdient haben und nun erstmalig unter einem echten Multitaskingbetriebssystem und einer grafischen Oberfläche programmieren wollen, müssen eigentlich nur einige Grundsätze verstehen, um effizient »umsteigen« zu können. Gleichzeitig können die folgenden Überlegungen auch genutzt werden, wenn die Migration eines DOS-Programms in die OS/2-Umgebung durchzuführen ist.

Wesentlicher Unterschied zur DOS-Programmierung ist, daß PM-Programme (Programme, die den Präsentationsmanager nutzen = Programme mit grafischer Oberfläche) immer mit anderen Programmen (quasi)gleichzeitig ausgeführt werden. Für die Programmierung heißt das im einzelnen :

1. Externe Ressourcen (Kernspeicher, Dateien etc.) so kurz wie möglich an das Programm binden; mithin also so schnell wie möglich wieder frei geben.

2. Externe Ressourcen nur mit minimal notwendigem Umfang benutzen.

3. Die Programmlogik muß so gestaltet sein, daß das Programm auch gleichzeitig mehrere Male gestartet werden (mehrere Programminstanzen) darf. Oft muß daher der Zugriff auf programmspezifische Dateien (z.B. Parameterdateien des Programms) entsprechend geregelt sein.

4. Natürlich dürfen externe Ressourcen nicht mittels der unter DOS bekannten Funktionen geöffnet und freigegeben werden (z.B. kein malloc() und kein free() zur Allozierung von Kernspeicher); das Betriebssystem muß immer informiert werden, in welchem Zustand sich das Gesamtsystem -und damit natürlich auch die Systemressourcen- befindet. Das ist nur dann gewährleistet, wenn Ressourcenzugriffe über die entsprechenden OS/2-Funktionen erfolgen.

5. Der Programmierer darf auf keinen Fall low level-Programmierung verwenden. Die Nutzung von Interrupts (int86()) führt unkontrollierbar zum Absturz des aufrufenden Programms (mindestens !).

6. Programmierer, die auf die Größe eines Datentyps mittels sizeof() zugreifen haben wohl daran getan. Der Datentyp int ist jetzt 32 bit lang und hat damit eine Länge von 4 byte; entsprechende »unsaubere« Programmierung muß umgestellt werden.

7. Ebenfalls 32 bit lang sind jetzt alle Pointer; damit entfällt die 64 kbyte Segmentierung völlig. Entsprechende huge- und far-Pointer sind -wenn sie über-

haupt korrekt ausgeführt werden - in jedem Fall wesentlich langsamer als eine lineare 32-bit Adressierung.
8. Bei zeitpunktempfindlichen Programmen (z.B. absolute Wartezeit in einem Programm) sollten OS/2-interne Timer (Stopuhren) verwendet werden; die Programmierung von »Warteschleifen« mittels leerer for()-Schleifen o.ä. ist natürlich unsinnig, da die Zuteilung von Rechenzeit an das Programm vom Betriebssystem (unkontrollierbar für das Programm) gehandhabt wird.

Neben diesen Grundregeln muß sich der Programmierer noch auf die grundlegend andere Struktur eines PM-Programms umstellen. Natürlich werden nach wie vor viele Operationen durch den Aufruf einer Betriebssystemfunktion bedingt. Will man aber Aktionen in anderen, nicht unmittelbar zum eigenen Programmfenster gehörenden Objekten wie z.B. anderen Programmfenstern oder Teilen des eigenen Fensters, die aber separat verwaltet werden (Menüleiste etc.) ausführen, so muß diesen »fremden« Objekten dieser Aktionswunsch durch Zusenden einer Nachricht mitgeteilt werden; das Betriebssystem sorgt dabei für die richtige »Zustellung« der Nachricht und - dies ist entscheidend - kann selber aufgrund der Nachricht vom sendenden Programm unabhängige Aktionen auslösen.

Tatsächlich ist die Funktionalität, die das Betriebssystem im Bereich Nachrichtenaustausch dem Programmierer bereit stellt ebenso umfangreich und leistungsstark wie die des Bereichs der BS-Funktionen (Betriebssystemfunktion). So können z.B. alle wichtigen Dialogelemente (Menüs, Auswahlknöpfe, Dateidialoge etc.) ausschließlich durch die Übermittlung von Nachrichten programmiert werden - (fast) niemals durch Funktionsaufrufe.

1.4 Aufbau des Buchs

Grundsätzlich soll das vorliegende Buch 2 Funktionen erfüllen:
- ⇨ es soll zum Einen die *Programmiertechnik* für die einzelnen Funktionsbereiche des OS/2 *darstellen*;
- ⇨ zum Anderen werden zur *»professionellen«* Nutzung alle wichtigen *Betriebssystemfunktionen*, die *Bedeutung* und der *Typ* ihrer *Parameter*, alle notwendigen *Systemnachrichten, Konstanten und Datenstrukturen* für einen schnellen (lexikalischen) Zugriff geordnet aufgeführt.

Im Anschluß an den »Lehrbereich« jedes Kapitels folgt daher eine systematische Zusammenfassung aller zum Kapitelthema gehörenden Betriebssystemfunktionen, Betriebssytemnachrichten und wichtigen Datenstrukturen.

1. Betriebssystemfunktionen mit Syntaxbeschreibung, Bedeutung der Parameter, Funktionsweise, Nennung der zugehörigen OS/2-Konstanten und ihrer Bedeutung; die Funktionsbeschreibungen sind inhaltlich und lexikalisch sortiert und wie folgt aufgebaut.

Funktionsname

Funktion

Beschreibung der Funktionsleistungen

define

Angabe der notwendigen #define- und #include-Anweisungen

Aufruf

Aufrufsyntax der Funktion
Rückgabewert = Funktionsname(Parameterliste)
  parametername (TYP) - Übergabeart

Beschreibung jedes Parameters der Funktion und ggf. Konstantenbeschreibung
  KONSTANTE   Beschreibung der Konstanten

2. Alle wesentlichen Betriebssytemnachrichten werden in ihrer Funktionsweise erläutert; ggf. vorhandene Nachrichtenparameter werden in folgender Syntax benannt

Nachrichtenname

Funktion der Nachricht

param1 TYP parametername1

Beschreibung des Nachrichtenparameters param1 und ggf. Konstanten

  KONSTANTE Bedeutung der Konstanten
  param2 TYP parametername2

Beschreibung des Nachrichtenparameters param2 und ggf. Konstanten

  Rückgabewert TYP parametername

Beschreibung des Rückgabewerts und ggf. Konstanten

1.4 Aufbau des Buchs

3. Wichtige Datenstrukturen des OS/2 2.0 werden aufgeführt.

STRUKTURNAME Kurzinfo

Ggf. Verwendung und Bedeutung der Struktur

```
typedef struct _NAME {
TYP name    /* Bedeutung */
} TYPNAME;
```

Neben dem kapitelorientierten -und damit themenbezogenen- Zugriff auf systematische Informationen bezüglich Betriebssystemfunktionen, Konstanten und Betriebssystemnachrichten bestehen 2 weitere Zugänge zu Einzelinformationen:

1. Über das alphabetische Register werden Verweise zu den genannten Einzelinformationen aufgeführt und

2. in einem Anhang ist ein nach Themen strukturierter Zugriff auf Einzelinformationen möglich.

Abschließend soll noch erwähnt werden, daß die in der englischsprachigen Originalliteratur -und leider auch häufig in der deutschsprachigen Literatur- verwendeten typischen *computerenglischen* Ausdrücke - wann immer es sinnvoll erschien - durch entsprechende deutsche Ausdrücke ersetzt werden; so wird im folgenden nicht von *window programming* (oder noch schlimmer von *window Programmierung*) sondern von *Fensterprogrammierung* gesprochen; *push buttons* werden *Druck- oder Auswahlknöpfe* genannt. Im Text wird natürlich eine Zuordnung der beiden Benennungen vorgenommen.

2 Grundbegriffe

Der Präsentationsmanager (PM) ist die für den Benutzer sichtbare und handhabbare Oberfläche des GUI : Grafisches Benutzer Interface. Programme, die in Fenstern auf dieser PM-Oberfläche (desktop window) ablaufen, werden wir PM-Programme nennen.

Zu Beginn vieler Einführungen in die System- und Anwendungsprogrammierung steht als erstes Programmbeispiel das »Hallo-Welt-Programm«: die einfache Ausgabe eines Textes auf dem Bildschirm. Wir wollen uns hier dieser Tradition nicht verschließen und als erste Aufgabe die Ausgabe eines Textes in einem eigenen Programmfenster des Präsentationsmanagers darstellen.

Zur Erinnerung sei kurz die Lösung dieser Aufgabe für eine nichtgrafische Oberfläche (z.B. DOS) ins Gedächtnis gerufen:

```
#include <os2.h>
main()
{
    printf("hallo");
}
```

Wenn Sie das abgebildete Programm HALLO_0.C compilieren, linken und anschließend entweder aus einem OS/2-Kommandofenster oder auch vom Präsentationsmanager ausgehend starten, werden Sie feststellen, daß das Programm korrekt ausgeführt wird und in einem eigenen (DOS-)Fenster abläuft. Wesentlich ist hierbei aber, daß sich dieses Programm nicht die Leistungen der grafischen Benutzeroberfläche nutzbar macht; dieser erste Versuch also kein PM-Programm ist.

Um den Aufbau unseres zweiten Beispielprogramms (HALLO_1.C) als korrekte PM-Anwendung zu verstehen, müssen wir zwei grundlegende Punkte berücksichtigen.

1. OS/2 ist ein Multitasking-System: damit muß das Betriebssystem den parallelen Ablauf mehrerer PM-Anwendungen gleichzeitig verwalten. Es muß daher eine Möglichkeit geben, wichtige Informationen zwischen parallel laufenden Anwendungen oder zwischen dem Betriebssystem und einzelnen Anwendungen auszutauschen; dies macht die *Handhabung des Nachrichtenaustauschs* zum zentralen Thema der PM-Programmierung (eigentlich wird

fast alles über das Versenden und die Bearbeitung von Nachrichten gehandhabt).

2. Zum Zweiten kommuniziert eine PM-Anwendung über die grafische Benutzeroberfläche mit dem Programmbenutzer. Mindestvoraussetzung hierfür ist, daß ein PM-Programm *innerhalb eines eigenen PM-Fensters* abläuft; in unserem Beispiel also eine einfache Textausgabe in einem eigenen Fensterbereich durchführt.

Beachtet man diese beiden grundlegenden Notwendigkeiten, so muß ein PM-Programm mindestens zwei Bedingungen erfüllen.

1. Zum einen muß es eine eigene Nachrichtenwarteschlange (Message Queue) einrichten und in einer Abfrageschleife bearbeiten, um so Informationen mit dem Betriebssystemkern oder anderen Programmen austauschen zu können.

2. Zum anderen muß zu Beginn eines PM-Programmes festgelegt werden, welche Eigenschaften das eigene Programmfenster haben soll; dies sind trivialerweise Größe und Position des Fensters, können aber auch Ausstattungsmerkmale wie Titelleiste oder Fensterrand zur Größenveränderung sein.

Betrachten wir zunächst das Prinzip des Nachrichtenaustauschs; die Art und Weise der Nachrichtenbearbeitung zeigt uns dann der Quellcode HALLO_1.C.

Ohne auf den exakten Inhalt unseres Beispielprogramms HALLO_1.C zunächst einzugehen, zeigt Abbildung 2.1 das grundsätzliche Verfahren zum Informationsaustausch zwischen PM-Anwendungen untereinander oder/und mit dem Betriebssystem.

Die Nachrichtenverwaltung des Betriebssystemkerns übergibt eingehende Nachrichten an die Nachrichtenwarteschlangen der einzelnen Programme.

Innerhalb jeder programmeigenen Nachrichtenwarteschlange werden die eingehenden Nachrichten nach Dringlichkeit vom Betriebssystem geordnet und dem Programm (genauer : der Fensterhauptfunktion des Programmfensters, Erläuterung s.u.) durch die Funktionen WinGetMsg() und WinDispatchMsg() zur Verarbeitung übergeben.

Die Fensterhauptfunktion sendet ihrerseits nach Notwendigkeit eigene Nachrichten direkt an Fensterhauptfunktionen anderer Programme oder überläßt (bei weniger dringenden Nachrichten) die Zustellung dem Betriebssystem, das diese Nachrichten in die Nachrichtenwarteschlange des Zielprogramms einkopiert.

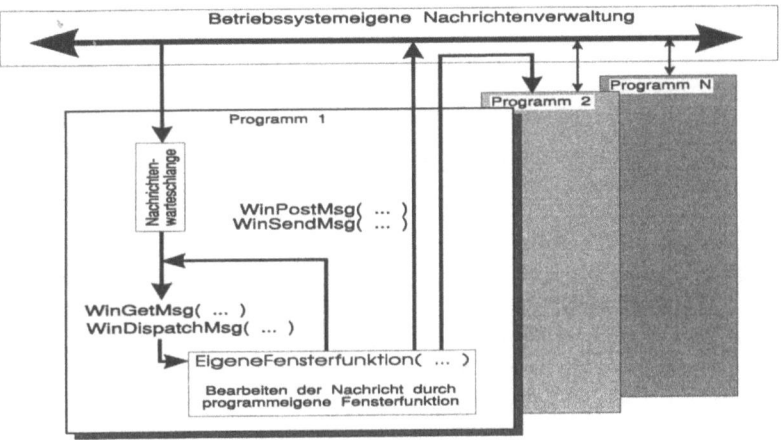

Abbildung 2.1 : Prinzip des Nachrichtenaustauschs

2.1 Beispielprogramm : hallo_1.c

Betrachten wir jetzt den Quellcode in HALLO_1.C; zunächst fällt wohl unangenehm auf, daß offensichtlich ein erheblicher Aufwand zur Ausgabe eines kurzen Textes in einem PM-Programm nötig ist. Wir trösten uns damit, daß jedes PM-Programm neben der Anwendungsaufgabe weitere komplizierte Aufgaben (Fensterverschiebungen, Fensterüberdeckungen etc.) sozusagen »automatisch« erledigt - das erfordert einen entsprechenden Mehraufwand.

```
/* include-Dateien */

#define INCL_WIN
#define INCL_GPI
#include <os2.h>

#include "hallo_1.h"


/* Prototypen */

MRESULT EXPENTRY Fensterhauptfunktion(HWND hwnd, ULONG msg,
MPARAM mp1, MPARAM mp2);
```

```c
/* Globale Variablen */

HAB  hab;              /* Handle der Anwendung */
char string[64];

/*------------------------------------------------------------
Funktion :   Hauptfunktion : Einrichten der Nachrichtenwarte-
schlange, Definieren der Fensterklasse, Definieren und
darstellen des Hauptfensters, Abfragen der eingehenden
Nachrichten und Endebehandlung
------------------------------------------------------------*/
INT main (VOID)
{
  HMQ  hmq;                  /* Handle der
                                Nachrichtenwarteschlange */
  HWND hwndAnwendung=0L;     /* Handle des Anwendungsbereichs
                                des Fensters */
  HWND hwndRahmen=0L;        /* Handle des Hauptfensters */
  QMSG qmsg;                 /* Nachricht */
  ULONG fensterstil;

  /* 1. Initialisieren des Präsentationsmanagers */
  hab = WinInitialize(0);

  /* 2. Einrichten der Nachrichtenwarteschlange */
  hmq = WinCreateMsgQueue(hab, 0);

  /* 3. Definieren der Fensterklasse */
  WinRegisterClass(
     hab,
     (PSZ)"EigeneFensterklasse",
     (PFNWP)Fensterhauptfunktion,
     CS_SIZEREDRAW,
     0
     );

  fensterstil = FCF_TITLEBAR   |
                FCF_SYSMENU    |
                FCF_MINMAX     |
                FCF_SIZEBORDER;

  /* 4. Definieren des Hauptfensters */
  hwndRahmen = WinCreateStdWindow(
```

2.1 Beispielprogramm : hallo_1.c

```c
                HWND_DESKTOP,
                0L,
                &fensterstil,
                "EigeneFensterklasse",
                "Fenstertext",
                0,
                (HMODULE)0L,
                ID_MAIN,
                &hwndAnwendung
               );

  /* 5. Positionieren und Darstellen des Hauptfensters */
  WinSetWindowPos(hwndRahmen,
                  HWND_TOP,
                  100, 100,
                  200, 200,
                  SWP_SIZE | SWP_MOVE | SWP_ACTIVATE |
                  SWP_SHOW
                 );

  /* 6. Abfragen und Bearbeiten Nachrichtenwarteschlange*/
  while(WinGetMsg(hab, &qmsg, 0L, 0, 0))
     WinDispatchMsg(hab, &qmsg);

  /* 7. Endebehandlung */
  WinDestroyWindow(hwndRahmen);
  WinDestroyMsgQueue(hmq);
  WinTerminate(hab);
}


/*-----------------------------------------------------------
Funktion :    Fensterfunktion : Verteilen der eingehenden
Nachrichten, Bearbeiten der einzelnen Nachrichtentypen, ggf.
Weitergabe unbekannter Nachrichten an die
Standardverarbeitung
-----------------------------------------------------------*/
MRESULT EXPENTRY Fensterhauptfunktion(HWND hwnd, ULONG msg,
                           MPARAM mp1, MPARAM mp2)
{
  switch(msg)
  {
    case WM_CREATE:
       strcpy(string, "Hallo Welt");
    break;
```

```
case WM_COMMAND:
  {
  USHORT command;
  command = SHORT1FROMMP(mp1);
  switch (command)
  {
    default:
      return WinDefWindowProc(hwnd, msg, mp1, mp2);
  }

  break;
  }

case WM_ERASEBACKGROUND:
  return (MRESULT)(TRUE);
case WM_PAINT:
  {
  HPS     hps;
  RECTL   rc;
  POINTL  pt;
  hps = WinBeginPaint(hwnd, 0L, &rc);
  pt.x = 50; pt.y = 50;
  GpiSetColor(hps, CLR_NEUTRAL);
  GpiSetBackColor(hps, CLR_BACKGROUND);
  GpiSetBackMix(hps, BM_OVERPAINT);
  GpiCharStringAt(hps, &pt, (LONG)strlen(string),
                                      string);
  WinEndPaint(hps);
  break;
  }

case WM_CLOSE:
  WinPostMsg(hwnd, WM_QUIT, (MPARAM)0,(MPARAM)0);
  break;

default:
  return WinDefWindowProc(hwnd, msg, mp1, mp2);
}
return (MRESULT)FALSE;
}
```

Neben Initialisierungsaufgaben (Bereiche 1 bis 5 der Funktion main()) übernimmt das Hauptprogramm main() der Anwendung im wesentlichen die Aufgabe, (Bereich 6) Nachrichten aus der Warteschlange abzurufen (WinGetMsg()) und die so aus der Nachrichtenwarteschlange gelesene Nachricht mittels

WinDispatchMsg() zur weiteren Verarbeitung an die eigene Fensterfunktion der Anwendung zu übergeben. Die eigentlichen programmspezifischen Funktionen werden nun innerhalb der eindeutig mit dem Programmfenster verknüpften Hauptfunktion (Fensterhauptfunktion()) ausgeführt.

Die Fensterhauptfunktion bearbeitet in dem Block switch(msg) eingehende Nachrichten und bleibt in dieser Nachrichtenbearbeitungsschleife, bis WinGetMsg() den Wert FALSE liefert (wir sehen später, wie dies erzwungen wird).

In unserem Beispiel sind -dem Schwierigkeitsgrad des Beispiels entsprechend- natürlich nur die wesentlichen Nachrichtenkonstanten als case-Anweisungen aufgeführt; eine ausführliche Besprechung der Bedeutung und der Bearbeitung dieser und anderer Nachrichten erfolgt im Rahmen des nächsten Beispiels.

1. WM_CREATE : Diese Nachricht wird vom Betriebssystem zu Beginn eines Programms an die Fensterfunktion geschickt; hier werden in der Regel Initialisierungen für das eigene Programm vorgenommen.

2. WM_COMMAND : Diese Nachricht ist von zentraler Bedeutung bei der Bearbeitung von PM-Anwendungen. Sie wird immer dann erzeugt, wenn wichtige äußere Ereignisse eingetreten sind, auf die das laufende Programm reagieren muß. Dies sind vor allem Aktionen, die Kontrollelemente der grafischen Oberfläche des laufenden Programms aktivieren, wie z.B. Anwahl von Menüpunkten, Bearbeiten einer Dialogbox. Hierbei ist es auch notwendig, die mit einer Nachricht gesendeten Parameter zu verwenden.

3. WM_PAINT : Das Betriebssystem schickt diese Nachricht immer dann an ein laufendes Programm, wenn Teile des Programmfensters von anderen programmexternen Ereignissen verdeckt oder zerstört worden sind. Das Programm muß dann den gesamten Ausgabebereich des eigenen Fensters oder Teile davon erneut aufbauen. Wichtig ist, daß das Betriebssystem selbst zwar für den Wiederaufbau verdeckter Fensterkontrollelemente wie z. B. der Titelleiste, der Menüleiste oder des Rahmens sorgt; für eine Restaurierung des Ausgabebereichs muß das Programm aber selber sorgen.

4. WM_CLOSE : Diese Nachricht wird vom Betriebssystem an die laufende Anwendung geschickt, wenn das Programm beendet werden soll. Hier wird das Programm also alle notwendigen Abschlußbehandlungen (z.B. Rückgabe von Ressourcen, Schließen von Dateien) abarbeiten müssen.

Wichtig ist vor allem, daß beim Verteilen der eingehenden Nachrichten immer die Möglichkeit einer nicht zuzuordnenden Nachricht vorgesehen wird; eine solche von Seiten des Programms nicht erwartete und damit nicht bearbeitbare Nachricht muß grundsätzlich zur weiteren Verarbeitung an das Betriebssystem zurückgegeben werden. Dies geschieht durch Angabe des Default-case bei dem die Funktion WinDefWindowProc() angesprochen wird.

Während des Ablaufs unseres Beispielprogramms werden also offensichtlich lediglich Nachrichten abgearbeitet, die vom Betriebssystem generiert worden sind. Der Grund liegt einfach darin, daß unser Programm nur einen kurzen Text im Fensterbereich ausgibt, ansonsten keinerlei eigene Benutzeraktionen zuläßt (z.B. Menüauswahl) und diese insofern auch nicht verarbeiten muß.

Das Betriebssystem selbst sorgt dafür, daß alle zugelassenen Operationen auf den Fensterrahmen (Verschieben, Minimieren, Maximieren, Verändern der Größe) durchführbar sind. Insofern ist auch die einzige Möglichkeit, das Programm HALLO_1.exe zu beenden die entsprechende Option des Systemmenüs. Wird diese Option ausgewählt, so empfängt unser Programm eine WM_CLOSE-Nachricht und schickt als Reaktion darauf selbst eine WM_QUIT-Nachricht, die ihrerseits wiederum von der eigenen Nachrichtenwarteschlange abgefragt wird (WinGetMsg()); hier wird daraufhin der Wert FALSE zurückzugeben. Dies führt zum Abbruch der Bearbeitung der Nachrichtenwarteschlange und zur Einleitung der Endebehandlung in der Hauptfunktion des Programms.

Alle anderen von der Abfragefunktion WinGetMsg() bearbeiteten Nachrichten bedingen die Rückgabe von TRUE und damit die weitere Bearbeitung der Nachrichtenwarteschlange.

Diese Überlegungen zeigen uns, daß zur weiteren Programmierung einfacher PM-Programme folgende Informationen notwendig sind.

1. Welche Kontrollmöglichkeiten bieten PM-Fenster und Dialogboxen; wie werden diese Kontrollmöglichkeiten generiert und wie werden sie bearbeitet?
2. Welche Nachrichten im Rahmen der Bearbeitung von Fensterkontrollelementen gibt es, welche Parameter gehören zu den einzelnen Nachrichten und wie werden diese Nachrichten weiterverarbeitet?
3. Wie verbindet man weitere Ressourcen wie Icons (Sinnbilder), Auswahlmenüs und Texte mit einem Programmfenster?

2.2 hallo_2.c : ...etwas mehr Aufwand

Unser zweites Beispiel, das Programm HALLO_2.c beantwortet diese Fragen; es ist eine einfache Erweiterung unseres ersten Beispielprogramms und zeigt, wie man ein Programmicon, ein Menü für das Programmfenster und externe Textdefinitionen als Programmressourcen einbindet. Ebenso sollen die verwendeten Betriebssystemfunktionen ausführlich analysiert werden.

Wir stellen hier nur noch die wichtigen Passagen des Quelltexts dar; der vollständige Quellcode ist natürlich auf der Diskette abgelegt.

```c
/* include-Dateien */

#define INCL_WIN
#define INCL_GPI
#include <os2.h>

#include "hallo_2.h"
.
.
.
/*------------------------------------------------------------
Funktion : Hauptfunktion : Einrichten der Nachrichtenwarteschlange, Definieren der Fensterklasse, Definieren und darstellen des Hauptfensters, Abfragen der eingehenden Nachrichten und Endebehandlung
------------------------------------------------------------*/
INT main (VOID)
{
  HMQ   hmq;                  /* Handle Nachrichtenwarteschlange */
  HWND  hwndAnwendung=0L;     /* Handle des Anwendungsbereichs
                                 des Fensters */
  HWND  hwndRahmen=0L;        /* Handle des Hauptfensters */
  QMSG  qmsg;                 /* Nachricht */
  ULONG fensterstil;

  /* 1. Initialisieren des Präsentationsmanagers */
  hab = WinInitialize(0);

  /* 2. Einrichten der Nachrichtenwarteschlange */
  hmq = WinCreateMsgQueue(hab, 0);

  /* 3. Definieren der Fensterklasse */
  WinRegisterClass(
    hab,
```

```
         (PSZ)"EigeneFensterklasse",
         (PFNWP)Fensterhauptfunktion,
         CS_SIZEREDRAW,
         0
       );

  /* 4. Definieren des Hauptfensters */
  fensterstil = FCF_TITLEBAR   |
                FCF_SYSMENU    |
                FCF_MINMAX     |
                FCF_SIZEBORDER |
                FCF_MENU       |
                FCF_ICON       |
                FCF_ACCELTABLE |
                FCF_VERTSCROLL |
                FCF_HORZSCROLL;

  hwndRahmen = WinCreateStdWindow(
                 HWND_DESKTOP,
                 0L,
                 &fensterstil,
                 "EigeneFensterklasse",
                 "Fenstertext",
                 0,
                 (HMODULE)0L,
                 ID_MAIN,
                 &hwndAnwendung
               );

  /* 5. Positionieren und Darstellen des Hauptfensters */
  WinSetWindowPos(hwndRahmen,
                  HWND_TOP,
                  100, 100,
                  400, 200,
                  SWP_SIZE | SWP_MOVE |
                  SWP_ACTIVATE|SWP_SHOW
                 );

  /* 6. Abfragen und Bearbeiten der Nachrichtenwarteschlange
  */
    while(WinGetMsg(hab, &qmsg, 0L, 0, 0))
      WinDispatchMsg(hab, &qmsg);

  /* 7. Endebehandlung */
  WinDestroyWindow(hwndRahmen);
  WinDestroyMsgQueue(hmq);
```

2.2 hallo_2.c : ...etwas mehr Aufwand   21

```c
    WinTerminate(hab);
}


/*-----------------------------------------------------------------
Funktion : Fensterfunktion : Verteilen der eingehenden Nach-
richten, Bearbeiten der einzelnen Nachrichtentypen,
ggf. Weitergabe unbekannter Nachrichten an die
Standardverarbeitung
-----------------------------------------------------------------*/
MRESULT EXPENTRY Fensterhauptfunktion(HWND hwnd, ULONG msg,
                           MPARAM mp1, MPARAM mp2)
{
  switch(msg)
    {
    /* 1. Anfangsbehandlung durchführen */
    case WM_CREATE:
      WinLoadString(hab, (HMODULE)0L, IDS_HALLO, 64,
                                       stringhallo);
      WinLoadString(hab, (HMODULE)0L, IDS_TEXTD, 64,
                                       stringtextd);
      WinLoadString(hab, (HMODULE)0L, IDS_TEXTE, 64,
                                       stringtexte);
      break;

    /* 2. Eingehende explizite Benutzeranweisungen verteilen
                                           und ausführen */
    case WM_COMMAND:
      {
      USHORT command;
      command = SHORT1FROMMP(mp1);
      switch (command) {
        case ID_11:
          strcpy(string, stringhallo);
          strcat(string, "_11");
          WinInvalidateRegion(hwnd, 0L, FALSE);
        break;

        .
        .
        .

        case ID_23:
          strcpy(string, "Dies ist kein Resource-String");
          WinInvalidateRegion(hwnd, 0L, FALSE);
```

```
      break;

      case ID_ENDE:
        WinPostMsg(hwnd, WM_CLOSE, (MPARAM)0, (MPARAM)0);
        break;

      default:
        return WinDefWindowProc(hwnd, msg, mp1, mp2);
    }

  break;
  }

  /* 3. PM zeichnet den Fensterhintergrund mit der
  Voreinstellung neu */
    case WM_ERASEBACKGROUND:
    return (MRESULT)(TRUE);

  /* 4. Ein Teil des Programmfenster muß neu gezeichnet
  werden */
    case WM_PAINT:
      {
      HPS     hps;
      RECTL   rc;
      POINTL  pt;

      hps = WinBeginPaint(hwnd, 0L, &rc);

      pt.x = 50;
      pt.y = 50;

      GpiSetColor(hps, CLR_NEUTRAL);
      GpiSetBackColor(hps, CLR_BACKGROUND);
      GpiSetBackMix(hps, BM_OVERPAINT);
      GpiCharStringAt(hps, &pt, (LONG)strlen(string),
                                            string);
      WinEndPaint(hps);
      break;
      }

  /* 5. Endebehandlungen durchführen */
    case WM_CLOSE:
      WinPostMsg(hwnd, WM_QUIT, (MPARAM)0,(MPARAM)0);
      break;
```

```
    /* 6. Standardweitergabe nicht zuzuordnender Befehle */
    default:
       return WinDefWindowProc(hwnd, msg, mp1, mp2);
    }
    return (MRESULT)FALSE;
}
```

Gehen wir die wesentlichen Punkte des Quellcodes durch.

Ganz zu Anfang, im Bereich /* include-Dateien */ muß in jeder PM-Anwendung die Headerdatei OS2.H eingebunden werden; die meisten Betriebssystemfunktionen benötigen zusätzlich eine #define Anweisung gemäß der Syntax

    #define INCL_name

um bestimmte Teile der Headerdateien, die der übergeordneten Datei OS2.H nachgeordnet sind, auszuwählen. Die bei der Benutzung bestimmter Betriebssystemfunktionen oder Konstanten notwendigen #define INCL_-Konstanten werden bei der lexikalischen Besprechung jeder Betriebssystemfunktion aufgeführt.

Die Hauptfunktion des Programms mit dem Namen main(VOID) muß nicht explizit deklariert werden; ein Exportieren des Hauptfunktionsnamens entfällt ebenfalls - OS/2 erwartet als Programmeinstiegspunkt immer eine Funktion mit dem main() Namen.

Bevor ein PM-Programm ein eigenes Programmfenster öffnen kann, muß es die beiden Funktionen WinInitialize() und WinCreateMsgQueue() aufrufen.

Die Funktion WinInitialize() erwartet als einzigen Parameter die Angabe von flOptions vom Type ULONG; hier ist nur die 0 als Parameterwert zugelassen mit der Bedeutung, daß der Anfangsstatus für neu kreierte Fenster eingerichtet wird und damit alle für das Fenster bestimmten Nachrichten für das Programm verfügbar gemacht sind. Die Funktion gibt ein Handle (hab) auf den »Ankerblock« (anchor block handle) des Programms zurück. OS/2 verwaltet unter diesem Handle alle internen Datenstrukturen und Verweise (z.B. virtuelle Speicherverwaltung) für das laufende Programm. Das Handle des Ankerblocks wird von einigen Betriebssystemfunktionen als Eingabeparameter erwartet. Es ist sinnvoll, die entsprechende Variable HAB hab als globale Variable des Programms zu führen.

Die zweite Funktion WinCreateMsgQueue() erwartet als Parameter die Angabe des Ankerblock-Handles sowie eine Angabe vom Typ LONG lQueuesize, die die Größe des für die Nachrichtenwarteschlange bereitgehaltenen Speicherbereichs in Byte angibt. Die Funktion gibt im Erfolgsfall ein Handle auf die eingerichtete Nachrichtenwarteschlange zurück. Die meisten PM-Funktionsaufrufe benötigen die vorherige Einrichtung einer Nachrichtenwarteschlange. Die Funktion WinCreateMsgQueue() muß nach der Funktion WinInitialize(), aber vor dem Aufruf irgendeiner anderen PM-Betriebssystemfunktion aufgerufen werden. Der Aufruf erfolgt genau einmal im Programm.

Nachdem die Punkte (1) und (2) unseres Beispielprogramms ausgeführt sind, wird unter Punkt (3) eine Fensterklasse für das in diesem Beispielprogramm einzige Programmfenster definiert. Sinn der Definition einer Fensterklasse (mittels der Funktion WinRegisterClass()) ist es, zwei wesentliche Eigenschaften der nachfolgend bearbeiteten Programmfenster miteinander zu verbinden.

1. *Statische Eigenschaften* der unter dieser Fensterklasse geöffneten Programmfenster (alle Standardstilangaben für unter dieser Klasse geöffneten Fenster; entsprechende Konstanten beginnen mit dem Kürzel CS_) werden festgelegt.

2. Das *dynamische Verhalten* von Programmfenster , die unter dieser Fensterklasse geöffnet werden wird definiert; dies geschieht durch eine eindeutige Verknüpfung der hier definierten Fensterklasse mit einer *Fensterfunktion*. Diese Fensterfunktion bestimmt wesentlich das Verhalten des Programmfensters auf externe Aktionen (z.B. auf Benutzeraktionen in diesem Programmfenster).

Damit sind die zwei wesentlichen Eigenschaften eines objektorientierten Ansatzes verwirklicht; sowohl die Definition des statischen Objektes als auch die Definition einer Bearbeitungsmethode (durch die Fensterfunktion) werden hier unter einem Klassennamen (im Beispiel:» Eigene Fensterklasse«) verbunden.

Unter Punkt (4) des Beispielprogramms wird nun ein Programmfenster mit der unmittelbar vorher definierten Fensterklasse geöffnet. Die hierzu verwendete PM-Funktion WinCreateStdWindow() liefert im Erfolgsfall ein Handle für das Rahmenfenster (der Unterschied zwischen Rahmenfenster (frame window) und untergeordneten Fensterteilen wird im nachfolgenden Kapitel näher erläutert) zurück und erwartet unter anderem Angaben:

1. zum Eigentümer des Fensters (im Beispiel HWND_DESKTOP),
2. der Fensterklasse (»EigeneFensterklasse«),

3. weiterer, über die Stildefinition der Fensterklasse hinausgehende statische Eigenschaften des hier kreierten Fensters sowie - ganz wesentlich -
4. die Angabe der Identifizierungskonstanten (im Beispiel ID_MAIN) des Programmfensters, das mittels dieser Identifizierungskonstanten separat definierte Programmressourcen mit dem Programm verbindet (siehe hierzu Abbildung 2.2).

Nachdem ein solches Programmhauptfenster definiert worden ist, wird unter Punkt (5) unseres Beispielprogramms dieses Hauptfensters mittels WinSetWindowPos() in Größe und Position definiert und gemäß der Optionsangaben (SWP_option) dargestellt. Erst an dieser Stelle der Programmbearbeitung erscheint das Programmfenster auf der Oberfläche des Präsentationsmanagers.

Unter dem laufenden Punkt (6) wird in einer while-Schleife mit WinGetMsg() die jeweils nächste Nachricht aus der Nachrichtenwarteschlange geholt und mittels der Funktion WinDispatchMsg() zur weiteren Bearbeitung an die Fensterhauptfunktion übergeben. Die Verbindung zwischen Fensterhauptfunktion und geöffnetem Programmfenster wurde unter (3) mittels der Funktion WinRegisterClass() hergestellt und wird an dieser Stelle von der Funktion WinDispatchMsg() durch das Handle des Ankerblocks referiert.

Die eigentliche Funktionalität des Anwendungsprogramms wird also nur während der Abarbeitung dieser Nachrichtenwarteschlange ausgeführt. Nachdem die Nachrichtenwarteschlange (while-Schleife) abgearbeitet worden ist, wird lediglich unter (7) unseres Beispielprogramms eine standardisierte Endebehandlung durchgeführt.

Hierbei löscht die Funktion WinDestroyWindow() das Programmfenster von der PM-Oberfläche, die Funktion WinDestroyMsgQueue() gibt den Speicherbereich der Nachrichtenwarteschlange an das Betriebssystem zurück und die Funktion WinTerminate() macht abschließend das Handle des Ankerblocks des laufenden Programms ungültig und gibt die damit verbundenen Ressourcen frei.

Betrachten wir nun die Fensterhauptfunktion unseres Beispielprogramms, die bei der Definition der Fensterklasse (WinRegisterClass()) als Bearbeitungsmethode für alle Fenster dieser Klasse definiert worden ist.

Diese Fensterhauptfunktion wird im Rahmen der Abarbeitung der Nachrichtenwarteschlange von der Funktion WinDispatchMsg() mit eingehenden Nachrichten versorgt und muß diese Nachrichten bearbeiten.

Damit ist der Hauptbestandteil jeder Fensterhauptfunktion ein switch-Block, der die eingehenden Nachrichten gemäß vordefinierter Nachrichtenkonstanten(die wichtigsten Nachrichtenkonstanten beginnen mit WM_) verteilt.

Wichtig ist, daß jeder dieser Nachrichtenverteiler *mindestens* den Fall einer vom Programmierer nicht vorhergesehenen und damit *nicht zuteilbaren Nachricht* vorsehen muß. Daher muß zwingender Bestandteil jedes Nachrichtenverteilers die Angabe

default : return WinDefWindowProc();

mit Aufruf der Funktion WinDefWindowProc() sein, die die Bearbeitung einer nicht zuzuordnenden Nachricht an das Betriebssystem weitergibt.

Die einzelnen in unserem Beispiel vorgesehenen Standardnachrichten, die Bestandteil (fast) jeder Fensterhauptfunktion sind haben nun folgende Bedeutung.

WM_CREATE :   Durchführen von Programminitialisierungen

Hier werden in unserem Beispiel extern definierte Texte mittels der Funktion WinLoadString() in entsprechende Variablen des Programms geladen. Je nach Programmfunktionalität können hier selbstverständlich auch weitere Initialisierungsmaßnahmen durchgeführt werden. Die Nachricht WM_CREATE wird seitens des Betriebssystems einmal zu Beginn der Programmbearbeitung in die Nachrichtenwarteschlange des Programms eingefügt.

WM_COMMAND :   Benutzeranweisungen ausführen

Die Nachricht WM_COMMAND wird auslöst, wenn ein externes Ereignis das laufende Programm anspricht. Dies wird in der Regel eine Aktion des Programmbenutzers (im Beispielprogramm die Auswahl eines Menüpunktes) sein. In den vorliegenden Fällen ist der WM_COMMAND-Nachricht in Parameter mp1 die dem jeweils ausgewählten Menüpunkt entsprechende Konstante (definiert in den Dateien HALLO_2.rc und HALLO_2.h) beigefügt, so daß innerhalb der Bearbeitung der WM_COMMAND-Nachricht eine Unterverteilung in einem neuen (Unter-)Nachrichtenverteiler

switch(command)

erfolgt.

Wichtig ist hierbei der Fall ID_ENDE : die Anwahl dieses Menüpunktes soll eine Beendigung des Beispielprogramms hervorrufen; hierzu wird mittels der Funktion WinPostMsg() eine entsprechende Nachricht (WM_CLOSE) von der Fensterhauptfunktion an sich selbst geschickt. Dieses Vorgehen ist beispielhaft für den Aufbau eines Programms unter einem nachrichtenbasierten Betriebssystem wie OS/2. Der Anstoß zur Ausführung einer Programmaktion wird wenn irgend möglich durch das Versenden einer Nachricht via Betriebssystem gegeben. Statt im vorliegenden Fall bei Eintreffen eines ID_ENDE-Parameters unmittelbar die Beendigung des laufenden Programms auszuführen, wird statt dessen über das Betriebssystem eine entsprechende Nachricht »an sich selbst« versendet. Dadurch wird sichergestellt, daß das Betriebssystem von der Absicht des Programms, sich selbst zu beenden vorzeitig informiert wird und entsprechende Aktionen (z.B. Information anderer Anwendungen) einleiten kann, bevor die Programmbeendigung tatsächlich durchgeführt wird.

Beachten Sie bitte, daß auch in dem untergeordneten Nachrichtenverteiler innerhalb des WM_COMMAND-Falls der Aufruf der Funktion WinDefWindowProc() notwendig ist.

Innerhalb des gleichen Nachrichtenverteilers finden wir im übrigen ein weiteres Beispiel für die nachrichtengesteuerte Auslösung einer Programmfunktion. In allen mit der Konstanten ID_zahl gekennzeichneten Fällen soll ein spezifischer Text im Programmfenster ausgegeben werden. Hierzu wird der entsprechende Text in der Variablen string bereitgestellt und die eigentliche Ausgabe des Textes im Programmfenster durch den Aufruf der Funktion WinInvalidateRegion() hervorgerufen.

Hier teilt der Aufruf dieser Funktion dem Betriebssystem mit, das der gesamte Fensterbereich (spezifiziert durch das Handle der Fensters) ungültig ist und neu gezeichnet werden muß. Als Reaktion hierauf generiert das Betriebssystem eine Nachricht vom Typ WM_PAINT, die ihrerseits ein Neuzeichnen des als ungültig erklärten Fensterteils (im vorliegenden Fall des gesamten Fensters) auslöst. Auch in diesem Fall wird also von der Fensterhauptfunktion über den Umweg des Betriebssystems eine Nachricht »an sich selbst« geschickt.

WM_ERASEBACKGROUND: Neuzeichnen des Fensterhintergrundes

Diese Nachricht bearbeitet das Neuzeichnen des Fensterhintergrundes, falls der Wert TRUE an das Betriebssystem zurückgegeben wird; in diesem Fall wird der Fensterhintergrund mit der voreingestellten Standardfarbe neu gezeichnet. Falls als Rückgabewert FALSE gewählt wird, wird nicht neu gezeichnet.

WM_PAINT : Neuzeichnen des Programmfensters

In unserem Beispielprogramm wird hier der gesamte Ausgabebereich des Programmfenster neu gezeichnet; damit wird der in der Variablen string enthaltene Text an der definierten Position pt innerhalb des Programmfensters ausgegeben. Eine detaillierte Erläuterung des Vorgehens bei der Ausgabe in einen Fensterbereich werden wir später bei der Besprechung der entsprechenden Gpi-Funktionen nachholen.

Grundsätzlich wird die WM_PAINT-Nachricht immer dann durch das Betriebssystem erzeugt, wenn ein Teil des Programmfensters »ungültig sein könnte« - also dann, wenn Teile des Fensters von anderen Oberflächenelementen überdeckt waren. Der zu restaurierende (der »zerstörte«) Fensterteil wird in der Literatur auch »update region« genannt und in einer internen Datenstruktur gehalten. Falls die Fensterklasse den Stiltyp CS_SYNCPAINT hat, führt jeder Eintrag in die update region eines Fensters zur Versendung einer WM_PAINT-Nachricht an die Fensterhauptfunktion. Der Programmierer selbst kann nun einen Eintrag in die update region eines Fensters durch Aufruf der Funktionen WinInvalidateRect() oder WinInvalidateRegion() »künstlich« erzeugen und damit eine WM_PAINT-Nachricht erzwingen; im Umkehrschluß heißt das aber, daß innerhalb der Bearbeitung eines WM_PAINT-Falls die Erzeugung einer neuen WM_PAINT-Nachricht *nicht* erfolgen darf, da sonst eine unendliche Kette dieser Nachrichten erzeugt wird - und das betroffenen Programm »hängt«.

WM_CLOSE : Programm beenden

Diese Nachricht wird vom Betriebssystem an die Fensterfunktion gesandt, wenn ein externes Ereignis die Programmbeendigung fordert. Dies kann aus mehreren Gründen notwendig werden.

1. Der Benutzer des Programms hat im Systemmenü die Option »Close« ausgewählt,

2. der Programmbenutzer hat im laufenden Programm selber eine entsprechende Forderung an das Programm gestellt (z.B. durch Auswahl einer entsprechenden Menüfunktion) oder

3. das Betriebssystem selber sieht sich gezwungen, die laufende Anwendung zu beenden (z.B. Fehler bei der Programmausführung).

In jedem Fall wird seitens des Betriebssystems die Nachricht WM_CLOSE an die Fensterhauptfunktion gesandt. Diese reagiert durch Absetzen einer Nachricht WM_QUIT an das Betriebssystem; empfängt die Funktion WinGetMsg() in der Nachrichtenbearbeitungsschleife des Hauptprogramms main() die Nachricht WM_QUIT, so wird -und nur in diesem Fall- ein Rückgabewert FALSE generiert, der zum Abbrechen der Nachrichtenbearbeitungsschleife führt.

Wenden wir uns nun noch den weiteren Dateien unseres Beispielprogramms HALLO_2 zu; hier zunächst die Quelltexte.

2.2 hallo_2.c : ...etwas mehr Aufwand

```
/* hallo_2.rc : Hier werden die Ressourcen des Programms
                definiert oder(wie z.B. für das Programmicon)
                auf weitere Definitionsdateien verwiesen.
*/

#include <os2.h>
#include "hallo_2.h"

/* 1. Das Programmicon (Sinnbild) wird mit der FensterID ver-
knüpft */
ICON     ID_MAIN hallo_2.ico

/* 2. Das Menü des Hauptfensters wird explizit definiert */
MENU     ID_MAIN PRELOAD
BEGIN
  SUBMENU "Menüpunkt ~1", ID_MENU1
  BEGIN
    MENUITEM "Punkt 1.~1\tAlt+1", ID_11, MIS_TEXT
    MENUITEM "Punkt 1.~2\tAlt+2", ID_12, MIS_TEXT
    MENUITEM "Punkt 1.~3\tAlt+3", ID_13, MIS_TEXT
    MENUITEM "Programm~ende\tAlt+e", ID_ENDE, MIS_TEXT
  END
  SUBMENU "Menüpunkt ~2", ID_MENU2
  BEGIN
    MENUITEM "Punkt 2.~1\tAlt+4", ID_21, MIS_TEXT
    MENUITEM "Punkt 2.~2\tAlt+5", ID_22, MIS_TEXT
    MENUITEM "Punkt 2.~3\tAlt+6", ID_23, MIS_TEXT
  END
END

/* 3. Die Tastaturauswahl für Menüpunkte wird definiert :
      die jeweilige Menu-ID wird mit einer Tastenkombination
      verknüpft */
ACCELTABLE ID_MAIN PRELOAD
BEGIN
  "1",     ID_11,   CHAR,      ALT
  "2",     ID_12,   CHAR,      ALT
  "3",     ID_13,   CHAR,      ALT
  "4",     ID_21,   CHAR,      ALT
  "5",     ID_22,   CHAR,      ALT
  "6",     ID_23,   CHAR,      ALT
  "e",     ID_ENDE, CHAR,      ALT
  "E",     ID_ENDE, CHAR,      ALT
END

/* 4. Die im Programm verwendeten Strings werden definiert
      und mit einer eindeutigen ID verknüpft */
```

```
STRINGTABLE PRELOAD

BEGIN
  IDS_HALLO, "Hallo Welt 2"
  IDS_TEXTD, "Dies ist ein anderes Textbeispiel"
  IDS_TEXTE, "This is another textsample"
END


/*=========================================================*/
/* HALLO_2.H */

/* Compileranweisungen */
#pragma linkage (main,optlink)

/* Prototypen */
INT main(VOID);

/* ID-Konstanten */
#define ID_MAIN     1000

#define ID_MENU1    100
#define ID_11       101
#define ID_12       102
#define ID_13       103
#define ID_ENDE     104
#define ID_MENU2    200
#define ID_21       201
#define ID_22       202
#define ID_23       203

#define IDS_HALLO 501
#define IDS_TEXTD 502
#define IDS_TEXTE 503
```

In der Datei HALLO_2.h sind neben Compileranweisungen und Prototypdefinitionen alle im Programm verwendeten Konstanten definiert. Wesentlich ist die Definition der Konstanten ID_MAIN (deren tatsächlicher Wert im übrigen unbedeutend ist; hier muß lediglich auf Eindeutigkeit geachtet werden). Mittels dieser Konstanten werden extern definierte Programmbestandteile (Ressourcen) mit der Definition des Hauptfensters (in der Funktion WinCreateStdWindow() verbunden. Abbildung 2.2 zeigt dies am Beispiel der Einbindung des selbstdefinierten Programmsinnbildes (Icon). Die grafische Beschreibung des Programmicons ist als Binärinformation in der Datei HALLO_2.ico enthalten (zur Gestaltung wird in der Regel ein entsprechender Icon-Editor verwendet). Diese Binärbeschreibung wird in der Datei HALLO_2.rc durch die Anweisungszeile Abb.2.2(2) mit der bei Abb.2.2(1) definierten Konstanten ID_MAIN verbunden. Alle mit der Fenster-ID_MAIN verbundenen Ressourcen werden bei Abb.2.2(3) mit der Definition des Hauptfensters verknüpft.

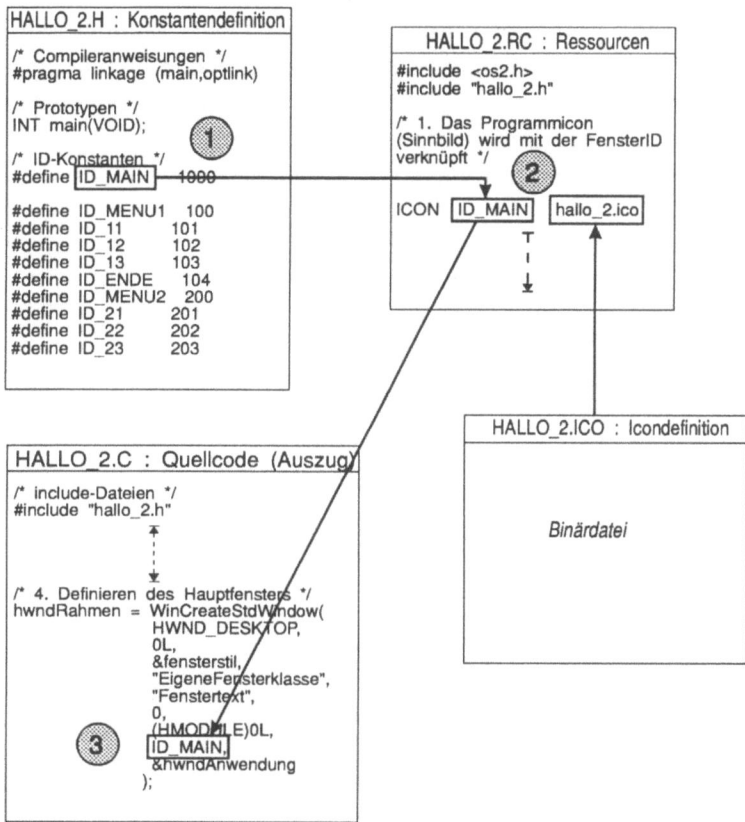

Abb. 2.2   Einbindung externer Ressourcen via ID_MAIN

Betrachten wir weiterhin die Datei HALLO_2.rc. Das Menü des Hauptfensters wird unter (2) definiert. Dies kann entweder durch direkte Codierung an dieser Stelle geschehen, oder auch extern mittels eines entsprechenden Ressourcen-Editors durchgeführt werden. Die gesamte Syntax der wesentlichen Befehle zur Ressourcendefinition ist in Anhang 2 ausführlich dargestellt. An dieser Stelle ist nur wichtig, daß die verwendeten Konstanten (ID_name) in der Datei HALLO_2.h definiert werden müssen.

In Abschnitt 3 der Datei HALLO_2.rc werden Tastaturkurzkombinationen zur Auswahl von Menüpunkten definiert. Zur Syntax der hier verwendeten Ressourcendefinition sei auch auf Anhang 2 verwiesen.

Der gleiche Verweis gilt auch für den Abschnitt 4 der Datei. Hier werden extern Programmausgabetexte definiert. An dieser Stelle sei lediglich darauf hingewiesen, daß die außerhalb des eigentlichen Programmcodes extern durchgeführte Definition von Programmressourcen (Grafiken, Texte, Menügestaltungen) in jedem Fall sinnvoll ist; vom eigentlichen Programmcode unabhängig können hier kundenspezifische (z.B. sprachspezifische) Anpassungen des Programms vorgenommen werden. Dies erhöht also die Flexibilität des Programms und senkt gleichzeitig den Programmpflegeaufwand; außerdem wird das Compilat kleiner ausfallen.

3 Fenster

3.1 Definitionen

Der Präsentationsmanager (PM) ist die grafische Schnittstelle des Betriebssystems OS/2 zum Programmbenutzer. Programme die sich die Leistungen des PM zu Nutze machen und unter dieser grafischen Oberfläche ablaufen, kommunizieren ausschließlich über Fenster mit dem Programmanwender; solche Programme werden wird PM-Programme nennen.

3.1.1 PM-Oberflächenfenster

OS/2 stellt zu Beginn ein den gesamten Bildschirm umfassendes Fenster -das »desktop window« oder auch »PM-Oberflächenfenster«- zur Verfügung. Der Programmierer muß nicht für die Verfügbarkeit des Desktop-Windows sorgen.

Das Desktop-Window beinhaltet für jede Anwendung ein Hauptfenster und ggf. je Anwendung mehrere Unterfenster (»Child-window«). Abbildung 3.1 zeigt den prinzipiellen Aufbau, das Koordinatensystem und eine mögliche Fensterstaffelung im PM-Oberflächenfenster, 2 Programmhauptfenster und Programmunterfenster.

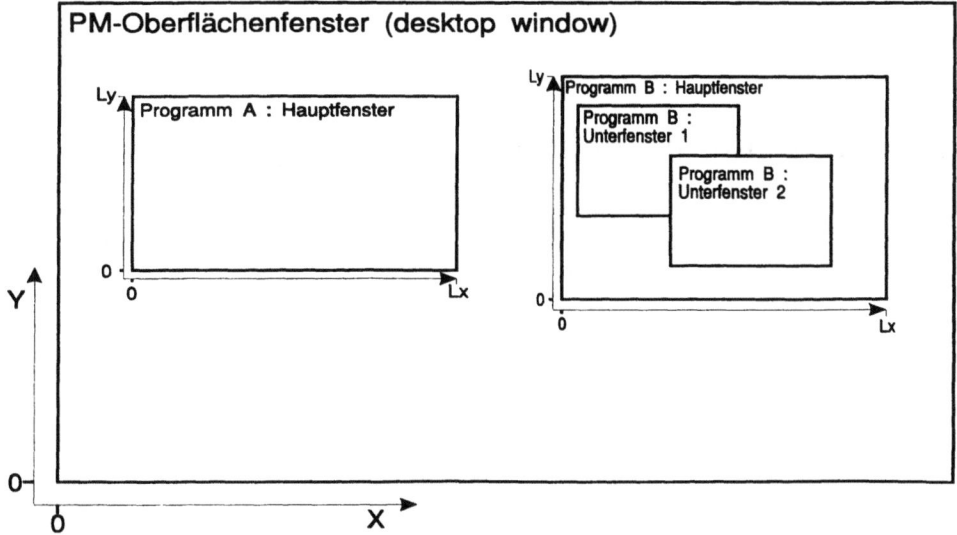

Abb. 3.1   Fenster : Koordinatensystem und Staffelung

Der Ursprung des Koordinatensystems für das PM-Oberflächenfenster ist die linke untere Ecke des Bildschirms mit den Punktkoordinaten (0,0). Außer dem PM-Oberflächenfenster ist jedes weitere Fenster eindeutig einem übergeordneten »Elternfenster« (parent-window) zugeordnet. Umgekehrt nennt man Unterfenster, die einem gegebenen Hauptfenster zugeordnet sind »Kindfenster« (child-windows)

Fenster, die logisch direkt dem PM-Oberflächenfenster untergeordnet sind, nennt man Hauptfenster (main window, top-level window). Jedes PM-Programm öffnet mindestens ein Fenster, das als Hauptfenster dieser Anwendung agiert.

3.1.2 Fensterposition und Fenstergröße

Die Position eines Fensters wird durch die Angabe der Koordinaten der linken unteren Fensterecke relativ zum Ursprung des zugehörigen Elternfensters definiert. Die Ausdehnung eines Fensters (Lx,Ly) wird in der Einheit pelangegeben, die für jedes Fenster einen Wertebereich von [0,65535] umfaßt. Damit können zwar sehr große Fenster kreiert werden, vorher sollte man aber die Größe des Bildschirms abfragen und bei Positionierungen und Größenänderungen berücksichtigen (siehe hierzu : WinGetMaxPosition()).

Ein Fenster kann auch eine Höhe oder Breite von 0 pel annehmen; es wird in diesem Fall allerdings nicht dargestellt.

Positioniert man ein Ausgabefenster relativ zur linken unteren Bildschirmkoordinate (0,0) so, daß die horizontale Fensterposition modulo 8 identisch 0 ist, kann diese spezielle Positionierung ggf. zu einem schnelleren Bildaufbau des Fensters führen.

3.1.3 Eltern - Kindbeziehung

Mit Ausnahme des PM-Oberflächenfensters und vom System angelegter weiterer Oberflächenfenster hat jedes Fenster -insbesondere Fenster von Anwendungsprogrammen- ein übergeordnetes Elternfenster (parent window) (i.d.R. das PM-Oberflächenfenster). Umgekehrt formuliert ist ein solches Fenster Kindfenster (child window) des übergeordneten Fensters.

Hat ein Elternfenster mehrere gleichberechtigte Kindfenster, so werden diese in Erweiterung der Analogie als Geschwisterfenster (sibling windows) bezeichnet.

Wird ein Fenster minimiert oder gelöscht, so werden vorher alle mit ihm verbundenen untergeordneten Fenster (Kindfenster) ebenfalls minimiert bzw. gelöscht.

Jedes Programmfenster hat genau ein Elternfenster, kann aber selber mehrere Kindfenster besitzen (siehe Abb. 3.1).

3.1.4 Besitz von Fenstern

Der Besitz an einem Fenster kann optional festgelegt werden und wird getrennt von einer zwingend existierenden Eltern-Kindbeziehung definiert und gehandhabt.

Der Fensterbesitz wird dann definiert, wenn bestimmte Operationen auf Eigentümer- und Besitzfenster gleichzeitig angewendet werden sollen. Ein einfaches Beispiel hierfür ist die Titelleiste eines Programmhauptfensters, die Eigentum des Rahmenfensters (frame-window) ist. Hier wird die Verschiebeoperation auf das Gesamtfenster für Besitzer (Rahmenfenster) und Besitz (Titelleiste) gleichzeitig ausgeführt.

Wesentlich ist, daß Eigentümerfenster und Besitzfenster von ein und dem selben Programmstart initialisiert werden müssen; mit anderen Worten, sie müssen über dieselbe Nachrichtenschleife angesteuert werden.

Folgende Regeln gelten für die Relation Eigentümerfenster - Besitzfenster.

1. Wird ein Eigentümerfenster minimiert, so schließt es automatisch alle zugeordneten Besitzfenster.

2. Wird die Überdeckungsordnung (Anordnung von Fenstern in Z-Richtung) des Eigentümerfensters geändert, so ändert sich diese Ordnung entsprechend für alle Besitzfenster.

3. Wird die Position des Eigentümerfensters in der (X,Y)-Fläche verändert, so werden entsprechend auch seine Besitzfenster verschoben; Besitzfenster können von dieser Option explizit durch die Angabe FS_NOMOVE-WITHOWNER ausgenommen werden.

3.1.5 Programmfenster

Das von einem Programm geöffnete Hauptfenster besteht in der Regel aus mehreren Fensterkomponenten; darüber hinaus kann ein Programm weitere Fenstertypen oder zusammengesetzte Fenstertypen verwenden. Folgende Begriffe sind hierbei zu definieren.

1. **Rahmenfenster (frame-window)**: das Rahmenfenster ist die Basis des Programmhauptfensters. Ein solches Rahmenfenster beinhaltet wählbare Leistungen wie den Rahmen des Fensters (damit kontinuierliche Änderung der

Fenstergröße), Programmsinnbild (Icon), Menüleiste und zugeordnete Tastaturkürzel (shortcut).Die meisten dieser Rahmenfensterbestandteile müssen durch externe Ressourcen definiert sein.

2. **Kontrollfenster (control-window)**: Hierunter fallen Kontrollelemente eines typischen Programmhauptfensters wie Rollbalken, Auswahlknöpfe, Editierfelder und Titelleisten sowie eine Vielzahl weiterer Kontrollelemente.

3. **Zusammengesetztes Fenster (composite-window)**: Aufbauend auf einem Rahmenfenster bildet die Zusammenstellung weiterer Kontrollfenster oder Kontrollelemente ein zusammengesetztes Fenster.

4. **Dialogfenster (dialog-window)**: Auch ein Dialogfenster setzt sich aus einem Rahmenfenster und weiteren Kontrollelementen zusammen und dient typischerweise zur Angabe von Programmparametern durch den Benutzer.

5. **Nachrichtenfenster (message-box)**:Ein Nachrichtenfenster in ein Spezialfall eines Dialogfensters, in dem notwendige Informationen dargestellt werden und lediglich eine logische Quittung durch den Benutzer erwartet wird.

3.1.6 Eingabefocus

Das jeweils aktive Fenster wird als oberstes Fenster in z-Richtung auf der PM-Oberfläche dargestellt. Normalerweise hat dieses aktive Fenster den sogenannten »Eingabefokus« (input focus); dies bedeutet, daß laufende Benutzereingaben über Tastatur oder Maus dem Fenster zugeteilt werden, das aktuell den Eingabefokus hält. Das aktive Fenster oder ein ihm untergeordnetes Fenster kann aktuell den Eingabefokus erhalten.

Dagegen können Programmausgaben auch in Fenstern erfolgen, die aktuell nicht aktiviert sind.

3.1.7 Modale und nichtmodale Dialogfenster

Öffnet ein Programm ein Dialogfenster zur Benutzerbearbeitung, so kann dieses Dialogfenster entweder modal oder nichtmodal sein; ein modales Dialogfenster muß durch den Benutzer zunächst in vorgesehener Art und Weise bearbeitet und geschlossen werden, bevor der Benutzer ein anderes Fenster des selben Programms aktivieren kann. Der Deaktivierungsversuch eines modalen Dialogfensters wird, falls er aus Programmsicht nicht zulässig ist, abgewiesen. Bei Vorliegen eines nichtmodalen Fensters kann dieses beliebig deaktiviert und andere Fenster des selben Programms dafür aktiviert werden.

Wichtig ist der Hinweis, daß der Modal- oder Nichtmodalzustand eines Dialogfensters sich lediglich auf das zugehörige Programm bezieht. Aufgrund der Multitaskingfähigkeit des OS/2 kann ein Wechsel zu einem Fenster eines anderen Programms selbstverständlich jederzeit -unabhängig vom Modalzustand- erfolgen.

3.1.8 System-modale Fenster

Ein Programm kann auch ein »system-modales« Fenster aktivieren, daß systemübergreifend eine bestimmte Bearbeitung durch den Systembenutzer fordert und einen Wechsel zu irgendeinem anderen Objekt der PM-Oberfläche nicht gestattet. Ein solches Fenster hat dann zwingend den Eingabefokus für Maus- und Tastatureingaben.

Ein systemmodales Fenster sollte nur dann kreiert werden, wenn eine entsprechend zwingende Situation vorliegt (z.B. Fehlermeldung/Bearbeitung bei drohendem Datenverlust); immerhin ist während der Existenzzeit dieses Fenster die Benutzung aller anderen PM-Oberflächenelemente nicht möglich.

Nur das Programm, das ein solches system-modales Fenster kreiert hat, kann dieses auch wieder löschen; beides wird durch die Funktion WinSetSysModalWindow() gehandhabt.

3.1.9 Fensterklassen

Wie bereits in Kapitel 2.ff erwähnt, verbindet die Definition einer Fensterklasse die statischen Eigenschaften von unter dieser Klasse definierten Fenstern (Fensterstil) mit der Fensterfunktionalität (Benennung der zuständigen Fensterhauptfunktion). Mehrere unter einer Fensterklasse definierte und geöffnete Fenster werden damit von genau einer Fensterhauptfunktion bearbeitet.

OS/2 unterscheidet hierbei grundsätzlich folgende Fensterklassen.

1. **Öffentliche Fensterklassen (PublicWindowClasses)**: diese vordefinierten Fensterklassen werden durch geeignete Kombination der entsprechenden Klassennamen (WC_name) definiert. Es handelt sich hierbei um die oben erwähnten Kontrollfenster (Kontrollelemente); hierbei ist für jedes verfügbare Kontrollelement eine eigene Fensterklasse definiert.

2. **Private Fensterklassen (PrivatWindowClasses)**: private, »Programmiererdefinierte« Fensterklassen werden durch die Funktion WinRegisterClass() festgelegt.

3.2 Nachrichten

Der Austausch von Nachrichten zwischen Programmen untereinander oder Programmen und Betriebssystemkern ist das wesentliche Konzept des nachrichtenbasierten Multitaskingbetriebssystems. Es gibt grundsätzlich drei Typen von Nachrichten.

1. **Benutzerausgelöste Nachrichten**: Diese Nachrichten werden durch die Operation eines Programmbenutzers direkt ausgelöst (z.B. durch die Auswahl eines Menüpunktes oder eine Tastatureingabe).

2. **Programmausgelöste Nachrichten**: Diese Nachrichten werden von einem Fenster des laufenden Programms erzeugt um mit anderen Fenstern des Systems zu kommunizieren.

3. **Betriebssystemausgelöste Nachrichten**: Diese Nachrichten werden vom Betriebssystem selber erzeugt; Grund hierfür kann die Reaktion auf eine Benutzeraktion oder die Reaktion auf interne Systemereignisse sein.

Neben dieser Unterscheidung nach dem Auslöser einer Nachricht gibt es eine weitere Unterscheidung nach dem Empfänger (oder besser : dem Versandweg) einer Nachricht. Hier werden drei Nachrichtentypen unterschieden.

1. **Direkte Nachrichten**: diese Nachrichten erfordern eine sofortige Bearbeitung durch die entsprechende Fensterfunktion und werden daher direkt an die empfangende Fensterfunktion gesandt. Dies geschieht durch die Funktion WinSendMsg(); diese Funktion wartet solange, bis die nachrichtenempfangende Fensterfunktion diese verarbeitet hat und eine entsprechende Antwort (return-Wert) zurückgeschickt hat. Die so verschickte Nachricht beinhaltet

    - HWND handle   Handle des Empfängerfensters
    - ULONG msg   Nachrichtenidentifikation
    - MPARAM mp1   Nachrichtenparameter 1
    - MPARAM mp2   Nachrichtenparameter 2

2. **Warteschlangennachrichten**: dieser Nachrichtentyp erfordert nicht zwingend eine direkte Reaktion des Nachrichtenempfängers und wird daher in die Nachrichtenwarteschlange des Empfängerfensters kopiert. Dies geschieht durch die Versandfunktion WinPostMsg(); hierdurch wird eine QMSG-Datenstruktur in die Nachrichtenwarteschlange des Empfängers kopiert. Eine solche QMSG-Datenstruktur beinhaltet folgende Werte.

- HWND hwnd   Handle des Empfängerfensters
- ULONG msg   Nachrichtenidentifikation
- MPARAM mp1   Nachrichtenparameter 1
- MPARAM mp2   Nachrichtenparameter 2
- ULONG time   Systemzeit, zu der die Nachricht erzeugt wurde
- POINTL ptl   Mauszeigerposition bei Erzeugung der Nachricht

3. **Rundsendenachrichten (broadcasting messages)**: Diese Art der Nachrichtenweitergabe wird benutzt, wenn ein Programm Änderungen (z.B. an Systemeinstellungen) vorgenommen hat, von denen auch andere laufende Programme betroffen sein können. Der Empfängerkreis derartiger »Rundsendungen« können

- Alle Fenster
- Alle Rahmenfenster
- Alle Fenster eines Programms

sein. Hier wird die Funktion WinBroadcastMsg() angewandt.

Allgemein gilt, daß jedes PM-Programm eine Nachrichtenwarteschlange einrichten muß. Nur Programme, die eine solche Nachrichtenwarteschlange eingerichtet haben können Programmfenster einrichten und handhaben. Dabei verwaltet eine Nachrichtenwarteschlange alle Fenster eines laufenden Programms. Um die Nachrichten an das richtige Fenster senden zu können, ist das Handle des Empfängerfensters obligatorischer Bestandteil jeder verschickten Nachricht.

Es gibt noch einen dritten Ansatz, die Menge aller Nachrichten zu strukturierten; hierbei werden folgende Nachrichtentypen unterschieden.

1. **Systemdefinierte Nachrichten**: in diese Kategorie fallen alle von seiten des Betriebssystems vordefinierte Nachrichtentypen. Die zugehörigen Konstantenwerte der Nachrichtenidentifikatoren fallen in den Bereich [0x0000,0x0FFF]; die Obergrenze 0x0FFF entspricht hierbei dem Wert der Systemkonstanten (WM_USER - 1).

2. **Selbstdefinierte Nachrichtenidentifikatoren**: Diese Konstanten liegen im Bereich [0x1000,0xBFFF] und können innerhalb eines Programms zur Definition eigener Nachrichtentypen verwendet werden. Wichtig hierbei ist, daß solche selbstdefinierten Nachrichten in keinem Fall an andere laufende Programme bzw. deren Fensterfunktionen versandt werden dürfen, da hier die Gefahr einer Fehlinterpretation (fehlende Standardisierung) gegeben ist. Tat-

sächlich sind selbstdefinierte Nachrichtenidentifikatoren lediglich zum Austausch von Informationen innerhalb des definierenden Programms tauglich. Dagegen können Nachrichtenidentifikatoren im Bereich [0xC000,0xFFFF] von einem PM-Programm selbstdefiniert und in der sogenannten Systematomtabelle (SystemAtomTable) registriert werden; über diese Registrierung in einem zentralen Systembereich stehen diese Definitionen dann auch anderen, fremden PM-Programmen zur Verfügung.

3. **Semaphore-Nachrichten**: Auf die Bedeutung von Semaphoren wird an anderer Stelle noch ausführlich eingegangen werden; hier sei nur festgehalten, daß die 4 verfügbaren Semaphor-Nachrichten WM_SEM1 bis WM_SEM4 laufende Programme über die Beendigung eines Systemereignisses informieren können, indem diese Nachrichten über die entsprechende Nachrichtenwarteschlange des Programms versendet werden.

Die Funktion WinGetMsg() liest Nachrichten aus der Nachrichtenwarteschlange gemäß ihrer Priorität. Dabei werden Nachrichten gleicher Priorität nach ihrer Verweildauer in der Nachrichtenwarteschlange abgearbeitet. Die Prioritätsstaffelung ist dabei folgende.

1. WM_SEM1
2. Alle Nachrichten, die durch die Funktion WinPostMsg() zugestellt wurden
3. Eingabenachrichten, die durch die Tastatur oder die Maus erzeugt wurden
4. WM_SEM2
5. WM_PAINT
6. WM_SEM3
7. WM_TIMER
8. WM_SEM4

Nachrichten, die durch die Funktion WinSendMsg() zugestellt wurden, werden *in jedem Fall vorrangig* abgearbeitet.

3.3 Fensterprogrammierung

Anhand des Beispielprogramms fenster.c wollen wir nach den vorherigen »trockenen« Definitionen die wichtigsten Techniken zur Handhabung von Programmfenstern betrachten. Aus Platzgründen wurde auf die Darstellung des kompletten Quelltextes verzichtet. Lediglich die wichtigen Passagen sind jeweils zur Verdeutlichung eingefügt; der gesamte Quelltext ist selbstverständlich auf dem Datenträger abgelegt.

3.3.1 Nachrichtenbearbeitung : WM-PAINT

Nach dem Starten des Programms fällt zunächst auf, daß innerhalb des Ausgabebereichs des Fensters ein Text dargestellt wird, der die Anzahl der aktuell bearbeiteten WM_PAINT-Nachrichten angibt; dies wird innerhalb der Abarbeitung der WM_PAINT-Nachricht der Fensterhauptfunktion (Abschnitt 4) realisiert.

```
/*4.Ein Teil des Programmfenster muß neu gezeichnet werden */
case WM_PAINT:
{
HPS hps;
RECTL rc;
POINTL pt;
static int anzahlwmpaint = 0;
char string[128];

hps = WinBeginPaint(hwnd, 0L, &rc);

pt.x = 20;
pt.y = 100;

GpiSetColor(hps, CLR_NEUTRAL);
GpiSetBackColor(hps, CLR_BACKGROUND);
GpiSetBackMix(hps, BM_OVERPAINT);

sprintf(string, "Anzahl WM_PAINT : %d ",anzahlwmpaint++);

GpiCharStringAt(hps, &pt, (LONG)strlen(string), string);
WinEndPaint(hps);
break;
}
```

Dies gibt uns Gelegenheit, durch geeignete Aktionen mit dem dargestellten Programmfenster zu experimentieren und dabei festzustellen, wann WM_PAINT-Nachrichten an die Fensterfunktion unseres Programms gesendet werden. Dabei ist festzustellen, daß folgende Benutzeraktionen innerhalb des Programmfensters oder auch externe Ereignisse eine WM_PAINT-Nachricht generieren.

- **Verschieben des Fensters** : Ein reines Verschieben des Fensters hat solange keinen Einfluß auf das Generieren einer WM_PAINT-Nachricht, wie sich der dargestellte Text des Fensterausgabebereiches sich vollständig innerhalb der Bildschirmgrenzen befindet. Erst wenn Teile des Textes durch Verschieben des Fensters über die Bildschirmgrenzen hinaus verdeckt worden sind, wird bei Neupositionierung des Fensters innerhalb der Bildschirmgrenzen die Notwendigkeit des Neuzeichnens des Fensterinhaltes vom Betriebssystem erkannt und entsprechend eine WM_PAINT-Nachricht erzeugt.

- **Ändern der Fenstergröße durch den Rahmen** : Hier bedingt jede Änderung der Fenstergröße durch Manipulation des Fensterrahmens ein Neuzeichnen des Ausgabebereichs; unabhängig von der Sichtbarkeit des Ausgabetextes wird bei jeder Änderung eine WM_PAINT-Nachricht erzeugt. Es fällt auf, daß eine solche Nachricht selbst dann erzeugt wird, wenn aufgrund der geringen Fensterhöhe der Fenstertext überhaupt nicht dargestellt wird; eingehende WM_PAINT-Nachrichten und damit verbundene Ausgaben des aktualisierten Textes werden ausgeführt, obwohl der Fenstertext aktuell nicht sichtbar ist.

- **Anwahl des Maximierungsknopfes** : Wird das Fenster durch Anwahl des Maximierungsknopfes auf maximale Größe oder durch nochmalige Auswahl des alternativ dargestellten Redimensionierungsknopfes auf die ursprüngliche Größe dimensioniert, so wird bei jeder Aktion eine Neuzeichnung des Fensterinhaltes ausgelöst.

- **Benutzung des Minimierungsknopfes** : Gleiches gilt für die Minimierung des Fensters durch Anwahl des Minimierungsknopfes. Nach der Redimensionierung des Programmsymbols (Icon) zur ursprünglichen Fenstergröße wird auch hier eine WM_PAINT-Nachricht erzeugt.

- **Menüauswahl** : Anders ist es bei der Anwahl von Menüpunkten. Wird durch das Herunterrollen eines Menüs (auch des Systemmenüs) der Fenstertext verdeckt und nach dem Einrollen des Menüs wieder sichtbar gemacht, bedingt diese Funktion keinen Eintrag in die Liste ungültiger Fensterausgabebereiche (invalid region) und damit keine Erzeugung einer WM_PAINT-Nachricht. Das Betriebssystem sorgt hier dafür, daß die durch die herabrollenden Menüs verdeckten Fensterausgabebereiche als Bitmap zwischengespeichert und bei Wiederherstellung der Sichtbarkeit entsprechend restauriert werden.

- **Externe Ereignisse** : Wird der Fensterausgabebereich durch andere PM-Oberflächenfenster teilweise oder ganz verdeckt, so wird -unabhängig vom Aktivitätsstatus des Programmfensters- jeweils eine WM_PAINT-Nachricht erzeugt, wenn dabei wichtige (beschriebene) Teile des Ausgabefensters überdeckt wurden.

Nicht vergessen werden darf, daß neben diesen Situationen das Betriebssystem »von sich aus« aufgrund programmexterner Ereignisse (Benutzeraktionen) ein Neuzeichnen des Fensterausgabebereichs veranlassen kann. Es gibt natürlich ebenfalls die Möglichkeit, von Seiten des Programms ein Neuzeichnen des Fensterausgabebereichs durch expliziten Aufruf der Funktion WinInvalidateRect() oder WinInvalidateRegion() zu erzwingen : immer dann, wenn eine Fensterregion (Fensterteil) als »ungültig« erklärt wurde (vom System oder explizit via Programmcode) wird eine WM_PAINT-Nachricht erzeugt.

Wenden wir uns nun den weiteren Techniken der Fensterbearbeitung zu, die jeweils durch die einzelnen Menüunterpunkte aktiviert werden.

3.3.2 Beziehung zu anderen Fenstern

Die Funktion WinQueryWindow() ermöglicht zu einem bestehenden Fenster, das durch sein Handle repräsentiert wird die Bestimmung der Handle von Fenstern mit unterschiedlichen Unterordnungs-, Verwandtschafts- und Sichtbarkeitsbeziehungen. Im vorliegenden Beispiel (Abschnitt 2.1) werden Eigentümer (QW_OWNER) und Elternfenster (QW_PARENT) für das Ausgabefenster (ClientWindow) ermittelt und die gefundenen Handle als Hexadezimalzahlen ausgegeben. Vergleicht man die ermittelten Handle-Werte miteinander, so stellt man folgende Übereinstimmungen fest.

Das Fensterhandle, das der Fensterhauptfunktion vom Betriebssystem übergeben wird (hwnd) ist identisch mit dem Handle des Fensterausgabebereichs (hwndAnwendung), das bei Aufruf der Funktion WinCreateStdWindow() definiert wird.

```
/* 2.1 Ausgabe wichtiger Handle in einer Nachrichtenbox */
case ID_HANDLE:
{
char buffer[256];
HWND hwndowner, hwndparent, hwnddesktop;
```

```
    hwndowner = WinQueryWindow(hwnd, QW_OWNER);
    hwndparent = WinQueryWindow(hwnd, QW_PARENT);

    sprintf(buffer, "hwnd : %X\nBesitzer : %X\nEltern : %X
              \nhwndRahmen : %X\nhwndAnwendung : %X",
              hwnd, hwndowner, hwndparent,
              hwndRahmen, hwndAnwendung);
    WinMessageBox(HWND_DESKTOP, hwnd, buffer,
                  "Eltern + Besitzer", 0, MB_OK);
    }
    break;
```

Nicht mehr überraschend ist dann, daß das Handle des Elternfensters (hwndParent) identisch mit dem Handle des Rahmenfensters (hwndRahmen) ist.

Als Wert des Handles des Fenstereigentümers (hwndOwner) wird der Wert NULL (NULLHANDLE) ermittelt; das Programmhauptfenster hat keinen Eigentümer.

3.3.3 Fenstergröße und Fensterposition

Die Anwahl des zweiten Menüpunktes leitet eine Aneinanderreihung von Aufrufen der Funktion WinSetWindowPos() ein, die Fenstergröße, Fensterposition und Fensterstatus jeweils getrennt oder auch gleichzeitig manipuliert.

```
/* 2.2 Ändern der Fenstereigenschaften */
case ID_POS:
{
int i;
HWND hwndparent;

hwndparent = WinQueryWindow(hwnd, QW_PARENT);

WinMessageBox(HWND_DESKTOP, hwnd,
              "(1) Größenänderung", "", 0, MB_OK);
WinSetWindowPos(hwndparent, /* Fensterhandle */
            (HWND)NULL,     /* z-Ordnung */
            0L, 0L,         /* Position */
            500 , 400 ,     /* Größe */
            SWP_SIZE        /* Modus */
            );

WinMessageBox(HWND_DESKTOP, hwnd,
        "(2) (x,y)-Position + Größenänderung", "", 0, MB_OK);
for(i=0;i<10;i++)
```

3.3 Fensterprogrammierung

```
            WinSetWindowPos(hwndparent, /* Fensterhandle */
                        (HWND)NULL, /* z-Ordnung */
                        i*15, i*10, /* Position */
                        i*20 ,i*15, /* Größe */
                        SWP_SIZE|SWP_MOVE /* Modus */
                       );

    WinMessageBox(HWND_DESKTOP, hwnd,
            "(3) Minimieren", "", 0, MB_OK);
    WinSetWindowPos(hwndparent, /* Fensterhandle */
                        (HWND)NULL, /* z-Ordnung */
                        0L, 0L, /* Position */
                        0L, 0L, /* Größe */
                        SWP_MINIMIZE /* Modus */
                       );

    WinMessageBox(HWND_DESKTOP, hwnd,
           "(4) Mit neuer Größe restaurieren", "", 0, MB_OK);
    WinSetWindowPos(hwndparent, /* Fensterhandle */
                        (HWND)NULL, /* z-Ordnung */
                        100, 50, /* Position */
                        300, 200, /* Größe */
                        SWP_SIZE | SWP_MOVE |
                        SWP_SHOW | SWP_RESTORE/* Modus */
                       );

    WinMessageBox(HWND_DESKTOP, hwnd,
            "(5) z-Ordnung ändern", "", 0, MB_OK);
    WinSetWindowPos(hwndparent, /* Fensterhandle */
                        HWND_BOTTOM, /* z-Ordnung */
                        0, 0, /* Position */
                        0, 0, /* Größe */
                        SWP_ZORDER | SWP_SHOW/* Modus */
                       );

}
break;
```

Wichtig ist, daß für alle Aufrufe der Funktion WinSetWindowPos() das Handle des Elternfensters (hwndparent) angegeben werden muß; dies ist das Handle des Programmhauptfensters, das gleichzeitig Elternfenster des Programmausgabebereiches ist. Das Handle des Fensterausgabebereiches (hwnd) wird als Parameter der Fensterhauptfunktion vom Betriebssystem übergeben.

- Zunächst wird eine Änderung der Fenstergröße bei Beibehaltung der Sichtbarkeitsordnung (Z-Ordnung) und der Position der linken unteren Fensterecke durchgeführt. Diese Größenänderung kann bei entsprechender Ausgangsposition des Fensters dazu führen, daß die Titelleiste oder auch das Fenstermenü außerhalb des Bildschirms positioniert werden. Im vorliegenden Programmbeispiel ist dies nicht schlimm, da eine automatische Redimensionierung vorgenommen wird. Im »Ernstfall« eines eigenen PM-Programms muß aber die Programmlogik dafür sorgen, daß der Programmbenutzer stets vollen Zugriff auf alle Fensterkontrollelemente (z.B. die Titelleiste) hat.
- Innerhalb der folgenden for-Schleife werden nun Fensterposition und Fenstergröße gleichzeitig geändert.
- Nachfolgend wird das Programmfenster minimiert und als Sinnbild (Icon) dargestellt. Sie können nach der Minimierung des Programmfensters problemlos das PM-Oberflächenfenster »Minimized Window Viewer« öffnen und werden hierunter das Icon des Beispielprogramms finden.
- Das Fenster wird dann mit einer neuen Größe und einer neuen Position erneut dargestellt (restauriert).
- Als letztes Beispiel der Anwendungsmöglichkeiten der Funktion WinSetWindowPos() wird die Sichtbarkeitsordnung (Z-Ordnung) des Fensters geändert. Das Programmfenster wird hinter alle anderen PM-Oberflächenfenster positioniert und behält dabei gleichzeitig den Status des aktuell aktiven Fensters bei. Damit ist offensichtlich, daß das jeweils aktive Programmfenster nicht automatisch die höchste Position (d.h. oberstes Fenster) in Z-Richtung auf der PM-Oberfläche einnehmen muß. Durch ggf. notwendiges Verschieben der überlagernden Oberflächenfenster wird das Programmfenster erneut sichtbar gemacht und kann wieder auf die höchste Z-Position geholt werden.

Beachten Sie, daß die vorherigen Operationen automatisch einige WM_PAINT-Nachrichten erzeugt haben.

3.3.4 Fenstertitel

Die Manipulation des in der Titelleiste des Programmfensters dargestellten Textes ist mittels der Funktion WinSetWindowText() möglich.

```
/* 2.3 Abfrage und Änderung des Titelleisten-Textes */
case ID_TEXT:
{
 char buffer[256];
 HWND hwndparent;

 hwndparent = WinQueryWindow(hwnd, QW_PARENT);
 WinQueryWindowText(hwndparent, sizeof(buffer), buffer);
 strcat(buffer, "+");
 WinSetWindowText(hwndparent, buffer);
}
break;
```

Zur Demonstration dieser Möglichkeit wird zunächst der aktuelle Text des Rahmenfensters (hwndparent) mittels der Funktion WinQueryWindowText() in einem Textpuffer (buffer[]) abgelegt und dann um ein Pluszeichen ergänzt in der Titelleiste des Fensters aktualisiert (WinSetWindowText()).

3.3.5 Fensterrahmen invertieren

Will man den Benutzer eines Programms auf besonders wichtige Situationen (z.B. Fehlermeldungen) aufmerksam machen, so kann der Programmierer mit der Funktion WinFlashWindow() die Titelleiste des Programmfensters »blinken« lassen. Wie das Programmbeispiel zeigt, wird mittels der gleichen Funktion (Parameter FALSE) das Blinken des Fensterrahmens beendet.

```
/* 2.4 Aufblenden des Fensterrahmens */
caseID_FLASH:
{
 static BOOL flash=FALSE;
 HWND hwndparent;

 hwndparent = WinQueryWindow(hwnd, QW_PARENT);

 if(flash){
    WinFlashWindow(hwndparent, FALSE);
    flash = FALSE;
 }
 else{
    WinFlashWindow(hwndparent, TRUE);
    flash = TRUE;
 }
}
break;
```

3.3.6 Einfache Nachrichtenboxen

Eine besonders einfache Möglichkeit, eine Dialogbox mit wählbaren Stilelementen und vor allem wählbarem Ausgabetext darzustellen ist die Funktion WinMessageBox(). Hierbei ist die Angabe

1. des Textes der Titelleiste,
2. eines auch mehrzeiligen Ausgabetextes,
3. die optionale Positionierung eines wählbaren Symbols (im Beispiel ein Fragezeichen) sowie
4. die Darstellung mehrerer Auswahlknöpfe in unterschiedlichen Kombinationen möglich. Darüber hinaus ist die Bearbeitung der Nachrichtenbox ebenfalls standardisiert; die Darstellung und Bearbeitung eines Systemmenüs und die Ermittlung des Rückgabewertes gemäß des ausgewählten Auswahlknopfes wird vollständig durch die Funktion WinMessageBox() abgearbeitet.

```
/* 2.5 Beispiel zweier Nachrichtenboxen */
caseID_MBOX:
{
USHORT antwort;
char string[128];

antwort = WinMessageBox(
        HWND_DESKTOP ,  /* Elternfenster */
        hwnd ,          /* Eigentümer */
        "Dies ist eine Nachrichtenbox\nmit vielen Optionen",
                        /* Text in der Box */
        "Der Titel sollte weniger als 40 Zeichen lang sein",
                        /* Titeltext */
        0 ,             /* ID für HK_HELP */
        MB_YESNOCANCEL | /* Stilelemente */
        MB_QUERY |
        MB_DEFBUTTON3 |
        MB_MOVEABLE );

sprintf(string, "Es wurde der Wert
                        %d zurückgegeben",antwort);
WinMessageBox(HWND_DESKTOP, hwnd, string, "Rückgabe",
                                0, MB_OK);
}
break;
```

3.3 Fensterprogrammierung

Im Beispiel wird in einer zweiten Nachrichtenbox der von der Wahl des Auswahlknopfes abhängige Rückgabewert der Funktion WinMessageBox() ausgegeben. Eine solche Nachrichtenbox bietet dem Programmierer eine sehr einfache Möglichkeit, primitive Formen des Dialogs Programm/Benutzer durchzuführen. Der hier ersparte Aufwand ist erheblich; sowohl die explizite Definition der Dialogbox mittels eines Ressourceneditors als auch die explizite Bearbeitung mittels einer eigenen Dialogboxfunktion (äquivalent zur Fensterfunktion) entfällt.

3.3.7 Fehlerbestimmung

Obwohl thematisch nicht unbedingt in den Bereich der Fensterhandhabung gehörig, soll hier kurz das Verfahren zur Bearbeitung von während des Programmablaufs auftretenden dynamischen Fehlern gezeigt werden.

Zunächst ist bei den meisten PM-Funktionen ein spezieller Rückgabewert definiert, der einen nicht näher definierten Fehler bei der Abarbeitung der Funktion signalisieren soll; dies wird in vielen Fällen die Rückgabe eines NULL-Wertes sein. Darüber hinaus sind detaillierte Informationen über den bei der Funktionsbearbeitung aufgetretenen Fehler mittels der beiden Funktionen WinGetLastError() und WinGetErrorInfo() zu ermitteln und durch Ablage in geeignete Variablen der Programmlogik verfügbar zu machen; beide genannte Funktionen behandeln den jeweils zuletzt aufgetretenen Fehlerfall.

```
/* 2.6 Fehlerbehandlung */
case ID_ERROR:
{
 ERRORID fehlercode;
 PERRINFO pfehler;
 char string[128];

 fehlercode = WinGetLastError(hab);
 sprintf(string, "(1) Fehlercode : %X",fehlercode);
 WinMessageBox(HWND_DESKTOP, hwnd, string,
               "Rückgabe ohne Fehlerfall", 0, MB_OK);

 /* Jetzt wird bewusst ein Fehler gemacht : */
 /* Der Funktion WinQueryWindow wird ein
    undefinierter Parameter- */
 /* wert an zweiter Position übergeben */
 WinQueryWindow(hwnd, 4711L);
 fehlercode = WinGetLastError(hab);
 sprintf(string, "(2) Fehlercode : %lx",fehlercode);
 WinMessageBox(HWND_DESKTOP, hwnd, string,
```

```
                             "Fehler : Parameter", 0, MB_OK);
/*Der Funktion WinQueryWindow wird undefiniertes handle */
/* an erster Position übergeben */
WinQueryWindow((HWND)4711L, QW_PARENT);

pfehler = WinGetErrorInfo(hab);
fehlercode = WinGetLastError(hab);

sprintf(string, "(3) Fehlercode : %lx, %lx",
                             pfehler->idError, fehlercode);
WinMessageBox(HWND_DESKTOP, hwnd, string,
                             "Fehler : Handle", 0, MB_OK);
}
break;
```

Um die Funktionsweise der Fehlerabfragefunktionen zu verdeutlichen, wird für eine beliebige PM-Funktion (Im Beispiel: WinQueryWindow()) in zwei Beispielen bewußt jeweils ein Programmfehler durch Übergabe eines falschen Parameterwertes erzwungen. Während die Funktion WinGetLastError() lediglich den (hexadezimal codierten) Kennwert des erkannten Funktionsfehlers ermittelt, liefert die Funktion WinGetErrorInfo() darüberhinausgehende, detailliertere Informationen über den Fehlerfall; siehe hierzu die entsprechende Funktionsbeschreibung.

3.3.8 Kreieren von Dialogkontrollelementen

Unter dem Menütitel »Information« ist unter dem Menüpunkt »Kontrollelemente« ein Untermenü (eingeschachteltes Menü) definiert worden; die Methode hierzu sei kurz anhand der entsprechendes Ausschnittes der zugehörigen Ressourcendefinitionsdatei Fenster dargestellt.

```
Ausschnitt aus FENSTER.RC

/* 2. Das Menü des Hauptfensters wird explizit definiert */
MENU    ID_MAIN PRELOAD
BEGIN

  SUBMENU "Information", ID_MENU3
  BEGIN
    SUBMENU "Kontrollelemente...", ID_CELEMENTE
    BEGIN
       MENUITEM "Auswahlknopf",ID_KNOPF, MIS_TEXT
       MENUITEM "Schieber",    ID_SCHIEBER, MIS_TEXT
    END

  END
END
```

Unter dem Menüpunkt »Kontrollelemente« ist die Möglichkeit zur expliziten Definition und Darstellung zweier durch das Betriebssystem vordefinierter Kontrollelemente (Auswahlknopf und Schieber) vorgesehen.

```
/* 2.7 Auswahlknopf (push button) oder Schieber (slider)
                                                kreieren */
case ID_KNOPF:
{
  HWND hwndknopf;

  hwndknopf = WinCreateWindow(
    hwnd,
    WC_BUTTON,
    "Kontrollknopftext",
    WS_VISIBLE | WS_SYNCPAINT | BS_PUSHBUTTON,
    10,10,
    150,30,
    hwnd,
    HWND_TOP,
    1,
    NULL, NULL);
}
break;

case ID_SCHIEBER:
{
  HWND hwndschieber;

  hwndschieber = WinCreateWindow(
    hwnd,
    WC_SLIDER,
    "Schiebertext",
    WS_VISIBLE | WS_SYNCPAINT |
    SLS_HORIZONTAL | SLS_RIBBONSTRIP,
    10,50,
    150,30,
    hwnd,
    HWND_TOP,
    1,
    NULL, NULL);
}
break;
```

Mittels der Funktion WinCreateWindow() wird jeweils eine vordefinierte Fensterklasse (WC_BUTTON, WC_SLIDER) mit jeweils wählbaren Texten, Positionen und Stilelementen ausgewählt und das entsprechende Kontrollelement dargestellt. Beachten Sie, daß beide Kontrollelemente bezüglich ihrer Oberflächenfunktion voll funktionsfähig sind; so läßt sich der Kontrollknopf anwählen und das Schieberkontrollelement beliebig positionieren. Trotz dieser durch das Betriebssystem realisierten oberflächlichen Funktion beider Kontrollelemente werden diese lediglich dargestellt; eine Abfrage des Status der Kontrollelemente (z. B. Schieberpositionsabfrage) erfolgt in diesem Beispiel nicht. Wie eine solche Bearbeitung von Benutzeraktionen auf Kontrollelemente programmiert wird, wird im nächsten Kapitel beschrieben.

3.3.9 Handle von Kontrollelementen

Die zum Programmhauptfenster gehörenden Kontrollelemente, die schon bei der Festlegung des Fenstersstils (Aufruf der Funktion WinCreateStdWindow()) als zum Programmhauptfenster gehörend definiert wurden sind ihrerseits jeweils Kindfenster des Programmhauptfensters und haben somit auch eigene Fensterhandle.

```
/* 2.8 Handle von Fensterelementen */
case ID_EHANDLE:
{
  HWND hwndhauptfenster;
  HWND hwndsysmenu, hwndmenu, hwndminmax, hwndtitlebar;
  char buffer[256];

  /* Handle des Hauptfensters (frame window) */
  hwndhauptfenster = WinQueryWindow(hwnd, QW_PARENT);

  /*Handle verschiedener Kontrollel. des Hauptfensters */
  hwndsysmenu = WinWindowFromID(hwndhauptfenster,
                                FID_SYSMENU);
  hwndmenu = WinWindowFromID(hwndhauptfenster, FID_MENU);
  hwndminmax = WinWindowFromID(hwndhauptfenster, FID_MINMAX);
  hwndtitlebar = WinWindowFromID(hwndhauptfenster,
                                 FID_TITLEBAR);

  sprintf(buffer, "SYSMENU %lX\nMENU %lX
                   \nMINMAX %lX\nTITLEBAR %lX",
          hwndsysmenu, hwndmenu, hwndminmax, hwndtitlebar);
  WinMessageBox(HWND_DESKTOP, hwnd, buffer,
                "Handle Kontrollelemente", 0, MB_OK);
}
break;
```

3.3 Fensterprogrammierung

Diese Fensterhandle werden mittels der Funktion WinWindowFromID() ermittelt. Mittels dieser kontrollelementeigenen Handle können einzelne Kontrollelemente nachträglich manipuliert werden.

3.3.10 Abfrage von Systemparametern

Wichtige Informationen über i.d.R. geräteabhängige und durch das Betriebssystem vordefinierte Systemparameter werden durch die Funktion WinQuerySysValue() ermittelt und können als Rückgabewert der Funktion in Variablen abgelegt und damit in der Programmlogik weiterverarbeitet werden.

Im Beispiel werden die Auflösung des Bildschirms in pel sowie die Höhe der Titelleiste abgefragt und in einer einfachen Nachrichtenbox ausgegeben. Insbesondere die Bildschirmauflösung (SV_CXSCREEN, SV_CYSCREEN) sind Systemparameter, die bei der Programmierung von Fensterpositionierung- und Dimensionierung sowie der Programmierung grafischer Ausgaben unbedingt notwendig sind.

```
/* 2.9 Systeminformationen */
case ID_SYSINFO:
{
  LONG cxscreen, cyscreen, cytitlebar;
  char buffer[256];

  /* Ermitteln einiger Systemparameter */
  cxscreen = WinQuerySysValue(HWND_DESKTOP, SV_CXSCREEN);
  cyscreen = WinQuerySysValue(HWND_DESKTOP, SV_CYSCREEN);
  cytitlebar = WinQuerySysValue(HWND_DESKTOP, SV_CYTITLEBAR);

  sprintf(buffer, "cxscreen %ld, cyscreen %ld,
                             cytitlebar %ld",
                      cxscreen, cyscreen, cytitlebar);
  WinMessageBox(HWND_DESKTOP, hwnd, buffer,
                      "Einige Systemwerte", 0, MB_OK);
}
break;
```

Natürlich können Systemparameter mittels einer anderen Funktion (WinSetSysValue()) geändert werden. Diese Änderung gilt dann allerdings für das gesamte System - also auch für andere Programme.

3.4 Fenster : Funktionen

WinBeginEnumWindows

Funktion

Diese Funktion leitet den Aufzählungsprozess für die Durchnummerierung aller direkten Kindfenster des spezifizierten Elternfensters ein. Die einzelnen durchnumerierten Kindfenster können dann mittels der Funktion WinGetNextWindow() angesprochen werden. Der Aufzählungsprozess muß obligatorisch durch die Funktion WinEndEnumWindows() abgeschlossen werden.

define

```
#define INCL_WINWINDOWMGR, INCL_WIN oder INCL_PM
#include <os2.h>
```

Aufruf

Henum = WinBeginEnumWindows(hwndParent);

Henum (HENUM) - return	Aufzählungshandle; dieses Handle wird bei nachfolgenden Aufrufen der Funktion WinGetNextWindow() benutzt, um nacheinander die Handle der Kindfenster zu ermitteln.
	Nach Abschluß der Durchnumerierung muß das Handle henum durch Aufruf der Funktion WinEndEnumWindows() gelöscht werden.
hwndParent (HWND) - input	Handle des Elternfensters, dessen Kindfenster durchgezählt werden sollen.
HWND_DESKTOP	Alle Hauptfenster aufzählen
HWND_OBJECT	Alle Objektfenster aufzählen
handle	Alle Kindfenster des Fensters handle aufzählen

3.4 Fenster : Funktionen

WinBroadcastMsg

Funktion

Diese Funktion sendet eine Nachricht gleichzeitig an mehrere Fenster des Systems. Dies ist immer dann sinnvoll, wenn ein Programm eine Änderung der Systemparameter vorgenommen hat, die auch Auswirkungen auf andere Programme haben kann (z.B. Systemfarben geändert).

define

```
#define INCL_WINMESSAGEMGR, INCL_WIN oder INCL_PM
#include <os2.h>
```

Aufruf

**fSuccess =
WinBroadcastMsg(hwndParent,ulMsgId,mpParam1, mpParam2,flCmd);**

hwndParent (HWND) - input	Handle des Elternfensters
ulMsgId (ULONG) - input	Nachrichtenidentifikation; i.d.R. eine vordefinierte Nachrichtenkonstante
mpParam1 (MPARAM) - input	Parameter 1 der Nachricht
mpParam2 (MPARAM) - input	Parameter 2 der Nachricht
flCmd (ULONG) - input	Versandmodus der Nachricht:
BMSG_POST	Die Nachricht wird in die jeweiligen Nachrichtenwarteschlangen der Empfänger gesandt; dies schließt eine Kombination mit BMSG_SEND und BMSG_POSTQUEUE aus.
BMSG_SEND	Schickt die Nachricht direkt an die Fensterfunktion der Empfänger; kleine Kombination mit BMSG_POST oder BMSG_POSTQUEUE.
BMSG_POSTQUEUE	Wie BMSG_POST, Empfänger sind nur die Instanzen (threads) des sendenden Programms;

	hwndParent wird NULL gesetzt; keine Kombination mit BMSG_POST oder BMSG_SEND.
BMSG_DESCENDANTS	Nachricht geht an alle hwndParent untergeordneten Fenster.
BMSG_FRAMEONLY	Nachricht nur an alle Fenster mit dem Stil CS_FRAME.
fSuccess (BOOL) - return	Gibt an, ob die Funktion erfolgreich abgeschlossen wurde.
TRUE	Versand erfolgreich durchgeführt
FALSE	Es trat ein Fehler auf

WinCreateMsgQueue

Funktion

Mit dieser Funktion wird eine Nachrichtenwarteschlange eingerichtet

define

```
#define INCL_WINMESSAGEMGR, INCL_WIN oder INCL_PM
#include <os2.h>
```

Aufruf

hmq = WinCreateMsgQueue(hab, lQueuesize);

hab (HAB) - input	Handle des Ankerblocks
lQueuesize (LONG) - input	Maximale Größe der Nachrichtenwarteschlange; es wird die Anzahl der maximal zu speichernden Nachrichten angegeben.
NULL	Voreinstellung des Systems
Anderer Wert	Zahlenangabe der maximalen Größe der Nachrichtenwarteschlange
hmq (HMQ) - return	Handle der Nachrichtenwarteschlange
NULLHANDLE	Es konnte keine Nachrichtenwarteschlange eingerichtet werden

| Anderer Wert | Rückgabewert ist das Handle der Nachrichtenwarteschlange |

WinCreateStdWindow

Funktion

Mit dieser Funktion wird ein Standardfenster eingerichtet. Das Fenster wird mit einer Breite und Höhe von 0 und einer Position links unten im Elternfenster eingerichtet, solange nicht der Parameter FCF_SHELLPOSITION angegeben wird. In diesem Fall wird Größe und Position durch das Betriebssystem bestimmt. Das so definierte Fenster kann später mittels der Funktion WinSetWindowPos() anderweitig positioniert und dimensioniert werden.

define

```
#define INCL_WINFRAMEMGR, INCL_WIN, INCL_PM.
#include <os2.h>
```

Aufruf

hwndFrame = WinCreateStdWindow(hwndParent,
                flStyle, pflCreateFlags,
                pszClassClient, pszTitle,
                flStyleClient, Resource, ulld,
                          phwndClient);

hwndParent (HWND) - input   Handle des Elternfensters; ist dieser Parameter ein Rückgabewert der Funktion WinQueryDesktopWindow() oder die Konstante HWND_DESKTOP, so wird ein Hauptfenster eingerichtet. Ist dieser Parameter ein Rückgabewert der Funktion WinQueryObjectWindow() oder hat er den Wert HWND_OBJECT, so wird ein Objektfenster definiert.

flStyle (ULONG) - input   Definition des Fensterstils; hier ist jede (sinnvolle !) Kombination der Konstanten WS_name und FS_name zulässig.

Tabelle : WS_stilbezeichner Fensterstil

WS_SYNCPAINT	Der Fensterbereich wird synkron neu gezeichnet. Dies bedeutet, daß ein Neuzeichnen des Fensterbereiches sofort ausgeführt wird, wenn eine Fensterregion ungültig geworden ist (z.B. durch Überdeckung); normalerweise wird ein Fensterbereich nur dann neu gezeichnet, wenn keine weiteren Nachrichten in der Nachrichtenwarteschlange des Fensters vorhanden sind.
WS_CLIPCHILDREN	Bereiche, die durch Kindfenster überdeckt werden, sind hierdurch bei Grafikausgaben ausgeschlossen.
WS_CLIPSIBLINGS	Fensterbereiche, die durch Geschwisterfenster belegt werden, werden bei Grafikausgaben in den Fensterbereich ausgespart.
WS_DISABLED	Das Fenster wird inaktiv gemacht
WS_MAXIMIZED	Das Rahmenfenster wird mit maximaler Größe kreiert
WS_MINIMIZED	Das Rahmenfenster wird mit minimaler Größe kreiert
WS_PARENTCLIP	Hiermit wird kontrolliert, wie Grafikausgaben in ein Fenster außerhalb des Fensters abgeschnitten (clipping) werden; grundsätzlich sollte bei Angabe dieses Stils nicht außerhalb des Fensterrechtecks gezeichnet werden.
WS_SAVEBITS	Der Bildschirmhintergrund unterhalb des Fensters wird gesichert, wenn das Fenster sichtbar gemacht wird.
WS_VISIBLE	Das Fenster ist als sichtbar definiert; dies ist die Voreinstellung. Beachten Sie, daß auch ein sichtbares Fenster durch andere Fenster der PM-Oberfläche überdeckt werden kann.
WS_GROUP	Dieses und nachfolgend definierte Kontrollelemente bilden eine Gruppe (z.B. für die Funktion

3.4 Fenster : Funktionen

	von Radioknöpfen (radio buttons)); Stil nur in Dialogfenstern anwenden.
WS_TABSTOP	Das Kontrollelement kann durch Betätigen der TAB-Taste erreicht werden; Stil nur in Dialogfenstern anwenden.

Tabelle : FS_stilbezeichner Rahmenstil:

FS_SCREENALIGN	Koordinatenangaben der Fensterposition beziehen sich auf die linke obere Bildschirmecke.
FS_MOUSEALIGN	Die Positionskoordinaten des Fensters beziehen sich auf die Position des Mauszeigers zum Zeitpunkt der Fensterkreation
FS_BORDER	Das Fenster erhält einen einfachen, dünnen Rahmen; keine Veränderung der Fenstergröße möglich.
FS_SIZEBORDER	Das Fenster bekommt einen Rahmen, mit dem der Benutzer die Größe des Fensters ändern kann
FS_DLGBORDER	Das Fenster erhält einen Standardrahmen für Dialogfenster; hiermit ist keine Größenänderung möglich
FS_SYSMODAL	Das Fenster ist systemmodal
FS_NOBYTEALIGN	Wenn dieser Stil **nicht** gewählt wird, werden horizontale Verschiebungen des Fensters auf byte-Grenzen gesetzt und ermöglichen bei einigen Ausgabegeräten eine schnellere Fensterpositionierung
FS_TASKLIST	Der Programmname wird an den Beginn des Rahmenfenstertextes gesetzt, der resultierende Text wird als Fenstertitel genutzt und zur Gesprächsliste des Betriebssystems hinzugefügt.
FS_NOMOVEWITH-OWNER	Das Fenster wird nicht bewegt, wenn der Besitzer des Fensters bewegt wird

	FS_AUTOICON	Ist das Fenster iconisiert dargestellt, so übernimmt das Betriebssystem eine Neuzeichnung des Icons; es wird keine WM_PAINT Nachricht an die Fensterfunktion gesandt.
pflCreateFlags (PULONG) - input		Modus der Fensterkreation; Kombinationen des Konstanten FCF_name sind erlaubt

Tabelle : FCF_modus Modus der Fensterkreation

FCF_TITLEBAR	Es wird eine Titelleiste im Fenster dargestellt
FCF_SYSMENU	Das Fenster erhält ein Systemmenü; das Systemmenü beinhaltet immer die Möglickeit, das Programm zu beenden
FCF_MENU	Das Fenster hat eine eigene Menüleiste
FCF_MINMAX	Das Fenster bekommt einen Minimier- und Maximierknopf
FCF_MINBUTTON	Das Fenster enthält einen Minimierknopf
FCF_MAXBUTTON	Das Fenster enthält einen Maximierknopf
FCF_VERTSCROLL	Das Fenster hat einen vertikalen Rollbalken
FCF_HORZSCROLL	Das Fenster hat einen horizontalen Rollbalken
FCF_SIZEBORDER	Das Fenster bekommt einen Rahmen, mit dem der Benutzer die Größe des Fensters ändern kann.
FCF_BORDER	Das Fenster bekommt einen einfachen Rahmen; eine Größenänderung ist hiermit nicht möglich
FCF_DLGBORDER	Das Fenster bekommt einen Rahmen für Dialogfenster; eine Größenänderung des Fensters ist hiermit nicht möglich
FCF_ACCELTABLE	Eine Liste mit Tastaturbeschleunigungsdefinitionen wird geladen und mit den Menüpunkten verbunden

FCF_ICON	Das Fenster bekommt ein benutzerdefiniertes Icon. Falls das Fenster minimiert wird, wird das Icon als Fenstersinnbild dargestellt
FCF_SHELLPOSITION	Das Betriebssystem bestimmt die Anfangsposition und -größe des darzustellenden Fensters
FCF_SYSMODAL	Das Fenster ist systemmodal
FCF_NOBYTEALIGN	Wenn dieser Modus **nicht** gewählt wird, wird bei horizontalen Verschiebungen das Fenster auf byte-Grenzen gesetzt; dies beschleunigt bei einigen Ausgabegeräten die Fensterpositionierung
FCF_TASKLIST	Der Programmname wird an den Beginn des Fenstertextes gesetzt, der resultierende Text wird als Fenstertitel dargestellt und in die Gesprächsliste des Betriebssystems übernommen.
FCF_NOMOVEWITH-OWNER	Wird der Besitzer des Fensters verschoben, so verbleibt das Fenster an seiner Position.
FCF_STANDARD	Abkürzende Schreibweise für (FCF-TITELBAR|FCF_MENU|FCF_ACCELTABLE|-FCF_SHELLPOSITION|FCF_TASKLIST)
FCF_SCREENALIGN	Die Positionskoordinaten des Fenstes beziehen sich auf die linke obere Ecke des Bildschirms.
FCF_MOUSEALIGN	Die Positionskkordinaten des Fensters beziehen sich auf die Position des Mauszeigers zum Zeitpunkt der Fensterkreation
FCF_AUTOICON	Wenn das Fenster iconisiert worden ist, übernimmt das Betriebssystem die Neuzeichnung des Icons; es wird keine WM_PAINT-Nachricht an die Fensterfunktion gesandt
FCF_HIDEBUTTON	Der Fensterschließer-Knopf wird angezeigt
FCF_HIDEMAX	Anzeige des Fensterschließer- und des Fenstermaximiererknopfes

pszClassClient (PSZ) - input Name der Fensterklasse des Fensterausgabebereichs (client-window). Wenn dieser Name nicht leer ist, so wird ein Fensterausgabebereich der angegebenen Klasse und mit Stil flStyleClient eingerichtet. Der hier angegebene Name kann entweder mittels der Funktion WinRegisterClass() selbst definiert sein oder eine vordefinierte Klasse vom Typ WC-name sein. Hat der Parameter den Wert NULL so wird kein Ausgabebereich kreiert. Folgende Kontrollelementeklassen sind vordefiniert.

Tabelle : WC_kontrollelement Klassen von Kontrollelementen

WC_BUTTON	Auswahlknöpfe
WC_COMBOBOX	Comboboxen
WC_CONTAINER	Inhaltsboxen; in Inhaltsboxen können weitere Inhalte wie z.B. Grafiken gespeichert und in verschiedenen Modi angezeigt werden
WC_ENTRYFIELD	Editierbare Textzeile
WC_FRAME	Rahmen
WC_LISTBOX	Listbox; eine Liste von vorgegebenen Auswahlmöglichkeiten wird präsentiert
WC_MENU	Auswahlmenüs werden dargestellt
WC_MLE	Mehrzeiliger editierbarer Text wird dargestellt
WC_NOTEBOOK	Notizbuch-Kontrollelement wird dargestellt
WC_SCROLLBAR	Rollbalken
WC_SLIDER	Ein Schieber mit Skala und kontinuierlicher Positionierung wird dargestellt
WC_SPINBUTTON	Drehknopf-Kontrollelement
WC_STATIC	Statisches Kontrollelement; reagiert nicht auf Tastatur- oder Mauseingaben (meist reine Textausgaben)
WC_TITLEBAR	Titelleiste

3.4 Fenster : Funktionen

WC_VALUESET	Genau eine Auswahlmöglichkeit von mehrern Optionen kann ausgewählt werden; dies können Text, Zahlen oder Grafiken sein.

pszTitle (PSZ) - input

Text der Fenstertitelleiste; die Angabe wird ignoriert, wenn FCF_TITLEBAR nicht angegeben ist.

flStyleClient (ULONG) - input

Stil des Fensterausgabebereichs; hier werden Kombinationen der Konstanten FS_name und WS_name akzeptiert. Der Parameter wird ignoriert, wenn pszClassClient den Wert NULL hat.

Resource (HMODULE) - input

Identifikation externer Ressourcen. Dieser Parameter wird ausgewertet, wenn FCF_MENU, FCF_STANDARD, FCF_ACCELTABLE oder FCF_ICON angegeben wurden.

NULLHANDLE	Die Ressourcendefinitionen sind in der Programmdatei selbst enthalten.
Anderer Wert	Die Ressourcendefinitionen sind unter dem Handle erreichbar, daß durch die Funktionen DosLoadModule() oder DosGetModHandle() zurückgegeben wurden.

ulld (ULONG) - input

Identifikationsnummer des Rahmenfensters; alle zum Rahmenfenster gehörigen externen Ressourcen müssen diesen eindeutigen Identifikationswert haben.

phwndClient (PHWND) - output

Handle des Fensterausgabebereichs (client-window). Dieser Wert wird zurückgegeben, wenn ein Fensterausgabebereich eingerichtet wurde.

WinCreateWindow

Funktion

Ein neues Fenster der anzugebenden Klasse wird definiert.

define

```
#define INCL_WINWINDOWMGR,  INCL_WIN oder INCL_PM
#include <os2.h>
```

Aufruf

**hwnd = WinCreateWindow(hwndParent,
　　　　　　　　　pszClassName, pszName, flStyle,
　　　　　　　　　lxcoord, lycoord, lWidth,
　　　　　　lHeight, hwndOwner, hwndBehind,
　　　Id, pCtlData, pPresParams);**

hwndParent (HWND) - input	Handle des Elternfensters. Bei Angabe von HWND_DESKTOP wird ein Hauptfenster eingerichtet. Bei Angabe von HWND_OBJECT und bei Angabe eines Handles, daß Rückgabewert der Funktion WinQueryObjektWindow() ist, wird ein Objektfenster eingerichtet.
pszClassName (PSZ) - input	Name der Fensterklasse; entweder Angabe eines durch die Funktion WinRegisterClass() definierten Klassennamens oder Angabe einer vordefinierten Klasse des Typs WC_name.
pszName (PSZ) - input	Fenstertext
flStyle (ULONG) - input	Fensterstil; hier sind Kombinationen der Stilkonstanten WS_name und FS_name erlaubt.
lxcoord (LONG) - input	X-Koordinate der Fensterposition
lycoord (LONG) - input	Y-Koordinate der Fensterposition
lWidth (LONG) - input	Breite des Fensters
lHeight (LONG) - input	Höhe des Fensters
hwndOwner (HWND) - input	Handle des Fenstereigentümers

3.4 Fenster : Funktionen

hwndBehind (HWND) - input	Angabe des Handles des Geschwisterfensters, hinter dem das neu kreierte Fenster plaziert wird. Bei Angabe von HWND_TOP wird das neue Fenster ganz oben, bei Angabe von HWND_BOTTTOM ganz hinter allen Geschwisterfenstern positioniert; beachten Sie, daß das Handle des Geschwister-Fensters das Handle eines Kindfensters von hwndParent sein muß.
Id (ULONG) - input	Fensteridentifikation; Identifikationsnummer eines Kontrollelementes.
pCtlData (PVOID) - input	Kontrolldaten; diese klassenspezifischen Kontrolldaten werden durch die WM_CREATE-Nachricht an die Fensterfunktion geschickt
pPresParams (PVOID) - input	Präsentationsparameter; diese klassenspezifischen Präsentationsparameter werden durch die WM_CREATE-Nachricht an die Fensterfunktion geschickt.
hwnd (HWND) - return	Handle des neudefinierten Fensters
NULLHANDLE	Es ist ein Fehler aufgetreten
Anderer Wert	Gültiges Handle des Fensters

WinDefWindowProc

Funktion

An diese Funktion müssen alle Nachrichten, die eine Fensterfunktion empfangen aber nicht bearbeitet hat (weil z.B. die Nachricht nicht vorgesehen ist) weitergegeben werden. Hier wird dann für alle eingehenden Nachrichten eine Standardbearbeitung durchgeführt

define

```
#define INCL_WINWINDOWMGR, INCL_WIN, INCL_PM
#include <os2.h>
```

Aufruf

mresReply = WinDefWindowProc(hwnd, ulMsgid, mpParam1,
                                             mpParam2);

hwnd (HWND) - input	Fensterhandel
ulMsgid (ULONG) - input	Nachrichten ID
mpParam1 (MPARAM) - input	Nachrichtenparameter 1
mpParam2 (MPARAM) - input	Nachrichtenparameter 2
mresReply (MRESULT) - return	Rückgabewert; hier wird der Rückgabewert der Standardbearbeitung zurückgegeben

WinDestroyMsgQueue

Funktion

Eine existierende Nachrichtenwarteschlange wird gelöscht.

define

```
#define INCL_WINMESSAGEMGR, INCL_WIN oder INCL_PM.
#include <os2.h>
```

Aufruf

fDestroyed = WinDestroyMsgQueue(hmq)

hmq (HMQ) - input	Handle der existierenden Nachrichtenwarteschlange, die gelöscht werden soll
fDestroyed (BOOL) - return	Meldung, ob die Nachrichtenwarteschlange gelöscht werden konnte
TRUE	Die Nachrichtenwarteschlange ist gelöscht
FALSE	Die Nachrichtenwarteschlange ist nicht gelöscht

3.4 Fenster : Funktionen

WinDestroyWindow

Funktion

Das angegebene Fenster und alle untergeordneten Kindfenster werden gelöscht.

define

```
#define INCL_WINWINDOWMGR, INCL_WIN oder INCL_PM
#include<os2.h>
```

Aufruf

fSuccess = WinDestroyWindow(hwnd);

hwnd (HWND) - input	Handle des zu löschenden Fensters
fSuccess (BOOL) - return	Meldung, ob Fenster gelöscht wurde.
TRUE	Fenster ist gelöscht
FALSE	Fenster ist nicht gelöscht

WinDispatchMsg

Funktion

Die zuständige Fensterfunktion wird aufgerufen und eine Nachricht wird an diese Fensterfunktion übergeben.

define

```
#define INCL_WINMESSAGEMGR INCL_WIN oder INCL_PM
#include <os2.h>
```

Aufruf

mresReply = WinDispatchMsg(hab, pqmsgMsg);

hab (HAB) - input	Handle des Ankerblocks des laufenden Programms
pqmsgMsg (PQMSG) - input	Nachricht, die an die Fensterfunktion gesendet werden soll

mresReply
(MRESULT) - return   Nachrichten-Rückgabedaten; für vordefinierte Standart-Fensterklassen sind diese Rückgabedaten definiert.

WinEnableWindow

Funktion

Diese Funktion aktiviert ein bereits dargestelltes Fenster. Wird der Aktivierungsmodus eines Fensters durch diese Funktion geändert, so wird eine WM_ENABLE-Nachricht während der Funktionsausführung an die Fensterfunktion geschickt. Ist ein Fenster deaktiviert, so sind auch alle seine Kindfenster deaktiviert.

define

```
#define INCL_WINWINDOWMGR, INCL_WIN oder INCL_PM
#include <os2.h>
```

Aufruf

fSuccess = WinEnableWindow(hwnd, fNewEnabled)

hwnd (HWND) - input   Handle des Fensters

fNewEnabled (BOOL) - input Neuer Aktivierungsstatus

    TRUE   Das Fenster wird aktiviert

    FALSE   Das Fenster wird deaktiviert

fSuccess (BOOL) - return   Angabe, ob die Funktion erfolgreich durchgeführt wurde

    TRUE   Funktion wurde erfolgreich durchgeführt

    FALSE   Funktion wurde nicht erfolgreich durchgeführt

3.4 Fenster : Funktionen

WinEndEnumWindows

Funktion

Diese Funktion beendet den Aufzählungsprozess, der durch die Funktion WinBeginEnumWindows() eingeleitet wurde. Der Aufruf der Funktion ist als Abschluß des Aufzählungsprozesses obligatorisch und gibt henum frei.

define

```
#define INCL_WINWINDOWMGR, INCL_WIN oder INCL_PM
#include <os2.h>
```

Aufruf

fSuccess = WinEndEnumWindows(henum)

henum (HENUM) - input	Aufzählungshandle; diese Handle wurde von der Funktion WinBeginEnumWindows() zurückgegeben.
fSuccess (BOOL) - return	Angabe, ob die Funktion erfolgreich durchgführt wurde
TRUE	Der Aufzählungsprozess ist korrekt abgeschlossen
FALSE	Es ist ein Fehler aufgetreten

WinFlashWindow

Funktion

Hiermit wird ein Auf- und Abblenden eines Fensterrahmen eingeleitet- bzw. gestoppt; Auf- und Abblenden eines Fensterahmens wird durch fortlaufendes Invertieren der Titelleiste erzeugt. Zu Beginn ertönt hier ein Warnton. Die Funktion sollte lediglich zur Anzeige wichtiger Nachrichten oder Fehlermeldungen benutzt werden.

define

```
#define INCL_WINFRAMEMGR ,INCL_WIN oder INCL_PM
#include <os2.h>
```

Aufruf

fSuccess = WinFlashWindow(hwnd, fFlash)

hwnd (HWND) - input	Handle des Fensters, das auf- und abgeblendet werden soll.
fFlash (BOOL) - input	Modus
TRUE	Beginn des Auf- und Abblendens
FALSE	Beenden des Auf- und Abblendens
fSuccess (BOOL) - return	Angabe, ob die Funktion korrekt durchgeführt wurde.
TRUE	Kein Fehler aufgetreten
FALSE	Es ist ein Fehler aufgetreten

WinGetCurrentTime

Funktion

Angabe der Systemzeit in Millisekunden, die seit Durchführung des Programmstarts (InitialProgramLoad IPL) verstrichen ist.

define

```
#define INCL_WINTIMER, INCL_WIN oder INCL_PM
#include <os2.h>
```

Aufruf

ulTime = WinGetCurrentTime(hab)

hab (HAB) - input	Handle des Ankerblocks des laufenden Programms
ulTime (ULONG) - return	Systemzeit in Millisekunden

WinGetErrorInfo

Funktion

Sobald bei der Durchführung einer PM-Funktion ein Fehler aufgetreten ist, meldet diese Funktion in ihrem Rückgabewert das Auftreten dieses Fehlers. Darüberhinausgehende Informationen über die Fehlerart werden dann in einen Systembereich des Ankerblocks des laufenden Programms geschrieben und können durch die vorliegende Funktion abgefragt werden.

define

```
#define INCL_WINERRORS, INCL_WIN oder INCL_PM
#include <os2.h>
```

Aufruf

perriErrorInfo = WinGetErrorInfo(hab);

hab (HAB) - input	Handle des Ankerblocks des laufenden Programms
perriErrorInfo (PERRINFO) return	Fehlerinformation
	Der Rückgabewert ist ein Zeiger auf eine Struktur vom Typ PERRINFO, die die einzelnen Fehlerinformationen enthält.
NULL	Es ist keine Fehlerinformation verfügbar
Anderer Wert	Fehlerinformation liegt vor

WinGetLastError

Funktion

Diese Funktion liefert den ausführlichen Fehlercode des letzten bei der Durchführung einer PM-Funktion aufgetretenen Fehlers. Detaillierte Information kann durch WinGetErrorInfo() abgefragt werden.

define

```
#define INCL_WINERRORS, INCL_WIN oder INCL_PM
#include <os2.h>
```

Aufruf

erridErrorCode = WinGetLastError(hab);

hab (HAB) - input	Handle des Ankerblocks
erridErrorCode (ERRORID) - return	Code des zuletzt aufgetretenen Fehlers; diese Information ist auch im Informationsblock, der durch die Funktion WinGetErrorInfo() zurückgegeben wird, enthalten.

WinGetMaxPosition

Funktion

In einer Struktur des Typs SWP wird Größe und Position des Fensters zurückgegeben, wenn es maximiert werden würde.

define

```
#define INCL_WINFRAMEMGR, INCL_WIN oder INCL_PM
#include<os2.h>
```

Aufruf

fSuccess = WinGetMaxPosition(hwnd, pSwp);

hwnd (HWND) - input	Handle des Rahmenfensters, dessen Maximierung geplant ist
pSwp (PSWP) - output	Struktur vom Typ SWP, die Größe und Position des potentiell maximierten Fensters enthält.
fSuccess (BOOL) - return	Angabe, ob die Funktion korrekt durchgeführt wurde

3.4 Fenster : Funktionen 73

TRUE	Funktionsdurchführung
FALSE	Bei der Funktionsdurchführung ist ein Fehler aufgetreten

WinGetMinPosition

Funktion

Diese Funktion liefert die Position, an der das Fenster minimiert (Icon) dargestellt würde.

define

```
#define INCL_WINFRAMEMGR, INCL_WIN oder INCL_PM
#include <os2.h>
```

Aufruf

fSuccess = WinGetMinPosition(hwnd, pSwp, pptlPoint);

hwnd (HWND) - input Handle des Rahmenfensters, daß minimiert werden soll

pSwp (PSWP) - output Zeiger auf eine Struktur des Tys SWP; Größe und Position des potentiell minimierten Fensters sind hier angegeben.

pptlPoint (PPOINTL) - input Bevorzugte Position des minimierten Fensters.

NULL	Das Betriebssystem wählt die Position
Anderer Wert	Das Betriebssystem wählt eine Position möglichst nah an dem Punkt, der in der Struktur PPOINTL angegeben wurde

fSuccess (BOOL) - return Angabe ob die Funktion korrekt durchgeführt wurde

TRUE	Es ist kein Fehler aufgetreten; gleichzeitig hat das Betriebssystem die vorgesehene Position des minimierten Fensters reserviert, sodaß kein anderes Fenster auf der gleichen Position liegen kann.
FALSE	Es ist ein Fehler aufgetreten

WinGetMsg

Funktion

Die Funktion holt eine Nachricht aus der spezifizierten Nachrichtenwarteschlange; die Funktion wartet gegebenenfalls auf das Vorliegen einer solchen Nachricht.

define

```
#define INCL_WINMESSAGEMGR, INCL_WIN oder INCL_PM.
#include <os2.h>
```

Aufruf

fResult = WinGetMsg(hab, pqmsgmsg, hwndFilter, ulFirst, ulLast);

hab (HAB) - input	Handle des Ankerblocks des laufenden Programms
pqmsgmsg (PQMSG) - output	Nachrichtenstruktur; hier wird der Nachrichteninhalt abgelegt.
hwndFilter (HWND) - input	Handle des Fensters, für das Nachrichten von der Nachrichtenwarteschlange zu holen sind. Hierdurch wird spezifiziert, daß nur Nachrichten, die für genau das angegebene Fenster bestimmt sind, von der Nachrichtenwarteschlange abgeholt werden. Andere Nachrichten verbleiben in der Nachrichtenwarteschlange. Wird hier der Wert NULL angegeben, so werden Nachrichten für alle Fenster abgeholt.
ulFirst (ULONG) - input **ulLast (ULONG) - input**	Wird für beide Parameter der Wert NULL eingesetzt, so werden alle Nachrichtentypen von der Nachrichtenwarteschlange geholt; ansonsten definieren beide Parameter ein Werteintervall, das lediglich Nachrichten, deren Kennwert innerhalb dieses Intervalls liegt, passieren läßt.

3.4 Fenster : Funktionen

fResult (BOOL) - return	Abbruchindikator
TRUE	Die abgeholte Nachricht ist keine WM_QUIT-Nachricht
FALSE	Es wurde eine WM_QUIT-Nachricht gefunden. Nur in diesem Fall wird übrigens die Nachrichtenabfrageschleife in main() verlassen.

WinGetNextWindow

Funktion

Falls eine Fensteraufzählung durch die Funktion WinBeginEnumWindows() eingeleitet wurde, liefert die vorliegende Funktion das jeweils nächste Fensterhandle in der Aufzählungsliste. Dabei startet die Aufzählungsliste mit dem am weitesten oben liegenden Kindfenster und enthält dann alle weiteren Fenster in absteigender Z-Richtung von vorne nach hinten. Sind alle Fenster durchgezählt, so liefert die Funktion den Wert NULLHANDLE. Bei weiteren Aufrufen wird diese Liste von vorn beginnend erneut ausgegeben. Durch diese Funktion werden keine anderen Fenster blockiert.

define

```
#define INCL_WINWINDOWMGR, INCL_WIN oder INCL_PM
#include <os2.h>
```

Aufruf

hwndNext = WinGetNextWindow(henum)

henum (HENUM) - input	Aufzählungshandle; dieses Handle muß durch Aufruf der Funktion WinBeginEnumWindows() erzeugt werden.
hwndNext (HWND) - return	Nächstes Fensterhandle in der Aufzählungsliste
NULLHANDLE	Alle Handle der Liste sind abgerufen worden (Listenende)
Anderer Wert	Gültiges Fensterhandle

WinInitialize

Funktion

Hiermit werden alle Leistungen der PM-Schnittstelle initialisiert.

define

```
#define INCL_WINWINDOWMGR,   INCL_WIN oder INCL_PM.
#include <os2.h>
```

Aufruf

hab = WinInitialize(flOptions)

flOptions (ULONG) - input   Initialisierungsmodus

    NULL   Dies ist zur Zeit der einzig verfügbare Modus; alle Nachrichten stehen für ein neu definiertes Fenster zur Verfügung.

hab (HAB) - return   Handle des Ankerblocks; unter diesem Handle werden alle für das laufende Programm wichtigen internen Datenstrukturen gehalten.

    NULLHANDLE   Es ist ein Fehler aufgetreten

    Anderer Wert   Gültiges Handle des Ankerblocks

WinInvalidateRect

Funktion

Hiermit wird ein Rechteck zur »update region« (Fensterbereich, der neu gezeichnet werden muß) eines Fensters hinzugefügt und damit automatisch eine WM_PAINT-Nachricht für dieses Fenster generiert. Hat das Fenster den Stil CS_SYNCPAINT, so wird das Neuzeichnen des ungültigen Bereichs während der Abarbeitung der vorliegenden Funktion durchgeführt. In diesem Fall darf diese Funktion nicht als Antwort auf eine eintreffende WM_PAINT-Nachricht aufgerufen werden, um eine unendliche Kette von WM_PAINT-Nachrichten zu vermeiden (WinInvalidateRect()) erzeugt selbst eine WM_PAINT-Nachricht).

define

```
#define INCL_WINWINDOWMGR, INCL_WIN oder INCL_PM
#include <os2.h>
```

Aufruf

fSuccess = WinInvalidateRect(hwnd, prclPrc, fIncludeClippedChildren)

hwnd (HWND) - input	Handle des Fensters, dessen update region geändert werden soll
HWND_DESKTOP	update region des gesamten Bildschirms
Anderer Wert	Gültiges Fensterhandle
prclPrc (PRECTL) - input	Rechteck, das der update region hinzugefügt werden soll
NULL	Der gesamte Fensterbereich ist der update region hinzuzufügen
Anderer Wert	Ein Rechteck, definiert durch die Struktur PRECTL ist der update region hinzuzufügen
fIncludeClippedChildren (BOOL) - input	Angabe, ob die dem Fenster hwnd untergeordneten Fenster mit berücksichtigt werden sollen.
TRUE	Untergeordnete Fenster werden mit berücksichtigt
FALSE	Untergeordnete Fenster werden berücksichtigt, wenn Fenster hwnd nicht den Stil WS_CLIPPEDCHILDREN hat
fSuccess (BOOL) - return	Angabe, ob Funktion erfolgreich durchgeführt wurde
TRUE	Funktion erfolgreich durchgeführt
FALSE	Fehler aufgetreten

WinInvalidateRegion

Funktion

Diese Funktion fügt eine potentiell zerstörte Fensterregion der update region des Fensters hinzu; eine Region kann eine komplexere Form als ein Rechteckbereich sein. Danach wird eine WM_PAINT-Nachricht an die zu hwnd gehörende Fensterfunktion geschickt. Wurde das Fenster mit dem Stil CS_SYNCPAINT kreiert, so wird das Neuzeichnen der Region während der Durchführung der vorliegenden Funktion ausgeführt. In diesem Fall darf die Funktion nicht alsAntwort auf das Vorliegen einer WM_PAINT-Nachricht durchgeführt werden, um eine unendliche Folge von WM_PAINT-Nachrichten zu vermeiden.

define

```
#define INCL_WINWINDOWMGR, INCL_WIN oder INCL_PM
#include <os2.h>
```

Aufruf

fSuccess = WinInvalidateRegion(hwnd, hrgn, fIncludeClippedChildren

hwnd (HWND) - input	Handle des Fensters, dessen update region aktualisiert werden soll
HWND_DESKTOP	Die update region des gesamten Bildschirms soll aktualisiert werden
Anderer Wert	Gültiges Fensterhandle
hrgn (HRGN) - input	Handle der Region, die der update region des Fensters hinzuzufügen ist
NULLHANDLE	Der gesamte Fensterbereich wird hinzugefügt
Anderer Wert	Handle einer Struktur vom Typ HRGN, die die hinzuzufügende Region beschreibt
☞ **Bemerkung :**	Es gilt: typedef LHANDLE HRGN;

3.4 Fenster : Funktionen

fIncludeClippedChildren
(BOOL) - input — Angabe, ob die dem Fenster hwnd untergeordneten Fenster mitberücksichtigt werden sollen.

    TRUE — Untergeordnete Fenster werden berücksichtigt

    FALSE — Untergeordnete Fenster werden berücksichtigt, wenn hwnd nicht den Stil WS_CLIPPED-CHILDREN hat

fSuccess (BOOL) - return — Angabe, ob Funktion erfolgreich durchgeführt wurde

    TRUE — Funktion erfolgreich durchgeführt

    FALSE — Fehler aufgetreten

WinIsChild

Funktion

Diese Funktion testet, ob eine Eltern- Kindbeziehung zwischen zwei Fenstern besteht.

define

```
#define INCL_WINWINDOWMGR, INCL_WIN oder INCL_PM
#include <os2.h>
```

Aufruf

fRelated = WinIsChild(hwndChild, hwndParent)

hwndChild (HWND) - input — Handle des Kindfensters

hwndParent (HWND) - input — Handle des Elternfensters

fRelated (BOOL) - return — Angabe, ob eine Eltern- Kindbeziehung besteht

    TRUE — Es besteht eine solche Beziehung

    FALSE — Es besteht keine solche Beziehung oder hwndChild ist ein Objektfenster

WinIsWindow

Funktion

Die Funktion prüft, ob ein angegebenes Fensterhandle gültig ist

define

```
#define INCL_WINWINDOWMGR    , INCL_WIN oder INCL_PM
#include <os2.h>
```

Aufruf

fValid = WinIsWindow(hab, hwnd)

hab (HAB) - input	Handle des Ankerblocks des laufenden Programms
hwnd (HWND) - input	Handle des Fensters, das überprüft werden soll
fValid (BOOL) - return	Angabe, ob das Fensterhandle gültig ist
TRUE	Fensterhandle ist gültig
FALSE	Fensterhandle ist nicht gültig

WinIsWindowEnabled

Funktion

Diese Funktion ermittelt, ob ein Fenster aktiviert oder deaktiviert ist.

define

```
#define INCL_WINWINDOWMGR    , INCL_WIN oder INCL_PM
#include <os2.h>
```

Aufruf

fEnabled = WinIsWindowEnabled(hwnd)

hwnd (HWND) - input	Handle des Fensters, dessen Aktivstatus ermittelt werden soll
fEnabled (BOOL) - return	Aktivstatus des Fensters

3.4 Fenster : Funktionen

TRUE	Das Fenster ist aktiviert
FALSE	Das Fenster ist nicht aktiviert

WinIsWindowShowing

Funktion

Diese Funktion ermittelt, ob irgend ein Teil des Fensters physikalisch sichtbar ist.

define

```
#define INCL_WINWINDOWMGR , INCL_WIN oder INCL_PM.
#include <os2.h>
```

Aufruf

fShowing = WinIsWindowShowing(hwnd)

hwnd (HWND) - input	Handle des zu untersuchenden Fensters
fShowing (BOOL) - return	Sichtbarkeitsstatus des Fensters
TRUE	Ein Teil des Fensters ist auf dem Bildschirm sichtbar
FALSE	Kein Teil des Fensters ist auf dem Bildschirm sichtbar

WinIsWindowVisible

Funktion

Diese Funktion ermittelt, ob für ein gegebenes Fenster der Stil WS_VISIBLE gesetzt ist.

define

```
#define INCL_WINWINDOWMGR    , INCL_WIN oder INCL_PM
#include <os2.h>
```

Aufruf

fVisible = WinIsWindowVisible(hwnd)

hwnd (HWND) - input	Handle des zu untersuchenden Fensters
fVisible (BOOL) - return	Stilstatus des Fensters
TRUE	Für das Fenster und sein Elternfenster ist der Status WS_VISIBLE gesetzt
FALSE	Für das Fenster oder sein Elternfenster ist der Stil WS_VISIBLE nicht gesetzt

WinMessageBox

Funktion

Hiermit wird eine Nachrichtenbox als einfache Form eines Dialogfensters kreiert, dargestellt und eine Benutzereingabe abgefragt. Sollte eine Nachrichtenbox benutzt werden, um Benutzerabfragen innerhalb eines Programmdialogs durchzuführen, so muß das aktivierte Dialogfenster als Eigentümer der Nachrichtenbox eingetragen sein.

define

```
#define INCL_WINDIALOGS   , INCL_WIN oder INCL_PM.
#include <os2.h>
```

Aufruf

usResponse = WinMessageBox(hwndParent, hwndOwner, pszText, pszTitle, usWindow, flStyle);

hwndParent (HWND) - input	Handle des Eigentümerfensters der Nachrichtenbox
HWND_DESKTOP	Die Nachrichtenbox ist ein Hauptfenster
Anderer Wert	Gültiges Handle des Elternfensters
hwndOwner (HWND) - input	Eigentümer der Nachrichtenbox; dies ist i.d.R. das Programmfenster, dessen Fensterfunktion die Nachrichtenbox eröffnet.

3.4 Fenster : Funktionen

pszText (PSZ) - input	Text der Nachricht, die in der Nachrichtenbox dargestellt wird
pszTitle (PSZ) - input	Dieser Text wird in der Titelleiste der Nachrichtenbox dargestellt
NULL	Der Text »error« wird in der Titelleiste der Nachrichtenbox dargestellt
Anderer Wert	Der angegebene Text wird in der Titelleiste der Nachrichtenbox dargestellt.
usWindow (USHORT) - input	Identifizierungsnummer der Nachrichtenbox; dieser Wert wird zum online-Hilfesystems weitergeleitet, falls eine WM_HELP-Nachricht für die Nachrichtenbox eintrifft.
flStyle (ULONG) - input	Stil der Nachrichtenbox; nachfolgende Stiloptionen können miteinander verknüpft werden; dabei darf je Gruppe jedoch nur ein Wert verwendet werden.

Tabelle MB_Stil

Gruppe Auswahlknöpfe

MB_OK	OK-Auswahlknopf
MB_OKCANCEL	OK und CANCEL-Auswahlknopf
MB_CANCEL	CHANCEL-Auswahlknopf
MB_ENTER	ENTER-Auswahlknopf
MB_ENTERCANCEL	ENTER- und CANCEL-Auswahlknöpfe
MB_RETRYCANCEL	RETRY- und CANCEL-Auswahlknöpfe
MB_ABORTRETRY-IGNORE	ABORTRETRY- und IGNORE-Auswahlknöpfe
MB_YESNO	YES- und NO-Auswahlknöpfe
MB_YESNOCANCEL	YES-, NO- und CANCEL-Auswahlknöpfe

Gruppe Hilfe

MB_HELP   HELP-Auswahlknopf; bei Anwahl wird eine WM_HELP-Nachricht zur Fensterfunktion der Nachrichtenbox geschickt

Gruppe Farbe und Icon

MB_NOICON   Die Nachrichtenbox enthält kein Icon

MB_ICONHAND   Die Nachrichtenbox enthält ein Handsymbol

MB_ICONQUESTION   Die Nachrichtenbox enthält ein Fragezeichensymbol

MB_ICON-
EXCLAMATION   Die Nachrichtenbox enthält ein Ausrufezeichensymbol

MB_ICONASTERISK   Die Nachrichtenbox enthält ein Sternsymbol

MB_INFORMATION   Die Nachrichtenbox enthält ein Informationssymbol

MB_QUERY   Die Nachrichtenbox enthält ein Fragesysmbol

MB_WARNING   Die Nachrichtenbox enthält ein Warnsymbol

MB_ERROR   Die Nachrichtenbox enthält ein Stoppzeichen

Gruppe Voreinstellungen

MB_DEFBUTTON1   Der erste Auswahlknopf ist voreingestellt; dies ist die Voreinstellung, wenn ansonsten nichts anderes festgelegt ist.

MB_DEFBUTTON2   Der zweite Auswahlknopf ist voreingestellt

MB_DEFBUTTON3   Der dritte Auswahlknopf ist voreingestellt

Gruppe Modalindikator

MB_APPLMODAL   Die Nachrichtenbox ist programmmodal, dies ist die Voreinstellung.

MB_SYSTEMMODAL   Die Nachrichtenbox ist systemmodal

Gruppe Mobilitätsindikator

MB_MOVEABLE	Die Nachrichtenbox ist verschiebbar; diese Nachrichtenbox wird mit Titelleiste uns Systemmenü dargestellt. Wird die Option "Close" aus dem Systemmenü ausgewählt, so gibt die Nachrichtenbox die Meldung MBID_CANCEL zurück.

usResponse
(USHORT) - return Rückgabe der Benutzeraktion (Anwahl eines Auswahlknopfes); folgende Rückgabewerte sind möglich.

MBID_ENTER	Der ENTER-Auswahlknopf wurde ausgewählt
MBID_OK	Der OK-Auswahlknopf wurde ausgewählt
MBID_CANCEL	Der CANCEL-Auswahlknopf wurde ausgewählt
MBID_ABORT	Der ABORT-Auswahlknopf wurde ausgewählt
MBID_RETRY	Der RETRY-Auswahlknopf wurde ausgewählt
MBID_IGNORE	Der IGNORE-Auswahlknopf wurde ausgewählt
MBID_YES	Der YES-Auswahlknopf wurde ausgewählt
MBID_NO	Der NO-Auswahlknopf wurde ausgewählt
MBID_ERROR	Während der Funktionsbearbeitung ist ein Fehler aufgetreten

WinMultWindowFromIDs

Funktion

Diese Funktion findet die Handle von Kindfenstern zu einem gegebenen Elternfenster, deren Identifikationswerte innerhalb eines definierbaren Intervalls liegen. Die Funktion kann dazu benutzt werden, alle Kontrollelemente eines Dialogfensters oder alle Rahmenkontrollelemente eines Standardfensters aufzuzählen.

define

```
#define INCL_WINWINDOWMGR , INCL_WIN oder INCL_PM
#include <os2.h>
```

Aufruf

lWindows = WinMultWindowFromIDs(hwndParent,ahwnd, ulFirst, ulLast)

hwndParent (HWND) - input	Handle des Elternfensters
ahwnd (PHWND) - output	Handle der gefundenen Kindfenster; das Feld mit Elementen vom Typ PHWND mit einer Größe von (ulLast-ulFirst+1) Elementen enthält die Handle der gefundenen Kindfenster oder, wenn zu einer gegebenen Identifikationsnummer kein Handle gefunden wurde die Angabe NULLHANDLE.
ulFirst (ULONG) - input	Untergrenze des Identitätswerteintervalls
ulLast (ULONG) - input	Obergrenze des Identitätswerteintervalls
lWindows (LONG) - return	Anzahl der gefundenen Fensterhandle
0	Es wurde kein Fensterhandle gefunden
Anderer Wert	Anzahl der gefundenen Handle

WinPeekMsg

Funktion

Diese Funktion untersucht die Nachrichtenwarteschlange des laufenden Programms auf das Vorliegen einer Nachricht und wird beendet, unabhängig davon ob eine Nachricht gefunden wurde oder nicht. Der wesentliche Unterschied zur Funktion WinGetMsg() liegt also darin, daß hier nicht auf das Vorliegen einer Nachricht gewartet wird.

define

```
#define INCL_WINMESSAGEMGR , INCL_WIN oder INCL_PM.
#include <os2.h>
```

Aufruf

fResult = WinPeekMsg(hab, pqmsgmsg, hwndFilter, ulFirst, ulLast, flOptions)

hab (HAB) - input	Handle des Ankerblocks
pqmsgmsg (PQMSG) - output	Gefundene Nachricht wird in einer Struktur vom Typ PQMSG abgelegt
hwndFilter (HWND) - input	Handle des Filterfensters (siehe Funktion WinGetMsg())
ulFirst (ULONG) - input	
ulLast (ULONG) - input	Intervallangabe für zulässige Nachrichten-Identitätswerte (siehe Funktion WinGetMsg())
flOptions (ULONG) - input	Behandlungsart der Nachrichten in der Nachrichtenwarteschlange
PM_REMOVE	Lösche die gefundene Nachricht in der Nachrichtenwarteschlange
PM_NOREMOVE	Die Nachricht in der Nachrichtenwarteschlange wird nicht gelöscht
fResult (BOOL) - return	Gibt an, ob eine Nachricht gefunden wurde
TRUE	Es wurde eine Nachricht gefunden
FALSE	Es wurde keine Nachricht gefunden

WinPostMsg

Funktion

Diese Funktion sendet eine Nachricht an die Nachrichtenwarteschlange des angesprochenen Fensters. Die Funktion kehrt unmittelbar nach der Ablage der Nachricht in der Nachrichtenwarteschlange zurück und wartet daher nicht auf eine Bestätigung seitens der empfangenden Nachrichtenwarteschlange.

define

```
#define INCL_WINMESSAGEMGR ,INCL_WIN oder INCL_PM.
#include <os2.h>
```

Aufruf

fResult = WinPostMsg(hwnd, ulMsgid, mpParam1, mpParam2);

hwnd (HWND) - input	Angabe des Fensterhandles, in dessen Nachrichtenwarteschlange die Nachricht abgelegt werden soll
NULL	Die Nachricht wird in die Nachrichtenwarteschlange des aktiven Programms gesendet
Anderer Wert	Gültiges Fensterhandle
ulMsgid (ULONG) - input	Nachrichtenidentifikation, i.d.R. vordefinierte Nachrichtenkonstante
mpParam1 (MPARAM) - input	Nachrichtenparameter 1
mpParam2 (MPARAM) - input	Nachrichtenparameter 2
fResult (BOOL) - return	Ergebnisindikator
TRUE	Nachricht wurde erfolgreich zugestellt
FALSE	Nachricht konnte nicht zugestellt werden (z.B.: Nachrichtenwarteschlange war voll)

WinPostQueueMsg

Funktion

Mit Hilfe dieser Funktion kann eine Nachricht an eine beliebige Nachrichtenwarteschlange des Systems übermittelt werden. Hierzu ist lediglich die Kenntnis des Handles der Nachrichtenwarteschlange notwendig.

define

```
#define INCL_WINMESSAGEMGR    , INCL_WIN oderINCL_PM
#include <os2.h>
```

Aufruf

fSuccess = WinPostQueueMsg(hmq, ulMsgId, mpParam1, mpParam2);

hmq (HMQ) - input	Handle der Nachrichtenwarteschlange, in die die Nachricht kopiert werden soll
ulMsgId (ULONG) - input	Nachrichtenidentifikation
mpParam1 (MPARAM) - input	Nachrichtenparameter 1
mpParam2 (MPARAM) - input	Nachrichtenparameter 2
fSuccess (BOOL) - return	Erfolgsindikator
TRUE	Die Nachricht wurde erfolgreich zugestellt
FALSE	Die Nachricht konnte nicht zugestellt werden (Warteschlange war voll)

WinQueryActiveWindow

Funktion

Für ein Elternfenster wird das Handle des gerade aktiven Kindfensters ermittelt

define

```
#define INCL_WINWINDOWMGR    , INCL_WIN oder INCL_PM
#include <os2.h>
```

Aufruf

hwndActive = WinQueryActiveWindow(hwndParent);

hwndParent (HWND) - input   Handle des Elternfensters, für das das aktive Kindfenster gesucht werden soll.

HWND_DESKTOP	Das gerade aktive Rahmenfenster (Hauptfenster eines Programms) auf der PM-Oberfläche wird gesucht
Anderer Wert	Gültiges Handle eines Elternfensters

hwndActive (HWND) - return Handle des aktiven Kindfenstes

NULLHANDLE	Es wurde kein aktives Kindfenster gefunden
Anderer Wert	Handle des aktiven Kindfensters

WinQueryAnchorBlock

Funktion

Es wird das Handle des Ankerblocks für ein Programm-Hauptfenster gesucht

define

```
#define INCL_WINWINDOWMGR , INCL_WIN oder INCL_PM.
#include <os2.h>
```

Aufruf

hab = WinQueryAnchorBlock(hwnd);

hwnd (HWND) - input	Handle des Fensters, für das das Handle des Ankerblocks gesucht werden soll.
hab (HAB) - return	Handle des Ankerblocks
NULLHANDLE	Ein Fehler ist aufgetreten
Anderer Wert	Gültiges Handle des Ankerblocks

WinQueryClassInfo

Funktion

Es werden Informationen zu einer gegebenen Fensterklasse ermittelt

define

```
#define INCL_WINWINDOWMGR , INCL_WIN oder INCL_PM
#include <os2.h>
```

Aufruf

fExists = WinQueryClassInfo(hab, pszClassName, pclsiClassInfo)

hab (HAB) - input	Handle des Ankerblocks
pszClassName (PSZ) - input	Name der zu untersuchenden Fensterklasse; dies kann entweder ein mittels der Funktion WinRegisterClass() definierter Klassenname oder ein vordefinierter Klassenname des Typs WC_name sein.
pclsiClasssInfo (PCLASSINFO) - output	Die Information zu der angegebenen Fensterklasse wird in einer Struktur vom Typ PCLASSINFO übergeben
fExists (BOOL) - return	Existenzindikator
TRUE	Die Klasseninformation wurde gefunden
FALSE	Zu der angegebenen Klasse wurde keine Information gefunden

WinQueryClassName

Funktion

Zu einem Fenster wird der Name der zugehörigen Fensterklasse in einen Textpuffer geschrieben

define

```
#define INCL_WINWINDOWMGR , INCL_WIN oder INCL_PM
#include <os2.h>
```

Aufruf

lRetLen = WinQueryClassName(hwnd, lLength, pchBuffer);

hwnd (HWND) - input	Handle des Fensters, dessen Klassenname ermittelt werden soll; ist die gesuchte Fensterklasse eine vordefinierte Fensterklasse vom Typ WC_name so wird der Klassenname in der Form #nnnnn übergeben. Die übergebene fünfstellige natürliche Zahl gibt den Wert der WC-name-Konstanten (siehe Definition der Konstanten in der Datei os2.h) an.
lLength (LONG) - input	Länge des Textpuffers
pchBuffer (PCH) - output	Textpuffer, der den Klassennamen aufnimmt (z.B. char buffer[128]).
lRetLen (LONG) - return	Länge des Klassennamens

WinQueryDesktopWindow

Funktion

Das Handle des PM-Oberflächenfensters (DesktopWindow) wird ermittelt. Viele PM-Funktionen akzeptieren statt des hier ermittelten Handles auch die Angabe der Konstanten HWND_DESKTOP

define

```
#define INCL_WINWINDOWMGR    , INCL_WIN oder INCL_PM
#include <os2.h>
```

Aufruf

hwndDeskTop = WinQueryDesktopWindow(hab, hdc);

hab (HAB) - input	Handle des Ankerblocks
(HDC) - input	Handle des device context; hier ist nur der Wert NULLHANDLE zulässig. Damit wird der gesamte Bildschirm angegeben

3.4 Fenster : Funktionen

hwndDeskTop (HWND) - return	Handle des PM-Oberflächenfensters
NULLHANDLE	Es ist ein Fehler aufgetreten
Anderer Wert	Gültiges Handle des PM-Oberflächenfensters

WinQueryMsgPos

Funktion

Es wird die Position des Mauszeigers in Bildschirmkoordinaten zum Zeitpunkt der Zustellung der letzten Nachricht an die zuständige Nachrichtenwarteschlange ermittelt.

define

```
#define INCL_WINMESSAGEMGR , INCL_WIN oder INCL_PM
#include <os2.h>
```

Aufruf

fSuccess = WinQueryMsgPos(hab, pptlptrpos);

hab (HAB) - input	Handle des Ankerblocks
pptlptrpos (PPOINTL) -output	Position des Mauszeiger in Bildschirmkoordinaten in einer Struktur vom Typ PPOINTL
fSuccess (BOOL) - return	Erfolgsindikator
TRUE	Die Funktion wurde erfolgrich durchgeführt
FALSE	Es ist ein Fehler aufgetreten

WinQueryMsgTime

Funktion

Die Funktion ermittelt die Systemzeit in Millisekunden, zu der die letzte Nachricht mittels der Funktion WinGetMsg() oder WinPeekMsg() von der zuständigen Nachrichtenwarteschlange abgeholt wurde.

define

```
#define INCL_WINMESSAGEMGR  ,  INCL_WIN oder  INCL_PM
#include <os2.h>
```

Aufruf

ulTime = WinQueryMsgTime(hab)

hab (HAB) - input	Handle des Ankerblocks
ulTime (ULONG) - return	Systemzeit in Millisekunden

WinQueryObjectWindow

Funktion

Das Handle des Objektfensters zum gegebenen PM-Oberflächenfenster wird ermittelt.

define

```
#define INCL_WINWINDOWMGR  ,  INCL_WIN oder  INCL_PM
#include <os2.h>
```

Aufruf

hwndObject = WinQueryObjectWindow(hwndDeskTop);

hwndDeskTop

(HWND) - input	Handle des PM-Oberflächenfensters
HWND_DESKTOP	Handle des PM-Oberflächenfensters
Anderer Wert	Anderes Handle
hwndObject (HWND) - return	Handle des zugehörigen Objektfensters
NULLHANDLE	Ein Fehler ist aufgetreten

WinQueryQueueInfo

Funktion

Diese Funktion ermittelt Informationen über eine angegebene Nachrichtenwarteschlange

define

```
#define INCL_WINMESSAGEMGR , INCL_WIN oder INCL_PM.
#include <os2.h>
```

Aufruf

fSuccess = WinQueryQueueInfo(hmq, pmqiMqinfo, cbCopied);

hmq (HMQ) - input	Handle der Nachrichtenwarteschlange; das Handle muß durch die Funktion WinCreateMsgQueue() kreiert worden sein oder den Wert HMQ_CURRENT haben.
pmqiMqinfo (PMQINFO) - output	Zeiger auf eine Struktur vom Typ MQINFO, die Information über die Nachrichtenwarteschlange enthält
cbCopied (ULONG) - input	Größe der Informationsstruktur MQINFO in byte.
fSuccess (BOOL) - return	Erfolgsindikator
TRUE	Die Funktion wurde erfolgreich abgeschlossen
FALSE	Es ist ein Fehler aufgetreten

WinQuerySysValue

Funktion

Diese Funktion ermittelt die aktuelle Systemeinstellung für den angegebenen Systemparameter.

define

```
#define INCL_WINSYS , INCL_WIN oder INCL_PM
#include <os2.h>
```

Aufruf

lValue = WinQuerySysValue(hwndDeskTop, lValueid);

hwndDeskTop (HWND) - input	Handle des PM-Oberflächenfensters, für das die Systemwerte ermittelt werden sollen.
HWND_DESKTOP	Systemwerte für das DESKTOP-WINDOW
Anderer Wert	Systemwerte für das angegebene Oberflächenfenster
lValueid (LONG) - input	Angabe des zu ermittelnden Systemparameters; hierbei muß genau einer der nachfolgenden SV_name-Konstanten angegeben werden.
SV_CXSCREEN	Breite des Bildschirms in pel
SV_CYSCREEN	Höhe des Bildschirms in pel
SV_CXVSCROLL	Breite des vertikalen Rollbalkens in pel
SV_CYHSCROLL	Höhe des horizontalen Rollbalkens in pel
SV_CYVSCROLL-ARROW	Höhe des Rollbalkenpfeils des vertikalen Rollbalkens in pel
SV_CXHSCROLL-ARROW	Breite des Rollbalkenpfeils des horizontalen Rollbalkens in pel
SV_CYTITLEBAR	Höhe der Titelleiste in pel
SV_CXBORDER	Breite des Fensterrahmens in pel
SV_CYBORDER	Höhe des Fensterrahmens in pel
SV_CXSIZEBORDER	Breite des Größenveränderungsrahmens in pel
SV_CYSIZEBORDER	Höhe des Größenänderungsrahmens in pel

SV_CXDLGFRAME	Breite des Dialogfenstersrahmens in pel
SV_CYDLGFRAME	Höhe des Dialogfensterrahmens in pel
SV_CYVSLIDER	Höhe des Rollbalkenschiebers des vertikalen Rollbalkens in pel
SV_CXHSLIDER	Breite des Rollbalkenschiebers des horizontalen Rollbalkens in pel
SV_CXMINMAX-BUTTON	Breite des Minimierungs/Maximierungsknopfes in pel
SV_CYMINMAX-BUTTON	Höhe des Minimierungs/Maximierungsknopfes in pel
SV_CYMENU	Höhe der Menüleiste in pel
SV_CXFULLSCREEN	Breite des Fensterausgabebereichs des maximierten Fensters in pel
SV_CYFULLSCREEN	Höhe des Fensterausgabebereichs des maximierten Fensters in pel; die Menüleiste wird hierbei nicht mitgerechnet
SV_CXICON	Breite des Icons in pel
SV_CYICON	Höhe des Icons in pel
SV_CXPOINTER	Breite des Mauszeigers in pel
SV_CYPOINTER	Höhe des Mauszeigers in pel
SV_DEBUG	Dieser Wert gibt an, ob das laufende Programm debugfähig ist; wird der Wert FALSE zurückgegeben, so ist das System nicht debugfähig
SV_CMOUSEBUTTONS	Gibt die Anzahl der benutzbaren Tasten des Bildschirm-Zeigeinstrumentes (Maus) an; NULL, falls keine Maus installiert ist
SV_POINTERLEVEL	Sichtbarkeitsstufe des Mauszeigers; wird hier der Wert NULL zurückgegeben, so ist der Mauszeiger sichtbar. Wird ein Wert größer NULL zurückgegeben, so ist der Mauszeiger

	nicht sichtbar; dieser Systemwert wird wird durch Aufruf der Funktion WinShowPointer() inkrementiert oder dekrementiert.
SV_CTIMERS	Anzahl verfügerbarer Zeitgeber (TIMER)
SV_SWAPBUTTON	Angabe, ob die Funktion der Maustastatur vertauscht worden ist (TRUE). Durch die Vertauschung der Tastaturzuordnung wird das Absetzen von WM_LBUTTON- bzw. WM_RBUTTON-Nachrichten vertauscht.
SV_CURSORRATE	Blinkfrequenz des Textcursers in Millisekunden
SV_DBLCLKTIME	Zeitverzögerung für Doppelklick über die Maustastatur in Millisekunden
SV_CXDBLCLK	Breite des Einflußbereichs für Mauszeiger-Doppelklicks bei der Textverarbeitung
SV_CYDBLCLK	Höhe des Einflußbereichs für Mauszeiger-Doppelklick bei der Textverarbeitung
SV_ALARM	TRUE, falls die Funktion WinAlarm() einen Warnton erzeugt; FALSE, falls diese Warntonerzeugung ausgeschaltet ist
SV_WARNINGFREQ	Frequenz des Warntons
SV_WARNING-DURATION	Dauer des Warntons
SV_NOTEFREQ	Frequenz des Achtung-Alarmtons
SV_NOTEDURATION	Dauer des Achtung-Alarmtons
SV_ERRORFREQ	Frequenz des Fehleralarmtons
SV_ERRORDURATION	Dauer des Fehleralarmtons
SV_FIRST-SCROLLRATE	Zeitverzögerung in Millisekunden, die verstreichen muß, bevor ein automatischer Bildvorschub erfolgt, wenn der Rollbalken entsprechend benutzt wird

SV_SCROLLRATE	Zeitverzögerung in Millisekunden, die zwischen verschiedenen Rollbalkenaktionen liegen muß
SV_CURSORLEVEL	Sichtbarkeitsstufe des Textcursors
SV_TRACKRECT-LEVEL	Sichtbarkeitsstufe des Verschieberechtecks; dieses Verschieberechteck wird sichtbar, wenn ein Fenster mittels der Titelleiste auf dem Bildschirm verschoben wird
SV_CXBYTEALIGN	Anzahl horizontaler pels für die stufenweise Fensterpositionierung
SV_CYBYTEALIGN	Anzahl vertikaler pels für die stufenweise Fensterpositionierung
SV_SETLIGHTS	Angabe, ob ein optisches Signal bei Tastaturinitialisierungen angezeigt wird
SV_INSERTMODE	Angabe, ob für Editier- und Mehrfachzeileneditier-Kontrollelemente der Einfügemodus eingeschaltet ist
SV_MENUROLL-DOWNDELAY	Zeitverzögerung in Millisekunden, die verstreichen muß, bevor ein Menübalken entrollt wird
SV_MENUROLL-UPDELAY	Zeitverzögerung in Millisekunden, die verstreichen muß, bevor ein Menü wieder eingerollt wird
SV_MOUSEPRESENT	TRUE, falls eine Bildschirmzeigeeinheit (Maus) angeschlossen ist
SV_MONOICONS	Falls der Wert TRUE zurückgegeben wird, werden bevorzugt S/W-Darstellungen von Programmicons benutzt.
SV_KBDALTERED	Hardware-Identifikation der angeschlossenen Tastatur; dieser Wert ist nur dann wichtig, wenn während des Systembetriebs eine andere

	Tastatur angeschlossen wird (wer sollte das tun?)
SV_PRINTSCREEN	TRUE, falls eine Funktion zum Ausdrucken des Bildschirninhaltes aktiv ist
SV_BEGINDRAG	Hier wird der Status einer mit der Maus durchgeführten drag/drop-Aktion zurückgegeben. Bei einer solchen Aktion wird ein Objekt des PM_Oberflächenfensters mit der Maus von einer logischen Position zu einer anderen verschoben. Die Systemkonstante enthält in ihrem niederwertigen Wort die entsprechende Mausnachricht (WM_name) und in ihrem hochwertigen Wort den entsprechenden Tastaturkontrollcode (KC_name)
SV_ENDDRAG	Diese Systemvariable zeigt das Ende einer drag/drop-Aktion an. Die Systemkonstante enthält in ihrem niederwertigen Wort die entsprechende Mausnachricht (WM_name) und in ihrem hochwertigen Wort den entsprechenden Tastaturkontrollcode (KC_name)
SV_BEGINSELECT	Beginn einer Selektierungsaktion mittels der Maus. Die Systemkonstante enthält in ihrem niederwertigen Wort die entsprechende Mausnachricht (WM_name) und in ihrem hochwertigen Wort den entsprechenden Tastaturkontrollcode (KC_name)
SV_ENDSELECT	Ende einer Selektierungsaktion durch die Maus. Die Systemkonstante enthält in ihrem niederwertigen Wort die entsprechende Mausnachricht (WM_name) und in ihrem hochwertigen Wort den entsprechenden Tastaturkontrollcode (KC_name)
SV_OPEN	Eine Öffnungsaktion wird mittels der Maus durchgeführt. Die Systemkonstante enthält in ihrem niederwertigen Wort die entsprechende Mausnachricht (WM_name) und in ihrem

3.4 Fenster : Funktionen

	hochwertigen Wort den entsprechenden Tastaturkontrollcode (KC_name)
SV_CONTEXTMENU	Es soll aufgrund einer Mausaktion ein Bildschirmmenü dargestellt werden. Die Systemkonstante enthält in ihrem niederwertigen Wort die entsprechende Mausnachricht (WM_name) und in ihrem hochwertigen Wort den entsprechenden Tastaturkontrollcode (KC_name)
SV_TEXTEDIT	Ein Objektname wird mittels der Maus editiert. Die Systemkonstante enthält in ihrem niederwertigen Wort die entsprechende Mausnachricht (WM_name) und in ihrem hochwertigen Wort den entsprechenden Tastaturkontrollcode (KC_name)
SV_CONTEXT-MENUKB	Die Darstellung eines Bildschirmmenüs wird durch eine Tastaturaktion verlangt. Der Systemwert enthält in seinem niederwertigen Wort den virtuellen Tastaturcode (VK_name) und in seinem hochwertigen Wort den Tastaturkontrollcode (KC_name)
SV_TEXTEDITKB	Ein Objektname soll aufgrund einer Tastaturoperation editiert werden. Der Systemwert enthält in seinem niederwertigen Wort den virtuellen Tastaturcode (VK_name) und in seinem hochwertigen Wort den Tastaturkontrollcode (KC_name)
lValue (LONG) - return	Wert der abgefragten Systemvariablen
0	Es ist ein Fehler aufgetreten
Anderer Wert	Wert der Systemvariablen; Längenangaben werden in pel und Zeitangaben in Millisekunden gemacht

WinQueryUpdateRect

Funktion

Es wird das Rechteck ermittelt, das die Updateregion des betroffenen Fensters umschließt.

define

```
#define INCL_WINWINDOWMGR , INCL_WIN oder INCL_PM
#include <os2.h>
```

Aufruf

fSuccess = WinQueryUpdateRect(hwnd, prclPrc);

hwnd (HWND) - input	Handle des Fensters, dessen umschließendes Update-Rechteck ermittelt werden soll
prclPrc (PRECTL) - output	Angabe des Rechtecks in einer Struktur vom Typ PRECTL, das den Updatebereich des angesprochenen Fensters umschließt; die Angabe erfolgt in Fensterkoordinaten.
fSuccess (BOOL) - return	Erfolgsindikator
TRUE	Funktion ist erfolgreich durchgeführt worden
FALSE	Das Fenster hat aktuell keine Region, die zu zeichnen wäre. Der Parameter prclPrc ist 0

WinQueryUpdateRegion

Funktion

Für ein gegebenes Fenster wird die Region ermittelt, die neu zu zeichnen ist (Update Region).

define

```
#define INCL_WINWINDOWMGR , INCL_WIN oder INCL_PM
#include <os2.h>
```

Aufruf

lComplexity = WinQueryUpdateRegion(hwnd, hrgn);

hwnd (HWND) - input	Handle des Fensters, dessen Updateregion zu ermitteln ist
hrgn (HRGN) - input	Handle der Updateregion des Fensters; Angaben zur Updateregion sind in Fensterkoordinaten gegeben und werden in die Struktur vom Typ HRGN kopiert.
lComplexity (LONG) - return	Komplexität der ermittelten Updateregion
RGN_NULL	Es ist keine Updateregion gefunden worden
RGN_RECT	Die Updateregion ist ein Rechteck
RGN_COMPLEX	Die Updateregion ist komplexer als ein Rechteck
RGN_ERROR	Es ist ein Fehler aufgetreten

WinQueryWindow

Funktion

Zu einem angegebenen Fenster wird das Handle eines Fensters gesucht, daß in einem zu definierenden Zusammenhang mit dem anzugebenden Fenster steht.

define

```
#define INCL_WINWINDOWMGR   , INCL_WIN oder INCL_PM
#include <os2.h>
```

Aufruf

hwndRelated = WinQueryWindow(hwnd, lCode);

hwnd (HWND) - input	Handle des Fensters, für das ein anderes Fenster gesucht werden soll
lCode (LONG) - input	Modus des Zusammenhangs zwischen dem angegebenen und dem gesuchten Fenster

QW_NEXT	Nächstes Fenster in Z-Richtung (dahinterliegendes Fenster)
QW_PREV	Vorhergehendes Fenster in Z-Richtung (davorliegendes Fenster)
QW_TOP	Höchstliegendes Kindfenster
QW_BOTTOM	Niedrigstliegendes Kindfenster
QW_OWNER	Besitzer des Fensters
QW_PARENT	Elternfenster der Fensters
QW_NEXTTOP	Für den Besitzer wird das nächste Fenster in Z-Richtung ermittelt
QW_PREVTOP	Für den Besitzer des Fensters wird das vorhergehende Fenster in Z-Richtung ermittelt
QW_FRAMEOWNER	Normalisierter Besitzer des Fensters; das Ergebnisfenster hat damit das gleiche Elternfenster

hwndRelated

(HWND) - return   Handle des gesuchten Fensters

WinQueryWindowModel

Funktion

Für ein angegebenes Fenster wird das gültige Speicherverwaltungsmodell ermittelt.

define

```
#define INCL_WINTHUNKAPI, INCL_WIN oder INCL_PM
#include <os2.h>
```

Aufruf

ulModel = WinQueryWindowModel(hwnd);

hwnd (HWND) - input   Handle des Fensters

3.4 Fenster : Funktionen 105

ulModel (ULONG) - return	Gefundenes Speicherverwaltungsmodell
M_MODEL_1X	16-Bit-Speichermodus für den 80386 Prozessor
PM_MODEL_2X	32-Bit-Speichermodus für den 80386 Prozessor

WinQueryWindowPos

Funktion

Für ein sichtbares (dargestelltes) Fenster wird Größe und Position ermittelt.

define

```
#define INCL_WINWINDOWMGR  , INCL_WIN oder INCL_PM
#include <os2.h>
```

Aufruf

fSuccess = WinQueryWindowPos(hwnd, pswp);

hwnd (HWND) - input	Handle des Fensters
pswp (PSWP) - output	Aktuelle Größe und Position des angegebenen Fensters werden ermittelt und in einer Struktur vom Typ SWP zurückgegeben
fSuccess (BOOL) - return	Erfolgsindikator
TRUE	Funktion erfolgreich abgeschlossen
FALSE	Es ist ein Fehler aufgereten

WinQueryWindowText

Funktion

Der Fenstertext wird in einen Textpuffer kopiert; falls das Fenster ein Rahmenfenster ist, so wird der Text der Titelleiste kopiert. Diese Funktion sendet eine WM_QUERYWINDOWPARRAMS-Nachricht an die Fensterfunktion.

define

```
#define INCL_WINWINDOWMGR    , INCL_WIN oder INCL_PM
#include <os2.h>
```

Aufruf

lRetLen = WinQueryWindowText(hwnd, lLength, pchBuffer)

hwnd (HWND) - input	Handle des Fensters
lLength (LONG) - input	Länge des bereitgestellten Textpuffers in Byte
pchBuffer (PCH) - output	Zeiger auf den bereitgestellten Textpuffer; hier wird der gefundene Text abgelegt
lRetLen (LONG) - return	Länge des kopierten Textes in Byte

WinRegisterClass

Funktion

Eine Fensterklasse wird registriert. Bei selbstdefinierten Fensterklassen ist darauf zu achten, daß deren Name nicht identisch mit dem einer vordefinierten Fensterklasse ist. Sollte dies trotzdem durchgeführt werden, so ersetzt die Neudefinition die bislang geführte Standarddefinition unter dem gegebenen Klassennamen. Definitionen privater Fensterklassen werden gelöscht, sobald das Programm beendet wird, das sie definiert hat.

define

```
#define INCL_WINWINDOWMGR    , INCL_WIN oder INCL_PM.
#include <os2.h>
```

Aufruf

fRegistered = (hab, pszClassName, pWndProc, flClassStyle, usExtra)

hab (HAB) - input	Handle des Ankerblocks
pszClassName (PSZ) - input	Name der Fensterklasse
pWndProc (PFNWP) - input	Zeiger auf die zugehörige Fensterfunktion; wird NULL angegeben, so unterstützt das Programm keine eigene Fensterfunktion.

3.4 Fenster : Funktionen

flClassStyle (ULONG) - input	Voreinstellungen für den Fensterstil; hier können Stilangaben mit den Konstanten CS_name gewählt werden.
usExtra (USHORT) - input	Anzahl zusätzlich zur Verfügung gestellten Speicherraums in Byte je Fenster, das unter dieser Klasse definiert wird
fRegistered (BOOL) - return	Gibt an, ob die Fensterklasse erfolgreich registriert wurde
TRUE	Die Fensterklasse ist erfolgreich registriert
FALSE	DIe Fensterklasse ist nicht erfolgreich registriert

WinSendMsg

Funktion

Diese Funktion übergibt eine Nachricht direkt an die Fensterfunktion des Empfängerfensters. Dabei wird auf die Bearbeitung der zugestellten Nachricht gewartet und ein Antwortwert zurückgegeben.

define

```
#define INCL_WINMESSAGEMGR   , INCL_WIN oder  INCL_PM.
#include <os2.h>
```

Aufruf

mresReply = WinSendMsg(hwnd, ulMsgid, mpParam1, mpParam2)

hwnd (HWND) - input	Handle des Fensters, dessen Fensterfunktion die Nachricht empfangen soll
ulMsgid (ULONG) - input	Nachrichtenidentifikation
mpParam1 (MPARAM) - input	Nachrichtenparameter 1
mpParam2 (MPARAM) - input	Nachrichtenparameter 2

**mresReply
(MRESULT) - return**   Rückgabewert (Antwort) nach Bearbeiten der Nachricht vom Typ MRESULT

WinSetActiveWindow

Funktion

Ein angegebenes Rahmenfenster (Hauptfenster) wird zum aktiven Fenster gemacht. Damit erhält das Fenster auch den Eingabefokus für Tastatur- und Mauseingaben.

define

```
#define INCL_WINWINDOWMGR    , INCL_WIN oder INCL_PM.
#include <os2.h>
```

Aufruf

fSuccess = WinSetActiveWindow(hwndDeskTop, hwnd)

**hwndDeskTop
(HWND) -input**   Handle des PM-Oberflächenfensters

    HWND_DESKTOP   Voreingestelltes Handle des Oberflächenfensters

    Anderer Wert   Gültiges Handle eines PM-Oberflächenfensters

hwnd (HWND) - input   Handle des Fensters, das aktiviert werden soll; dabei ist hwnd entweder das Handle des Rahmenfensters oder das Handle eines untergeordneten Kindfensters. Wird das Handle eines Kindfensters angegeben, so wird das zugehörige Elternfenster aktiviert.

fSuccess (BOOL) - return   Erfolgsindikator

    TRUE   Das Fenster wurde aktiviert

    FALSE   Es ist ein Fehler aufgetreten; das Fenster wurde nicht aktiviert

WinSetMultWindowPos

Funktion

Diese Funktion führt die Funktion WinSetWindowPos() für mehrere Fenster gleichzeitig durch; die Ausführung erfolgt schneller als ein mehrfacher Aufruf der Funktion WinSetWindowPos(). Zu beachten ist, daß alle zu positionierenden Fenster das gleiche Elternfenster haben.

define

```
#define INCL_WINWINDOWMGR   ,  INCL_WIN oder INCL_PM
#include <os2.h>
```

Aufruf

fSuccess = WinSetMultWindowPos(hab, aSwp, cCount)

hab (HAB) - input	Handle des Ankerblocks
aSwp (PSWP) - input	Zeiger auf ein Feld von Strukturen des Typs SWP, das jeweils Positionierungsangaben je Fenster enthält. Jedes Feldelement wird als Eingabeparameter für den Aufruf der Funktion WinSetWindowPos() verwendet.
cCount (ULONG) - input	Zahl der zu positionierenden Fenster
fSuccess (BOOL) - return	Erfolgsindikator
TRUE	Alle Fenster wurden erfolgreich positioniert
FALSE	Wenigstens ein Positionierungsvorgang ist fehlgeschlagen

WinSetOwner

Funktion

Für ein gegebenes Fenster wird ein anderes Eigentümerfenster eingestellt

define

```
#define INCL_WINWINDOWMGR    ,  INCL_WIN oder INCL_PM
#include <os2.h>
```

Aufruf

fSuccess = WinSetOwner(hwnd, hwndNewOwner)

hwnd (HWND) - input	Handle des Fensters, für das ein neuer Eigentümer eingetragen werden soll
hwndNewOwner (HWND) - input	Handle des neuen Eigentümerfensters
NULLHANDLE	Das Fenster hwnd hat anschließend keinen Eigentümer mehr
Anderer Wert	Handle des neuen Eigentümerfensters
fSuccess (BOOL) - return	Erfolgsindikator
TRUE	Funktion erfolgreich durchgeführt
FALSE	Es ist ein Fehler aufgetreten

WinSetParent

Funktion

Für ein angegebenes Fenster wird ein Elternfenster eingetragen

define

```
#define INCL_WINWINDOWMGR    ,  INCL_WIN oder INCL_PM
#include <os2.h>
```

Aufruf

fSuccess = WinSetParent(hwnd, hwndNewParent, fRedraw)

hwnd (HWND) - input   Handle des Fensters, für das ein neues Elternfenster eingetragen werden soll

hwndNewParent

(HWND) - input	Handle des neuen Elternfensters; wird hier das Handle eines PM-Oberflächenfensters oder die Konstante HWND_DESKTOP angegeben, so wird das Fenster hwnd zu einem Hauptfenster. Wird die Konstante HWND_OBJECT angegeben, wird das Fenster zu einem Objektfenster.
fRedraw (BOOL) -input	
TRUE	Falls hwnd sichtbar ist, werden alle notwendigen Neuzeichnungen bei dem alten und dem neuen Elternfenster ausgeführt
FALSE	Keine Neuzeichnungen werden ausgeführt
fSuccess (BOOL) - return	Erfolgsindikator
TRUE	Das Elternfenster wurde erfolgreich geändert
FALSE	Das Elternfenster wurde nicht geändert

WinSetSysValue

Funktion

Der Wert des angegebenen Systemparameters wird neu gesetzt.

define

```
#define INCL_WINSYS  ,  INCL_WIN oder INCL_PM
#include <os2.h>
```

Aufruf

fSuccess = WinSetSysValue(hwndDeskTop, lValueid, lValue)

hwndDeskTop
(HWND) - input	Handle des PM_Oberflächenfensters
HWND_DESKTOP	Händle des PM-Oberflächenfensters
Anderer Wert	Gültiges Handle eines PM-Oberflächenfensters

lValueid (LONG) - input	Angabe genau einer Systemkonstanten, die geändert werden soll; nachfolgend genannte SV_name-Konstanten sind erlaubt.
SV_CXSIZEBORDER	Breite des Größenveränderungsrahmens in pel
SV_CYSIZEBORDER	Höhe des Größenänderungsrahmens in pel
SV_SWAPBUTTON	Angabe, ob die Funktion der Maustastatur vertauscht worden ist (TRUE). Durch die Vertauschung der Tastaturzuordnung wird das Absetzen von WM_LBUTTON- bzw. WM_RBUTTON-Nachrichten vertauscht.
SV_CURSORRATE	Blinkfrequenz des Textcursers in Millisekunden
SV_DBLCLKTIME	Zeitverzögerung für Doppelklick über die Maustastatur in Millisekunden
SV_CXDBLCLK	Breite des Einflußbereiches für Mauszeiger-Doppelklicks bei der Textverarbeitung in pel
SV_CYDBLCLK	Höhe des Einflußbereiches für Mauszeiger-Doppelklick bei der Textverarbeitung in pel
SV_ALARM	TRUE, falls die Funktion WinAlarm() einen Warnton erzeugt; FALSE, falls diese Warntonerzeugung ausgeschaltet ist
SV_WARNINGFREQ	Frequenz des Warntons (integer)
SV_WARNING-DURATION	Dauer des Warntons (Millisec)
SV_NOTEFREQ	Frequenz des Achtung-Alarmtons (integer)
SV_NOTEDURATION	Dauer des Achtung-Alarmtons (Millisec)
SV_ERRORFREQ	Frequenz des Fehleralarmtons (integer)
SV_ERRORDURATION	Dauer des Fehleralarmtons (Millisec)
SV_FIRST-SCROLLRATE	Zeitverzögerung in Millisekunden, die verstreichen muß bevor ein automatischer Bildvorschub erfolgt, wenn der Rollbalken entsprechend benutzt wird

SV_SCROLLRATE	Zeitverzögerung in Millisekunden, die zwischen verschiedenen Rollbalkenaktionen liegen muß
SV_SETLIGHTS	Angabe, ob ein optisches Signal bei Tastaturinitialisierungen angezeigt wird (TRUE, FALSE)
SV_INSERTMODE	Angabe, ob für Editier- und Mehrfachzeileneditier-Kontrollelemente der Einfügemodus eingeschaltet ist (TRUE, FALSE)
SV_MENUROLL-DOWNDELAY	Zeitverzögerung in Millisekunden, die verstreichen bevor ein Menübalken angezeigt wird
SV_MENUROLL-UPDELAY	Zeitverzögerung in Millisekunden, die verstreichen bevor ein Menü wieder eingerollt wird
SV_PRINTSCREEN	TRUE, falls eine Funktion zum Ausdrucken des Bildschirminhaltes aktiv ist
fSuccess (BOOL) - return	Erfolgsindikator
TRUE	Der Systemwert ist neu gesetzt worden
FALSE	Es ist ein Fehler aufgetreten

WinSetWindowPos

Funktion

Diese Funktion ermöglich die Positionierung und Größenänderung für ein angegebenes Fenster sowie eine Änderung der Z-Ordnung (Überdeckungsordnung), das Aktivieren und Deaktivieren sowie das Minimieren und Maximieren eines Fensters. Bei der Positionierung eines Fensters ist zu beachten, daß die Stilangabe FCF_NOBYTEALIGN eine geringe Abweichung der angegebenen Position bedingen kann.

define

```
#define INCL_WINWINDOWMGR     , INCL_WIN oder INCL_PM
#include <os2.h>
```

Aufruf

fSuccess = WinSetWindowPos(hwnd, hwndBehind ,lx, ly, lcx, lcy, flOptions)

hwnd (HWND) - input	Handle des Fensters, das manipuliert werden soll.
hwndBehind (HWND) - input	Überlappungsordnung (Z-Ordnung) des Fensters; dieser Wert wird ignoriert, wenn die Option SWP_ZORDER nicht gesetzt ist.
HWND_TOP	Das Fenster wird ganz nach vorne gesetzt
HWND_BOTTOM	Das Fenster wird ganz nach hinten gesetzt
Anderer Wert	Handle des Fensters hinter das hwnd plaziert werden soll
lx (LONG) - input	X-Koordinate der Fensterposition
ly (LONG) - input	Y-Koordinate der Fensterposition
lcx (LONG) - input	Breite des Fensters
lcy (LONG) - input	Höhe des Fensters
flOptions (ULONG) - input	Manipulationsparameter; einer oder mehrere der nachfolgenden Parameter können ausgewählt werden.
SWP_SIZE	Fenstergröße wird geändert; die Längenangaben werden in pel erwartet
SWP_MOVE	Die Position des Fensters wird geändert; die Koordinatenangaben beziehen sich auf das Koordinatensystems des Elternfensters
SWP_ZORDER	Die Überdeckungsordnung (Z-Ordnung) des Fensters wird geändert
SWP_SHOW	Das Fenster wird angezeigt
SWP_HIDE	Das Fenster wird versteckt

SWP_NOREDRAW	Änderungen werden nicht neugezeichnet
SWP_NOADJUST	Es wird keine WM_ADJUSTWINDOWPOS-Nachricht vor einer Positions- oder Größenänderung versendet
SWP_ACTIVATE	Aktiviert das Hauptfenster
SWP_DEACTIVATE	Deaktiviert das Hauptfenster
SWP_MINIMIZE	Das Fenster wird minimiert
SWP_MAXIMIZE	Das Fenster wird maximiert
SWP_RESTORE	Das Fenster wird in seiner ursprünglichen Position und Größe, die vor einer Minimierung oder Maximierung des Fensters vorhanden war angezeigt. Eine Kombination dieser Option mit SWP_MINIMIZE oder SWP_MAXIMIZE ist nicht erlaubt
SWP_NOERASE-WINDOW	Es wird keine WM_ERASEWINDOW-Nachricht an ungültig gewordene Fensterbereiche gesandt; ausgenommen hiervon sind Fenster mit dem Stil CS_SYCPAINT
fSuccess (BOOL) - return	Erfolgsindikator
TRUE	Die Funktion wurde erfolgreich durchgeführt
FALSE	Es ist ein Fehler aufgetreten; das Fenster wurde nicht geändert

WinSetWindowText

Funktion

Mit dieser Funktion kann der Fenstertext für ein anzugebendes Fenster neu gesetzt werden. Hierbei wird eine Nachricht vom Typ WM_SETWINDOWPARAM zur Funktion des angesprochenen Fensters geschickt. Soll mit dieser Funktion ein Fenster eines anderen Programms angesprochen werden, so muß der zu übergebende Text in einem gemeinsam benutzten Speicherbereich (shared memory) liegen. Ist hwnd ein Rahmenfenster, so wird der Text der Titelleiste neu gesetzt.

define

```
#define INCL_WINWINDOWMGR  , INCL_WIN oder  INCL_PM
#include <os2.h>
```

Aufruf

fResult = WinSetWindowText(hwnd, pszString)

hwnd (HWND) - input	Handle des zu manipulierenden Fensters
pszString (PSZ) - input	Neuer Fenstertext
fResult (BOOL) - return	Erfolgsindikator
TRUE	Der Text wurde geändert
FALSE	Es ist ein Fehler aufgetreten

WinShowWindow

Funktion

Diese Funktion setzt oder löscht den Sichtbarkeitsstatus des angesprochenen Fensters. Ist der Fensterstil WS_VISIBLE eines Fensters nicht gesetzt, so gilt das Fenster als »versteckt« und nachfolgend ausgeführte Grafikausgaben in den Fensterbereich werden nicht ausgeführt. Wird der Fensterstil WS_VISIBLE geändert, so wird eine WM_SHOW-Nachricht an die Fensterfunktion gesandt.

define

```
#define INCL_WINWINDOWMGR ,   INCL_WIN oder INCL_PM.
#include <os2.h>
```

Aufruf

fSuccess = WinShowWindow(hwnd, fNewVisibility)

hwnd (HWND) - input	Handle des Fensters, dessen Sichtbarkeitsstatus geändert werden soll

fNewVisibility

3.4 Fenster : Funktionen

(BOOL) - input	Neuer Sichtbarkeitsstatus
TRUE	Sichtbarkeitsstatus wird gesetzt
FALSE	Sichtbarkeitsstatus wird gelöscht
fSuccess (BOOL) - return	Erfolgsindikator
TRUE	Der Sichtbarkeitsstatus wurde geändert
FALSE	Der Sichtbarkeirsstatus wurde nicht geändert

WinSubclassWindow

Funktion

Diese Funktion definiert zu einem gegebenen Fenster eine Fensterunterklasse; hierzu wird die ursprünglich vereinbarte Fensterfunktion durch eine neue Fensterfunktion ersetzt. Die neue Fensterfunktion muß hierbei die alte Fensterfunktion im default-Fall statt der Funktion WinDefWindowProc() aufrufen. Die so durchgeführte Definition einer Fenster-Unterklasse (subclass) kann rückgängig gemacht werden, indem die Funktion mit umgekehrten Parametern erneut aufgerufen wird und somit die alte Fensterfunkion erneut aktiviert wird.

define

```
#define INCL_WINWINDOWMGR    , INCL_WIN oder INCL_PM
#include <os2.h>
```

Aufruf

pOldWindowProc = WinSubclassWindow(hwnd, pNewWindowProc)

hwnd (HWND) - input	Handle des Fensters, dem eine neue Fensterfunktion zugeteilt werden soll
pNewWindowProc (PFNWP) - input	Zeiger auf die neue Fensterfunktion
pOldWindowProc (PFNWP) - return	Zeiger auf die bisher benutzte Fensterfunktion (alte Fensterfunktion). Wird der Wert NULL zurückgegeben, so ist ein Fehler aufgetreten.

WinTerminate

Funktion

Ein PM-Programm (besser : die aktuelle Instanz des Programms) wird beeendet und alle Ressourcen werden freigegeben.

define

```
#define INCL_WINWINDOWMGR, INCL_WIN oder INCL_PM
#include <os2.h>
```

Aufruf

fSuccess = WinTerminate(hab);

hab (HAB) - input	Handle des Ankerblocks
fSuccess (BOOL) - return	Erfolgsindikator
TRUE	Funktion erfolgreich beendet
FALSE	Fehler bei der Funktionsausführung oder WinInitialize() wurde nicht logisch vorher aufgerufen

3.5 Fenster : Datentypen und Strukturen

QMSG Nachrichtenstruktur

typedef struct _QMSG {

HWND hwnd;	/* Fensterhandle*/
ULONG msg;	/* Nachrichtenidentifikation*/
MPARAM mp1;	/* Parameter 1*/
MPARAM mp2;	/* Parameter 2*/
ULONG time;	/* Erzeugungszeitpunkt */
POINTL ptl;	/* Mausposition zur Erzeugungszeit*/

} QMSG;

POINTL Punktstruktur

typedef struct _POINTL {

LONG x;	/* x-Koordinate*/
LONG y;	/* y-Koordinate*/

} POINTL;

MRESULT Nachrichtenrückgabewert

Ein Wert dieses Datentyps wird von der Fensterfunktion zurückgegeben. Einige Werte belegen nicht alle 4 byte des Datentyps; hierfür gilt folgende Festlegung.

BOOL	Wert im niederwertigen Wort, hochwertiges Wort ist 0.
SHORT	Wert im niederwertigen Wort, hochwertiges Wort enthält das Vorzeichen.
USHORT	Wert im niederwertigen Wort, hochwertiges Wort ist 0.
NULL	Alle 4 byte sind identisch 0.

typedef VOID FAR *MRESULT;

SWP Fensterdefinitionsstruktur

```
typedef struct _SWP {
    ULONG fl;                /* Optionen */
    LONG cy;                 /* Fensterhöhe */
    LONG cx;                 /* Fensterbreite */
    LONG y;                  /* y-Position des Fensters */
    LONG x;                  /* x-Position des Fensters */
    HWND hwndInsertBehind;   /* Handle des vorliegenden (z-Richtung)
                                Fensters */
    HWND hwnd;               /* Fensterhandle */
    ULONG ulReserved1;       /* Reserviert : 0*/
    ULONG ulReserved2;       /* Resreviert : 0*/
} SWP;
```

RECTL Rechteckstruktur

```
typedef struct _RECTL {
    LONG xLeft;      /* x-Koordinate Ecke links unten */
    LONG yBottom;    /* y-Koordinate Ecke links unten */
    LONG xRight;     /* x-Koordinate Ecke rechts oben */
    LONG yTop;       /* y-Koordinate Ecke rechts oben */
} RECTL;
```

CLASSINFO Klasseninformationsstruktur

```
typedef struct _CLASSINFO {
    ULONG flClassStyle;    /* Stiloptionen */
```

```
    PFNWP pfnWindowProc;   /* Zeiger auf Fensterfunktion */
    ULONG cbWindowData;    /* Anzahl zusätzlicher Speicherworte*/
} CLASSINFO;
```

MQINFO Informationsstruktur Nachrichtenwarteschlange

```
typedef struct _MQINFO {
    ULONG ulb;           /* Strukturlänge */
    PID pid;             /* ProzessID */
    TID tid;             /* InstanzID (thread id) */
    ULONG ulmsgs;        /* Nachrichtenzähler */
    PVOID pReserved;     /* Reserviert */
} MQINFO;
```

Dabei gilt :

```
typedef LHANDLE PID;
typedef ULONG TID;
```

ERRINFO Fehlerinformationsstruktur

```
typedef struct _ERRINFO {
    ULONG cbFixedErrInfo;  /* Länge der Information in byte */
    ERRORID idError;       /* Fehlerkennwert */
    ULONG cDetailLevel;    /* Schachtelungslevel */
    ULONG offaoffszMsg;    /* Offset für Feld von Nachrichtenoffsets */
    ULONG ulBinaryData;    /* Offset zur Binärinformation */
} ERRINFO;
```

Dabei gilt :

```
typedef ULONG ERRORID;
```

3.6 Fenster: Nachrichten

WM_ACTIVATE

Ein Programm veranlaßt eine Aktivierung oder Deaktivierung eines Fensters

param1 USHORT usactive   Aktivierungsindikator

    TRUE   Fenster wird aktiviert

    FALSE   Fenster wird deaktiviert

param2 HWND hwndhwnd   Fensterhandle des betroffenen Fensters

Rückgabewert
ULONG flreply   Reserviert

WM_ADJUSTWINDOWPOS

Nachricht an die Fensterfunktion, nachdem deren Fenster neu positioniert oder vergrößert/verkleinert worden ist.

param1 PSWP pswp   SWP Struktur. Diese Struktur wird entsprechend von der Funktion WinSet-WindowPos() ausgefüllt und enthält die neuen Fensterparameter.

param2 ULONG flzero   Reserviert 0

Rückgabewert
ULONG flreply   Statusindikator; folgende Werte können auftreten.

    0   Keine Änderung

    AWP_MINIMIZED   Fenster wurde minimiert

    AWP_MAXIMIZED   Fenster wurde maximiert

    AWP_RESTORED   Fenster wurde auf ursprüngliche Position und Größe zurückgesetzt

    AWP_ACTIVATE   Fenster wurde aktiviert

    AWP_DEACTIVATE   Fenster wurde deaktiviert

WM_CLOSE

Wird vor Ausführung zur Fensterfunktion des Hauptfensters (frame window) gesendet, wenn der Programmbenutzer das Fenster schließen will. Normalerweise wird die Fensterfunktion neben anderen Abschlußmaßnahmen eine WM_QUIT-Nachricht erzeugen.

param1 ULONG	0
param2 ULONG	0
Rückgabewert ULONG	0

WM_COMMAND

Ein Kontrollelement (z.B. Menü) sendet eine Nachricht an sein Eigentümerfenster.

param1 USHORT uscmd	Kommandowert; wird i.d.R. bei der Definition der Kontrollressource mittels einer #define-Anweisung eindeutig definiert
param2 USHORT ussource	Art des erzeugenden Kontrollelements
CMDSRC_PUSHBUTTON	Druckknopfkontrollelement
CMDSRC_MENU	Menükontrollelement
CMDSRC_ACCELERATOR	Tastaturbeschleunigungstabelle wurde aktiviert
CMDSRC_FONTDLG	Ein Fontdialog wurde aufgerufen
CMDSRC_FILEDLG	Ein Dateiauswahldialog wurde aktiviert
CMDSRC_OTHER	Irgend eine andere Kontrollressource wurde aktiviert
Rückgabewert ULONG flreply	0

WM_CONTROL

Die Bedienung eines Kontrollelementes bedingt die Versendung einer WM_CONTROL-Nachricht an das Eigentümerfenster; der Kreationsstil des Kontrollelements entscheidet, ob eine WM_CONTROL- oder WM_COMMAND-Nachricht erzeugt wird.

param1

USHORT idid

USHORT usnotifycode

    idid

    ID-Wert des Kontrollelements entweder aus WinCreateWindow() oder die ID-Konstante der expliziten Ressourcendefinition

    usnotifycode

    Benachrichtigung, die von der Art des Konrollelements abhängt

param2 ULONG
flcontrolspec

    Weitere Kontrollelement-spezifische Information

Rückgabewert
ULONG flreply

    0

WM_CREATE

Diese Nachricht wird erzeugt, wenn ein Programm das Kreieren eines Fensters fordert. Die Fensterfunktion bekommt die Nachricht, nachdem das Fenster kreiert wurde, aber bevor es sichtbar wird.

param1

PVOID ctldata

    Zeiger auf eine Struktur, die für die Daten des Parameters pCtlData der Funktion inCreateWindow() initialisiert wird.

param2

PCREATESTRUCT
pCREATE

    Zeiger auf eine Struktur vom Typ CREATESTRUCT

Rückgabewert
BOOL fresult   TRUE   Fensterkreation abbrechen
                       FALSE   Fensterkreation fortsetzen

WM_DESTROY

Nachricht wird erzeugt, wenn ein Programm die Zerstörung eines Fensters verlangt hat; nachdem das Fenster vom Bildschirm gelöscht wurde. Die Nachricht wird an die Fensterfunktion geschickt, um die Möglichkeit von Endebehandlungen zu geben

param1 ULONG param1   0

param2 ULONG param2   0

Rückgabewert
ULONG flreply   0

WM_ENABLE

Wenn der Aktivitätsstatus eines Fensters geändert wird, wird diese Nachricht an das Fenster gesendet, um ggf. Reaktionen hierauf zu ermöglichen.

param1 USHORT
usnewenabledstate   Neuer Aktivitätsstatus

   TRUE   Fenster wird aktiviert

   FALSE   Fenster wird deaktiviert

param2 ULONG param2   0

Rückgabewert
ULONG flreply   0

WM_ERASEWINDOW

Nachricht wird erzeugt, wenn ein Teil des Fensters ungültig geworden ist (z.B. durch andere Objekte verdeckt wurde). Wird die Nachricht nicht ausgewertet, so wird sie zu Beginn des Funktionsaufrufs WinBeginPaint() erneut erzeugt.

param1 ULONG param1   0

param2 ULONG param2   0

Rückgabewert BOOL fresult	Ausführungsindikator
TRUE	Fensterinhalt gelöscht
FALSE	Nachricht nicht bearbeitet

WM_MINMAXFRAME

Nachricht geht an ein Hauptfenster (frame window), das minimiert, maximiert oder restauriert wird.

param1 PSWP pswp	Zeiger auf eine SWP-Struktur, die die Daten zur gegebenen Aktion mit dem Fenster enthält
param2 ULONG param2	0
Rückgabewert BOOL-fOverride	Ausführungsindikator
TRUE	Nachricht wurde bearbeitet
FALSE	Nachricht wurde nicht bearbeitet

WM_MOVE

Wird die Position eines Fensters mit dem Stil CS_MOVENOTIFY geändert, so wird diese Nachricht erzeugt

param1 ULONG param1	0
param2 ULONG param2	0
Rückgabewert ULONG flreply	0

WM_PAINT

Ein Teil des Fensterausgabebereichs muß neu gezeichnet werden.

param1 ULONG param1	0
param2 ULONG param2	0
Rückgabewert ULONG flreply	0

WM_QUIT

Nachricht wird in die Warteschlange geschickt, um das Programm (eigentlich : die Abfrage der Nachrichtenwarteschlange) zu beenden, indem WinGetMsg() den Wert FALSE zurückgibt.

param1 ULONG param1	0
param2 ULONG param2	0
Rückgabewert ULONG flreply	0.

WM_SHOW

Der Sichtbarkeitsstatus (WS_VISIBLE) eines Fensters wurde geändert.

param1 USHORT usshow	Sichtbarkeitsstatus
TRUE	Fenster sichtbar
FALSE	Fenster versteckt
param2 ULONG param2	0
Rückgabewert ULONGflreply	0

WM_SIZE

Die Nachricht wird erzeugt, wenn eine Größenänderung eines Fensters bereits durchgeführt ist, aber noch keinerlei Neuzeichnen durchgeführt wurde.

param1

SHORT scxold	
SHORT scyold	scxold, scyold sind die vorherige Breite und Höhe des Fensters

param2

SHORT scxnew	
SHORT scynew	Neue Breite und Höhe des Fensters
Rückgabewert ULONG flreply	0

3.7 Makrodefinitionen

Viele Nachrichten, die an eine Fenster- oder Dialogfunktion gesendet werden, beinhalten wichtige Informationen in ihren zwei Parametern. Allgemein kann man sagen, daß in Variablen vom Typ MPARAM oder MRESULT Informationen übergeben werden, die mit Hilfe von nachfolgend definierten Makros sehr leicht extrahiert oder zusammengestellt werden können.

Daten in MPARAM Variable wandeln

Pointer
```
#define MPFROMP(p) ((MPARAM)(VOID *)(p))
```

Fensterhandle
```
#define MPFROMHWND(hwnd) ((MPARAM)(HWND)(hwnd))
```

CHAR, UCHAR, BYTE
```
#define MPFROMCHAR(ch) ((MPARAM)(USHORT)(ch))
```

SHORT, USHORT, BOOL
```
#define MPFROMSHORT(s) ((MPARAM)(USHORT)(s))
```

Je 2 SHORTs, USHORTs, BOOLs
```
#define MPFROM2SHORT(s1, s2) ((MPARAM)MAKELONG(s1, s2))
```

1 SHORT und 2 UCHARs: (WM_CHAR msg)
```
#define MPFROMSH2CH(s, uch1, uch2)
                 ((MPARAM)MAKELONG(s, MAKESHORT(uch1, uch2)))
```

LONG oder ULONG
```
#define MPFROMLONG(l)  ((MPARAM)(ULONG)(l))
```

Daten aus MPARAM extrahieren

Pointer
```
#define PVOIDFROMMP(mp)  ((VOID *)(mp))
```

Fensterhandle
```
#define HWNDFROMMP(mp) ((HWND)(mp))
```

CHAR, UCHAR, BYTE
```
#define CHAR1FROMMP(mp)  ((UCHAR)(mp))
#define CHAR2FROMMP(mp)  ((UCHAR)((ULONG)mp >> 8))
#define CHAR3FROMMP(mp)  ((UCHAR)((ULONG)mp >> 16))
#define CHAR4FROMMP(mp)  ((UCHAR)((ULONG)mp >> 24))
```

SHORT, USHORT, BOOL
```
#define SHORT1FROMMP(mp) ((USHORT)(ULONG)(mp))
#define SHORT2FROMMP(mp) ((USHORT)((ULONG)mp >> 16))
```

LONG oder ULONG
```
#define LONGFROMMP(mp) ((ULONG)(mp))
```

Daten in MRESULT Variable wandeln

Pointer
```
#define MRFROMP(p)((MRESULT)(VOID *)(p))
```
SHORT, USHORT, BOOL
```
#define MRFROMSHORT(s)((MRESULT)(USHORT)(s))
```
Je 2 SHORTs, USHORTs, BOOLs
```
#define MRFROM2SHORT(s1, s2)((MRESULT)MAKELONG(s1, s2))
```
LONG oder ULONG
```
#define MRFROMLONG(l)  ((MRESULT)(ULONG)(l))
```

Daten aus MRESULT extrahieren

Pointer
```
#define PVOIDFROMMR(mr)  ((VOID *)(mr))
```
SHORT, USHORT, BOOL
```
#define SHORT1FROMMR(mr)((USHORT)((ULONG)mr))
#define SHORT2FROMMR(mr)((USHORT)((ULONG)mr >> 16))
```
LONG oder ULONG
```
#define LONGFROMMR(mr)((ULONG)(mr))
```

Behandlung DDESTRUCT- und DDEINIT-Strukturen

PSZ-Pointer auf DDE-Teil-Name
```
#define DDES_PSZITEMNAME(pddes)
(((PSZ)pddes) + ((PDDESTRUCT)pddes)->offszItemName)
```
PBYTE Pointer auf DDE-Daten
```
#define DDES_PABDATA(pddes)
(((PBYTE)pddes) + ((PDDESTRUCT)pddes)->offabData)
```
Konvertiere Selektor in PDDESTRUCT-Struktur
```
#define SELTOPDDES(sel)  ((PDDESTRUCT)MAKEP(sel, 0))
```
PDDESTRUCT Selektor für Freigabe oder Reallozierung
```
#define PDDESTOSEL(pddes)  (SELECTOROF(pddes))
```
PDDEINIT Selektor für Freigabe
```
#define PDDEITOSEL(pddei)  (SELECTODEROF(pddei))
```

4 Dialogprogrammierung

4.1 Einführung

Neben den Programmfenstern, die unter einer grafischen Benutzeroberfläche die Möglichkeit zur parallelen Darstellung verschiedener Programme oder Programmfunktionen realisieren, steht bei einer grafischen Benutzeroberfläche die Kommunikation des Programms mit dem Benutzer im Vordergrund. Die Steuerung von Anwenderprogrammen macht die Abfrage von Variablen, Parameterwerten oder auch eine Auswahl aus einer fest vorgegebenen Menge von Optionen an vielen Stellen eines Anwenderprogrammes notwendig. Grafische Benutzeroberflächen stellen hierzu i.d.R. die Möglichkeit zur Programmierung von Dialogfenstern zur Verfügung.

OS/2 2.0 stellt eine solche Möglichkeit zur statischen oder dynamischen Definition von Dialogfenstern bereit; statische Dialogfenster werden bei der Programmierung einer Anwendung gestaltet und sind als Kommunikationsschnittstelle zwischen Programm und Anwender in ihrer Form fest vorgegeben. Darüber hinaus können dynamische Dialogfenster abhängig von der Programmlogik während des Ablaufs einer Anwendung zusammengestellt und dem Benutzer zur Bearbeitung präsentiert werden.

4.2 Definitionen

Ein Dialogfenster (teilweise auch Dialogbox genannt) wird immer als Eigentum eines Programmfensters zeitlich begrenzt für die Dauer eines Benutzerdialoges dargestellt. Nach Bearbeitung des Dialogfensters und entsprechender Aufforderung durch den Programmbenutzer (z.B. OK-Knopf) wird das Dialogfenster gelöscht und die von ihm überdeckten Fensterbereiche als ungültig deklariert und entsprechend -aufgrund einer WM_PAINT-Nachricht- restauriert. Innerhalb des Dialoges gemachte Benutzereingaben müssen während der Lebensdauer des Dialogfensters seitens des Programms abgefragt und in entsprechenden Variablen abgelegt werden; nach Löschen des Dialogfensters stehen die Benutzereingaben anderweitig nicht mehr zur Verfügung.

Während der Lebensdauer eines Dialogfensters kann dieses wiederum selbst zum Eigentümer eines eigenen Dialogfensters werden. Diese Möglichkeit wird genutzt, um Fehleingaben des Benutzers innerhalb eines Dialoges durch ein einfaches Nachrichtenfenster (message box) zu signalisieren.

Ein Dialogfenster besteht grundsätzlich aus

⇨ einem Dialogfensterrahmen, der alle üblichen Elemente eines Rahmenfensters wie z.B. Titelleiste, Systemmenue oder Gößenveränderungsrahmen enthalten kann und

⇨ dem Dialogbereich des Dialogfensters, der sogenannte Kontrollelemente mit wählbaren Eigenschaften sowie beliebiger Größe und Position enthält. OS/2 2.0 stellt eine Vielzahl solcher Kontrollelemente vordefiniert zur Verfügung.

Hierbei ist wesentlich, daß jedes dieser vordefinierten Kontrollelementeseitens des Betriebssystems als eigenständiges Fenster mit eigener Fensterklasse -und damit verbunden auch eigener Fensterfunktion- behandelt wird. Diese den einzelnen Kontrollelementeklassen (z.B. Listboxen, Editorfelder, Auswahlknöpfe) intern zugeordneten Fensterfunktionen werden vom Betriebssystem bereitgestellt und unsichtbar für den Programmierer auch vom Betriebssystem ausgeführt. Damit werden -alleine durch die Installation eines Kontrollelements- wesentliche Eigenschaften der Kontrollelemente automatisch realisiert.

Fügt der Programmierer beispielsweise einen Auswahlknopf (push button) in einen Dialog ein, so wird dieser bei Anwahl durch den Benutzer grafisch als »eingedrückt« dargestellt. Diese Reaktion des OK-Knopfes auf eine Benutzereingabe muß nicht mehr durch den Programmierer selbst geplant und in den Programmcode eingefügt werden, sondern wird seitens des Betriebssystems als Klasseneigenschaft im Rahmen der im Hintergrund arbeitenden, mit der Klasse verbundenen (unsichtbaren) Fensterfunktion bereitgestellt.

Mit dem Ansatz, jedes Kontrollelement als eigenständiges Kontrollfenster mit zugehöriger Fensterklasse und Bearbeitungsmethode (Fensterfunktion) zu betrachten, ist gleichzeitig die Art der Programmierung derartiger Kontrollfenster offensichtlich: Ebenso wie jedes andere Programmfenster wird das Verhalten von Kontrollfenstern durch das Senden und Empfangen von (kontrollelementspezifischen) Nachrichten zu und von diesem Kontrollfenster kontrolliert.

Damit beschränkt sich also die Handhabung von Kontrollfenstern (Kontrollelementen) eines Dialogfensters auf die entsprechende Anwendung der jeweils klassenspezifischen Nachrichten.

4.2 Definitionen

Das Versenden und Empfangen von kontrollelementspezifischen Nachrichten ist Aufgabe einer für das jeweilige Dialogfenster zuständigen Fensterfunktion, die ihrerseits -passend für das jeweilige Dialogfenster- vom Programmentwickler zu formulieren ist. Abbildung 4.1 zeigt dabei die Aufrufhierarchieder bei der Bearbeitung eines Dialogfensters verwendeten Fensterfunktionen.

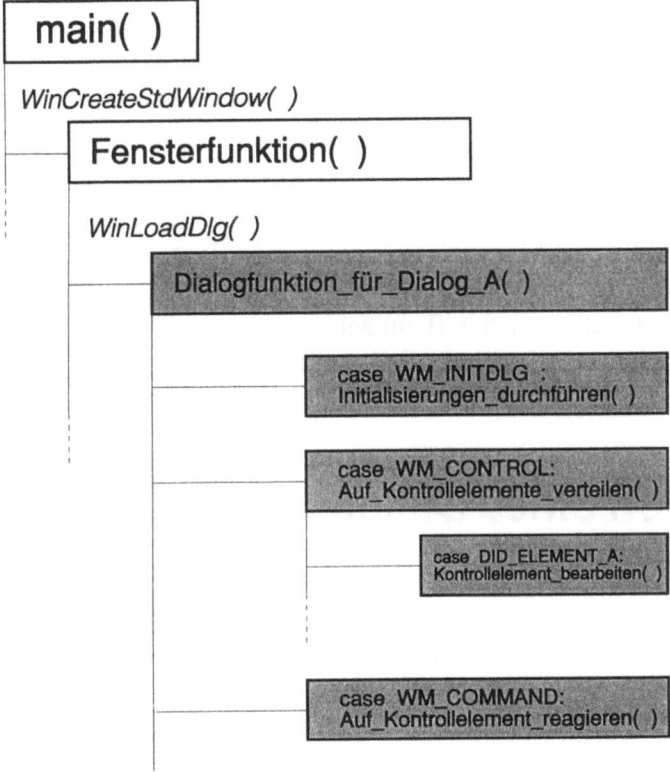

Abb. 4.1 Aufrufhierarchie bei Dialogfunktionen

Von der Programmwurzel main() wird ein beliebiges Programmfenster mittels der Funktion WinCreateStdWindow() eröffnet und durch die zugeordnete Fensterfunktion verwaltet. Im Rahmen dieser Fensterfunktion wird nun (z.B. durch Anwahl eines Menuepunktes) das Öffnen eines Dialogfensters hervorgerufen.

Die Fensterfunktion wird als Eigentümer das Dialogfenster unter anderem durch Aufruf der Funktion WinLoadDlg() eröffnen und die Bearbeitung des Dialogfensters (Benutzereingaben innerhalb des Dialogfensters) einer eigens für das Dialogfenster zuständigen Fensterfunktion (Dialogfunktion_für_Dialog_A()) überlassen.

Innerhalb dieser Dialogfunktion werden die eingehenden Nachrichten zunächst nach Nachrichtentypen WM_nachricht sortiert und entsprechende Reaktionen auf diese Nachrichten ausgeführt. Aufbau und Verhalten einer Dialogfensterfunktion entsprechen hier fast vollständig dem Aufbau und der Arbeitsweise einer für ein Programmfenster zuständigen Fensterfunktion. Einzige Ausnahme ist der Nachrichtentyp WM_INITDLG, der die Nachricht WM_CREATE bei Fensterfunktionen ersetzt; diese Nachricht wird zu Beginn der Bearbeitung eines Dialogfensters an die zuständige Dialogfensterfunktion gesendet, um der Dialogfunktion die Möglichkeit von dialogspezifischen Initialisierungen zu geben.

Die meisten Kontrollelemente senden bei ihrer Aktivierung durch den Benutzer eine Nachricht vom Typ WM_CONTROL an die Dialogfensterfunktion, wobei der Nachrichtenparameter mp1 die Identifikationsnummer des aktivierten Kontrollelements und/oder die Art der Benutzereingabe enthält. Daher ist die Abfrage der Nachricht WM_CONTROL ein wesentlicher Bestandteil jeder Dialogfensterfunktion.

4.3 Definition eines Dialogs

Das Beispielprogramm Dialog.C zeigt das grundsätzliche Vorgehen bei der externen Definition von Dialogfenstern, das Laden dieser externen Ressource, das Öffnen des zugehörigen Dialogfensters und die Bearbeitung und Abfrage der enthaltenen Kontrollelemente.

Dabei werden alle wichtigen Kontrollelementeklassen des OS/2 2.0 benutzt. Aus Platzgründen werden nur die wichtigsten Ausschnitte aus dem Programmtext zitiert.

Zunächst wird mittels eines Ressourceneditors das Dialogfenster und sein Inhalt definiert; als Ergebnis wird die Datei Dialog.Dlg erstellt, die Stileigenschaften, Größe und Position der einzelnen Kontrollelemente innerhalb des Dialogfensters sowie die Eigenschaften des Dialogfensterrahmens festlegt.

4.3 Definition eines Dialogs

```
DLGINCLUDE 1 "DIALOG.H"

DLGTEMPLATE DID_TITEL LOADONCALL MOVEABLE DISCARDABLE
BEGIN
  DIALOG "Titel der Dialogbox", DID_TITEL, 5, 24, 359, 140,
                            WS_VISIBLE, FCF_TITLEBAR
  PRESPARAMS PP_FONTNAMESIZE, 0x002E3431L
  BEGIN
    CONTROL "Drop down Combobox", DID_DROPDOWN, 130, 51, 227,
        87, WC_COMBOBOX, CBS_DROPDOWNLIST | LS_HORZSCROLL |
                     WS_GROUP | WS_TABSTOP | WS_VISIBLE
    ENTRYFIELD "Eingabefeld", DID_ENTRY, 10, 129, 113, 7,
                                                ES_MARGIN
    GROUPBOX "Gruppierungsbox", DID_GROUP, 130, 54, 96, 47
    CONTROL "", DID_HORZSCROLL, 7, 106, 116, 6, WC_SCROLLBAR,
                                    SBS_HORZ | WS_VISIBLE
    MLE "MLE", DID_MLE, 8, 40, 117, 61, MLS_WORDWRAP |
                  MLS_HSCROLL | MLS_VSCROLL | WS_GROUP
    DEFPUSHBUTTON "Ende Dialog", DID_PUSH, 7, 5, 347, 20
    AUTORADIOBUTTON "Radioknopf 1", DID_RADIO1, 136, 79, 87,
                                          10, WS_TABSTOP
    AUTORADIOBUTTON "Radioknopf 2", DID_RADIO2, 136, 64, 77,
                                          10, WS_TABSTOP
    CONTROL "Schieber", DID_SLIDER, 129, 103, 226, 11,
            WC_SLIDER, SLS_HORIZONTAL | SLS_CENTER |
                       SLS_BUTTONSTOP | SLS_OWNERDRAW |
                       SLS_RIBBONSTRIP | SLS_HOMELEFT |
                       SLS_PRIMARYSCALE1 | WS_VISIBLE
    CTLDATA 12, 0, 5, 0, 8, 0
    CONTROL "Drehknopf", DID_SPIN, 131, 40, 95, 12,
         WC_SPINBUTTON, SPBS_ALLCHARACTERS | SPBS_MASTER |
         SPBS_SERVANT | SPBS_JUSTDEFAULT | SPBS_FASTSPIN |
         WS_GROUP | WS_TABSTOP | WS_VISIBLE
    CONTROL "Werte Set", DID_VALUESET, 232, 40, 123, 61,
         WC_VALUESET, VS_RGB | VS_BORDER | VS_ITEMBORDER |
         VS_SCALEBITMAPS | WS_GROUP | WS_TABSTOP | WS_VISIBLE
    CTLDATA 8, 0, 3, 4
    LTEXT "statischer Text", DID_STATICTEXT, 8, 26, 345, 10
  END
END
```

Hier werden für den Dialog DID_TITEL (fast) alle verfügbaren Kontrollelementetypen definiert und mit spezifischen Stilangaben versehen; diese Definition wird mittels eines Ressourceneditors automatisch erzeugt. Sie kann natürlich auch »von Hand« definiert werden; hierzu findet sich die Bedeutung der einzelnen Stilangaben bei der Besprechung der Kontrollelementetypen. In Anhang 2 werden über die Definition der Kontrollelemente hinausgehende Ressourcenkommandos erläutert.

Werden mehrere Dialogressourcen extern erstellt und später an das Programm angebunden, so müssen alle verwendeten Identifikationskonstanten eindeutig sein.

4.4 Öffnen und Bearbeiten eines Dialogs

Nachdem nun der Inhalt des Dialogfensters als externe Ressource definiert ist und diese Ressource als Binärinformation an die Programmdatei angebunden wurde (durch den Ressourcencompiler des Entwicklungssystems), muß innerhalb des Programms die Ressourcendefinition mit der zugehörigen Dialogfensterfunktion verbunden werden.

```
/* 1.3 Dialogfenster öffnen */
   case ID_DIALOGSTART:
   {
        HWND hwnddlg;
        hwnddlg = WinLoadDlg(HWND_DESKTOP, hwndRahmen,
            (PFNWP)StandardDialogfunktion, NULLHANDLE,
                                        DID_TITEL,NULL);
        WinProcessDlg(hwnddlg);
        WinDestroyWindow(hwnddlg);
   }
   break;

   case ID_ALTERNATIVDIALOGSTART:
   {
        WinDlgBox(HWND_DESKTOP,hwndRahmen,
            (PFNWP)StandardDialogfunktion, (HMODULE)0,
                                        DID_TITEL,NULL);
   }
   break;
```

Nach Anwahl des Menuepunktes »*Dialogstart*« des Beispielprogramms wird der Block 1.3 ausgeführt. Hierbei wird zunächst durch die Funktion WinLoadDlg() die Ressource (repräsentiert durch die Ressourcenidentifikation DID_TITEL) mit der für diesen Dialog zuständigen Fensterfunktion mit dem Namen *StandardDialogfunktion()* verknüpft. Als Rückgabe wird ein Handle auf das jetzt kreierte Dialogfenster zurückgegeben (hwnddlg).

Die Funktion WinProcessDlg() stellt nun das Dialogfenster dar und übergibt die Abarbeitung der eingehenden Nachrichten an die zuständige Dialogfensterfunktion *StandardDialogfunktion*(). Erst wenn -durch geeignete Benutzeraktionen- diese Dialogfunktion beendet werden soll, wird mit der Funktion WinDestroyWindow() der Dialog beendet und das Dialogfenster zerstört.

Alternativ zu dieser Funktionsfolge kann die Funktion WinDlgBox() aufgerufen werden, die im wesentlichen die oben genannten Funktionen nacheinander aufruft und damit die gleiche Wirkung hat.

Nach Anwahl des entsprechenden Menuepunktes des Programmhauptfensters wird ein Dialogfenster dargestellt, das die wichtigsten Kontrollelemente des OS/2 2.0 gesammelt darstellt; damit ist offensichtlich,, daß der geneigte Leser ein Dialogfenster vorfindet, das weder in bezug auf die Funktionalität noch in bezug auf das Layout Ansprüchen hinsichtlich der Normierung von Dialogfenstern genügen wird - es soll lediglich dazu dienen, Abfrage und Manipulationstechnik von Kontrollelementen beispielhaft zu zeigen.

Betrachten wir die zugehörige Dialogfensterfunktion StandardDialogfunktion(), so fällt auf, daß die übergebene Nachricht (msg) im wesentlichen nach vier Nachrichtenkonstanten sortiert wird.

⇨ WM_INITDLG: Diese Nachricht entspricht der Nachricht WM_CREATE bei Fensterfunktionen und wird zu Beginn der Dialogfensterbearbeitung einmal an die zuständige Dialogfensterfunktion geschickt. Der Programmierer kann diese Tatsache dazu nutzen, bei Auftreten dieser Nachricht notwendige Initialisierungen des Dialoges durchzuführen; dies wird in unserem Beispiel durch die Funktion DlgInititalisieren() übernommen.

⇨ WM_HSCROLL: Diese Nachricht wird durch das Kontrollelement »horizontaler Rollbalken« erzeugt und für das Kontrollelement mit der Identifikationsnummer DID_HORZSCROLL ausgewertet.

⇨ WM_CONTROL: Diese Nachricht wird von (fast) allen verwendeten Kontrollelementen erzeugt, wenn diese durch den Benutzer aktiviert werden. Ausgenommen hiervon sind lediglich Rollbalken und Druckknöpfe (push buttons), die entweder durch eigene Nachrichtenkonstanten (Rollbalken siehe oben) oder durch das Absenden einer Nachricht vom Typ.

⇨ WM_COMMAND: für die Aktivierung von Druckknöpfen abgedeckt werden. Im vorliegenden Beispiel wird der Druckknopf mit der Identifikationsnummer DID_PUSH aktiviert und in einer eigenen Auswertungsfunktion DlgPushButton() ausgewertet.

4.5 Schließen eines Dialogs

In unserem Beispiel wird durch die Anwahl des Druckknopfes (push button) der Dialog beendet. An dieser Stelle muß also zunächst eine geeignete Endebehandlung ausgeführt werden; hier müssen geöffnete externe Ressourcen oder intern belegte Handle freigegeben werden.

Erst durch Aufruf der Funktion WinDismissDlg() wird dann die Dialogfensterfunktion verlassen und ein Zerstören des Dialogfensters eingeleitet.

```
/*------------------------------------------------------------
Dialogfunktion : Bearbeiten des zugeordneten Dialogs
Verteilen der eingehenden Nachrichten, Bearbeiten der
einzelnen Nachrichtentypen,
ggf. Weitergabe unbekannter Nachrichten an die
Standardverarbeitung
-------------------------------------------------------------*/
MRESULT EXPENTRY StandardDialogfunktion( HWND hwndDlg,
                    ULONG msg, MPARAM mp1, MPARAM mp2 )
{
   switch ( msg )
   {
   case WM_INITDLG:
       DlgInitialisieren(hwndDlg, msg, mp1, mp2);
   break;

   case WM_HSCROLL:
   switch( SHORT1FROMMP( mp1 ))
   {
       case DID_HORZSCROLL:
       {
           DlgHScroll(hwndDlg, msg, mp1, mp2);
       }
       break;

       default:
       return WinDefDlgProc( hwndDlg, msg, mp1, mp2 );
   }
   break;

   case WM_CONTROL:
   switch( SHORT1FROMMP( mp1 ))
   {
       case DID_RADIO1:
       {
```

```
            DlgRadio1(hwndDlg, msg, mp1, mp2);
     }
     break;

     case DID_RADIO2:
     {
            DlgRadio2(hwndDlg, msg, mp1, mp2);
     }
     break;

     case DID_DROPDOWN:
     {
            DlgDropDown(hwndDlg, msg, mp1, mp2);
     }
     break;

     case DID_VALUESET:
     {
            DlgValueSet(hwndDlg, msg, mp1, mp2);
     }
     break;

     case DID_ENTRY:
     {
            DlgEntry(hwndDlg, msg, mp1, mp2);
     }
     break;

     case DID_MLE:
     {
            DlgMLE(hwndDlg, msg, mp1, mp2);
     }
     break;

     case DID_SLIDER:
     {
            DlgSlider(hwndDlg, msg, mp1, mp2);
     }
     break;

     case DID_SPIN:
     {
            DlgSpin(hwndDlg, msg, mp1, mp2);
     }
     break;

     default:
     return WinDefDlgProc( hwndDlg, msg, mp1, mp2 );
```

```
        }
        break;

    case WM_COMMAND:
      switch( SHORT1FROMMP( mp1 ) )
      {
            case DID_PUSH:
            {
/* Beenden des Dialogs nur unter bestimmten Bedingungen, die
   in der Dialogelementefunktion getestet werden */
              if( DlgPushbutton(hwndDlg, msg, mp1, mp2) ){
                  /* Endebehandlungen durchführen */
                  if(pIcon != (HPOINTER)NULL)
                                          WinFreeFileIcon(pIcon);
                  /* Dialog beenden */
                  WinDismissDlg(hwndDlg, TRUE);
                  return (MRESULT) FALSE;
              }
            }
            break;

            default:
              return WinDefDlgProc( hwndDlg, msg, mp1, mp2 );
       }
       break;

       default:
         return WinDefDlgProc( hwndDlg, msg, mp1, mp2 );
       }
   return (MRESULT) FALSE;
}
```

Innerhalb des WM_CONTROL-Blocks werden - abhängig von dem ermittelten Kontrollelement-ID SHORT1FROMMP(mp1) - jeweils Funktionen aufgerufen, die ihrerseits elementespezifische Aufgaben ausführen. Dabei ist mp1 der Nachrichtenparameter mp1, der der Dialogfunktion zusammen mit der jeweiligen Nachricht übergeben wird. SHORT1FROMMP() ist ein Makro, das aus dem LONG-Wert mp1 die ersten 2 byte extrahiert; eine Zusammenstellung aller hier notwendigen Makros findet sich unter 3.7.

5 Kontrollelemente

Folgende Kontrollelemente werden durch die Dialogfensterfunktion Standard-Dialogfunktion() dargestellt und bearbeitet; hier werden bis auf die genannten Ausnahmen alle Kontrollelementetypen in ihrer Programmierung beschrieben.

Horizontaler Rollbalken	DID_HORZSCROLL
Auswahlknöpfe	DID_RADIO1, DID_RADIO2
Combobox	DID_DROPDOWN
Werteauswahlelement	DID_VALUESET
Editierbare Zeile	DID_ENTRY
Mehrzeiliges Editorfeld	DID_MLE
Schieber	DID_SLIDER
Drehknopf	DID_SPIN
Druckknopf	DID_PUSH
Statischer Text	DID_STATICTEXT

Hinzu kommen noch weitere, komplexe Kontrollelemente, die i.d.R. aus den oben genannten zusammengesetzt sind und durch eigene Dialogfunktionen bearbeitet werden (Dateiauswahl, Zeichensatzauswahl) oder die einfach aufgrund ihrer Komplexität getrennt behandelt werden (Notizbuchelement, Container).

Die Kenntnis der benutzerseitigen Handhabung aller Kontrollelemente setzen wir voraus; wir wollen uns im folgenden die programmiertechnische Behandlung der genannten Elementetypen ansehen.

Grundsätzlich wird eine Nachricht an ein Kontrollelement mittels der Funktion

```
antwort = WinSendMsg(
   Handle des Empfängers (hier das Kontrollelement),
   Nachricht (jedes Element hat eine Liste eigener
                                Nachrichtenkonstanten),
   Nachrichtenparameter mp1,
   Nachrichtenparameter mp2 (die Parameter werden je nach
       Nachrichtenbeschreibung zu Übermittlung weiterer
       Informationen genutzt)
);
```

an das empfangende Kontrollelement geschickt; das Element reagiert darauf mit einer entsprechenden Aktion und gibt ggf. eine Antwort als Rückgabewert der Funktion zurück. Da normalerweise lediglich das ID (die eindeutige Kennnummer) des Kontrollelementes bekannt ist, wird das zugehörige Handle mittels

```
handle = WinWindowFromID(
   hwnd (Handle des Dialogs; dieser Wert wird der
       Dialogfunktion vom Betriebssystem übergeben),
   ID des Kontrollelements
);
```

ermittelt.

Wird umgekehrt seitens des Benutzers ein Kontrollelement bedient (z.B. durch anklicken aktiviert), so wird eine entsprechende Ereignismeldung, die für jeden Elementetyp separat definiert ist, an die Dialogfunktion gesandt. Anhand dieser Nachricht kann dann die Dialogfunktion feststellen,

⇨ welches Kontrollelement bedient wurde und

⇨ welche Aktion auf das Kontrollelement ausgeübt wurde

und entsprechend reagieren.

5.1 Editorfeld (entry field)

5.1.1 Programmierung

Ein Editorfeld ist ein rechteckiges Kontrollelement, das für eine einzeilige Zeichenkette alle notwendigen Editiermöglichkeiten bereitstellt.

Abhängig von der Programmlogik kann festgelegt werden, daß Texte in Editorfeldern vom Benutzer änderbar oder auch statisch sind. Bekommt ein solches Editorfeld den Eingabefokus (das Fenster mit dem Eingabefokus erwartet Tastaturoperationen), was entweder durch Aktivieren des Kontrollelementes mittels Mausklick oder durch Anwahl des Kontrollelementes mittels Tabulatortaste erfolgen kann, so wird die aktuelle Bearbeitungsposition (Textcursor) angezeigt, und der Programmbenutzer kann mit den bekannten Methoden (einfügendes Schreiben, Zeichen löschen, Texbereiche markieren) den angezeigten Text bearbeiten.

5.1 Editorfeld (entry field)

Das Programm seinerseits kann durch das Versenden geeigneter Nachrichten an das Kontrollelement das Verhalten dieses Kontrollelementes manipulieren, Benutzereingaben abfragen oder seinerseits Texte im Editorfeld darstellen.

Ereignisse, die das Editorfeld betreffen, werden durch das Versenden einer WM_CONTROL-Nachricht an die Dialogfensterfunktion gemeldet. Im Zusammenhang mit Editorfeldern hat die WM_CONTROL_Nachricht den weiter unten genannten Aufbau.

Das Editorfeld unseres Beispieldialoges erfährt zunächst keine Inititialisierung. Die Dialogfensterfunktion übergibt die Bearbeitung aller das Kontrollelement betreffenden Nachrichten an die Funktion DlgEntry(), die entsprechend der Syntaxdefinition der WM_CONTROL-Nachricht die Bearbeitung gemäß des zweiten Teilwertes des ersten Nachrichtenparameters mp1 (SHORT2FROMMP(mp1)) durchführt.

```
/*-----------------------------------------------------------
Bearbeiten des Edit-Feldes (entry field)
-----------------------------------------------------------*/
VOID DlgEntry(HWND hwndDlg, ULONG msg, MPARAM mp1,
                                       MPARAM mp2)
{
   HWND hwndElement;
   char buffer[256], dummy[8];
   SHORT minselect, maxselect;
   MRESULT antwort;

   switch(SHORT2FROMMP(mp1)) {
         case EN_KILLFOKUS:
         {
/* 1. Markierung abfragen */
            hwndElement = WinWindowFromID(hwndDlg,
                                                DID_ENTRY);
            antwort = WinSendMsg(hwndElement, EM_QUERYSEL,
                                                 0L, 0L);
            minselect = SHORT1FROMMR(antwort);
            maxselect = SHORT2FROMMR(antwort);
/* 2. Falls Markierung ok --> Intervallbereich anzeigen */
            if(minselect < maxselect){
               strcpy(buffer,"Selektion in Editfeld : [");
               itoa(minselect,dummy,10);
               strcat(buffer, dummy);
               strcat(buffer, ",");
               itoa(maxselect,dummy,10);
               strcat(buffer, dummy);
               strcat(buffer, "] wurde ausgeschnitten");
```

```
        /* 2.1 Textausgabe ins STATICTEXT-Element */
                hwndElement = WinWindowFromID(hwndDlg,
                                                DID_STATICTEXT);
                WinEnableWindowUpdate(hwndElement, FALSE);
                WinSetWindowText(hwndElement, (PSZ)buffer);
                WinShowWindow(hwndElement, TRUE);
        /* 3. Markierten Bereich ausschneiden und ins Clipboard
                                                        kopieren */
                hwndElement = WinWindowFromID(hwndDlg,
                                                DID_ENTRY);
                WinSendMsg(hwndElement, EM_CUT, 0L, 0L);
                }
            }
            break;

            case EN_SETFOKUS:
            {
                hwndElement = WinWindowFromID(hwndDlg,
                                                DID_STATICTEXT);
                WinEnableWindowUpdate(hwndElement, FALSE);
                WinSetWindowText(hwndElement,
                        (PSZ)"Editfeld hat Eingabefokus");
                WinShowWindow(hwndElement, TRUE);
            }
            break;
    }
}
```

Im Beispiel werden zwei Fälle unterschieden:

⇨ EN_KILLFOKUS: Wenn das Editorfeld den Eingabefokus verliert, so wird zunächst unter (1) durch das Versenden der EM_QUERYSEL-Nachricht die Intervallgrenzen einer möglichen Textmarkierung ermittelt. Hierzu muß zunächst vorher mittels der Funktion WinWindowFromID() das Handle des Kontrollelementes ermittelt werden. Die abgefragten Intervallgrenzen einer möglichen Textmarkierung werden in den Variablen minselect und maxselect abgelgt.

Falls eine solche Markierung ermittelt werden konnte (hier wird auf Plausibilität der Intervallgrenzwerte getestet), so werden die hier ermittelten Intervallwerte als Meldung im statischen Textfeld des Dialogfensters ausgegeben. Hierzu wird unter (2.1) des Beispiels wiederum zunächst das Handle des StaticText-Kontrollelementes ermittelt und dann mittels der Funktion WinSetWindowText() die vorbereitete Zeichenkette im Kontrollelement StaticText ausgegegeben.

Zuletzt wird bei (3) durch Versenden der Nachricht EM_CUT der markierte Textbereich ausgeschnitten und ins Clipboard (ein vom Betriebssystem standardmäßig bereitgestellter Zwischenspeicher) kopiert.

⇨ EN_SETFOKUS: Hier tritt das Ereignis ein, daß das Kontrollelement den Eingabefokus erhalten hat (es ist aktiviert worden). In diesem Fall wird im Statictext-Element lediglich eine entsprechende Meldung ausgegeben.

Dieses kurze Beispiel zeigt schon die beiden grundlegenden Bearbeitungsmethoden für alle Kontrollelemente. In beiden Fällen wird mittels der Funktion WinSendMsg() eine kontrollelementspezifische Nachricht mit oder ohne entsprechende Parameter an das Kontrollelement gesandt.

Entweder wird dann (wie unter (1)) eine Antwort von der Funktion WinSendMsg() zurückgegeben, die sodann im weiteren Verlauf des Programms ausgewertet werden kann, oder es wird wie in Fall (3) lediglich eine Nachricht an das Kontrollelement geschickt, die dort eine entsprechende Reaktion hervorruft. In diesem Fall kann auf das Abfragen des Rückgabewertes der Funktion WinSendMsg() verzichtet werden.

Für fast alle Kontrollelemente ist dies die gängige Methode der Kommunikation zwischen Kontrollelement und Dialogfensterfunktion. Lediglich im Falle des Statictextes wird ausgenutzt, daß das Kontrollelement als (fast) vollwertiges Fenster behandelt werden kann; hier kann Text mittels der Funktion WinSetWindowText() dargestellt werden.

In einem zweiten Beispiel wollen wir die Übernahme des Texteintrags aus dem Editorfeld in einen Puffer (charFeld) und dann das Einsetzen dieses Textes als Text des Auswahlknopfes des Dialogs zeigen; dieses Codefragment wird durch Auswahl eines Eintrags der Combobox aktiviert (siehe DlgDropDown()).

```
      case DID_COMBO2 : /* Editfeld : Text nach
                                   Dialogknopf kopieren */
      {
       hwndElement = WinWindowFromID(hwndDlg, DID_ENTRY);
       WinQueryWindowText(hwndElement, sizeof(buffer), buffer);

       hwndElement = WinWindowFromID(hwndDlg, DID_PUSH);
       WinEnableWindowUpdate(hwndElement, FALSE);
       WinSetWindowText(hwndElement, (PSZ)buffer);
       WinShowWindow(hwndElement, TRUE);
      }
      break;
```

Statt durch Versenden geeigneter Nachrichten an die Kontrollelemente die gewünschten Aufgaben durchzuführen, werden hier Funktionen direkt verwendet.

Zunächst wird mittels WinQueryWindowText() der Texteintrag der Editorzeile (DID_ENTRY) in den Puffer buffer[] kopiert. Dann wird mittels WinSetWindowText() dieser Pufferinhalt als Texteintrag des Auswahlknopfes (DID_PUSH) eingesetzt; dieser Text ersetzt damit den vorherigen Elementetext.

5.1.2 Stilangaben

ES_LEFT	Text ist linksbündig.
ES_RIGHT	Text ist rechtsbündig.
ES_CENTER	Text ist zentriert.
ES_AUTOSIZE	Text wird so formatiert, daß er ins Kontrollelement paßt.
ES_AUTOSCROLL	Erreicht der Textcursor das Zeilenende, so wird automatisch nach rechts gescrollt.
ES_MARGIN	Ein Rahmen wird um den Text gezeichnet.
ES_READONLY	Das Element darf nur gelesen werden.
ES_UNREADABLE	Jedes Zeichen wird als Stern dargestellt (z.B. Paßworteingabe).
ES_COMMAND	Das Editorfeld wird als Kommandofeld behandelt (Hilfemanager benutzt dies).
ES_AUTOTAB	Das Editorfeld führt eigenständig TAB-Operationen aus, wenn dies sinnvoll ist.

5.1.3 Ereignismeldung

WM_CONTROL

Nachricht wird bei Auftreten eines Ereignisses vom Kontrollelement an die zuständige Fensterfunktion geschickt.

param1
USHORT idid   ID des Kontrollelements
USHORT usnotifycode   Art des Ereignisses

EN_CHANGE	Der Inhalt des Editorfeldes wurde geändert.
EN_KILLFOKUS	Das Editorfeld hat den Eingabefokus verloren.
EN_MEMERROR	Es kann nicht genügend Speicherplatz zur Texthaltung alloziert werden; die Grenze gemäß EM_SETTEXTLIMIT ist zu groß.
EN_OVERFLOW	Text kann nicht eingefügt werden; die Textgrenze gemäß EM_SETTEXTLIMIT ist zu klein.
EN_SCROLL	Das Editorfeld wird horizontal gescrollt (Inhalt verschoben).
EN_SETFOKUS	Das Editorfeld hat den Eingabefokus bekommen.

param2 HWND
hwndcontrolspec   Handle des Editorfeldes

Rückgabewert
ULONG flreply   Reserviert NULL

5.1.4 Nachrichten an das Kontrollelement

EM_CLEAR

Der markierte Text wird gelöscht

ULONG param1	Reserviert NULL.
ULONG param2	Reserviert NULL.
Rückgabewert **BOOL fSuccess**	Erfolgsindikator
TRUE	erfolgreich ausgeführt
FALSE	Fehler aufgetreten

EM_COPY

Der markierte Text wird ins Clipboard kopiert

| ULONG param1 | Reserviert NULL. |
| ULONG param2 | Reserviert NULL. |

Rückgabewert
BOOL fSuccess   Erfolgsindikator

    TRUE   erfolgreich ausgeführt

    FALSE   Fehler aufgetreten

EM_CUT

Markierter Text wird ins Clipboard kopiert und im Editorfeld gelöscht.

| ULONG param1 | Reserviert NULL |
| ULONG param2 | Reserviert NULL |

Rückgabewert
BOOL fSuccess   Erfolgsindikator

    TRUE   erfolgreich ausgeführt

    FALSE   Fehler aufgetreten

EM_PASTE

Der markierte Text wird durch den Text im Clipboard ersetzt.

| ULONG param1 | Reserviert NULL |
| ULONG param2 | Reserviert NULL |

Rückgabewert
BOOL fSuccess   Erfolgsindikator

    TRUE   erfolgreich ausgeführt

    FALSE   Fehler aufgetreten

EM_QUERYCHANGED

Abfrage, ob der Text des Editorfeldes geändert wurde.

| ULONG param1 | Reserviert NULL |
| ULONG param2 | Reserviert NULL |

5.1 Editorfeld (entry field)

Rückgabewert
BOOL fchanged   Änderungsindikator

    TRUE   Text wurde geändert seit der letzten EM_QUERYCHANGED oder WM_QUERY-WINDOWPARAMS Nachricht.

    FALSE   sonst

EM_QUERYFIRSTCHAR

Rückgabewert ist der Offset (beginnend mit NULL) des ersten links im Editorfeld sichtbaren Buchstabens.

ULONG param1   Reserviert NULL

ULONG param2   Reserviert NULL

Rückgabewert
SHORT sOffset   Offset (beginnend mit NULL) des ersten links im Editorfeld sichtbaren Buchstabens

EM_QUERYREADONLY

Ermittelt, ob der readonly (NurLesen) Status für das Editorfeld aktiviert ist.

ULONG param1   Reserviert NULL

ULONG param2   Reserviert NULL

Rückgabewert
BOOL fReadOnly   Schreib/Lesestatus

    TRUE   Text darf nur gelesen werden

    FALSE   Lesen und Schreiben erlaubt

EM_QUERYSEL

Es werden die Grenzen der aktuellen Markierung als Offset (NULL-basiert) ermittelt.

ULONG param1   Reserviert NULL

ULONG param2   Reserviert NULL

Rückgabewert
SHORT sMinSel   Offset des ersten Zeichens der Markierung
SHORT sMaxSel   Offset des letzten Zeichens der Markierung

EM_SETFIRSTCHAR

Angabe des Offsets des Zeichens, das links als erstes Zeichen im Editorfeld sichtbar sein soll.

param1 SHORT sOffset   Offset des Zeichens (NULL-basiert)

ULONG param2   Reserviert NULL

Rückgabewert
BOOL fSuccess   Erfolgsindikator

     TRUE   erfolgreich ausgeführt

     FALSE   Fehler aufgetreten

EM_SETINSERTMODE

Einschalten des Einfügemodus (insert mode)

param1 USHORT usInsert   Einfügemodus

     TRUE   Einfügemodus ein

     FALSE   Überschreibmodus ein

ULONG param2   Reserviert NULL.

Rückgabewert
BOOL fOldInsertMode   Vorheriger Modus

     TRUE   Einfügemodus war eingeschaltet

     FALSE   Überschreibemodus war eingeschaltet

EM_SETREADONLY

Der NurLesen-Status (read only mode) wird eingeschaltet.

param1 USHORT usReadOnly   NurLesen-Status

     TRUE   NurLese-Status ein

     FALSE   NurLese-Status aus

5.1 Editorfeld (entry field)

ULONG param2	Reserviert NULL
Rückgabewert	
BOOL fOldRead	Vorheriger Status
TRUE	NurLese-Status war ein
FALSE	NurLese-Status war aus

EM_SETSEL

Die Offsets der Grenzen einer Textmarkierung werden gesetzt.

param1

USHORT usminsel	Offset erstes Zeichen
USHORT usmaxsel	Offset letztes Zeichen
	Die Grenzen der Markierung werden durch Angabe der NULL-basierten Offsets übergeben.
ULONGparam2	Reserviert NULL
Rückgabewert	
BOOL fSuccess	Erfolgsindikator
TRUE	erfolgreich ausgeführt
FALSE	Fehler aufgetreten

EM_SETTEXTLIMIT

Maximale Anzahl byte im Editorfeld wird festgelegt.

param1 SHORT sTextLimit	Maximale Anzahl byte im Editorfeld
ULONG param2	Reserviert NULL.
Rückgabewert	
BOOL fSuccess	Erfolgsindikator
TRUE	erfolgreich ausgeführt
FALSE	Fehler aufgetreten

5.2 Mehrfachzeilen-Editierfeld (MLE)

5.2.1 Programmierung

Ähnlich wie das einzeilige Editorfeld stellt das MLE-Element die Möglichkeit zur Verfügung, Texte (allerdings mehrzeilige) anzuzeigen und zu editieren. Der mehrzeilige Text wird hierbei in einem rechteckigen Fenster angezeigt, wobei, falls erforderlich, horizontale und vertikale Rollbalken ein Verschieben des Sichtbarkeitsbereiches des Textfensters ermöglichen.

Das MLE-Kontrollelement bietet dem Programmierer alle Möglichkeiten eines Standard-Texteditors und geht damit in seiner Leistung deutlich über die Leistung des einzeiligen Editorfeldes hinaus.

Setzt man ein MLE-Element zur Bearbeitung von Text mit einem Umfang von weniger als 32KB ein, wird eine akzeptable Arbeitsgeschwindigkeit erreicht. Ein MLE-Element wird i.d.R. für Texte im Umfang von ca. 4KB eingesetzt. Textmengen größer als 32 KB werden unterstützt; hierbei kann allerdings die Bearbeitungsgeschwindigkeit unakzeptabel werden.

Innerhalb des in einem MLE-Element angezeigten Textes existieren immer zwei Funktionspunkte. Zwischen diesen beiden *Ankerpunkt* und *Cursorpunkt* genannten Textpositionen ist der Markierungsbereich eines Textes lokalisiert. Beide Punkte können durch geeignete Kontrollelemente-Nachrichten gesetzt und abgefragt werden. Sind Ankerpunkt und Cursorpunkt identisch, so ist aktuell kein Markierungsbereich definiert. Ist ein Markierungsbereich definiert, so wird dieser invers dargestellt.

Ein MLE-Element hat drei verschiedene Arbeitsmodi:

 ▷ READONLY: Es sind keine Manipulationen am Textinhalt zugelassen; Rollbalken können benutzt werden.

 ▷ WORDWRAP: Wenn dieser Modus aktiviert ist, wird bei Einfügen von Text dieser bei Erreichen des rechten Fensterrahmens an Wortgrenzen automatisch in die nächste Zeile umbrochen.

 ▷ INSERT/OVERTYPE: Entweder der Einfüge- oder der Überschreibemodus wird für Textänderungen aktiviert.

Die Programmierschnittstelle für ein MLE-Element ist derart umfangreich gestaltet und damit leistungsstark, daß der Einsatz eines MLE-Elementes in den meisten Fällen der Eigenprogrammierung eines (kleinen) Standardeditors vor-

5.2 Mehrfachzeilen-Editierfeld (MLE)

zuziehen ist. Hierbei sind insbesondere flexible Import- und Exportmöglichkeiten für Text, Möglichkeiten der Layoutgestaltung (Farben, Zeichensätze) sowie leistungsfähige Suche- und Ersetzefunktionen zu nennen.

Ereignisse, die ein MLE_Element betreffen, werden durch eine WM_CONTROL-Nachricht an die Dialogfensterfunktion übermittelt. Hierbei sind sowohl im höherwertigen Wort des Parameters mp1 als auch im Parameter mp2 umfangreiche Informationen über das aufgetretene Ereignis abgelegt. In unserem Beispielprogramm wird hier lediglich zur Veranschaulichung der Fall MLN_SETFOKUS (MLE_Element erhält einen Eingabefokus) vorgestellt.

```
/*-------------------------------------------------------------
Bearbeiten des MehrZeilenEdit-Feldes (MLE)
-------------------------------------------------------------*/
VOID DlgMLE(HWND hwndDlg, ULONG msg, MPARAM mp1, MPARAM mp2)
{
    HWND hwndElement;
    switch(SHORT2FROMMP(mp1)) {
        case MLN_SETFOKUS:
        {
            /* Clipboard öffnen */
            WinOpenClipbrd(hab);
            /* Falls Inhalt == CF_TEXT --> einfügen */
            if( WinQueryClipbrdData(hab, CF_TEXT) ){
                hwndElement = WinWindowFromID(hwndDlg,
                                                DID_MLE);
                /* Clipboardinhalt einfügen */
                WinSendMsg(hwndElement, MLM_PASTE, 0L, 0L);
                /* Clipboardinhalt leeren */
                WinEmptyClipbrd(hab);
            }
            /* Clipboard schließen */
            WinCloseClipbrd(hab);
        }
        break;
    }
}
```

Falls das MLE_Element den Eingabefokus erhält, wird zunächst mittels der Funktion WinOpenClpbrd() das Clipboard geöffnet, und -falls der Inhalt des Clipboards vom Type CF_TEXT (dies ist Text aus Einzeileneditorelementen oder MLE_Elementen)- ist der Clipboardinhalt durch Übermitteln der Nachricht MLN_PASTE an die aktuelle Markierung/Cursorposition des MLE_Elementes DID_MLE einzufügen.

Gleichzeitig zeigt das Beispiel eine (sehr einfache) Programmierung des Clipboards. Der Inhalt des Clipboards wird durch eine entsprechende Anweisung an das Editorfeld (einzeilig) einkopiert.

Ein weitres Beispiel zeigt die Verwendung einer elementspezifischen Struktur bei der Durchführung einer Suche/Ersetzteoperation innerhalb des MLE-Textes.

```
case DID_COMBO4 : /* Text Editfeld in MLE suchen */
{
  MLE_SEARCHDATA sd;

  /* Text Editfeld holen */
  hwndElement = WinWindowFromID(hwndDlg, DID_ENTRY);
  WinQueryWindowText(hwndElement, sizeof(buffer), buffer);

  /* Text in MLE suchen */
  if(strlen(buffer) > 0){
  /* Suchdatenstruktur füllen */
  sd.cb = sizeof(sd); /* Strukturgröße */
  sd.pchFind = buffer; /* Suchstring */
  sd.pchReplace = "ERSATZ"; /* Ersatzstring */
  sd.cchFind = strlen(buffer); /* Länge FindString */
  sd.cchReplace = strlen("ERSATZ"); /*Länge Ersatzstring*/
  sd.iptStart = 0;  /* Suchen ab Textanfang */
  sd.iptStop = -1;  /* Suchen bis Textende */

  /* Suchen */
  hwndElement = WinWindowFromID(hwndDlg, DID_MLE);
  WinSendMsg(hwndElement, MLM_SEARCH,
        MPFROMLONG(MLFSEARCH_CHANGEALL),
        MPFROMP(&sd));
  }
}
break;
```

Der Texteintrag des Editorfeldes soll innerhalb des MLE-Textes gesucht und durch den String »ERSATZ« ersetzt werden; die Aufgabenstellung ist hier offensichtlich leicht zu verallgemeinern.

Zunächst wird der Text des Editorfeldes mittels WinQueryWindowText() in den Puffer char buffer[] kopiert; er steht nun grundsätzlich zur weiteren Bearbeitung zur Verfügung.

Dann wird die Struktur sd vom Typ MLE_SEARCHDATA, die alle notwendigen Informationen zur Durchführung der Suche/Ersetzeoperation enthalten soll initialisiert (siehe Kommentare im Code). Nach der Initialisierung wird dann die Struktur sd als Parameter mp2 (MPFROMP(&sd)) an das MLE-Element zusammen mit der Nachricht MLM_SEARCH (Suche/Ersetze) und dem Parameter MLFSEARCH_CHANGEALL (ersetze alle gefundenen Zeichenketten) übergeben - daraufhin wird die gewünschte Operation ausgeführt. Eine eigene Programmierung der Suche/Ersetze-Logik entfällt vollkommen!

5.2.2 Stilangaben

MLS_BORDER	Ein dünner Rahmen wird um das MLE gezeichnet
MLS_READONLY	MLE darf nur gelesen werden
MLS_WORDWRAP	Zeilen werden bei Erreichen des rechten Randes umbrochen
MLS_HSCROLL	MLE hat horizontalen Rollbalken
MLS_VSCROLL	MLE hat vertikalen Rollbalken
MLS_IGNORETAB	TAB-Taste wird ignoriert
MLS_DISABLEUNDO	MLE läßt kein UNDO (Aktionsrücknahme) zu

5.2.3 Ereignismeldung

WM_CONTROL

MLE sendet bei Benutzeraktionen diese Nachricht.

param1
USHORT usid   Kontrollelement ID
USHORT usnotifycode Ereigniscode

MLN_TEXTOVERFLOW Ein Tastendruck (ein eingegebenes Zeichen) verursacht einen Überlauf, indem dadurch die Maximalmenge Zeichen (vgl. MLM_SETTEXTLIMIT) überschritten wird. Falls keine andere Aktion ausgeführt wird und ein FALSE zurückgegeben wird (von der zuständigen Dialogfunktion), wird standardmäßig der Tastendruck ignoriert und ein Warnton ausgegeben.

MLN_PIXHORZOVER-FLOW	Ein Tastendruck verursacht einen Pixelüberlauf in horizontaler Richtung (vgl. MLM_SETFORMATRECT). Standardoperation (FALSE-Rückgabe) ist ignorieren der Eingabe plus Warnton.
MLN_PIXVERTOVER-FLOW	Ein Tastendruck verursacht einen Pixelüberlauf in vertikaler Richtung (vgl. MLM_SETFORMATRECT). Standardoperation (FALSE-Rückgabe) ist ignorieren der Eingabe plus Warnton.
MLN_OVERFLOW	Irgend ein anderes Ereignis (kein Tastendruck) verursacht einen Zeichen- oder Pixelüberlauf. Dies kann hervorgerufen werden durch: ⇨ MLM_SETWRAP ⇨ MLM_SETTABSTOP ⇨ MLM_SETFONT ⇨ MLM_IMPORT ⇨ MLM_PASTE ⇨ MLM_CUT ⇨ MLM_UNDO ⇨ MLM_DELETE ⇨ WM_SIZE.
MLN_HSCROLL	Das MLE hat alle notwendigen Berechnungen für eine Scrollaktion durchgeführt und wird im Anschluß diese Aktion ausführen. Noch ist allerdings keine Ausgabe erfolgt.
MLN_VSCROLL	Das MLE hat alle notwendigen Berechnungen für eine Scrollaktion durchgeführt und wird im Anschluß diese Aktion ausführen. Noch ist allerdings keine Ausgabe erfolgt.

5.2 Mehrfachzeilen-Editierfeld (MLE)

MLN_CHANGE	Text im MLE wurde geändert.
MLN_UNDOOVER-FLOW	Eine durchgeführte Textänderung kann nicht rückgängig gemacht werden (kein UNDO).
MLN_CLPBDFAIL	Eine Clipboardoperation ist fehlgeschlagen.
MLN_MEMERROR	Eine Speicheranforderung kann nicht erfüllt werden; die die Anforderung auslösende Aktion wird nicht durchgeführt.
MLN_SETFOKUS	MLE hat Eingabefokus bekommen.
MLN_KILLFOKUS	MLE verliert Eingabefokus.
MLN_MARGIN	Die Maus wurde an den Rand des MLE-Ausgabebereichs bewegt. Wenn die Dialogfunktion FALSE zurückgibt, versucht das MLE eine eigene Reaktion auf die Mausbewegung durchzuführen.
MLN_SEARCHPAUSE	Während eine MLM_SEARCH-Nachricht (Suchen nach einem Textstring) ausgeführt wird, wird diese Nachricht periodisch gesendet, um dem Programm eine frühzeitige Abbruchmöglichkeit zu geben

param2
(Wert hängt von MLN_Code ab)

ULONG ulOver	Anzahl byte Überlauf
PIX pixOver	Lineare Distanz in pels
POVERFLOW pErrInfo	Überlauf Fehlerinformation. Dies ist ein Zeiger auf eine Struktur vom Typ MLEOVERFLOW. Der Strukturteil ulErrInd dieser Struktur kann folgende (auch mehrere kombinierte) Werte annehmen.
MLFEFR_RESIZE	Der MLE-Ausgabebereich (Fensterbereich) wurde geändert. Der MLESFR_MATCH-WINDOW-Stil wird zurückgesetzt (und muß

	ggf. vom Programm bei Bedarf neu gesetzt werden).
MLFEFR_TABSTOP	Eine Tabulatoroperation (TAB-Taste gedrückt) kann nicht ausgeführt werden.
MLFEFR_FONT	Die Änderung eines Zeichensatzes kann nicht durchgeführt werden.
MLFEFR_WORDWRAP	Die Änderung des Umbruchverhaltens (word wraping) kann nicht durchgeführt werden.
MLFEFR_TEXT	Text wurde durch MLM_IMPORT, MLM_PASTE, MLM_CUT, MLM_UNDO, oder MLM_DELETE geändert; diese Änderung kann nicht ausgeführt werden.
MLFETL_TEXTBYTES	Text wurde durch MLM_IMPORT, MLM_PASTE oder MLM_UNDO geändert; diese Änderung kann nicht durchgeführt werden
ULONG ulErrInd	Clipboardfehleridentifikation
MLFCPBD_TOO-MUCHTEXT	Text zu groß für Clipboard
MLFCPBD_CLPBD-ERROR	Allgemeiner Clipboardfehler
PMARGSTRUCT pmrg	Zeiger auf Ränderstruktur vom Typ MLEMARGSTRUCT
IPT iptSearchedTo	Aktueller Einfügepunkt für Suchen
LONG flReserved	Reserviert NULL
Rückgabewert	Bei einem usnotifycode MLN_TEXTOVERFLOW, MLN_PIXHORZOVERFLOW, MLN_PIXVERTOVERFLOW, MLN_MARGIN, MLN_SEARCHPAUSE:
BOOL fAction	Programmaktion

TRUE	MLE nimmt an, daß das Programm eine korrekte Aktion ausgeführt hat.
FALSE	MLE nimmt an, daß das Programm unkorrekt auf die WM_CONTROL-Nachricht reagiert hat (z.B. diese Nachricht ignoriert) und nimmt selber eine Aktion vor.

Bei allen anderen Nachrichten usnotifycode:

ULONG flReserverd   Reserviert NULL

5.2.4 Nachrichten an das Kontrollelement

MLM_CLEAR

Löschen der aktuellen Markierung.

param1 ULONG	Reserviert NULL.
param2 ULONG	Reserviert NULL.
Rückgabewert	
ULONG ulClear	Anzahl gelöschter Zeichen (byte)

MLM_COPY

Aktuelle Markierung wird ins Clipboard kopiert.

param1 ULONG	Reserviert NULL
param2 ULONG	Reserviert NULL
Rückgabewert	
ULONG ulCopy	Anzahl kopierter Zeichen (byte)

MLM_CUT

Aktuelle Markierung wird ins Clipboard kopiert und anschließend im MLE gelöscht.

param1 ULONG	Reserviert NULL
param2 ULONG	reserviert NULL

Rückgabewert
ULONG ulCopy   Anzahl kopierter und dann gelöschter Zeichen (byte).

MLM_CHARFROMLINE

Ermittlung des ersten Einfügepunktes in einer Textzeile.

param1 LONG lLineNum   Zeilennummer

param2 ULONG   Reserviert NULL

Rückgabewert
IPT iptFirst   Erster Einfügepunkt in der gefragten Zeile.

MLM_DELETE

Textbereich (auch unmarkiert) löschen.

param1 IPT iptBegin   Startpunkt der Löschung

param2 ULONG ulDel   Anzahl zu löschender Zeichen (byte), beginnend mit dem Startpunkt

Rückgabewert
ULONG ulSuccess   Anzahl tatsächlich gelöschter Zeichen

MLM_DISABLEREFRESH

Ein Neuzeichnen des Ausgabebereichs des MLE-Elements wird verboten.

param1 ULONG   Reserviert NULL

param2 ULONG   Reserviert NULL

Rückgabewert
BOOL fSuccess   Erfolgsindikator
    TRUE   Kein Fehler
    FALSE   Fehler

MLM_ENABLEREFRESH

Ein Neuzeichnen des Ausgabebereichs des MLE-Elements wird gestattet.

5.2 Mehrfachzeilen-Editierfeld (MLE)

param1 ULONG	Reserviert NULL
param2 ULONG	Reserviert NULL
Rückgabewert	
BOOL fSuccess	Erfolgsindikator
TRUE	Kein Fehler
FALSE	Fehler

MLM_EXPORT

Export (unmarkierten) Textes in einen Pufferbereich (z.B. char-Feld).

param1 PIPT pBegin	Zeiger auf Variable vom Typ IPT; dies ist der Startpunkt im Text
param2 PULONG pCopy	Anzahl zu exportierender Zeichen (byte)
Rückgabewert	
ULONG ulSuccess	Anzahl tatsächlich exportierter Zeichen

MLM_FORMAT

Definieren des Textformats, das für Export und Import von/zu Pufferbereichen benutzt wird.

param1 USHORT usFormat	zu benützendes Format
MLFIE_CFTEXT	Textformat; Zeilenende ist CR/LF (13/10); NULL ist Datenende
MLFIE_NOTRANS	LF ist Zeilenende; gleicher Export und Import mit diesem Format sollten immer funktionieren.
MLFIE_WINFMT	Windows MLE-Format; bei Import ist CR LF ein Zeilenende, hierbei wird CR CR LF ignoriert. Bei Export ist CR LF Zeilenende und CR CR LF ein Zeilenende aufgrund automatischen Zeilenumbruches (word wrap).
param2 ULONG	Reserviert NULL
Rückgabewert	
USHORT usFormat	Vorheriges Format

MLM_IMPORT

Text wird aus einem externen Puffer importiert.

param1 PIPT pBegin	Startpunkt der Einfügung im Text
param2 ULONG ulCopy	Anzahl byte im Puffer

Rückgabewert
ULONG ulSuccess   Anzahl tatsächlich kopierter byte

MLM_INSERT

Die aktuelle Textmarkierung wird durch den Inhalt eines übergebenen Textstrings ersetzt.

param1 PSTRL pText	Textstring, der eingefügt werden soll (mit \0)
param2 ULONG	Reserviert NULL.

Rückgabewert
ULONG ulCount   Anzahl tatsächlich eingefügter Zeichen

MLM_LINEFROMCHAR

Ermittlung der Zeilennummer, in der ein gegebener Einfügepunkt steht.

param1 IPT iptFirst	Einfügepunkt
param2 ULONG	Reserviert NULL.

Rückgabewert
LONG lLineNum   gefundene Zeilennummer mit Einfügepunkt

MLM_PASTE

Die aktuelle Markierung wird durch den Text des Clipboards ersetzt.

param1 ULONG	Reserviert NULL
param2 ULONG	Reserviert NULL

Rückgabewert
ULONG ulCopy   Anzahl eingefügter Zeichen

MLM_QUERYBACKCOLOR

Die Hintergrundfarbe des MLE-Fenster wird ermittelt.

param1 ULONG	Reserviert NULL
param2 ULONG	Reserviert NULL
Rückgabewert	
LONG lColor	Hintergrundfarbe

MLM_QUERYCHANGED

Abfrage, ob der Text geändert wurde; der Änderungsstatus wird durch diese Abfrage nicht geändert.

param1 ULONG	Reserviert NULL
param2 ULONG	Reserviert NULL
Rückgabewert	
BOOL fChanged	Änderungsstatus
TRUE	Text wurde geändert
FALSE	Text wurde nicht geändert

MLM_QUERYFIRSTCHAR

Ermittlung des ersten (links oben) im MLE sichtbaren Zeichens.

param1 ULONG	Reserviert NULL
param2 ULONG	Reserviert NULL
Rückgabewert	
IPT iptFVC	Position (absolut im Text) des links oben sichtbaren Zeichens

MLM_QUERYFONT

Ermittlung des aktuell benutzten Zeichensatzes.

param1 PFATTRS pFattrs	Zeichensatz-Attributestruktur (Font attribute structure)
param2 ULONG	Reserviert NULL

Rückgabewert
BOOL fSystem   Systemzeichensatzindikator

    TRUE   Systemzeichensatz wird benutzt

    FALSE   anderer Zeichensatz im Gebrauch

MLM_QUERYFORMATLINELENGTH

Anzahl Zeichen bis zum Zeilenende, nachdem eine Formatierung durchgeführt wurde.

param1 IPT iptStart   Startpunkt, ab dem gezählt werden soll

param2 ULONG   Reserviert NULL

Rückgabewert
IPT iptLine   Anzahl byte von Startpunkt bis Zeilenende

MLM_QUERYFORMATTEXTLENGTH

Anzahl Zeichen in einem definierten Bereich, nachdem eine Formatierung durchgeführt ist.

param1 IPT iptStart   Startpunkt, ab dem gezählt werden soll

param2 ULONG ulScan   Anzahl byte ab Startpunkt; dies bestimmt den Bereich vor der Formatierung

    0xFFFFFFFF   Bereich geht bis zum Ende der Zeile, in der der Startpunkt liegt

    Anderer Wert   Anzahl byte

Rückgabewert
ULONG ulText   Anzahl byte nach Formatierung

MLM_QUERFORMATRECT

Ermittlung des Formatrechtecks und -modus.

param1 PPOINTL
pFormatRect   Formatdimension (Höhe, Breite)

param2 ULONG flFlags   Formatmodus; dies ist ein Feld von MLFFM-TRECT_name Modi, die durch MLM_SETFORMATRECT definiert wurden.

5.2 Mehrfachzeilen-Editierfeld (MLE)

Rückgabewert
ULONG flreply   Reserviert NULL

MLM_QUERYIMPORTEXPORT

Ermittelt den Zustand des aktuellen Import/Export-Puffers.

param1 PBUFFER pBuff   Zeiger auf Puffer

param2 PULONG pBuff   Größe des Puffers in byte

Rückgabewert
ULONG ulCount   Anzahl byte im Puffer

MLM_QUERYLINECOUNT

Ermittelt die Anzahl der Textzeilen im MLE.

param1 ULONG   Reserviert NULL

param2 ULONG   Reserviert NULL.

Rückgabewert
ULONG ulLines   Anzahl Zeilen im Text

MLM_QUERYLINELENGTH

Anzahl Zeichen zwischen einem Startpunkt und dem Zeilenende.

param1 IPT iptStart   Startpunkt

param2 ULONG   Reserviert NULL.

Rückgabewert
IPT iptLine   Anzahl byte bis Zeilenende

MLM_QUERYREADONLY

Es wird der NurLeseStatus (read only state) abgefragt.

param1 ULONG   Reserviert NULL

param2 ULONG   Reserviert NULL

Rückgabewert
BOOL fReadOnly Aktueller NurLeseStatus

    TRUE MLE darf nur gelesen werden

    FALSE MLE darf beschrieben werden

MLM_QUERYSEL

Die Position der aktuellen Markierung wird ermittelt.

param1 USHORT
usQueryMode Ermittlungsmodus

    MLFQS_MINMAXSEL Intervallgrenzen (Minimumpunkt und Maximumpunkt) werden ermittelt; dies ist kompatibel zu EM_QUERYSEL bei Editorfeldern

    MLFQS_MINSEL Nur Minimumpunkt wird ermittelt

    MLFQS_MAXSEL Nur Maximumpunkt wird ermittelt

    MLFQS_ANCHORSEL Ankerpunkt wird ermittelt

    MLFQS_CURSORSEL Cursorpunkt wird ermittelt

param2 ULONG Reserviert NULL

Rückgabewert
Bei Ermittlungsmodus = MLFQS_MINMAXSEL:

SHORT sMinSel untere Intervallgrenze der Markierung

SHORT sMaxSel obere Intervallgrenze der Markierung

Bei sonstigem Ermittlungsmodus

IPT iptipt Abgefragter Punkt

MLM_QUERYSELTEXT

Die aktuelle Markierung wird in einen Puffer kopiert.

param1 PSTRL pBuff Textpuffer

param2 ULONG Reserviert NULL

Rückgabewert
ULONG ulCount Anzahl in den Puffer kopierter Zeichen

MLM_QUERYTABSTOP

Ermittlung der Tabulatorabstände in pel.

param1 ULONG   Reserviert NULL

param2 ULONG   Reserviert NULL

Rückgabewert
PIX pixTabset   Tabulatorabstand in pel

MLM_QUERYTEXTCOLOR

Abfrage der Textfarbe im MLE.

param1 ULONG   Reserviert NULL

param2 ULONG   Reserviert NULL

Rückgabewert
LONG lColor   Textfarbe

MLM_QUERYTEXTLENGTH

Anzahl Zeichen im Text.

param1 ULONG   reserviert NULL

param2 ULONG   Reserviert NULL

Rückgabewert
IPT iptText   Anzahl Zeichen im Text

MLM_QUERYTEXTLIMIT

Ermittlung der Maximalgröße in byte des MLE.

param1 ULONG   Reserviert NULL

param2 ULONG   Reserviert NULL

Rückgabewert
LONG lSize   Maximalgröße in byte

MLM_QUERYUNDO

Ermittlung der möglichen UNDO oder REDO Operationen.

param1 ULONG	Reserviert NULL
param2 ULONG	Reserviert NULL
Rückgabewert	
usOperation (USHORT)	Durchführbare Operation
0	keine Operation möglich
WM_CHAR	Eine WM_CHAR-Nachricht kann durchgeführt werden.
MLM_SETFONT	Eine MLM_SETFONT-Nachricht kann durchgeführt werden.
MLM_SETTEXTCOLOR	Eine MLM_SETTEXTCOLOR-Nachricht kann durchgeführt werden.
MLM_CUT	Eine MLM_CUT-Nachricht kann durchgeführt werden.
MLM_PASTE	Eine MLM_PASTE-Nachricht kann durchgeführt werden.
MLM_CLEAR	Eine MLM_CLEAR-Nachricht kann durchgeführt werden.
fUndoRedo (BOOL)	Operationsindikator
TRUE	UNDO ist möglich
FALSE	REDO ist möglich

MLM_QUERYWRAP

Ermittlung, ob automatischer Zeilenumbruch (word wrap) aktiv ist.

param1 ULONG	Reserviert NULL
param2 ULONG	Reserviert NULL
Rückgabewert	
BOOL fWrap	Zeilenumbruchstatus
TRUE	eingeschaltet
FALSE	nicht aktiv

MLM_RESETUNDO

Eine UNDO-Operation wird verboten.

param1 ULONG	Reserviert NULL
param2 ULONG	Reserviert NULL
Rückgabewert	
usOperation (USHORT)	Durchführbare Operation
0	keine Operation möglich
WM_CHAR	Eine WM_CHAR-Nachricht kann durchgeführt werden.
MLM_SETFONT	Eine MLM_SETFONT-Nachricht kann durchgeführt werden.
MLM_SETTEXTCOLOR	Eine MLM_SETTEXTCOLOR-Nachricht kann durchgeführt werden.
MLM_CUT	Eine MLM_CUT-Nachricht kann durchgeführt werden.
MLM_PASTE	Eine MLM_PASTE-Nachricht kann durchgeführt werden.
MLM_CLEAR	Eine MLM_CLEAR-Nachricht kann durchgeführt werden.
fUndoRedo (BOOL)	Operationsindikator
TRUE	UNDO ist möglich
FALSE	REDO ist möglich

MLM_SEARCH

Suche nach einem String innerhalb des MLE-Textes.

param1 ULONG ulStyle	Suchstil
MLFSEARCH_CASE-SENSITIVE	Groß/Kleinschreibung wird unterschieden

MLFSEARCH_SELECT-MATCH	Falls ein passender Text gefunden wurde, wird dieser markiert und in den Sichtbereich des MLE gebracht.
MLFSEARCH_CHANGE-ALL	der gefundene Text wird durch den Ersatztext der MLE_SEARCHDATA-Struktur ersetzt.

param2 PMLE_SEARCH-DATApseSearch	Zeiger auf eine Suchstruktur vom Typ MLE_SEARCHDATA.
Rückgabewert	
BOOL fSuccess	Erfolgsindikator
TRUE	String gefunden
FALSE	String nicht gefunden

MLM_SETBACKCOLOR

Die Hintergrundfarbe des MLE-Fensters wird gesetzt.

param1 LONG lColor	Farbe
param2 ULONG	Reserviert NULL
Rückgabewert	
LONG lOldColor	vorherige Farbe

MLM_SETCHANGED

Der Änderungsstatus wird manipuliert (gesetzt oder gelöscht).

param1 USHORT usChanged	neuer Wert des Änderungsstatus
param2 ULONG	Reserviert NULL
Rückgabewert	
BOOL fChanged	vorheriger Wert des Änderungsstatus
TRUE	Status war gesetzt
FALSE	Status war nicht gesetzt

MLM_SETFIRSTCHAR

Der im MLE-Ausgabebereich erste sichtbare Buchstabe (links oben) wird gewählt.

param1 IPT iptFVC	Punkt (Spalte, Zeile), der nach links oben ins MLE-Fenster gebracht werden soll.
param2 ULONG	Reserviert NULL
Rückgabewert	
BOOL fSuccess	Erfolgsindikator
TRUE	kein Fehler
FALSE	Fehler

MLM_SETFONT

Der neu zu benutzende Font wird bestimmt.

param1 PFATTRS pFattrs	Zeiger auf Zeichensatz-Attribute-Struktur vom Typ FATTRS.
NULL	Systemfont
Anderer Wert	Zeiger auf Struktur, anderer Zeichensatz
param2 ULONG	Reserviert NULL
Rückgabewert	
BOOL fSuccess	Erfolgsindikator
TRUE	kein Fehler
FALSE	Fehler

MLM_SETFORMATRECT

Die Formatierungsdimension des Textausgaberechtecks wird neu gewählt. Das Rechteck, in dem der Text des MLE ausgegeben wird, muß nicht identisch mit dem Fensterausgabebereich sein (i.d.R. wird der Fensterausgabebereich kleiner sein, so daß gescrollt werden muß).

param1 PPOINTL	
pFormatRect	Neue Breite und Höhe (pel) einer Struktur vom Typ POINTL

NULL	Beide Werte werden gemäß der MLE-Fenstergröße gewählt (genau ins Fenster passender Text).
Anderer Wert	Breite und Höhe
param2 ULONG flFlags	Interpretation der Dimensionsangaben
MLFFMTRECT_MATCH-WINDOW	Formatierungsrechteck wird immer passend zum Fensterausgabebereich gewählt. Wird das MLE-Fenster in der Größe geändert, so erfolgt eine Anpassung des Formatierungsrechtecks automatisch.
MLFFMTRECT_LIMIT-HORZ	Maximale Länge einer MLE-Zeile
MLFFMTRECT_LIMIT-VERT	Maximale Höhe des gesamten MLE-Textes
Rückgabewert	
BOOL fSuccess	Erfolgsindikator
TRUE	kein Fehler
FALSE	Fehler

MLM_SETIMPORTEXPORT

Der aktuelle Import/Export-Puffer wird bzgl. seiner Größe manipuliert.

param1 PBUFFER pBuff	Zeiger auf Pufferbereich
param2 ULONG ulLength	Größe des Puffers in byteSize of transfer buffer in bytes.
Rückgabewert	
BOOL fSuccess	Erfolgsindikator
TRUE	kein Fehler
FALSE	Fehler

MLM_SETSEL

Eine Textmarkierung wird gesetzt.

param1 IPT iptAnchor Ankerpunkt (Anfangspunkt) der Markierung; bei Nutzerbedienung ist dies der Punkt, an dem die Maustaste gedrückt und gehalten wird, um einen Textbereich zu markieren

param2 IPT iptCursor Cursorpunkt (Endpunkt der Markierung); bei Nutzeraktion ist dies der Punkt, an dem die Maustaste nach Markierung losgelassen wird.

Rückgabewert
BOOL fSuccess Erfolgsindikator

    TRUE kein Fehler

    FALSE Fehler

MLM_SETREADONLY

Der NurLeseStatus wird geändert.

param1 USHORT usReadOnly Neuer Status

param2 ULONG Reserviert NULL

Rückgabewert
BOOL fOldPrevious Vorheriger Status

MLM_SETTEXTCOLOR

Die Farbe des MLE-Textes wird gewählt.

param1 LONG lColor Farbe

param2 ULONG Reserviert NULL

Rückgabewert
LONG lOldColor vorherige Farbe

MLM_SETTABSTOP

Der Abstand zwischen Tabulatormarken (in pel) wird gewählt.

param1 PIX pixTab Neuer Abstand

param2 ULONG	Reserviert NULL
Rückgabewert	
PIX pixTabset	Erfolgsindikator
0	kein Fehler
Anderer Wert	Fehler

MLM_SETTEXTLIMIT

Maximalzahl byte wird gesetzt, die im MLE gehalten werden können.

param1 LONG	
lSizeMaximum	Maximalzahl byte im MLE
param2 ULONG	Reserviert NULL
Rückgabewert	
ULONG ulFit	Erfolgsindikator
0	kein Fehler
Anderer Wert	Fehler

MLM_SETWRAP

Der Wortumbruch-Staus wird geändert; Wortumbruch (word wrap) wird vorgenommen, wenn rechts über das Zeilenende hinaus geschrieben wird.

param1 USHORT usWrap	Neuer Status
param2 ULONG	Reserviert NULL
Rückgabewert	
BOOL fSuccess	Erfolgsindikator
TRUE	kein Fehler
FALSE	Fehler

MLM_UNDO

Eine mögliche UNDO-Operation (Rücknahme der vorherigen Operation) wird durchgeführt.

param1 ULONG	Reserviert NULL
param2 ULONG	Reserviert NULL

5.2 Mehrfachzeilen-Editierfeld (MLE)

Rückgabewert
USHORT usUndone   Erfolgsindikator

    TRUE   kein Fehler

    FALSE   Fehler

5.2.5 Datenstrukturen

MLEOVERFLOW MLE-Überlauffehler

    typedef struct _MLEOVERFLOW {

ULONG ulErrInd;	/* Ein oder mehrere EFR_*-Konstanten*/
LONG lBytesOver;	/* Zeichenüberlauf (byte) */
PIX pixHorzOver;	/* Pixelüberlauf horizontal (pel) */
PIX pixVertOver;	/* Pixelüberlauf vertikal (pel) */

    } MLEOVERFLOW;

MLEMARGSTRUCT MLE-Ränderinformation

    typedef struct _MLEMARGSTRUCT {

USHORT afMargins;	/* Rand, an dem das Ereignis eingetreten ist. Mögliche Werte sind MLFMARGIN_LEFT MLFMARGIN_RIGHT MLFMARGIN_TOP MLFMARGIN_BOTTOM */
USHORT usMouMsg;	/* Nachrichten ID des Mausereignisses */
IPT iptNear;	/* Einfügepunkt, der am nächsten zum Randpunkt des Ereignisses ist */

    } MLEMARGSTRUCT;

MLE_SEARCHDATA MLE-Stringsuche

typedef struct _MLE_SEARCHDATA {

USHORT cb;	/* Größe der Struktur in byte */
PCHAR pchFind;	/* Suchstring */
PCHAR pchReplace;	/* Ersetzungsstring */
SHORT cchFind;	/* Länge Suchstring in byte */
SHORT cchReplace;	/* Länge Ersetzungsstring */
IPT iptStart;	/* Startpunkt oder Fundpunkt */
IPT iptStop;	/* Sucheendpunkt (Vorgabe) */
SHORT cchFound;	/* Länge gefundener String */

} MLE_SEARCHDATA;

IPT Einfügepunkt in MLE-Elementen

typedef LONG IPT;   Der Punkt (Spalte,Zeile) ist in den beiden Worten der Variablen abgelegt (Spalte : low word).

MLECTLDATA MLE-Kontrollstruktur

typedef struct _MLECTLDATA {

USHORT cbCtlData;	/* Länge der Struktur in byte */
USHORT afIEFormat;	/* Import/Export-Format */
ULONG cchText;	/* Textlimit */
IPT iptAnchor;	/* Ankerpunkt für Markierungen */
IPT iptCursor;	/* Cursorpunkt */
LONG cxFormat;	/* Rechteckbreite in pel */
LONG cyFormat;	/* Rechteckhöhe in pel */
ULONG afFormatFlags;	/* Formatmodi (siehe MLM_SETFORMATRECT)*/

} MLECTLDATA;

5.3 Listboxen und Comboboxen

5.3.1 Programmierung

Sowohl Listboxen als auch Comboboxen haben die Funktion, dem Programmbenutzer eine programmseitig vorgegebene Auflistung von Textzeilen anzubieten, aus der der Programmbenutzer eine oder mehrere Zeilen auswählen kann. Dies ist immer dann sinnvoll, wenn aus einer bekannten, endlichen Menge von Selektionsmöglichkeiten benutzerseitig keine, eine oder mehrere der Optionen gewählt werden sollen. Ein einfaches Beispiel hierfür ist die Auflistung aller in einem Ordner verfügbaren Dateinamen mit der Benutzeraufforderung, eine der angebotenen Dateien zu bearbeiten.

Eine Listbox ist ein rechteckiges Fenster mit vertikalem und bei Bedarf horizontalem Rollbalken zur Positionierung des Fenstersichtbarkeitsbereiches, das die auszuwählenden Optionen durch zeilenweisen Text repräsentiert.

Eine Combobox besteht aus einem einzeiligen Editorfeld und einer darunterliegenden Listbox, die insgesamt zu einem Comboboxelement kombiniert sind. Eine Combobox kann dabei folgende Präsentationsstile haben.

1. CBS_SIMPLE: Sowohl Editorfeld als auch Listbox der Combobox sind ständig sichtbar. Wird eine Zeile der Listbox durch Tastatur oder Mausoperation ausgewählt, so wird diese Zeile im Editorfeld angezeigt. Wird hingegen ein Text im Editorfeld eingegeben, so wird die hierzu am besten passende Textzeile der Listbox gewählt und im Editorfeld dargestellt.

2. CBS_DROPDOWN: Bei diesem Präsentationsstil sind alle Leistungen des Stils CBS_SIMPLE erfüllt. Hinzu kommt, daß im nichtaktivierten Zustand lediglich das Editorfeld der Combobox dargestellt wird; die Listbox kann bei Bedarf aufgerollt werden.

3. CBS_DROPDOWNLIST: Auch hier ist im aktivierten Zustand lediglich das Editorfeld der Combobox dargestellt. Texteingaben im Editorfeld sind bei diesem Stil nicht zugelassen.

Sowohl Comboboxen als auch Listboxen werden durch eine Abfrage der WM_CONTROL-Nachricht überwacht.

In unserem Programmbeispiel wird die dargestellte Combobox genutzt, um eine Auswahlmöglichkeit verschiedener Funktionen des Dialogfensters zu bieten; hier sei nochmals der Hinweis darauf erlaubt, daß eine solche Verwendung aus Standardisierungsgründen eher durch ein entsprechendes Menue hätte übernommen werden sollen. Zur Demonstration der Leistungsfähigkeit der eingesetzten Kontrollelemente mag dieser »Mißbrauch« aber nützlich sein.

Im Falle der Combobox wird im Beispielprogramm eine Initialisierung im Rahmen der Funktion DlgInitialisieren() durchgeführt

Zunächst in der Fensterhauptfunktion :

```
case WM_INITDLG:
   DlgInitialisieren(hwndDlg, msg, mp1, mp2);
break;
```

Die Funktion selbst :

```
/*-----------------------------------------------------------
Funktion  : Initialisierungen der Dialogbox durchführen
-----------------------------------------------------------*/
VOID DlgInitialisieren(HWND hwndDlg, ULONG msg,
                                MPARAM mp1, MPARAM mp2)
{
   HWND hwndElement;
   USHORT index;

   /* Einträge in Combobox setzen */
   hwndElement = WinWindowFromID(hwndDlg, DID_DROPDOWN);
   WinEnableWindowUpdate(hwndElement, FALSE);

   /* Eintragen der Texte in die ComboBox-Liste */
   /* Eindeutige Zuordnung Listenindex-Eintrag
                                      in comboindex[] */
   index = SHORT1FROMMR(
            WinSendMsg(hwndElement,LM_INSERTITEM,
              MPFROMSHORT(LIT_END),
              MPFROMP("Dies ist der erste Eintrag (keine
                                      Funktion)")));
   comboindex[index] = DID_COMBO1;
   index = SHORT1FROMMR(
            WinSendMsg(hwndElement, LM_INSERTITEM,
              MPFROMSHORT(LIT_END),
              MPFROMP("Werteauswahlbox ändern")));
   comboindex[index] = DID_COMBO3;
   index = SHORT1FROMMR(
            WinSendMsg(hwndElement, LM_INSERTITEM,
              MPFROMSHORT(LIT_END),
              MPFROMP("Text des Editfeldes in MLE suchen
                                      und ersetzen")));
   comboindex[index] = DID_COMBO4;
```

5.3 Listboxen und Comboboxen

```
         index = SHORT1FROMMR(
                 WinSendMsg(hwndElement, LM_INSERTITEM,
                 MPFROMSHORT(LIT_END),
                 MPFROMP("Text des Editfeldes nach Dialogknopf
                                               kopieren")));
         comboindex[index] = DID_COMBO2;
```

WinShowWindow(hwndElement, **TRUE**);

Zunächst wird das Handle der Combobox mittels der Funktion WinWindowFromID() ermittelt.

Die Funktion WinEnableWindowUpdate() wird dann dazu genutzt, den Zugriff auf das Kontrollelement während der Eintragung von Textzeilen für andere Programmteile zu sperren; zum Ende der Bearbeitung muß dieser Zugriff wieder freigegeben werden (gleiche Funktion mit Paramater TRUE).

Dann wird für jede in die Combobox einzutragende Textzeile zunächst mittels der Funktion WinSendMsg() eine Nachricht vom Typ LM_INSERTITEM an das Kontrollelement geschickt, wobei die beiden übergebenen Nachrichtenparameter einmal die Anordnungsreihenfolge des Textes innerhalb der Combobox (LIT_END) und zum anderen den Texteintrag selbst (mp2) bestimmen. Die Funktion WinSendMsg() liefert als Resultat den Index der eingetragenen Textzeile innerhalb der Combobox; dieser Index gibt die Position des Texteintrags innerhalb der Combobox beginnend mit Indexwert 0 für den obenliegenden Eintrag an. Im vorliegenden Falle werden neue Textzeilen jeweils an das Ende der Combobox-Liste angefügt (LIT_END). Damit ist klar, daß die erste eingefügte Textzeile den Index 0, die zweite eingefügte Textzeile den Index 1 usw. erhält. Wird nun ein bestimmter Eintrag der Combobox durch den Programmbenutzer ausgewählt, so liefert im vorliegenden Falle der zurückgegebene Auswahlindex eine eindeutige Zuordnung zu der Menge der eingefügten Textzeile und der damit verbundenen Programmfunktionen. Im Beispielprogramm wird der Auswahlindex indirekt einer Auswahlkonstanten (DID_COMBOn) zugeordnet.

Wird die Reihenfolge der Zeilen in der Liste der Combobox später geändert, so muß dies durch eine entsprechende Umsortierung im Feld comboindex[index] berücksichtigt werden.

Die Einträge in der Combobox unseres Beispielprogrammes lösen bei Anwahl Ereignisse in anderen Kontrollelementen des Dialogfensters aus.

```
/*------------------------------------------------------------
 Funktion    : Bearbeiten der DropDownBox
 ----------------------------------------------------------*/
VOID DlgDropDown(HWND hwndDlg, ULONG msg,
```

```
                                      MPARAM mp1, MPARAM mp2)
{
  HWND hwndElement;
  USHORT index;
  char buffer[256], dummy[8];

  switch(SHORT2FROMMP(mp1)) {

   case LN_SELECT:
   {
    hwndElement = WinWindowFromID(hwndDlg, DID_DROPDOWN);
    index = SHORT1FROMMR(
       WinSendMsg(hwndElement, LM_QUERYSELECTION,
                       MPFROM2SHORT(LIT_FIRST, 0), 0L));
    if(index != LIT_NONE){

     /* indexangaben zur Auswahl in ComboBox */
     strcpy(buffer,"Index : ");
     itoa(index,dummy,10);
     strcat(buffer, dummy);
     strcat(buffer, ", comboindex : ");
     itoa(comboindex[index],dummy,10);
     strcat(buffer, dummy);
     hwndElement = WinWindowFromID(hwndDlg, DID_STATICTEXT);
     WinEnableWindowUpdate(hwndElement, FALSE);
     WinSetWindowText(hwndElement, (PSZ)buffer);
     WinShowWindow(hwndElement, TRUE);

     /* Verteilung gemäß ausgewählter Zeile der ComboBox */
     switch( comboindex[index] ){
      case DID_COMBO1: /* Erster Eintrag ohne Funktion */
      {
      }
      break;

      case DID_COMBO2 : /* Editfeld : Text nach
                                  Dialogknopf kopieren */
      {
```

Dieses Codefragment wird im Zusammenhang mit Editorfeldern besprochen.

```
      }
      break;

      case DID_COMBO3 : /* Werteauswahlbox umgestalten */
      {
       hwndElement = WinWindowFromID(hwndDlg, DID_VALUESET);

        /* Text eintragen */
```

5.3 Listboxen und Comboboxen

```
            WinSendMsg(hwndElement, VM_SETITEMATTR,
                    MPFROM2SHORT(1,2), MPFROM2SHORT(VIA_TEXT,TRUE));
            WinSendMsg(hwndElement, VM_SETITEM,
                    MPFROM2SHORT(1,2), MPFROMLONG("*Text*"));
            /* Icon eintragen */
            pIcon = WinLoadFileIcon("DIALOG.ICO",FALSE);
            WinSendMsg(hwndElement, VM_SETITEMATTR,
                    MPFROM2SHORT(2,2), MPFROM2SHORT(VIA_ICON,TRUE));
            WinSendMsg(hwndElement, VM_SETITEM,
                    MPFROM2SHORT(2,2), MPFROMLONG(pIcon));
          }
          break;

          case DID_COMBO4 : /* Text Editfeld in MLE suchen */
          {
```
Das Codefragment wird in Zusammenhang mit der Besprechung der MLE-Elemente kommentiert
```
          }
          break;

        }
      }
    }
    break;
  }
}
```

Hierzu muß aber zunächst für den Fall, daß ein Indexeintrag ausgewählt wurde (case LM_SELECT) der Index der ausgewählten Textzeile der Combobox ermittelt werden; dies wird mittels der Kontrollelemente-Nachricht LM_QUERYSELECTION ausgeführt. Falls ein solcher Auswahlindex gefunden wurde, wird dieser Indexwert und der zugehörige Konstantenwert des Feldes comboindex[] in der Statictextzeile angegeben. Dann erfolgt eine Verteilung auf die einzelnen Funktionsausführungen gemäß ausgewähltem Combolisteneintrags; die hier im einzelnen angewählten Funktionen werden in Verbindung mit den damit manipulierten Elementen besprochen werden.

5.3.2 Stilangaben

LS_HORZSCROLL	Listbox hat horizontalen Rollbalken
LS_MULTIPLESEL	Es können mehrere Zeilen gleichzeitig ausgewählt werden; hier sollte immer der Stil LS_EXTENDEDSEL zusätzlich gewählt werden.
LS_EXTENDEDSEL	Die Funktionalität für meherfache Selektion wird bereitgestellt.
LS_OWNERDRAW	Ein oder mehrere Zeilen der Listbox können durch das Programm mit anderem Inhalt als Text belegt werden (z.B. Bitmaps).
LS_NOADJUSTPOS	Die Position des Listboxinhalts relativ zur Listbox kann durch das Programm bestimmt werden.

5.3.3 Ereignismeldung

WM_CONTROL

Eine externe Aktion auf das Element wird gemeldet.

param1
USHORT idid   Aktionscode
USHORT usnotifycode   ID des Kontrollelements

LN_ENTER	ENTER- oder RETURN-Taste betätigt (Element hatte Eingabefokus) oder Doppelklick auf Element
LN_KILLFOCUS	Element verliert Eingabefokus
LN_SCROLL	Element wird horizontal gescrollt
LN_SETFOCUS	Element erhält Eingabefokus
LN_SELECT	Zeile in Listbox wird selektiert oder deselektiert. Falls das Programm den Index dieser Zeile ermitteln will, wird eine LM_QUERYSELECTION-Nachricht gesandt

param2 HWND
hwndcontrolspec   Handle des Listboxfensters

Rückgabewert
ULONG flreply   Reserviert NULL

WM_DRAWITEM

Immer wenn eine Zeile der Listbox gezeichnet werden soll (insbesondere bei 0Bitmaps wichtig) wird diese Nachricht erzeugt.

param1 USHORT id   ID der Listbox

param2 POWNERITEM
pOwnerItem   Zeiger auf eine Struktur vom Typ OWNER-ITEM

Rückgabewert
BOOL fDrawn   Indikator

  TRUE   Zeile wird gezeichnet

  FALSE   Zeile wird durch Listbox gezeichnet (i.d.R bei Text)

WM_MEASUREITEM

Die Nachricht muß an das Listboxelement geschickt werden, um Höhe und Breite einer Listbox-Zeile (i.d.R. für Bitmaps) zu erfragen

param1 SHORT sListBox   ID der Listbox

param2 SHORT sItemIndex   Index der Zeile

Rückgabewert
SHORT sHeightSHORT   Höhe der Zeile

sWidthsHeight (SHORT)   Breite der Zeile; dies ist nur dann sinnvoll, wenn die Listbox horizontal gescrollt werden kann (Stil LS_HORZSCROLL).

5.3.4 Nachrichten an das Kontrollelement

LM_DELETEALL

Alle Zeilen einer Listbox werden gelöscht.

param1 ULONG	Reserviert NULL
param2 ULONG	Reserviert NULL
Rückgabewert	
BOOL fSuccess	Erfolgsindikator
TRUE	Erfolgreich ausgeführt
FALSE	Es ist ein Fehler aufgetreten

LM_DELETEITEM

Eine Zeile der Listbox wird gelöscht.

param1 SHORT sItemIndex	Zeilenindex (NULL-basiert : Erste Zeile hat Index 0)
param2 ULONG	Reserviert NULL
Rückgabewert	
SHORT sItemsLeft	Anzahl restlicher Zeilen nach Löschen

LM_INSERTITEM

Eine Zeile wird eingefügt.

param1 SHORT sItemIndex	Zeilenindex
LIT_END	Neue Zeile ans Ende der Listbox
LIT_SORT-ASCENDING	Zeile einfügen und alle Zeilen lexikalisch aufsteigend neu sortieren
LIT_SORT-DESCENDING	Zeile einfügen und alle Zeilen lexikalisch absteigend neu sortieren
Anderer Wert	Zeile an Indexposition (NULL-basiert) einfügen; nachfolgende Zeilen werden nach unten verschoben
param2 PSTRL pItemText	Text der Zeile
Rückgabewert	
SHORT sIndexInserted	

5.3 Listboxen und Comboboxen

LIT_MEMERROR	Speicherplatz für die neue Zeile kann nicht alloziert werden
LIT_ERROR	Ein anderer Fehler ist aufgetreten
Anderer Wert	Tatsächlicher Index (NULL-Basiert) der eingefügten Zeile

LM_QUERYITEMCOUNT

Anzahl der Zeilen einer Listbox wird ermittelt.

param1 ULONG Reserviert NULL

param2 ULONG Reserviert NULL

Rückgabewert
SHORT sItemCount Anzahl Sätze

LM_QUERYITEMHANDLE

Das Handle einer Zeile wird ermittelt; jeder Zeile (mit möglicherweise wechselndem Index) ist fest ein Handle eindeutig zugeordnet.

param1 SHORT sItemIndex Index der Zeile

param2 ULONG Reserviert NULL

Rückgabewert
ULONG ulresult Handle der Zeile

LM_QUERYITEMTEXT

Der Text einer Zeile wird ermittelt.
param1
SHORT sItemIndex Index der Zeile
SHORT smaxcount Maximale Textlänge

0	Kein Text wird kopiert
Anderer Wert	Maximalzahl von Zeichen wird inklusive \0 kopiert

param2 PSTRL pItemText Textpuffer zur Aufnahme des Textes

Rückgabewert
SHORT sTextLength Länge des Zeilentextes in byte ohne \0

LM_QUERYITEMTEXTLENGTH

Länge des Zeilentextes einer Listboxzeile wird ermittelt; damit kann sichergestellt werden, daß genügend Pufferspeicher zur Aufnahme dieses Textes bereitgestellt werden kann (wie lang sollen Zeileneinträge eigentlich sein?)

param1 SHORT sItemIndex   Zeilenindex

param2 ULONG   Reserviert NULL

Rückgabewert
SHORT sTextLength

LIT_ERROR	Fehler ist aufgetreten
Anderer Wert	Länge der Textzeile in byte ohne \0

LM_QUERYSELECTION

Die in der Listbox markierten (und invers dargestellten) Zeilen sollen aufgezählt werden. Falls maximal nur eine Markierung zulässig ist, wird lediglich der Zeilenindex der markierten Zeile zurückgegeben. Falls mehrere Zeilen markierbar sind (Stil LS_MULTIPLESEL), werden die markierten Zeilen durch mehrfache Versendung dieser Nachricht erfragt.

param1 SHORT sItemStart   Index des Satzes, ab dem gesucht werden soll. Falls der Stil LS_MULTIPLESEL gewählt ist, ist der Indexwert der Startsatz, ab dem der nächste markierte Satz zu suchen ist. Um also alle markierten Sätze zu ermitteln, muß diese Nachricht wiederholt gesendet werden, wobei dieser Parameter jeweils den Wert des vorherigen Rückgabewertes bekommt. Falls nur eine Auswahlzeile erlaubt ist, wird dieser Parameter ignoriert und immer von Index 0 (NULL) beginnend gesucht.

LIT_FIRST	Suche mit Index 0 beginnen
Anderer Wert	Suche mit angegebenem Index >= 0 beginnen

param2 ULONG   Reserviert NULL

Rückgabewert

5.3 Listboxen und Comboboxen

SHORT sItemSelected	Index des nächsten gefundenen markierten Satzes
LIT_NONE	kein markierter Satz gefunden
Anderer Wert	Index des nächsten markierten Satzes

LM_QUERYTOPINDEX

Der Index des Satzes, der aktuell an oberster Position der Listbox sichtbar ist wird zurückgegeben.

param1 ULONG	Reserviert NULL
param2 ULONG	Reserviert NULL
Rückgabewert	
SHORT sItemTop	Satzindex des aktuell an oberster Position der Listbox sichtbaren Satzes (ggf. nach vertikalem Scrollen).
LIT_NONE	keine Sätze in der Listbox
Anderer Wert	Satzindex

LM_SEARCHSTRING

Der Index des Satzes, dessen Text identisch mit einem übergebenem Suchtext ist wird zurückgegeben.

param1	
USHORT uscmd	Der Suchmodus gibt an, wie Suchtext und Satztext verglichen werden sollen; nachfolgende Modi können kombiniert werden
LSS_CASESENSITIVE	Groß/Kleinschreibung wird unterschieden
LSS_PREFIX	Der Suchtext muß genau am Anfang des Satztextes stehen; diese Option darf nicht mit LSS_SUBSTRING kombiniert werden (wen wundert's ?)
LSS_SUBSTRING	Der Suchtext wird an beliebiger Stelle des Satztextes gesucht; dies darf nicht mit LSS_PREFIX kombiniert werden.
SHORT sItemStart	Index des Satzes, ab dem gesucht werden soll

LIT_FIRST	Suchen ab Satzindex 0
Anderer Wert	Satzindex >= 0

param2 PSTRL pSearchString Suchstring

Rückgabewert SHORT sItemMatched Satzindex des gefundenen Satzes

LIT_ERROR	Fehler
LIT_NONE	Kein passender Satztext gefunden
Anderer Wert	gefundener Satzindex

LM_SELECTITEM

Der Satz mit dem übergebenen Index wird selektiert oder deselektiert.

param1 SHORTsItemIndex Index des zu (de)selektierenden Satzes

LIT_NONE	Alle Sätze sollen deselektiert werden
Anderer Wert	Satzindex

param2 USHORT usselect Selektionskennung (wird ignoriert, falls LIT_NONE gesetzt ist)

TRUE	Satz wird selektiert
FALSE	Satz wird deselektiert

Rückgabewert BOOL fsuccess Erfolgsindikator

TRUE	Erfolgreich
FALSE	Fehler

LM_SETITEMHANDLE

Zu einem Satzindex wird ein definierbares Handle spezifiziert.

param1 SHORT sItemIndex Satzindex

param2 ULONG ulItemHandle Handle, das mit dem Satzindex assoziiert werden soll

5.3 Listboxen und Comboboxen

Rückgabewert
BOOL fsuccess   Erfolgsindikator

   TRUE   Erfolgreich

   FALSE   Fehler

LM_SETITEMHEIGTH

Die Höhe eines Listboxsatzes wird vorgegeben.

param1 ULONG
flNewHeight   Höhe des Satzes in Pixeln

param2 ULONG   Reserviert NULL

Rückgabewert
BOOL fsuccess   Erfolgsindikator

   TRUE   Erfolgreich

   FALSE   Fehler

LM_SETITEMTEXT

Der Text eines Satzes (bestimmt durch seinen Index) wird gesetzt.

param1 SHORT sItemIndex   Satzindex

param2 PSTRL pItemText   Satztext

Rückgabewert
BOOL fsuccess   Erfolgsindikator

   TRUE   Erfolgreich

   FALSE   Fehler

LM_SETTOPINDEX

Ein Satz mit einem zu übergebenden Index wird an die oberste Position der Listbox gebracht; die Reihenfolge der nachfolgenden Sätze ändert sich nicht.

param1 SHORT
sItemIndex   Satzindex, der an die oberste Position soll

param2 ULONG   Reserviert NULL

Rückgabewert
BOOL fsuccess   Erfolgsindikator

    TRUE   Erfolgreich

    FALSE   Fehler

5.3.5 Datenstrukturen

OWNERITEM Definition eines Objekts

Diese Struktur definiert programmeigene Objekte, die statt vordefinierter Objekte z.B. in Kontrollelemente eingefügt werden können (siehe z.B. WM_DRAWITEM bei Listboxen).

typedef struct _OWNERITEM {

HWND hwnd;   /* Fensterhandle */

HPS hps;   /* Presentationspace Handle */

ULONG ulState;   /* Status */

ULONG ulAttribute;   /* Attribute */

ULONG ulStateOld;   /* alter Status */

USHORT fsAttributeOld;   /* alte Attribute */

RECTL rclItem;   /* umfassendes Rechteck */

LONG idItem;   /* Objekt ID */

ULONG hItem;   /* Handle auf Objekt */

} OWNERITEM;

5.3.6 Stilangaben

    CBS_SIMPLE   Editorfeld und Listbox sind beide sichtbar

    CBS_DROPDOWN   Editorfeld sichtbar, Listbox wird auf Anforderung heruntergerollt

    CBS_DROPDOWNLIST   Statt Editorfeld wird ein Statictext benutzt; die Listbox ist eingerollt

5.3.7 Ereignismeldung

WM_CONTROL

Aktionen auf eine Combobox bedingen diese Nachricht.

param1
usid (USHORT)   Combobox ID

usnotifycode (USHORT)   Ereignis

    CBN_EFCHANGE   Inhalt des Editorfeldes wurde geändert

    CBN_MEMERROR   Editorfeld kann nicht genügend Speicher allozieren

    CBN_EFSCROLL   Editorfeld scrollt horizontal

    CBN_LBSELECT   Eine Listboxzeile wurde selektiert

    CBN_LBSCROLL   Die Listbox scrollt

    CBN_SHOWLIST   Die Listbox wird dargestellt

    CBN_ENTER   Die ENTER-Taste wurde betätigt oder eine Listboxzeile doppelt angeklickt

param2 HWND
hwndcontrolspec   Combobox Handle

Rückgabewert
ULONG flreply   Reserviert NULL

5.3.8 Nachrichten an das Kontrollelement

Es werden außer eigenen Nachrichten viele Nachrichten zur Bearbeitung von Editorfeldern und Listbox-Elementen benutzt, da eine Combobox aus beiden Elementtypen kombiniert ist. Im einzelnen werden folgende Nachrichten verwendet:

Listbox-Nachrichten in Comboboxen:

    LM_QUERYITEMCOUNT

    LM_INSERTITEM

    LM_SETTOPINDEX

LM_QUERYTOPINDEX

LM_DELETEITEM

LM_SELECTITEM

LM_QUERYSELECTION

LM_SETITEMTEXT

LM_QUERYITEMTEXT

LM_QUERYITEMTEXTLENGTH

LM_SEARCHSTRING

LM_DELETEALL

Editorfeldnachrichten in Comboboxen:

EM_QUERYFIRSTCHAR

EM_SETFIRSTCHAR

EM_QUERYCHANGED

EM_QUERYSEL

EM_SETSEL

EM_SETTEXTLIMIT

EM_CUT

EM_PASTE

EM_COPY

EM_CLEAR

Combobox-eigene Nachrichten

CBM_HILITE

Das Editorfeld wird aktiv (highlight) dargestellt.

param1 USHORT usHilite		AktivStatus
	TRUE	Aktivieren
	FALSE	Deaktivieren
param2 ULONG		Reserviert NULL

Rückgabewert
BOOL fChanged   Änderungsindikator

   TRUE   Status geändert

   FALSE   Status nicht geändert

CBM_ISLISTSHOWING

Es wird ermittelt, ob die Listbox sichtbar ist.

param1 ULONG   Reserviert NULL

param2 ULONG   Reserviert NULL

Rückgabewert
BOOL fShowing   Sichtbarkeitsstatus

   TRUE   sichtbar

   FALSE   nicht sichtbar

CBM_SHOWLIST

Die Listbox wird (un)sichtbar gemacht.

param1 USHORT
usShowing   Sichtbarkeitsstatus

   TRUE   sichtbar machen

   FALSE   unsichtbar machen

param2 ULONG   Reserviert NULL

Rückgabewert
BOOL fChanged   Änderungsindikator

   TRUE   Status geändert

   FALSE   Status nicht geändert

5.4 Auswahlknopf (button))

5.4.1 Programmierung

Jeder Auswahlknopf ist ein rechteckiges, rundes oder quadratisches Kontrollelement, das der Programmbenutzer auswählen und damit ein »Einschalten und Ausschalten« simulieren kann.

In unserem Beispieldialog werden 2 Arten von Auswahlknöpfen gezeigt; ein einfacher Druckknopf (pushbutton) mit dem anfänglichen Titel »Ende Dialog« kann vom Benutzer »gedrückt« werden und damit ein nachgeschaltetes Ereignis auslösen. Die beiden mit der Bezeichnung Radioknopf1 und Radioknopf2 benannten Radioknöpfe (radiobutton) können durch Anwählen nacheinander aktiviert und deaktiviert werden. Der Aktivierungsstatus eines Radioknopfes wird optisch dem Programmbenutzer gemeldet. Da beide Radioknöpfe gemeinsam innerhalb einer Gruppierungsbox liegen, bedingt die Anwahl des einen Radioknopfes automatisch die Deaktivierung aller anderen Radioknöpfe innerhalb der Gruppierungsbox.

Im Gegensatz zu den meisten anderen Kontrollelementen generiert die Anwahl eines Druckknopfes (pushbutton) eine WM_COMAND-Nachricht mit der ID des Druckknopfkontrollelementes im Nachrichtenparameter mp1.

```
case WM_COMMAND:
 switch( SHORT1FROMMP( mp1 ) )
 {
   case DID_PUSH:
   {
```
Hier Code zur Bearbeitung der Druckknopfaktivierung.
```
   }
   break;
```

Ansonsten werden Ereignisse von Auswahlknopf-Kontrollelementen durch die Generierung einer WM_CONTROL-Nachricht der zuständigen Dialogfunktion gemeldet.

```
case WM_CONTROL:
 switch( SHORT1FROMMP( mp1 ))
 {
 case DID_RADIO1:
 {
   DlgRadio1(hwndDlg, msg, mp1, mp2);
```

5.4 Auswahlknopf (button))

```
   }
   break;

   case DID_RADIO2:
   {
      DlgRadio2(hwndDlg, msg, mp1, mp2);
   }
   break;
```

Entsprechend werden auch Ereignisse, die die Kontrollelemente DID_RADIO1 und DID_RADIO2 betreffen durch die Bearbeitung der entsprechenden WM-CONTROL-Nachricht quittiert. In unserem Beispielprogramm ist ein Verlassen des Dialogfensters mittels des Druckknopfes (Ende Dialog) nur dann möglich, wenn gleichzeitig »Radioknopf1« aktiviert ist. Diese Bedingung wird durch die Funktion DlgPushButton() überwacht.

```
/*-------------------------------------------------------------
Funktion    : Bearbeiten des Elements DID_PUSH
-----------------------------------------------------------*/
BOOL DlgPushbutton(HWND hwndDlg, ULONG msg,
                               MPARAM mp1, MPARAM mp2)
{
 HWND hwndElement;
 USHORT status;

 /* Nur Dialog beenden, wenn Radioknopf 1 selektiert ist */

 /* Handle Radioknopf holen */
 hwndElement = WinWindowFromID(hwndDlg, DID_RADIO1);
 /* Status abfragen */
 status = SHORT1FROMMR(WinSendMsg(hwndElement, BM_QUERYCHECK,
                                   0L, 0L));

 if(status == 0){
   hwndElement = WinWindowFromID(hwndDlg, DID_STATICTEXT);
   WinEnableWindowUpdate(hwndElement, FALSE);
   /* NeueMeldung anzeigen */
   WinSetWindowText(hwndElement,
     (PSZ)"Dialogende nur bei selektiertem Radio1-Knopf");
   /* Neuen Inhalt anzeigen */
   WinShowWindow(hwndElement, TRUE);
   return(FALSE);
 }
   else return(TRUE);
}
```

Hierzu wird durch Zustellen der Nachricht BM_QUERYCHECK an das Kontrollelement DID_RADIO1 der Aktivierungsstatus dieses Kontrollelementes abgefragt und bei Nichtselektierung eine entsprechende Meldung an den Benutzer im Statictextfeld angezeigt. Entsprechend dem Abfrageergebnis gibt die Funktion den entsprechenden Wahrheitswert als Ergebnis zurück.

5.4.2 Stilangaben

BS_PUSHBUTTON	Druckknopfelement; es enthält einen Text, der nachträglich durch WinSetWindowText() gesetzt werden kann.
BS_CHECKBOX	Auswahlknopf; er besteht aus einem quadratischen Auswahlelement und rechts nebenstehendem Text.
BS_AUTOCHECKBOX	Auswahlknopf, der automatisch seinen Zustand ändert, wenn eine Benutzeraktion auf ihn ausgeübt wird.
BS_RADIOBUTTON	Ähnlich wie Auswahlknopf (checkbox); ein Radioknopf wird meistens innerhalb einer Gruppierungsbox zusammen mit anderen Radioknöpfen gehalten.
BS_AUTORADIOBUTTON	Wie Radioknopf (radio button); zusätzlich wird der Selektionsstatus innerhalb einer Gruppierung von Radioknöpfen automatisch geändert. Es kann dann immer nur ein Radioknopf ausgewählt sein; die Deselektion des Vorgängers wird automatisch durchgeführt.
BS_3STATE	Wie Radioknopf (radio button); zusätzlich wird ein dritter Status (grau unterlegt) angezeigt.
BS_AUTO3STATE	Wie 3StateKnopf; die Anzeige der Selektion geschieht automatisch.
BS_USERBUTTON	Programmseitig definierbarer Auslöseknopf.
BS_NOPOINTER-	

5.4 Auswahlknopf (button))

FOCUS	Wird ein solcher Knopf mittels der Maus angeklickt, so erhält er nicht automatisch den Eingabefokus; dieser verbleibt bei dem Element, das den Fokus bereits hat. Dieser Stil beeinflußt nicht die Tastaturauswahl mittels TAB-Taste.
BS_ICON	Statt Text wird ein Icon in einem Druckknopf abgebildet.
BS_AUTOSIZE	Der Knopf wird so groß dargestellt, daß der aktuelle Inhalt jeweils vollkommen dargestellt wird. Dies macht Sinn, wenn ein Programm diesen Inhalt unvorhersehbar ändern kann.
BS_NOCURSORSELECT	Der Auslöseknopf kann nicht mittels der Tastatur angewählt werden; Mausaktionen werden nicht berührt.

Folgende Stile können mit dem Stil BS_PUSHBUTTON kombiniert werden:

BS_HELP	Statt einer WM_COMMAND-Nachricht wird eine WM_HELP-Nachricht erzeugt; dieser Sttil hat Vorrang gegenüber BS_SYSCOMMAND.
BS_SYSCOMMAND	Statt einer WM_COMMAND-Nachricht wird eine WM_SYSCOMMAND-Nachricht erzeugt.
BS_NOBORDER	Es wird kein Knopfrand dargestellt.

Folgender Stil kann mit BS_PUSHBUTTON und BS_USERBUTTON kombiniert werden:

BS_DEFAULT	Der Auslöseknopf ist voreingestellt und wird mit einem dicken Rahmen versehen; er wird mit einem ENTER oder RETURN angewählt.

5.4.3 Ereignismeldung

WM_COMMAND

Wird ein Druckknopf (BS_PUSHBUTTON) betätigt, dann wird eine WM_COMMAND-Nachricht erzeugt.

param1 USHORT uscmd   Kontrollelement ID

param2USHORT ussource	CMDSRC_PUSHBUTTON wird immer übergeben
USHORT uspainter	Betätigen Mausknopf
Rückgabewert	
ULONG flreply	Reserviert NULL

WM_CONTROL

Jede Aktion auf einen Auslwahlknopf verursacht diese Nachricht.

param1idid (USHORT)	ID des Elements
usnotifycode (USHORT)	Art der Aktion
BN_CLICKED	Der Knopf wurde gedrückt (RETURN, ENTER, einfacher Mausklick)
BN_DBLCLICKED	Doppelter Mausklick
BN_PAINT	Der Knopf muß neu gezeichnet werden
	BDS_DISABLED: Neu zeichnen als nicht selektiert
	BDS_HILITED: Neu zeichnen als selektiert
	BDS_DEFAULT : Neu zeichnen als voreingestellt (dicker Rand)
param2 ULONG flcontrolspec	Elementspezifische Information
Rückgabewert	
ULONG flreply	Reserviert NULL

5.4.4 Nachrichten an das Kontrollelement

BM_CLICK

Es wird ein Klick auf das Element simuliert.

param1 USHORT usUp

TRUE	Element wird losgelassen
FALSE	Element wird gedrückt

| param2 ULONG | Reserviert NULL |

Rückgabewert
ULONG flreply   Reserviert NULL

BM_QUERYCHECK

Ermittlung des Selektionsstatus eines Elements.

| param1 ULONG | Reserviert NULL |
| param2 ULONG | Reserviert NULL |

Rückgabewert
USHORT usresult

0	Element ist nicht selektiert
1	Element ist voll selektiert
2	Element ist unbestimmt

BM_QUERYCHECKINDEX

Der (NULL-basierte) Index des selektierten Radioknopfes einer Gruppierungsbox wird ermittelt.

| param1 ULONG | Reserviert NULL |
| param2 ULONG | Reserviert NULL |

Rückgabewert
SHORT sresult

| -1 | Kein Knopf selektiert oder Knopf hat nicht den Stil BS_RADIOBUTTON oder BS_AUTORADIOBUTTON. |
| Anderer Wert | Index des selektierten Radioknopfs (erster Knopf in der Reihenfolge hat Index 0) |

BM_QUERYHILITE

Es wird ermittelt, ob ein Knopf markiert (Voreingestellt) dargestellt ist (dicker Rand vorhanden ?)

| param1 ULONG | Reserviert NULL |
| param2 ULONG | Reserviert NULL |

Rückgabewert
BOOL fresult   Markierungsindikator

    TRUE   Knopf ist markiert

    FALSE   Knopf ist nicht markiert

BM_SETCHECK

Der Selektionsstatus eines Knopfs wird gesetzt.

param1 USHORT uscheck   Selektionsstatus

    0   Knopf wird deselektiert

    1   Knopf wird selektiert

    2   Falls möglich, wird Knopf in unbestimmten Zustand gesetzt (3State-Knopf wird grau dargestellt)

param2 ULONG   Reserviert NULL

Rückgabewert
USHORT usoldstate   Vorheriger (alter) Selektionsstatus entsprechend param1

BM_SETDEFAULT

Die Voreinstellung für ein Element wird gesetzt.

param1 USHORT usdefault   Voreinstellung

    TRUE   Anzeige in der Voreinstellung

    FALSE   Anzeige nicht in der Voreinstellung

param2 ULONG   Reserviert NULL

Rückgabewert
BOOL fSuccess   Erfolgsindikator

    TRUE   Erfolgreich ausgeführt

    FALSE   Es ist ein Fehler aufgetreten

BM_SETHILITE

Der Knopf wird als voreingestellt markiert (mit dickem Rand).

param1 USHORT ushilite	Voreinstellungsanzeige
TRUE	Voreingestellt darstellen
FALSE	Nicht voreingestellt darstellen
param2 ULONG	Reserviert NULL

Rückgabewert
BOOL foldstate   Alter Zustand, siehe param1

5.5 Drehknopf (spinbutton)

5.5.1 Programmierung

Ein Drehknopfkontrollelement wird immer dann eingesetzt, wenn aus einer begrenzten, linear angeordneten Liste von Auswahlmöglichkeiten genau eine Option auszuwählen ist. Dies kann z.B. die Auswahl einer natürlichen Zahl innerhalb eines anzugebenden Werteintervalls sein. Das Drehknopfkontrollelement wird dargestellt durch ein Wertanzeigefeld (Editorfeld) und zwei nebengeordnete Richtungspfeile zur Durchsuchung der linearen Liste »nach oben« oder »nach unten«.

Ein Drehknopfkontrollelement kann neben Zahlen auch alphabetisch geordneten Text enthalten.

In unserem Beispiel wird das Drehknopfkontrollelement DID_SPIN mit den natürlichen Zahlen von 0 bis 1000 initialisiert und sodann der aktuell anzuzeigende Wert auf das Feld 333 gesetzt; diese Operation wird während der Bearbeitung der WM_INITDLG-Nachricht durchgeführt.

```
/* Einträge in Spinbutton setzen */
hwndElement = WinWindowFromID(hwndDlg, DID_SPIN);

/* Initialisierung mit natürlichen Zahlen 0 bis 1000 */
WinSendMsg(hwndElement, SPBM_SETLIMITS,
           MPFROMLONG(1000), MPFROMLONG(0));
/* Anzeige des Feldes 333 aktuell gesetzt */
WinSendMsg(hwndElement, SPBM_SETCURRENTVALUE,
           (MPARAM)333, (MPARAM)NULL);
WinShowWindow(hwndElement, TRUE);
```

Die Funktion DlgSpin() wird zur Bearbeitung des Kontrollelementes aufgerufen, wenn eine entsprechende WM_CONTROL-Nachricht an die Dialogensterfunktion gesendet wurde.

```
/*-------------------------------------------------------------
Funktion : Bearbeiten des Drehknopfs (spinbutton)
-------------------------------------------------------------*/
VOID DlgSpin(HWND hwndDlg, ULONG msg, MPARAM mp1, MPARAM mp2)
{
HWND hwndElement;
char buffer[256], dummy[8];
LONG wert;
```

5.5 Drehknopf (spinbutton)

```
switch(SHORT2FROMMP(mp1)) {
case SPBN_CHANGE :
{
   hwndElement = WinWindowFromID(hwndDlg, DID_SPIN);
   WinSendMsg(hwndElement, SPBM_QUERYVALUE, MPFROMP(&wert),
                  MPFROM2SHORT(0, SPBQ_UPDATEIFVALID));
   /* Kennwerte in STATICTEXT schreiben */
   strcpy(buffer,"Drehknopf : Wert = ");
   itoa((int)wert, dummy, 10);
   strcat(buffer, dummy);
   hwndElement = WinWindowFromID(hwndDlg, DID_STATICTEXT);
   WinEnableWindowUpdate(hwndElement, FALSE);
   WinSetWindowText(hwndElement, (PSZ)buffer);
   WinShowWindow(hwndElement, TRUE);
}
break;
}
}
```

Die Bearbeitungsfunktion fragt im Beispiel lediglich das Ereignis SPBN_CHANGE (der Inhalt des Anzeigefeldes hat sich geändert) ab. Bei dieser Auswertung wird zunächst der angezeigte Wert ermittelt (Nachricht SPBM_QUERYVALUE) und dieser Wert sodann im Statictextfeld angezeigt.

Drehknopfkontrollelemente sind vor allem dann Listboxen oder Comboboxen vorzuziehen, wenn eine singuläre Auswahl aus einer linearen Liste von numerischen Werten oder aus einer kurzen Liste von Texteinträgen zu machen ist.

5.5.2 Stilangaben

SPBS_MASTER	Mindestens ein Editorfeld ist definiert; dieses Feld wird durch die Drehpfeile bedient.
SPBS_SERVANT	Mehrere Editorfelder werden zusammengesetzt. Das erste Feld (mit Pfeilen) ist der Master und bedient gleichzeitig die anderen Felder (Servants).
SPBS_ALL-CHARACTERS	Erlaubter Editorfeldinhalt sind alle Zeichen.
SPBS_NUMERICONLY	Nur Ziffern als Editorfeldinhalt erlaubt
SPBS_READONLY	Editorfeld darf nur gelesen werden

SPBS_JUSTLEFT	Text ist linksbündig
SPBS_JUSTRIGHT	Text ist rechtsbündig
SPBS_JUSTCENTER	Text ist zentriert
SPBS_NOBORDER	Es wird kein Rand um das Element gezeichnet.
SPBS_FASTSPIN	Drehgeschwindikeit verdoppelt sich alle 2 Sekunden.
SPBS_PADWITHZEROS	Bei Zahlenangaben wird links mit 0-Ziffern gefüllt

5.5.3 Ereignismeldung

WM_CONTROL

Aktion auf ein Drehknopfelement.

param1 id (USHORT)	Element ID
notifycode (USHORT)	Aktion
SPBN_UPARROW	Pfeil hoch wurde bedient
SPBN_DOWNARROW	Pfeil runter wurde bedient
SPBN_SETFOCUS	Element erhält Eingabefocus
SPBN_KILLFOCUS	Element verliert Eingabefocus
SPBN_ENDSPIN	Drehen beendet
SPBN_CHANGE	Editorfeldinhalt wurde geändert
param2 HWND hwnd	Fensterhandle; dieser Wert ist abhängig von der Aktion unterschiedlich zu interpretieren.
SPBN_ENDSPIN	Aktuell aktives Editorfeld in einer MASTER/SERVANT-Kette
SPBN_SETFOCUS	Aktuell aktives Editorfeld
SPBN_KILLFOCUS	Handle ist NULL, falls Element den Focus verliert
SPBN_CHANGE	Handle des Feldes, das geändert wurde

Rückgabewert
ULONG reply   Reserviert NULL

5.5.4 Nachrichten an das Kontrollelement

SPBM_OVERRIDESETLIMITS

Bei numerischen Werten: Intervallgrenzen des Elements werden gesetzt.

param1 LONG lUpLimit   Intervallobergrenze

param2 LONG lLowLimit   Intervalluntergrenze

Rückgabewert
BOOL fResult   Erfolgsindikator
    TRUE   kein Fehler
    FALSE   Fehler

SPBM_QUERYVALUE

Der aktuelle Wert des Editorfeldes wird erfragt und es wird bestimmt, ob der hier eingetragene Wert in die Gesamtliste des Elements übernommen wird (falls z.B. eine ungültige Zahl eingegeben wurde)

param1 PVOID pStorage   Speicherplatz (abhängig vom Stil des Elements) für den Editorfeldinhalt; dies kann entweder ein Text (PVOID = PSTR) oder eine Zahl (PVOID = LONG *) sein.

    NULL   Nur das Ersetzen des Wertes wird ausgeführt; es wird kein Wert zurückgegeben.

    Anderer Wert   Zeiger auf Speicherplatz

param2 usBufSize (USHORT) Größe Speicherplatz

    NULL   Es wird LONG * erwartet

    Anderer Wert   Es wird PSZ erwartet

usValue (USHORT)   neuer Wert wird eingesetzt

SPBQ_UPDATEIF-VALID	Editorfeldinhalt wird ersetzt, falls der neue Wert nicht exakt in der Gesamtliste des Drehknopfs enthalten ist.
SPBQ_ALWAYS-UPDATE	Editorfeldinhalt wird immer ersetzt
SPBQ_DONOT-UPDATE	Editorfeldinhalt wird nicht ersetzt

Rückgabewert
BOOL fResult	Erfolgsindikator
TRUE	kein Fehler
FALSE	Fehler

SPBM_SETARRAY

Das Feld, das die Gesamtliste der Drehknopfeinträge enthält, wird neu gesetzt. Damit können alle Inhalte des Elements innerhalb eines Feldes definiert werden (sinnvoll vor allem bei Texteinträgen) und hier mit dem Element verbunden werden.

param1 PSZ pszStrl	Zeiger auf ein neues Feld mit Listeneinträgen
param2 USHORT usItems	Anzahl Feldelemente

Rückgabewert
BOOL fResult	Erfolgsindikator
TRUE	kein Fehler
FALSE	Fehler

SPBM_SETCURRENTVALUE

Es wird der Feldindex oder (bei numerischen Daten) der Datenwert übergeben, der in das Editorfeld gebracht werden soll.

param1 LONG lValue	Wert oder Feldindex
param2 ULONG	Reserviert NULL

Rückgabewert
BOOL fResult Erfolgsindikator
   TRUE kein Fehler
   FALSE Fehler

SPBM_SETLIMITS

Bei numerischen Daten wird das zulässige Werteintervall gesetzt.

param1 LONG lUpLimit Obergrenze

param2 LONG lLowLimit Untergrenze

Rückgabewert
BOOL fResult Erfolgsindikator
   TRUE kein Fehler
   FALSE Fehler

SPBM_SETMASTER

Der Master für das angesprochene (Servant)Element wird gesetzt; diese Nachricht muß zum Servantelement geschickt werden.

param1 HWND hwndHwnd Handle des Masters

param2 ULONG Reserviert NULL

Rückgabewert
BOOL fResult Erfolgsindikator
   TRUE kein Fehler
   FALSE Fehler

SPBM_SETTEXTLIMIT

Maximalzahl erlaubter Zeichen im Editorfeld wird festgelegt.

param1 USHORT usLimit Maximalzahl Zeichen

param2 ULONG Reserviert NULL

Rückgabewert
BOOL fResult Erfolgsindikator

TRUE　　　　　　　　kein Fehler

FALSE　　　　　　　Fehler

SPBM_SPINDOWN

Der Drehknopf wird um eine Anzahl Positionen zurückgesetzt.

param1 ULONG ulItem　　　Anzahl Positionen

param2 ULONG　　　　　　Reserviert NULL

Rückgabewert
BOOL fResult　　　　　　　Erfolgsindikator

　　TRUE　　　　　　　　kein Fehler

　　FALSE　　　　　　　Fehler

SPBM_SPINUP

Der Drehknopf wird um eine Anzahl Positionen vorgesetzt.

param1 ULONG ulItem　　　Anzahl Positionen

param2 ULONG　　　　　　Reserviert NULL

Rückgabewert
BOOL fResult　　　　　　　Erfolgsindikator

　　TRUE　　　　　　　　kein Fehler

　　FALSE　　　　　　　Fehler

5.6 StaticText

5.6.1 Programmierung

Statische Kontrollelemente können Textfelder, Bitmaps, Icons und Rahmen zur Umrahmung anderer Kontrollelemente sein. Irgendwelche Benutzereingaben werden von statischen Kontrollelementen nicht ausgewertet; daher senden statische Kontrollelemente auch keinerlei Nachrichten an die zugehörige Fensterfunktion. In unserem Beispielprogramm wird ein statisches Kontrollelement (DID_STATICTEXT) zur Ausgabe von Meldungstexten verwendet.

```
hwndElement = WinWindowFromID(hwndDlg, DID_STATICTEXT);
WinEnableWindowUpdate(hwndElement, FALSE);
WinSetWindowText(hwndElement, (PSZ)buffer);
WinShowWindow(hwndElement, TRUE);
```

Dies wird nicht durch die Zustellung einer Nachricht an das Kontrollelement mittels WinSendMsg() realisiert, sondern der Programmierer nutzt die Tatsache aus, daß ein statisches Kontrollelement als Kontrollfenster durch entsprechende Funktionen (z.B. WinSetWindowText()) angesprochen und manipuliert werden kann.

Ausnahmen hiervon bilden lediglich zwei Nachrichten, die zur Darstellung eines Icons oder einer Bitmap als statisches Kontrollelement dienen (siehe 5.6.4).

5.6.2 Stilangaben

SS_TEXT	Formatierter Text; Formatierung gemäß	
	DT_LEFT	Linksbündig
	DT_CENTER	Zentriert
	DT_RIGHT	Rechtsbündig
	kombiniert mit einem der folgenden Stile	
	DT_TOP	Text am oberen Rand
	DT_VCENTER	Text vertikal zentriert
	DT_BOTTOM	Text am unteren Rand
	falls DT_TOP und DT_LEFT angegeben sind, kann folgender Stil kombiniert werden:	

	DT_WORDBREAK Zeilenumbruch (automatisch)
SS_GROUPBOX	Gruppierungsbox; diese Box kann einen statischen Text links oben führen. Sie wird i.d.R. zur logischen Zusammenfassung von Radioknöpfen genutzt.
SS_ICON	Icon; der statische Text bezeichnet die externe Ressource, aus der das Icon geladen wird. Dieser Text muß folgenden Aufbau haben: Byte 1: 0xFF Byte 2: unteres Byte der Ressourcen ID Byte 3: oberes Byte der Ressourcen ID Byte 4: '#' Byte 5ff: genutzt, falls ein SystemIcon geladen werden soll; hier muß dann dezimal der Wert der entsprechenden Systemkonstanten SPTR_iconname angegeben werden
SS_SYSICON	siehe SS_ICON; statt der Ressourcen ID muß hier eine Konstante SPTR_iconname angegeben werden. Daher können hier nur Systemicons geladen werden.
SS_BITMAP	siehe SS_ICON; statt des Icons wird hier die Bitmapressource genannt.
SS_FGNDRECT	Rechteck gefüllt in Vordergrundfarbe
SS_BKGNDRECT	Rechteck gefüllt in Hintergrundfarbe
SS_FGNDFRAME	Rechteckrahmen in Vordergrundfarbe
SS_BKGNDFRAME	Rechteckrahmen in Hintergrundfarbe
SS_HALFTONERECT	Rechteck gefüllt mit Halbtonfarbe (i.d.R. grau)
SS_HALFTONEFRAME	Rechteckrahmen mit Halbtonfarbe
SS_AUTOSIZE	Das Element wird ausreichend dimensioniert, um den ganzen Inhalt anzeigen zu können

5.6.3 Ereignismeldung

Es findet keine Benachrichtigung statt.

5.6.4 Nachrichten an das Kontrollelement

SM_QUERYHANDLE

Icon- oder Bitmaphandle wird ermittelt

param1 ULONG   Reserviert NULL

param2 ULONG   Reserviert NULL

Rückgabewert
HBITMAP hbmHandle   Handle

SM_SETHANDLE

Handle für ein Icon oder eine Bitmap wird gesetzt.

param1 HBITMAP hbmHandle   Handle

param2 ULONG   Reserviert NULL

Rückgabewert
HBITMAP hbmHandle   Handle, das eingetragen wurde

5.7 Schieber (slider)

5.7.1 Programmierung

Schieber werden immer dann eingesetzt, wenn mittels der Positionierung eines Schiebers innerhalb einer definierten Skala numerische Werte durch den Benutzer ausgewählt werden sollen, die möglichst in festen, diskreten Schritten zu selektieren sind (z.B. Auswahl von Längenangaben). Diese äquidistante Intervallskala wird durch Skalenmarken (tick marks) an der Schieberlänge markiert. Ein Schieber kann bis zu 2 Werteskalen gleichzeitig verwalten (z.B. Längenangaben in m und feet).

Ein Schieberkontrollelement muß (oder sollte zumindest) zunächst bei Eintreffen der WM_INITDLG-Nachricht entsprechend seiner geplanten Funktion initialisiert werden.

```
/* Werteschieber (slider) definieren */
{
    WNDPARAMS wp;
    SLDCDATA  scd;
    USHORT s;
    char buffer[8];

    hwndElement = WinWindowFromID(hwndDlg, DID_SLIDER);

    /* Parameter für das Kontrollelement setzen */
    wp.fsStatus    = WPM_CTLDATA;
    wp.cbCtlData   = sizeof(SLDCDATA);
    wp.pCtlData    = &scd;
    scd.cbSize     = sizeof(SLDCDATA);
    scd.usScale1Increments = 7;  /*Scala hat 7 Positionen*/
    scd.usScale1Spacing = 0;     /* automatische Plazierung*/
    WinSendMsg(hwndElement, WM_SETWINDOWPARAMS,
                            MPFROMP(&wp), 0L);
    /* Wertemarken (tick marks) setzen */
    WinSendMsg(hwndElement, SLM_SETTICKSIZE,
                MPFROM2SHORT(SMA_SETALLTICKS,10), 0L);
}
```

Hierzu muß zunächst eine Struktur vom Typ WNDPARAMS und hierin eine Struktur vom Typ SLDCDATA mit den entsprechenden Initialisierungsdaten gefüllt werden, die dann durch Senden der WM_SETWINDOWPARAMS-Nachricht an das Schieberkontrollelement (DID_SLIDER) übermittelt wird. Im Beispielprogramm wird hier festgelegt, daß eine Skala mit sieben Positionen anzu-

5.7 Schieber (slider)

zeigen ist. Durch Senden der Nachricht SLM_SETTICKSIZE wird darüber hinaus festgelegt, daß Skalierungsstriche einer bestimmten Länge (in pel) dargestellt werden.

Die Auswertung der Schieberereignisse wird im Beispielprogramm durch die Funktion DlgSlider() durchgeführt.

```
/*-------------------------------------------------------------
Funktion : Bearbeiten des Werteschiebers (slider)
-----------------------------------------------------------*/
VOID DlgSlider(HWND hwndDlg, ULONG msg,
                              MPARAM mp1, MPARAM mp2)
{
   HWND hwndElement;
   char buffer[256], dummy[8];
   USHORT p;

   switch(SHORT2FROMMP(mp1)) {
      case SLN_CHANGE :
      {
         hwndElement = WinWindowFromID(hwndDlg, DID_SLIDER);
         p = SHORT1FROMMR(
                 WinSendMsg(hwndElement,
                    SLM_QUERYSLIDERINFO,
                    MPFROM2SHORT(
                       SMA_SLIDERARMPOSITION,
                       SMA_INCREMENTVALUE),
                    0L));
         /* Kennwerte in STATICTEXT schreiben */
         strcpy(buffer,"Werteschieber : Wert = ");
         itoa(p, dummy, 10);
         strcat(buffer, dummy);
         hwndElement = WinWindowFromID(hwndDlg,
                                        DID_STATICTEXT);
         WinEnableWindowUpdate(hwndElement, FALSE);
         WinSetWindowText(hwndElement, (PSZ)buffer);
         WinShowWindow(hwndElement, TRUE);
      }
      break;
   }
}
```

Hierbei wird, falls die WM_CONTROL-Nachricht den Parameter SLN_CHANGE (die Schieberposition ist geändert worden) übermittelt, der Wertebereich der Schieberposition innerhalb der Intervallskala abgefragt (vergleiche SLM_QUERYSLIDERINFO) und der so ermittelte Rückgabewert der Funktion WinSendMsg() im Statictext angzeigt.

5.7.2 Stilangaben

SLS_HORIZONTAL	Horizontaler Schieber
SLS_VERTICAL	Vertikaler Schieber
SLS_CENTER	Schieberknopf zu Beginn in der Mitte
SLS_BOTTOM	Schieberknopf zu Beginn unten
SLS_TOP	Schieberknopf zu Beginn oben
SLS_LEFT	Schieberknopf zu Beginn links
SLS_RIGHT	Schieberknopf zu Beginn rechts
SLS_PRIMARYSCALE1	Skala 1 wird benutzt, um Inkremente darzustellen
SLS_PRIMARYSCALE2	Skala 2 wird benutzt, um Inkremente darzustellen
SLS_HOMELEFT	Linkes Ende des Schiebers ist der Werteursprung
SLS_HOMERIGHT	Rechtes Ende des Schiebers ist der Werteursprung
SLS_HOMEBOTTOM	Unteres Ende des Schiebers ist der Werteursprung
SLS_HOMETOP	Oberes Ende des Schiebers ist der Werteursprung
SLS_BUTTONSLEFT	Positionierungspfeile werden links vom Schieber gezeichnet; diese Pfeile verschieben den Schieberknopf jeweils um 1 Inkrement.
SLS_BUTTONSRIGHT	Positionierungspfeile werden rechts vom Schieber gezeichnet; diese Pfeile verschieben den Schieberknopf jeweils um 1 Inkrement.
SLS_BUTTONS-BOTTOM	Positionierungspfeile werden unten am Schieber gezeichnet; diese Pfeile verschieben den Schieberknopf jeweils um 1 Inkrement.

SLS_BUTTONSTOP	Positionierungspfeile werden oben am Schieber gezeichnet; diese Pfeile verschieben den Schieberknopf jeweils um 1 Inkrement.
SLS_SNAPTO-INCREMENT	Schieberknopf kann nur jeweils an Inkrementen positioniert werden; diese Positionierung erfolgt automatisch am nächstliegenden Inkrement.
SLS_READONLY	Benutzer kann den Schieber nicht bedienen; er dient lediglich zur Anzeige von Werten.
SLS_RIBBONSTRIP	Verschieben wird grafisch angezeigt.
SLS_OWNERDRAW	Programm bestimmt Aussehen verschiedener Schieberteile selbst; es wird benachrichtigt, wenn Schieberknopf, Schieberinhalt oder der Hintergrund neu gezeichnet werden sollen.

5.7.3 Ereignismeldung

WM_CONTROL

Aktion auf Werteschieberelement.

param1
id (USHORT)   Schieber ID

notifycode (USHORT) Aktion

    SLN_CHANGE   Schieberknopf-Position wurde geändert

    SLN_KILLFOCUS   Schieber hat Eingabefocus verloren

    SLN_SETFOCUS   Schieber hat Eingabefocus bekommen

    SLN_SLIDERTRACK   Schieberknopf wird gerade bewegt, ist noch nicht losgelassen

param2 ULONG notifyinfo   Aktionsspezifische Information

    SLN_CHANGE

    SLN_SLIDERTRACK   Neue Schieberknopfposition (pel von Werteursprung)

Anderer Wert	Handle des Schieberelements

Rückgabewert
ULONG reply   Reserviert NULL

5.7.4 Nachrichten an das Kontrollelement

SLM_ADDDETENT

Eine beliebig positionierbare Inkrementmarke (detent) wird an dem Schieber positioniert.

param1
USHORT usDetentPos   Anzahl Pixel zwischen Werteursprung und detent-Position

param2 ULONG   Reserviert NULL

Rückgabewert
ULONG lDetentId   dentent-ID

SLM_QUERYDETENTPOS

Die Position eines detent wird erfragt.

param1 ULONG lDetentId   detent-ID

param2 ULONG   Reserviert NULL

Rückgabewert
usDetentPos (USHORT)   Abstand (pel) zwischen Werteursprung und detent

fDetentLocation (USHORT)   Skalennummer (1 oder 2), in der der detent ist
    SMA_SCALE1   Skala 1
    SMA_SCALE2   Skala 2

SLM_QUERYSCALETEXT

Text einer Inkrementmarke wird ermittelt.

param1 USHORT usTickNum   USHORT usBufLen
usTickNum (USHORT)   Inkrementnummer der Marke
usBufLen (USHORT)   Pufferlänge

5.7 Schieber (slider)

param2 PSZ pszTickText	Zeiger auf Textpuffer, in den der Text geschrieben wird
Rückgabewert	
SHORT sTextLen	Länge des Textes in byte

SLM_QUERYSLIDERINFO

Spezifizierte Informationen über ein Schieberelement werden ermittelt.

param1 USHORT	
usInfoType (USHORT)	Geforderte Information
SMA_SHAFT-DIMENSIONS	Länge und Dicke des Schiebers
SMA_SHAFTPOSITION	Position (x, y) der linken unteren Ecke des Schiebers
SMA_SLIDERARM-DIMENSIONS	Länge und Dicke des Schieberknopfs
SMA_SLIDERARM-POSITION	Position des Schieberknopfs (in Inkrementwerten oder in pel vom Werteursprung)
usArmPosType (USHORT)	Informationsformat
SMA_RANGEVALUE	Anzahl pel zwischen Werteursprung und Schieberknopfposition (im unteren byte) und die Größe des Schieberteils (im oberen byte)
SMA_INCREMENTVALUE	Inkrementwert
param2 ULONG	Reserviert NULL
Rückgabewert	
ULONG ulInfo	Vom Inhalt des param1 abhängige Information
SMA_SHAFT-DIMENSIONS	usShaftLength (USHORT): Länge des Schiebers (pel) und usShaftBreadth (USHORT): Dicke des Schiebers (pel)

SMA_SHAFTPOSITION	xShaftCoord (USHORT): x-Koordinate des Schiebers innerhalb des Schieberfensters und yShaftCoord (USHORT):x-Koordinate des Schiebers innerhalb des Schieberfensters
SMA_SLIDERARM-DIMENSIONS	usArmLength (USHORT): Länge des Schieberknopfs (pel) und usArmBreadth (USHORT): Dicke des Schieberknopfs (pel)
SMA_SLIDERARM-POSITION	
SMA_RANGEVALUE	usArmPos (USHORT): Anzahl pel vom Werteursprung bis Knopfposition und usSliderRange (USHORT); Anzahl pel des gesamten Werteintervalls
SMA_SLIDERARM-POSITION	
SMA_INCREMENT-VALUE	usIncrementPos (USHORT): aktuelle Inkrementposition

SLM_QUERYTICKPOS

Aktuelle Position der Inkrementmarke wird ermittelt; die Marke muß hierzu nicht unbedingt sichtbar sein.

param1 USHORT usTickNum Nummer der gesuchten Inkrementmarke

param2 ULONG Reserviert NULL

Rückgabewert
xTickPos (USHORT)   x-Koordinate der Inkrementmarke relativ zum Elementfenster

yTickPos (USHORT)   y-Koordinate der Inkrementmarke relativ zum Elementfenster

SLM_QUERYTICKSIZE

Dicke der Inkrementmarke (Strichdicke) wird ermittelt.

param1
USHORT usTickNum   Nummer der Inkrementmarke

param2 ULONG   Reserviert NULL

Rückgabewert
USHORT usTickSize   Dicke des Markenstrichs in pel

SLM_REMOVEDETENT

Eine detent-Marke (zusätzliche Wertemarke) wird gelöscht.

param1 ULONG ulDetentId   detent-ID

param2 ULONG   Reserviert NULL

Rückgabewert
BOOL fSuccess   Erfolgsindikator

    TRUE   kein Fehler

    FALSE   Fehler

SLM_SETSCALETEXT

Text für eine Inkrementmarke wird gesetzt.

param1
USHORT usTickNum   Nummer der Marke

param2 PSZpszTickText   Zeiger auf Text

Rückgabewert
BOOL fSuccess   Erfolgsindikator

    TRUE   kein Fehler

    FALSE   Fehler

SLM_SETSLIDERINFO

Schieberparameter werden gesetzt; der jeweils zu ändernde Parameter wird genannt und der Wert hierzu übergeben.

param1 USHORT
usInfoType (USHORT) zu ändernde Information

SMA_SHAFT-
DIMENSIONS Länge und Dicke des Schiebers

SMA_SHAFTPOSITION Position (x,y) der linken unteren Ecke des Schiebers

SMA_SLIDERARM-
DIMENSIONS Länge und Dicke des Schieberknopfs

SMA_SLIDERARM-
POSITION Position des Schieberknopfs (in Inkrementwerten oder in pel vom Werteursprung)

usArmPosType (USHORT) Informationsformat

SMA_RANGEVALUE Anzahl pel zwischen Werteursprung und Schieberknopfposition (im unteren byte) und die Größe des Schieberteils (im oberen byte)

SMA_INCREMENT-
VALUE Inkrementwert

param2 ULONG ulInfo Neuer Wert, der vom Inhalt des param1 abhängt

SMA_SHAFT-
DIMENSIONS usShaftLength (USHORT): Länge des Schiebers (pel) und usShaftBreadth (USHORT): Dicke des Schiebers (pel)

SMA_SHAFTPOSITION xShaftCoord (USHORT): x-Koordinate des Schiebers innerhalb des Schieberfensters und yShaftCoord (USHORT):x-Koordinate des Schiebers innerhalb des Schieberfensters

SMA_SLIDERARM-
DIMENSIONS usArmLength (USHORT): Länge des Schieberknopfs (pel) und usArmBreadth (USHORT): Dicke des Schieberknopfs (pel)

SMA_SLIDERARM-
POSITION

5.7 Schieber (slider)

SMA_RANGEVALUE	usArmPos (USHORT): Anzahl pel vom Werteursprung bis Knopfposition und usSliderRange (USHORT); Anzahl pel des gesamten Werteintervalls
SMA_SLIDERARM-POSITION	
SMA_INCREMENT-VALUE	usIncrementPos (USHORT): aktuelle Inkrementposition

Rückgabewert
BOOL fSuccess	Erfolgsindikator
TRUE	kein Fehler
FALSE	Fehler

SLM_SETTICKSIZE

Länge der Inkrementmarke (Strichlänge) wird gesetzt; zunächst wird für alle Marken eine Länge von 0 pel (unsichtbar) angenommen.

param1
usTickNum (USHORT)	Markennummer
SMA_SETALLTICKS	Alle Marken werden geändert
usTickSize (USHORT)	Länge der Markenstriche in pel (0=unsichtbar)
param2 ULONG	Reserviert NULL

Rückgabewert
BOOL fSuccess	Erfolgsindikator
TRUE	kein Fehler
FALSE	Fehler

5.7.5 Datenstrukturen

SLDCDATA Schieberhauptstruktur

```
ypedef struct _SLDCDATA {
    ULONG  cbSize;              /* Länge der Struktur in byte */
    USHORT usScale1Increments;
                                /* Anzahl Inkrementpositionen */
    USHORT usScale1Spacing;
                                /*Abstand zwischen Inkrementen (pel)*/
    USHORT usScale2Increments;
                                /* Angabe für Skala2 */
    USHORTusScale2Spacing;
                                /* Angabe für Skala2 */
} SLDCDATA;
```

5.8 Rollbalken (scrollbar)

5.8.1 Programmierung

Rollbalken werden i.d.R. eingesetzt, wenn der Sichtbarkeitsbereich eines Fensters horizontal oder vertikal geändert werden soll. Rollbalken sind daher als vordefinierter Bestandteil eines Rahmenfensters bereits als Stilmittel vorgesehen.

Rollbalken bestehen immer aus den Elementen

1. Rollbereich: Innerhalb dieses Bereiches kann die Lage des Rollbalkenschiebers geändert werden.
2. Rollbalkenschieber: Der Rollbalkenschieber kann innerhalb des Rollbalkenbereiches beliebig positioniert werden und kann darüber hinaus durch seine relative Größe einen optischen Eindruck der Gesamtinformationsmenge geben.
3. Richtungspfeile: Die Richtungspfeile an den Enden des Rollbereichs ermöglichen eine Positionierung des Rollbalkenschiebers in kleinen Intervallschritten.

Die Position des Rollbalkenschiebers korrespondiert in einer ganz besonderen Art und Weise mit dem Intervall der Fensterinformation, die aktuell im Fenster angezeigt wird.

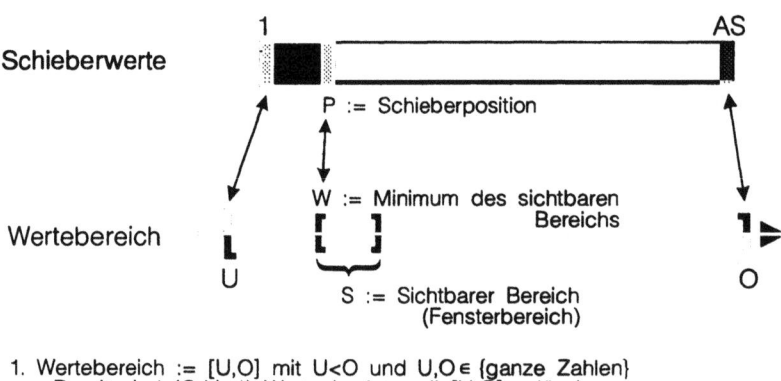

Abb. 5.1 Rollbalkenparameter

Der im Fenster insgesamt darstellbare Wertebereich [U,O] soll als Teilmenge der ganzen Zahlen angenommen werden. Der Wertebereich aller möglichen Schieberpositionen soll als Intervall [1,AS] gemäß Ziffer 2 der Abbildung angenommen werden.

Ist der Schieber in seiner Anfangsposition, so wird der Sichtbarkeitsbereich des korrespondierenden Fensters das Intervall [U,S] sein. Wird der Schieber aber in seiner Endposition fixiert, so beginnt der Sichtbarkeitsbereich des Fensters bei der Intervallgrenze O-S.

Damit ist die Abbildung des Schieberwertebereiches zum Fensterwertebereich linear; allerdings muß eine geeignete Streckung bei der Umrechnung von Schieberwerten in Fensterwerte und umgekehrt vorgenommen werden. Hierzu sind im Beispielprogramm unterstützende Funktionen sowie eine Struktur mit notwendigen Kennwerten definiert.

```
/* Rollbalkenverwaltung */
typedef struct {    /* Definitionsdaten für Rollbalken */
   LONG uwert;      /*    Untergrenze Wertebereich       */
   LONG owert;      /*    Obergrenze Wertebereich        */
```

5.8 Rollbalken (scrollbar)

```
       LONG  sicht;      /*   Sichtbereich des Fensters   */
       USHORT as;        /*   Schieberintervall ist [1,as] */
       LONG  awert;      /*   aktueller Wert              */
             } OWNSCROLLDEFDATA;

  typedef OWNSCROLLDEFDATA * POWNSCROLLDEFDATA;

  USHORT OwnAnzahlSchieberPositionen(POWNSCROLLDEFDATA
                                                 scrolldata);
  USHORT OwnSchieberVonWert(LONG wert,
                            OWNSCROLLDEFDATA scrolldata);
  LONG   OwnWertVonSchieber(USHORT schieber,
                            OWNSCROLLDEFDATA scrolldata);
```

Die drei aufgeführten Funktionen berechnen die Anzahl möglicher Rollbalkenschieberpositionen und rechnen Schieberpositionswerte in Fensterpositionswerte und umgekehrt ineinander um.

Daher ist es sinnvoll, für jeden verwendeten Rollbalken zunächst die zugeordnete Kennzahlenstruktur vom Typ OWNSCROLLDEFDATA zu initialisieren.

```
       /* Definitionsdaten für Rollbalken kreieren */
       /* hsd ist globale Variable */
       hsd.uwert = -8L;     /*   Untergrenze Wertebereich  */
       hsd.owert = 47L;     /*   Obergrenze Wertebereich   */
       hsd.sicht = 5L;      /*   Sichtbereich Fenster      */
       /* Rollbalken-Kontrollelement initialisieren */
       hwndElement = WinWindowFromID(hwndDlg, DID_HORZSCROLL);
       /* Intervallbereich festlegen als [1,as] */
       /* Schieberposition = 1, awert = uwert   */
       WinSendMsg(hwndElement, SBM_SETSCROLLBAR,
              MPFROMSHORT(1),
              MPFROM2SHORT(1, OwnAnzahlSchieberPositionen(&hsd))
                  );
       hsd.awert = hsd.uwert;
       /* Schiebergröße festlegen */
       WinSendMsg(hwndElement, SBM_SETTHUMBSIZE,
                     MPFROM2SHORT((SHORT)hsd.sicht,
                     (SHORT)(hsd.owert-hsd.uwert+1L)),
                     0L);
```

Gleichzeitig wird hier durch Senden der Nachricht SBM_SETSCROLLBAR die Anzahl der Schieberpositionen dem Kontrollelement mitgeteilt. Durch Senden der Nachricht SBM_SETTHUMBSIZE wird darüber hinaus die Größe des Rollbalkenschiebers der Gesamtdokumentengröße angepaßt.

Grundsätzlich werden Ereignisse, die Rollbalkenelemente betreffen, für horizontale und vertikale Rollbalken getrennt durch eigene Nachrichten gemeldet; die Nachricht

- ⇨ WM_HSCROLL wird gesendet, wenn ein Ereignis bei horizontalen Rollbalken eintritt und entsprechend wird die Meldung
- ⇨ WM_VSCROLL gesendet, wenn ein vertikaler Rollbalken bedient wurde.

```
case WM_HSCROLL:
  switch( SHORT1FROMMP( mp1 ))
  {
    case DID_HORZSCROLL:
    {
       DlgHScroll(hwndDlg, msg, mp1, mp2);
    }
    break;

    default:
       return WinDefDlgProc( hwndDlg, msg, mp1, mp2 );
  }
  break;
```

Im Beispielprogramm wird die Bearbeitung der empfangenden WM_HSCROLL-Nachricht der Funktion DlgHScroll() übergeben.

Im Nachrichtenparameter mp2 (SHORT2FROMMP(mp2))ist dabei die Art der jeweils eingetretenen Rollbalkenaktivierung codiert. In der Funktion DlgHScroll() wird auf das Eintreten der jeweiligen Rollbalkenereignisse entsprechend reagiert.

```
/*-----------------------------------------------------------
Funktion : Bearbeiten des (horizontalen) Rollbalkens
-----------------------------------------------------------*/
VOID DlgHScroll(HWND hwndDlg, ULONG msg,
                          MPARAM mp1, MPARAM mp2)
{
   HWND hwndElement;
   char buffer[256], dummy[8];
   USHORT p;

   hwndElement = WinWindowFromID(hwndDlg, DID_HORZSCROLL);
   switch(SHORT2FROMMP(mp2)) {
      case SB_LINELEFT:    /* Pfeil (Zeile) links */
      {
         hsd.awert = max(hsd.awert-1, hsd.uwert);
```

5.8 Rollbalken (scrollbar)

```
            WinSendMsg(
                hwndElement,
                SBM_SETPOS,
                MPFROMSHORT(OwnSchieberVonWert(hsd.awert, hsd)),
                0L);
         }
         break;

         case SB_LINERIGHT:  /* Pfeil (Zeile) rechts */
         {
            hsd.awert = min(hsd.awert+1, hsd.owert);
            WinSendMsg(
                hwndElement,
                SBM_SETPOS,
                MPFROMSHORT(OwnSchieberVonWert(hsd.awert, hsd)),
                0L);
         }
         break;

         case SB_PAGELEFT:  /* Seite nach links */
         {
            hsd.awert = max(hsd.awert-hsd.sicht, hsd.uwert);
            WinSendMsg(
                hwndElement,
                SBM_SETPOS,
                MPFROMSHORT(OwnSchieberVonWert(hsd.awert, hsd)),
                0L);
         }
         break;

         case SB_PAGERIGHT:  /* Seite nach rechts */
         {
            hsd.awert = min(hsd.awert+hsd.sicht, hsd.owert);
            WinSendMsg(
                hwndElement,
                SBM_SETPOS,
                MPFROMSHORT(OwnSchieberVonWert(hsd.awert, hsd)),
                0L);
         }
         break;

         case SB_SLIDERPOSITION:  /* endgültige Schieberposition */
         {
            p = SHORT1FROMMP(mp2);
            hsd.awert = OwnWertVonSchieber(p,hsd);
            /* Kennwerte in MLE schreiben */
```

```
            strcpy(buffer,"\nWert=");
            itoa(hsd.awert,dummy,10);
            strcat(buffer,dummy);
            hwndElement = WinWindowFromID(hwndDlg, DID_MLE);
            WinSendMsg(hwndElement, MLM_INSERT,
                                    MPFROMP(buffer), 0L);
            hwndElement = WinWindowFromID(hwndDlg, DID_MLE);
        }
        break;

        case SB_SLIDERTRACK:   /* laufende Schieberposition */
        {
            p = SHORT1FROMMP(mp2);
            hsd.awert = OwnWertVonSchieber(p,hsd);
            /* Kennwerte in STATICTEXT schreiben */
            strcpy(buffer,"Schieberposition=");
            itoa(p,dummy,10);
            strcat(buffer,dummy);
            hwndElement = WinWindowFromID(
                                hwndDlg, DID_STATICTEXT);
            WinEnableWindowUpdate(hwndElement, FALSE);
            WinSetWindowText(hwndElement, (PSZ)buffer);
            WinShowWindow(hwndElement, TRUE);
        }
        break;

        case SB_ENDSCROLL:   /* relative Positionierung ist zu
                                                        Ende */
        {
        }
        break;
    }
}
```

Hierzu wird durch Senden der Nachricht SBM_SETPOS der Rollbalkenschieber entsprechend der eingetretenen Benutzeraktion jeweils neu positioniert. Ist eine endgültige Schieberposition erreicht (case SB_SLIDERPOSITION), so wird diese als Textzeile im MLE-Kontrollelement angezeigt. Während der laufenden Änderung der Schieberposition (SB_SLIDERTRACK) wird die laufende Schieberposition in der Statictextzeile aktuell angezeigt.

5.8.2 Stilangaben

SBS_HORZ	Horizontaler Rollbalken
SBS_VERT	Vertikaler Rollbalken
SBS_THUMBSIZE	Die Strukturteile cVisible und cTotalparameters in der Rollbalkenstruktur SBCDATA werden berücksichtigt; der Schieber kann dimensioniert werden.
SBS_AUTOTRACK	Während der Schieberbewegung werden neue Fensterinformationen laufend angezeigt.
SBS_AUTOSIZE	Der Schieber wird proportional zur Informationsmenge in seiner Größe geändert.

Hinzu kommen weitere Möglichkeiten, Systemeinstellungen für Rollbalkenbearbeitung zu ändern (siehe WinSetSysValue()).

5.8.3 Ereignismeldung

WM_HSCROLL

Aktion auf einen horizontalen Rollbalken.

param1
USHORT usidentifier   Rollbalken ID

param2
sslider (SHORT)   Schieberposition
    0   Schieber wird nicht bewegt
    Anderer Wert   Position

uscmd (USHORT)   Aktion
    SB_LINELEFT   Pfeil links betätigt
    SB_LINERIGHT   Pfeil rechts betätigt
    SB_PAGELEFT   Seite links betätigt
    SB_PAGERIGHT   Seite rechts betätigt

SB_SLIDERPOSITION	Endgültige Schieberposition (Schieber wird nicht mehr bewegt)
SSB_SLIDERTRACK	Schieberposition wird gerade geändert
SB_ENDSCROLL	Ende Scrolling

Rückgabewert
ULONG flreply   Reserviert NULL

WM_VSCROLL

Aktion auf einen vertikalen Rollbalken.

param1
USHORT usidentifier   Rollbalken ID

param2
sslider (SHORT)   Schieberposition

0	Schieber wird nicht bewegt
Anderer Wert	Position

uscmd (USHORT)   Aktion

SB_LINEUP	Pfeil rauf betätigt
SB_LINEDOWN	Pfeil runter betätigt
SB_PAGEUP	Seite rauf betätigt
SB_PAGEDOWN	Seite runter betätigt
SB_SLIDERPOSITION	Endgültige Schieberposition (Schieber wird nicht mehr bewegt)
SSB_SLIDERTRACK	Schieberposition wird gerade geändert
SB_ENDSCROLL	Ende Scrolling

Rückgabewert
ULONG flreply   Reserviert NULL

5.8.4 Nachrichten an das Kontrollelement

SBM_QUERYPOS

Aktuelle Schieberposition.

param1 ULONG	Reserviert NULL
param2 ULONG	Reserviert NULL
Rückgabewert **SHORT sslider**	Schieberposition

SBM_QUERYRANGE

Rollbalkenintervall mit Minimalwert und Maximalwert wird ermittelt.

param1 ULONG	Reserviert NULL
param2 ULONG	Reserviert NULL
Rückgabewert **SHORT sfirst SHORT slast**	
sfirst (SHORT)	Minimum Rollbalkenintervall
slast (SHORT)	Maximum Rollbalkenintervall

SBM_SETPOS

Schieberposition wird gesetzt; falls der geforderte Wert außerhalb des Intervalls liegt, wird der nächstgelegene Intervallwert genommen.

param1 SHORT sslider	Neue Schiberposition
param2 ULONG	Reserviert NULL
Rückgabewert **BOOL fSuccess**	Erfolgsindikator
TRUE	kein Fehler
FALSE	Fehler

SBM_SETSCROLLBAR

Rollbalkenintervall und Schieberposition werden gesetzt.

param1 SHORT sslider		Schieberposition
param2 SHORT		
sfirst (SHORT)		Minimum Rollbalkenintervall
slast (SHORT)		Maximum Rollbalkenintervall
Rückgabewert		
BOOL fSuccess		Erfolgsindikator
	TRUE	kein Fehler
	FALSE	Fehler

SBM_SETTHUMBSIZE

Größe des Schiebers wird gesetzt.

param1 SHORT svisible SHORT stotalSize

svisible (SHORT)		Sichtbarer Informationsanteil
stotal (SHORT)		Gesamtinformationsmenge
param2 ULONG		Reserviert NULL
Rückgabewert		
BOOL fSuccess		Erfolgsindikator
	TRUE	kein Fehler
	FALSE	Fehler

5.8.5 Datenstrukturen

SBCDATA Rollbalkenverwaltung

```
typedef struct _SBCDATA {
    USHORT cb;          /* Länge der Struktur in byte */
    USHORT sHilite;     /* Aktivierungscode
                           Gibt an, welcher Teil eines
                           Rollbalkens als aktiv dargestellt
```

```
                         wird.
                         ZERO              kein Teil
                         SB_LINEUP         Pfeil hoch
                         SB_LINELEFT       Pfeil links
                         SB_LINEDOWN       Pfeil runter
                         SB_LINERIGHT      Pfeil rechts
                         SB_PAGEUP         Seite hoch
                         SB_PAGELEFT       Seite links
                         SB_PAGEDOWN       Seite runter
                         SB_PAGERIGHT      Seite rechts
                         SB_SLIDERTRACK    Schieber
                   */
SHORTposFirst;     /* Untergrenze Balkenintervall */
SHORTposLast;      /* Obergrenze Balkenintervall */
SHORTposThumb;     /* Schieberposition */
SHORTcVisible;     /* Anzahl sichtbarer Zeilen */
SHORTcTotal;       /* Gesamtzahl Zeilen */
} SBCDATA;
```

5.9 Werteset (value set)

5.9.1 Programmierung

Werteset-Kontrollelemente sind ein mit Titelleiste versehener rechteckiger Bereich, der nach Zeilen und Spalten geordnet grafische Elemente (Bitmap, Icon, Farbwerte) oder auch Texte darstellt und dem Benutzer die Auswahl genau eines Elementes ermöglicht. Das ausgewählte Element kann dann durch Ermittlung der angewählten Zeilen- und Spaltenposition identifiziert und im Programm weiter verarbeitet werden.

Ereignisse, die ein Wertesetelement betreffen, werden durch Senden einer WM_CONTROL-Nachricht der Dialogfensterfunktion übermittelt.

```
case WM_CONTROL:
  switch( SHORT1FROMMP( mp1 ))
  {
    case DID_VALUESET:
    {
      DlgValueSet(hwndDlg, msg, mp1, mp2);
    }
    break;
```

Im Beispielprogramm muß das Wertesetkontrollelement, das hier in drei Zeilen und vier Spalten unterschiedliche Farben darstellt, in geeigneter Weise initialisiert werden. Dies geschieht durch Senden der Nachricht VM_SETITEM, wobei bereits in der externen Ressourcendefinition festgelegt wurde, daß das Wertesetkontrollelement im vorliegenden Fall Farben (VS_RGB) enthält:

```
CONTROL "Werte Set", DID_VALUESET, 232, 40, 123, 61,
    WC_VALUESET, VS_RGB | VS_BORDER | VS_ITEMBORDER |
    VS_SCALEBITMAPS | WS_GROUP | WS_TABSTOP | WS_VISIBLE
```

Die Initialisierung wird wie folgt durchgeführt (vergleiche VM_SETITEM).

```
/* WerteSet (value set) mit RGB-Werten initialisieren */
{
    long color = 0L;
    short zeile, spalte;

    hwndElement = WinWindowFromID(hwndDlg, DID_VALUESET);
    WinEnableWindowUpdate(hwndElement, FALSE);
    for(zeile=1;zeile<=3;zeile++) {
```

5.9 Werteset (value set)

```
            for(spalte=1;spalte<=4;spalte++) {
                color += 0x80000; /* willkürliche Farbfolge */
                WinSendMsg(hwndElement, VM_SETITEM,
                        MPFROM2SHORT(zeile, spalte),
                        MPFROMLONG(color));
            }
        }
        WinShowWindow(hwndElement, TRUE);
}
```

Von den verschiedenen, im zweiten Wort des Parameters mp1 (SHORT2FROMMP(mp1))codierten Kontrollereignissen wird im Beispielprogramm der Fall VN_SELECT (es wurde ein Wert ausgewählt) ausgewertet. Hierzu wird durch Senden der Nachricht VM_QUERYSELECTEDITEM Zeile und Spalte des ausgewählten Elementes ermittelt und die so ermittelten Werte im Statictext angezeigt.

```
/*-----------------------------------------------------------------
Funktion   : Bearbeiten der Werteauswahl Box
-----------------------------------------------------------------*/
VOID DlgValueSet(HWND hwndDlg, ULONG msg,
                            MPARAM mp1, MPARAM mp2)
{
    HWND hwndElement;
    char buffer[256], dummy[8];
    USHORT zeile, spalte;

    switch(SHORT2FROMMP(mp1)) {

        case VN_SELECT:
        {
            hwndElement = WinWindowFromID(
                            hwndDlg, DID_VALUESET);
            zeile  = SHORT1FROMMR(
                    WinSendMsg(hwndElement,
                        VM_QUERYSELECTEDITEM, 0L, 0L));
            spalte = SHORT2FROMMR(
                    WinSendMsg(hwndElement,
                        VM_QUERYSELECTEDITEM, 0L, 0L));
            strcpy(buffer,"Werteauswahl Zeile:");
            itoa(zeile,dummy,10);
            strcat(buffer, dummy);
            strcat(buffer, ",Spalte:");
            itoa(spalte,dummy,10);
```

```
                strcat(buffer, dummy);
                hwndElement = WinWindowFromID(hwndDlg,
                                             DID_STATICTEXT);
                WinEnableWindowUpdate(hwndElement, FALSE);
                WinSetWindowText(hwndElement, (PSZ)buffer);
                WinShowWindow(hwndElement, TRUE);
            }
            break;
    }
}
```

Das zweite Beispiel (Auswahl eines entsprechenden Eintrages der Combobox) zeigt die Möglichkeit der Einbindung von Icons als Elemente des Wertesetkontrollelementes.

```
hwndElement = WinWindowFromID(hwndDlg, DID_VALUESET);

/* Text eintragen */
WinSendMsg(hwndElement, VM_SETITEMATTR,
      MPFROM2SHORT(1,2),
      MPFROM2SHORT(VIA_TEXT,TRUE));
WinSendMsg(hwndElement, VM_SETITEM,
      MPFROM2SHORT(1,2),
      MPFROMLONG("*Text*"));

/* Icon eintragen */
pIcon = WinLoadFileIcon("DIALOG.ICO",FALSE);
WinSendMsg(hwndElement, VM_SETITEMATTR,
      MPFROM2SHORT(2,2),
      MPFROM2SHORT(VIA_ICON,TRUE));
WinSendMsg(hwndElement, VM_SETITEM,
      MPFROM2SHORT(2,2),
      MPFROMLONG(pIcon));
```

Hierzu wird zunächst in ein bestimmtes Element ein Text eingetragen. Dazu muß für das zu ändernde Wertesetelement das Attribut des Elementes umdefiniert werden; durch das Senden der Nachricht VM_SETITEMATTR mit dem Attribut VIA_TEXT wird das Element (1,2) als Textelement definiert. Sodann wird mittels der Nachricht VM_SETITEM dieses Element ein Text gesetzt.

Das Element (2,2) soll ein Icon erthalten. Hier muß zunächst das Icon aus einer externen Datei mittels der Funktion WinLoadFileIcon() zugeladen werden. Sodann wird wieder das Attribut des Wertesetelements entsprechend umdefiniert (VIA_ICON) und dann mittels der Nachricht VM_SETITEM das Icon positioniert.

5.9.2 Stilangaben

VS_BITMAP	Jedes Element des WS ist eine Bitmap
VS_ICON	Jedes Element des WS ist ein Icon
VS_TEXT	Jedes Element des WS ist ein Text
VS_RGB	Jedes Element des WS ist ein RGB-Farbwert
VS_COLORINDEX	Jedes Element des WS ist ein Farbindex
VS_BORDER	Alle Elemente des WS werden von einem dünnen Rahmen umschlossen.
VS_ITEMBORDER	Jedes Element des WS wird von einem dünnen Rahmen umschlossen.
VS_RIGHTTOLEFT	Spalten werden von rechts nach links numeriert (Voreinstellung ist links nach rechts).
VS_SCALEBITMAPS	Bitmaps werden so skaliert, daß sie in die Elementegröße eines WS passen.

5.9.3 Ereignismeldung

Im folgenden bezeichnet der Ausdruck *Element* einen einzelnen Wert innerhalb eines Werteset-Kontrollelements.

WM_CONTROL

Aktion auf Werteset-Element.

param1
id (USHORT)   Werteset ID

notifycode (USHORT) Aktion

VN_DRAGLEAVE	Eine DM_DRAGLEAVE Nachricht wurde empfangen.
VN_DRAGOVER	Eine DM_DRAGOVER Nachricht wurde empfangen.
VN_DROP	Eine DM_DROP Nachricht wurde empfangen.

VN_DROPHELP	Eine DM_DROPHELP Nachricht wurde empfangen.
VN_ENTER	ENTER-Taste wurde gedrückt, während Werteset den Eingabefocus hat oder Doppelklick auf Wertesetelement.
VN_HELP	Eine WM_HELP Nachricht wurde empfangen.
VN_INITDRAG	Eine DragDrop-Aktion wurde mit einem Wertesetelement begonnen (Element muß den Stil VIA_DRAGGABLE haben).
VN_KILLFOCUS	Werteset verliert Eingabefocus.
VN_SELECT	Ein Wertesetelement wurde ausgewählt.
VN_SETFOCUS	Werteset bekommt den Eingabefocus.

param2 ULONG notifyinfo Ereignisspezifische Information

VN_DRAGOVER	
VN_DRAGLEAVE	
VN_DROP	
VN_DROPHELP	Zeiger auf eine VSDRAGINFO Struktur
VN_INITDRAG	Zeiger auf eineVSDRAGINIT Struktur
Anderer Wert	Fensterhandle des Werteset

Rückgabewert
ULONG reply Reserviert NULL

5.9.4 Nachrichten an das Kontrollelement

VM_QUERYITEM

Inhalt eines Wertesetelements wird ermittelt.

param1
usRow (USHORT) Elementzeile (Numerierung beginnt bei 1)
usColumn (USHORT) Elementspalte (Numerierung beginnt bei 1)

5.9 Werteset (value set)

param2
PVSTEXT pvsText   Zeiger auf eine VSTEXT Struktur oder NULL

Rückgabewert
ULONG ulItemId   Wert des Elements; dieser hängt vom VIA_* Stil des Elements ab

    VIA_TEXT   usTextLen (USHORT): Anzahl in den Puffer kopierter Zeichen

    VIA_BITMAP   hbmItem (HBITMAP): Handle der Bitmap die das Element darstellt

    VIA_ICON   hptItem (HPOINTER): Handle des ElementeIcon

    VIA_RGB   rgbItem (ULONG): RGB-Farbwert

    VIA_COLORINDEX   ulColorIndex (ULONG): Farbindexwert

VM_QUERYITEMATTR

Attribute eines Werteset-Elemenst werden ermittelt.

param1
usRow (USHORT)   Elementzeile (Numerierung beginnt bei 1)

usColumn (USHORT)   Elementspalte (Numerierung beginnt bei 1)

param2 ULONG   Reserviert NULL

Rückgabewert
USHORT usItemAttr   Attribut des Elements; dieser hängt vom VIA_* Stil des Elements ab.

    VIA_BITMAP   Element ist Bitmap

    VIA_COLORINDEX   Element ist Farbindex

    VIA_ICON   Element ist Icon

    VIA_RGB   Element ist RGB-Farbwert

    VIA_TEXT   Element ist Text

    VIA_DISABLED   Element ist nicht selektierbar

    VIA_DRAGGABLE   Element kann Objekt einer DragDrop-Aktion sein.

VIA_DROPONABLE	Element kann Ziel einer DragDrop-Aktion sein.
VIA_OWNERDRAW	Objekt wird vom Programm gezeichnet.

VM_QUERYMETRICS

Die Größe eines Elements wird ermittelt.

param1

USHORT fMetricControl	Größe, die bestimmt werden soll
VMA_ITEMSIZE	Breite und Höhe eines Elements (in pel) wird ermittelt.
VMA_ITEMSPACING	Horizontaler und vertikaler Abstand (in Pel) zwischen den Elementen wird ermittelt.

param2 ULONG	Reserviert NULL

Rückgabewert

ULONG ulMetric	Ermittelter Wert
VMA_ITEMSIZE	usItemWidth (USHORT): Breite in pel und usItemHeight (USHORT): Höhe in pel
VMA_ITEMSPACING	usHorzItemSpacing (USHORT): Horizontaler Abstand (pel) und usVertItemSpacing (USHORT): vertikaler Abstand (pel)

VM_QUERYSELECTEDITEM

Das aktuell selektierte Element wird ermittelt.

param1 ULONG	Reserviert NULL
param2 ULONG	Reserviert NULL

Rückgabewert
USHORT usRow   USHORT usColumn

usRow (USHORT)	Elementzeile (Numerierung beginnt bei 1)
usColumn (USHORT)	Elementspalte (Numerierung beginnt bei 1)

VM_SELECTITEM

Ein Element wird selektiert.

param1

usRow (USHORT)	Elementzeile (Numerierung beginnt bei 1)
usColumn (USHORT)	Elementspalte (Numerierung beginnt bei 1)
param2 ULONG	Reserviert NULL

Rückgabewert

BOOL fSuccess	Erfolgsindikator
TRUE	Kein Fehler
FALSE	Fehler

VM_SETITEM

Der Stil eines Elemenst wird geändert.

param1

usRow (USHORT)	Elementzeile (Numerierung beginnt bei 1)
usColumn (USHORT)	Elementspalte (Numerierung beginnt bei 1)

param2

ULONG ulItemId	Abhängig vom VIA_*-Stil des Elements
VIA_TEXT	pszItem (PSZ) Zeiger auf Text des Elements
VIA_BITMAP	hbmItem (HBITMAP): Handle der Bitmap die das Element darstellt.
VIA_ICON	hptItem (HPOINTER): Handle des Icons
VIA_RGB	rgbItem (ULONG): RGB-Farbwert
VIA_COLORINDEX	ulColorIndex (ULONG): Farbindexwert

Rückgabewert

BOOL fSuccess	Erfolgsindikator
TRUE	Kein Fehler
FALSE	Fehler

VM_SETITEMATTR

Der Stil eines Elements wird geändert.

param1 USHORT		
usRow (USHORT)		Elementzeile (Numerierung beginnt bei 1)
usColumn (USHORT)		Elementspalte (Numerierung beginnt bei 1)
param2		
usItemAttr (USHORT)		Stilangabe
	VIA_BITMAP	Element ist Bitmap
	VIA_COLORINDEX	Element ist Farbindex
	VIA_ICON	Element ist Icon
	VIA_RGB	Element ist RGB-Farbwert
	VIA_TEXT	Element ist Text
	VIA_DISABLED	Element ist nicht selektierbar
	VIA_DRAGGABLE	Element kann Objekt einer DragDrop-Aktion sein.
	VIA_DROPONABLE	Element kann Ziel einer DragDrop-Aktion sein.
	VIA_OWNERDRAW	Objekt wird vom Programm gezeichnet.
fSet (USHORT)		Änderungsindikator
	TRUE	Änderung durchführen
	FALSE	Stil des Elements löschen (leeres Element wird erzeugt)
Rückgabewert		
BOOL fSuccess		Erfolgsindikator
	TRUE	Kein Fehler
	FALSE	Fehler

VM_SETMETRICS

Größe eines Elements wird gesetzt.

param1 USHORT fMetric		Größe, die gesetzt werden soll.
	VMA_ITEMSIZE	Breite und Höhe eines Elemenst (in pel) wird ermittelt.

	VMA_ITEMSPACING	Horizontaler und vertikaler Abstand (in Pel) zwischen den Elementen wird ermittelt.
param2 ULONG ulItemId		Neuer Wert
	VMA_ITEMSIZE	**usItemWidth (USHORT):** Breite in pel und **usItemHeight (USHORT):** Höhe in pel
	VMA_ITEMSPACING	**usHorzItemSpacing (USHORT):** horizontaler Abstand (pel) und **usVertItemSpacing (USHORT):** vertikaler Abstand (pel)
Rückgabewert		
BOOL fSuccess		Erfolgsindikator
	TRUE	Kein Fehler
	FALSE	Fehler

5.9.5 Datenstrukturen

VSCDATA Werteset : Hauptinformation

typedef struct _VSCDATA {

ULONG cbSize;   /* Länge der Struktur in byte */

USHORT usRowCount;   /* Anzahl Zeilen */

USHORT usColumnCount;

/* Anzahl Spalten */

} VSCDATA;

VSDRAGINFO Werteset : DragDrop-Information

typedef struct _VSDRAGINFO {

PDRAGINFO pDragInfo;   /* Zeiger auf eine DRAGINFO Struktur*/

USHORT usRow;   /* Zeile, über der das Ereignis

auftritt*/

```
    USHORT usColumn;      /* Spalte, über der das Ereignis
                              auftritt*/
} VSDRAGINFO;
```

VSDRAGINIT Werteset : DragDrop Startinfo

```
typedef struct _VSDRAGINIT {
    HWND hwndVS;          /* Fensterhandle des Werteset */
    LONG x;               /* x-Koordinate der Maus in
                              Bildschirmkoordinaten */
    LONG y;               /* y-Koordinate der Maus in
                              Bildschirmkoordinaten */
    LONG cx;              /* Abstand (x-Wert) Mauszeigerspitze
                              zu Elementursprung */
    LONG cy;              /* Abstand (y-Wert) Mauszeigerspitze
                              zu Elementursprung */
    USHORT usRow;         /* Zeile, über der die Aktion
                              ausgeführt wird */
    USHORT usColumn;      /* Spalte, über der die Aktion
                              ausgeführt wird */
} VSDRAGINIT;
```

VSTEXT Werteset : Textinformation

```
typedef struct _VSTEXT {
    PSZ pszItemText;      /* Zeiger auf Textpuffer */
    USHORT usBufLen;      /* Größe des Puffers in byte */
} VSTEXT;
```

6 Komplexe Kontrollelemente

Einige der bislang behandelten einfachen Kontrollelemente für Dialogfenster sind ihrerseits bereits kombiniert worden aus anderen, einfachen Kontrollelementen; z.B. ist die Combobox zusammengesetzt aus einem Editorfeld und einer Listbox.

Zusätzlich zu den bereits vorgestellten Kontrollelementen stellt OS/2 2.0 andere zusammengesetzte Kontrollelemente zur Verfügung, die wesentlich komplexer sind.

⇨ **Dateidialog (file dialog):** Der Programmierer hat die Möglichkeit, ein komplett gestaltetes Dialogfenster zur Auswahl von Dateien zu präsentieren. Dieser Dialog durchsucht automatisch die jeweils gewählten Laufwerke und Ordner nach Dateien; es ist möglich, Dateifilter anzugeben und programmiererseitig weitere Manipulationen am Dateiauswahldialog vorzunehmen. Nicht nur die Reduzierung des Programmieraufwandes, sondern v.a. Standardisierungsgründe legen es nahe, das vorgegebene Dialogelement statt eigener Dialoge zu benutzen.

⇨ **Zeichensatzdialog (font dialog):** Hier wird eine Dialogbox zur Verfügung gestellt, die die Auswahl von Zeichensätzen und Zeichensatzstilen sowohl für den Bildschirm als auch für den Drucker ermöglicht. Für die Verwendung dieses systemseitig vorgegebenen Kontrollelementes sprechen die gleichen Gründe wie für die Verwendung des Dateiauswahldialoges.

⇨ **Notizbuch (notebook):** Das Notizbuchkontrollelement faßt mehrere eigenständige, beliebig gestaltbare Dialoge zu einer Einheit zusammen, wobei dem Benutzer der Eindruck eines Notizbuches vermittelt wird, bei dem jeder eigenständige Dialog auf einer eigenen Notizbuchseite »aufgeschlagen« werden kann. An dieser Stelle soll gleich vorweg genommen werden, daß der Versuch, ein Notizbuchkontrollelement als Unterdialog (Notizbuchseite) eines Notizbuchkontrollelementes zu verwenden, vermieden werden sollte.

⇨ **Container (container):** Innerhalb eines Container-Kontrollelementes können allgemein als Baumstruktur organisierte Textinformationen, wahlweise auch mit Bitmaps oder Icon versehen, in verschiedenen Sichtweisen (Präsentationsformen) dargestellt werden. Ein einfaches Beispiel hierfür bietet die OS/2 PM-Oberfläche: die Anzeige von Ordnerinhalten in Fenstern der PM-Oberfläche wird als Container-Kontrollelement verwaltet und kann (über das Systemmenue) wahlweise als

⇨ Iconview mit Icon und Dateiname,

⇨ Treeview mit Icon und Textangabe sowie als

⇨ Detailview mit Angabe eines kleinen Icons, des Dateinamens sowie

⇨ weiterer detailierter Information in Textzeilen editiert werden.

6.1 Dateiauswahl (file dialog)

6.1.1 Programmierung

Der Dateiauswahldialog ist ein komplettes vom Betriebssystem vordefiniertes Dialogfenster. Dieses Dialogfenster enthält ein Editorfeld für den ausgewählten Dateinamen sowie Comboboxen für Laufwerksangaben und Dateitypen. Hinzu kommen zwei Listboxen inclusive Rollbalkenverwaltung für die aktuelle Pfadangabe und den aktuellen Ordnerinhalt. Eine Reihe von optionalen Auswahlknöpfen kann programmseitig gewählt werden.

Anders als bei frei definierbaren Dialogen wird ein Dateiauswahldialog in folgenden Schritten definiert und geöffnet.

```
/* 1.4 Dialog : Dateiauswahl öffnen */
case ID_DATEIAUSWAHL:
{
   FILEDLG fd;
   char dummy[8];

   memset(&fd, 0, sizeof(FILEDLG));

   fd.cbSize = sizeof(FILEDLG);
   fd.pszTitle = (PSZ)"Titel des Dialogs";
   fd.pszOKButton = (PSZ)"Datei öffnen";
   fd.fl = FDS_HELPBUTTON | FDS_CENTER |
                            FDS_OPEN_DIALOG;
   fd.pfnDlgProc = (PFNWP)NULL;
   strcpy(fd.szFullFile, (PSZ)"*.C");

   WinFileDlg(HWND_DESKTOP, hwnd, (PFILEDLG)&fd);

   strcpy(string, "Ergebnis WinFileDlg : ");
   itoa((int)fd.lReturn, dummy, 16);
   strcat(string, dummy);
   strcat(string, "  Datei : ");
   strcat(string, fd.szFullFile);
```

```
                strcat(string, "
");
                WinInvalidateRegion(hwnd, 0L, FALSE);
        }
        break;
```

Zunächst wird eine Struktur vom Typ FILEDLG definiert und mittels der Funktion memset() mit Nullwerten vorbelegt.

Hierin werden dann notwendige und gewünschte Strukturvariablen (vergleiche FILEDLG) definiert. Im Beispiel werden der Titel des Dialoges, der Text im voreingestellten Druckknopf als »*Datei öffnen*« sowie allgemeine Stilangaben und ein erster Dateifilter definiert. Der Dateifilter bestimmt die angezeigten Dateien.

Die so vorbelegte Struktur wird an die Funktion WinFileDlg() übergeben, die ihrerseits das Dialogfenster öffnet, alle Elemente des Dialogfensters gemäß den Vorgaben in der Struktur vom Typ FILEDLG füllt und alle Benutzeraktionen in den einzelnen Kontrollelementen des Dialogfensters überwacht.

Als Rückgabewerte des Dialoges werden innerhalb der übergebenen Struktur vom Typ FILEDLG die Kennnummer (fd.lReturn) des vom Benutzer ausgewählten Druckknopfes sowie der Inhalt des Editorfeldes (ausgewählter Dateiname in fd.szFullFile) zurückgegeben und können damit im weiteren Programm verarbeitet werden. Im Beispielprogramm wird der Kennwert des vom Benutzer angewählten Druckknopfes und der Inhalt des Editorfeldes ausgegeben.

6.1.2 Stilangaben

Die Stilangaben (FDS_Stil) werden der Funktion WinFileDlg() direkt übergeben.

FDS_Stil

FDS_APPLYBUTTON	Ein Apply-Knopf wird dem Dialog hinzugefügt.
FDS_CENTER	Das Dialogfenster wird zentriert im Elternfenster dargestellt.
FDS_CUSTOM	Eine programmeigene Dialogstruktur wird verwendet; hMod und usDlgId müssen definiert sein.

FDS_ENABLEFILELB	Die Datei-Listbox ist zu Anfang aktiviert.
FDS_HELPBUTTON	Ein HELP-Knopf wird dem Dialog hinzugefügt (mit der ID DID_HELP_PB).
FDS_INCLUDE_EAS	Es werden bei der Dateiauswahl immer erweiterte Attribute (extended attributes) berücksichtigt.
FDS_MODELESS	Es wird ein nichtmodaler Dialog erzeugt. Nachdem die Dialogbox dargestellt ist, wird die Bearbeitung abgebrochen und das Fensterhandle des Dialogs zurückgegeben. Damit kann dann der Dialog mit WinProcessDlg weiter bearbeitet werden.
FDS_MULTIPLESEL	Es können mehrere Dateien gleichzeitig selektiert werden.
FDS_OPEN_DIALOG	Es wird ein »Datei öffnen«-Dialog erzeugt.
FDS_PRELOAD-_VOLINFO	Die Laufwerkeliste wird automatisch erzeugt.
FDS_SAVEAS_DIALOG	Es wird ein »Sichern als«-Dialog erzeugt.

6.1.3 Nachrichten an das Kontrollelement

Alle Aktionen eines Dateidialogs werden von der vom Betriebsystem bereitgestellten Dialogfunktion automatisch ausgeführt.

Wird statt dieser vorgegebenen Funktion eine programmeigene zur Steuerung des Dialogs verwendet (subclassing), so müssen alle hier nicht bearbeiteten Ereignisse an die Standardfunktion mittels WinDefFileDlgProc() weitergegeben werden.

Folgende Nachrichten werden dabei an die Dateidialogfunktion gesendet, die ggf. in einer eigenen Funktion vorher bearbeitet werden können.

FDM_ERROR

Es soll eine Fehlermeldung angezeigt werden.

param1 USHORT usErrorId   ID der Fehlermeldung

param2 ULONG   Reserviert NULL

6.1 Dateiauswahl (file dialog)

Rückgabewert

USHORT usUserReply	Benutzerantwort
0	Die Std-Dialogfunktion beantwortet die Meldung.
MBID_OK	Die Auswahl des OK-Knopfs wird simuliert.
MBID_CANCEL	Die Auswahl des CANCEL-Knopfs wird simuliert.
MBID_RETRY	Die Auswahl des RETRY-Knopfs wird simuliert.

FDM_FILTER

Eine Datei soll der Dateiliste der Dialogbox hinzugefügt werden; diese Nachricht wird vorher erzeugt.

param1 PSZ pszFilename	Zeiger auf den Dateinamen
param2 PSZ pszEAType	Zeiger auf das .TYPE EA Attribut

Rückgabewert

BOOL bFilterAction	Erfolgsindikator
TRUE	Datei hinzufügen
FALSE	Datei nicht hinzufügen

FDM_VALIDATE

Der Benutzer hat eine Datei ausgewählt (ENTER-Taste oder Doppelklick).

param1 PSZ pszFileName	Zeiger auf Dateinamen (mit Pfadangabe)
param2 USHORT usSeltype	Art der Auswahl

Rückgabewert

BOOL bValidity	Gültigkeitsindikator
TRUE	Datei ist gültig
FALSE	Datei ist nicht gültig

6.1.4 Datenstrukturen

FILEDLG Dateidialog : Hauptinfo

```
typedef struct _FILEDLG {
    ULONG cbSize;              /* Größe der Struktur in byte */
    ULONG fl;                  /* FDS_* Attribute */
    ULONG ulUser;              /* Programmeigener Datenbereich */
    LONG lReturn;              /* Rückgabe Taste aus Dialog /
    LONG lSRC;                 /* Rückgabecode bei Dialogfehler */
    PSZ pszTitle;              /* Dialog Titeltext */
    PSZ pszOKButton;           /* Text OK-Knopf */
    PFNWP pfnDlgProc;          /* Eigene Dialogprozedur */
    PSZ pszIType;              /* Dateiattribute-Filter */
    PAPSZ papszITypeList;      /* Zeiger auf ein Zeigerfeld auf Dateiattribute */
    PSZ pszIDrive;             /* Erstes Laufwerk */
    PAPSZ papszIDriveList;     /* Zeiger auf ein Zeigerfeld auf Laufwerke */
    HMODULE hMod;              /* Modul für eigene Dialogressoucen */
    CHAR szFullFile-
         [CCHMAXPATH];         /* Voller Dateiname inklusive Laufwerk und
                                   Pfad (Eingabe und Ausgabe) */
    PAPSZ papsz-
         FQFilename;           /* /* Zeiger auf ein Zeigerfeld auf vollständige
                                   Dateiangaben */
    ULONG ulFQFCount;          /* Anzahl ausgewählter Dateien */
    USHORT usDlgId;            /* Dialog ID */
    SHORT x;                   /* x-Koordinate der Dialogbox */
    SHORT y;                   /* y-Koordinate der Dialogbox */
    SHORT sEAType;             /* auisgewählter Dateiattributestil*/
} FILEDLG;
```

6.2 Zeichensatzauswahl (font dialog)

6.2.1 Programmierung

Ähnlich wie der Dateiauswahldialog stellt der Zeichensatzdialog ein aus mehreren Kontrollelementen zusammengesetztes komplexes Dialogfenster zur Verfügung, das dem Benutzer die Möglichkeit gibt, Zeichensätze, Zeichensatzstile sowie Zeichensatzgrößen auszuwählen. Hierzu sind als Festvorgabe drei Comboboxen vorhanden, die jeweils Zeichensatzname, Bezeichnung des Zeichensatzstils sowie die Zeichensatzgröße zur Auswahl vorgeben.

Ein Statictextfeld gibt darüber hinaus einen programmseitig wählbaren Beispieltext in der jeweils angewählten Konstellation aus.

Verschiedene Druckknöpfe mit unterschiedlichen Bezeichnungen können optional durch den Programmierer belegt werden.

Die Programmierung erfolgt ähnlich wie im Beispiel Dateiauswahldialog.

Zentrale Bedeutung sowohl für die Vorbelegung des Dialogfensters als auch für die Abfrage von Benutzereingaben in dem Dialogfenster hat eine Struktur vom Typ FONTDLG, die ebenfalls wie im Beispiel Dateiauswahldialog zu Beginn mittels der Funktion memset() mit Nullwerten vorbelegt wird.

Sodann werden notwendige und optionale Teile der Struktur vorbelegt. Die Funktion WinFontDlg() stellt dann das so vordefinierte Dialogfenster auf dem Bildschirm dar, bearbeitet alle Benutzeraktionen innerhalb dieses Dialogfensters und gibt notwendige Benutzereingaben (z.B. Fontname und Fontgröße) innerhalb der übergebenen Struktur vom Typ FONTDLG zur weiteren Verarbeitung im Programm zurück. Die Funktion sorgt darüber hinaus noch für das Zerstören des Dialogfensters.

6.2.2 Stilangaben

FNTS_ Attribute

FNTS_APPLY-
BUTTON   Ein »Apply«-Knopf wird hinzugefügt

FNTS_CENTER   Dialogbox zentriert

FNTS_CUSTOM   Eine eigene Dialogstruktur wird verwendet; die Parameter hMod und usDlgId müssen entsprechend definiert sein.

FNTS_FIXED-

WIDTHONLY	Nur äquidistante Zeichensätze
FNTS_HELP-BUTTON	Ein »Help«-Knopf wird hinzugefügt.
FNTS_INITFROM-FATTRS	Der Dialog initialisiert sich selbst mit den Informationen der übergebenen FATTRS-Struktur.
FNTS_MODELESS	Es wird ein nichtmodaler Dialog erzeugt. Nachdem die Dialogbox dargestellt ist, wird die Bearbeitung abgebrochen und das Fensterhandle des Dialogs zurückgegeben. Damit kann dann der Dialog mit WinProcessDlg weiter bearbeitet werden.
FNTS_NOSYN-THESIZEDFONTS	keine synthetischen Zeichensätze
FNTS_PROPOR-TIONALONLY	Nur proportionale Zeichensätze
FNTS_RESET-BUTTON	Ein »Reset«-Knopf wird hinzugefügt.
FNTS_VECTOR-ONLY	Nur Vektorzeichensätze

6.2.3 Nachrichten an das Kontrollelement

Alle Aktionen eines Zeichensatzdialogs werden von der vom Betriebsystem bereitgestellten zugehörigen Dialogfunktion automatisch ausgeführt.

Wird statt dieser vorgegebenen Funktion eine programmeigene zur Steuerung des Dialogs verwendet (subclassing), so müssen alle hier nicht bearbeiteten Ereignisse an die Standardfunktion mittels WinDefFontDlgProc() weitergegeben werden.

Folgende Nachrichten werden dabei an die Fontdialogfunktion gesendet, die ggf. in einer eigenen Funktion vorher bearbeitet werden können.

FNTM_FACENAMECHANGED

Der Zeichensatzname wurde seitens des Benutzers geändert.

param1 PSZ pszFamilyname Zeiger auf Zeichensatzname

param2 ULONG Reserviert NULL

Rückgabewert
ULONG reply Reserviert NULL

FNTM_FILTERLIST

Ein Zeichensatzname, ein Stilname oder eine Zeichensatzgröße soll der jeweiligen Liste hinzugefügt werden.

param1 PSZ pszFontname Zeiger auf Bezeichnertext, der hinzugefügt werden soll.

param2 USHORT usFieldId **USHORT usFontType**

usFieldId (USHORT)	ID der Liste, zu der hinzugefügt werden soll.
FNTI_FAMILYNAME	Zeichensatzname
FNTI_STYLENAME	Zeichensatzstil
FNTI_POINTSIZE	Zeichensatzgröße
usFontType (USHORT)	Art der hinzuzufügenden Information
FNTI_BITMAPFONT	Bitmapzeichensatz
FNTI_VECTORFONT	Vektorzeichensatz
FNTI_SYNTHESIZED	Synthetischer Zeichensatz (nur für Stilangabe erlaubt).
FNTI_FIXEDWIDTHFONT	Nichtproportionaler Zeichensatz
FNTI_PROPORTIONALFONT	Proportionaler Zeichensatz
FNTI_BITMAPFONT	Größe eines Bitmapzeichensatzes
FNTI_DEFAULTLIST	Zeichensatzgröße

Rückgabewert
BOOL fFilterAction   Erfolgsindikator

   TRUE   Text hinzugefügt

   FALSE   Text nicht hinzugefügt

FNTM_POINTSIZECHANGED

Größe (Angabe in point) des Zeichensatzes wurde geändert.

param1 PSZ pszPointSize   Zeiger auf Text (Punktgröße)

param2 FIXED fxPointSize   FONTDLG.fxPointSize Inhalt

Rückgabewert
ULONG reply   Reserviert NULL

FNTM_STYLECHANGED

Stil des Zeichensatzes wurde geändert.

param1
STYLECHANGE stycstyc   Struktur mit Angaben der Stiländerung

param2 ULONG   Reserviert NULL.

Rückgabewert
ULONG reply   Reserviert NULL

FNTM_UPDATEPREVIEW

Der Statictext, der den ausgewählten Zeichensatz als Vorschau anzeigt, wird neu geschrieben; diese Nachricht wird vorher versandt.

param1 HWND hwnd   Handle des Fensters, in das die Vorschau gezeichnet wird (Fensterhandle des StaticText-Elements).

param2 ULONG   Reserviert NULL

Rückgabewert
ULONG reply   Reserviert NULL

6.2.4 Datenstrukturen

FONTDLG Zeichensatz : Hauptinfo

typedef struct _FONTDLG {	
ULONG cbSize;	/* Größe der Struktur in byte */
HPS hpsScreen;	/* Bildschirm PS presentation space */
HPS hpsPrinter;	/* Drucker PS presentation space */
PSZ pszTitle;	/* Text Dialogtitel */
PSZ pszPreview;	/* Text für Textvorschau */
PSZ pszPtSizeList;	/* Zeichensatz-Größenliste */
PFNWP pfnDlgProc;	/* Programmeigene Dialogfunktion */
PSZ pszFamilyname;	/* Textpuffer zur Rückgabe des Zeichensatznamens */
FIXED fxPointSize;	/* Größe des Zeichensatzes */
ULONG fl;	/* Stil FNTS_* */
ULONG flFlags;	/* Stil FNTF_* */
ULONG flType;	/* Typangaben (Bitmaske) */
ULONG flTypeMask;	/* Bitmaske zur Auswahl derjenigen Typattribute, die bei Wahl von FNTS_OWNERDRAWPREVIEW zu setzen sind */
ULONG flStyle;	/* Stilangabe (Bitmaske) */
ULONG flStyleMask;	/* Bitmaske zur Auswahl derjenigen Stilattribute, die bei Wahl von FNTS_OWNERDRAWPREVIEW zu setzen sind */
LONG clrFore;	/* Zeichenfarbe */
LONG clrBack;	/* Zeichensatzhintergrundfarbe */
ULONG ulUser;	/* Programmeigener Datenbereich */

LONG lReturn;	/* Rückgabewert von WinFontDlg() */
LONG lSRC;	/* System Rückgabecode, enthält Fehlermeldung bei Absturz des Dialoges */
LONG lEmHeight;	/* Die Em Höhe des Zeichensatzes (siehe FONTMETRICS) */
LONG lXHeight;	/* Die x Höhe des Zeichensatzes (siehe FONTMETRICS) */
LONG lExternalLeading;	/* Die EL des Zeichensatzes (siehe FONTMETRICS) */
HMODULE hMod;	/* Modul für programmeigenen Dialog */
SHORT sNominalPointSize;	/* Nominale Punktgröße */
USHORT usWeight;	/* Zeichensatzgewicht */
USHORT usWidth;	/* Zeichensatzweite */
SHORT x;	/* x-Koordinate der Dialogbox */
SHORT y;	/* x-Koordinate der Dialogbox */
USHORT usDlgId;	/* Dialog ID */
USHORT usFamilyBufLen;	/* Größe des Puffers pzsFamilyname */
FATTRS fAttrs;	/* Zeichensatzattributestruktur, die ausgewählt wurde */
} FONTDLG;	

STYLECHANGE Zeichensatzdialog : Stiländerung

typedef struct _STYLECHANGE {

USHORT usWeight;	/* Neues Gewicht des Zeichensatzes */
USHORT usWeightold;	/* Altes Gewicht des Zeichensatzes */
USHORT usWidth;	/* Neue Weite des Zeichensatzes */
USHORT usWidthold;	/* Alte Weite des Zeichensatzes */

```
    ULONG flType;         /* Neuer Typ des Zeichensatzes */
    ULONG flTypeold;      /* Alter Typ des Zeichensatzes */
    ULONG flTypeMask;     /* Neue Typmaske */
    ULONG flTypeMaskold;  /* Alte Typmaske */
    ULONG flStyle;        /* Neue ausgewählte Stilbits */
    ULONG flStyleold;     /* Alte ausgewählte Stilbits */
    ULONG flStyleMask;    /* Neue Maske für Stilbits */
    ULONG flStyleMaskold; /* Alte Maske für Stilbits */
} STYLECHANGE;
```

6.3 Notizbuch (notebook)

6.3.1 Programmierung

Im Gegensatz zu den bereits behandelten komplexen Dialogen Dateiauswahldialog und Zeichensatzauswahldialog wird der Notizbuchdialog nicht durch eine eigene Betriebssystemfunktion aufgerufen, sondern zunächst im Rahmen einer Ressourcendefinition als Kontrollelement definiert.

Zunächst wird der eigentliche Notizbuchdialog definiert:

```
DLGINCLUDE 3 "D:\BUCH\SAMPLES\DIALOG\notebook.h"

DLGTEMPLATE DID_DLG_NOTEBOOK LOADONCALL MOVEABLE DISCARDABLE
BEGIN
    DIALOG "Beispiel für Notizbuchelement",
        DID_DLG_NOTEBOOK, 11, 10, 346, 163,
        WS_VISIBLE, FCF_SYSMENU | FCF_TITLEBAR
    BEGIN
        CONTROL "Notizbuch", DID_DLG_NBELEMENT,
            4, 3, 341, 157,
            WC_NOTEBOOK, BKS_BACKPAGESBR |
            BKS_MAJORTABRIGHT | BKS_SQUARETABS |
            BKS_STATUSTEXTLEFT | BKS_TABTEXTLEFT |
            BKS_TABTEXTRIGHT | WS_GROUP |
            WS_TABSTOP | WS_VISIBLE
    END
END
```

Dann werden die beiden »Notizbuchseiten«, d.h. die vorgesehenen 2 Unterdialoge definiert:

```
DLGTEMPLATE NB_SEITE2 LOADONCALL MOVEABLE DISCARDABLE
BEGIN
    DIALOG   "Dialog Title", NB_SEITE2, 19, 47, 275, 110,
                             NOT FS_DLGBORDER | WS_VISIBLE
    BEGIN
        PUSHBUTTON "Andere Seite", NB_S2_ANDSEITE,
                                   31, 38, 212, 36
    END
END

DLGTEMPLATE NB_SEITE1 LOADONCALL MOVEABLE DISCARDABLE
BEGIN
    DIALOG   "NB_SEITE1", NB_SEITE1, 15, 52, 296, 120,
                             NOT FS_DLGBORDER | WS_VISIBLE
    BEGIN
        PUSHBUTTON "Andere Seite", NB_S1_ANDSEITE,
                                   14, 11, 92, 98
    END
END
```

Dann wird das Notizbuch -wie jeder andere Dialog auch- mittels der Funkion WinLoadDlg() initialisiert und dargestellt.

```
/* 1.6 Dialog : Notebook öffnen */
case ID_NOTIZBUCH:
{
   HWND hwnddlg;

   hwnddlg = WinLoadDlg(HWND_DESKTOP,
                        hwndRahmen,
                        (PFNWP)NotebookDialogfunktion,
                        NULLHANDLE,
                        DID_DLG_NOTEBOOK,
                        NULL);
   WinProcessDlg(hwnddlg);
   WinDestroyWindow(hwnddlg);
}
break;
```

Die im Beispielprogramm dem Dialog zugeordnete Dialogfunktion NotebookDialogfunktion() muß zunächst (wie jede andere Dialogfunktion auch)

6.3 Notizbuch (notebook)

eine Initialisierung der verwendeten Kontrollelemente durchführen; dies geschieht durch Abfrage der WM_INITDLG Nachricht.

```
MRESULT EXPENTRY NotebookDialogfunktion( HWND hwndDlg,
                  ULONG msg, MPARAM mp1, MPARAM mp2 )
{
  hwndNotebook = WinWindowFromID(hwndDlg, DID_DLG_NBELEMENT);

  switch ( msg )
  {
    case WM_INITDLG:
    {
      /* 2 (leere) Seiten einfügen */
      /* und Text definieren */
      idSeite1 =
        (ULONG)WinSendMsg(
              hwndNotebook,
              BKM_INSERTPAGE,
              0L,
              MPFROM2SHORT(
                  BKA_MAJOR|BKA_STATUSTEXTON|
                          BKA_AUTOPAGESIZE,
                  BKA_LAST));
      WinSendMsg(hwndNotebook, BKM_SETSTATUSLINETEXT,
                  MPFROMLONG(idSeite1),
                  MPFROMP("Statustext Seite 1"));
      WinSendMsg(hwndNotebook, BKM_SETTABTEXT,
                  MPFROMLONG(idSeite1),
                  MPFROMP("1"));
      idSeite2 =
        (ULONG)WinSendMsg(
              hwndNotebook,
              BKM_INSERTPAGE,
              0L,
              MPFROM2SHORT(
                  BKA_MAJOR|BKA_STATUSTEXTON|
                          BKA_AUTOPAGESIZE,
                  BKA_LAST));
      WinSendMsg(hwndNotebook, BKM_SETSTATUSLINETEXT,
                  MPFROMLONG(idSeite2),
                  MPFROMP("Statustext Seite 2"));
      WinSendMsg(hwndNotebook, BKM_SETTABTEXT,
                  MPFROMLONG(idSeite2),
                  MPFROMP("2"));

      /* Dialog für die Seiten öffnen und zuordnen */
      hwndSeite1 = WinLoadDlg(hwndNotebook,
```

```
                           hwndDlg,
                           (PFNWP)Seite1Dialogfunktion,
                           NULLHANDLE,
                           NB_SEITE1,
                           NULL);
       hwndSeite2 = WinLoadDlg(hwndNotebook,
                           hwndDlg,
                           (PFNWP)Seite2Dialogfunktion,
                           NULLHANDLE,
                           NB_SEITE2,
                           NULL);

       /* Dialoghandle und SeitenID kombinieren */
       WinSendMsg(hwndNotebook, BKM_SETPAGEWINDOWHWND,
                     MPFROMLONG(idSeite1),
                     MPFROMHWND(hwndSeite1));
       WinSendMsg(hwndNotebook, BKM_SETPAGEWINDOWHWND,
                     MPFROMLONG(idSeite2),
                     MPFROMHWND(hwndSeite2));

    }
    return (MRESULT)FALSE;

    case WM_CONTROL:
    {}
    return (MRESULT)FALSE;

    default:
       return WinDefDlgProc( hwndDlg, msg, mp1, mp2 );
    }
    return WinDefDlgProc( hwndDlg, msg, mp1, mp2 );
}
```

Natürlich muß die dem Dialogfenster zugeordnete Dialogfensterfunktion zunächst durch Abfrage der WM_INITDLG-Nachricht eine Initialisierung der einzelnen Kontrollelemente durchführen.

Jeder Notizbuchdialog beinhaltet eine oder mehrere einzelne Seiten, die ihrerseits eigenständige, beliebig definierbare Dialoge enthalten. Der Notizbuchdialog selber handhabt lediglich die Gestaltung des Notizbuchlayouts und übergreifende Funktionen wie Seitenbezeichnung, Seitennumerierungen sowie das Hinzufügen und Beschriften von Lesemarken (Minortab und Majortab); die Handhabung der auf den einzelnen Notizbuchseiten gehaltenen Dialoge wird durch eigenständige Dialogfunktionen, die i.d.R. jeweils für eine Dialogseite verantwortlich sind, durchgeführt. Damit ist offensichtlich, daß zur

Initialisierung eines Notizbuchdialoges folgende Schritte durchgeführt werden müssen.

1. Zunächst muß eine leere Notizbuchseite als Layout definiert und bereitgestellt (eingefügt) werden.
2. Dann muß der für die jetzt bereitgestellte leere Seite vorgesehene Dialog mittels der Funktion WinLoadDlg() geöffnet werden. Damit wird auch die zur Bearbeitung dieses Seitendialogs vorgesehene Dialogfunktion mit dem Handle des geöffneten Dialoges verbunden.
3. Zuletzt muß lediglich das Handle des gerade geöffneten Seitendialoges (und damit der Verweis auf die zuständige Seitendialogfunktion) der Identifikation der vorher geöffneten leeren Notizbuchseite zugeordnet werden.

Im Beispielprogramm werden diese drei Schritte jeweils für zwei Notizbuchseiten durchgeführt:

Zunächst werden zwei leere Seiten eingefügt und layoutspezifischer Text für diese Seiten definiert; hierzu werden die entsprechenden Nachrichten (BKM_INSERTPAGE, BKM_SETSTATUSLINETEXT und BKM_SETTAB-TEXT) an die für die Handhabung des Notizbuchdialoges verantwortliche Dialogfensterfunktion gesendet.

Dann wird für jede der beiden vorgesehenen Notizbuchseiten mittels der Funktion WinLoadDlg() der vorgesehene Dialog geöffnet (NB_SEITE1, NB_SEITE2) sowie ein Verweis auf die verantwortlichen Dialogfensterfunktionen (Seite1Dialogfunktion, Seite2Dialogfunktion) gemacht. An dieser Stelle muß sehr sorgfältig darauf geachtet werden, welches Element als Eigentümerfenster des Seitendialoges angegeben wird. Wird hier statt des Handles des Notizbuchdialoges (hwndnotebook) standardmäßig das Handle des PM-Oberflächenfensters (HWND_DESKTOP) angegeben, so wird der dargestellte Notizbuchdialog nicht bearbeitbar sein und ggf. zu Programmabstürzen führen. Sowohl das Handle des übergeordneten Notizbuchdialoges (hwndnotebook) als auch Handle und Indentifikationsnummer jeder eingefügten Notizbuchseite (hwndSeite1, ID_SEITE1 usw.) werden sowohl in der Notizbuchdialogfunktion als auch in den jeweiligen Seitendialogfunktionen benutzt und daher sinnvollerweise als globale Variablen im Programm geführt.

```
HWND hwndNotebook;
ULONG idSeite1, idSeite2;
HWND hwndSeite1, hwndSeite2;
```

Unser Beispielprogramm führt innerhalb der Notizbuchdialogfunktion selbst keine weiteren Aktionen durch; eine Abfrage für die eingehende WM_CONTROL-Nachricht ist im Beispiel nicht vorgesehen; hier können allerdings vielfältige Manipulations- und Abfragemöglichkeiten genutzt werden.

Die einzelnen Seitendialoge sind in unserem Beispiel ebenfalls sehr einfach gehalten.

```
MRESULT EXPENTRY Seite1Dialogfunktion(
        HWND hwndDlg, ULONG msg, MPARAM mp1, MPARAM mp2 )
{
   switch ( msg )
   {
      case WM_INITDLG:
      {}
      break;

      case WM_COMMAND:
      {
       switch( SHORT1FROMMP( mp1 ) )
       {
          case NB_S1_ANDSEITE:
          {
              WinSendMsg(hwndNotebook, BKM_TURNTOPAGE,
                     MPFROMLONG(idSeite2), 0L);
          }
           break;
       }
      }
      break;

      default: return WinDefDlgProc(hwndDlg,msg,mp1,mp2);
   }
   return (MRESULT) TRUE;
}
```

Eine eigenständige Initialisierung (WM_INITDLG) kann entsprechend den Anforderungen der Seitendialoge eingefügt werden. Interessant ist der Fall der Aktivierung des jeweiligen Seitendruckknopfes (NB_S1_ANDSEITE); hiermit soll ein Wechsel zur jeweils anderen Notizbuchseite hervorgerufen werden. Dazu ist es notwendig, aus der untergeordneten Dialogfensterfunktion (Seite1 Dialogfunktion()) eine Nachricht an die Dialogfunktion des Notizbuches selbst (hwndnotebook) entsprechend zu senden (BKM_TURNTOPAGE). Auch hier ist es wiederum wichtig, Adressat und Absender bei der Nachrichtenübermittlung durch WinSendMsg() korrekt einzutragen, um Fehlfunktionen zu vermeiden.

6.3.2 Stilangaben

BKS_BACKPAGESBR	unten liegende Seiten werden unten und rechts am Notzibuch angezeigt
BKS_BACKPAGESBL	unten liegende Seiten werden unten und links am Notzibuch angezeigt
BKS_BACKPAGESTR	unten liegende Seiten werden oben und rechts am Notzibuch angezeigt
BKS_BACKPAGESTL	unten liegende Seiten werden oben und links am Notzibuch angezeigt
BKS_MAJORTAB-RIGHT	Hauptlesemarken rechts
BKS_MAJORTABLEFT	Hauptlesemarken links
BKS_MAJORTABTOP	Hauptlesemarken oben
BKS_MAJORTAB-BOTTOM	Hauptlesemarken unten
BKS_SQUARETABS	Lesemarken quadratisch
BKS_ROUNDEDTABS	Lesemarken mit runden Ecken
BKS_POLYGONTABS	Lesemarken gekürzte Ecken
BKS_STATUSTEXTLEFT	Seitenstatustext links
BKS_STATUSTEXT-RIGHT	Seitenstatustext rechts
BKS_STATUSTEXT-CENTER	Seitenstatustext zentriert
BKS_TABTEXT-CENTER	Text auf Lesemarken zentriert

BKS_TABTEXTLEFT	Text auf Lesemarken links
BKS_TABTEXTRIGHT	Text auf Lesemarken rechts

6.3.3 Ereignismeldung

WM_CONTROL

Aktionen auf ein Notizbuchelement.

param1 USHORT id USHORT notifycode

id (USHORT)	ID des Notizbuchs
notifycode (USHORT)	Aktion
BKN_HELP	Notizbuch hat eine WM_HELP-Nachricht empfangen.
BKN_NEWPAGESIZE	Größe der aktuellen Seite wurde geändert.
BKN_PAGESELECTED	Neue Seite wurde ausgewählt.
BKN_PAGEDELETED	Seite wurde gelöscht.
param2 ULONG notifyinfo	Abhängig von der eingetretenen Aktion
BKN_HELP	ID der Seite mit der aktuellen Lesemarke
BKN_PAGESELECTED	Zeiger auf eine PAGESELECTNOTIFY Struktur
BKN_PAGEDELETED	Zeiger auf eine DELETENOTIFY Struktur
Anderer Wert	ID des Notizbuchs

Rückgabewert
ULONG reply	Reserviert NULL

6.3.4 Nachrichten an das Kontrollelement

Beachten Sie, daß die Kontrollelemente, die auf den einzelnen Notizbuchseiten definiert sind, eigenständig durch die für sie zuständigen Nachrichtentypen bearbeitet werden müssen. Die folgenden Nachrichten manipulieren lediglich das übergeordnete Notizbuchelement.

BKM_CALCPAGERECT

Berechnung des Notizbuchrechtecks aus einem Seitenrechteck oder umgekehrt; Rechteck ist in diesem Fall das umschließende Rechteck des jeweiligen Fensters (inklusive Rahmenelemente).

param1 PRECTL pRect	Zeiger auf RECTL Struktur mit Rechteckkoordinaten (Eingabe und Ausgabe)
param2 USHORT usPage	Art der Berechnung
TRUE	Seitenrechteck muß berechnet werden; Notizbuchrechteck ist Eingabewert
FALSE	Notizbuchrechteck muß berechnet werden; Seitenrechteck ist Eingabewert
Rückgabewert	
BOOL fSuccess	Erfolgsindikator
TRUE	kein Fehler
FALSE	Fehler

BKM_DELETEPAGE

Seite löschen aus Notizbuch.

param1 ULONG ulPageId	Seiten ID
param2 USHORT usDeleteFlag	Seitenintervall, das gelöscht werden soll
BKA_SINGLE	Nur angegebene Seite löschen
BKA_TAB	Falls angegebene Seite eine Hauptlesemarke enthält, werden diese Seite und alle untergeordneten Seiten gelöscht. Falls die angegebene Seite eine Unterlesemarke enthält, werden diese Seite und alle untergeordneten Seiten bis ausschließlich der nächsten Seite mit Hauptlesemarke gelöscht.
BKA_ALL	Alle Seiten des Notizbuchs werden gelöscht
Rückgabewert	
BOOL fSuccess	Erfolgsindikator

TRUE	kein Fehler
FALSE	Fehler

BKM_INSERTPAGE

Einfügen einer neuen Seite.

param1 ULONG ulPageId	Seiten ID, die Einfügepunkt angibt
param2 USHORT usPageStil	USHORT usPageOrder
usPageStil (USHORT)	Stil der neuen Seite
BKA_AUTOPAGESIZE	Notizbuch übernimmt Dimensionierung und Plazierung der Seite
BKA_STATUSTEXTON	Seite mit Statustext
BKA_MAJOR	Seite erhält Hauptlesemarke
BKA_MINOR	Seite erhält Unter(Neben)lesemarke
usPageOrder (USHORT)	Einordnung der neuen Seite
BKA_FIRST	Als erste Seite einfügen
BKA_LAST	Als letzte Seite einfügen
BKA_NEXT	Direkt hinter die Seite param1 einfügen
BKA_PREV	Direkt vor der Seite param1 einfügen

Rückgabewert

ULONG ulPageId	D der neuen Seite

BKM_INVALIDATETABS

Alle Lesemarken werden neu gezeichnet.

param1 ULONG	Reserviert NULL
param2 ULONG	Reserviert NULL

Rückgabewert

BOOL fSuccess	Erfolgsindikator
TRUE	kein Fehler
FALSE	Fehler

BKM_QUERYPAGECOUNT

Ermittlung der Anzahl der Notizbuchseiten.

param1 ULONG ulPageId   ID der Seite, ab der gezählt werden soll (NULL : von Anfang an).

param2 USHORT
usQueryEnd   Beenden des Seitenzählens

    BKA_MAJOR   Ende Zählen vor der nächsten Seite mit Hauptlesemarke

    BKA_MINOR   Ende Zählen vor der nächsten Seite mit Unterlesemarke

    BKA_END   Zählen bis einschließlich der letzten Seite; die Rückseite des Notizbuchs wird zusätzlich als eine Seite gezählt.

Rückgabewert
SHORT pageCount   Anzahl Seiten

BKM_QUERPAGEDATA

Jede Seite führt 4 byte programmeigene Information mit sich; diese 4 byte werden hier abgefragt. I.d.R. kann in diesen 4 byte ein Zeiger auf weitere, programmeigene Information geführt werden.

param1 ULONG ulPageId   Seiten ID

param2 ULONG   Reserviert NULL

Rückgabewert
ULONG ulPageData   Inhalt der programmeigenen 4 byte

BKM_QUERYPAGEID

Abfrage der Seiten ID; die Seiten ID wird zusätzlich beim Einfügen der Seite zurückgegeben (BKM_INSERTPAGE).

param1 ULONG ulPageId   Seiten ID, die zur Angabe der relativen Position der gesuchten Seite verwendet wird.

param2 USHORT usQueryOrder   USHORT usPageStil
usQueryOrder (USHORT)   Positionsangabe der gesuchten Seite

	BKA_FIRST	Erste Seite
	BKA_LAST	Letzte Seite
	BKA_PREV	Seite vor param1
	BKA_NEXT	Seite nach param1
	BKA_TOP	aktuell sichtbare Seite

usPageStil (USHORT)   Seitenstil

	BKA_MAJOR	Seite mit Hauptlesemarke gesucht
	BKA_MINOR	Seite mit Unterlesemarke gesucht

Rückgabewert
ULONG ulPageId   Gesuchte Seiten ID

BKM_QUERYPAGESTIL

Stil einer Seite.

param1 ULONG ulPageId   Seiten ID

param2 ULONG   Reserviert NULL

Rückgabewert
USHORT usPageStil   Seitenstil (siehe Stilangaben)

BKM_QUERYPAGEWINDOWHWND

Handle der Seite aus Seiten ID.

param1 ULONG ulPageId   Seiten ID

param2 ULONG   Reserviert NULL

Rückgabewert
HWND hwndPage   Handle der Seite (eigentlich des Fensters der Seite)

BKM_QUERYSTATUSLINETEXT

Text der Statuszeile einer Seite wird ermittelt.

param1 ULONG ulPageId   Seiten ID

param2 PBOOKTEXT	
pBookText	Zeiger auf BOOKTEXT Struktur (enthält den Text)

Rückgabewert
USHORT statusTextLen   Länge des Textes

BKM_QUERYTABBITMAP

Handle der Bitmap, die die Lesemarke beschreibt, wird ermittelt.

param1 ULONG ulPageId	Seiten ID
param2 ULONG	Reserviert NULL

Rückgabewert
HBITMAP hbm   Bitmap Handle

BKM_QUERYTABTEXT

Textinformation der angegebenen Seite wird ermittelt.

param1 ULONG ulPageId   Seiten ID

param2 PBOOKTEXT
pBookText   Zeiger auf BOOKTEXT Struktur mit den gesuchten Textinformationen

Rückgabewert
USHORT tabTextLen   Länge des Textes

BKM_SETDIMENSIONS

Höhe und Breite für Haupt- und Neben(Unter)lesemarken und Seitenknöpfe werden festgelegt.

param1 USHORT usWidth USHORT usHeight

usWidth (USHORT)	Breite
usHeight (USHORT)	Höhe
param2 USHORT usType	Objekt, für das die Dimensionen festgelegt werden sollen.
BKA_MAJOR	Hauptlesemarke
BKA_MINOR	Unterlesemarke

	BKA_PAGEBUTTON	Seitenknopf

Rückgabewert
BOOL fSuccess　　　　　Erfolgsindikator

    TRUE　　　　　　　kein Fehler

    FALSE　　　　　　Fehler

BKM_SETNOTEBOOKCOLORS

Farben innerhalb des Notizbuchs werden gesetzt.

param1 ULONG ulColor　　　Farbe

param2 USHORT usBookAttr　　　Teil des Notizbuchs, das umgefärbt werden soll.

    BKA_BACKGROUNDPAGECOLOR

    BKA_BACKGROUNDPAGECOLORINDEX　　Seitenhintergrund

    BKA_BACKGROUNDMAJORCOLOR

    BKA_BACKGROUNDMAJORCOLORINDEX　　Hintergrund Hauptlesemarken

    BKA_BACKGROUNDMINORCOLOR

    BKA_BACKGROUNDMINORCOLORINDEX　　Hintergrund Unterlesemarken

    BKA_FOREGROUNDMAJORCOLOR

    BKA_FOREGROUNDMAJORCOLORINDEX　　Text Hauptlesemarke

    BKA_FOREGROUNDMINORCOLOR

    BKA_FOREGROUNDMINORCOLORINDEX　　Text Unterlesemarke

Rückgabewert
BOOL fSuccess　　　　　Erfolgsindikator

    TRUE　　　　　　　kein Fehler

    FALSE　　　　　　Fehler

BKM_SETPAGEDATA

Beschreiben der programmeigenen 4-byte je Seite; hier wird i.d.R. ein Zeiger auf seitenspezifische Daten untergebracht.

param1 ULONG ulPageId   Seiten ID

param2 ULONG ulPageData   4 byte Daten

Rückgabewert
BOOL fSuccess   Erfolgsindikator

    TRUE   kein Fehler

    FALSE   Fehler

BKM_SETPAGEWINDOWHWND

Eine Notizbuchseite wird mit einem Fensterhandle (und damit mit einer eigenen Dialogfunktion) verknüpft.

param1 ULONG ulPageId   Seiten ID

param2 HWND
hwndWindow   Fensterhandle

Rückgabewert
BOOL fSuccess   Erfolgsindikator

    TRUE   kein Fehler

    FALSE   Fehler

BKM_SETSTATUSLINETEXT

Text einer Statuszeile wird gesetzt.

param1 ULONG ulPageId   Seiten ID

param2 PSZ pszString   Zeiger auf Text für Statuszeile

Rückgabewert
BOOL fSuccess   Erfolgsindikator

    TRUE   kein Fehler

    FALSE   Fehler

BKM_SETTABBITMAP

Für eine Seite wird der Inhalt der Lesemarke duch eine Bitmap ersetzt.

param1 ULONG ulPageId   Seiten ID

param2 HBITMAP hbm   Bitmaphandle

Rückgabewert
BOOL fSuccess   Erfolgsindikator

    TRUE   kein Fehler

    FALSE   Fehler

BKM_SETTABTEXT

Für eine Seite wird der Text der Lesemarke gesetzt.

param1 ULONG ulPageId   Seiten ID

param2 PSZ pszString   Zeiger auf Text für Lesemarke

Rückgabewert
BOOL fSuccess   Erfolgsindikator

    TRUE   kein Fehler

    FALSE   Fehler

BKM_TURNTOPAGE

Eine spezifierte Seite wird zur aktuellen (oberen) Seite gemacht.

param1 ULONG ulPageId   Seiten ID

param2 ULONG   Reserviert NULL

Rückgabewert
BOOL fSuccess   Erfolgsindikator

    TRUE   kein Fehler

    FALSE   Fehler

6.3.5 Datenstrukturen

BOOKTEXT Notizbuch : Text der Statuszeile

typedef struct _BOOKTEXT {

PSZ pszString;   /* Puffer mit Text der Statuszeile */

USHORTtextLen;   /* Textlänge in byte */

} BOOKTEXT;

DELETENOTIFY Notizbuch : Zu löschende Seite

typedef struct _DELETENOTIFY {

HWND hwndBook;   /* Notizbuch Handle*/

HWND hwndPage;   /* Handle der Seite */

ULONG ulAppPageData;   /* Seitendaten */

HBITMAP hbmTab;   /* Bitmap der Lesemarke */

} DELETENOTIFY;

PAGESELECTNOTIFY Notizbuch : Auswahlseite

typedef struct _PAGESELECTNOTIFY {

HWND hwndBook;   /* Notizbuch Handle*/

ULONG ulPageIdCur;   /* ID der aktuell sichtbaren Seite */

ULONG ulPageIdNew;   /* ID der neu sichtbaren Seite */

} PAGESELECTNOTIFY;

6.4 Container

6.4.1 Programmierung

Ein Container Dialog, der ebenso wie ein Notizbuchdialog in einer Ressourcendefinition als Kontrollelement zu definieren ist, bietet dem Programmierer die

Möglichkeit, Textinformation -ggf. ergänzt durch Icons und Bitmaps- in einer einheitlichen Datenstruktur zu definieren und dem Benutzer die Möglichkeit zu geben, diese Datenstruktur in verschiedener Form sichtbar zu machen.

Container bieten hierbei grundsätzlich fünf verschiedene Präsentationsweisen.

1. **Icon Sichtweise (icon view)**: Die einzelnen Datensätze bestehen aus einem Icon oder einer Bitmap und zusätzlichem darunter positionierten Text.
2. **Namenssichtweise (name view)**: Ein Datensatz wird als Icon oder Bitmap mit rechts nebengestelltem Text präsentiert.
3. **Textsichtweise (text view)**: Ausschließlich Text wird zeilen- oder blockweise sortiert dargestellt.
4. **Baumsichtweise (tree view)**: Icons oder Bitmaps sowie Textstrings werden in wählbarer Anordnung dargestellt. Baumsicht bedeutet auch, daß zu jedem Informationssatz hier ein Verweis auf untergeordnete Informationen (Untersätze) gegeben werden kann. Die Präsentation erfolgt dann entweder mit »eingeklappter« Unterinformation (meistens wird dies durch ein links stehendes +-Zeichen gekennzeichnet) oder mit »ausgeklappter«, dargestellter Unterinformation (--Zeichen neben dem Hauptsatz).
5. **Detailsichtweise (detail view)**: Icons, Bitmaps, Texte sowie Zahlen, Zeitangaben und Datumsangaben können spaltenweise sortiert dargestellt werden.

Neben der Ordnerdarstellung der PM-Oberfläche ist der Fensteraufbau der Online-Hilfesysteme des OS/2 ein weiteres Beispiel zur Verwendung von Container-Kontrollelementen. In unserem Beispielprogramm dialog.c wird der Containerdialog zunächst -wie jeder andere extern definierte Dialog- mittels WinLoadDlg() geladen und mittels WinProcessDlg() ausgeführt.

```
/* 1.5 Dialog Container öffnen */
case ID_CONTAINER:
{
   HWND hwnddlg;

   hwnddlg = WinLoadDlg(HWND_DESKTOP,
              hwndRahmen,
              (PFNWP)ContainerDialogfunktion,
              NULLHANDLE,
              DID_DLG_CONTAINER,
              NULL);
   WinProcessDlg(hwnddlg);
   WinDestroyWindow(hwnddlg);
}
break;
```

6.4 Container

Die Dialogfunktion ContainerDialogfunktion() definiert zunächst eine Struktur cnr vom Typ CNRINFO, die alle zur Steuerung des Inhaltes und Layouts des Containerkontrollelementes notwendigen Initialisierungsdaten enthält.

```
MRESULT EXPENTRY ContainerDialogfunktion( HWND hwndDlg,
                        ULONG msg, MPARAM mp1, MPARAM mp2 )
{
  HWND hwndContainer;
  static PRECORDCORE prc1, prc2;

  hwndContainer = WinWindowFromID(hwndDlg,
                        DID_DLG_CONTAINERELEMENT);

  switch ( msg )
  {
    case WM_INITDLG:
    {
      RECORDINSERT ri;
      PRECORDINSERT pri;
      CNRINFO cnr;

      /* Struktur mit NULL vorbelegen */
      memset(&cnr, 0, sizeof(CNRINFO));
```

Diese Struktur wird dann mittels memset() mit Nullwerten vorbelegt.

Diese Struktur enthält alle Angaben, die die Präsentation der Daten durch das Containerkontrollelement steuern. So wird im Strukturteil cnr.flWindowAttr festgelegt, daß die Iconsichtweise (CV_ICON) gewählt wird.

```
      cnr.cb = sizeof(CNRINFO);
      cnr.flWindowAttr = CV_ICON | CV_FLOW | CA_DRAWICON |
                        CA_CONTAINERTITLE;
      cnr.cRecords = 1L;
      WinSendMsg(hwndContainer, CM_SETCNRINFO,
                        MPFROMP((PCNRINFO)&cnr),
                        MPFROMLONG(CMA_FLWINDOWATTR));
```

Zusätzlich zur Kontrollstruktur CNRINFO wird zur Definition des einzufügenden Datensatzes eine Struktur vom Typ RECORDINSERT benötigt.

```
      /* Einzufügenden Datensatz definieren */
      pri = (PRECORDINSERT)&ri;
      memset(pri, 0, sizeof(RECORDINSERT));
      pri->cb = sizeof(RECORDINSERT);
      pri->pRecordOrder = (PRECORDCORE)CMA_FIRST;
```

```
        pri->zOrder = CMA_TOP;
        pri->cRecordsInsert = 1L;
        pri->fInvalidateRecord = TRUE;
```

0Diese Struktur wird zunächst mit Initialisierungsangaben gefüllt und mittels Versendens der Nachricht CM_ALLOCRECORD an das Containerkontrollelement geschickt; hierdurch wird im Erfolgsfall Speicherplatz zur Aufnahme des Datensatzes bereitgestellt und ein Zeiger auf diesen Speicherbereich zurückgegeben (prc1).

```
        /* Speicher für Datensatz bereitstellen */
        prc1 = (PRECORDCORE)WinSendMsg(hwndContainer,
                                 CM_ALLOCRECORD,
                                 MPFROMLONG(0L),
                                 MPFROMSHORT(1));
```

Der so bereitgestellte Datenspeicherbereich wird anschließend mit den eigentlichen Informationen gefüllt. Im Beispiel werden lediglich Angaben zur Darstellung in Iconsichtweise gemacht; falls eine Darstellung der Datensätze in anderen, wählbaren Sichtweisen vorgesehen ist, müssen hier zusätzlich die entsprechenden Strukturteile definiert werden.

```
        /* Allozierten Datensatzbereich mit Inhalt füllen */
        memset(prc1, 0, sizeof(RECORDCORE));
        prc1->cb = sizeof(RECORDCORE);
        prc1->flRecordAttr = CRA_CURSORED;
        prc1->ptlIcon.x = 10;
        prc1->ptlIcon.y = 30;
        prc1->hptrIcon = WinLoadFileIcon("BILD_1.ICO", FALSE);
        prc1->hptrMiniIcon = prc1->hptrIcon;
        prc1->pszIcon = "text1";
```

Die Nachricht CM_INSERTRECORD ermöglicht dann das Einfügen des so definierten Datensatzes in die Gesamtstruktur des Containerkontrollelementes.

```
        WinSendMsg(hwndContainer, CM_INSERTRECORD,
                                 MPFROMP(prc1),
                                 MPFROMP(pri));
```

Weitere Datensätze können durch entsprechende Widerholung der Vorgehensweise im Beispiel des Datensatz (prc2) dem Container hinzugefügt werden.

```
        /* Die gleiche Vorgehensweise für den nächsten
```

6.4 Container

```
                                           Datensatz */
     prc2 = (PRECORDCORE)WinSendMsg(hwndContainer,
                              CM_ALLOCRECORD,
                              MPFROMLONG(0L),
                              MPFROMSHORT(1));
     memset(prc2, 0, sizeof(RECORDCORE));
     prc2->cb = sizeof(RECORDCORE);
     prc2->flRecordAttr = CRA_CURSORED;
     prc2->ptlIcon.x = 50;
     prc2->ptlIcon.y = 80;
     prc2->hptrIcon = WinLoadFileIcon("BILD_2.ICO", FALSE);
     prc2->hptrMiniIcon = prc2->hptrIcon;
     prc2->pszIcon = "text zwei";
     WinSendMsg(hwndContainer, CM_INSERTRECORD,
                              MPFROMP(prc2),
                              MPFROMP(pri));
   }
   break;

   case WM_CONTROL:
     switch(SHORT1FROMMP(mp1))
     {
       case DID_DLG_CONTAINERELEMENT:
       {
        char buffer[256], dummy[8];
        HWND hwndElement;

        /* Kennwerte in STATICTEXT schreiben */
        strcpy(buffer,"Nachricht : ");
        itoa((int)SHORT2FROMMP(mp1), dummy, 16);
        strcat(buffer, dummy);
        hwndElement = WinWindowFromID(hwndDlg,
                              DID_DLG_CONTRTEXT);
        WinEnableWindowUpdate(hwndElement, FALSE);
        WinSetWindowText(hwndElement, (PSZ)buffer);
        WinShowWindow(hwndElement, TRUE);
       }
       break;

       default:
          return WinDefDlgProc( hwndDlg, msg, mp1, mp2 );
     }
     break;

   case WM_COMMAND:
     switch( SHORT1FROMMP( mp1 ) )
     {
```

```
            default:
               return WinDefDlgProc( hwndDlg, msg, mp1, mp2 );
         }
         break;

      case WM_CLOSE:
      {
         if(prc1->hptrIcon != (HPOINTER)NULL)
                           WinFreeFileIcon(prc1->hptrIcon);
         if(prc2->hptrIcon != (HPOINTER)NULL)
                           WinFreeFileIcon(prc2->hptrIcon);

         WinDismissDlg(hwndDlg, TRUE);
         return (MRESULT) FALSE;
      }
      break;

      default:
         return WinDefDlgProc( hwndDlg, msg, mp1, mp2 );
   }
   return (MRESULT) FALSE;
}
```

Neben der Definition von Containerdaten innerhalb einer Struktur vom Typ RECORDCORE (prc1 und prc2 sind Zeiger auf Strukturen dieses Types) besteht die alternative Möglichkeit, Containerinhalte in einer Datenstruktur vom Typ MINIRECORDCORE zu definieren.

Zwischen beiden Möglichkeiten bestehen lediglich zwei Unterschiede:

⇨ In einer Datenstruktur vom Typ RECORDCORE können bis zu 8 Handle für Icons oder Bitmaps definiert und je Datensatz bis zu 4 Zeichenketten definiert werden.

⇨ Die Datenstruktur MINIRECORDCORE kann dagegen lediglich genau ein Handle verwalten, das auch lediglich für ein Icon und nicht für eine Bitmap spezifiziert werden kann. Darüber hinaus kann je Datensatz nur eine Zeichenkette verwaltet werden.

Eine weitere Besonderheit ist bei der Detailsichtweise zu berücksichtigen; hierbei ist eine Datenstruktur vom Typ FIELDINFO in geeigneter Weise mit den Informationen der Detailsichtweise zu füllen.

6.4.2 Stilangaben

CCS_AUTOPOSITION   Automatische Positionierung des Inhalts (Iconsicht)

CCS_MINIRE-CORDCORE	Alle Datensätze werden im MINIRECORD-CORE-Format erwartet.
CCS_READONLY	Text im Container kann nicht geändert werden.
CA_TITLEREADONLY	Titel des Containers kann nicht geändert werden.
CRA_RECORD-READONLY	Textfelder (Textsicht) können nicht editiert werden; dies wird im Strukturteil flRecordAttr der RECORDCORE-Struktur angegeben.
CFA_FIREADONLY	Spalten (Detailsicht) können nicht geändert werden; FIELDINFO-Strukturteil flData wird hier gesetzt.
CFA_FITITLE-READONLY	Spaltentitel (Detailsicht) können nicht geändert werden; FIELDINFO-Strukturteil flTitle wird gesetzt.
CCS_VERIFY-POINTERS	Containerelement überprüft vor Darstellung alle Inhaltszeiger.
CCS_SINGLESEL	Nur maximal ein Containerelement darf selektiert werden.
CCS_EXTENDSEL	Mehrere Containerelemente dürfen gleichzeitig ausgewählt werden; dabei können auch ganze Elementgruppen ausgewählt werden.
CCS_MULTIPLESEL	Mehrere Containerelemente dürfen gleichzeitig ausgewählt werden.

6.4.3 Ereignismeldung

WM_CONTROL

Aktivität auf ein Containerkontrollelement.

param1 USHORT idContainer USHORT notifycode

id (USHORT)	Container ID
notifycode (USHORT)	Aktion
CN_BEGINEDIT	Containertext wird editiert.
CN_COLLAPSETREE	Ein Elternsatz wird eingeklappt (Baumsicht).
CN_CONTEXTMENU	Eine WM_CONTEXTMENU-Nachricht wird an den Container geschickt.
CN_DRAGAFTER	Eine dragdrop-Aktion ist beendet (DM_DRAGOVER empfangen).
CN_DRAGLEAVE	DM_DRAGLEAVE empfangen
CN_DRAGOVER	DM_DRAGOVER empfangen
CN_DROP	DM_DROP empfangen
CN_DROPHELP	DM_DROPHELP empfangen
CN_EMPHASIS	Satzattribute wurden geändert.
CN_ENDEDIT	Editieren von Containertext wurde beendet.
CN_ENTER	ENTER-Taste gedrückt oder Doppelklick innerhalb des Containers
CN_EXPANDTREE	Ein Elternsatz wird aufgeklappt (Baumsicht).
CN_HELP	WM_HELP empfangen
CN_INITDRAG	DragDrop-Operation wurde begonnen.
CN_KILLFOCUS	Container verliert Focus.
CN_QUERYDELTA	Eine Scrolloperation erfordert die Darstellung zusätzlicher Datensätze.
CN_REALLOCPSZ	Containertext wird editiert; diese Nachricht erfolgt vor CN_ENDEDIT.
CN_SCROLL	Das Containerfenster wird gescrollt.
CN_SETFOCUS	Der Container bekommt den Eingabefocus.
param2 ULONG notifyinfo	Dieser Wert hängt von der Art der Aktion ab

CN_BEGINEDIT	PCNREDITDATA pCnrEditData: Zeiger auf CNREDITDATA-Struktur
CN_COLLAPSETREE	PRECORDCORE pRecord: Zeiger auf den Datensatz, der eingeklappt wird
CN_CONTEXTMENU	PRECORDCORE pRecord: Zeiger auf die Strukturvaraible RECORDCORE, die aktuell den Eingabefocus hat.
CN_DRAGAFTER	PCNRDRAGINFO pCnrDragInfo: Zeiger auf CNRDRAGINFO-Struktur
	Rückgabewert
	USHORT usDrop: Indikator der Drop-Aktion
	DOR_DROP: Das Objekt kann abgelegt (droped) werden.
	DOR_NODROP: Objekt kann nicht abgelegt werden.
	DOR_NODROPOP: Objekt kann nicht abgelegt werden, da Ziel diese Operation nicht unterstützt.
	DOR_NEVERDROP: Objekt kann nie abgelegt werden (Satz falsch).
	Rückgabewert USHORT usDefaultOp : Zielabhängige Operation
	DO_COPY: Kopieoperation
	DO_DEFAULT: Standardoperation
	DO_LINK: Verbindungsoperation (link operation)
	DO_MOVE: Verschiebeoperation
	DO_UNKNOWN: Programmdefinierte Operation (dem System unbekannt)
CN_DRAGLEAVE	PCNRDRAGINFO pCnrDragInfo Zeiger auf CNRDRAGINFO-Struktur

CN_DRAGOVER	PCNRDRAGINFO pCnrDragInfo: Zeiger auf CNRDRAGINFO Struktur.
	Rückgabewert
	USHORT usDrop: Indikator der Drop-Aktion
	DOR_DROP: Das Objekt kann abgelegt (droped) werden.
	DOR_NODROP: Objekt kann nicht abgelegt werden.
	DOR_NODROPOP: Objekt kann nicht abgelegt werden, da Ziel diese Operation nicht unterstützt.
	DOR_NEVERDROP: Objekt kann nie abgelegt werden (Satz falsch).
	Rückgabewert USHORT usDefaultOp : Zielabhängige Operation
	DO_COPY: Kopieoperation
	DO_DEFAULT: Standardoperation
	DO_LINK: Verbindungsoperation (link operation)
	DO_MOVE: Verschiebeoperation
	DO_UNKNOWN: Programmdefinierte Operation (dem System unbekannt)
CN_DROP	PCNRDRAGINFO pCnrDragInfo Zeiger auf CNRDRAGINFO Struktur.
CN_DROPHELP	PCNRDRAGINFO pCnrDragInfo: Zeiger auf CNRDRAGINFO Struktur.
CN_ENDEDIT	PCNREDITDATA pCnrEditData: Zeiger auf eine CNREDITDATA Struktur.
CN_ENTER	PNOTIFYRECORDENTER pNotifyRecordEnter: Zeiger auf eine NOTIFYRECORDENTER Struktur.

CN_EXPANDTREE	PRECORDCORE pRecord: Zeiger auf den Datensatz, der aufgerollt werden soll.
CN_HELP	PRECORDCORE pRecord Zeiger auf den Datensatz, der den Selektionspunkt enthält (den Cursor).
CN_INITDRAG	PCNRDRAGINIT pCnrDragInit: Zeiger auf eine CNRDRAGINIT Struktur.
CN_KILLFOCUS	HWND hwndCnr: ContainerKontrollHandle.
CN_QUERYDELTA	PNOTIFYDELTA pNotifyDelta: Zeiger auf eine NOTIFYDELTA Struktur.
CN_REALLOCPSZ	PCNREDITDATA pCnrEditData: Zeiger auf eine CNREDITDATA Struktur.
CN_SCROLL	PNOTIFYSCROLL pNotifyScroll: Zeiger auf eine NOTIFYSCROLL Struktur.
CN_SETFOCUS	HWND hwndCnr: ContainerKontrollHandle.

Rückgabewert
ULONG reply   Reserviert NULL, falls aktionsspezifisch nicht anders definiert.

6.4.4 Nachrichten an das Kontrollelement

CM_ALLOCDETAILFIELDINFO

Speicherplatz für eine oder mehrere FIELDINFO-Strukturen wird alloziert; diese Strukturen definieren Datensätze für Containerisätze in Detailsicht.

param1 USHORT nFieldInfo   Anzahl FIELDINFO-Strukturen

param2 ULONG   Reserviert NULL

Rückgabewert
PFIELDINFO pFieldInfo   Zeiger auf eine (die erste) FIELDINFO Struktur; der Zeiger auf die jeweils nächste Struktur ist im Strukturteil pNextFieldInfo der FIELDINFO-Struktur abgelegt (im letzten Element ist der Zeiger NULL).

CM_ALLOCRECORD

Speicherplatz für einen oder mehrere Datensätze in RECORDCORE-Strukturen wird alloziert; falls der CCS_MINIRECORDCORE Stil gewählt wurde, müssen Strukturen vom Typ MINIRECORDCORE alloziert werden.

param1

ULONG cbRecordData Zusätzlicher Speicherplatz für programmeigene Zwecke je Struktur in byte

param2 USHORTnRecords Anzahl Datensätze = Strukturen

Rückgabewert
PRECORDCORE
pRecordReturns Zeiger auf die erste Struktur; der Zeiger auf die jeweils nächste Struktur ist im Strukturteil pNextFieldInfo der Struktur abgelegt (im letzten Element ist der Zeiger NULL).

CM_ARRANGE

Die Containerinhalte in Iconsicht werden plaziert.

param1 ULONG Reserviert NULL

param2 ULONG Reserviert NULL

Rückgabewert
BOOL fSuccess Erfolgsindikator
    TRUE kein Fehler
    FALSE Fehler

CM_CLOSEEDIT

Wenn Containertexte direkt editiert werden, wird hierzu ein MLE (MehrzeilenEditorfeld) benutzt; diese Nachricht schließt dieses Feld.

param1ULONG Reserviert NULL

param2 ULONG Reserviert NULL

Rückgabewert
BOOL fSuccess Erfolgsindikator
    TRUE kein Fehler
    FALSE Fehler

CM_COLLAPSTREE

In der Baumsicht wird ein Elternsatz eingeklappt; damit wird der untergeordnete Informationsteil (Kindersätze) nicht mehr angezeigt. I.d.R. wird ein eingeklappter Elternsatz links mit einem gerahmten +-Zeichen versehen, ein ausgeklappter Elternsatz (mit sichtbaren Kindsätzen) mit einem --Zeichen.

param1
PRECORDCORE pRecord   Zeiger auf eine RECORDCORE (bzw. MINI-RECORDCORE) Struktur, die den Elternsatz enthält.

param2 ULONG   Reserviert NULL

Rückgabewert
BOOL fSuccess   Erfolgsindikator
    TRUE   kein Fehler
    FALSE   Fehler

CM_ERASERECORD

Falls ein Containerinhaltselement mit DragDrop verschoben wurde (move-Operation), muß hiermit der Quellsatz in der aktuellen Sicht gelöscht werden.

param1
PRECORDCORE pRecord   Zeiger auf einen Containersatz, der verschoben wurde und jetzt in der Quelle zu löschen ist.

param2 ULONG   Reserviert NULL

Rückgabewert
BOOL fSuccess   Erfolgsindikator
    TRUE   kein Fehler
    FALSE   Fehler

CM_EXPANDTREE

Ein Elternsatz mit nachgeordneten Informationssätzen wird aufgeklappt.

param1
PRECORDCORE pRecord   Zeiger auf eine RECORDCORE (bzw. MINI-RECORDCORE) Struktur, die den Elternsatz enthält und aufgeklappt wird.

param2 ULONG	Reserviert NULL
Rückgabewert	
BOOL fSuccess	Erfolgsindikator
TRUE	kein Fehler
FALSE	Fehler

CM_FILTER

Eine Filterfunktion wird aktiviert, die eine Auswahl aus der Gesamtmenge der Containersätze bildet und diese zur Darstellung bereitstellt.

param1 PFN pfnFilter	Zeiger auf eine programmeigene Filterfunktion. Diese Filterfunktion muß als
	BOOL PFN pfnfilter (PRECORDCORE p, PVOID pStorage)
	definiert werden. Dieser Funktion werden dann (durch das BS) alle Datensätze p einzeln übergeben, wobei der Rückgabewert der Filterfunktion bestimmt, ob ein Satz ausgewählt (TRUE) oder nicht ausgewählt wurde (FALSE). Im Falle FALSE (nicht sichtbar) wird CRA_FILTERED für den Datensatz eingesetzt.
param2 PVOID pStorage	Zeiger auf Speicherbereich wählbaren Typs für Filterzwecke.
Rückgabewert	
BOOL fSuccess	Erfolgsindikator
TRUE	kein Fehler
FALSE	Fehler

CM_FREEDETAILFIELDINFO

Speicherplatz für eine oder mehrere FIELDINFO Strukturen wird wieder freigegeben.

param1	
PVOID pFieldInfoArray	Zeiger auf ein Feld von Zeigern auf FIELDINFO Strukturen

6.4 Container

param2
USHORT cNumFieldInfo   Anzahl freizugebender FIELDINFO Strukturen

Rückgabewert
BOOL fSuccess   Erfolgsindikator

    TRUE   kein Fehler

    FALSE   Fehler

CM_FREERECORD

Der Speicherplatz für einen oder mehrere RECORDCORE Strukturen wird freigegeben.

param1
PVOID pRecordArray   Zeiger auf ein Feld von Zeigern auf RECORDCORE Strukturen#

param2
USHORT cNumRecord   Anzahl freizugebender Strukturen

Rückgabewert
BOOL fSuccess   Erfolgsindikator

    TRUE   kein Fehler

    FALSE   Fehler

CM_HORZSCROLLSPILTWINDOW

In der zweigeteilten Detailsicht soll ein Informationsteil horizontal gescrollt werden.

param1 USHORT usWindow Fensterkennung

    CMA_LEFT   linker Fensterteil wird gescrollt

    CMA_RIGHT   rechter Fensterteil wird gescrollt

param2 LONG lScrollInc Anzahl pel, um die gescrollt werden soll

Rückgabewert
BOOL fSuccess   Erfolgsindikator

    TRUE   kein Fehler

    FALSE   Fehler

CM_INSERTDETAILFIELDINFO

Eine oder mehrere FIELDINFO Strukturen werden eingefügt. Hierzu wird zunächst eine FIELDINFOINSERT Struktur ausgewertet. Hat hier der Strukturteil cFieldInfoInsert den Wert 1, so wird eine FIELDINFO Struktur eingefügt. Hat dieser Parameter einen Wert > 1, so zeigt der Strukturteil pFieldINfo auf die erste und dann auf die jeweils nächste einzufügende Struktur.

param1
PFIELDINFO pFieldInfo   Zeiger auf eine FIELDINFO Struktur

param2
PFIELDINFOINSERT
pFieldInfoInsert   Zeiger auf eine FIELDINFOINSERT Struktur

Rückgabewert
USHORT cFields   Anzahl FIELDINFO Strukturen im Container

CM_INSERTRECORD

Eine oder mehrere RECORDCORE Strukturen werden eingefügt.

param1
PRECORDCORE pRecord   Zeiger auf eine RECORDCORE Struktur

param2
PRECORDINSERT
pRecordInsert   Zeiger auf eine RECORDINSERT Struktur

Rückgabewert
ULONG cRecords   Anzahl RECORDCORE Strukturen im Container

CM_INVALIDATEDETAILFIELDINFO

Einige Datensätze, die in FIELDINFO Strukturen gespeichert sind, sind ungültig geworden. Der Containerinhalt muß neu dargestellt werden.

param1 ULONG   Reserviert NULL

param2 ULONG   Reserviert NULL

6.4 Container

Rückgabewert

BOOL fSuccess	Erfolgsindikator
TRUE	kein Fehler
FALSE	Fehler

CM_INVALIDATERECORD

Einige Datensätze in RECORDCORE Strukturen sind ungültig geworden. Der Containerinhalt muß neu dargestellt werden.

param1

PVOID pRecordArray	Zeiger auf ein Feld von Zeigern auf RECORDCORE Strukturen, die neu gezeichnet werden sollen.

param2 USHORT cNumRecord
USHORT fInvalidateRecord

cNumRecord (USHORT)	Anzahl neu zu zeichnender Strukturen
fInvalidateRecord (USHORT)	Vorgehensweise
CMA_ERASE	In Iconsicht wird der Containerhintergrund bei Wegfall von Icons jeweils gelöscht.
CMA_REPOSITION	Alle Datensätze werden neu positioniert.
CMA_NOREPOSITION	Obwohl teilweise der Containerinhalt neu gezeichnet wird, müssen nicht alle Inhalte neu positioniert werden.
CMA_TEXTCHANGED	Text wurde geändert; es ist unklar, ob daraufhin Teile des Containerinhalts neu positioniert werden müssen.

Rückgabewert

BOOL fSuccess	Erfolgsindikator
TRUE	kein Fehler
FALSE	Fehler

CM_OPENEDIT

Das MLE-Element zur direkten Editierung von Containertext wird geöffnet.

param1 PCNREDITDATA
pCnrEditData   Zeiger auf eine CNREDITDATA Struktur

param2 ULONG   Reserviert NULL

Rückgabewert
BOOL fSuccess   Erfolgsindikator

    TRUE   kein Fehler

    FALSE   Fehler

CM_PAINTBACKGROUND

Der Containerhintergrund wird neu gezeichnet; das CA_OWNERPAINTBACKGROUND Attribut in der CNRINFO Struktur ist gesetzt.

param1 POWNERBACKGROUND
pOwnerBackground   Zeiger auf eine OWNERBACKGROUND Struktur.

param2 ULONG   Reserviert NULL

Rückgabewert
BOOL fProcess   Prozess Indikator.

    TRUE   Das Programm bearbeitet die CM_PAINTBACKGROUND Nachricht.

    FALSE   keine Nachrichtenbearbeitung

CM_QUERYCNRINFO

Die CNRINFO Struktur des Containers wird ermittelt.

param1
PCNRINFO pCnrInfo   Zeiger auf einen Puffer, in den die CNRINFO Struktur kopiert werden soll

param2 USHORT cbBuffer Größe des Puffers in byte

6.4 Container

Rückgabewert
BOOL fSuccess Erfolgsindikator

  TRUE   kein Fehler

  FALSE   Fehler

CM_QUERYDETAILFIELDINFO

Ein Zeiger auf eine angefragte FIELDINFO Struktur wird ermittelt.

param1
PFIELDINFO pFieldInfo Zeiger auf eine FIELDINFO Struktur, um nebenliegende Informationsspalten zu ermitteln.

param2 USHORT cmd Angabe, welche FIELDINFO Struktur zu ermitteln ist.

  CMA_FIRST Erste Spalte im Container

  CMA_LAST   Letzte Spalte im Container

  CMA_NEXT   Nächste Spalte (param1 wird genutzt)

  CMA_PREV   vorherige Spalte (param1 wird genutzt)

Rückgabewert
PFIELDINFO pFieldInfo Zeiger auf eine FIELDINFO Struktur, die erfragt wurde.

CM_QUERYDRAGIMAGE

Das Handle des Icons oder der Bitmap des Datensatzes in aktueller Sicht wird ermittelt.

param1
PRECORDCORE pRecord Zeiger auf eine RECORDCORE Struktur, für die das Handle zu ermitteln ist.

param2 ULONG Reserviert NULL

Rückgabewert
LHANDLE hImage Handle

CM_QUERYRECORD

Zeiger auf eine RECORDCORE Struktur wird ermittelt.

param1
PRECORDCORE pRecord Zeiger auf eine RECORDCORE Struktur, zu der relativ gesucht werden soll.

param2 USHORT cmd
USHORT fsSearch

cmd (USHORT)   Angabe des zu suchenden Satzes

    CMA_FIRST   Erster Satz im Container

    CMA_FIRSTCHILD   Erster Kindsatz von param1

    CMA_LAST   Letzter Satz im Container

    CMA_LASTCHILD   Letzter Kindsatz von param1

    CMA_NEXT   Nächster Satz relativ zu param1

    CMA_ELTERN   Elternsatz zu param1

    CMA_PREV   Satz vor param1

fsSearch (USHORT)   Satzanordnung

    CMA_ITEMORDER   Sätze in Einfügeordnung

    CMA_ZORDER   Sätze in z-Ordnung (letzter gezeichneter Satz hat höchsten z-Wert)

Rückgabewert
PRECORDCORE pRecord   Zeiger auf die gesuchte RECORDCORE Struktur

CM_QUERYRECORDFROMRECT

Der Containersatz in einem übergebenen Recteck wird ermittelt.

param1PRECORDCORE
pSearchAfter   Zeiger auf einen Containersatz

    CMA_FIRST   Suche beginnt mit erstem Satz

    Anderer Wert   Suche beginnt nach angegebenem Satz

param2 PQUERYRECFROMRECT
pQueryRecFromRect Zeiger auf eine QUERYRECFROMRECT Struktur

Rückgabewert
PRECORDCORE pRecord Zeiger auf den gefundenen Containersatz

CM_QUERYRECORDINFO

Die Satzinhalte werden aktualisiert. Dies ist nur dann nötig, wenn ein Containersatz innerhalb mehrerer Container gleichzeitig genutzt wird.

param1
PVOID pRecordArray Zeiger auf ein Feld von Zeigern auf RECORDCORE Strukturen, die aktualisiert werden müssen.

param2
USHORT cNumRecord Anzahl Sätze (Strukturen)

Rückgabewert
BOOL fSuccess Erfolgsindikator
    TRUE kein Fehler
    FALSE Fehler

CM_QUERYRECORDRECT

Das umschließende Rechteck eines Satzes wird ermittelt. Die Koordinatenangaben sind relativ zum Ursprung des Containerelements (links unten).

param1
PRECTL prclItem Zeiger auf eine RECTL Struktur (umschließendes Rechteck)

param2 PQUERYRECORDRECT
pQueryRecordRect Zeiger auf eine QUERYRECORDRECT Struktur

Rückgabewert
BOOL fSuccess Erfolgsindikator
    TRUE kein Fehler
    FALSE Fehler

CM_QUERYVIEWPORTRECT

Das Rechteck des Containerausgabebereichs wird ermittelt (Containerelement ohne Rahmen).

param1
PRECTL prclViewport   Zeiger auf eine RECTL Struktur (gesuchtes Rechteck)

param2 USHORT usIndikator
BOOL fRightSplitWindow

usIndikator (USHORT)   Koordinatensystem

    CMA_WINDOW   Rechteck relativ zu Containerelement

    CMA_WORKSPACE   Rechteck relativ zum Ausgabebereich des Containers

fRightSplitWindow (BOOL)   Für Detailsicht: linkes oder rechtes Teilfenster?

    TRUE   rechtes Teilfenster

    FALSE   linkes Teilfenster

Rückgabewert
BOOL fSuccess   Erfolgsindikator

    TRUE   kein Fehler

    FALSE   Fehler

CM_REMOVEDETAILFIELDINFO

Löschen von einem oder mehreren FIELDINFO Strukturen des Containers.

param1
PVOID pFieldInfoArray   Zeiger auf ein Feld von Zeigern auf die zu löschenden FIELDINFO Strukturen

param2 USHORT cNumFieldInfo
USHORT fRemoveFieldInfo

cNumFieldInfo (USHORT)   Anzahl zu löschender Strukturen

    0 (NULL)   Alle Strukturen löschen

fRemoveFieldInfo (USHORT)   Wirkung auf Speicher

6.4 Container

CMA_FREE	Speicher wird freigegeben
CMA_INVALIDATE	Die Anordnung der verbleibenden Containerinhalte wird neu gesetzt.

Rückgabewert
SHORT cFields   Anzahl verbleibender FIELDINFO Strukturen im Container

CM_REMOVERECORD

Ein oder mehrere RECORDCORE Strukturen werden gelöscht.

param1
PVOID pRecordArray   Zeiger auf ein Feld von Zeigern auf die zu löschenden RECORDCORE Strukturen

param2 USHORT cNumRecord
USHORT fRemoveRecord

cNumRecord (USHORT)	Anzahl zu löschender Sätze
0 (NULL)	Alle Sätze löschen
fRemoveRecord (USHORT)	Wirkung auf Speicher
CMA_FREE	Speicher wird freigegeben
CMA_INVALIDATE	Container wird neu gezeichnet. Bei Iconsicht wird der Container nur dann neu gezeichnet, wenn CCS_AUTOPOSITION nicht gesetzt ist.

Rückgabewert
LONG cRecords   Anzahl verbleibender Datensätze

CM_SCROLLWINDOW

Ein Containerausgabebereich wird gescrollt.

param1 USHORT
flScrollDirection   Scroll-Richtung

CMA_VERTICAL	Vertikales Scrollen
CMA_HORIZONTAL	Horizontales Scrollen

param2 LONG lScrollInc   zahl pels der Verschiebung

Rückgabewert
BOOL fSuccess   Erfolgsindikator

   TRUE   kein Fehler

   FALSE   Fehler

CM_SEARCHSTRING

Ein Containersatz wird gesucht, dessen Text mit einem Suchstring übereinstimmt.

param1 PSEARCHSTRING
pSearchString   Zeiger auf eine SEARCHSTRING Struktur (Suchstring)

param2 PRECORDCORE
pSearchAfter   Zeiger auf den Startsatz (Beginn der Suche)

   CMA_FIRST   Suche beginnt mit erstem Satz

   Anderer Wert   Zeiger auf Satz, hinter dem mit der Suche begonnen werden soll

Rückgabewert
PRECORDCORE pRecord   Zeiger auf den gefundenen Satz

   NULL   kein Satz gefunden

   Negativer Wert   Fehler

   Anderer Wert   Zeiger auf gefundenen Satz

CM_SETCNRINFO

Die Containerdaten werden neu gesetzt.

param1
PCNRINFO pCnrInfo   Zeiger auf eine CNRINFO Struktur, die die neuen Containerdaten enthält

param2
ULONG ulCnrInfoFl   Angabe der zu ändernden Strukturteile

   CMA_PSORTRECORD   Sortierfunktion (siehe CM_SORTRECORD).

6.4 Container

CMA_PFIELDINFOLAST	Falls NULL gesetzt, werden alle Spalten der Detailsicht ersetzt.
CMA_CNRTITLE	Containertext
CMA_FLWINDOWATTR	Containerattribute
CMA_PTLORIGIN	Ursprungskoordinaten (links unten) des Containers
CMA_DELTA	Anzahl frei gehaltener Sätze am Listenende
CMA_SLBITMAPORICON	Größe (in pels) von Bitmaps und Icons
CMA_SLTREEBITMAPORICON	Größe (in pels) der Aufklapp/EinklappIcons in Baumsicht
CMA_TREEBITMAP	Bitmaps für Baumsicht und Textsicht
CMA_TREEICON	Icons für Baumsicht und Textsicht
CMA_LINESPACING	Satzabstand (in pels)
CMA_CXTREEINDENT	Horizontaler Abstand in Baumsicht
CMA_CXTREELINE	Breite der Zeilen in Baumsicht
CMA_XVERTSPLITBAR	Position des vertikalen Trennstrichs bei Detailsicht

Rückgabewert
BOOL fSuccess   Erfolgsindikator
   TRUE   kein Fehler
   FALSE   Fehler

CM_SORTRECORD	

Die Sätze im Container werden sortiert.

param1 PFN pfnCompare	Zeiger auf Vergleichsfunktion. Diese Funktion muß als
	SHORT PFN pfnCompare(PRECORDCORE p1, PRECORDCORE p2, PVOID pStorage)
	definiert werden. Die beiden übergebenen Sätze p1 und p2 werden hier verglichen. Folgende Rückgabewerte müssen erzeugt werden:
Wert < 0	p1 < p2
Wert = 0	p1 = p2
Wert > 0	p1 > p2
param2 PVOID pStorage	Speicherplatz für Vergleichsfunktion
Rückgabewert BOOL fSuccess	Erfolgsindikator
TRUE	kein Fehler
FALSE	Fehler

6.4.5 Datenstrukturen

CDATE Container Datum für Detailsicht

```
typedef struct _CDATE {
UCHARday;           /* Tag */
UCHARmonth;         /* Monat */
USHORT year;        /* Jahr */
} CDATE;
```

CNRDRAGINFO DragDrop-Aktion auf Container

Eine DragDrop-Aktion wird von außerhalb über dem Container ausgeführt. Folgende Ereignisnachrichten sind betroffen (siehe WM_CONTROL):

6.4 Container

```
CN_DRAGAFTER
CN_DRAGLEAVE
CN_DRAGOVER
CN_DROP
CN_DROPHELP
```

typedef struct _CNRDRAGINFO {

PDRAGINFO pDragInfo;   /* Zeiger auf DRAGINFO Struktur*/

PRECORDCORE pRecord;   /* Zeiger auf RECORDCORE Struktur*/

} CNRDRAGINFO;

CNRDRAGINIT DragDrop-Aktion in Container

Eine DragDrop-Aktion wird innerhalb des Containers begonnen.; dies wird durch eine CN_INITDRAG-Nachricht angezeigt.

typedef struct _CNRDRAGINIT {

HWND hwndCnr;	/* Container Kontroll Handle*/
PRECORDCORE pRecord;	/* Satz, bei dem DragDrop beginnt */
LONG x;	/* X-Koordinate der Maus in Bildschirmkoordinaten */
LONG y;	/* Y-Koordinate der Maus in Bildschirmkoordinaten */
LONG cx;	/* X-Abstand (pels) des Mauszeigers vom Satzanfang */
LONG cy;	/* X-Abstand (pels) des Mauszeigers vom Satzanfang */

} CNRDRAGINIT;

CNREDITDATA Containertext direkt editieren

Folgende Nachrichten benutzen diese Struktur:

```
CN_BEGINEDIT
CN_ENDEDIT
CN_REALLOCPSZ
CM_OPENEDIT
```

```
typedef struct _CNREDITDATA {
    ULONG cb;               /* Größe der Struktur in byte */
    HWND hwndCnr;           /* Container Handle*/
    PRECORDCORE pRecord;    /* Zeiger auf RECORDCORE Struktur*/
    PFIELDINFO pFieldInfo;  /* Zeiger auf FIELDINFO Struktur,
                               falls aktuell Detailsicht
                               aktiviert, sonst NULL */
    PPSZ ppszText;          /* Zeiger auf PSZ Text */
    ULONG cbText;           /* Größe des Textes in byte */
    ULONG id;               /* ID des editierten Satzes */
} CNREDITDATA;
```

CNRINFO Containerhauptinformation

```
typedef struct _CNRINFO {
    ULONG cb;                   /* Größe der Struktur in byte */
    PVOID pSortRecord;          /* Zeiger auf eine Vergleichsfunktion
                                   (siehe CM_SORTRECORD) */
    PFIELDINFO pFieldInfoLast;  /* Zeiger auf letzte Spalte im linken Teilbereich
                                   bei Detailsicht */
    PFIELDINFO pFieldInfoObject;/* Zeiger auf Spalte, die ein Objekt in Detail-
                                   sicht repräsentiert */
    PSZ pszCnrTitle;            /* Text Containertitel */
    ULONG flWindowAttr;         /* Containerattribute */
    POINTL ptlOrigin;           /* Koordinaten des Ausgabebereichs bei Icon-
                                   sicht */
```

```
    ULONG cDelta;            /* Anzahl freier Sätze am Listenende
                                (Pufferbereich) */
    ULONG cRecords;          /* Anzahl Containersätze */
    SIZEL slBitmapOrIcon;    * Icon- oder Bitmapgröße (pels) */
    SIZEL
    slTreeBitmapOrIcon;      /* Größe des Aufklapp/Einklapp-Icons bei
                                Baumsicht (pels) */
    HBITMAP hbmExpanded;     /* Handle der Bitmap zur Darstellung
                                eines aufgerollten Elternsatzes
                                in Iconsicht oder Baumsicht */
    HBITMAP hbmCollapsed;    /* Handle der Bitmap zur Darstellung
                                eines eingerollten Elternsatzes
                                in Iconsicht oder Baumsicht */
    HPOINTER hptrExpanded;   /* Handle des Icons zur Darstellung
                                eines aufgerollten Elternsatzes
                                in Iconsicht oder Baumsicht */
    HPOINTER hptrCollapsed;  /* Handle des Icons zur Darstellung
                                eines aufgerollten Elternsatzes
                                in Iconsicht oder Baumsicht */
    LONG cyLineSpacing;      /* Satzabstand (in pels)*/
    LONG cxTreeIndent;       /* Horizontaler Abstand in Baumsicht*/
    LONG cxTreeLine;         /* Breite der Zeilen in Baumsicht */
    ULONG cFields;           /* The number of FIELDINFO Strukturen
                                in the container*/
    LONG xVertSplitbar;      /* Position des vertikalen Trennstrichs bei De-
                                tailsicht*/
} CNRINFO;
```

CTIME Container Zeit für Detailsicht

```
typedef struct _CTIME {
    UCHAR hours;            /* Stunde */
    UCHAR minutes;          /* Minute */
    UCHAR seconds;          /* Sekunde */
    UCHAR ucReserviert;     /* Reserviert NULL*/
} CTIME;
```

FIELDINFO Container Spalteninformation

In Detailsicht wird jede FIELDINFO Struktur als eine Informationsspalte dargestellt. Dabei kann jede Spalte eine andere Art von Information enthalten.

```
typedef struct _FIELDINFO {
    ULONG cb;          /* Größe der Struktur in byte */
    ULONG flData;      /* Alle Attribute der Datenspalte vom
                          Typ CFA_attribut */
```

/***/

CFA-attribut

CFA_BITMAPORICON	Bitmap oder Icon
CFA_STRING	Text
CFA_ULONG	Zahl
CFA_DATE	Datum (CDATE)
CFA_TIME	Zeit (CTIME)
CFA_HORZSEPARATOR	Horizontaler Trennstrich unter Spaltenüberschriften
CFA_SEPARATOR	Trennstrich (senkrecht) nach Spalte
CFA_OWNER	Selbstdefiniertes kann gezeichnet werden
CFA_INVISIBLE	Spalte unsichtbar

6.4 Container

CFA_FIREADONLY	Kein direktes Editieren in FIELDINFO Struktur
CFA_TOP	Information oben ausgerichtet
CFA_BOTTOM	Information unten ausgerichtet
CFA_VCENTER	Information vertikal zentriert
CFA_CENTER	Information horizontal zentriert
CFA_LEFT	Information linksbündig
CFA_RIGHT	Information rechtsbündig
CFA_FITITLEREADONLY	Spaltentitel darf nicht editiert werden

***/

ULONG flTitle;   /* Attribute der Spaltenüberschrift
                         CFA_BITMAPORICON,
                         CFA_FITITLEREADONLY,
                         CFA_TOP,CFA_BOTTOM,
                         CFA_VCENTER,
                         CFA_CENTER,CFA_LEFT,CFA_RIGHT
                         */

PVOID pTitleData;   /* Spaltenüberschrift (Text, Bitmap, Icon)*/

ULONG offStruct;   /* Abstand zwischen dem Beginn der RECORDCORE Struktur zum Beginn der Spaltendaten */

PVOID pUserData;   /* Zeiger auf Spaltendaten */

PFIELDINFO pNextFieldInfo;   /* Zeiger auf die nächste FIELDINFO Struktur*/

ULONG cxWidth;   /* Breite der Spalte (pel) */
} FIELDINFO;

FIELDINFOINSERT Container Spaltendaten

Diese Struktur beschreibt Anzahl und Aufbau der (verketteten) FIELDINFO Struktur(en); sie wird benutzt bei der Nachricht CM_INSERTDETAILFIELDINFO.

```
typedef struct _FIELDINFOINSERT {
    ULONG cb;               /* Größe der Struktur in byte */
    PFIELDINFO pFieldInfoOrder;
                            /* Relative Anordnung der FIELDINFO
                                Strukturen
                                CMA_FIRST: an den Listenanfang
                                CMA_END: an das Listenende
                                Sonst: Zeiger auf FIELDINFO, hinter der
                                    positioniert wird
    ULONG cFieldInfoInsert;
                            /* Anzahl einzufügender Strukturen */
    ULONG fInvalidateFieldInfo;
                            /* Darstellung der neuen Sätze
                                TRUE: Container wird sofort neu
                                    gezeichnet
                                FALSE: Keine automatische
                                    Neuzeichnung*/
} FIELDINFOINSERT;
```

MINIRECORDCORE Containersatz (Mini)

```
typedef struct _MINIRECORDCORE {
    ULONG cb;               /* Größe der Struktur in byte*/
    ULONG flRecordAttr;     /* Alle Satzattribute CRA_attribut */

/*************************************************************
```

param1
ULONG flAccumBits   Semaphorewert (nach Änderung); bestehende und neue Semaphorewerte werden jeweils durch bitweises logisches OR verknüpft.

param2   Reserviert NULL

Rückgabewert   Reserviert NULL

WM_REALIZEPALETTE

Die physikalische Farbpalette wurde geändert.

param1   Reserviert NULL

param2   Reserviert NULL

Rückgabewert   Reserviert NULL

POLYGON Polygonstruktur

```
typedef struct _POLYGON {
 PPOINTL pPointl; /* Feld von Punkten POINTL */
 LONG    lnumPoints;/* Anzahl Punkte */
} POLYGON;
```

POINTS Punktstruktur

```
typedef struct _POINTS {
 SHORT x; /* x-Koordinate */
 SHORT y; /* y-Koordinate */
} POINTS;
```

7 Menueprogrammierung

Obwohl Menues zu den Kontrollelementen zählen, werden sie hier nicht zusammen mit anderen Kontrollelementetypen im Rahmen der Dialogverarbeitung besprochen, sondern werden, weil sie wesentlicher Bestandteil von Progammhauptfenstern sind und in vielfältiger Form verwendet werden können, hier separat besprochen.

In vorangegangenen Beispielen haben wir gesehen, wie mittels der RC-Kommandos (siehe Anhang 2).

- SUBMENU   Eröffnung eines Menues
- MENUITEM Definition einer Menuezeile

in einer externen Datei (name.RC) eine Menueressource definiert werden kann und wie diese als Menue des Programmhauptfensters eingebunden wird.

Menues sind allerdings wesentlich flexibler als wir in den vorherigen Beispielen gesehen haben. Eine Menueleiste kann nicht nur an das Programmhauptfenster, sondern an beliebige andere Fenster, die mittels der Funktion WinCreateWindow() kreiert worden sind, oder auch an Dialogfenster angebunden werden.

7.1 Definitionen

Grundsätzlich gibt es drei grundsätzlich unterschiedliche Menuearten.

1. **Menueleisten** (PullDownMenue)

    Diese uns bereits bekannten Menueleisten werden entweder in einer externen Ressource oder dynamisch innerhalb eines Programmes definiert und werden an Programmfenster gebunden dargestellt.

    Hierbei werden in eingerolltem Zustand lediglich die Titel der einzelnen Untermenues dargestellt, die u. a. durch Anklicken mit der linken Maustaste heruntergerollt werden können. Die dann sichtbaren einzelnen Menuezeilen enthalten entweder eine Textzeile, die unmittelbar zu einer Programmfunktion verzweigt, einen Textverweis auf ein noch eingeschachteltes Menue (zu identifizieren am rechtsgerichteten Pfeil in der Menueleiste) oder programmeigene Darstellungen wie z.B. eingebundene Bitmaps.

2. **Systemmenue**

Jedem Programmhauptfenster kann optional ein Systemmenue zugeordnet werden (FCF_SYSMENU bei Fensterkreation); dieses Systemmenue wird heruntergerollt, wenn in das Icon links neben der Fenstertitelleiste geklickt wird.

Normalerweise enthält jedes Programmhauptfenster ein solches Systemmenue. Der Programmierer kann entscheiden, ob dem Programmhauptfenster ein solches Systemmenue zugeordnet wird und hat darüber hinaus die Möglichkeit, den Inhalt des Systemmenues zu ändern (Hinzufügen, Löschen etc. von Menuezeilen). Die Bearbeitung des Systemmenues wird ansonsten direkt vom Betriebssystem durchgeführt; von den hier ausgeführten Operationen wird die Fensterfunktion mittels WM_SYSCOMMAND-Nachrichten verständigt.

3. **Popup Menue**

Popup Menues werden durch Betätigen einer wählbaren Maustaste innerhalb des Fensterausgabebereichs, aber außerhalb jedes anderen Kontrollelementes des Fensters sichtbar gemacht. Anders als bei Menueleisten werden die Überschriften der einzelnen Menues untereinander dargestellt. Das Programm kann bestimmen, an welcher Stelle innerhalb eines Fensterbereichs ein solches Popup Menue erscheint; in der Regel wird das Popup Menue an der aktuellen Position des Mauszeigers zum Zeitpunkt der Betätigung der Maustaste dargestellt.

7.2 Gestaltung von Menues

Aufbau und Präsentationsstil einzelner Menuezeilen werden sowohl für Pulldown- als auch für Popupmenues durch Vergabe von Stilattributen gesteuert. Im Beispielprogramm menu.c werden diese Menuestile zur Gestaltung der Fenstermenueleiste genutzt; diese Menueleiste wird als externe Ressource in der Datei menu.rc definiert.

Bei der Benutzung des Beispielprogramms menu.exe ist zu beachten, daß die Fenstermenueleiste nicht mit Programmfunktionen hinterlegt ist (Ausnahme ist der Programmpunkt *Programmende*); sie dient nur Demonstationszwecken.

Die Bedeutung der einzelnen Stilattribute ist in Anhang 2 (Ressourcendefinition) tabellarisch genannt.

7.2 Gestaltung von Menues

Interessant am vorliegenden Beispielprogramm ist das Einbinden zweier Bitmaps als eigenständige Menuezeilen. Diese Bitmaps werden in der Datei menu.rc unter Punkt (2.1) mittels des Befehls **BITMAP** einer eindeutigen ID zugeordnet.

```
/* 2.1 Zuerst werden zwei Bitmaps identifiziert, die
       als Menupunkte eingetragen werden sollen */
BITMAP 9001 bitmap1.bmp
BITMAP 9002 bitmap2.bmp
```

Mittels dieser ID werden die Bitmaps dann im Befehl **MENUITEM** als Menuezeile definiert und können ähnlich wie Textmenuezeilen mit anderen Stilattributen kombiniert werden (im Beispiel wird die Bitmap mit der Kennung **ID_2J** als statisch deklariert - sie ist als Menuezeile nicht selektierbar).

```
MENUITEM "#9001", ID_2H, MIS_BITMAP
MENUITEM "#9002", ID_2J, MIS_BITMAP | MIS_STATIC
```

Das erste Pulldownmenue mit dem Titel »Menuetitel 1« ist ein Beispiel für die Möglichkeit, geschachtelte Untermenues (hier in zweifacher Schachtelung) zu erzeugen.

```
MENU     ID_MAIN PRELOAD
BEGIN
  SUBMENU "Menütitel 1", ID_MENU1
  BEGIN
    MENUITEM "Noch ein Fenstermenü", ID_A, MIS_TEXT
    SUBMENU "B mit Untermenü", ID_SUB12
    BEGIN
      MENUITEM "B1", ID_B1, MIS_TEXT
      SUBMENU "B2 mit Untermenü", ID_B2, MIS_TEXT
      BEGIN
        MENUITEM "B21", ID_B21, MIS_TEXT
      END
    END
    MENUITEM "Programmende", ID_ENDE, MIS_TEXT
  END
```

Hierzu wird in der entsprechenden Ressourcendefinition statt einer MENUITEM-Anweisung die Anweisung SUBMENU mit dem entsprechenden Untermenue-Titel (der dann in der Hauptmenuezeile als Text erscheint) eingesetzt. Der dann folgende Begin-End-Block beschreibt den Inhalt des Untermenues.

Das zweite Pulldown-Menue mit dem Titel »Menuetitel 2« zeigt die Verwendung einzelner Stilattribute.

Hierbei ist die erste Menuezeile mit einer Checkmarke versehen (Häkchen); diese Checkmarke wird in der Regel dazu benutzt, die temporäre Selektion einer Menuezeilenfunktion zu verdeutlichen.

```
MENUITEM "mit Checkmarke", ID_2A, MIS_TEXT,MIA_CHECKED
```

Die nächste Zeile des Menues ist als nicht wählbar deklariert. Dieses Stilmittel wird häufig dazu benutzt, Menueoptionen temporär zu sperren, die aufgrund der Programmlogik aktuell nicht sinnvoll anzuwenden wären.

```
MENUITEM "nicht wählbar", ID_2C, MIS_TEXT,MIA_DISABLED
```

Die dritte Menuezeile ist als vorselektiert definiert worden. Sie wird hierzu mit entsprechend anderem Zeilenhintergrund dargestellt.

```
MENUITEM "vorselektiert", ID_2E, MIS_TEXT, MIA_HILITED
```

Die nächste Zeile der Ressourcendefinition mit dem Zeilentext »Neue Spalte« erzeugt eine neue Textmenuezeile, die an den Beginn einer neuen (rechts neben der vorherigen Spalte angeordneten) Spalte eröffnet wird.

```
MENUITEM "neue Spalte", ID_2F, MIS_TEXT | MIS_BREAK
```

Der folgende Menueeintrag wird trotz Vergabe eines Textes nicht als Menuezeile dargestellt, sondern führt bei der Verwendung des Stilattributs MIS_SEPERATOR lediglich zur Erzeugung eines horizontalen Trennstrichs, der prinzipiell nicht auswählbar ist.

```
MENUITEM "Dies ist nur ein Trennstrich", ID_2G,
                                   MIS_SEPARATOR
```

Der letzte Menueeintrag des zweiten Pulldownmenues enthält einen Auswahlknopf mit wählbarem Text; ein solcher Auswahlknopf wird immer am Ende einer Menuezeile plaziert und grundsätzlich mit Trennstrich vom restlichen Menue abgetrennt.

```
MENUITEM "Menueknopf", ID_2B, MIS_BUTTONSEPARATOR
```

Auch Popupmenues werden in der Regel als externe Ressource definiert. Für das Popupmenue in unserem Beispiel wurde dieser Weg gewählt; unter Punkt 2.3 wird das Popupmenue definiert.

```
/* 2.3 Das PopUp-Menü wird definiert */
MENU     ID_POPUP
BEGIN
  SUBMENU "Zeilenstatus", ID_POPUP1
  BEGIN
    MENUITEM "Menüzeile wählbar machen",
                                 ID_SELECTABLE, MIS_TEXT
    MENUITEM "Menüzeile statisch machen", ID_STATIC,
                                                MIS_TEXT
    MENUITEM "Menüzeile checken", ID_CHECK, MIS_TEXT
  END
  MENUITEM "Zeileninhalt ändern", ID_CHANGE, MIS_TEXT
END
```

Dabei wird zunächst ein eingeschachteltes Untermenue mit dem Titel »Zeilenstatus« erzeugt, das seinerseits drei Menueeinträge beinhaltet.

Anschließend bekommt das Hauptmenue noch einen zusätzlichen einfachen Menueeintrag. Selbstverständlich können in Popupmenues genauso wie in Menueleisten alle sinnvollen Kombinationen von Stilattributen verwendet werden; auch die Plazierung von Bitmaps in Popupmenues ist möglich.

7.3 Abfrage von Menueaktionen

Bedient der Programmbenutzer ein dargestelltes Menue, so wird jede dieser Aktionen durch Nachrichten der zuständigen Fensterfunktion mitgeteilt. Hierbei sind folgende Nachrichten wichtig.

- **WM_COMMAND:** Diese Nachricht teilt der Fensterfunktion mit, welche Menuezeile letztendlich vom Benutzer ausgewählt wurde

- **WM_INITMENU**: Diese Nachricht wird zu Beginn einer Menueaktion an die Fensterfunktion gesendet. Zu diesem Zeitpunkt ist das Menue noch nicht dargestellt; d.h. ein Popupmenue ist noch nicht auf dem Bildschirm dargestellt bzw. ein Pulldownmenue ist noch nicht aufgerollt. Damit erhält die Fensterfunktion die Möglichkeit, vor der Darstellung eines Menues noch Manipulationen an den einzelnen Menuezeilen vorzunehmen.

- **WM_MENUEND:** Diese Nachricht wird gesendet, wenn das Betriebssystem ein dargestelltes Menue löschen will. Sie wird erzeugt, bevor die Löschung des Menues durchgeführt wird und ermöglicht damit der Fensterfunktion, geeignete Aktionen (z.B. Sicherheitsabfragen) durchzuführen.

- **WM_MENUSELECT:** Diese Nachricht wird immer dann an die Fensterfunktion gesendet, wenn eine neue Menuezeile selektiert wurde; im Gegensatz zur entsprechenden WM_COMMAND-Nachricht wird diese Nachricht auch gesendet, wenn eine endgültige Selektion noch nicht stattgefunden hat.

- **WM_SYSCOMMAND:** Diese Nachricht entspricht der WM_COMMAND-Nachricht, die von programmeigenen Menues an die Fensterfunktion gesendet wird. Sie wird dementsprechend ausschließlich von Systemmenues erzeugt.

Grundsätzlich wird die Auswahl von programmeigenen Menuepunkten (Menuezeilen) sowohl für Pulldown- als auch für Popupmenues durch die Abfrage der WM_COMMAND-Nachricht den entsprechenden Programmfunktionen zugeordnet.

```
case WM_COMMAND:
  {

  USHORT command;
  command = SHORT1FROMMP(mp1);


  switch (command) {

  /* Menuepunkte des PopUp-Menues */
    .
    .
    .

  /* Menuepunkte des Fenstermenues */
    case ID_ENDE:
      WinPostMsg(hwnd, WM_CLOSE, (MPARAM)0, (MPARAM)0);
    break;

    default:
      return WinDefWindowProc(hwnd, msg, mp1, mp2);
    }
  break;
  }
```

Im vorliegenden Beispielprogramm MENUE.C werden entsprechend der Programmbeschreibung lediglich die Menuezeilen des Popupmenues sowie die »Programmende«-Zeile der Menueleiste entsprechenden Programmfunktionen zugeordnet.

7.4 Darstellen eines Popupmenues

Die Darstellung der Fenstermenueleiste, die i.d.R. in einer externen Ressource beschrieben wurde, wird automatisch durch den Aufruf der Funktion WinCreateStdWindow() zusammen mit der Fensterkreation erledigt.

Die Darstellung eines Popupmenues soll dagegen nur dann erfolgen, wenn der Programmbenutzer eine bestimmte Aktion ausführt; i.d.R. ist dies die einmalige Betätigung der rechten Maustaste. Natürlich können auch andere Benutzereingaben dazu benutzt werden, die Darstellung eines Popupmenues zu erzeugen. Im Beispiel wird das Ereignis »Rechte Maustaste gedrückt« mittels der Nachricht WM_BUTTON2CLICK abgefragt.

```
/* 2.2 Aktivierung des PopUp-Menues */
case WM_BUTTON2CLICK:
{
    HWND hwndPopup;
    LONG menux, menuy;
```

Bei Eintreffen dieser Nachricht soll nun das Popupmenue, das extern definiert wurde, dargestellt werden. Zunächst einmal wird hierzu aus dem Nachrichten-Parameter mp1 die Position des Mauszeigers in Fensterkoordinaten zum Zeitpunkt der Betätigung der rechten Maustaste ermittelt und die Koordinaten in den Variablen menux, menuy abgelegt.

```
menux = (LONG)SHORT1FROMMP(mp1);
menuy = (LONG)SHORT2FROMMP(mp1);
```

Die Funktion WinLoadMenu() lädt dann die externe Menueressource. Hierzu muß das Handle des Elternfensters (das ist hier das Handle des Fensterausgabebereiches) als Parameter hwnd übergeben werden; die nächste Angabe (HMODULE)NULL gibt an, daß die Ressourcenbeschreibung (Beschreibung des Popupmenues) innerhalb der Programmdatei selbst zu suchen ist und zwar unter der ID, die als dritter Parameter der Funktion übergeben wird. Diese ID ist identisch mit der ID, die in der Ressourcendefinition in name.RC vergeben wurde. Die Funktion WinLoadMenu() gibt als Resultat ein Handle auf das Popupmenue (hwndPopup) zurück.

```
hwndPopup = WinLoadMenu(hwnd, (HMODULE)NULL, ID_POPUP);
```

Die Darstellung des Popupmenues wird dann mittels der Funktion WinPopupMenu() durchgeführt, die folgende Parameter verlangt.

- hwnd: Handle des Elternfensters; dies ist der Fensterausgabebereich.
- hwndRahmen: Handle des Eigentümerfensters; dies ist das Elternfenster des Fensteraugabebereichs und damit der Fensterrahmen.
- menux, menuy: Fensterkoordinaten, an denen das Popupmenue dargestellt werden soll; im vorliegenden Fall sind dies die Koordinaten des Mauszeigers. Natürlich können hier auch absolute Fensterkoordinaten angegeben werden.
- ID_POPUP1: Hier wird die ID der Popupmenuezeile angegeben, die unmittelbar unter dem Mauszeiger dargestellt werden soll.
- PU_Attribut: Hier wird eine Kombination von Darstellungs- und Bedienungsattributen übergeben, die das Verhalten des Menues steuern

```
        WinPopupMenu(hwnd,              /* Elternfenster
*/
                     hwndRahmen,
                     hwndPopup,         /* Menuehandle */
                     menux, menuy,      /* Position :
                                        Mausposition */
                     ID_POPUP1,         /* Zeile direkt
                                        unter Maus */
                     PU_HCONSTRAIN |    /* Positionierung
*/
                     PU_VCONSTRAIN |
                     PU_POSITIONONITEM |
                     PU_KEYBOARD |
                     PU_MOUSEBUTTON1 |
                     PU_MOUSEBUTTON1DOWN
                     );
        break;
    }
```

Die weitere Bearbeitung des Popupmenues wird anschließend vom Betriebssystem übernommen, das alle anfallenden Aufgaben wie z.B. Aufrollen von Untermenues, Unterlegen selektierter Menuezeilen und Löschen des Popupmenues bei endgültiger Selektion einer Menuezeile automatisch erledigt. Die Abfrage selektierter Menuezeilen muß anderweitig durch entsprechende Bearbeitung der WM_COMMAND-Nachricht separat programmiert werden (siehe hierzu 7.3).

7.5 Manipulation von Menuezeilen

Einzelne Menuezeilen werden (unabhängig davon, ob es MENUITEM-Einträge oder SUBMENU-Einträge sind) grundsätzlich als systemvordefinierte Kontrollelemente behandelt; damit ist die Vorgehensweise zur Manipulation von Menuezeilen entsprechend der Vorgehensweise bei anderen Kontrollelementen.

Es werden mittels der Funktion WinSendMsg() ensprechende kontrollelementespezifische Nachrichten (MM_Nachricht) an die zu manipulierende oder zu befragende Menuezeile geschickt.

Wir wollen dies am Beispiel ID_SELECTABLE unseres Programms menu.c verdeutlichen.

```
          case ID_SELECTABLE:  /* Statischer Eintrag wird
                                            selektierbar */
          {
             WinSendMsg(
                     WinWindowFromID(hwndRahmen, FID_MENU),
                     MM_SETITEMATTR,
                     MPFROM2SHORT(ID_2C,TRUE),
                     MPFROM2SHORT(MIA_DISABLED,0)
                     );
          }
          break;
```

Grundsätzlich soll hier ein vorher als *nicht selektierbar* (Statisch) definierter Menueeintrag der Fenstermenueleiste nachträglich durch das Programm als *selektierbar* deklariert werden. Die Funktion WinSendMsg() verlangt zunächst einmal das Handle der übergeordneten Menueleiste als Ausgangspunkt der Suche nach der anzusprechenden Menuezeile. Dieses Handle kann wie im vorliegenden Beispiel durch die Funktion WinWindowFromID() bestimmt werden, wobei hierbei nicht die in der externen Ressource vergebene ID der Fenstermenueleiste sondern die Systemkonstante FID_MENU als Kennzeichner der Fenstermenueleiste übergeben wird. Anschließend wird der Kennzeichner der zu versendenden Nachricht (MM_SETITEMATTR) übergeben. Sodann wird dem Empfänger (das ist die Hauptmenueleiste) mitgeteilt, daß innerhalb der Informationsstruktur des Nachrichtenempfängers alle Menueeinträge und eingeschachtelten Untermenues nach der Menuezeile mit der Kennung ID_2C abzusuchen sind (TRUE). Der letzte übergebene Parameter fordert dazu auf, das Selektierbar-BIT mit der Kennung MIA_DISABLED zu löschen (Angabe von NULL).

Die anderen den Menueeinträgen des Popupmenues zugeordneten Funktionen werden in gleicher Weise durch Versendung der entsprechenden Nachrichten abgearbeitet.

```
case ID_STATIC: /*Selektierbarer Eintrag statisch */
{
    WinSendMsg(
            WinWindowFromID(hwndRahmen, FID_MENU),
            MM_SETITEMATTR,
            MPFROM2SHORT(ID_2C,TRUE),
            MPFROM2SHORT(MIA_DISABLED, MIA_DISABLED)
            );
}
break;

case ID_CHECK: /* Bitmap2 wird markiert (checked) */
{
    WinSendMsg(
            WinWindowFromID(hwndRahmen, FID_MENU),
            MM_SETITEMATTR,
            MPFROM2SHORT(ID_2J,TRUE),
            MPFROM2SHORT(MIA_CHECKED, MIA_CHECKED)
            );
}
break;

case ID_CHANGE: /* Neuer Text */
{
    WinSendMsg(
            WinWindowFromID(hwndRahmen, FID_MENU),
            MM_SETITEMTEXT,
            MPFROMSHORT(ID_MENU1),
            MPFROMP("Neuer Menuetext")
            );
}
break;
```

Das gleiche Verfahren wird angewandt, wenn Informationen über einzelne Menueeinträge abzufragen sind. Hierzu wird in der Regel eine Struktur vom Typ MENUITEM mit Menuezeileninformationen gefüllt.

Natürlich kann auch das Systemmenue durch das Zusenden einer entsprechenden MM_Nachricht manipuliert werden; dies ist sinnvoll, wenn aktive Einträge des Systemmenues gesperrt (nicht selektierbar gemacht) werden sollen, oder wenn zusätzliche Menueeinträge in das Systemmenue eingefügt werden sollen.

```
WinSendMsg(
          WinWindowFromID(hwndRahmen, FID_SYSMENU),
          MM_SETITEMATTR,
          MPFROM2SHORT(SC_CLOSE, TRUE),
          MPFROM2SHORT(MIA_DISABLED,MIA_DISABLED)
          );
```

Hier wird dann, wenn im Popupmenue der Zeileneintrag »Menuezeile statisch machen« ausgewählt wird zusätzlich der »Close«-Eintrag des Systemmenues für Selektierungen gesperrt (MIA_DISABLED); ein Verlassen des Beispielprogramms ist dann nur noch mittels des »Programmende«-Eintrags der Menueleiste möglich. Bei der Ermittlung des Handles des Systemmenues wird die Systemkonstante FID_SYSMENU verwandt, die immer die Kennung des Systemmenues des angesprochenen Rahmenfensters (Programmhauptfensters) anspricht.

7.6 Menue : Funktionen

WinLoadMenu

Funktion

Ein Menue wird, ausgehend von einer externen Ressourcendefinition, kreiert; das Handle des Menues wird zurückgegeben

define
```
#define INCL_WINMENUS    oder  INCL_WIN oder INCL_PM
#include <os2.h>
```

Aufruf

hwndMenu = WinLoadMenu(hwndOwner, Resource, idMenuid);

hwndOwner (HWND) - input	**Handle des Eigentümer- und gleichzeitig Elternfensters**
HWND_DESKTOP	PM-Oberflächenfenster
HWND_OBJECT	Objektfensterhandle
Anderer Wert	Handle
Resource (HMODULE) - input	**Handle der externen Ressourcendatei**
NULL	Die Ressource wurde an die EXE-Datei angehängt (Ressourcencompiler machen dies)
Anderer Wert	Handle als Rückgabewert der Funktion DosLoadModule() oder DosGetModHandle()
idMenuid (ULONG) - input	**ID des Menues in der Ressourcendefinitionsdatei name.RC**
hwndMenu (HWND) - return	**Handle des Menues**

WinPopupMenu

Funktion

Ein PopUp-Menue wird kreiert, sichtbar gemacht und bearbeitet

#define

```
#define INCL_WINWINDOWMGR oder INCL_WIN oder INCL_PM
#include <os2.h>
```

Aufruf

fSuccess = WinPopupMenu(hwndParent, hwndOwner, hwndMenu, lx, ly, idItem, fsOptions);

7.6 Menue : Funktionen

hwndParent (HWND) - input   Handle des Elternfensters

hwndOwner (HWND) - input   Handle des Eigentümerfensters; dieses Fenster empfängt alle Nachrichten, die von der Menuefunktion gesendet werden.

hwndMenu (HWND) - input   Handle des Menues. Dieses Handle muß durch die Funktion WinCreateMenu() oder WinLoadMenu() erzeugt worden sein.

lx (LONG) - input   x-Koordinate des Menues in Elternfensterkoordinaten. Die Auswertung dieses Wertes kann durch die Optionen PU_POSITIONONITEM oder PU_HCONSTRAIN (bei fsOptions) beeinflußt werden

ly (LONG) - input   y-Koordinate des Menues in Elternfensterkoordinaten. Die Auswertung dieses Wertes kann durch die Optionen PU_POSITIONONITEM oder PU_VCONSTRAIN (bei fsOptions) beeinflußt werden

idItem (ULONG) - input   ID eines Menueeintrags; dies wird benutzt, wenn gleichzeitig PU_POSITIONONITEM oder PU_SELECTITEM bei dem fsOptions-Parameter gesetzt ist

fsOptions (USHORT) - input   Positionierungsoptionen

    PU_POSITIONONITEM   Der Menueeintrag idItem liegt direkt unter dem Mauszeiger.

    PU_HCONSTRAIN   Die Breite des Menues ist immer sichtbar.

    PU_VCONSTRAIN   Von oben beginnend ist die gesamte Höhe des Menues möglichst sichtbar.

Aktivierungsoptionen

    PU_MOUSEBUTTON1-DOWN   Menue wird mit der Maustaste 1 (links) aktiviert

PU_MOUSEBUTTON2-DOWN		Menue wird mit der Maustaste 2 (rechts) aktiviert
PU_MOUSEBUTTON3-DOWN		Menue wird mit der Maustaste 3 (Mitte) aktiviert
PU_NONE		Das Menue wird unabhängig von einer Benutzeraktion sofort dargestellt
Selektionsoption		
	PU_SELECTITEM	Der Menueeintrag idItem wird selektiert (nur in Kombination mit PU_NONE
Auswahloptionen		
	PU_KEYBOARD	Tastatureingaben sind zur Menuemanipulation (Auswahl, Selektierung) zugelassen
	PU_MOUSEBUTTON1	Maustaste 1 ist zur Menuemanipulation (Auswahl, Selektierung) zugelassen
	PU_MOUSEBUTTON2	Maustaste 2 ist zur Menuemanipulation (Auswahl, Selektierung) zugelassen
	PU_MOUSEBUTTON3	Maustaste 3 ist zur Menuemanipulation (Auswahl, Selektierung) zugelassen
fSuccess (BOOL) - return		**Erfolgsindikator**
	TRUE	kein Fehler
	FALSE	Fehler

7.7 Menuekontrolstil

MS_ACTIONBAR	Listeneinträge werden als Menueleiste nebeneinander dargestellt.
MS_TITLEBUTTON	Menueeinträge in der Menueleiste können als Auswahlknöpfe genutzt werden; durch Anklicken wird hierbei sofort eine Nachricht ausge-

7.8 Ereignismeldung

	löst und kein Menuebalken aufgerollt. Nur in Verbindung mit MS_ACTIONBAR.
MS_VERTICALFLIP	Falls zum Aufrollen eines Untermenues (PullDownMenue) unterhalb der Menueleiste nicht genügend Platz ist, darf das Menue auch oberhalb der Menueleiste dargestellt werden

Menueeintragstile MIS_Stil und Menueeintragsattribute MIA_Attribut sind in Anhang 2 erläutert.

7.8 Ereignismeldung

WM_INITMENU

Ein Menue wird aktiviert.

param1 (SHORT) smenuid	**ID des Menues**
param2 (HWND) hwndhwnd	**Handle des Menues**

Rückgabewert
(ULONG) flreply   **Reserviert NULL**

WM_MENUEND

Die Bearbeitung eines Menues wird beendet; z.B. wird ein PullDownMenue eingerollt.

param1
(USHORT)usmenuid   **Menue ID**

param2
(HWND) hwndhwnd   **Menuhandle**

Rückgabewert
(ULONG) flreply   **Reserviert NULL.**

WM_MENUSELECT

Ein Menueeintrag wurde selektiert.

param1
(USHORT) usItem
(USHORT) usPostCommand

usItem	ID des selektierten Menueeintrags
usPostCommand	Angabe, ob eine Systemnachricht mittels WinPostMessage abgeschickt wurde.
TRUE	Eine WM_COMMAND, WM_SYS-COMAND oder WM_HELP Nachricht wude versandt.
FALSE	Keine Nachricht

param2
(HWND) hwndhwnd   Handle des Menues

Rückgabewert
(BOOL) fresult   Nachrichtenindikator

TRUE	Eine WM_COMMAND, WM_SYS-COMAND oder WM_HELP Nachricht wude versandt
FALSE	Keine Nachricht

WM_SYSCOMMAND

Eine Benutzeraktion innerhalb des Systemmenues hat stattgefunden.

param1
(USHORT) uscmd   ID des vom Benutzer aktivierten Objektes

param2
(USHORT) ussource
(USHORT) uspointer

ussource	Auslösendes Objekt (was hat der Benutzer bedient ?)
CMDSRC_PUSH-BUTTON	Auswahlknopf
CMDSRC_MENU	Menueeintrag

CMDSRC_ACCELERATOR		Kurzauswahl über Tastatur; uscmd ist Kurzwahlwert
CMDSRC_OTHER		Anderes Objekt
uspointer		Mauszeigerindikator
	TRUE	Nachricht wurde von Mausklick ausgelöst.
	FALSE	Nachricht wurde von Tastatur ausgelöst.
Rückgabewert (ULONG) flreply		Reserviert NULL.

7.9 Nachrichten an Menues

MM_DELETEITEM

Löschen eines Menueeintrags.

param1
(USHORT) usitem
(USHORT) usincludesubmenus

usitem		ID des Menueeintrags
usincludesubmenus		Auch Untermenues sollen durchsucht werden, um usitem zu finden.
	TRUE	Falls usitem nicht im angesprochenen Menue direkt zu finden ist, werden alle Untereinträge (submenues) untersucht, bis usitem gefunden wurde.
	FALSE	Keine weitere Suche nach usitem.
param2 (ULONG)		Reserviert NULL.
Rückgabewert (SHORT) sItemsLeft		Anzahl Menueeinträge, nachdem der Eintrag usitem gelöscht wurde.

MM_ENDMENUMODE

Die Selektion von Menueeinträgen wird beendet.

param1 (USHORT) usdismiss Aussparung

    TRUE   Submenues werden ausgespart (hier keine Selektionsbeendung)

    FALSE   Submenues werden nicht ausgespart

param2 (ULONG)   Reserviert NULL.

**Rückgabewert
(ULONG) flreply**   Reserviert NULL.

MM_INSERTITEM

In ein Menue wird ein zusätzlicher Eintrag eingefügt.

**param1
(PMENUITEM) pmenuitem**   Zeiger auf eine MENUITEM Struktur, die die Angaben des einzufügenden Eintrags enthält.

**param2
(PSTRL) pItemText**   Text des neuen Menueeintrags.

**Rückgabewert
(SHORT) sIndexInserted**   Index des neuen Eintrags

    MIT_MEMERROR   Fehler : nicht genügend Speicher, um Eintrag einzufügen .

    MIT_ERROR   sonstiger Fehler

    Anderer Wert   Index (NULL-Basiert) des neuen Eintrages

MM_ISITEMVALID

Ermittelt, ob ein Eintrag selektierbar ist.

**param1
(USHORT) usitem (USHORT) usincludesubmenus**

usitem   ID des Menueeintrags

usincludesubmenus   Auch Untermenues sollen durchsucht werden, um usitem zu finden.

TRUE	Falls usitem nicht im angesprochenen Menue direkt zu finden ist, werden alle Untereinträge (submenues) untersucht, bis usitem gefunden wurde.
FALSE	Keine weitere Suche nach usitem.
param2 (ULONG)	Reserviert NULL.
Rückgabewert	
(BOOL) fresult	Selektierbarkeit
TRUE	Eintrag ist selektierbar
FALSE	Eintrag ist nicht selektierbar

MM_ITEMIDFROMPOSITION

Aus dem Index eines Eintrags wird die ID des Eintrags ermittelt.

param1	
(SHORT) sItemIndex	Index des Eintrags
param2 (ULONG)	Reserviert NULL.
Rückgabewert	
(SHORT) sIdentity	ID des Eintrags
MIT_ERROR	Fehler
Anderer Wert	ID

MM_ITEMPOSITIONFROMID

Aus der ID eines Eintrags wird der nullbasierte Index ermittelt.

param1
(USHORT) usitem (USHORT) usincludesubmenus

usitem	ID des Menueeintrags
usincludesubmenus	Auch Untermenues sollen durchsucht werden, um usitem zu finden.
TRUE	Falls usitem nicht im angesprochenen Menue direkt zu finden ist, werden alle Untereinträge (submenues) untersucht, bis usitem gefunden wurde.

FALSE	Keine weitere Suche nach usitem
param2 (ULONG)	Reserviert NULL.
Rückgabewert	
(SHORT) sIndex	Nullbasierter Eintragsindex
MIT_NONE	EintragsID nicht gefunden
Anderer Wert	ID

MM_QUERYITEM

Jegliche Information zu einem gegebenem Eintrag wird ermittelt und in einer Struktur vom Typ MENUITEM abgelegt.

param1
(USHORT) usitem (USHORT) usincludesubmenus

usitem	ID des Menueeintrags
usincludesubmenus	Auch Untermenues sollen durchsucht werden, um usitem zu finden.
TRUE	Falls usitem nicht im angesprochenen Menue direkt zu finden ist, werden alle Untereinträge (submenues) untersucht, bis usitem gefunden wurde.
FALSE	Keine weitere Suche nach usitem.
param2	
(PMENUITEM) pmenuitem	Zeiger auf die Struktur, die die Information aufnehmen soll.
fSuccess (BOOL) - return	Erfolgsindikator
TRUE	kein Fehler
FALSE	Fehler

MM_QUERYITEMATTR

Die aktuellen Darstellungsattribute eines Eintrags werden ermittelt.

param1
(USHORT) usitem (USHORT) usincludesubmenus

usitem	ID des Menueeintrags

7.9 Nachrichten an Menues

usincludesubmenus	Auch Untermenues sollen durchsucht werden, um usitem zu finden.
TRUE	Falls usitem nicht im angesprochenen Menue direkt zu finden ist, werden alle Untereinträge (submenues) untersucht, bis usitem gefunden wurde.
FALSE	Keine weitere Suche nach usitem.

param2
(USHORT) usattributemask   Attributemaske des Eintrags; hier muß ein Bit gesetzt werden für das zu ermittelnde Attribut (siehe MIA_Menueattribute).

Rückgabewert
(USHORT) usState   Eintragsstatus; hier sind entsprechende Bits gesetzt, falls ein abgefragtes Attribut gesetzt ist.

MM_QUERYITEMCOUNT

Anzahl Einträge im Menue.

param1 (ULONG)   Reserviert NULL

param2 (ULONG)   Reserviert NULL

sresult (SHORT)
Item count   Anzahl Einträge insgesamt (inkl. Untermenues)

MM_QUERYITEMRECT

Das einschließende Rechteck um einen Menueeintrag wird ermittelt.

param1
(USHORT) usitem (USHORT) usincludesubmenus

usitem	ID des Menueeintrags
usincludesubmenus	Auch Untermenues sollen durchsucht werden, um usitem zu finden.
TRUE	Falls usitem nicht im angesprochenen Menue direkt zu finden ist, werden alle Untereinträge (submenues) untersucht, bis usitem gefunden wurde.
FALSE	Keine weitere Suche nach usitem.

param2	
(PRECTL) prect	Zeiger auf das umschließende Rechteck in pel bzgl. des Nullpunktes des Menues.
fSuccess (BOOL) - return	Erfolgsindikator
TRUE	kein Fehler
FALSE	Fehler

MM_QUERITEMTEXT

Der Text eines Eintrags wird ermittelt.

param1
(USHORT) usitem (SHORT) smaxcount

usitem	EintragsID
smaxcount	Maximalzahl zu kopierender Zeichen

param2
(PSTRL) pItemText   Textpuffer für Eintragstext

Rückgabewert
(SHORT) sTextLength   Länge des Textes in byte

MM_QUERYITEMTEXTLENGTH

Die Länge des Textes eines Eintrags wird ermittelt.

param1 (USHORT) usitem	EintragsID
param2 (ULONG)	Reserviert NULL.

Rückgabewert
(SHORT) sLength   Textlänge in byte

MM_QUERYSELITEMID

Die ID des aktuell selektierten Eintrags wird ermittelt.

param1
(USHORT) fsReserved
(USHORT) usincludesubmenus

fsReserved   Reserviert NULL.

usincludesubmenus		Auch Untermenues sollen durchsucht werden, um usitem zu finden.
	TRUE	Falls usitem nicht im angesprochenen Menue direkt zu finden ist, werden alle Untereinträge (submenues) untersucht, bis usitem gefunden wurde.
	FALSE	Keine weitere Suche nach usitem
param2 (ULONG)		Reserviert NULL.
Rückgabewert (SHORT) sresult		EintragsID
	MID_ERROR	Fehler
	MIT_NONE	Kein Eintrag selektiert
	Anderer Wert	ID

MM_REMOVEITEM

Ein Eintrag wird gelöscht.

param1
(USHORT) usitem (USHORT) usincludesubmenus

usitem		ID des Menueeintrags
usincludesubmenus		Auch Untermenues sollen durchsucht werden, um usitem zu finden.
	TRUE	Falls usitem nicht im angesprochenen Menue direkt zu finden ist, werden alle Untereinträge (submenues) untersucht, bis usitem gefunden wurde.
	FALSE	Keine weitere Suche nach usitem.
param2 (ULONG)		Reserviert NULL.
Rückgabewert (SHORT) sItemsLeft		Anzahl Einträge nach löschen

MM_SELECTITEM

Ein Eintrag wird selektiert oder deselektiert.

param1
(SHORT) sitem (USHORT) usincludesubmenus

sitem	ID des Menueeintrags
MIT_NONE	Alle Einträge deselektieren
Anderer Wert	ID
usincludesubmenus	Auch Untermenues sollen durchsucht werden, um usitem zu finden.
TRUE	Falls usitem nicht im angesprochenen Menue direkt zu finden ist, werden alle Untereinträge (submenues) untersucht, bis usitem gefunden wurde.
FALSE	Keine weitere Suche nach usitem

param2
(USHORT) fsReserviert (USHORT) usdismissed

fsReserviert	Reserviert NULL.
usdismissed	Löschindikator
TRUE	Menue löschen
FALSE	Menue nicht löschen
fSuccess (BOOL) - return	Erfolgsindikator
TRUE	kein Fehler
FALSE	Fehler

MM_SETITEM

Die Definition (die gesamte MENUITEM-Struktur) eines Eintrags wird neu gesetzt.

param1
(USHORT) fsReserved
(USHORT) usincludesubmenus

fsReserved	Reserviert NULL
usincludesubmenus	Auch Untermenues sollen durchsucht werden, um usitem (in MENUITEM) zu finden.

7.9 Nachrichten an Menues

TRUE	Falls usitem nicht im angesprochenen Menue direkt zu finden ist, werden alle Untereinträge (submenues) untersucht, bis usitem gefunden wurde.
FALSE	Keine weitere Suche nach usitem

param2
(PMENUITEM) pmenuitem   Zeiger auf MENUITEM-Struktur mit der neuen Information.

fSuccess (BOOL) - return   Erfolgsindikator

TRUE	kein Fehler
FALSE	Fehler

MM_SETITEMATTR

Die Attribute eines Eintrags werden neu gesetzt.

param1
(USHORT) usitem
(USHORT) usincludesubmenus

usitem   ID des Menueeintrags

usincludesubmenus   Auch Untermenues sollen durchsucht werden, um usitem zu finden.

TRUE	Falls usitem nicht im angesprochenen Menue direkt zu finden ist, werden alle Untereinträge (submenues) untersucht, bis usitem gefunden wurde.
FALSE	Keine weitere Suche nach usitem

param2
(USHORT) usattributemask
(USHORT) usattributedata

usattributemask   Attributemaske des Eintrags; hier muß ein Bit gesetzt werden für das neue Attribut (siehe MIA_Menueattribute).

usattributedata   Bitmaske für neue Attribute

fSuccess (BOOL) - return   Erfolgsindikator

| TRUE | kein Fehler |
| FALSE | Fehler |

MM_SETITEMHANDLE

Ein neues Handle für einen Eintrag wird gesetzt.

param1 (USHORT) usitem   Nullbasierter Eintragsindex

param2 (ULONG) ulitemhandle   Handlewert

fSuccess (BOOL) - return   Erfolgsindikator

| TRUE | kein Fehler |
| FALSE | Fehler |

MM_SETITEMTEXT

Ein Eintrag erhält neuen Text.

param1 (USHORT) usitem   EintragsID

param2 (PSTRL) pItemText   Zeiger auf neuen Text

fSuccess (BOOL) - return   Erfolgsindikator

| TRUE | kein Fehler |
| FALSE | Fehler |

MM_STARTMENUMODE

Die Selektion von Menueeinträgen soll begonnen werden; diese Nachricht gibt der Menuefunktion die Möglichkeit, vor Beginn der Selektion Initialisierungen vorzunehmen.

param1
(USHORT) usshowsubmenu
(USHORT) usresumemenu

usshowsubmenu   Untermenuebehandlung

| TRUE | Untermenues zeigen |
| FALSE | keine Untermenues zeigen |

usresumemenu   Wiederaufnamebehandlung

TRUE	Falls eine Menuebearbeitung durch den Benutzer unterbrochen wurde, soll sie wieder aufgenommen werden.
FALSE	Menuebearbeitung mit der Menueleiste neu beginnen.
param2 (ULONG)	Reserviert NULL.
fSuccess (BOOL) - return	Erfolgsindikator
TRUE	kein Fehler
FALSE	Fehler

7.10 Datenstrukturen

MENUITEM Info Menueeintrag

```
typedef struct _MENUITEM {
    LONG    iPosition;      /* Position des Eintrags (Index) */
    ULONG   afStyle;        /* MIS_Stilangaben */
    ULONG   afAttribute;    /* MIA_Attribute */
    ULONG   id;             /* Id des Eintrags */
    HWND    hwndSubMenu;    /* Handle Untermenue */
    ULONG   hItem;          /* Handle Eintrag */
} MENUITEM;
```

1

8 Mauszeiger und Cursor

Mauszeiger (Pointer) und Texteinfügemarke (Cursor) können durch entsprechende Programmierung

- in ihrem Aussehen geändert werden,
- an bestimmte Positionen jeweils getrennt voneinander gesetzt werden, und
- die jeweilige aktuelle Position beider Positionselemente kann erfragt werden.

8.1 Position des Mauszeigers

Die Position des Mauszeigers wird in den Nachrichtenparametern mp1 oder mp2 (i.d.R. in mp1) abgelegt und mit den entsprechenden Nachrichten zusammen der Fensterfunktion zugesandt. Die Abfrage der Mauszeigerkoordinaten kann dann z.B. als

```
menux = (LONG)SHORT1FROMMP(mp1);
menuy = (LONG)SHORT2FROMMP(mp1);
```

codiert werden; Koordinatenangaben erfolgen, wenn bei den jeweiligen Nachrichten nicht anders definiert, als in Fensterkoordinaten.

8.2 Darstellung des Mauszeigers

OS/2 stellt einige leistungsstarke Betriebssystemfunktionen zur Verfügung, die es dem Programmierer ermöglichen, das Aussehen des Mauszeigers innnerhalb der eigenen Programmfenster zu verändern; eine Standardanwendung hierfür ist z.B. die Darstellung einer Uhr in Situationen, in denen der Benutzer auf eine Programmoperation warten muß. Grundsätzlich gibt es zwei Möglichkeiten, das Aussehen des Mauszeigers zu verändern.

- Eine betriebssystemseitig vordefinierte Bitmap wird ausgewählt, um das aktuelle Erscheinungsbild des Mauszeigers zu definieren.
- Eine selbstdefinierte Bitmap (oder Icon, Pointer) bestimmt das aktuelle Aussehen des Mauszeigers.

Das Beispielprogramm iconcurs.c zeigt die grundlegende Programmiertechnik, um situationsabhängig das Aussehen des Mauszeigers zu verändern. Das Menue des Programmfensters bietet hier drei Programmfunktionen

- Der normale Systemzeiger wird eingestellt,
- es wird ein betriebssystemseitig vordefinierter neuer Mauszeiger eingestellt.
- es wird eine selbstdefinierte Bitmap (hier pointer.ico) als Mauszeiger verwendet.

Wenn man hier ein neues Mauszeigersinnbild (Icon) anwählt, stellt man fest, daß der so umdefinierte Mauszeiger lediglich im Fensterausgabebereich (ClientWindow) des eigenen Programmfensters definiert ist. Außerhalb dieses Fensterbereiches wird der Mauszeiger von den unter ihm liegenden Objekten jeweils objektabhängig umgestaltet. Führt man z.B. den Mauszeiger in den Bereich der eigenen Menueleiste, so wird der Pfeilzeiger dargestellt. Dies wird dadurch bedingt, daß die Fensterfunktion des jeweils unterhalb des Mauszeigers liegenden Objektfensters eine Nachricht vom Typ WM_MOUSEMOVE erhält und daraufhin das Erscheinungsbild des Mauszeigers manipuliert.

Beim Bewegen des Mauszeigers von einem Objektfenster zum anderen (z.B. vom Fensterausgabebereich in den Bereich der Menueleiste) stellt man fest, daß ein vordefinierter Punkt innerhalb der den Mauszeiger darstellenden Bitmap vordefiniert ist; dieser Punkt (hotspot) wird seitens des Betriebssystems als aktuelle Mauszeigerposition (in Bildschirmkoordinaten) behandelt.

8.3 Programmierung des Mauszeigers

Bei der Programmierung des Mauszeigerverhaltens (gleiches gilt auch für Textcursor) muß zunächst sichergestellt werden, daß eine Restaurierung des alten Zustandes bei Beenden der Fensterfunktion (WM_CLOSE) ebenso vorgesehen ist wie eine geeignete Initialisierung der notwendigen Zeigerhandle (WM_CREATE) zu Beginn der Fensterbearbeitung.

Zunächst wird bei Initialisierung des Fensters (WM_CREATE) eine Anfangsbehandlung für die während der Fensterbearbeitung verfügbar zu haltenden Handle auf Mauszeiger (Typ : HPOINTER) durchgeführt.

```
static HPOINTER pold;
static HPOINTER pneubitmap, pfile;
static HPOINTER paktuell;
static LONG mausx=10, mausy=10;
```

7.9 Nachrichten an Menues

7.9 Nachrichten an Menues

8.3 Programmierung des Mauszeigers

```
switch(msg)
{
  /* 1. Anfangsbehandlung durchführen */
  case WM_CREATE:
  {
        pneubitmap = WinLoadFileIcon("pointer.ico",FALSE);
        pold = WinQueryPointer(HWND_DESKTOP);
        pfile = WinQuerySysPointer(HWND_DESKTOP, SPTR_FILE,
                                               FALSE);
        paktuell = pold;
```

Im Beispiel wird

- mittels der Funktion WinLoadFileIcon() eine als Icon vordefinierte Bitmap verfügbar gemacht, dann

- mittels der Funktion WinQueryPointer() der Standardmauszeiger gespeichert, um ihn später restaurieren zu können sowie

- mittels der Funktion WinQuerySysPointer() die systemseitig vordefinierte Bitmap mit der Kennung SPTR_FILE ebenfalls geladen.

In der Pointervariablen paktuell wird zu Beginn der Fensterbearbeitung zunächst der Standardsystemzeiger (pold) gespeichert.

Wird nun aus irgendeinem Grunde (in der Regel geeignete Benutzerraktion) ein bestimmter anderer Mauszeiger benötigt, so muß lediglich die Mauszeigervariable paktuell mit einem Zeiger auf die benötigte Bitmap umdefiniert werden. Dies geschieht im Beispielprogramm durch die Verarbeitung der WM_COMMAND-Nachricht, in dem jeweils die während der Initialisierung vordefinierten Mauszeiger in die Variable paktuell geschrieben werden.

```
case WM_COMMAND:
  {
  USHORT command;
  command = SHORT1FROMMP(mp1);
  switch (command) {

    case ID_ALTERPOINTER: /* Alter Pointer wird gewählt */
    {
      paktuell = pold;
    }
    break;
```

```
case ID_NEUERPOINTER: /* Neuer Pointer wird gewählt */
{
  paktuell = pfile;
}
break;

  case ID_EIGENERPOINTER: /*Eigener Pointer gewählt */
  {
    paktuell = pneubitmap;
  }
  break;
```

Die eigentlich Darstellung des neugewählten Mauszeigers wird dann durch die Funktion WinSetPointer() durchgeführt, die immer dann aufgerufen wird, wenn eine Mausbewegung stattfindet (WM_MOUSEMOVE-Nachricht).

```
case WM_MOUSEMOVE:
{
    WinSetPointer(HWND_DESKTOP, paktuell);
}
break;
```

Wie angekündigt, muß eine geeignete Endebehandlung durchgeführt werden, wenn die Fensterfunktion eine WM_CLOSE-Nachricht erhält. Zunächst muß durch die Funktion WinSetPointer() der alte Systemzustand wieder hergestellt werden. Abschließend muß dann noch durch die Funktion WinFreeFileIcon() das aus einer Datei geladene Zeigericon wieder freigegeben werden.

```
case WM_CLOSE:
  WinSetPointer(HWND_DESKTOP, pold);
  if(pneubitmap != (HPOINTER)NULL)
                    WinFreeFileIcon(pneubitmap);
  WinPostMsg(hwnd, WM_QUIT, (MPARAM)0,(MPARAM)0);
break;
```

8.4 Programmierung des Cursors

Ganz ähnlich ist das Vorgehen bei der Programmierung des Cursors. Neben dem Mauszeiger kann gleichzeitig maximal ein Cursor innerhalb eines Fensterbereiches (nur Fensterausgabebereich) gezeigt werden. I.d.R. zeigt der Cursor die

8.4 Programmierung des Cursors

Position der nächsten Benutzeraktion innerhalb eines Textes oder anderer programmeigener Objekte an.

Initialisierungen sind bei der Programmierung normalerweise (es sei denn, man will eine selbstdefinierte Cursorbitmap darstellen) nicht notwendig; immer dann, wenn das Programmfenster den Eingabefokus erhält, soll der Cursor sichtbar gemacht und plaziert werden.

```
case WM_SETFOCUS:
{
   if( SHORT1FROMMP(mp2)) {
     WinCreateCursor(hwnd, mausx, mausy, 10, 20,
                  CURSOR_SOLID ,
                  (PRECTL)NULL);
     WinShowCursor(hwnd, TRUE);
   }
   else
   {
     WinDestroyCursor(hwnd);
   }
}
break;
```

Im Beispielprogramm wird die Nachricht WM_SETFOCUS abgefragt, die in ihrem zweiten Nachrichtenparameter mp2 den logischen Zustand mitführt, der anzeigt ob das Fenster den Eingabefokus erhält oder verliert. Abhängig davon wird mittels WinCreateCursor() für den Fensterausgabebereich hwnd an geeigneter Position und mit wählbarer Größe ein Cursor kreiert.

Hierbei ist zusätzlich noch die Angabe eines Cursorgütigkeitsbereiches (Bereich in dem der Cursor sichtbar ist) innerhalb des Programmfensters möglich. Mit der Angabe (PRECTL)NULL wird angezeigt, daß der Cursor innerhalb des gesamten Fensterbereiches plaziert werden darf.

Die Funktion WinShowCursor() zeigt schließlich den so definierten Cursor an. Sollte das Fenster den Eingabefokus verlieren, so löscht die Funktion WinDestroyCursor() den Cursor innerhalb des Bildschirmbereiches.

Nach dem Start des Beispielprogrammes ist dieses Verhalten leicht nachzuprüfen: durch Aktivierung und Deaktivierung des Programmfensters kann die Sichtbarkeit des Cursors manipuliert werden.

In den meisten (Text)-Programmen ist es möglich, den Cursor mittels des Mauszeigers (Drücken der linken Maustaste) innerhalb des Fensterbereiches zu positionieren. Dies ist programmtechnisch sehr einfach zu lösen. Man muß lediglich das Ereignis abfragen, bei dem der Mauscursor neu positioniert werden soll; im Falle der linken Maustaste ist dies die Nachricht WM_BUTTON1CLICK.

```
case WM_BUTTON1CLICK:
{
    mausx = (LONG)SHORT1FROMMP(mp1);
    mausy = (LONG)SHORT2FROMMP(mp1);
    WinCreateCursor(hwnd, mausx, mausy, 10, 20,
                    CURSOR_SETPOS ,
                    (PRECTL)NULL);
}
break;
```

Wird diese Nachricht empfangen, so wird in den **statischen** Variablen *mausx* und *mausy* die Koordinate des Mauszeigers gespeichert und mittels der Funktion WinCreateCursor() und Angabe des Attributes CURSOR_SETPOS eine Neupositionierung des Cursors durchgeführt. Da die Cursorposition in statischen Variablen gespeichert wurde, kann sie auch nach Fensterdeaktivierung und erneuter Aktivierung dazu dienen, den Cursor an der letzen Position innerhalb des Fensters zu restaurieren.

8.5 Mauszeiger : Funktionen

WinCreatePointer

Funktion

Ein Pointer (Mauszeigersymbol) wird aus einer Bitmap erzeugt.

define

```
#define INCL_WINPOINTERS    oder INCL_WIN oder INCL_PM
#include <os2.h>
```

Aufruf

**hptr = WinCreatePointer(hwndDeskTop, hbmBitMap, fPointerSize,
                         lxHotspot, lyHotspot);**

8.5 Mauszeiger : Funktionen

hwndDeskTop **(HWND) - input**	Handle des PM-Oberflächenfensters oder direkt HWND_DESKTOP.
hbmBitMap **(HBITMAP) - input**	Handle der Bitmap, aus der der Mauszeiger kreiert werden soll. Damit bei Überlagerungen auch ein negatives Bild des Zeigers erzeugt werden kann, muß die Bitmap vertikal in 2 Teile (logisch) geteilt sein. Dabei definiert die obere Bitmaphälfte den Zeiger ohne Rahmen und die untere Bitmaphälfte die Umrahmungsdarstellung des Zeigers.
fPointerSize **(BOOL) - input**	Größenindikator
TRUE	Die Bitmap soll, falls nötig, auf Standardgröße des Mauszeigers gestreckt werden.
FALSE	Die Bitmap soll, falls nötig, auf Standardgröße des Systemicons gestreckt werden.
lxHotspot **(LONG) - input**	x-Offset des Zeigerpunktes (Pixel, das exakt die Zeigerposition des Mauszeigers repräsentiert, auch hotspot genannt) relativ zur Linken unteren Ecke der Bitmap
lyHotspot **(LONG) - input**	y-Offset des Zeigerpunktes
hptr **(HPOINTER) - return**	Handle des Mauszeigers
NULL	Fehler
Anderer Wert	Handle

WinDestroyPointer

Funktion

Ein Pointer oder ein Icon wird gelöscht.

define

```
#define INCL_WINPOINTERS    oder INCL_WIN oder INCL_PM
#include <os2.h>
```

Aufruf

fSuccess = WinDestroyPointer(hptrPointer);

hptrPointer
(HPOINTER) - input   Handle des Pointers oder Icons, das gelöscht werden soll.

fSuccess (BOOL) - return   Erfolgsindikator

    TRUE   Kein Fehler

    FALSE   Fehler

WinGetSysBitmap

Funktion

Das Betriebssystem hält einige vordefinierte Bitmaps bereit. Diese können hier geladen und ein Handle auf die ausgewählte Systembitmap kann bereit gestellt werden.

define

```
#define INCL_WINPOINTERS    oder INCL_WIN oder INCL_PM
#include <os2.h>
```

Aufruf

hbm = WinGetSysBitmap(hwndDeskTop, ulIndex);

hwndDeskTop
(HWND) - input   PM-Oberflächenhandle

HWND_DESKTOP   PM-Oberflächenfenster (Standard)

    Anderer Wert   Handle

ulIndex
(ULONG) - input   Index (Kennzeichner) der Systembitmap

SBMP_SYSMENU	Systemmenue
SBMP_SYSMENUDEP	Systemmenue (andere Darstellung)
SBMP_SBUPARROW	Rollbalkenpfeil (nach oben)
SBMP_SBUP-ARROWDEP	Rollbalkenpfeil (nach oben), aktiviert
SBMP_SBDNARROW	Rollbalkenpfeil (nach unten)
SBMP_SBDN-ARROWDEP	Rollbalkenpfeil (nach unten), aktiviert
SBMP_SBDN-ARROWDIS	Rollbalkenpfeil (nach unten), nicht selektierbar
SBMP_SBRGARROW	Rollbalkenpfeil (nach rechts)
SBMP_SBRG-ARROWDEP	Rollbalkenpfeil (nach rechts), aktiviert
SBMP_SBRG-ARROWDIS	Rollbalkenpfeil (nach rechts), nicht selektierbar
SBMP_SBLFARROW	Rollbalkenpfeil (nach links)
SBMP_SBLF-ARROWDEP	Rollbalkenpfeil (nach links), aktiviert
SBMP_SBLF-ARROWDIS	Rollbalkenpfeil (nach links), nicht selektierbar
SBMP_MENUCHECK	Selektionsmarke (Häkchen) für Menueeintrag
SBMP_MENU-ATTACHED	Untermenueanzeiger
SBMP_CHECKBOXES	Auswahlknopf : Selektionsmarke
SBMP_COMBODOWN	Aufrollpfeil für Combobox
SBMP_BTNCORNERS	Auswahlknopfecken
SBMP_MINBUTTON	Minimierknopf (Fenster)
SBMP_MIN-BUTTONDEP	Minimierknopf (gedrückt)
SBMP_MAXBUTTON	Maximierknopf (Fenster)
SBMP_MAX-BUTTONDEP	Maximierknopf (gedrückt)

SBMP_RESTORE-BUTTON	Restaurierknopf (Fenster auf vorherige Größe) restaurieren
SBMP_RESTORE-BUTTONDEP	Restaurierknopf (Fenster auf vorherige Größe) restaurieren, gedrückt
SBMP_CHILD-SYSMENU	Systemmenue für Kindfenster
SBMP_CHILD-SYSMENUDEP	Systemmenue für Kindfenster, ausgewählt
SBMP_DRIVE	Laufwerk
SBMP_FILE	Datei
SBMP_FOLDER	Ordner
SBMP_TREEPLUS	weitere Dateieinträge im Ordnerbaum
SBMP_TREEMINUS	keine weiteren Dateieinträge im Ordnerbaum

WinLoadPointer

Funktion

Eine externe Zeigerdefinition wird aus einer Ressource geladen.

define

```
#define INCL_WINPOINTERS   oder INCL_WIN oder INCL_PM
#include <os2.h>
```

Aufruf

hptr = WinLoadPointer(hwndDeskTop, Resource; idPointer);

hwndDeskTop
(HWND) - input

	PM-Oberflächenhandle
HWND_DESKTOP	PM-Oberflächenfenster (Standard)
Anderer Wert	Handle aus Aufruf von WinQueryDesktopWindow()

8.5 Mauszeiger : Funktionen

Resource
(HMODULE) - input   Ressourcenhandle des Zeigers (Pointers)

    NULL   Ressource ist an name.EXE-Datei angehängt

    Anderer Wert   Modulhandle aus DosLoadModule oder DosGetModHandle

idPointer
(ULONG) - input   ID des Zeigers; dies ist die ID aus der Ressourcendefinition

hptr
(HPOINTER) - return   Zeigerhandle

    NULL   Fehler

    Anderer Wert   Handle

WinQueryPointer

Funktion

Das Handle des aktuellen Mauszeigers wird ermittelt.

define

```
#define INCL_WINPOINTERS    oder INCL_WIN oder INCL_PM
#include <os2.h>
```

Aufruf

hptrPointer = WinQueryPointer(hwndDeskTop);

hwndDeskTop
(HWND) - input   PM-Oberflächenhandle

    HWND_DESKTOP   PM-Oberflächenfenster (Standard)

    Anderer Wert   Handle

hptrPointer
(HPOINTER) - return   Zeigerhandle

   NULL   Fehler

WinQueryPointerInfo

Funktion

Zu einem Mauszeiger wird die Gesamtinformation ermittelt.

define

```
#DEFINE INCL_WINPOINTERS    ODER INCL_WIN ODER INCL_PM
#INCLUDE <OS2.H>
```

Aufruf

fSuccess = WinQueryPointerInfo(hptr,pptriPointerInfo);

hptr
(HPOINTER) - input   Zeigerhandle, für das Information ermittelt werden soll.

pptriPointerInfo
(POINTERINFO) - output   Zeiger auf POINTERINFO-Struktur, die die Information aufnehmen soll.

fSuccess (BOOL) - return Erfolgsindikator

   TRUE   kein Fehler

   FALSE   Fehler

POINTERINFO Pointerinformation

typedef struct _POINTERINFO {

ULONG ulPointer;   /* Größe der Bitmap in byte */

LONG xHotspot;   /* x-Koordinate des Zeigerpunktes (hotspot) */

LONG yHotspot;   /* y-Koordinate des Zeigerpunktes (hotspot) */

HBITMAP hbmPointer; /* Handle der Zeigerbitmap */

8.5 Mauszeiger : Funktionen

```
  HBITMAP hbmColor;    /* Handle einer Farbbitmap */
} POINTERINFO;
```

WinQueryPointerPos

Funktion

Die Position des Mauszeigers wird ermittelt.

define

```
#define INCL_WINPOINTERS   oder INCL_WIN oder INCL_PM
#include <os2.h>
```

Aufruf

fSuccess = WinQueryPointerPos(hwndDeskTop, pptlPoint);

hwndDeskTop
(HWND) - input   PM-Oberflächenhandle

    HWND_DESKTOP   PM-Oberflächenfenster (Standard)

    Anderer Wert   Handle

pptlPoint
(PPOINTL) - output   Zeiger auf eine Struktur POINTL, die die Koordinaten des Zeigers enthält

fSuccess (BOOL) - return   Erfolgsindikator

    TRUE   kein Fehler

    FALSE   Fehler

WinQuerySysPointer

Funktion

Das Handle eines seitens des Betriebssystems vordefinierten Mauszeigers wird ermittelt.

define

```
#define INCL_WINPOINTERS    oder INCL_WIN oder INCL_PM
#include <os2.h>
```

Aufruf

hptrPointer = WinQuerySysPointer(hwndDeskTop, lIdentifier, fCopy);

hwndDeskTop (HWND) - input   PM-Oberflächenhandle

    HWND_DESKTOP   PM-Oberflächenfenster (Standard)

    Anderer Wert   Handle

lIdentifier (LONG) - input   ZeigerID

SPTR_ARROW	Pfeil
SPTR_TEXT	Textzeiger (I)
SPTR_WAIT	Sanduhr
SPTR_SIZE	Größenänderungssymbol
SPTR_MOVE	Positionierungssymbol
SPTR_SIZENWSE	Doppelpfeil nach unten
SPTR_SIZENESW	Doppelpfeil nach oben
SPTR_SIZEWE	Doppelpfeil horizontal
SPTR_SIZENS	Doppelpfeil vertikal
SPTR_APPICON	Standardicon (Programm)
SPTR_ICON-INFORMATION	Standardicon (Information)
SPTR_ICON-QUESICON	Standardicon (Frage)
SPTR_ICONERROR	Standardicon (Fehler)
SPTR_ICONWARNING	Standardicon (Warnung)
SPTR_ILLEGAL	Standardicon (verbotene Operation)
SPTR_FILE	Standardicon (eine Datei)
SPTR_MULTFILE	Standardicon (mehrere Dateien)

8.5 Mauszeiger : Funktionen

SPTR_FOLDER	Standardicon (Ordner)
SPTR_PROGRAM	Standardicon (Programm)
fCopy (BOOL) - input	Kopiermodus
TRUE	Der Systemzeiger wird kopiert und ein Handle auf die Kopie erzeugt; nur sinnvoll, wenn die Bitmap geändert werden soll.
FALSE	Ein Handle auf die Originalbitmap wird ermittelt.
hptrPointer (HPOINTER) - return	Zeigerhandle

WinSetPointer

Funktion

Das Handle des Mauszeigers wird geändert; damit wird ein neuer Mauszeiger angezeigt.

define

```
#define INCL_WINPOINTERS   oder INCL_WIN oder INCL_PM
#include <os2.h>
```

Aufruf

fSuccess = WinSetPointer(hwndDeskTop, hptrNewPointer);

hwndDeskTop (HWND) - input	PM-Oberflächenhandle
HWND_DESKTOP	PM-Oberflächenfenster (Standard)
Anderer Wert	Handle
hptrNewPointer (HPOINTER) - input	Handle des neuen Zeigers

| NULL | Der aktuelle Zeiger wird unsichtbar gemacht. |
| Anderer Wert | Zeigerhandle aus WinLoadPointer oder WinCreatePointer |

fSuccess (BOOL) - return   Erfolgsindikator

| TRUE | kein Fehler |
| FALSE | Fehler |

WinSetPointerPos

Funktion

Die Position des Mauszeigers (eigentlich des hotspot) wird neu gesetzt.

define

```
#define INCL_WINPOINTERS    oder INCL_WIN oder INCL_PM
#include <os2.h>
```

Aufruf

fSuccess = WinSetPointerPos(hwndDeskTop, lx, ly);

hwndDeskTop (HWND) - input   PM-Oberflächenhandle

| HWND_DESKTOP | PM-Oberflächenfenster (Standard) |
| Anderer Wert | Handle |

lx (LONG) - input   x-Koordinate des Zeigerpunktes in Bildschirmkoordinaten

ly (LONG) - input   y-Koordinate des Zeigerpunktes in Bildschirmkoordinaten

fSuccess (BOOL) - return   Erfolgsindikator

| TRUE | kein Fehler |
| FALSE | Fehler |

8.6 Textcursor : Funktionen

WinCreateCursor

Funktion

Ein neuer Textzeiger wird kreiert. Er muß separat mit WinShowCursor sichtbar gemacht werden.

define

```
#define INCL_WINCURSORS   oder INCL_WIN oder INCL_PM.
#include <os2.h>
```

Aufruf

fSuccess = WinCreateCursor(hwnd, lx, ly, lcx, lcy, ulrgf, prclClip);

hwnd (HWND) - input	Handle des Fensters, in dem der Textcursor dargestellt werden soll (Darstellung erst durch WinShowCursor() !)
lx (LONG) - input	x-Position des Cursors in Fensterkoordinaten
ly (LONG) - input	y-Position des Cursors in Fensterkoordinaten
lcx (LONG) - input	x-Ausdehnung des Cursors
0	SV_CXBORDER wird angenommen (siehe WinSetSysValue())
lcy (LONG) - input	y-Ausdehnung des Cursors
0	SV_CYBORDER wird angenommen (siehe WinSetSysValue())
ulrgf (ULONG) - input	Cursordarstellung
CURSOR_SOLID	Volltondarstellung
CURSOR_HALFTONE	Grau (Halbton)
CURSOR_FRAME	rechteckiger Rahmen
CURSOR_FLASH	Blinken ein
CURSOR_SETPOS	neue Position; lcx und lcy werden berücksichtigt

prclClip (PRECTL) - input	Zeiger auf Rechteckstruktur; innerhalb dieses Rechtecks ist der Cursor sichtbar, außerhalb unsichtbar. Rechteckkoordinaten in Fensterkoordinaten im Intervall [-32 768, 32 767].
NULL	Rechteck ist der gesamte Fensterbereich hwnd (i.d.R. der Fensterausgabebereich, nicht der Rahmen).
fSuccess (BOOL) - return	Erfolgsindikator
TRUE	kein Fehler
FALSE	Fehler

WinDestroyCursor

Funktion

Der Cursor, der für das angegebene Fenster gültig ist, wird gelöscht.

define

```
#define INCL_WINCURSORS    oder INCL_WIN oder INCL_PM.
#include <os2.h>
```

Aufruf

fSuccess = WinDestroyCursor(hwnd);

hwnd (HWND) - input	Fensterhandle, für das der Cursor gelöscht werden soll; der Cursor wird dann unsichtbar und ist nicht mehr definiert. HWND_DESKTOP ist zulässig.
fSuccess (BOOL) - return	Erfolgsindikator
TRUE	kein Fehler
FALSE	Fehler

8.6 Textcursor : Funktionen 385

WinShowCursor

Funktion

Der Sichtbarkeitsstatus des Cursors wird manipuliert.

define

```
#define INCL_WINCURSORS    oder INCL_WIN oder INCL_PM
#include <os2.h>
```

Aufruf

fSuccess = WinShowCursor(hwnd, fShow);

hwnd
(HWND) - input   Fensterhandle, dessen Cursor manipuliert werden soll

fShow (BOOL) - input   Sichtbarkeitszustand

    TRUE   Sichtbar

    FALSE   Unsichtbar

fSuccess (BOOL) - return   Erfolgsindikator

    TRUE   kein Fehler

    FALSE   Fehler

WinQueryCursorInfo

Funktion

Gesamtinformation über einen Cursor wird verfügbar gemacht.

define

```
#define INCL_WINCURSORS    oder INCL_WIN oder INCL_PM
#include <os2.h>
```

Aufruf

fCursor = WinQueryCursorInfo(hwndDeskTop, pcsriCursorInfo);

hwndDeskTop
(HWND) - input   PM-Oberflächenhandle

    HWND_DESKTOP   PM-Oberflächenfenster (Standard)

    Anderer Wert   Handle

pcsriCursorInfo
(PCURSORINFO)
- output   Zeiger auf eine Struktur vom Typ CURSOR-
                                          INFO, die die Information aufnehmen soll

fCursor (BOOL) - return

    TRUE   Cursorinformation wurde ermittelt

    FALSE   Keine Cursorinformation gefunden

CURSORINFO Cursorinformation

```
typedef struct _CURSORINFO {
    HWND        hwnd;      /* Fensterhandle */
    LONG        x;         /* x Koordinate */
    LONG        y;         /* y Koordinate */
    LONG        cx;        /* Cursor Breite */
    LONG        cy;        /* Cursor Höhe   */
    ULONG       fs;        /* Optionen
                              CURSOR_SOLID
                              Volltondarstellung
                              CURSOR_HALFTONE
                              Grau (Halbton)
                              CURSOR_FRAME
                              rechteckiger Rahmen
                              CURSOR_FLASH
                              Blinken ein */

    RECTL       rclClip;   /* Sichtbarkeitsrechteck */
} CURSORINFO;
```

9 Zeitgeber (Timer)

Ein Programm kann zu einem beliebigen Zeitpunkt eine betriebssysteminterne, für jedes Programm spezifisch geführte Uhr starten; diese Zeitzählung (Timer) beginnt unmittelbar nach dem Startkommando damit, WM_TIMER-Nachrichten in beim Start vom Programm festgelegten Intervallen an die programmeigene Fensterfunktion zu senden.

Es ist wichtig zu beachten, daß die geforderten Zeitintervalle abhängig von der jeweiligen Computerhardware nicht immer exakt eingehalten werden können; sie müssen daher als Näherungswerte betrachtet werden und sind natürlich für zeitkritische, systemnahe Problemstellungen nicht unbedingt geeignet.

Das Betriebssystem hält insgesamt für alle laufenden PM-Programme eine limitierte Anzahl separat zu startender Timer zur Verfügung. Dabei können je zwei von einander getrennt gestartete Timer unterschiedliche Zeitintervalle zählen. Zusätzlich zu frei startbaren Timern stellt das Betriebssystem noch drei weitere, in ihrer Funktion fest vergebene Timer zur Verfügung.

- TID_CURSOR   Dieser Timer kontrolliert die Cursorblinkrate eines Textcursors.
- TID_FLASHWINDOW Damit wird die Auf/Abblendgeschwindigkeit von Fensternrahmen kontrolliert.
- TID_SCROLL   Hiermit wird die Rollrate bei der Verwendung von Rollbalken kontrolliert.

Bei der Beurteilung des Zeitverhaltens gestarteter Timer ist darauf zu achten, daß die WM_TIMER-Nachrichten vom Betriebssytem in die jeweilige Nachrichtenwarteschlange des startenden Programms geschrieben werden. Solange in dieser Nachrichtenwarteschlange Nachrichten höherer Priorität vorhanden sind, werden diese vor der WM_TIMER-Nachricht gelesen und können daher das Zeitverhalten des Programms deutlich stören.

Neben der Verwendung von programmeigenen Timern wird separat eine absolute Systemzeit vom Betriebssystem geführt, die mittels der Funktion WinGetCurrentTime() abgefragt werden kann. Dabei ist auch ein Vergleich des Timerverhaltens mit einer absoluten Zeitskala seitens der Programms realisierbar.

9.1 Programmierung

Die Programmierung von Timern ist denkbar einfach. Zunächst wird aufgrund irgendeines externen Ereignisses (im Beispiel ist dies die Betätigung der linken oder der rechten Maustaste) ein Timer mit der Funktion WinStartTimer() gestartet.

```
case WM_BUTTON1CLICK: /* Starte Timer 1 */
{
   WinStartTimer(hab, hwnd, ID_TIMER1, 100);
   timercount1 = 0;
}
break;
```

Hierzu wird der Funktion das Handle des Ankerblocks, das Handle des Fensterausgabebereichs sowie eine eindeutige Kennummer (ID) des zu startenden Timers übergeben. Hierbei muß beachtet werden, daß die verfügbaren Timerkennungen kleiner als die Systemkonstante TID_USERMAX sein müssen.

#define ID_TIMER1 TID_USERMAX-1

#define ID_TIMER2 TID_USERMAX-2

Im Beispielprogramm timer.c sind daher in der zugehörigen Headerdatei die ID's der beiden verwendeten Timer entsprechend definiert worden. Timer 1 wird gestartet, indem die linke Maustaste einmal betätigt wird; der Timer wird durch Doppelklick der linken Maustaste gestoppt.

```
case WM_BUTTON1DBLCLK: /* Stoppe Timer 1 */
{
   WinStopTimer(hab, hwnd, ID_TIMER1);
   strcpy(string1, "Timer 1 : stop      ");
   WinInvalidateRegion(hwnd, 0L, FALSE);
}
break;
```

Die gleiche Bedienung ist für den Timer 2 vorgesehen; hierfür ist die rechte Maustaste zuständig.

Beim Starten der Timer mittels der Funktion WinStartTimer() wird zusätzlich das Timerintervall in Millisekunden angegeben, das verstreichen muß, bis der laufende Timer eine WM_TIMER-Nachricht erzeugt; im Beispiel sind dies 100 Millisekunden für den Timer 1 und 200 Millisekunden für den Timer 2.

```
case WM_BUTTON2CLICK:  /* Starte Timer 2 */
{
   WinStartTimer(hab, hwnd, ID_TIMER2, 200);
   timercount2 = 0;
}
break;
```

Sobald der Fensterfunktion eine WM_TIMER-Nachricht zugeht (d.h. sobald mindestens einer der beiden vorgesehenen Timer aktiviert worden ist) wird zunächst mittels der Funktion WinGetCurrentTime() die aktuelle Systemzeit in Millisekunden seit Start des Betriebssystems zur Fensterausgabe vorbereitet.

```
case WM_TIMER:
{
   sprintf(string3, "Systemzeit ist : %ld",
                         WinGetCurrentTime(hab));
```

In der nachfolgenden Switch-Anweisung wird aufgeschlüsselt, welche der beiden aktivierten Timer die WM_TIMER-Nachricht erzeugt hat und eine entsprechende Textausgabe wird vorbereitet.

```
   switch(SHORT1FROMMP(mp1))
   {
      case ID_TIMER1:
      {
         sprintf(string1, "Timer 1 läuft : %ld ",
                                      timercount1++);
      }
      break;

      case ID_TIMER2:
      {
         sprintf(string2, "Timer 2 läuft : %ld ",
                                      timercount2++);
      }
      break;
   }
   WinInvalidateRegion(hwnd, 0L, FALSE);
}
break;
```

Zum Ende der WM_TIMER-Nachrichtenbehandlung wird dann der Fensterausgabebereich als ungültig erklärt (WinInvalidateRegion()). Hiermit wird die Generierung einer WM_PAINT-Nachricht erzwungen.

9.2 Timer : Funktionen

WinStartTimer

Funktion

Ein interner Timer wird gestartet.

define

```
#define INCL_WINTIMER    oder INCL_WIN oder INCL_PM */
#include <os2.h>
```

Aufruf

ulRet = WinStartTimer(hab, hwnd, idTimer, ulTimeout);

hab (HAB) - input	Handle des Ankerblocks
hwnd (HWND) - input	Fenster, für das der Timer gestartet wird und an das die Timernachrichten gesendet werden sollen.
NULL	Es wird die Angabe von idTimer ignoriert. Die Timernachrichten werden an alle Fenster des laufenden Programms geschickt
Anderer Wert	Fensterhandle
idTimer (ULONG) - input	Eindeutige Identifikationsnummer ID des neuen Timers. Dieser Wert muß allerdings kleiner als die Systemkonstante TID_USERMAX sein, um Überschneidungen mit internen Timern zu verhindern (tut sich hier etwa ein weites Feld von unzulässigen Manipulationen auf ?)
ulTimeout (ULONG) - input	Timerintervall in Millisekunden; nach Ablauf dieses Intervalls schickt der Timer eine WM_TIMER-Nachricht.
ulRet (ULONG) - return	TimerID
0	hwnd wurde NULL gesetzt

Anderer Wert	TimerID

WinStopTimer

Funktion

Ein laufender Timer wird gestoppt.

define

```
#define INCL_WINTIMER    oder INCL_WIN oder INCL_PM
#include <os2.h>
```

Aufruf

fSuccess = WinStopTimer(hab, hwnd, ulTimer);

hab (HAB) - input	Handle des Ankerblocks
hwnd (HWND) - input	Fensterhandle, für das der Timer gestartet wurde.
ulTimer (ULONG) - input	TimerID
fSuccess (BOOL) - return	Erfolgsindikator
TRUE	kein Fehler
FALSE	Fehler

9.3 Ereignismeldung

WM_TIMER

Diese Nachricht wird erzeugt, wenn das eingestellte Timerintervall abgelaufen ist.

param1 (USHORT) idTimer	TimerID
param2 (ULONG)	Reserviert NULL
Rückgabewert (ULONG) flreply	Reserviert NULL

10 Tastaturabfrage

Im Beispielprogramm timer.c werden zusätzlich Benutzereingaben auf der Tastatur abgefragt. Immer wenn der Benutzer eine Taste oder Tastenkombination betätigt (oder Tastenkombinationen losläßt) wird eine WM_CHAR-Nachricht erzeugt, die in ihren beiden Nachrichtenparametern mp1 und mp2 alle notwendigen Informationen über die auslösende Tastaturaktion enthält.

Dabei werden alle Informationen über die betätigte Taste, über die Betätigung der Shift-Taste sowie über die Betätigung der Positionierungspfeile, der CTRL- und ALT-Taste übermittelt.

10.1 Programmierung

Folgende Informationsfelder sind dabei in den beiden Nachrichtenparametern mp1 und mp2 enthalten.

- FLAG (SHORT1FROMMP(mp1)): Hierin wird beschrieben, welche Art von Tastenkombinationen gewählt wurden; dies wird durch eine bitweise Verknüpfung von KC_Attribut-Werten ausgedrückt.
- WIEDERHOLUNG (CHAR3FROMMP(mp1)): Dieser Parameter gibt an, ob eine Taste gedrückt gehalten und insofern ein Tastaturcode wiederholt gesendet wird.
- SCANCODE(CHAR4FROMMP(mp1)): Der Scancode ist das Kennungsbyte, das direkt von der Tastaturhardware erzeugt wird; eine Übersetzung des Scancods durch irgendwelche betriebssystemeigenen Tabellen findet nicht statt
- ZEICHEN(SHORT1FROMMP(mp2)): Dies ist der eigentliche Zeichencode der betätigten Taste (ASCII-Code). Falls tatsächlich eine Zeichentaste (also keine Sondertaste) betätigt wurde, ist das Flag KC_CHAR gesetzt und der Zeichencode enthält den zugeordneten ASCII-Wert des Zeichens.
- VCODE (virtueller Code) (SHORT2FROMMP(mp2)): Hier ist die Betätigung von Sondertasten (Funktionstasten, Richtungstasten) definiert.

```
        case WM_CHAR:
        {
           sprintf(string4,
```

```
                "Flag:%X Wiederholung:%X Scan:%X        ",
                SHORT1FROMMP(mp1),
                CHAR3FROMMP(mp1),
                CHAR4FROMMP(mp1));

        sprintf(string5,
                "Zeichen:%X Vcode:%X            ",
                SHORT1FROMMP(mp2),
                SHORT2FROMMP(mp2));

        WinInvalidateRegion(hwnd, 0L, FALSE);
        }
        break;
```

Durch geeignete Abfrage der im Beispielprogramm lediglich hexadezimal ausgegebenen Codierung kann ein Anwendungsprogramm in vielfältiger Art die Tastatur abfragen und entsprechend auf Tastaturkombination reagieren; im einfachsten Falle wird wohl ein Buchstabe auf dem Bildschirm ausgegeben

10.2 Ereignismeldung : WM_CHAR

WM_CHAR

Nachricht wird erzeugt, wenn eine Taste bedient wird.

param1
(USHORT) fsflags
(UCHAR) ucrepeat
(UCHAR) ucscancode

fsflags	Tastaturkontrollcode
KC_CHAR	usch ist gültig, falls hier Wert ungleich NULL
KC_SCANCODE	ucscancode ist gültig, falls hier Wert ungleich NULL
KC_VIRTUALKEY	usvk ist gültig, falls hier Wert ungleich NULL
KC_KEYUP	Die Aktion ist eine »Taste hoch« (key up) Operation, falls hier Wert ungleich NULL
KC_PREVDOWN	Die Taste war vorher gedrückt

10.2 Ereignismeldung : WM_CHAR

KC_DEADKEY	Das Programm muß dieses Zeichen selbst darstellen, ohne dabei den Cursor zu bewegen. Ggf. muß hierzu auf einen folgenden Tastendruck gewartet werden, damit der Code mit dem aktuellen Code (DEADKEY) kombiniert werden kann.
KC_COMPOSITE	Der Buchstabencode wird aus dem aktuellen Code und dem vorherigen DEADKEY ermittelt
KC_INVALIDCOMP	Die Kombination mit einem vorherigen DEADKEY ist ungültig.
KC_LONEKEY	Die Taste wurde alleine (ohne eine zusätzliche Taste) gedrückt.
KC_SHIFT	Die SHIFT-Taste wurde zusätzlich gedrückt.
KC_ALT	Die ALT-Taste wurde zusätzlich gedrückt.
KC_CTRL	Die CTRL (Strg) -Taste wurde zusätzlich gedrückt.
ucrepeat	Wiederholungszähler (Taste gedrückt halten)
ucscancode	Hardware-ScanCode; dieser Wert wird -ohne Übersetzung durch irgendwelche Software- direkt von der Tastatur erzeugt

param2
(USHORT) usch
(USHORT) usvk

usch	Zeichencode; dieser Wert wird mittels der gültigen Codeseite ermittelt und ist nicht identisch mit dem ucscancode.
usvk	Virtueller Zeichencode; dieser Wert wird mittels der gültigen VirtuellKeyCodeseite ermittelt. Das LowByte enthält diesen Code; das Highbyte ist immer identisch NULL.

Rückgabewert
(BOOL) fresult   Durchführungsindikator

TRUE	Nachricht wurde bearbeitet
FALSE	Nachricht wurde ignoriert

10.3 Definition Virtueller Tastencode

Folgende Konstanten sind für Tastenkombinationen und den zugehörigen virtuellen Tastencode VCODE (SHORT2FROMMP(mp2)) seitens des Betriebssystems vordefiniert; die Konstantennamen können bei logischen Vergleichen oder switch-case-Blöcken direkt benutzt werden.

Konstante	PC Standard Tastatur	Erweiterte Tastatur
VK_BREAK	Ctrl + Scroll Lock	Ctrl + Pause
VK_BACKSPACE	Backspace	Backspace
VK_TAB	Tab	Tab
VK_BACKTAB	Shift + Tab	Shift + Tab
VK_NEWLINE	Enter	Enter
VK_SHIFT *	Pfeil Links und Pfeil Rechts Shift	Pfeil Links und Pfeil Rechts Shift
VK_CTRL *	Ctrl	Pfeil Links und Pfeil Rechts Ctrl
VK_ALT *	Alt	Pfeil Links und Pfeil Rechts Alt
VK_ALTGRAF *	keine Definition	Alt Graf
VK_PAUSE	Ctrl + Num Lock	Pause
VK_CAPSLOCK	Caps Lock	Caps Lock
VK_ESC	Esc	Esc
VK_SPACE *	Leertaste	Leertaste
VK_PAGEUP *	Ziffernblock 9	Pg Up und Ziffernblock 9
VK_PAGEDOWN*	Ziffernblock 3	Pg Dn und Ziffernblock 3
VK_END *	Ziffernblock 1	End und Ziffernblock 1
VK_HOME *	Ziffernblock 7	Home und Ziffernblock 7
VK_LEFT *	Ziffernblock 4	Pfeil Links und Ziffernblock 4
VK_UP *	Ziffernblock 8	Ziffernblock 8
VK_RIGHT *	Ziffernblock 6	Pfeil Rechts und Ziffernblock 6
VK_DOWN *	Ziffernblock 2	Down und Ziffernblock 2
VK_PRINTSCRN	Shift + Print Screen	Print Screen
VK_INSERT *	Ziffernblock 0	Ins und Ziffernblock 0
VK_DELETE *	Ziffernblock .	Del und Ziffernblock
VK_SCRLLOCK	Scroll Lock	Scroll Lock
VK_NUMLOCK	Num Lock	Num Lock
VK_ENTER	Shift + Enter	Shift + Enter
VK_SYSRQ	SysRq	Alt + Print Screen
VK_F1 *	F1	F1
VK_F2 *	F2	F2
VK_F3 *	F3	F3
VK_F4 *	F4	F4
VK_F5 *	F5	F5
VK_F6 *	F6	F6
VK_F7 *	F7	F7

10.3 Definition Virtueller Tastencode

Konstante	PC Standard Tastatur	Erweiterte Tastatur
VK_F8 *	F8	F8
VK_F9 *	F9	F9
VK_F10 *	F10	F10
VK_F11 *	keine Definition	F11
VK_F12 *	keine Definition	F12

Anmerkung:

Codekonstanten, die mit (*) gekennzeichnet sind, werden auch von anderen Tastaturkombinationen erzeugt.

11 Grafik : Definitionen

Das Betriebssystem unterscheidet bei der Bearbeitung und Darstellung von Grafik grundsätzlich zwei Bereiche.

1. Die Grafikdefinition durch die Anwendung von unterschiedlichen Grafiktypen (grafische Grundobjekte und/oder Methoden) und
2. Allgemeine Darstellungskonzepte, die die Technik der Grafikdarstellung auf unterschiedlichen Ausgabe- und Speichermedien beschreiben.

11.1 Elementarobjekte

Unabhängig von der internen Speicherung und dem Ausgabemedium werden Grafiktypen definiert; dies sind grafische Elementarobjekte, die einzeln oder in Kombination miteinander letztendlich Ausgabegrafik erzeugen. OS/2 stellt dabei folgende Grafiktypen zur Verfügung.

1. **Grafikprimitive:** Diese Art der Grafikbeschreibung erzeugt Informationen über grundlegende, sehr einfache grafische Objekte (Elementaroperationen). Dies sind im Einzelnen folgende Primitive.

- *Linien und Bögen*   Strecken (durch Anfangs- und Endpunkt definiert), Ellipsen und Ellipsenausschnitte (als Spezialfall auch Kreise), Linienzüge.
- *Punktmarkierungen*   Punktsymbole zur Markierung eines Grafikpunktes mit wählbarem Aussehen.
- *Bereiche*   Dies sind in sich geschlossene Kurven, die mittels der Linien- und Bogenprimitive definiert werden; ein solcher Bereich kann nachträglich mit einem Muster gefüllt werden.
- *Polygone*   Ein Polygon ist eine Verkettung von Linienprimitiven.
- *Zeichenketten*   Mittels dieser Grafikprimitive werden Texte im Grafikmodus ausgegeben.

2. **Farben und Musterverknüpfungen:** Mittels dieser Grafikobjekte wird die Färbung und das Muster anderweitig erzeugter grafischer Objekte bestimmt.

3. **Bitmap:** Dies sind i.d.R. rechteckige Bereiche, die punktweise (pixelweise) definiert sind und so Grafiken darstellen können.

4. **Metadateien (metafiles):** Metadateien enthalten Grafikprimitive in einer eigenen Beschreibungssprache, die insgesamt eine Ausgabegrafik aufbauen. Ist einmal mittels der Anwendung von grafischen Elementaroperationen eine Ausgabegrafik erzeugt und in einer Metadatei abgelegt worden, so kann die gesamte Ausgabegrafik wiederholt in **einem** Ausgabeschritt aus der Metadatei abgerufen und dargestellt werden; eine erneute Ausführung aller Elementaroperationen ist nicht notwendig. Das Betriebssystem stellt Funktionen zur Erzeugung und Wiedergabe grafischer Informationen über Metadateien zur Verfügung.

5. **Pfade:** Pfade sind eine Verknüpfung unterschiedlicher grafischer Primitive, die unter anderem zur Definition komplizierter geschlossener Kurven zur Abgrenzung von Flächenbereichen genutzt werden. Solche Flächenbereiche können mit Farben und Mustern gefüllt werden oder aber dazu dienen, einen kompliziert geformten Grafikausgabebereich oder Ausschnittbereich (clipping region) zu definieren

6. **Regionen:** Diese grafischen Objekte setzen sich grundsätzlich aus rechteckigen Bereichen zusammen, die in beliebiger Weise kombiniert und verschmolzen werden können. Sie dienen ähnlich wie Pfade zur Definition (hier rechteckig begrenzter) Bereiche, die unter anderem zur Begrenzung von Grafikausgaben innerhalb dieser Bereiche (clipping) genutzt werden

7. **Zwischengespeicherte Grafik (retained graphic):** Dies sind im eigentlichen Sinne keine grafischen Objekte. Retained graphic (am besten übersetzt mit zwischengespeicherter Grafik) ist eine Methode, grafikerzeugende Operationen nicht unmittelbar in einem Fensterbereich sichtbar zu machen, sondern zunächst zwischenzuspeichern und dann erst darzustellen. Diese Methode hat gegenüber der unmittelbaren Grafikausgabe den entscheidenden Vorteil, daß bei geringfügigen Änderungen der auszugebenden Grafik nicht alle (auch die ungeänderten) Bestandteile der Grafik erneut generiert werden müssen; statt dessen ist das Programm in der Lage, die geringfügige Änderung innerhalb des Zwischenspeichers durchzuführen und den so geänderten Zwischenspeicher (zwischengespeicherte Grafik) erneut darzustellen.

11.2 Darstellungsmethode

Die genannten sieben Arten grafischer Elementarobjekte (oder Erzeugungsmethoden) beschreiben insgesamt den Prozeß der *Definition* einer Grafik.

Die Art und Weise der *Grafikdarstellung* auf einem beliebigen Ausgabegerät wird vom Betriebssystem durch das Konzept der Kombination von

1. **Präsentationsraum** (presentation space) und
2. **Gerätekontext** (device context)

gehandhabt. Alle grafischen Ausgabeoperationen (d.h. die Handhabung eines der obengenannten grafischen Objekte) erzeugt zunächst eine Ausgabe in einen Präsentationsraum, der natürlich vorher bereitgestellt werden muß.

Die grafische Information, die in diesem Präsentationsraum erzeugt wird, ist grundsätzlich *unabhängig von der Art des Ausgabegerätes*. Erst die zusätzliche Bereitstellung eines Gerätekontextes ermöglicht dann die Ausgabe der im Präsentationsraum gespeicherten vollständigen Grafikinformation auf einem Ausgabegerät.

Dieses Konzept ermöglicht eine sehr flexible (weil geräteunabhängige) Programmierung von Grafiken; so kann z.B in einem Arbeitsgang eine Grafik in einem bereitgestellten Präsentationsraum definiert werden und anschließend auf mehreren, technisch unterschiedlichen Ausgabegeräten ausgegeben werden.

Dem insbesondere bei der Programmierung von Grafikausgaben besonders geplagten Programmierer wird hierbei die Aufgabe abgenommen, einzelne Geräteansteuerungen (Gerätetreiber) selbst zu programmieren. Vielmehr hat der *Gerätehersteller* dafür zu sorgen, daß dem Betriebssystem geeignete Beschreibungdateien (Treiberprogramme) für die gerätespezifischen Gerätekontexte zur Verfügung stehen. Natürlich stellt das Betriebssystem selbst standardmäßig wichtige Gerätekontexte bereit (z.B. zur Ausgabe von Grafikinformation auf einem Monitor).

Zu den genannten zwei Hauptbereichen (Elementarobjekte und Präsentationsraum/Gerätekontext-Prinzip) der Grafikprogrammierung kommen noch umfangreiche Manipulationsmöglichkeiten bei der Grafiktransformation hinzu. Hierbei können komplexe Koordinatentransformationen vorgenommen werden, wie z.B.

- Skalierungen: Strecken und Stauchen
- Rotationen: Drehung um beliebigen Punkt
- Translation: Verschiebungen in der Fläche

11.3 Programmierungsgrundsätze

Grundsätzlich erfolgt Grafikprogrammierung unter OS/2 in folgenden Schritten.

1. Bereitstellung eines Gerätekontextes, der zu dem geplanten physikalischen Ausgabegerät paßt
2. Bereitstellung eines Präsentationsraums, der sich auf den Grätekontext bezieht
3. Erzeugung der Grafik durch Aufruf von Funktionen, die oben genannte grafische Elementarobjekte erzeugen
4. Endebehandlung: Freigabe von Präsentationsraum und Gerätekontext

   Vor der Endebehandlung kann ggf. ein zusätzlicher Gerätekontext definiert werden und der Präsentationsraum mit diesem Gerätekontext assoziiert (verbunden) werden, um ein und dieselbe Grafik auf einem anderen Ausgabegerät auszugeben.

11.4 Präsentationsräume

Bei der Einrichtung eines Präsentationsraumes sorgt das Betriebssystem dafür, daß eine entsprechende Datenstruktur bereitgestellt wird. Alle Grafikinformation, die in den Präsentationsraum geschrieben wird, ist geräteunabhängig und wird erst durch die Zuordnung des Präsentationsraums (Assoziierung) zu einem Gerätekontext für die Ausgabe auf einem speziellen Ausgabegerät gewandelt. Dabei enthält der Gerätekontext alle gerätespezifischen Angaben.

Soll z.B. eine Grafikausgabe in ein Programmfenster erfolgen, so ist für dieses Programmfenster ein entsprechender Gerätekontext zu öffnen und ein Präsentationsraum mit diesem Gerätekontext zu verbinden. Zeichnet das Programm Grafik in mehreren Programmfenstern, so muß für jedes Programmfenster ein separater Gerätekontext eröffnet werden.

OS/2 stellt grundsätzlich drei verschiedene Arten von Präsentationsräumen zur Verfügung

1. **Standard-Präsentationsraum** (teilweise auch standardmicropresentation space genannt). Ein solcher Standard-Präsentationsraum ist zur Ausgabe von Grafikinformation auf beliebigen Ausgabegeräten geeignet; allerdings kann dieser Präsentationsraumtyp nicht mit mehr als einem Gerätekontext assoziiert werden.

11.4 Präsentationsräume

2. **Mehrfachgenutzer Präsentationsraum** (cached presentation space). Diese Art des Präsentationsraums wird zur Ausgabe von Grafiken in Bildschirmfenstern benutzt. Hierzu wird ein für alle laufenden Programme verfügbarer Speicherbereich jeweils dem Fenster (Präsentationsraum) zugeteilt, das aktuell eine Grafikerzeugung und -ausgabe vornimmt; die Anforderungen an den notwendigen Kernspeicherbereich ist bei dieser Art des Präsentationsraumes gering.

3. **Normaler Präsentationsraum** (normal presentation space). Immer wenn der Inhalt eines einmal definierten Präsentationsraumes mit unterschiedlichen Gerätekontexten assoziiert und damit auf mehreren unterschiedlichen Ausgabegeräten dargestellt werden soll, muß ein normaler Präsentationsraum verwendet werden.

Die nachfolgende Tabelle stellt alle notwendigen Informationen für die drei Präsentationsraumtypen zusammen. Beachten Sie bitte auch, daß jeder Präsentationsraumtyp durch separate Funktionen bereitgestellt und gelöscht wird.

	Normaler PS	Standard PS	Cached PS
Öffnen mittels Funktionen...	GpiCreatePS	GpiCreatePS WinGetScreenPS	WinBeginPaint WinGetScreenPS WinGetPS
Schließen mittels Funktionen...	GpiDestroyPS	GpiDestroyPS WinReleasePS	WinEndPaint WinReleasePS WinReleasePS
unterstützte Gerätetypen	Alle	Alle	Fenster auf Monitor
Anzahl möglicher Gerätekontexte	Mehrere	1	1
Wechselnde Assoziation	beliebig oft	Assoziation genau einmal bei Öffnen	Assoziation genau einmal bei Öffnen
Zwischengrafik (retained graphic)	Ja	Nein	Nein
Verfügbare Gpi-Funktionen	Alle	Alle außer Segmentfunktionen	Alle außer Segmentfunktionen
Speicherbelastung	Hoch	Mittel	Gering, schnelle Bearbeitung

Tabelle : Präsentationsraumtypen

11.5 Gerätekontexte

Die geräteunabhängige Grafikinformation in einem Präsentationsraum wird durch die Assoziierung des Präsentationsraumes mit dem gerätespezifischen Gerätekontext so aufbereitet, daß das angesprochene Ausgabegerät die Grafikinformation verarbeiten kann.

Falls bei Grafikerzeugung, die nicht zwischengespeichert ist (non retained graphic) unmittelbar eine Ausgabe der gerade durchgeführten Grafikoperation erfolgen soll, muß in diesen Fällen der Gerätekontext mit dem Präsentationsraum vorher assoziiert werden.

Ähnlich wie bei Präsentationsräumen gibt es auch drei verschiedene Typen von Gerätekontexten.

1. **Gemeinsame Gerätekontexte** (cached device context). Ein solcher Gerätekontext ist bereits standardisiert mit einem cached presentation space assoziiert.

2. **Fenster-Gerätekontext** (window device context). Diese speziellen Gerätekontexte sind eindeutig an ein bestimmtes Fenster geknüpft; sie werden mittels der Funktion WinOpenWindowDC() geöffnet. Ein Fenster-Gerätekontext kann sowohl mit einem Standard-Präsentationsraum als auch mit einem normalen Präsentationsraum assoziiert werden.

3. **Normaler Gerätekontext.** Diese Art des Gerätekontextes wird dazu benutzt, Präsentationsräume mit anderen Ausgabegeräten als Monitorfenstern zu verbinden. Die Funktion DevOpenDC() öffnet diese Art von Gerätekontexten.

11.6 Koordinatenräume

Insgesamt unterscheidet OS/2 fünf verschiedene, hintereinander geschachtelte Koordinatensysteme, die mittels geeigneter Transformationen ineinander überführt werden.

Sinn dieser Koordinatenraumvielfalt ist es, Einzelteile von komplexen Grafiken separat definieren zu können, um sie anschließend in dem nächst folgenden Koordinatenraum zu einer Gesamtgrafik zusammensetzen zu können. Auch die Geräteunabhängigkeit von Grafiken soll solange wie möglich erhalten bleiben; erst

11.6 Koordinatenräume

das Gerätekoordinatensystem erlaubt eine Ausgabe in den assoziierten Gerätekontext und damit das angesprochene Ausgabegerät.

1. **Weltkoordinatensystem** (world coordinate space). Ein Anwendungsprogramm zeichnet seine Grafikprimitive in Weltkoordinaten. Das Intervall zulässiger Koordinatenwerte (sowohl für die X- als auch für die Y-Achse) wird festgelegt, wenn der Präsentationsraum mittels der Funktion GpiCreatePS() bereitgestellt wird; hier kann der Programmierer wählen zwischen karthesischen Koordinaten im Werteintervall [-32768, +32767] als Teilmenge der Ganzen Zahlen. Wenn 32-Bit Ganzzahlen als Koordinatenwerte gewählt werden, gilt das Werteintervall [-134217728, 134217727] als Teilmenge der Ganzen Zahlen. Der gesamte Wertebereich der Weltkoordinaten wird i.d.R. nicht innerhalb des Fensterausgabebereichs (des Präsentationsraums) unmittelbar darstellbar sein. Trotzdem können die Koordinaten der zu zeichnenden Grafikprimitive den gesamten Wertebereich ausnutzen, wenn es darum geht, Zeichnungen mit hohem Anspruch an Detailgenauigkeit (Punktepositionen) darzustellen. In diesem Fall muß mittels einer geeigneten Transformation der Wertebereich der Weltkoordinaten so tranformiert werden, daß die gesamte Zeichnung innerhalb des Präsentationsraum darstellbar wird. Elementare Koordinatentransformationen zwischen allen fünf Koordinatensystemen werden mittels der Funktion GpiConvert() ausgeführt.

2. **Modellkoordinatensystem.** Innerhalb des Modellkordinatensystems können einzelne, in separaten Weltkoordinatensystemen gefertigte Einzelteile einer Grafik zusammengefügt werden. Die Dimensionierung der Grafikeinzelteile muß hierbei nicht übereinstimmen. Darüber hinaus kann ein Anwendungsprogramm mehrere Modellkoordinatensysteme (Modellräume) gleichzeitig verwalten. Besonders interessant ist dieses Verfahren, wenn mit zwischengespeicherter Grafik (retained graphic) gearbeitet wird. Hierbei können dann vorgefertigte, in verschiedenen Weltkoordinatensystemen gezeichnete Einzelobjekte vielfältig innerhalb eines Modellkoordinatensystems kombiniert werden.

3. **Seitenkoordinatensystem** (page space). Innerhalb des Seitenkoordinatensystems werden die ggf. separat erzeugten Teilbilder zu einer Gesamtgrafik zusammengesetzt. Größe und Maßeinheiten eines Koordinatensystems werden mittels der Funktion GpiCreatePS() festgelegt. Die letzendlich auf dem Ausgabegerät erzeugte Grafik ist ein wählbarer rechteckiger Teilbereich innerhalb des Seitenkoordinatensystems.

4. **Gerätekoordinatensystem** (device space). Das Gerätekoordinatensystem ist in gerätespezifischen Koordinaten definiert. Die vom Seitenkoordinaten-

system ins Gerätekoordinatensystem übertragene Grafik wird so skaliert, daß sie unmittelbar auf dem mit dem Gerätekoordinatensystem verbundenen Ausgabegerät ausgegeben werden kann.

5. **Fensterkoordinatensystem**(media space). Das Fensterkoordinatensystem wird dann benutzt, wenn Grafik innerhalb von Fensterausgabebereichen erzeugt werden soll. Wenn Grafikprimitive innerhalb eines Fensterausgabebereiches positioniert werden, so muß das zugrunde liegende Gerätekoordinatensystem (dies ist das Koordinatensystem des gesamten Bildschirms) einer linearen Verschiebung unterworfen werden, so daß sich die Ausgabekoordinaten auf den Nullpunkt des Fensterausgabebereichs beziehen.

11.7 Transformationen

Der Übergang zwischen verschiedenen Koordinatensystemen ist (fast) immer mit Koordinatentransformationen verbunden. I.d.R. werden solche Transformationen lediglich entweder eine

- Verschiebung des Nullpunktes des Koordinatensystems (dies geschieht z.B. bei Ausgaben innerhalb von Fensterausgabebereichen) oder eine
- Streckung oder Stauchung der Koordinatensysteme

sein. OS/2 stellt darüber hinaus eine Reihe von Transformationen zur Verfügung, die Vektoren des Quellkoordinatensystems mittels einer Matrixtransformation in Vektoren des Zielkoordinatensystems überführen können.

Während die Skalierung von Maßeinheiten beim Übergang von einem Koordinatensystem zum anderen (Streckung oder Stauchung der Koordinatenwerte) sowie notwendige Verschiebungen des Koordinatensystemursprungs sehr einfach mittels der Funktion GpiConvert() durchgeführt werden können, stehen für allgemeine Matrixtransformationen zwischen Koordinatensystemen eine Reihe von speziellen Betriebssystemfunktionen zur Verfügung.

Grundsätzlich leisten diese komplexen Transformationen folgende Aufgaben, die in beliebiger Reihenfolge miteinander kombiniert werden können.

1. **Skalierung:** Streckung oder Stauchung der Koordinatenwerte
2. **Spiegelung:** Spiegelung des Koordinatensystems an der X- oder Y-Achse
3. **Rotation**: Drehung des Koordinatensystems um den Ursprung des Koordinatensystems

11.7 Transformationen

4. **Translation**: Verschiebung des Koordinatensystemursprungs innerhalb der Fläche

5. **Selektive Rotation**: Entweder werden alle vertikalen oder alle horizontalen Linien eines Objektes um den Nullpunkt gedreht (Scherung)

Der Programmierer definiert die einzelnen Transformationen durch Festlegung von 9 Werten einer 3*3-Matrix; die Matrix ist durch eine Struktur vom Typ MATRIXLF definiert. **Achtung** : aus der Tatsache, daß eine 3*3-Matrix die Transformationen zwischen Koordinatenpunkten (Vektoren) vermittelt, darf natürlich nicht gefolgert werden, daß hier etwa 3-dimensionale Vektorräume (Koordinatensysteme) unterstützt werden. Tatsächlich werden alle Grafikoperationen in einer karthesischen Fläche ausgeführt. Diese Matrix vermittelt alle notwendigen Transformationen zwischen zwei Koordinatensystemen (Vektorräumen) durch folgende Transformationsgleichung.

Sei die Transformationsmatrix T gegeben durch die 3*3-Matrix

$$T = \begin{matrix} A & B & 0 \\ C & D & 0 \\ E & F & 1 \end{matrix} = \begin{matrix} M11 & M12 & M13 \\ M21 & M22 & M23 \\ M31 & M32 & M33 \end{matrix}$$

und ein Vektor (Koordinatenpunkt) gegeben durch

$$v = (x, y)$$

dann ist der transformierte Vektor

$$w = (u, v)$$

definiert durch

$$w = v * T$$

mit

$$u = A*x + C*y + E$$
$$v = B*x + D*y + F$$

Da wir alle Transformationen innerhalb einer Fläche durchführen, sind drei dieser Matrixelemente grundsätzlich im Wert vorgegeben. Allgemein ist die lineare Reihenfolge der Strukturelemente des Strukturtyps MATRIXLF

```
typedef struct _MATRIXLF {
FIXED     fxM11;   /* A */
FIXED     fxM12;   /* B */
LONG      lM13;    /* immer 0L */
FIXED     fxM21;   /* C */
FIXED     fxM22;   /* D */
LONG      lM23;    /* immer 0L */
LONG      lM31;    /* E */
LONG      lM32;    /* F */
LONG      lM33;    /* immer 1L */
} MATRIXLF;
```

Leider wird es noch etwas komplizierter. Vier der angegebenen Matritzenelemente (M11, M12, M21, M22) sind Variablen vom Typ FIXED. Variablen dieses Typs sind 32-Bit lang und enthalten im höherwertigen Wort (oberen 2 byte) eine Ganze Zahl (signed int) aus dem Intervall [-32768,+32767] und im niederwertigen Wort den Zähler eines Bruches, dessen Nenner immer als identisch 65536 angenommen wird. Der Zähler ist eine Variable vom Typ unsigned int mit einem zulässigen Wertebereich [0,6535].

Gott sei Dank stellt OS/2 das Makro

MAKEFIXED(Ganzzahliger Anteil, Zähler)

zur Verfügung, um aus der Angabe von ganzzahligem Anteil und Zähler die jeweilige Fließkomma-Darstellung der rationalen Zahl zu erzeugen.

11.7.1 Skalierungstransformation

Ein Vektor (Koordinatenpunkt) soll mit unterschiedlichen Skalierungswerten Sx und Sy für x- und y-Achse skaliert (gestreckt oder gestaucht) werden. Dies bedeutet, daß eine Transformationsmatrix

S : Skalierungsmatrix

so definiert werden muß, daß für alle Vektoren gilt :

```
u = Sx * x
v = Sy * y
```

Die entsprechende Skalierungsmatrix ist dann

$$S = \begin{matrix} Sx & 0 & 0 \\ 0 & Sy & 0 \\ 0 & 0 & 1 \end{matrix}$$

Werden negative Werte für die Skalierungsfaktoren Sx oder Sy angegeben, so wird zusätzlich eine Spiegelung an der y- oder x-Achse vorgenommen.

11.7.2 Rotationstransformation

Ein Vektor (Koordinatenpunkt) soll um den Ursprung des Koordinatensystems (0,0) in einem Winkel alpha zur positiven x-Achse gedreht werden. Dies bedeutet, daß eine Transformationsmatrix

$\quad$ R : Rotationsmatrix

so definiert werden muß, daß für alle Vektoren gilt :

```
u = x*cos(alpha) - y*sin(alpha)
v = x*sin(alpha) + y*cos(alpha)
```

Die entsprechende Transformationsmatrix ist dann

```
        +cos(alpha)   -sin(alpha)   0
R  =    +sin(alpha)   +cos(alpha)   0
             0             0        1
```

Eine Drehung um einen beliebigen Punkt (p,q) ist möglich, indem zunächst eine Translation nach (p,q), dann die gewünschte Rotation und anschließend eine Rücktranslation nach (-p,-q) durchgeführt wird.

11.7.3 Translationstransformation

Ein Vektor (Koordinatenpunkt) soll einer linearen Verschiebung (Translation) zum Punkt (p,q) unterworfen werden. Dies bedeutet, daß eine Transformationsmatrix.

$\quad$ T : Translationsmatrix

so definiert werden muß, daß für alle Vektoren gilt :

```
u = x + p
v = y + q
```

Die entsprechende Transformationsmatrix ist dann

```
         1  0  0
T  =     0  1  0
         p  q  1
```

11.7.4 Scherungstransformation

Alle x-Komponenten (horizontale Scherung) oder alle y-Komponenten (vertikale Scherung) eines Vektors sollen um einen Winkel alpha im Uhrzeigersinn gemessen zur positiven y-Achse verschoben werden. Dies bedeutet, daß jeweils eine Transformationsmatrix

H : Horizontale Scherungsmatrix

V : Vertikale Scherungsmatrix

definiert werden muß. Die entsprechenden Transformationsmatrizen lauten

$$H = \begin{matrix} 1 & 0 & 0 \\ -\tan(\text{alpha}) & 1 & 0 \\ 0 & 0 & 1 \end{matrix}$$

$$V = \begin{matrix} +\tan(\text{alpha}) & 0 & 0 \\ 1 & 1 & 0 \\ 0 & 0 & 1 \end{matrix}$$

Alle so einzeln erzeugten Transformationsmatritzen können, falls eine zusammengesetzte Transformation gewünscht ist, durch Matritzenmultiplikation (natürlich in der richtigen und **nicht kommutativen** Reihenfolge) aus den Einzelmatritzen erzeugt werden.

Natürlich können bei zusammengesetzten Transformationen jeweils die entsprechenden Matrizen einzeln definiert werden und unmittelbar mit jeder dieser Matrizen die entsprechende Transformation einzeln ausgeführt werden.

Dieses Verfahren ist allerdings langsamer als die vorherige Matritzenmultiplikation der einzelnen Transformationsmatritzen und der dann folgenden einmaligen Ausführung der Gesamttransformation.

11.8 Ausschneidebereiche (clipping)

Prinzipiell bedeutet das »Ausschneiden« (clipping) von Grafiken folgenden Vorgang.

Die innerhalb eines Koordinatenraumes erzeugten Grafikprimitive werden durch einen Ausschneidepfad (eine in sich geschlossene, im allgemeinen beliebige Kurve) überlagert und es werden nur die Grafik(teil)ausgaben erzeugt, die innerhalb des so definierten Ausschneidebereiches liegen. Grafikteile, die über diesen

Rand hinausreichen werden genau am Rand »abgeschnitten« und daher außerhalb nicht mehr dargestellt. Da ein Ausschneiderand weder eine Strecke noch achsenparallel sein muß, sondern auch aus Kreisbögen (allg.:Ellipsenbögen) zusammengesetzt sein darf, ist eine vielfältige und komplexe Nutzung von Ausschneidebereichen möglich.

Zu jedem Koordinatensystem gibt es die Möglichkeit, zusätzliche Ausschneidebereiche zu definieren; dabei können abhängig vom aktuellen Koordinatensystem unterschiedlich komplexe Ausschneidepfade (Grenzen des Ausschneidebreiches) definiert werden.

11.8.1 Ausschneidepfad im Weltkoordinatensystem

Innerhalb des Weltkoordinatensystems -also des Systems, in dem ursprünglich die Grafikprimitive erzeugt werden- muß zur Definition eines Ausschneidepfades folgende Funktionskette aufgerufen werden

1. Beginn der Definition des Ausschneidepfades durch die Funktion GpiBeginPath()
2. Definition des Ausschneidepfades durch entsprechende Aufrufe der Grafikprimitive Linie, Kreisbogen und komplexer Grafikobjekte, die aus Linien und Kreisbögen zusammengesetzt sind sowie Fillet- und Splinekurven
3. Beenden der Ausschneidepfad-Definition durch die Funktion GpiEndPath()
4. Optional kann danach der vorher definierte Ausschneidepfad noch durch Aufruf der Funktion GpiModifyPath() modifiziert werden.
5. Der vorher definierte Ausschneidepfad wird durch Aufruf der Funktion GpiSetClipPath() als Ausschneidebereich aktiviert.

Es ist offensichtlich, daß aufgrund der Benutzung allgemeiner Linienprimitive und Kreisbogenprimitive (also auch Fillet-Kurven und Spline-Kurven) praktisch beliebige Ausschneidepfade definiert werden können; tatsächlich können sogar Zeichen eines Vektorzeichensatzes als Ausschneidepfad definiert werden !

11.8.2 Ausschneidepfad im Modellraum

Innerhalb des Modellkoordinatensystems werden mittels der Funktion GpiSetViewingLimits() rechteckige Ausschneidebereiche definiert. Grundsätzlich gilt, daß zusätzlich definierte Ausschneidebereiche die vorher definierten Ausschneidebereiche ergänzen (mit den bestehenden Bereichen vereinigt werden).

11.8.3 Ausschneidebereich im Seitenkoordinatensystem

Die Funktion GpiSetGraphicsField() definiert einen rechteckigen Ausschneidebereich innerhalb des Seitenkoordinatensystems. Dieser Ausschneidebereich legt denjenigen Bereich des Seitenkoordinatensystems fest, der in den Geräteraum (Gerätekoordinatensystem) transformiert wird. Alle grafische Information, die außerhalb dieses Ausschneidebereiches liegt, wird nicht mehr in den Geräteraum transformiert und steht insofern dort auch nicht mehr zu Änderungen des Auschneidebereichs oder Transformationen zur Verfügung.

11.8.4 Ausschneidebereiche im Geräteraum

Der Definition von (immer rechteckigen) Ausschneidebereichen innerhalb des Geräteraums kommt eine besondere Bedeutung zu. Solche rechteckigen Ausschneidebereiche innerhalb des Geräteraums können miteinander kombiniert werden und so komplexe Kombinationen rechteckiger Ausschneidebereiche bilden.

Da die Ausschneiderechtecke in den Koordinaten des Geräteraums definiert werden, treten Rundungsfehler bei der Berechnung der Sichtbarkeit von Grafikprimitiven praktisch nicht auf; daher kann die Definition von Ausschneidebereichen innerhalb des Geräteraumes dazu dienen, lediglich Teile der darzustellenden Grafik (z.B. im Ausgabefenster auf dem Bildschirm) neuzuzeichnen und durch diese partielle Neuzeichnung eine entsprechende Ausgabegeschwindigkeit zu erreichen.

Die Funktion GpiSetClipRegion() definiert die aktuellen rechteckigen Ausschneidebereiche innerhalb des Geräteraums.

Das kleinste Rechteck, das alle aktuellen Ausschneidebereiche umschließt wird durch die Funktion GpiQueryClipBox() ermittelt.

Der aktuell definierte Ausschneidebereich kann innerhalb des Gerätekoordinatensystems verschoben werden durch die Funktion GpiOffsetClipRegion().

Für einen Punkt, der in Weltkoordinaten anzugeben ist, wird ermittelt, ob er unter Berücksichtigung aller definierten Ausschneidebereiche und des Sichtbarkeitsbereiches des Ausgabefensters dargestellt wird (GpiPtVisible()).

Für ein Rechteck, das in Weltkoordinaten angegeben wird, kann durch die Funktion GpiRectVisible() ermittelt werden, ob der Inhalt dieses Rechtecks ganz oder teilweise unter Berücksichtigung aller aktuellen Ausschneidebereiche und des Sichtbarkeitsbereiches des Fensters dargestellt wird.

12 Grafikprogrammierung

Die Programmierung von Grafik mittels Elementarobjekten folgt einigen wenigen Regeln.

1. Stellen Sie einen Gerätekontext und einen Präsentationsraum zur Verfügung. Assoziieren Sie den Präsentationsraum dann mit dem Gerätekontext, wenn die Grafik ausgegeben werden soll.
2. Positionieren Sie die aktuelle Grafikausgabeposition (das ist der Koordinatenpunkt, auf den ein imaginärer Grafikcursor aktuell zeigt) auf den Beginn eines Elementarobjekts.
3. Gezeichnet (und positioniert) wird i.a. in Weltkoordinaten; vor der Grafikausgabe in den Präsentationsraum muß, wenn eine sofortige Ausgabe in den Gerätekontext durchgeführt wird (beide sind bereits assoziiert) eine Koordinatentransformation von Weltkoordinaten in Gerätekoordinaten durchgeführt werden (GpiConvert()).
4. Zeichnen Sie das Elementarobjekt mittels der entsprechenden GpiFunktion; der Grafikausgabepunkt wird fast immer danach am Ende des erzeugten Elementarobjekts liegen.
5. Führen Sie ggf. notwendige Matrixtransformationen durch
6. Wenn Sie die Grafik nicht mehr benötigen, dann löschen Sie Präsentationsraum und Gerätekontext.

12.1 Präsentationsraum und Gerätekontext

Bei der konkreten Programmierung von Grafikprimitiven wollen wir das Beispielprogramm Grafik.C betrachten.

Hier muß zunächst einmal bei Bereitstellung des Fensters (Eintreffen der WM_CREATE-Nachricht) dafür gesorgt werden, daß ein Gerätekontext und ein Präsentationsraum eingerichtet werden. Da wir die vom Benutzer erstellten Grafikprimitive unmittelbar darstellen wollen -und dies ausschließlich im Fensterausgabebereich- kreieren wir zunächst mit der Funktion WinOpenWindowDC() für den Fensterausgabebereich hwnd den Gerätekontext hdc.

```
case WM_CREATE:
{
/* Geraetekontext und Präsentationsraum einrichten */
   hdc = WinOpenWindowDC(hwnd);
```

Grafikausgaben sind damit auf den Ausgabebereich des Programmfensters beschränkt. Zu diesem Gerätekontext hdc muß nun ein im Prinzip beliebig gestaltbarer Präsentationsraum eingerichtet werden. Dies geschieht durch die Funktion GpiCreatePS(); dieser Funktion muß zunächst das Handle des Ankerblocks, das Handle des Gerätekontextes (hdc) sowie die Adresse einer Variablen g vom Typ SIZEL übergeben werden. Diese Variable vom Typ SIZEL ist ein Wertepaar vom Typ LONG, das die Länge der x- und y-Achse des Präsentationsraumes angibt, der durch den Gerätekontext darstellbar ist. Gibt man hier -wie in unserem Beispielprogramm auch geschehen- das Wertepaar (0,0) an, so bedeutet dies, daß die gesamte Größe des Gerätekontextes vollständig genutzt werden soll.

```
   hps = GpiCreatePS(hab, hdc, &g,
         PU_PELS | GPIF_LONG | GPIA_ASSOC);
}
break;
```

Beachten Sie unbedingt an dieser Stelle, daß alle genannten Variablen (hdc, hps und g) als statische Variablen (static) definiert worden sind;

```
static HDC hdc;
static HPS hps;
static SIZEL g = {0,0}; /* Benutze Groesse des hdc */
```

die Fensterhauptfunktion wird vom Betriebssystem bei neu eintreffenden Nachrichten ständig erneut aufgerufen. Variablen, deren Lebensdauer einen Funktionsaufruf überstehen muß, müssen daher statisch oder global definiert werden.

Zurück zu unserer Funktion GpiCreatePS(): Neben den genannten drei Variablen müssen darüber hinaus noch Attribute übergeben werden, die im wesentlichen

- die zu verwendenden Maßeinheiten des Präsentationsraumes PU_PELS: Pixelkoordinaten),

- den Wertebereich des Präsentationsraums (hier GPIF_LONG: 32 Bit für Koordinaten) und

- den Assoziationszusammenhang zwischen Gerätekontext und Präsentationsraum (hier GPIA_ASSOC: Gerätekontext und Präsentationsraum sind miteinander verbunden) definieren. Die direkte Verbindung (Assoziation) von Präsentationsraum und Gerätekontext ist hier notwendig, da ansonsten eine sofortige Darstellung der Grafikprimitiven im Fensterausgabebereich nicht erfolgt.

Natürlich muß nach Durchführung aller Programmarbeiten eine entsprechende Endebehandlung vor dem Löschen des Programmfensters stattfinden.

```
case WM_CLOSE:
  GpiDestroyPS(hps);
  WinPostMsg(hwnd, WM_QUIT, (MPARAM)0,(MPARAM)0);
break;
```

Die Abarbeitung der WM_CLOSE-Nachricht löscht daher mittels der Funktion GpiDestroyPS() das Handle des Präsentationsraumes. Der Gerätekontext hdc muß nicht explizit gelöscht werden, wenn er mittels der Funktion WinOpenWindowDC() (wie hier erfolgt) bereitgestellt wurde, da dieser Gerätekontext automatisch mit dem Programmfenster gelöscht werden.

Nachdem nun sowohl das Kreieren als auch das Löschen von Präsentationsraum und Gerätekontext -also unserer »Zeichenfläche«- besprochen ist, wenden wir uns den interessanteren Teilen der Grafikprimitivprogrammierung zu.

12.2 Primitivattribute

Wählt der Programmbenutzer im Beispielprogramm grafik.c den Menuepunkt *Linie* (ID_LINIE) aus, so wird zunächst mit der Funktion GpiSetAttrs() festgelegt, welche Attribute die zu zeichnende Linie haben soll. Diese Funktion ist äußerst flexibel und ein wichtiges Werkzeug zur Gestaltung der Präsentationsattribute von Grafikprimitiven; entsprechend ihrer Komplexität ist diese Funktion natürlich auch relativ schwierig zu programmieren.

```
case ID_LINIE: /* Linie zeichen */
{
  LINEBUNDLE modus;

  modus.lColor = CLR_BLUE;
  modus.usMixMode = FM_OVERPAINT;
  modus.fxWidth = LINEWIDTH_NORMAL;
  modus.usType = LINETYPE_SOLID;
  GpiSetAttrs(hps, PRIM_LINE,
    LBB_COLOR|LBB_MIX_MODE|LBB_WIDTH|LBB_TYPE, 0L,
    &modus);
```

1. Zunächst einmal wird der Funktion das Handle des Präsentationsraum (hps) übergeben.
2. Der zweite Parameter teilt der Funktion mit, für welches Grafikprimitiv die nachfolgenden Stilangaben gelten sollen. In unserem Fall wollen wir das Aussehen der zu zeichnenden Linien manipulieren und übergeben insofern die Konstanten PRIM_LINE.
3. Der dritte Parameter ist eine Verknüpfung (logisch bitweise oder) all der Attribute, die für die Linie geändert werden sollen; wir geben hier an, daß Farbe, Kombinationsmodus, Linienbreite sowie Linientyp definiert werden sollen.
4. Der vierte Parameter ist in unserem Beispielprogramm identisch NULL gesetzt; an dieser Stelle können Werte der zu ändernden Primitivattribute (ebenfalls verodert) angegeben werden.
5. Wir wählen eine alternative, von der Lesbarkeit der Programmierung her vorzuziehende Programmierungsform. Der fünfte Parameter muß die Adresse einer Struktur sein, deren Typ dem Typ des im zweiten Parameter angegebenen Grafikprimitiv entsprechen muß. In unserem Fall manipulieren wir eine Linie und wählen als Typ des fünften Parameters (modus) entsprechend LINEBUNDLE; andere Strukturtypen existieren für weitere Grafikprimitive. Die so definierte Variable modus wird nun in den Strukturteilen, die zu definieren sind (Angabe des dritten Funktionsparameters) durch die entsprechenden Attributkonstanten belegt und an die Funktion GpiSetAttrs() letztendlich als call by reference übergeben.

Entsprechend können selektiv mit der Funktion GpiSetAttrs() weitere Primitivattribute definiert werden.

```
case ID_LBREITE: /* Linienbreite ändern */
{
 LINEBUNDLE modus;

 modus.fxWidth = LINEWIDTH_THICK;
 GpiSetAttrs(hps, PRIM_LINE,
    LBB_WIDTH, 0L,
    &modus);
}
break;

case ID_LTYP: /* Linientyp ändern */
{
 LINEBUNDLE modus;
```

```
    modus.usType = LINETYPE_DOT;
    GpiSetAttrs(hps, PRIM_LINE,
        LBB_TYPE, 0L,
        &modus);
  }
  break;

  case ID_LFARBE: /* Linienfarbe ändern */
  {
    LINEBUNDLE modus;

    modus.lColor = CLR_RED;
    GpiSetAttrs(hps, PRIM_LINE,
        LBB_COLOR, 0L,
        &modus);
  }
  break;

  case ID_LMIX: /* Überlagerungsmodus ändern */
  {
    LINEBUNDLE modus;

    modus.usMixMode = FM_XOR;
    GpiSetAttrs(hps, PRIM_LINE,
        LBB_MIX_MODE, 0L,
        &modus);
  }
  break;
```

12.3 Linienprimitive

Linienprimitive erfordern immer die Angabe des Endpunktes der zu zeichnenden Strecke; Anfangspunkt ist die aktuelle Grafikausgabeposition. Die Funktion GpiLine() zeichnet dann die Linie.

Grundsätzlich wird das Aussehen der Linie durch folgende Attribute definiert, die auch Inhalt einer Struktur vom Typ LINEBUNDLE sind.

- **Linienbreite** Die hier definierte absolute Linienbreite kann lediglich drei standardisierte Werte annehmen und soll das geometrische Ideal einer Linie als eindimensionales Gebilde repräsentieren. Die absolute Linienbreite wird nicht durch Skalierungstransformationen geändert.

- **Geometrische Linienbreite** Die geometrische Linienbreite wird in den Einheiten des Koordinatensystems angegeben und unterliegt Skalierungstransformationen; bei Streckungen wird sie breiter.
- **Linientyp** Der Linientyp legt fest, ob eine Linie durchgezogen, punktiert, gestrichelt etc. dargestellt werden soll
- **Farbe** Die Linienfarbe Farbe wird definiert
- **Überschreibmodus (Mixmode)** Dieser Modus gibt an, wie neuzuzeichnende Pixel eines Grafikprimitives mit den bereits dargestellten Pixeln des Ausgabebereichs überlagert werden. In der Standardeinstellung des Beispielprogramms wird der Modus FM_OVERPAINT ausgewählt;

```
modus.usMixMode = FM_OVERPAINT;
```

dies bedeutet, daß ein neuzuzeichnendes Pixel anstelle des alten Pixels gesetzt wird. Bei Auswahl des entsprechenden Menuepunktes (*Mixattribut*) wird der Modus in FM_XOR geändert.

```
case ID_LMIX: /* Überlagerungsmodus ändern */
{
    LINEBUNDLE modus;

    modus.usMixMode = FM_XOR;
    GpiSetAttrs(hps, PRIM_LINE,
                LBB_MIX_MODE, 0L,
                &modus);
}
break;
```

Hierbei werden altes Pixel und neues Pixel bitweise mit der logischen XOR-Verknüpfung berechnet.

- **Verbindung zweier Linien (join):** Hier wird festgelegt, wie zwei Linien, die einen gemeinsamen Anfangs- bzw. Endpunkt haben und für die eine geometrische Breite definiert wurde kombiniert werden. Linien mit einer geometrischen Breite können nach einer geeigneten Vergrößerung als gefüllte Rechtecke dargestellt werden; hier wird also festgelegt, ob die Eckenverbindung dieser beiden Rechtecke spitzwinklig, abgeschrägt oder abgerundet dargestellt wird
- **Linienende:** Ähnliches gilt für das Ende einer Linie mit geometrischer Breite; es wird festgelegt, ob das Linienende rechtwinkelig oder abgerundet dargestellt wird.

12.3 Linienprimitive

Beachten Sie bitte, daß die eingestellten Linienattribute für alle geometrischen Primitive gelten, die ihrerseits Geraden (Linien) zu ihrer Darstellung benutzen (z.B. Rechtecke).

Machen wir uns nun für das Zeichen einer Linie in grafik.c zunächst die vorliegende Koordinatensystem-Situation klar.

```
case MODUS_LINIE:
{
    if (!p1) {
```

Die vom Nachrichtenparameter mp1 gelieferten Mauskoordinaten sind Geräte (Bildschirm) Koordinaten, die sich auf das Koordinatensystem des Programmfensters beziehen.

```
        punkt1.x = SHORT1FROMMP(mp1);
        punkt1.y = SHORT2FROMMP(mp1);
```

Die Zeichnungen selber werden aber in Weltkoordinaten ausgeführt. Also müssen Gerätekoordinaten in Weltkoordinaten überführt werden. Diese Umsetzung erfolgt durch Aufruf der Funktion GpiConvert(), wobei der zweite Parameter (CVTC_DEVICE) das Ausgangskoordinatensystem und der dritte Parameter (CVTC_WORLD) das Zielkoordinatensystem angibt.

```
        GpiConvert(hps, CVTC_DEVICE, CVTC_WORLD, 1L,
                                              &punkt1);
```

Die so umgerechneten Punktkoordinaten (punkt1) werden mittels der Funktion GpiMove() dazu benutzt, den aktuellen Grafikausgabepunkt in Weltkoordinaten entsprechend zu plazieren. Die Verwendung der Funktion GpiMove() ermöglicht immer ein Bewegen des Grafikausgabepunktes, ohne dadurch tatsächlich Grafikausgaben zu erzeugen.

```
        GpiMove(hps, &punkt1);
```

An der so angewählten Grafikausgabeposition wird anschließend mittels der Funktion GpiMarker() ein voreingestelltes Punktmarkierungssysmbol dargestellt.

```
        GpiMarker(hps, &punkt1);
        p1 = TRUE;
```

Im Prinzip folgen alle Grafikausgaben im einzelnen diesem Ablauf;

- zunächst wird eine notwendige Transformation der Punktekoordinaten vorgenommen und
- anschließend wird eine entsprechende, mit diesen Punktkoordinaten definierte Grafikoperation durchgeführt.

In unserem Beispielprogramm ist offensichtlich, daß bei Anwahl des zweiten Linienpunktes mittels der Funktion GpiLine() eine Line von der aktuellen Grafikausgabeposition (punkt1) zum Endpunkt der Linie (punkt2) gezogen wird.

```
    } else {
  punkt2.x = SHORT1FROMMP(mp1);
  punkt2.y = SHORT2FROMMP(mp1);
  GpiConvert(hps, CVTC_DEVICE, CVTC_WORLD, 1L,
                                        &punkt2);
  GpiLine(hps, &punkt2);
  GpiMarker(hps, &punkt2);
  p1 = FALSE;
  }
  }
  break;
```

Immer wenn wir einen Linienpunkt markieren, wollen wir in unserem Beispielprogramm diesen Punkt durch ein Symbol markieren; hierzu müssen zunächst die Gestaltungsattribute für die zu setzenden Punktsymbole definiert werden. Selbstverständlich könnte diese Aufgabe wiederum durch einen entsprechenden Aufruf der Funktion GpiSetAttrs() erledigt werden. Lediglich zur Demonstration einer alternativen Methode benutzen wir in unserem Beispielprogramm die Funktion GpiSetMarker(), die lediglich das zu zeichnende Punktsymbol MARKSYM_SOLIDSQUARE festlegt.

```
  GpiSetMarker(hps, MARKSYM_SOLIDSQUARE);
```

12.4 Kreisbögen

Die Kreisbogenprimitive stellen grundsätzlich Ellipsen bzw. Ausschnitte von Ellipsen dar. Aussehen und Orientierung einer Ellipse ist durch die Festlegung der Halbachsenendpunkte der Ellipse bezüglich des Koordinatenursprungs mittels der beiden Punkte (p,s) und (r,q) festgelegt.

12.4 Kreisbögen

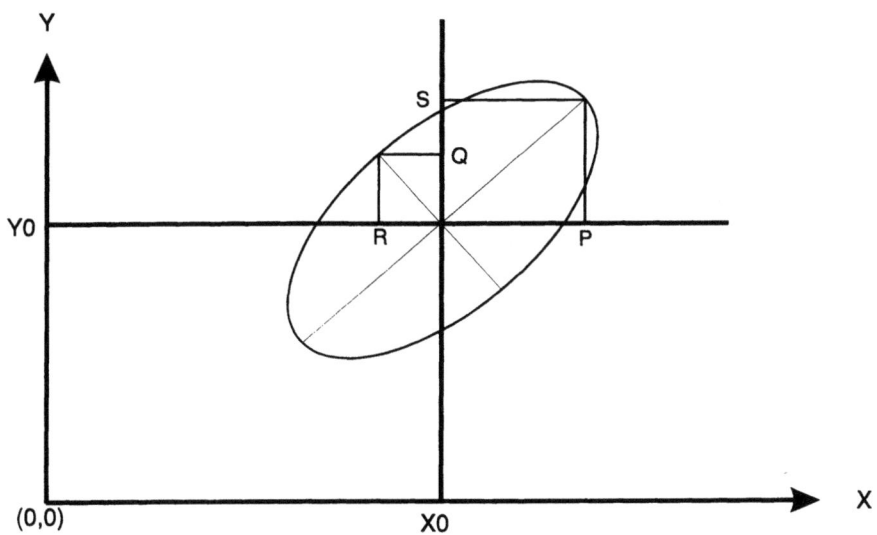

Abb. 12.1 Ellipsenparameter

Diese vier Parameter (p,q,r,s) werden in einer Struktur vom Typ ARCPARAMS

```
typedef struct _ARCPARAMS {
LONG    lP;/* P Parameter*/
LONG    lQ;/* Q Parameter*/
LONG    lR;/* R Parameter*/
LONG    lS;/* S Parameter*/
} ARCPARAMS;
```

den entsprechenden Funktionen übergeben. Wählt man diese Parameter als

    p=q=Kreisradius und r=s=0,

so wird ein Kreis mit dem angegebenen Radius um den Koordinatennullpunkt beschrieben.

Kreisbögen und Ellipsen werden dabei mittels der Funktionen

- GpiFullArc: Kreis oder Ellipse um einen Mittelpunkt
- GpiInitialArc: Kreisausschnitt
- GpiPointArc: Kreisbogen durch drei Punkte

gezeichnet. Dabei wird die Struktur vom Typ ARCPARAMS immer vorher entsprechend definiert und mittels der Funktion

- GpiSetArcParamss()

für die nachfolgenden Ellipsen/Kreisbogenfunktionen bereitgestellt.

Grundsätzlich wird dann eine Ellipse oder ein Kreis um einen Mittelpunkt in drei Teilschritten gezeichnet.

1. Der Mittelpunkt wird gewählt und als aktueller Grafikausgabepunkt durch GpiMove() festgelegt.
2. Eine Variable vom Typ ARCPARAMS definiert die Ellipsenparameter (P;S;R;Q) und spezifiziert diese Parameter mittels der Funktion GpiSetArcParams().
3. Die Funktion GpiFullArc() zeichnet eine Ellipse mit den angegebenen Ellipsenparametern um den unter (1) festgelegten Mittelpunkt.

12.4.1 Kreis um Mittelpunkt

Im Beispielprogramm wird zunächst der Mittelpunkt des Kreises festgelegt und markiert.

```
case MODUS_KREISMP:
{
  ARCPARAMS kreis;
  LONG radius, dx, dy;
  char string[128];

  if (!p1) {
  punkt1.x = SHORT1FROMMP(mp1);
  punkt1.y = SHORT2FROMMP(mp1);
  GpiConvert(hps, CVTC_DEVICE, CVTC_WORLD, 1L,
                                    &punkt1);
  GpiMove(hps, &punkt1);
  GpiMarker(hps, &punkt1);
  p1 = TRUE;
```

und dann ein zweiter Punkt durch den Benutzer ausgewählt.

```
  } else {
  punkt2.x = SHORT1FROMMP(mp1);
  punkt2.y = SHORT2FROMMP(mp1);
  GpiConvert(hps, CVTC_DEVICE, CVTC_WORLD, 1L,
                                    &punkt2);
```

Der Abstand dieser beiden Punkte soll als Radius des zu zeichnenden Kreises bestimmt werden (wir bemühen hier den Satz des Pythagoras);

```
dx = pow((double)(punkt2.x-punkt1.x),2);
dy = pow((double)(punkt2.y-punkt1.y),2);
radius = (LONG)sqrt(dx + dy);

sprintf(string, "P1(%ld,%ld)\nP2(%ld,%ld)\nR=%ld",
   punkt1.x,punkt1.y,punkt2.x,punkt2.y,radius);
WinMessageBox(HWND_DESKTOP, hwnd, string,
     "Kreiskoordinaten", 0, MB_OK);
```

dieser Radius wird für die Ellipsenparameter p und q der Variablen Kreis vom Typ ARCPARAMS übergeben und gleichzeitig werden die Ellipsenparameter r und s identisch 0 gesetzt (diese Parameterwahl generiert einen Kreis um den aktuellen Grafikausgabepunkt mit dem berechneten Radius).

```
kreis.lP = radius;
kreis.lQ = radius;
kreis.lR = 0;
kreis.lS = 0;
GpiSetArcParamss(hps, &kreis);
```

Das nun folgende Zeichen des Kreises wird noch durch die Parameter

- DRO_OUTLINE = Kreislinie wird gezeichnet und
- MAKEFIXED(1,0) = definierter Kreis wird um den Faktor 1 0/65536 skaliert

bestimmt

```
        GpiFullArc(hps, DRO_OUTLINE, MAKEFIXED(1,0));
        p1 = FALSE;
        }
   }
   break;
```

12.4.2 Ellipse durch 3 Punkte

Eine Ellipse wird durch drei Punkte definiert: den Mittelpunkt sowie die beiden Endpunkte der Ellipsenhalbachsen (p,s) und (r,q). In unserem Beispielprogramm definieren wir mit der Markierung von drei Punkten zunächst den Ellipsenmittelpunkt, und dann die beiden Halbachsenendpunkte der Ellipse.

```
case MODUS_ELLIPSE:
{
  ARCPARAMS kreis;

  polypunkt[anzahlpolypunkte].x = SHORT1FROMMP(mp1);
  polypunkt[anzahlpolypunkte].y = SHORT2FROMMP(mp1);
```

```
        GpiConvert(hps, CVTC_DEVICE, CVTC_WORLD, 1L,
          &polypunkt[anzahlpolypunkte]);
        GpiMove(hps, &polypunkt[anzahlpolypunkte]);
        GpiMarker(hps, &polypunkt[anzahlpolypunkte]);

        anzahlpolypunkte++;
        if(anzahlpolypunkte == 3) {
        /* Zeichnen der Ellipse */
```

Es ist dann zur Zeichnung der Ellipse nichts weiter notwendig, als die Struktur vom Typ ARCPARAMS in ihren Teilen lp,lq,lr und ls entsprechend der Ellipsenparameterdefinition mit Werten zu versehen.

```
        /* 1. Punkt = Mittelpunkt */
        GpiMove(hps, &polypunkt[0]);
```

Hierbei ist lediglich darauf zu achten, daß alle Koordinatenangaben der drei Ellipsenpunkte in Weltkoordinaten absolut bezüglich des Nullpunktes des Weltkoordinatensystems angegeben werden und insofern die beiden Achsenendpunkte so zu transformieren sind, daß sie relativ zum Ellipsenmittelpunkt gemessen werden.

```
        /* 2. und 3. Punkt definieren Ellipse */
        kreis.lP = polypunkt[1].x - polypunkt[0].x;
        kreis.lQ = polypunkt[2].y - polypunkt[0].y;
        kreis.lR = polypunkt[2].x - polypunkt[0].x;
        kreis.lS = polypunkt[1].y - polypunkt[0].y;
        GpiSetArcParamss(hps, &kreis);
        GpiFullArc(hps, DRO_OUTLINE, MAKEFIXED(1,0));
        anzahlpolypunkte = 0;
        }
      }
      break;
```

12.4.3 Kreisbogen durch 3 Punkte

Ähnlich einfach ist die Definition eines Kreisbogens durch drei markierte Punkte. Hier sind keinerlei eigene Koordinatentransformationen vorzunehmen und eine Struktur vom Typ ARCPARAMS ist ebenfalls nicht notwendig. Die drei markierten Punkte mit Koordinatenangaben in Weltkoordinaten werden der Funktion GpiPointArc() direkt übergeben (diese Funktion wertet lediglich die ersten drei Feldelemente des übergebenen Feldes aus); die Funktion zeichnet dann einen entsprechenden Kreisbogen.

```
case MODUS_KREISB3:
{
  ARCPARAMS kreis;
```
Zunächst ermitteln der Mauskoordinaten in Gerätekoordinaten
```
  polypunkt[anzahlpolypunkte].x = SHORT1FROMMP(mp1);
  polypunkt[anzahlpolypunkte].y = SHORT2FROMMP(mp1);
```
Gerätekoordinaten in Weltkoordinaten konvertieren
```
  GpiConvert(hps, CVTC_DEVICE, CVTC_WORLD, 1L,
    &polypunkt[anzahlpolypunkte]);
```
Dann Punkt mit Symbol markieren
```
  GpiMove(hps, &polypunkt[anzahlpolypunkte]);
  GpiMarker(hps, &polypunkt[anzahlpolypunkte]);

  anzahlpolypunkte++;
  if(anzahlpolypunkte == 3) {
    /* Zeichnen des Kreises */
```
Jetzt den Kreisbogen durch 3 Punkte direkt (ohne ARCPARAMS) zeichnen
```
    GpiPointArc(hps, polypunkt);
    anzahlpolypunkte = 0;
  }
}
break;
```

12.5 Komplexe Kurven

Neben diesen Kreisbogenprimitiven werden zur Verbindung von mehreren Punkten durch »glatte« Kurven noch zwei zusätzliche komplexe Kurventypen unterstützt; die Erzeugung von *Filletkurven* und *Splinekurven* wird bei Übergabe der zu verbindenden Punkte durch einen einfachen Funktionsaufruf erzeugt.

Bögen können auf komplexe Art und Weise zusammengesetzt werden, so daß Kurvenverläufe entstehen, an deren Nahtstelle (an Berührungspunkten) erste und zweite Ableitung der Einzelkurven identisch sind. Es entsteht der Eindruck einer »in einem Strich« durchgezogenen »glatten« Kurve.

12.5.1 Filletkurven

Fillets bieten die Möglichkeit, eine Folge von Punkten so mittels einer glatten Kurve zu verbinden, daß die Verbindungsstrecken zwischen je zwei dieser Punkte jeweils in ihrer Streckenmitte von der glatten Filletkurve berührt werden.

Im Beispielprogramm werden lediglich wie bei der Benutzung der Option Polylinien mehrere Punkte markiert, die dann mittels Betätigen der rechten Maustaste durch eine Filletkurve miteinander verbunden werden.

```
case MODUS_FILLET:
{
   if(anzahlpolypunkte > 0) {
```

Zuerst muß hier der erste Punkt im Feld zum aktuellen Punkt gemacht und gleichzeitig aus dem Feld gelöscht werden. Hierzu werden alle anderen nachfolgend markierten Punkte in dem Punktefeld um einen Index nach unten verschoben; gleichzeitig ist die Anzahl der Punkte in der Liste um 1 zu verringern.

```
anzahlpolypunkte--;
punkt1 = polypunkt[0];
for(i=0;i<anzahlpolypunkte;i++)
   polypunkt[i] = polypunkt[i+1];
```

Zusätzlich werden die Verbindungsstrecken zwischen den einzelnen Kurvenpunkten in einer anderen Farbe dargestellt.

```
GpiSetColor(hps, CLR_BLUE);
GpiSetLineType(hps, LINETYPE_DOT);
GpiMove(hps, &punkt1);
GpiPolyLine(hps, (LONG)anzahlpolypunkte, polypunkt);

GpiSetColor(hps, CLR_DARKPINK);
GpiSetLineType(hps, LINETYPE_DEFAULT);
```

Programmiertechnisch interessant ist lediglich der Aufruf der Funktion GpiPolyFillet(); diese Funktion stellt für die Punkte des übergebenen Feldes die Filletkurve dar. Hierbei ist wichtig, daß der erste markierte Punkt (Feldindex Null) nicht in der Liste der zu verbindenden Punkte enthalten sein darf.

```
      GpiMove(hps, &punkt1);
      GpiPolyFillet(hps, (LONG)anzahlpolypunkte,
                                     polypunkt);
      anzahlpolypunkte = 0;
   }
}
break;
```

12.5.2 Splines

Ähnlich wie Filletkurven bieten Splines die Möglichkeit, eine Reihe von Paaren aus jeweils 3 Punkten (die Anzahl der Punkte insgesamt muß durch drei ohne Rest teilbar sein) mittels einer glatten Kurve zu verbinden.

Splines sind v. a. bei der Definition von Vektorzeichensätzen von Bedeutung. Programmiertechnisch bietet die Programmierung von Splines gegenüber der Programmierung von Filletkurven nicht sehr viel Neues. Es muß lediglich zur Darstellung der Splinekurve die Funktion GpiPolySpline() entsprechend aufgerufen werden.

Hierbei ist darauf zu achten, daß eine Splinekurve als beginnend mit einem Startpunkt (aktuelle Grafikausgabeposition) unter Berücksichtigung der drei folgenden Punkten gezeichnet wird, wobei der dritte Punkt der Liste identisch mit dem Endpunkt der Splinekurve ist. Die beiden (mittleren) Punkte p1 und p2 definieren das Krümmungsverhalten der Kurve und liegen *nicht* selbst auf der Splinekurve.

```
case MODUS_SPLINE:
{
  polypunkt[anzahlpolypunkte].x = SHORT1FROMMP(mp1);
  polypunkt[anzahlpolypunkte].y = SHORT2FROMMP(mp1);
  GpiConvert(hps, CVTC_DEVICE, CVTC_WORLD, 1L,
                  &polypunkt[anzahlpolypunkte]);
```

Ausgewählte Punkte werden markiert.

```
  GpiSetColor(hps, CLR_DARKRED);
  GpiSetMarker(hps, MARKSYM_SIXPOINTSTAR);
  GpiMove(hps, &polypunkt[anzahlpolypunkte]);
  GpiMarker(hps, &polypunkt[anzahlpolypunkte]);

  anzahlpolypunkte++;
  if(anzahlpolypunkte == 4) {
```

Der erste Punkt wird aus der Liste herausgenommen (es verbleiben 3 Punkte) und zum aktuellen Grafikausgabepunkt gemacht.

```
    anzahlpolypunkte--;
    punkt1 = polypunkt[0];
    for(i=0;i<anzahlpolypunkte;i++)
      polypunkt[i] = polypunkt[i+1];
```

Zur Verdeutlichung werden dann alle Punkte miteinander durch Strecken verbunden.

```
GpiSetColor(hps, CLR_BLUE);
GpiSetLineType(hps, LINETYPE_DOT);
GpiMove(hps, &punkt1);
GpiPolyLine(hps, (LONG)anzahlpolypunkte, polypunkt);

GpiSetColor(hps, CLR_DARKRED);
GpiSetLineType(hps, LINETYPE_DEFAULT);
```

Zuerst Startpunkt aktualisieren...

```
GpiMove(hps, &punkt1);
```

...und dann genau 3 Punkte an den Spline übergeben.

```
    GpiPolySpline(hps, 3L, polypunkt);
    anzahlpolypunkte = 0;
    }
  }
  break;
```

Vergleicht man (z.B. mit dem Beispielprogramm) eine Filletkurve und eine Splinekurve für identische Stützpunkte, so stellt man fest, daß (insbesondere bei Stützpunkten mit starken Schwankungen) die Splinekurve ein »glatteres« Ergebnis liefert.

Sollen (ähnlich wie bei Fillets) mehr als 3 Punkte durch einen Spline approximiert werden, so muß für jede 3-Punkte-Gruppe separat die Funktion GpiPolySpline() aufgerufen werden. Damit an den Berührungspunkten der aneinandergereihten Splines 1te und 2te Ableitung identisch sind (: die Gesamtkurve »glatt« ist), muß das Programm sicherstellen, daß die letzten beiden Punkte des n-ten Splines auf der gleichen Geraden liegen wie die ersten beiden Punkte des (n+1)-ten Splines.

12.6 Punktsymbole (marker)

An beliebigen Punkten des Koordinatensystems können Punktsymbole plaziert werden; üblicherweise wird dies genutzt, um bei Linien Anfangs- und Endpunkt zu markieren. Die Darstellungsattribute eines Punktsymbols werden in einer Struktur vom Typ MARKERBUNDLE festgelegt.

12.6 Punktsymbole (marker)

```
typedef struct _MARKERBUNDLE {
  LONG    lColor;         /* Farbe (siehe GpiSetColor())*/
  LONG    lBackColor;     /* Hintergrundfarbe (siehe
                             GpiSetColor())*/
  USHORT  usMixMode;      /* Überlagerungsmodus*/
  USHORT  usBackMixMode;  /* Überlagerungsmodus
                             Hintergrund*/
  USHORT  usSet;          /* Symbolsatz */
  USHORT  usSymbol;       /* Symbol */
  SIZEF   sizfxCell;      /* Rechteck um Symbol*/
} MARKERBUNDLE;
```

Neben den selbsterklärenden Strukturteilen gelten folgende Inhalte.

- Symbol: Das darzustellende Punktsymbol wird definiert
- Rechteck: Das das Symbol umschließende Rechteck wird beschrieben; eine Änderung der Rechteckgröße bedingt bei Verwendungen von Vektorzeichen auch eine Änderung der Größe des dargestellten Symbols
- Symbolsatz:: Der für die Symbole zu verwendende Zeichensatz wird ausgewählt; dieser ist zu Beginn standardmäßig voreingestellt

Das Aussehen eines Punktsymbols kann mittels dieser Struktur durch die Funktion GpiSetAttrs() ähnlich wie die Präsentationseigenschaften von Linien vorbestimmt werden, ohne daß Präsentationseigenschaften anderer Elementarobjekte dadurch beeinflußt würden.

Natürlich kann auch durch setzen globaler Präsentationsattribute mittels der Funktiongruppe GpiSet *globales_Attribut*() das Aussehen von Punktsymbolen definiert werden; die Funktion GpiSetMarker() wählt dabei das Punktsymbol selbst aus.

```
GpiSetColor(hps, CLR_RED);
GpiSetMarker(hps, MARKSYM_PLUS);
```

Das Punktsymbol selbst wird jeweils am aktuellen Grafikausgabepunkt gesetzt.

```
GpiMove(hps, &polypunkt[anzahlpolypunkte]);
GpiMarker(hps, &polypunkt[anzahlpolypunkte]);
```

12.7 Füllbereiche

OS/2 stellt die Möglichkeit zur Verfügung, bestimmte Bereiche innerhalb eines Koordinatenraumes zu markieren und diese so markierten Bereiche durch ein Muster zu füllen.

Die Markierung solcher Füllbereiche wird durch die Definition eines jeweils geschlossenen Pfades durchgeführt. Ein solcher Pfad ist eine in sich geschlossene Kurve (Endpunkt gleich Anfangspunkt), die durch Verwendung von Linienprimitiven, Kreisbogenprimitiven, komplexen Kurven oder einer Kombination dieser Grafikelemente erzeugt wird.

Die Definition eines solchen geschlossenen Pfades als Begrenzungslinie (Grenzlinie) eines Füllbereiches ist denkbar einfach.

1. Zunächst wird der Beginn der Definition der Füllbereichsgrenze durch Aufruf der Funktion GpiBeginArea() eingeleitet

2. Nun kann durch Verwendung geeigneter Grafikprimitive (Linien, Kreisbögen, Änderung der Grafikausgabeposition, komplexe Kurven, Grafikausgabe eines Vektorzeichens) ein *geschlossener* Pfad definiert werden.

3. Nachdem so ein geschlossener Pfad festgelegt wurde, wird die Definition der Füllgrenze durch Aufruf der Funktion GpiEndArea() beendet

Die beiden Funktionsaufrufe GpiBeginArea() und GpiEndArea() bilden somit eine *logische Klammer*, innerhalb derer die geschlossene Kurve als Grenzlinie des Füllbereichs definiert wird. Die Darstellung irgendwelcher Grafikprimitive während dieses Prozesses wird unterdrückt.

Im Beispielprogramm wird hierzu zunächst die Bereichsumgrenzung mittels eines Polygonzuges definiert; die Polygonstrecken werden hierbei zur Verdeutlichung dargestellt.

```
polypunkt[anzahlpolypunkte].x = SHORT1FROMMP(mp1);
polypunkt[anzahlpolypunkte].y = SHORT2FROMMP(mp1);
GpiConvert(hps, CVTC_DEVICE, CVTC_WORLD, 1L,
    &polypunkt[anzahlpolypunkte]);

GpiSetColor(hps, CLR_DARKBLUE);
GpiSetLineType(hps, LINETYPE_DOT);
GpiSetMarker(hps, MARKSYM_DOT);

GpiMove(hps, &polypunkt[anzahlpolypunkte]);
GpiMarker(hps, &polypunkt[anzahlpolypunkte]);
```

12.7 Füllbereiche

Falls mehr Punkte als zulässig festgelegt werden sollen, wird eine WM_BUTTON2DOWN-Nachricht an die eigene Fensterfunktion geschickt, um die Darstellung des Füllbereiches einzuleiten.

```
anzahlpolypunkte++;
if(anzahlpolypunkte == MAXPOLYPUNKTE-1)
        WinPostMsg(hwnd, WM_BUTTON2DOWN,
                        (MPARAM)mp1,(MPARAM)mp2);
```

Soll nun der Füllbereich dargestellt werden, so muß zunächst mittels der Funktion GpiSetPattern() das gewünschte Füllmuster ausgewählt werden

```
case MODUS_FUELL:
{
  if(anzahlpolypunkte > 2) {
     GpiSetColor(hps, CLR_CYAN);
     GpiSetPattern(hps, PATSYM_DENSE5);
```

und anschließend mittels der logischen Klammer GpiBeginArea() und GpiEndArea() der Füllbereich definiert werden. Sobald mittels der Funktion GpiEndArea() die Definition der Füllbereichsgrenze abgeschlossen ist, wird unmittelbar der Bereich als gefüllt gezeichnet.

```
     GpiBeginArea(hps, BA_ALTERNATE);
     GpiMove(hps, &polypunkt[anzahlpolypunkte-1]);
     GpiPolyLine(hps, (LONG)anzahlpolypunkte,
                                    polypunkt);
     GpiEndArea(hps);

     anzahlpolypunkte = 0;
     }
}
break;
```

Sollte (z.B. aufgrund eines Programmfehlers) der Kurvenzug nicht geschlossen sein, so nimmt das Betriebssystem selbst diese Schließung durch Verwendung einer Geraden vor.

Natürlich können alle Darstellungsattribute eines Füllbereiches mittels der Funktion GpiSetAttr() explizit vorgewählt werden; hierbei ist eine Struktur vom Typ AREABUNDLE

```
typedef struct _AREABUNDLE {
LONG    lColor;         /* Farbe (siehe GpiSetColor())*/
LONG    lBackColor;     /* Hintergrundfarbe (siehe
                           GpiSetColor())*/
```

```
    USHORT usMixMode;       /* Überlagerungsmodus*/
    USHORT usBackMixMode;   /* Überlagerungsmodus
                               Hintergrund*/
    USHORT usSet;           /* Füllmustersatz */
    USHORT usSymbol;        /* Füllmuster */
    POINTL ptlRefPoint;     /* Referenzpunkt */
  } AREABUNDLE;
```

mit Angabe von

- Füllmustersymbol: Dies ist das Grundelement des Füllmusters

- Referenzpunkt: Dies ist der Referenzpunkt, ab dem die Aneinanderreihung des Grundmusters zum Gesamtfüllmuster beginnt

- FüllmusterSet: Hier kann -abweichend von der Voreinstellung- ein selbstdefiniertes Set (eine selbstdefinierte Menge) eigener Füllmuster angegeben werden

- Vordergrundfarbe: Vordergrundfarbe des Füllmusters

- Hintergrundfarbe: Hintergrundfarbe des Füllmusters, falls dieses nicht vollständig deckend ist (an einigen Stellen scheint der Hintergrund durch)

- Vordergrundüberlagerungsmodus: Art der Kombination zwischen Vordergrundfarbe und bereits bestehender Ausgabebereichsfarbe

- Hintergundüberlagerungsmodus: Art der Kombination zwischen Hintergrundfarbe des Füllmusters und bereits bestehender Farbe des Ausgabebereiches

vorab zu definieren und mit GpiSetAttrs() zu setzen.

Etwas komplizierter wird die Situation, wenn innerhalb einer logischen Klammer GpiBeginArea() und GpiEndArea() mehr als ein geschlossener Pfad definiert werden soll, um so z.B. einen gefüllten Ring darzustellen. Hierzu ist sowohl der Außenrand des Ringes als auch der Innenrand des Ringes als geschlossene Kurve zu definieren; gleichzeitig soll aber lediglich der Zwischenraum zwischen beiden Kurven gefüllt dargestellt werden und nicht etwa der Innenraum der Ringinnengrenze. In diesem Zusammenhang stellt OS/2 zwei grundsätzlich verschiedene Möglichkeiten zur Bestimmung des Bereichsinnenraums zur Verfügung.

- **Alternate Modus:** Hierbei wird für alle Punkte innerhalb der äußersten Umgrenzungskurve geprüft, ob eine gerade oder ungerade Anzahl von Begrenzungslinien zu durchschneiden ist, wenn man von dem zu prüfenden Punkt zum Kurvenaußenbereich gelangen will. Wird hierbei eine ungerade Anzahl

Begrenzungskurven durchschnitten, so wird der Punkt als zum Füllbereich gehörend angesehen. Wird dagegen eine gerade Anzahl von Begrenzungslinien durchschnitten, so wird dieser Punkt als nicht zum Füllbereich gehörend angesehen.

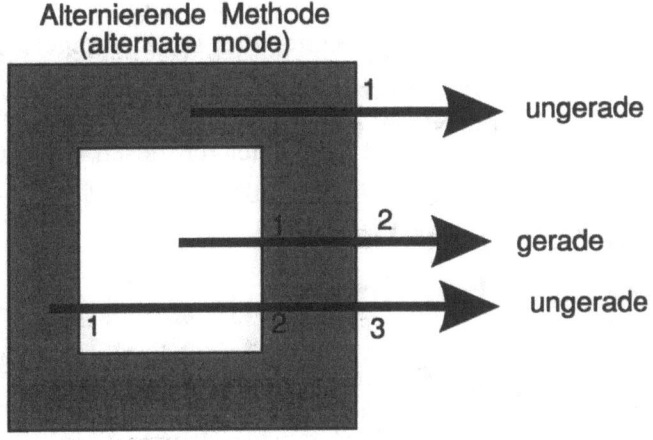

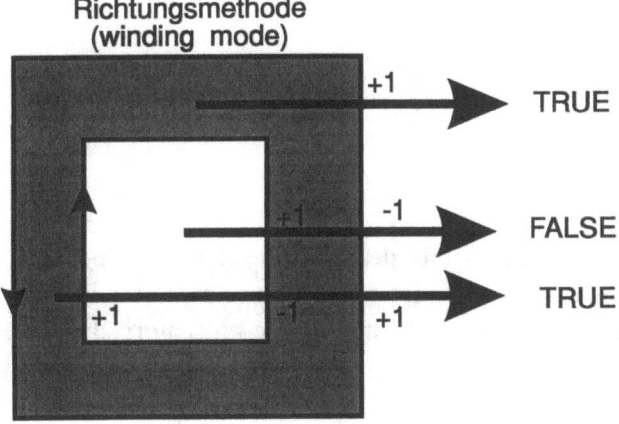

Abb 12.2   Innenbereich eines Pfades

- **Richtungsmodus (Windingmode):** In diesem Modus ist es entscheidend, in welcher Richtung (im Uhrzeigersinn oder gegen den Uhrzeigersinn) die jeweiligen Bereichsbegrenzungskurven erstellt wurden; die Erstellungsrichtung ist durch die Aufeinanderfolge der hierbei benötigten Kurvenstützpunkte eindeutig definiert. Um nun festzustellen, ob ein Punkt zum Füllmusterbereich gehört oder nicht, muß auf dem Weg vom Punkt zum Füllmusteraußenbereich für jede Linie, die im Uhrzeigersinn gezeichnet wurde ein mit 0 initialisierter Zähler um 1 erhöht werden und für jede Linie gegen den Uhrzeigersinn um 1 vermindert werden. Hat man auf diese Weise den Außenbereich erreicht und ist der Zähler für diesen Punkt ungleich 0, so wird der Punkt als zum Füllmusterbereich gehörend angesehen.

12.8 Ausschnittbereiche

Ähnlich wie die Definition eines Füllmusterbereiches wird für die Definition eines Ausschnittbereiches (clipping region) eine logische Klammer durch den Aufruf der beiden Funktionen GpiBeginPath() und GpiEndPath() gebildet.

Innerhalb dieser beiden Funktionsaufrufe (logische Klammer) kann nun die Begrenzung des Ausschnittbereiches durch Verwendung von Linien- und Bogenprimitiven definiert werden

```
case MODUS_CLIP:
{
  LONG pfad;

  if(anzahlpolypunkte > 2) {
  pfad = 1;
```

Die Definition der Begrenzungslinie des Ausschnittbereichs beginnt durch Aufruf der Funktion GpiBeginPath(), der als zweiter Parameter in einer Variablen der Wert 1L übergeben werden muß; dies ist die obligatorische ID des Begrenzungspfades.

```
GpiBeginPath(hps, pfad);
  GpiMove(hps, &polypunkt[anzahlpolypunkte-1]);
  GpiPolyLine(hps, (LONG)anzahlpolypunkte,
                                polypunkt);
GpiEndPath(hps);
```

Nach Abschluß der Definition der geschlossenen Umgrenzungskurve durch die Funktion GpiEndPath() wird mittels der Funktion GpiSetClipPath() die so definierte Umgrenzungskurve als Grenze des Darstellungsbereiches definiert.

```
    GpiSetClipPath(hps, pfad, SCP_ALTERNATE | SCP_AND);
    anzahlpolypunkte = 0;
    }
}
break;
```

Will man die vorher definierten Ausschnittbereiche nachträglich wieder löschen (und damit den gesamten Ausgabebereich wieder für Grafikausgaben verfügbar machen) so muß der Funktion GpiSetClipPath() als zweiter Parameter statt 1L der Wert 0L übergeben werden; damit werden alle vorher getroffenen Vereinbarungen betreffend Ausschnittsbereiche im Weltkoordinatensystem zurückgenommen.

```
case ID_NOCLIP:
{
    GpiSetClipPath(hps, 0L, SCP_ALTERNATE);
}
break;
```

Der so definierte Ausschnittbereich beeinflußt selbstverständlich neben den Grafikprimitiven auch die Darstellung von Füllbereichen.

12.8.1 Bereich aus Vektorzeichen

Abschließend wollen wir noch die Umrißdefinition eines Vektorzeichens zur Definition eines Pfades verwenden und den so gewonnenen Pfad mit einem willkürlichen Muster füllen.

```
case ID_TXTFILL: /* Zeichen mit Muster füllen */
{
    SIZEF cbox;
```

Zuerst machen wir das Vektorzeichen groß genug (man möchte ja was sehen können !).

```
    /* Zur besseren Darstellung : Zeichengroesse */
    cbox.cx = MAKEFIXED(250,0);
    cbox.cy = MAKEFIXED(250,0);
    GpiSetCharMode(hps, CM_MODE2);
    GpiSetCharBox(hps, &cbox);
```

Der Pfad wird definiert.

```
/* Zeichen darstellen und damit Pfad definieren */
GpiBeginPath(hps, 1L);
 punkt1.x = 50;
 punkt1.y = 50;
```

Wir definieren den Pfad als aus 2 getrennten Zeichen (Bereichen) bestehend; beide zusammen definieren dann den Bereich.

```
 GpiCharStringAt(hps, &punkt1, 2L, "W*");
GpiEndPath(hps);

/* Füllmuster bestimmen */
GpiSetPattern(hps, PATSYM_DIAG4);

/* Definierten Pfad füllen */
```

Diese Funktion füllt einen Pfad, auch wenn er aus zwei getrennten Bereichen besteht jeweils separat.

```
 GpiFillPath(hps, 1L, FPATH_ALTERNATE);
 }
 break;
```

12.9 Textausgabe

Bevor Text als Grafikinformation mittels einer der Funktion

- GpiCharString(): Ausgabe einer Zeichenkette an der aktuellen Grafikausgabeposition
- GpiCharStringAt(): Zeichenkette an der angegebenen Position
- GpiCharStringPos(): Zeichenkette an der aktuellen Grafikausgabeposition mit Formatierung
- GpiCharStringPosAt(): Zeichenkette an einer anzugebenden Position mit Formatierung

ausgegeben werden kann, muß zunächst ein Zeichensatz vom Betriebssystem geladen werden.

Wird allerdings ein Präsentationsraum mittels der Funktionen GpiCreatePS() oder WinGetPS() erzeugt, so wird automatisch vom Betriebssystem ein Zeichen-

12.9 Textausgabe

satz (font) als Voreinstellung geladen; hier entfällt die Notwendigkeit, einen Zeichensatz zunächst laden zu müssen.

Grundsätzlich unterstützt das Betriebssystem 2 Zeichensatzarten.

- **Bitmap-Zeichensätze (bitmap font):** Bei dieser Zeichensatzart sind alle Zeichen als jeweils eigene Bitmap definiert. Sie sind -insbesondere bei pixelorientierten Ausgabegeräten wie z.B. Rasterbildschirmen- in ihrer vordefinierten Größe sehr schnell darstellbar und haben demgegenüber den Nachteil, bei flexiblen Größenänderungen sehr leicht undeutlich oder grobstrukturiert zu erscheinen.

- **Kurvenzeichensätze, Vektorzeichensätze (outlinefont):** Zeichen dieser Zeichensatzgruppe werden als Folge von Linien- und Bogenelementen (auch Filletkurven oder Splines) definiert. Die Darstellung dieser Zeichen kann ggf. langsamer als die Darstellung von Bitmapzeichen sein; dagegen ist ein solchermaßen definiertes Zeichen unempfindlich gegenüber jeglicher Art von Transformation (Größenänderung, Drehung, Scherung) und wird immer gleich deutlich dargestellt.

Das Aussehen einzelner Zeichen eines Zeichensatzes kann durch Attribute, die in einer Struktur vom Typ CHARBUNDLE abgelegt werden, mittels der Funktion GpiSetAttrs() beeinflußt werden.

```
typedef struct _CHARBUNDLE {
  LONG   lColor;         /* Farbe (siehe GpiSetColor())*/
  LONG   lBackColor;     /* Hintergrundfarbe (siehe
                            GpiSetColor())*/
  USHORT usMixMode;      /* Überlagerungsmodus */
  USHORT usBackMixMode;  /* Überlagerungsmodus
                            Hintergrund*/
  USHORT usSet;          /* Zeichensatz*/
  USHORT usPrecision;    /* Genauigkeit */
  SIZEF  sizfxCell;      /* Rechteckgröße */
  POINTL ptlAngle;       /* Winkel Basislinie */
  POINTL ptlShear;       /* Scherungswinkel */
  USHORT usDirection;    /* Ausrichtung zur Basislinie */
  USHORT ususTextAlign;  /* Text alignment*/
  FIXED  fxExtra;        /* Zeichenabstand im String */
  FIXED  fxBreakExtra;   /* Zeichenabstand für
                            Leerzeichen */
} CHARBUNDLE;
```

Einige Präsentationsmodi bei der Textausgabe können durch eigene Funktionen gehandhabt werden.

12.9.1 Zeichenmodus

Für jeden Präsentationsraum muß, wenn Zeichen ausgegeben werden sollen, ein Zeichendarstellungsmodus CM_MODEn durch die Funktion

```
GpiSetCharMode(hps, CM_MODE2);
```

definiert werden; dieser Modus darf während der Programmausführung umdefiniert werden.

Abhängig von der Verwendung von Bitmap- oder Vektorzeichensätzen haben die verfügbaren 3 Modi folgende Bedeutung; i.d.R. hat die Verwendung von CM_MODE2 den günstigsten und flexibelsten Effekt.

Zeichenmodus	Bitmapzeichensatz	Vektorzeichensatz
CM_MODE1	Alle Zeichenattribute werden ignoriert; ausgenommen ist die Textrichtung	Alle Zeichenattribute werden unterstützt
CM_MODE2	Die Zeichenattribute Größenrechteck, Winkel, Scherung und Richtung werden bei der Positionierung der Zeichen berücksichtigt, aber nicht auf das Zeichen selbst angewendet	Alle Attribute werden auf das Zeichen angewendet
CM_MODE3	verboten	Alle Attribute werden auf das Zeichen angewendet

Soll eine Zeichenkette mit einem bestimmten Darstellungsattribut ausgegeben werden, so muß zunächst durch Aufruf der Funktion GpiSetCharMode() der Zeichenmodus CM_MODE2 festgelegt werden, damit -unabhängig davon, ob der Zeichensatz ein Bitmap- oder ein Kurvenzeichensatz ist, Präsentationsinformationen, die durch entsprechende Funktionsaufrufe erzeugt werden, bei der Textgrafikausgabe berücksichtigt werden können.

12.9.2 Winkel der Textausgaben

Jede Zeichenkette (String) wird orientiert an einer Basislinie, auf der die einzelnen Zeichen aufliegen, ausgegeben. Diese Basislinie kann in einem Winkel zur positiven x-Achse gedreht werden.

```
case ID_TXTWINKBAS: /* Winkel der Basislinie */
{
    GRADIENTL g = {2L,1L};
```

12.9 Textausgabe

```
        GpiSetCharMode(hps, CM_MODE2);
        GpiSetCharAngle(hps, &g);
        punkt1.x = 150L;
        punkt1.y = 150L;
        GpiCharStringAt(hps, &punkt1, strlen(text), text);
    }
    break;
```

Der Funktion GpiSetCharAngle() muß der Winkel alpha zwischen Textbasislinie und X-Achse in Form eines Gradienten übergeben werden; dabei ist der erste Gradientenwert die Strecke dx und der zweite Gradientenwert die Strecke dy des Steigungsdreiecks, wobei gilt:

```
        tan(alpha) = dy/dx
```

Im Beispiel wird die Basislinie um den Winkel

```
        alpha = arctan(1/2) = arctan(0.5) = 26.5 Grad
```

gedreht und der Text entsprechend ausgegeben. Dabei werden Vektorzeichen je Zeichen rotiert, während Bitmapzeichen unrotiert lediglich auf der gedrehten Basislinie ausgerichtet werden.

Nach dieser Festlegung kann die Zeichenkette mit einer der oben genannten vier Ausgabefunktionen dargestellt werden.

12.9.3 Zeichengröße

Jedes Textzeichen wird innerhalb eines Rechtecks, das das Zeichen umschließt (Umschließungsrechteck, engl. bounding box), dargestellt. Wird nun die Größe des Umschließungsrechtecks geändert, so wird ein Vektorzeichen entsprechend skaliert dargestellt -es ändert tatsächlich seine Darstellungsgröße. Ein Bitmapzeichen bleibt selbst unverändert, wird aber innerhalb des größengeänderten Rechtecks dargesellt und hat daher ggf. einen anderen Abstand zu den nebenstehenden Zeichen einer Zeichenkette.

Die Änderung des Umschließungsrechtecks kann auf 2 Wegen erreicht werden.

1. Durch Änderung des Parameters

    ```
        SIZEF     sizfxCell;     /* Rechteckgröße */
    ```

    innerhalb der CHARBUNDLE-Struktur und folgenden Aufruf von GpiSetAttrs().

2. Durch Verwendung der Funktion GpiSetCharBox(); dies wird in grafik.c genutzt.

```
case ID_TXTBOX: /* Textbox */
{
   SIZEF cbox;
```

Die Dimensionen des Umschließungsrechtecks werden als Struktur SIZEF mit 2 FIXED-Werten definiert; sie geben die x-Größe und y-Größe des Rechtecks in Weltkoordinaten an

```
   cbox.cx = MAKEFIXED(50,0);
   cbox.cy = MAKEFIXED(80,0);

   GpiSetCharMode(hps, CM_MODE2);
   GpiSetCharBox(hps, &cbox);
   punkt1.x = 150L;
   punkt1.y = 150L;
   GpiCharStringAt(hps, &punkt1, strlen(text), text);
}
break;
```

Werden negative Werte für die Rechteckdimensionen angegeben, so wird das Zeichen an den entsprechenden Achsen gespiegelt dargestellt.

12.9.4 Textausgaberichtung

Normalerweise wird eine Zeichenkette -zumindest im europäischen Schriftraum- von links nach rechts geschrieben (sknil hcan sthcer nov thcin dnu). Die 4 möglichen Textausgaberichtungen können relativ zur Basislinie durch die Funktion GpiSetCharDirection() bestimmt werden; der Text wird unabhängig davon immer noch an der Basislinie orientiert.

```
   case ID_TXTRELBAS: /* Richtung zur Basislinie */
   {
      GpiSetCharMode(hps, CM_MODE2);
```

Im Beispielprogramm grafik.c wird die Ausgaberichtung CHDIRN_BOTTOMTOP = *senkrecht zur Basislinie von unten nach oben* gewählt.

```
      GpiSetCharDirection(hps, CHDIRN_BOTTOMTOP);
      punkt1.x = 150L;
      punkt1.y = 150L;
      GpiCharStringAt(hps, &punkt1, strlen(text), text);
   }
   break;
```

Vektorzeichen werden natürlich entsprechend rotiert dargestellt, während ein Bitmapzeichensatz lediglich eine entsprechende Näherung erzeugen kann.

12.9.5 Zeichenscherung

Ein Zeichen (Scherung hat nur sichtbare Wirkung auf Vektorzeichen) wird um einen Winkel alpha gegen die positive y-Achse im Uhrzeigersinn geschert, wobei alle nicht waagerechten Linien des Zeichens um diesen Winkel gedreht werden.

Die Funktion GpiSetCharShear() bestimmt vor der Zeichenausgabe den Scherungswinkel durch Angabe des Steigungsdreiecks (dx,dy) mit

```
cot(alpha) = dy / dx
```

Dabei werden die Längen des Steigungsdreiecks diesmal als Struktur POINTL übergeben.

```
case ID_TXTSCHERUNG: /* Scherung */
{
   POINTL g = {7L,5L};

   GpiSetCharMode(hps, CM_MODE2);
   GpiSetCharShear(hps, &g);
   punkt1.x = 150L;
   punkt1.y = 150L;
   GpiCharStringAt(hps, &punkt1, strlen(text), text);
}
break;
```

Werden Bitmapzeichen im CM_MODE2 einer Scherung unterworfen, so bleibt das Zeichen selbst ungeändert; das Umschließungsrechteck -verantwortlich für die Zeichenpositionierung- wird allerdings geschert.

12.9.6 Zeichenfarbe und Überschreibmodus

Natürlich können für ein Zeichen -dies sieht man schon am Inhalt der CHARBUNDLE-Struktur- auch die Eigenschaften

- Vordergrundfarbe: GpiSetColor()
- Hintergrundfarbe: GpiSetBackColor()
- Vordergrundüberlagerungsmodus: GpiSetMix()
- Hintergrundüberlagerungsmodus: GpiSetBackMix()

einmal durch die genannten Funktionen oder durch die Funktion GpiSetAttrs() mit der Option PRIM_CHAR und der CHARBUNDLE-Struktur geändert werden.

```
case ID_TXTFARBEMIX: /* Farbe und Mix */
{
    CHARBUNDLE modus;
```

Zunächst müssen die entsprechenden Strukturteile gesetzt werden.

```
    modus.lColor = CLR_DARKRED;
    modus.lBackColor = CLR_BLUE;
    modus.usMixMode = FM_XOR;
    modus.usBackMixMode = FM_OVERPAINT;
```

Dann wird die CHARBUNDLE-Struktur mit GpiSetAttrs() zur aktuellen Einstellung für Zeichen gemacht.

```
    GpiSetAttrs(hps, PRIM_CHAR,
        CBB_COLOR|CBB_MIX_MODE|
        CBB_BACK_COLOR|CBB_BACK_MIX_MODE,
        0L,
        &modus);
}
break;
```

12.9.7 Zeichenabstand

Bei einigen Zeichensätzen (i.d.R. Vektorzeichensätzen) kann der Abstand zwischen Zeichen einer Zeichenkette nicht nur durch Änderung des Umschließungsrechtecks, sondern auch durch die Angabe eines Offsetwertes manipuliert werden. Zusätzlich kann ein separater Abstandsoffset für das Leerzeichen (break character) separat definiert werden. Die Funktionen

- GpiSetCharExtra(): Abstand zwischen Zeichen einer Zeichenkette
- GpiSetCharBreakExtra(): Abstandsraum für das Leerzeichen

legen dieses zusätzlich zu den durch den Zeichensatz selbst definierten Abstandswerten vereinbarte Abstandsoffset fest.

12.10 Zeichensätze

OS/2 stellt standardisiert einen Zeichensatz (Bitmapzeichensatz) zur Verfügung; dieser Zeichensatz muß nicht explizit geladen werden.

OS/2 stellt eine Reihe von sowohl Bitmap-Zeichensätzen als auch Kurvenzeichensätzen als Standard zur Verfügung. Die vom Betriebssystem bereit gehaltenen Zeichensätze werden nach

12.10 Zeichensätze

- Zeichensatzart
- Klassenname
- Zeichensatzname
- Größe (bei Bitmapzeichensätzen)

Die Größe von Zeichen wird in der zeichensatzspezifischen Größeneinheit Punkt (point) gemessen; es gilt die Zuordnung

```
1 inch = 72 point
```

strukturiert

OS/2 2.0 Bitmapzeichensätze

Klassenname	Größen (point)
Tms Rmn	8,10,12,14,18,24
Helv	8,10,12,14,18,24
Courier	8,10,12
System Monospace	10

OS/2 2.0 Vektorzeichensätze

Klassenname	Zeichensatz	Alter Zeichensatz
Times New Roman	Times New Roman	Tms Rmn
Times New Roman	Bold	Tms Rmn Bold
Times New Roman	Tms Rmn BoldItalic	Bold Italic
Times New Roman	Italic	Tms Rmn Italic
Helvetica	Helvetica	Helv
Helvetica	Bold	Helv Bold
Helvetica	Bold Italic	Helv Bold Italic
Helvetica	Italic	Helv Italic
Courier	Courier	Courier
Courier	Bold	Courier Bold
Courier Bold	Italic	Courier Bold Italic
Courier	Italic	Courier Italic
Symbol	Symbol	kein Name

Zusätzlich können auch weitere Zeichensätze aus Beschreibungsdateien (name.FON), die die Beschreibung allgemeiner Zeichensatzinformationen ebenso wie die Definition der einzelner Zeichen enthalten geladen werden.

12.10.1 Definitionen

- **glyph** Die Beschreibung des Aussehens jedes Zeichens eines Zeichensatzes wird mit *glyph* bezeichnet. Jeder Zeichensatz hat 4 ausgezeichnete glyph-Positionen:

  1. Erstes glyph
  2. Letztes glyph
  3. Standardglyph (wird benutzt, wenn ein ungültiges, nicht definiertes Zeichen genutzt werden soll)
  4. Leerzeichenglyph

- **Codeseite:** Die physikalische Beschreibung jedes Zeichens (glyph) wird, um die Zeichen vom Programm identifizieren zu können, eindeutig einem Codewert zugeordnet. Die Aneinanderreihung aller Zeichencodes eines Zeichensatzes ist eine Codeseite. Die Codeseite übernimmt dann die Zuordnung des glyph-Codes zu einer Codestandardeinstellung. Solche Codestandardseiten sind z.B.

  - USA
  - Mehrsprachig (Voreinstellung)

- **Proportional-Zeichensatz:** Bei der Definition von Proportionalzeichen ist die x-Dimension des Umschließungsrechtecks abhängig vom einzelnen Zeichen; ein kleines »i« nimmt weniger x-Raum ein als beispielsweise ein großes »M«. Proportionalzeichensätze sehen »flüssiger« aus als Zeichensätze mit gleichbleibendem Umschließungsrechteck (monospaced fonts), werden aber nicht auf allen Ausgabegeräten unterstützt.

- **Kerning:** Einige Zeichensätze (nur Vektorzeichensätze unterstützen Kerning) lassen es zu, daß einezelne Zeichen andere Zeichen in ihren Umschließungsrechtecken überlagern. Dies verbessert zusätzlich das »flüssige« Aussehen eines Zeichensatzes. Kerning ist also immer für Paare von Zeichen definiert, wobei das erste Zeichen in definierter Weise das zweite Zeichen des Kerningpaares überlagern darf. Kerninginformationen können nur durch die Ausgabefunktionen GpiCharStringPos() und GpiCharStringPosAt() genutzt werden, die auch gleichzeitig proportionalen Text im Blocksatz erzeugen können.

- **Blocksatz:** Zeilenweise aufeinanderfolgende Zeichenketten werden mit glattem rechten und linken Rand ausgegeben.
- **Öffentliche Zeichensätze** (public fonts): Alle standardmäßig vom Betriebssystem bereitgestellten Zeichensätze können gleichzeitig (und gemischt !) von allen laufenden Programmen genutzt werden; sie werden als *öffentliche Zeichensätze* bezeichnet.
- **Private Zeichensätze** (privat fonts): Alle Zeichensätze, die ein laufendes Programm mittels der Funktion GpiLoadFonts() bereitstellt (lädt), können nur von dem ladenden Programm selbst genutzt werden; sie werden daher als *private Zeichensätze* bezeichnet.
- **Zeichensatzklasse** (family name): Eine Zeichensatzklasse (siehe Tabelle in 12.10) ist die oberste Ordnungsstruktur für Zeichensätze. Eine Klasse enthält weitere Zeichensätze (identifiziert durch den Zeichensatznamen (font name)), die in ihrer Gestaltung zu der übergeordneten Klasse gehören, sich aber in Einzelattributen (z.B. Fettdarstellung) unterscheiden.
- **Logischer Zeichensatz:** Der logische Zeichensatz wird von der Funktion GpiCreateLogFont() bereit gestellt, indem die geladenen Zeichensatzbeschreibungen (die verfügbaren physikalischen Zeichensätze) mit den Anforderungen an den logischen Zeichensatz verglichen werden und der passendste ausgesucht wird.
- **Physikalischer Zeichensatz:** Die physikalische Beschreibung eines Zeichensatzes enthält neben den Metrikangaben auch alle Zeichendarstellungen; GpiLoadFonts() lädt diese physikalischen Beschreibungen aus Zeichensatzdateien name.FON

12.10.2 Laden von Zeichensätzen

Das Laden von Zeichensätzen ist unter OS/2 eine wenig komplizierte Angelegenheit - trotzdem werden einige vorsichtig zu nutzende Funktion (weil unübersichtlich konstruiert) eingesetzt.

Noch eine Bemerkung zu Beginn : der vom Betriebssystem bereitgestellte Dateiauswahldialog (file dialog) lädt natürlich selbst keine Zeichensätze, sondern hilft lediglich bei der Auswahl von Zeichensatzklassen und Zeichensatznamen. Diese Parameter können dann anschließend an den Dateidialog zum eigentlichen Laden des Zeichensatzes verwendet werden.

Bevor wir beschreiben, wie weitere Systemzeichensätze oder Zeichensätze aus name.FON-Dateien zu laden sind, wollen wir kurz sicherstellen, daß ggf. der voreingestellte Systemzeichensatz aktualisiert werden kann. Dies ist sehr einfach; die Funktion GpiSetCharSet() wählt den Zeichensatz, dessen ID übergeben wird, als den aktuell zu benutzenden aus; übergibt man als ID die Konstante LCID_DEFAULT, so wird der Standardzeichensatz aktualisiert.

```
case ID_TXTFONTSYS: /* Systemzeichensatz aktivieren */
{
   GpiSetCharSet(hps, LCID_DEFAULT);
}
break;
```

OS/2 stellt zwei wesentliche Strukturen (die leider auch sehr umfänglich sind) zur Verfügung, um Eigenschaften und Zeichendarstellung von Zeichensätzen zu definieren.

FONTMETRICS: Diese Struktur kann mittels der Funktionen GpiQueryFonts() und GpiQueryFontMetrics mit Werten geladen werden, die eine Übersicht über allgemeine Parameter der Zeichensatzklasse geben. Diese Werte sind vom Designer des Zeichensatzes als Metrikbeschreibung zur Verfügung gestellt worden und können i.d.R. (wenn der Designer diese Informationen aus Kopierschutzgründen nicht geschützt hat) vom Programm ermittelt und zur Textgestaltung und -formatierung genutzt werden. Im Beispielprogramm nutzen wir die FONTMETRICS-Angaben zur Auswahl eines speziellen Zeichensatzes aus der Klasse.

Im einzelnen hat die Struktur folgenden Aufbau.

```
typedef struct _FONTMETRICS {
CHAR     szFamilyname[FACESIZE];
                    /* Klassenname (z.B. Times) */

CHAR     szFacename[FACESIZE];
                    /* Zeichensatzname
                       (z.B. Times Bold */

USHORT   usRegistry;    /* Registriernummer oder 0 */

USHORT   usCodePage;    /* Codeseite
                         0       Standardcodeseite
                         65400   ZS mit speziellen
                                 Symbolen*/

LONG   lEmHeight;     /* Em ZSgröße in point */
```

12.10 Zeichensätze

```
LONG     lXHeight;          /* Nominalhöhe oberhalb der
                               Basislinie in Weltkoord.*/

LONG     lMaxAscender;      /* Maximalhöhe oberhalb der
                               Basislinie in Weltkoord.*/

LONG     lMaxDescender;     /* Maximaltiefe unterhalb der
                               Basislinie in Weltkoord. */

LONG     lLowerCaseAscent;
                            /* Maximalhöhe oberhalb der
                               Basislinie in Weltkoord. für
                               kleine Buchstaben [a - z] */

LONG     lLowerCaseDescent;
                            /* Maximaltiefe unterhalb der
                               Basislinie in Weltkoord. für
                               kleine Buchstaben [a - z] */

LONG     lInternalLeading;
                            /* Innerer Freiraum */

LONG     lExternalLeading;
                            /* äußerer Freiraum */

LONG     lAveCharWidth;     /* mittlere Buchstabenbreite*/

LONG     lMaxCharInc;       /* Maximale Zeichenbreite (des
                               umschließenden Rechtecks) */

LONG     lEmInc;            /* Em Inkrement */

LONG     lMaxBaselineExt;
                            /* Maximale Gesamthöhe */

SHORT    sCharSlope;        /* Scherungswinkel des ZS; die
                               Einheit ist Grad, Minuten.
                               Minuten : Bit0 - Bit6
                               Grad    : Bit7 - Bit15*/

SHORT    sInlineDir;        /* Standardausgaberichtung rel.
                               zur Basislinie
                               (normal : 0 Grad =
                                von links nach rechts) */

SHORT    sCharRot;          /* Rotation einzelner Zeichen
```

```
                            rel. zur Basislinie in Grad
                            und Minuten
                            gemäß sCharSlope */

USHORT      usWeightClass; /* Gewichts(Dicke)Klasse
                            1000    ultradünn
                            2000    extradünn
                            3000    dünn
                            4000    mitteldünn
                            5000    normal
                            6000    mitteldick
                            7000    dick (bold)
                            8000    extradick
                            9000    ultradick */

USHORT      usWidthClass;  /* Breitenklasse
                            Wert    % Normale Breite
                            1000    50
                            2000    62.5
                            3000    75
                            4000    87.5
                            5000    100
                            6000    112.5
                            7000    125
                            8000    150
                            9000    200 */

SHORT       sXDeviceRes;   /* horizontale Auflösung
                            BitmapZS    pel/inch
                            VektorZS    Einheiten/Em */

SHORT       sYDeviceRes;   /* vertikale Auflösung
                            BitmapZS    pel/inch
                            VektorZS    Einheiten/Em */

SHORT       sFirstChar;    /* erstes Zeichen im ZS gemäß
                            Codeseite */

SHORT       sLastChar;     /* letztes Zeichen im ZS gemäß
                            Codeseite */

SHORT       sDefaultChar;  /* Zeichencode, der benutzt
                            wird, falls eine nicht
                            definiertes Zeichen dar-
                            gestellt werden soll*/
```

12.10 Zeichensätze

```
SHORT    sBreakChar;           /* Leerzeichen (Codewert) */

SHORT    sNominalPointSize;
                               /* Nominale Punktgröße
                                  [1/720 inch] = [1/10 point]*/

SHORT    sMinimumPointSize;
                               /* Minimale Punktgröße
                                  [1/720 inch] = [1/10 point]*/

SHORT    sMaximumPointSize;
                               /* Maximale Punktgröße
                                  [1/720 inch] = [1/10 point]*/

USHORT       usType;           /* Typ

     FM_TYPE_FIXED     Alle Zeichen gleich breit
     FM_TYPE_LICENSED  Daten geschützt (nicht
                       lesbar)
     FM_TYPE_KERNING   Kerninginformation vorhanden
     FM_TYPE_64K       ZS größer als 64 kbyte
     FM_TYPE_DBCS      Nur 2-byte Code
     FM_TYPE_MBCS      1-und2-byte Code gemischt
     FM_TYPE_FACETRUNC ZSname ist gekürzt
     FM_TYPE_FAMTRUNC  Klassenname ist gekürzt
     FM_TYPE_ATOMS     ZSname und Klassenname sind
                       gültige Systematome
                  */

USHORT       usDefn;           /* Zeichensatzdefinitionsart

     FM_DEFN_OUTLINE   Vektorzeichensatz
     FM_DEFN_GENERIC   GPI kann diesen ZS benutzen;
                       sonst nur Gerätenutzbar
                  */

USHORT       usSelection;      /* Auswahlkriterien

     FM_SEL_ITALIC     Italic-Zeichensatz
     FM_SEL_UNDERSCORE Unterstrichen
     FM_SEL_NEGATIVE   Weiß auf Schwarz Zeichensatz
     FM_SEL_OUTLINE    Vektorzeichensatz (hohl)
     FM_SEL_STRIKEOUT  Durchgestrichen
     FM_SEL_BOLD       Dicke Zeichen
                  */
```

```
USHORT      usCapabilities;/* Erweiterte Fähigkeiten

       FM_CAP_NOMIX         Keine Kombination mit Grafik
       QUALITY              0 : undefiniert
                            1 : DP quality
                            2 : DP draft
                            3 : Near letter quality
                            4 : Letter quality
       (dies sind i.d.R. Angaben für DruckerZS)
                    */

LONG    lSubscriptXSize;
                    /* empfohlene x-Größe für
                       tiefgestellte Zeichen in
                       Weltkoordinaten */

LONG    lSubscriptYSize;
                    /* empfohlene y-Größe für
                       tiefgestellte Zeichen in
                       Weltkoordinaten */

LONG    lSubscriptXOffset;
                    /* empfohlenes x-Offset für
                       tiefgestellte Zeichen in
                       Weltkoordinaten */

LONG    lSubscriptYOffset;
                    /* empfohlenes y-Offset für
                       tiefgestellte Zeichen in
                       Weltkoordinaten */

LONG    lSuperscriptXSize;
                    /* empfohlene x-Größe für
                       hochgestellte Zeichen in
                       Weltkoordinaten */

LONG    lSuperscriptYSize;
                    /* empfohlene y-Größe für
                       hochgestellte Zeichen in
                       Weltkoordinaten */

LONG    lSuperscriptXOffset;
                    /* empfohlenes x-Offset für
                       hochgestellte Zeichen in
                       Weltkoordinaten */
```

12.10 Zeichensätze

```
LONG    lSuperscriptYOffset;
                    /* empfohlenes y-Offset für
                       hochgestellte Zeichen in
                       Weltkoordinaten */

LONG    lUnderscoreSize;
                    /* Breite (Dicke) des
                       Unterstrichs bei
                       FM_SEL_UNDERSCORE*/

LONG    lUnderscorePosition;
                    /* Position bzgl. der Basislinie
                       des Unterstrichs bei
                       FM_SEL_UNDERSCORE*/

LONG    lStrikeoutSize;/*
                    /* Breite (Dicke) des
                       Durchstrichs bei
                       FM_SEL_STRIKEOUT*/

LONG    lStrikeoutPosition;
                    /* Position bzgl. der Basislinie
                       des Durchstrichs bei
                       FM_SEL_STRIKEOUT*/

SHORT   sKerningPairs; /* Anzahl Kerningwertepaare */

SHORT   sFamilyClass;  /* Klassennamen ID */

LONG    lMatch;        /* ID des gefundenen ZS */

ATOM    FamilyNameAtom;/* Klassennamen-AtomID */

ATOM    FaceNameAtom;  /* ZSnamen-AtomID */

PANOSE  panPanose;     /* Panose ZS Bezeichner */

} FONTMETRICS;
```

Die geometrische Bedeutung einiger Metrikparameterist der Abb. 12.3 direkt zu entnehmen; die Bemassungsnamen wurden hierzu aus der Struktur übernommen.

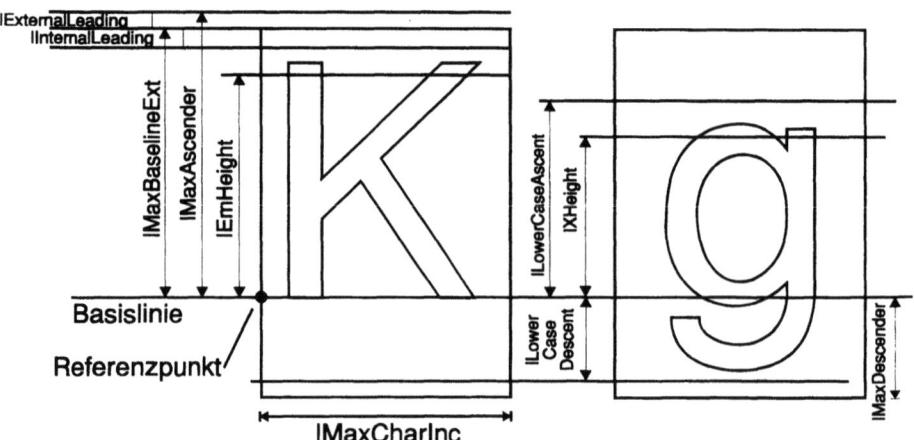

Abb. 12.3 Zeichenbemaßung

FATTRS Diese zweite wichtige Struktur übergibt die zur Auswahl eines physikalischen Zeichensatzes notwendigen Attributfestlegungne an die Funktion GpiCreateLogFont(), die dann einen logischen Zeichensatz kreiert, der den Angaben in FATTRS uind den tatsächlich physikalisch verfgügbaren Zeichensätzen am besten entspricht.

```
typedef struct _FATTRS {
USHORT      usRecordLength;    /* Länge der Struktur */
USHORT      fsSelection;       /* Zeichensatztyp
                                  FATTR_SEL_ITALIC : italic
                                  FATTR_SEL_UNDERSCORE
                                                   : Unterstrichen
                                  FATTR_SEL_BOLD : FETT
                                  FATTR_SEL_STRIKEOUT
                                                   : Durchgestrichen
                                  FATTR_SEL_OUTLINE
                                                   : Vektorzeichen
                               */
LONG        lMatch;            /* Zeichensatz ID */
CHAR        szFacename[FACESIZE];
                               /* Zeichensatzname*/
USHORT      idRegistry;        /* Registriernummer (0 falls
                                  unbekannt*/
USHORT      usCodePage;        /* Codeseite
                                  (0 : Voreinstellung wird
                                  genutzt */
LONG        lMaxBaselineExt;   /* BitmapZS : Höhe des
```

12.10 Zeichensätze

```
                         Zeichensatzes
                         VektorZS : 0 */
    LONG    lAveCharWidth;    /* BitmapZS :mittlere Breite
                         der Zeichen
                         VektorZS : 0 */
    USHORT  fsType;          /* Typen
                         FATTR_TYPE_KERNING
                           nur Postscript
                         FATTR_TYPE_MBCS
                           1-und 2-byte ZS gemischt
                         FATTR_TYPE_DBCS
                           2-byte Zeichensatz
                         FATTR_TYPE_ANTIALISED
                           Antialising
                                          */
    USHORT  fsFontUse;       /* Verwendung des ZS
                         FATTR_FONTUSE_NOMIX
                           Grafik wird nicht gemixt
                         FATTR_FONTUSE_OUTLINE
                           VektorZS (auch für
                           Pfaddefinitionen
                         FATTR_FONTUSE_TRANSFORMABLE
                           Zeichen transformierbar
                           (z.B. Rotation,Scherung)
                                          */
} FATTRS;
```

Einige der Angaben können direkt aus der vorher ermittelten Struktur FONT-METRICS übernommen werden.

Das Beispielprogramm grafik.c enthält zwei Beispiele des Ladens eines Zeichensatzes; zuerst wollen wir das Laden eines vom Betriebssystem bereitgestellten öffentlichen Zeichensatzes (public font) betrachten.

```
case ID_TXTFONT: /* Neuen Zeichensatz laden */
{
   LONG anzahlZS, nZS = 0L;
   char string[128];
   PFONTMETRICS pfm;
   FATTRS fat;
   APIRET rc;
```

Zuerst wird durch die Funktion GpiQueryFonts() ermittelt, wieviele Zeichensätze der Klasse »Courier« OS/2 bereit stellt. Der Klassenname ist direkt der Tabelle in Kapitel 12.10 entnommen worden; da dieser Klassenname sowohl Bitmap- als auch Vektorzeichensätze benennt, werden hier auch beide Arten gefunden.

Achtung : Diese Funktion ist etwas bösartig zu programmieren. Die Variable nZS, die als call by reference übergeben wird, soll per Definition als Eingabewert die Anzahl der zu ladenden Zeichensatzinformationen enthalten; als Ausgabewert die Anzahl der tatsächlich geladenen Zeichensätze. Der Rückgabewert der Funktion soll dann die Anzahl der Zeichensätze enthalten, deren Information nicht geladen wurde.

Übergibt man aber -wie hier- den Wert 0L in nZS, so wird in anzahlZS (Rückgabewert der Funktion) die Anzahl der Zeichensätze, die vom Klassennamen (3. Parameter) betroffen sind zurückgegeben - das wollen wir auch tatsächlich hier ermitteln.

```
/* Wieviele Zeichensätze vom Typ
        "Courier" gibt es ? */
anzahlZS = GpiQueryFonts(hps, QF_PUBLIC, "Courier",
        &nZS, (LONG)sizeof(FONTMETRICS), NULL);

sprintf(string, "Anzahl Courier-Zeichensätze : %d",
                                        anzahlZS);
WinMessageBox(HWND_DESKTOP, hwnd, string,
        "Zeichensatz laden", 0, MB_OK);
```

Für die Anzahl der gefundenen Zeichensätze, zu denen der Klassenname paßt, muß nun genügend Speicherplatz für alle FONTMETRICS-Strukturen (je Zeichensatz eine Struktur) alloziert werden

```
/* Speicherplatz für die gefundenen
   Zeichensätze allozieren */
if(anzahlZS > 0){
```

Achtung : die Funktion DosAllocMem() erwartet als 1. Paramater einen Zeiger auf Zeiger (PPVOID) !

```
    rc = DosAllocMem( (PPVOID)&pfm,
        (ULONG)anzahlZS * (ULONG)sizeof(FONTMETRICS),
        PAG_COMMIT|PAG_WRITE);
    if(rc > 0){
        sprintf(string, "Fehlercode : %d", rc);
        WinMessageBox(HWND_DESKTOP, hwnd, string,
            "DosAllocMem", 0, MB_OK);
        break;
    }
```

Nun steht genügend Speicherplatz bereit, um alle FONTMETRICS-Strukturen zu laden.

12.10 Zeichensätze

Hier wird die Funktion GpiQueryFonts() noch einmal etwas ungemütlich. Jetzt muß die Anzahl der zu ladenden Zeichensätze (die jetzt in anzahlZS steht !) statt nZS als call by reference übergeben werden. Behält man hier (dies ist natürlich ein Flüchtigkeitsfehler, nach dem man lange suchen kann) die Parameterbenennung aus dem oberen Aufruf bei, so werden natürlich 0 Zeichensätze geladen !

Tatsächlich werden jetzt auch alle Zeichensatzbeschreibungen (FONTMETRICS) geladen und stehen anschließend unter pfm zur Verfügung.

```
/* Alle gefundenen ZSätze nach pfm laden */
nZS = GpiQueryFonts(hps, QF_PUBLIC, "Courier",
        &anzahlZS,
        (LONG)sizeof(FONTMETRICS), pfm);
```

Aus allen Beschreibungen (allen gefundenen Zeichensatzmetriken) soll nun eine durch bestimmte Anforderungen definierte ausgewählt werden; wir suchen nach dem Kriterium FM_DEFN_OUTLINE (=Vektorzeichensatz) für den Strukturteil fsDefn.

Hier sei ein kurzer Einschub erlaubt : einige Strukturteilvariablen sind in den Headerdateien und den Originalhandbüchern unterschiedlich benannt. Bei Fehlermeldung des Compilers hilft hier ein kurzer Blick in die Headerdatei, um die richtige (oder aktuelle ?) Benennung zu ermitteln. Diese Fehler kommen allerdings äußerst selten vor.

```
/* Hiervon nun ein spezieller ZS ausgewählt
   werden */
```

Alle gefundenen Zeichensätze werden untersucht...

```
for(i=0; i<anzahlZS; i++) {
  if( pfm[i].fsDefn & FM_DEFN_OUTLINE ) {

    sprintf(string, "Zeichensatz : %d", i);
    WinMessageBox(HWND_DESKTOP, hwnd, string,
        "Zeichensatz ausgewählt", 0, MB_OK);
```

...bis ein Zeichensatz das Selektionskriterium FM_DEFN_OUTLINE erfüllt. Der soll jetzt kreiert werden; dazu muß zunächst eine FATTRS-Struktur entsprechend gefüllt werden.

```
/* Laden von FATTRS mit Informationen aus pfm[i] */
memset(&fat, 0, sizeof(FATTRS));
fat.usRecordLength = sizeof(FATTRS);
strcpy(fat.szFacename, pfm[i].szFacename);
```

```
            fat.idRegistry   = pfm[i].idRegistry;

            break; /* Nicht mehr weiter suchen */
            }
        }
```

Nachdem FATTRS definiert ist, kann der entsprechende logische Zeichensatz kreiert werden.

```
        /* Kreieren des gefundenen Zeichensatzes */
        GpiCreateLogFont(hps, NULL, LOCALFONTID, &fat);
```

Der so kreierte logische Zeichensatz kann aber erst tatsächlich zur Textausgabe genutzt werden, wenn er als aktuell deklariert wird. Beide Funktionen werden durch eine eindeutige ZeichensatzID *LOCALFONTID* verbunden

```
        GpiSetCharSet(hps, LOCALFONTID);
        }
    }
    break;
```

Das Laden eines privaten Zeichensatzes aus einer Zeichensatzdatei wird im wesentlichen in gleicher Weise wie das Laden eines öffentlichen Zeichensatzes durchgeführt.

```
case ID_TXTFONFON: /* Neuen Zeichensatz aus
                      datei.FON laden */
    {
    LONG anzahlZS, nZS = 0L;
    char string[128];
    PFONTMETRICS pfm;
    FATTRS fat;
    APIRET rc;
```

Der wesentliche Unterschied besteht im vorherigen Laden der Zeichensatzklasse aus der Zeichensatzdatei mittels GpiLoadFonts(). Statt eines öffentlichen soll jetzt ein privater Zeichensatz geladen werden; daher wird nach *QF_PUBLIC* gesucht.

```
        if(!GpiLoadFonts(hab, "C:\\OS2\\DLL\\TIMES.FON")) {
          sprintf(string, "Fehler beim Laden der
                             Zeichensätze");
          WinMessageBox(HWND_DESKTOP, hwnd, string,
            "Zeichensatz aus Datei laden", 0, MB_OK);
          break;
        }
```

12.10 Zeichensätze

```
/* Wieviele Zeichensätze gibt es ? */
anzahlZS = GpiQueryFonts(hps, QF_PRIVATE,
            (PSZ)NULL, &nZS,
            (LONG)sizeof(FONTMETRICS), NULL);

sprintf(string,
        "Anzahl Times-Zeichensätze in Datei: %d",
         anzahlZS);
WinMessageBox(HWND_DESKTOP, hwnd, string,
        "Zeichensatz laden", 0, MB_OK);

/* Speicherplatz für die gefundenen ZSätze
                                 allozieren */
if(anzahlZS > 0){
 rc = DosAllocMem( (PPVOID)&pfm,
       (ULONG)anzahlZS * (ULONG)sizeof(FONTMETRICS),
       PAG_COMMIT|PAG_WRITE);
 if(rc > 0){
 sprintf(string, "Fehlercode : %d", rc);
 WinMessageBox(HWND_DESKTOP, hwnd, string,
        "DosAllocMem", 0, MB_OK);
 break;
 }

/* Alle gefundenen ZSätze nach pfm laden */
nZS = GpiQueryFonts(hps, QF_PRIVATE, (PSZ)NULL,
            &anzahlZS,
            (LONG)sizeof(FONTMETRICS), pfm);

/* Hiervon nun ein spezieller ZS ausgewählt
                                   werden */
for(i=0; i<anzahlZS; i++) {
```

Das Auswahlkriterium ist hier (willkürlich) anders definiert: der Zeichensatz soll eine nominale Größe von 100 * 1/10 = 10 point haben.

```
    if( pfm[i].sNominalPointSize > 100 ) {

    sprintf(string, "Zeichensatz : %d", i);
    WinMessageBox(HWND_DESKTOP, hwnd, string,
         "Zeichensatz ausgewählt", 0, MB_OK);

    /* Laden von FATTRS mit Informationen aus pfm[i]
                                              */
    memset(&fat, 0, sizeof(FATTRS));
    fat.usRecordLength = sizeof(FATTRS);
    strcpy(fat.szFacename, pfm[i].szFacename);
```

```
            fat.idRegistry  = pfm[i].idRegistry;

          break; /* Nicht mehr weiter suchen */
           }
         }

         /* Laden des gefundenen Zeichensatzes */
         GpiCreateLogFont(hps, NULL, LOCALFONTID, &fat);
         GpiSetCharSet(hps, LOCALFONTID);
       }
    }
    break;
```

Sollte der so geladene Zeichensatz nicht mehr benötigt werden, spätestens aber bei Programmende *kann* der Systemzeichensatz restauriert und *muß* die ID freigegeben werden.

```
/* ggf. geladenen Zeichensatz frei geben */
GpiSetCharSet(hps, 0L);
PpiDeleteSetID(hps, LOCALFONTID);
```

13 Grafik : Funktionen

13.1 Grafikprimitive : Funktionen

GpiAssociate

Funktion

Ein Präsentationsraum wird mit einem Gerätekontext verbunden oder diese Verbindung wird gelöst

define

```
#define INCL_GPICONTROL oder INCL_GPI oder INCL_PM.
#include <os2.h>
```

Aufruf

fSuccess = GpiAssociate(hps, hdc);

hps (HPS) - input	Handle des Präsentationsraums.
hdc (HDC) - input	Handle des Gerätekontextes.
fSuccess (BOOL) - return	Erfolgsindikator:
TRUE	Kein Fehler
FALSE	Fehler.

GpiBeginArea

Funktion

Die Definition eines Bereichs mittels Linien und Kreisbögen wird eingeleitet; dieser Prozess muß mittels GpiEndArea abgeschlossen werden.

define

```
#define INCL_GPIPRIMITIVES oder INCL_GPI oder INCL_PM.
#include <os2.h>
```

Aufruf

fSuccess = GpiBeginArea(hps, flOptions);

hps (HPS) - input	Präsentationsraum Handle.
flOptions (ULONG)- input	Bereichsoptionen
BA_NOBOUNDARY	Bereichsgrenzen werden nicht gezeichnet
BA_BOUNDARY	Bereichsgrenzen werden gezeichnet
BA_ALTERNATE	Innenbereich wird im Alternate-Modus bestimmt
BA_WINDING	Innenbereich wird im Winding(Richtungs)-Modus bestimmt
fSuccess (BOOL)- return	Erfolgsindikator:
TRUE	Kein Fehler
FALSE	Fehler.

GpiBeginPath

Funktion

Die Definition eines Pfades mittels Linien und Kreisbögen wird eingeleitet; dieser Prozess muß mittels GpiEndPath abgeschlossen werden.

define

```
#define INCL_GPIPATHS oder INCL_GPI oder INCL_PM
#include <os2.h>
```

Aufruf

fSuccess = GpiBeginPath(hps, lPath);

hps (HPS)- input   Handle des Präsentationsraum

13.1 Grafikprimitive : Funktionen

lPath (LONG) - input	PfadID, dieser Wert muß immer 1L sein
fSuccess (BOOL) - return	Erfolgsindikator:
TRUE	Kein Fehler
FALSE	Fehler.

GpiBox

Funktion

Ein Rechteck wird gezeichnet.

define

```
#define INCL_GPIPRIMITIVES oder INCL_GPI oder INCL_PM.
#include <os2.h>
```

Aufruf

lHits = GpiBox(hps, lControl, pptlPoint, lHRound, lVRound);

hps (HPS) - input	Handle des Präsentationsraums
lControl (LONG) - input	Rand- und Innenbereichsmodi
DRO_FILL	Innenbereich füllen
DRO_OUTLINE	Rand zeichnen
DRO_OUTLINEFILL	Innebereich füllen und Rand zeichnen
pptlPoint (PPOINTL) - input	Koordinaten des Rechteckpunktes, der diagonal der aktuellen Position gegenüber liegt; die aktuelle Position und dieser Punkt definieren Position und Größe des Rechtecks eindeutig.
lHRound (LONG) - input	Eckenrundung. Angegeben wird die horizontale Länge der Hauptachse der die Ecke darstellenden Ellipse
lVRound (LONG) - input	Eckenrundung. Angegeben wird die horizontale Länge der Hauptachse der die Ecke darstellenden Ellipse

lHits (LONG) - return Fehlerindikator

    GPI_OK kein Fehler

    GPI_HITS Korrelation ok

    GPI_ERROR Fehler

GpiCharString

Funktion

Eine Zeichenkette wird an der aktuellen Grafikausgabeposition ausgegeben.

define

```
#define INCL_GPIPRIMITIVES oder INCL_GPI oder INCL_PM.
#include <os2.h>
```

Aufruf

lHits = GpiCharString(hps, lCount, pchString);

hps (HPS) - input Handle des Präsentationsraums

lCount (LONG) - input Länge der Zeichenkette in byte (maximal 512 Zeichen incl \0 erlaubt)

pchString (PCH) - input Zeiger auf Zeichenkette

lHits (LONG) - return Fehlerindikator

    GPI_OK kein Fehler

    GPI_HITS Korrelation ok

    GPI_ERROR Fehler

GpiCharStringAt

Funktion

Eine Zeichenkette wird an der angegebenen Position ausgegeben.

13.1 Grafikprimitive : Funktionen 463

define

```
#define INCL_GPIPRIMITIVES oder INCL_GPI oder INCL_PM.
#include <os2.h>
```

Aufruf

lHits = GpiCharStringAt(hps, pptlPoint, lCount, pchString);

hps (HPS) - input	Handle des Präsentationsraums
pptlPoint (PPOINTL) - input	Ausgabepunkt (Startpunkt der Textbasislinie)
lCount (LONG) - input	Länge der Zeichenkette in byte (maximal 512 Zeichen incl \0 erlaubt)
pchString (PCH) - input	Zeiger auf Zeichenkette
lHits (LONG) - return	Fehlerindikator
GPI_OK	kein Fehler
GPI_HITS	Korrelation ok
GPI_ERROR	Fehler

GpiCharStringPos

Funktion

Eine Zeichenkette wird an der aktuellen Grafikausgabeposition ausgegeben; es können hierbei Formatierungen an der Zeichenkette vorgenommen werden.

define

```
#define INCL_GPIPRIMITIVES oder INCL_GPI oder INCL_PM
#include <os2.h>
```

Aufruf

lHits = GpiCharStringPos(hps, prclRect, flOptions, lCount, pchString, alAdx);

hps (HPS) - input   Handle des Präsentationsraums

prclRect (PRECTL) - input	Zeiger auf eine Rechteckstruktur, die in Weltkoordinaten das Hintergrundrechteck der Zeichenkette definiert. Dieses Rechteck ist Grundlage für die Formattierungen
flOptions (ULONG) - input	Formatierungsoptionen
CHS_OPAQUE	Hintergrundrechteck wird in Hintergrundfarbe dargestellt
CHS_VECTOR	Inkrementvektor alAdx wird berücksichtigt (Verschiebungsvektor)
CHS_LEAVEPOS	Die aktuelle Grafikausgabeposition bleibt auch nach Zeichenausgabe unverändert; ansonsten wird sie auf das Stringende gesetzt
CHS_CLIP	Zeichenkette wird nur innerhalb des Hintergrundrechtecks dargestellt; außerhalb wird der Text abgeschnitten
CHS_UNDERSCORE	Zeichenkette wird unterstrichen dargestellt
CHS_STRIKEOUT	Zeichenkette wird durchgestrichen dargestellt
lCount (LONG) - input	Länge der Zeichenkette in byte (maximal 512 Zeichen incl \0 erlaubt)
pchString (PCH) - input	Zeiger auf Zeichenkette
alAdx (PLONG) - input	Verschiebungsvektor
lHits (LONG) - return	Fehlerindikator
GPI_OK	kein Fehler
GPI_HITS	Korrelation ok
GPI_ERROR	Fehler

GpiCharStringPosAt

Funktion

Eine Zeichenkette wird an der wählbaren Grafikausgabeposition ausgegeben; es können hierbei Formatierungen an der Zeichenkette vorgenommen werden.

define

```
#define INCL_GPIPRIMITIVES oder INCL_GPI oder INCL_PM
#include <os2.h>
```

Aufruf

lHits = GpiCharStringPosAt(hps, pptlStart, prclRect, flOptions, lCount, pchString, alAdx);

hps (HPS) - input	Handle des Präsentationsraums
pptlStart (PPOINTL) - input	Startpunkt (Beginn der Textbasislinie)
prclRect (PRECTL) - input	Zeiger auf eine Rechteckstruktur, die in Weltkoordinaten das Hintergrundrechteck der Zeichenkette definiert. Dieses Rechteck ist Grundlage für die Formatierungen.
flOptions (ULONG) - input	Formatierungsoptionen
CHS_OPAQUE	Hintergrundrechteck wird in Hintergrundfarbe dargestellt
CHS_VECTOR	Inkrementvektor alAdx wird berücksichtigt (Verschiebungsvektor)
CHS_LEAVEPOS	Die aktuelle Grafikausgabeposition bleibt auch nach Zeichenausgabe unverändert; ansonsten wird sie auf das Stringende gesetzt
CHS_CLIP	Zeichenkette wird nur innerhalb des Hintergrundrechtecks dargestellt; außerhalb wird der Text abgeschnitten
CHS_UNDERSCORE	Zeichenkette wird unterstrichen dargestellt
CHS_STRIKEOUT	Zeichenkette wird durchgestrichen dargestellt
lCount (LONG) - input	Länge der Zeichenkette in byte (maximal 512 Zeichen incl \0 erlaubt)
pchString (PCH) - input	Zeiger auf Zeichenkette
alAdx (PLONG) - input	Verschiebungsvektor
lHits (LONG) - return	Fehlerindikator

GPI_OK	kein Fehler
GPI_HITS	Korrelation ok
GPI_ERROR	Fehler

GpiCloseFigure

Funktion

Während einer Pfaddefinition (also innerhalb einer logischen Klammer der beiden Funktion GpiBeginPath und GpiEndPath) wird hiermit ein Pfad automatisch geschlossen (mit einer Linie).

define

```
#define INCL_GPIPATHS oder INCL_GPI oder INCL_PM
#include <os2.h>
```

Aufruf

fSuccess = GpiCloseFigure(hps);

hps (HPS) - input	Handle des Präsentationsraums
fSuccess (BOOL) - return	Erfolgsindikator:
TRUE	Kein Fehler
FALSE	Fehler.

GpiConvert

Funktion

Ein Feld mit Koordinatenangaben wird von einem Quellkoordinatensystem in ein Zielkoordinatensystem transformiert.

define

```
#define INCL_GPITRANSFORMS oder INCL_GPI oder INCL_PM
#include <os2.h>
```

Aufruf

fSuccess = GpiConvert(hps, lSrc, lTarg, lCount, aptlPoints);

hps (HPS) - input	Handle des Präsentationsraums
lSrc (LONG) - input	Bezeichner des Quellkoordinatensystems
CVTC_WORLD	Weltkoordinaten
CVTC_MODEL	Modelkoordinaten
CVTC_DEFAULTPAGE	Seitenkoordinaten vor Standardtransformation
CVTC_PAGE	Seitenkoordinaten nach Standardtransformation
CVTC_DEVICE	Gerätekoordinaten
lTarg (LONG) - input	Bezeichner des Zielkoordinatensystems
CVTC_WORLD	Weltkoordinaten
CVTC_MODEL	Modelkoordinaten
CVTC_DEFAULTPAGE	Seitenkoordinaten vor Standardtransformation
CVTC_PAGE	Seitenkoordinaten nach Standardtransformation
CVTC_DEVICE	Gerätekoordinaten
lCount (LONG) - input	Anzahl Koodrdinatenangaben (jeweils ein Punkt mit zwei Koordinaten) im Feld aptlPoints
aptlPoints (PPOINTL) - input/output	Feld mit Koordinaten vom Typ POINTL
fSuccess (BOOL) - return	Erfolgsindikator:
TRUE	Kein Fehler
FALSE	Fehler.

GpiConvertWithMatrix

Funktion

Ein Feld mit Koordinaten (jeweils Punkte mit x- und y-Koordinate) wird einer Transformation unterzogen, die durch die Transformationsmatrix vorher definiert worden ist.

Die Matrix ist eine (3*3)-Matrix mit den Elementen
```
A  B  0
C  D  0
E  F  1
```
die in einem Feld in der Reihenfolge (A, B, 0, C, D, 0, E, F, 1) definiert werden. Ein Punkt (x,y) wird mittels Matrix-Vektor-Multiplikation gemäß

```
(x,y)neu = (A*x + C*y + E, B*x + D*y + F)
```

transformiert

define
```
#define INCL_GPITRANSFORMS oder INCL_GPI oder INCL_PM
#include <os2.h>
```

Aufruf

fSuccess = GpiConvertWithMatrix(hps, lCount,aptlPoints, lCount, pmatlfArray);

hps (HPS) - input	Handle des Präsentationsraums
lCount (LONG) - input	Anzahl Koordinatenangaben im Feld
aptlPoints (PPOINTL) - input/output	Feld mit Koordinaten
lCount (LONG) - input	Anzahl zu berücksichtigender Matrixelemente, beginnend mit dem ersten Element M(1,1)
Wert < 9	restliche Matrixelemente werden der Einheitsmatrix entnommen
Wert = 0	Die Einheitsmatrix wird genommen
pmatlfArray (PMATRIXLF) - input	Transformationsmatrix; das übergebene Feld enthält die Elemente der Transformationsmatrix
fSuccess (BOOL) - return	Erfolgsindikator:
TRUE	Kein Fehler
FALSE	Fehler.

MATRIXLF Transformationsmatrix

Die Matrix ist eine (3*3)-Matrix mit den Elementen

```
A  B  0
C  D  0
E  F  1
```

die in einem Feld in der Reihenfolge (A, B, 0, C, D, 0, E, F, 1) definiert werden. Ein Punkt (x,y) wird mittels Matrix-Vektor-Multiplikation gemäß

```
(x,y)neu = (A*x + C*y + E, B*x + D*y + F)
```

transformiert

```
typedef struct _MATRIXLF {
FIXED    fxM11;   /* A */
FIXED    fxM12;   /* B */
LONG     lM13;    /* 0 */
FIXED    fxM21;   /* C */
FIXED    fxM22;   /* D */
LONG     lM23;    /* 0 */
LONG     lM31;    /* E */
LONG     lM32;    /* F */
LONG     lM33;    /* 1 */
} MATRIXLF;
```

GpiCreateLogFont

Funktion

Ein logischer Zeichensatz wird definiert; das Betriebssystem wird hierzu denjenigen physikalisch vorhandenen Zeichensatz auswählen, der der Charakteristik des logischen Zeichensatzes am meisten entspricht. Wird zunächst ein physikalischer Zeichensatz geladen (GpiLoadFonts()) und dann die so bekannt gewordenen Zeichensatzcharakteristiken direkt auf den logischen Zeichensatz übertragen, so entsprechen sich beide bestmöglich.

define

```
#define INCL_GPILCIDS oder INCL_GPI oder INCL_PM
#include <os2.h>
```

Aufruf

lMatch = GpiCreateLogFont(hps, pName, lLcid, pAttrs);

hps (HPS) - input	Handle des Präsentationsraums
pName (PSTR8) - input	Logischer Name des Zeichensatzes (8 byte lang)
lLcid (LONG) - input	Eindeutige ID aus dem Werteintervall [0, 254], die den logischen Zeichensatz bezeichnet
0	Der Standartdzeichensatz wird geändert (er hat immer die ID 0)
pAttrs (PFATTRS) - input	Zeiger auf eine Struktur vom Typ FATTRS, die die Eiggenschaften des neuen Zeichensatzes spezifiziert
lMatch (LONG) - return	Erfolgsindikator
FONT_MATCH	Zeichensatz kann passend dargestellt werden
FONT_DEFAULT	Kein passender physikalischer Zeichensatz vorhanden; der Standardzeichensatz wird benutzt
GPI_ERROR	Fehler.

FATTRS Zeichensatzattribute

```
typedef struct _FATTRS {
USHORT      usRecordLength;    /* Länge der Struktur */
USHORT      fsSelection;    /* Zeichensatztyp
                    FATTR_SEL_ITALIC : italic
                    FATTR_SEL_UNDERSCORE
                                : Unterstrichen
                    FATTR_SEL_BOLD : FETT
                    FATTR_SEL_STRIKEOUT
                                : Durchgestrichen
                    FATTR_SEL_OUTLINE
                                : Vektorzeichen
                    */
LONG        lMatch;        /* Zeichensatz ID */
CHAR        szFacename[FACESIZE];
                    /* Zeichensatzname*/
USHORT      idRegistry;        /* Registriernummer (0 falls
                    unbekannt*/
USHORT      usCodePage;        /* Codeseite
```

13.1 Grafikprimitive : Funktionen 471

```
    LONG    lMaxBaselineExt;    (0 : Voreinstellung wird
                                  genutzt */
                                /* BitmapZS : Höhe des
                                  Zeichensatzes
                                  VektorZS : 0 */
    LONG    lAveCharWidth;      /* BitmapZS :mittlere Breite
                                  der Zeichen
                                  VektorZS : 0 */
    USHORT  fsType;              /* Typen
                                  FATTR_TYPE_KERNING
                                    nur Postscript
                                  FATTR_TYPE_MBCS
                                    1-und 2-byte ZS gemischt
                                  FATTR_TYPE_DBCS
                                    2-byte Zeichensatz
                                  FATTR_TYPE_ANTIALISED
                                    Antialising
                                */
    USHORT  fsFontUse;           /* Verwendung des ZS
                                  FATTR_FONTUSE_NOMIX
                                    Grafik wird nicht gemixt
                                  FATTR_FONTUSE_OUTLINE
                                    VektorZS (auch für
                                    Pfaddefinitionen
                                  FATTR_FONTUSE_TRANSFORMABLE
                                    Zeichen transformierbar
                                    (z.B. Rotation,Scherung)
                                */
} FATTRS;
```

GpiCreatePS

Funktion

Ein Präsentationsraum wird bereitgestellt.

define

```
#define INCL_GPICONTROL oder INCL_GPI oder INCL_PM.
#include <os2.h>
```

Aufruf

hps = GpiCreatePS(hab, hdc, psizlSize, flOptions);

hab (HAB) - input	Handle des Ankerblocks.
hdc (HDC) - input	Handle des Gerätekontextes.
psizlSize (PSIZEL) - input	Größe des Präsentationsraums; der Nullpunkt des Präsentationsraums liegt im Ursprung des Seitenkoordinatensystems. Die Größenangaben definieren ein Rechteck mit der linken unteren Ecke am Ursprung (0,0). Dieses Rechteck definiert den Sichtbarkeitsbereich bei der Transformation von Weltkoordinaten in Gerätekoordinaten
x oder y Wert = 0	GPIA_ASSOC muß definert sein; es wird dann der gesamte Geräteausgabebereich benutzt
flOptions (ULONG) - input	Darstellungsoptionen; für jeden Bereich muß ein Wert ausgewählt und mit den anderen bitweise verodert werden
1. PS_UNITS	Einheiten im Präsentationsraum
PU_ARBITRARY	Programm muß selbst für Einheitentransformation sorgen, im Geräteraum wird die maximale Zeichenfläche verfügbar gemacht
PU_PELS	Pixel (pel) Koordinaten
PU_LOMETRIC	Einheit = 0.1 mm
PU_HIMETRIC	Einheit = 0.01 mm
PU_LOENGLISH	Einheit = 0.01 inch
PU_HIENGLISH	Einheit = 0.001 inch
PU_TWIPS	Einheit = 1/1440 inch
2. PS_FORMAT	Koordinatenlänge in byte (maximaler Wertebereich)
GPIF_DEFAULT	Standardeinstellung, wie GPIF_LONG
GPIF_LONG)	4 byte Ganzzahl (int)
GPIF_SHORT	2 byte Ganzzahl (int)

13.1 Grafikprimitive : Funktionen

3. PS_TYPE	Typ des Präsentationsraums
GPIT_NORMAL	Voreinstellung
GPIT_MICRO	Micro-Präsentationsraum, GPIA_ASSOC muß dann gesetzt sein
4. PS_MODE	Modus, reserviert = 0
5. PS_ASSOCIATE	Verbindungsmodus
GPIA_NOASSOC	Präsentationsraum und Gerätekontext sind nicht sofort verbunden
GPIA_ASSOC	Präsentationsraum und Gerätekontext sind sofort verbunden; Grafikoperationen werden sofort ausgegeben
hps (HPS) - return	Handle des Präsentationsraums
Wert ungleich 0	Handle
GPI_ERROR	Fehler.

PpiDeleteSetID

Funktion

Eine für einen logischen Zeichensatz oder eine Bitmap vergebene ID wird ungültig gemacht (gelöscht).

define

```
#define INCL_GPILCIDS oder INCL_GPI oder INCL_PM
#include <os2.h>
```

Aufruf

fSuccess = PpiDeleteSetID(hps, lLcid);

hps (HPS) - input	Handle des Präsentationsraums
lLcid (LONG) - input	Wert der ID
LCID_ALL	Alle vergebenen ID's werden freigegeben. Der Standardzeichensatz wird erneut geladen (unter ID 0), falls er vorher geändert wurde

LCID_DEFAULT	Der Standardzeichensatz wird erneut geladen (unter ID 0), falls er vorher geändert wurde
fSuccess (BOOL) - return	Erfolgsindikator:
TRUE	Kein Fehler
FALSE	Fehler.

GpiDestroyPS

Funktion

Ein Präsentationsraum wird gelöscht; er ist vorher mittels GpiCreatePS() erzeugt worden.

define

```
#define INCL_GPICONTROL oder INCL_GPI oder INCL_PM.
#include <os2.h>
```

Aufruf

fSuccess = GpiDestroyPS(hps);

hps (HPS) - input	Handle des Präsentationsraums
fSuccess (BOOL) - return	Erfolgsindikator:
TRUE	Kein Fehler
FALSE	Fehler.

GpiEndArea

Funktion

Die Definition eines Bereichs mittels Linien und Kreisbögen wird abgeschlossen; dieser Prozess muß mittels GpiBeginArea eingeleitet werden.

define

```
#define INCL_GPIPRIMITIVES oder INCL_GPI oder INCL_PM.
#include <os2.h>
```

13.1 Grafikprimitive : Funktionen

Aufruf

lHits = GpiEndArea(hps);

hps (HPS) - input	Handle des Präsentationsraums
lHits (LONG) - return	Fehlerindikator
GPI_OK	kein Fehler
GPI_HITS	Korrelation ok
GPI_ERROR	Fehler

GpiEndPath

Funktion

Die Definition eines Pfades wird abgeschlossen; sie muß mittels GpiBeginPath eingeleitet werden.

define

```
#define INCL_GPIPATHS oder INCL_GPI oder INCL_PM
#include <os2.h>
```

Aufruf

fSuccess = GpiEndPath(hps);

hps (HPS) - input	Handle des Präsentationsraums
fSuccess (BOOL) - return	Erfolgsindikator:
TRUE	Kein Fehler
FALSE	Fehler.

GpiErase

Funktion

Der gesamte Zeichenbereich des mit dem Präsentationsraum verbundenen Gerätekontexts wird mit der eingestellten Hintergrundfarbe (CLR_BACKGROUND) überschrieben (gelöscht).

define

```
#define INCL_GPICONTROL oder INCL_GPI oder INCL_PM.
#include <os2.h>
```

Aufruf

fSuccess = GpiErase(hps);

hps (HPS) - input   Handle des Präsentationsraums

Erfolgsindikator:

    TRUE   Kein Fehler

    FALSE   Fehler.

GpiExcludeClipRectangle

Funktion

Ein rechteckiger Bereich wird aus dem aktuellen Ausschneidebereich (clipping region) ausgenommen.

define

```
#define INCL_GPIREGIONS oder INCL_GPI oder INCL_PM
#include <os2.h>
```

Aufruf

lComplexity = GpiExcludeClipRectangle(hps,prclRectangle);

hps (HPS) - input   Handle des Präsentationsraums

prclRectangle (PRECTL)
- input   Rechteck in Weltkoordinaten, das aus dem Ausschneidebereich heraus genommen wird

lComplexity (LONG)
- return   Komplexität des entstandenen Ausschneidebereichs

    RGN_NULL   kein Bereich definiert

    RGN_RECT   Rechteck

13.1 Grafikprimitive : Funktionen 477

| RGN_COMPLEX | Bereich komplexer als Rechteck |
| RGN_ERROR | Fehler |

GpiFillPath

Funktion

Für einen (geschlossenen) Pfad wird der Innenbereich des Pfades gefüllt.

define

```
#define INCL_GPIPATHS oder INCL_GPI oder INCL_PM
#include <os2.h>
```

Aufruf

lHits = GpiFillPath(hps, lPath, lOptions);

hps (HPS) - input	Handle des Präsentationsraums
lPath (LONG) - input	ID des Pfades, dessen Innenbereich zu füllen ist; hier ist nur der Wert 1 zulässig
lOptions (LONG) - input	Fülloption; hier wird der Modus festgelegt, nach dem für einen beliebigen Punkt bestimmt wird, ob er innerhalb oder außerhalb des Pfades liegt und insofern zum Füllbereich zählt oder nicht
FPATH_ALTERNATE	Alternate-Modus (Voreinstellung)
FPATH_WINDING	Winding-Modus
lHits (LONG) - return	Fehlerindikator
GPI_OK	kein Fehler
GPI_HITS	Korrelation ok
GPI_ERROR	Fehler

GpiFullArc

Funktion

Eine Ellipse wird um einen gegebenen Mittelpunkt gezeichnet; die Ellipsenparameter müssen vorher mittels GpiSetArcParams() gesetzt werden.

define

```
#define INCL_GPIPRIMITIVES oder INCL_GPI oder INCL_PM
#include <os2.h>
```

Aufruf

lHits = GpiFullArc(hps, lControl, fxMultiplier);

hps (HPS) - input	Handle des Präsentationsraums
lControl (LONG) - input	Zeichenmodus für Rand und Innenbereich
DRO_FILL	Innenbereich füllen
DRO_OUTLINE	Rand zeichnen
DRO_OUTLINEFILL	Rand zeichen und Innenbereich füllen
fxMultiplier (FIXED) - input	Größe der Ellipse relativ zu den Angaben in GpiSetArcParams(); es sind nur rationale (Brüche) Vielfache der Größe von 1 bis 255 zulässig
lHits (LONG) - return	Fehlerindikator
GPI_OK	kein Fehler
GPI_HITS	Korrelation ok
GPI_ERROR	Fehler

13.1 Grafikprimitive : Funktionen 479

GpiLine

Funktion

Beginnend mit der aktuellen Grafikausgabeposition (Linienanfangspunkt) wird eine Linie bis zum angegebenen Linienendpunkt gezeichnet; der aktuelle Grafikausgabepunkt ist dann das Linienende.

define

```
#define INCL_GPIPRIMITIVES oder INCL_GPI oder INCL_PM.
#include <os2.h>
```

Aufruf

lHits = GpiLine(hps, pptlEndPoint);

hps (HPS) - input	Handle des Präsentationsraums
pptlEndPoint (PPOINTL) - input	Linienendpunkt
lHits (LONG) - return	Fehlerindikator
GPI_OK	kein Fehler
GPI_HITS	Korrelation ok
GPI_ERROR	Fehler

GpiLoadFonts

Funktion

Ein oder mehrere physikalische Zeichensätze werden aus einer externen Ressource geladen.

define

```
#define INCL_GPILCIDS oder INCL_GPI oder INCL_PM
#include <os2.h>
```

Aufruf

fSuccess = GpiLoadFonts(hab, pszFilename);

hab (HAB) - input	Handle des Ankerblocks.
pszFilename (PSZ) - input	Dateiname; ggf. mit Laufwerks- und Pfadangabe. Der Dateiname muß auf .FON enden; falls die Namenserweiterung fehlt, wird .FON angenommen. Beachten Sie : bei Pfadangaben muß jeweils ein Doppelbackslash \\ verwendet werden
fSuccess (BOOL) - return	Erfolgsindikator:
TRUE	Kein Fehler
FALSE	Fehler.

GpiMarker

Funktion

Eine Punktmarkierung wird an die angegebene Position gezeichnet.

define

```
#define INCL_GPIPRIMITIVES oder INCL_GPI oder INCL_PM
#include <os2.h>
```

Aufruf

lHits = GpiMarker(hps, pptlPoint);

hps (HPS) - input	Handle des Präsentationsraums
pptlPoint (PPOINTL) - input	Punktsymbol-Position
lHits (LONG) - return	Fehlerindikator
GPI_OK	kein Fehler
GPI_HITS	Korrelation ok
GPI_ERROR	Fehler

13.1 Grafikprimitive : Funktionen 481

GpiMove

Funktion

Die aktuelle Grafikausgabeposition wird - ohne Erzeugung einer Grafikausgabe - an die angegebene Position gesetzt.

define

```
#define INCL_GPIPRIMITIVES oder INCL_GPI oder INCL_PM.
#include <os2.h>
```

Aufruf

fSuccess = GpiMove(hps, pptlPoint);

hps (HPS) - input	Handle des Präsentationsraums
pptlPoint (PPOINTL) - input	Neue Position in Weltkoordinaten
fSuccess (BOOL) - return	Erfolgsindikator:
TRUE	Kein Fehler
FALSE	Fehler.

GpiPartialArc

Funktion

Es wird zunächst eine Gerade von der aktuellen Grafikausgabeposition zum Beginn des Bogens und dananch der definierte Ellipsenbogen selbst gezeichnet.

define

```
#define INCL_GPIPRIMITIVES oder INCL_GPI oder INCL_PM
#include <os2.h>
```

Aufruf

lHits = GpiPartialArc(hps, pptlCenter, fxMultiplier, fxStartAngle, fxSweepAngle);

hps (HPS) - input   Handle des Präsentationsraums

pptlCenter (PPOINTL)	
- input	Bogenmittelpunkt
fxMultiplier (FIXED)	
- input	Größe des Bogens relativ zu den Angaben in GpiSetArcParams(); es sind nur rationale (Brüche) Vielfache der Größe von 1 bis 255 zulässig
fxStartAngle (FIXED)	
- input	Startwinkel in Grad aus dem Intervall [0,360]; es sind nur rationale Zahlen zulässig
fxSweepAngle (FIXED)	
- input	Bogenwinkel in Grad aus dem Intervall [0,360]; es sind nur rationale Zahlen zulässig
lHits (LONG) - return	Fehlerindikator
GPI_OK	kein Fehler
GPI_HITS	Korrelation ok
GPI_ERROR	Fehler

GpiPointArc

Funktion

Ein Ellipsenbogen wird unter Nutzung der aktuellen Bogenparameter durch 3 definierte Punkte gezeichnet; der Bogen beginnt mit der aktuellen Position.

define

```
#define INCL_GPIPRIMITIVES oder INCL_GPI oder INCL_PM
#include <os2.h>
```

Aufruf

lHits = GpiPointArc(hps, aptlPoints);

hps (HPS) - input   Handle des Präsentationsraums

aptlPoints (PPOINTL) - input	Mittlerer Punkt und Endpunkt des Bogens; der dritte Punkt ist der Anfangspunkt identisch der aktuellen Position
lHits (LONG) - return	Fehlerindikator
GPI_OK	kein Fehler
GPI_HITS	Korrelation ok
GPI_ERROR	Fehler

GpiPolyFillet

Funktion

Beginnend mit der aktuellen Position werden die definierten Punkte mittels einer »glatten« Filletkurve verbunden. Die Verbindungsgeraden zwischen den Punkten berühren jeweils in ihrer Mitte diese Kurve.

define

```
#define INCL_GPIPRIMITIVES oder INCL_GPI oder INCL_PM
#include <os2.h>
```

Aufruf

lHits = GpiPolyFillet(hps, lCount, aptlPoints);

hps (HPS) - input	Handle des Präsentationsraums
lCount (LONG) - input	Anzahl Punkte im Feld aptlPoints; dieser Wert muß > 0 sein
aptlPoints (PPOINTL) - input	Feld, das die zu verbindenden Punkte (ohne den Anfangspunkt) enthält
lHits (LONG) - return	Fehlerindikator
GPI_OK	kein Fehler
GPI_HITS	Korrelation ok
GPI_ERROR	Fehler

GpiPolyFilletSharp

Funktion

Beginnend mit der aktuellen Position werden die definierten Punkte mittels einer »glatten« Filletkurve verbunden. Die Verbindungsgeraden zwischen den Punkten berühren jeweils in ihrer Mitte diese Kurve. Der zusätzliche Parameter afxSharpness beeinflußt das Krümmungsverhalten der Filletkurve.

Wert > 1 Hyperbolisch

Wert = 1 Parabolisch

Wert < 1 Elliptisch

define

```
#define INCL_GPIPRIMITIVES oder INCL_GPI oder INCL_PM
#include <os2.h>
```

Aufruf

lHits = GpiPolyFilletSharp(hps, lCount, aptlPoints, afxSharpness);

hps (HPS) - input	Handle des Präsentationsraums
lCount (LONG) - input	Anzahl Punkte im Feld aptlPoints; dieser Wert muß > 0 sein
aptlPoints (PPOINTL) - input	Feld, das die zu verbindenden Punkte (ohne den Anfangspunkt) enthält
afxSharpness (PFIXED) - input	Feld, das die Krümmungsparameter je Kurventeilstück enthält
lHits (LONG) - return	Fehlerindikator
GPI_OK	kein Fehler
GPI_HITS	Korrelation ok
GPI_ERROR	Fehler

GpiPolygons

Funktion

Ein Polygon (Linienzug) wird gezeichnet.

define

```
#define INCL_GPIPRIMITIVES oder INCL_GPI oder INCL_PM
#include <os2.h>
```

Aufruf

lHits = GpiPolygons(hps, lCount, alPolygons, lOptions, lmodel);

hps (HPS) - input	Handle des Präsentationsraums
lCount (LONG) - input	Anzahl Linien im Polygon
alPolygons (PPOLYGON) - input	Feld mit Elementen des Strukturtyps POLYGON; definiert die Polygone
lOptions (LONG) - input	Ermittlungsmethode des Innenbereichs des Polygons
BA_ALTERNATE	Innenbereich wird im Alternate-Modus ermittelt
BA_WINDING	Innenbereich wird im Winding-Modus ermittelt
lmodel (LONG) - input	Füllmodus
GPI_MODEL	Linien unten rechts werden mit einbezogen
GDI_MODEL	Linien unten rechts werden nicht mit einbezogen
lHits (LONG) - return	Fehlerindikator
GPI_OK	kein Fehler
GPI_HITS	Korrelation ok
GPI_ERROR	Fehler

GpiPolyLine

Funktion

Eine Folge von Linien wird gezeichnet.

define

```
#define INCL_GPIPRIMITIVES oder INCL_GPI oder INCL_PM.
#include <os2.h>
```

Aufruf

lHits = GpiPolyLine(hps, lCount, aptlPoints);

hps (HPS) - input	Handle des Präsentationsraums
lCount (LONG) - input	Anzahl Punkte des Linienzugs
aptlPoints (PPOINTL) - input	Feld mit den Punkten des Linienzugs
lHits (LONG) - return	Fehlerindikator
GPI_OK	kein Fehler
GPI_HITS	Korrelation ok
GPI_ERROR	Fehler

GpiPolyMarker

Funktion

Für eine definierte Punktmenge werden Punktsymbole in jedem Punkt gezeichnet

define

```
#define INCL_GPIPRIMITIVES oder INCL_GPI oder INCL_PM
#include <os2.h>
```

Aufruf

lHits = GpiPolyMarker(hps, lCount, aptlPoints);

hps (HPS) - input	Handle des Präsentationsraums
lCount (LONG) - input	Anzahl Punkte > 0
aptlPoints (PPOINTL) - input	Feld mit den Punkten
lHits (LONG) - return	Fehlerindikator
GPI_OK	kein Fehler
GPI_HITS	Korrelation ok
GPI_ERROR	Fehler

GpiPolySpline

Funktion

Eine Folge von Beziersplines (»glatte« Verbindung zwischen je 2 Punkten) wird gezeichnet. Jeder Spline wird durch den Anfangspunkt (der aktuelle Punkt), 2 nicht auf der Kurve liegende Kontrollpunkte c1 und c2 und den Endpunkt e definiert

define

```
#define INCL_GPIPRIMITIVES oder INCL_GPI oder INCL_PM
#include <os2.h>
```

Aufruf

lHits = GpiPolySpline(hps, lCount, aptlPoints);

hps (HPS) - input	Handle des Präsentationsraums
lCount (LONG) - input	Anzahl Punkte; diese Anzahl muß ein ganzzahliges Vielfaches von 3 sein und in der Reihenfolge c1, c2, e je Teilkurve die Punkte des Splines definieren. Der Endpunkt der n-ten Teilkurve ist der Anfangspunkt der n+1-ten Teilkurve

aptlPoints (PPOINTL) - input	Feld mit den Punkten in der Reihenfolge c11, c12, e1, c21, c22, e2, ...
lHits (LONG) - return	Fehlerindikator
GPI_OK	kein Fehler
GPI_HITS	Korrelation ok
GPI_ERROR	Fehler

GpiQueryAttrs

Funktion

Die aktuell gültigen Darstellungsattribute für eine definierte Primitivart werden ermittelt.

define

```
#define INCL_GPIPRIMITIVES oder INCL_GPI oder INCL_PM
#include <os2.h>
```

Aufruf

lDefMask = GpiQueryAttrs(hps, lPrimType, flAttrMask, ppbunAttrs);

hps (HPS) - input	Handle des Präsentationsraums
lPrimType (LONG) - input	Primitivtyp
PRIM_LINE	Linien und Bögen
PRIM_CHAR	Zeichendarstellung
PRIM_MARKER	Punktsymbole
PRIM_AREA	Bereiche
PRIM_IMAGE	Bilder
flAttrMask (ULONG) - input	Attributmaske (siehe GpiSetAttrs)

ppbunAttrs (PBUNDLE)	
- output	Gesetzte Attribute zu der Attributmaske (siehe GpiSetAttrs)
lDefMask (LONG)	
- return	Standardeinstellungen (siehe GpiSetAttrs)
GPI_ALTERROR	Fehler

GpiQueryClipBox

Funktion

Das Rechteck, das engstmöglich den gesamten aktuell definierten Ausschnittsbereich umschließt wird ermittelt

define

```
#define INCL_GPIREGIONS oder INCL_GPI oder INCL_PM
#include <os2.h>
```

Aufruf

lComplexity = GpiQueryClipBox(hps, prclBound);

hps (HPS) - input	Handle des Präsentationsraums
prclBound (PRECTL)	
- output	Umschließendes Rechteck
lComplexity (LONG)	
- return	Komplexität des Ausschnittbereichs
RGN_NULL	kein Bereich
RGN_RECT	Rechteck
RGN_COMPLEX	komplexer als Rechteck
RGN_ERROR	Fehler.

GpiQueryCurrentPosition

Funktion

Die aktuelle Position des Grafikausgabepunktes wird ermittelt

define

```
#define INCL_GPIPRIMITIVES oder INCL_GPI oder INCL_PM
#include <os2.h>
```

Aufruf

fSuccess = GpiQueryCurrentPosition(hps,pptlPoint);

hps (HPS) - input	Handle des Präsentationsraums
pptlPoint (PPOINTL) - output	Aktuelle Positionskoordinaten
fSuccess (BOOL) - return	Erfolgsindikator:
TRUE	Kein Fehler
FALSE	Fehler.

GpiQueryDevice

Funktion

Das Handle des aktuell mit dem Präsentationsraum verbundenen Gerätekontextes wird ermittelt.

define

```
#define INCL_GPICONTROL oder INCL_GPI oder INCL_PM.
#include <os2.h>
```

Aufruf

hdc = GpiQueryDevice(hps);

hps (HPS) - input Handle des Präsentationsraums

hdc (HDC) - return	Handle des Gerätekontextes
HDC_ERROR	Fehler
NULL	kein Gerätekontext verbunden
Anderer Wert	Handle

GpiQueryFontMetrics

Funktion

Metrikangaben des aktuellen logischen Zeichensatzes werden ermittelt

define

```
#define INCL_GPILCIDS oder INCL_GPI oder INCL_PM
#include <os2.h>
```

Aufruf

fSuccess = GpiQueryFontMetrics(hps,lMetricsLength, pfmMetrics);

hps (HPS) - input	Handle des Präsentationsraums
lMetricsLength (LONG) - input	Länge der Angaben
(PFONTMETRICS) - output	Zeiger auf Speicherbereich, der die Angaben aufnehmen soll
fSuccess (BOOL) - return	Erfolgsindikator:
TRUE	Kein Fehler
FALSE	Fehler.

GpiQueryFonts

Funktion

Angaben zu physikalischen Zeichensätzen werden ermittelt

define

```
#define INCL_GPILCIDS oder INCL_GPI oder INCL_PM
#include <os2.h>
```

Aufruf

lRemFonts = GpiQueryFonts(hps, flOptions,pszFacename, plReqFonts, lMetricsLength, afmMetrics);

hps (HPS) - input	Handle des Präsentationsraums
flOptions (ULONG) **- input**	Angabe, welche Zeichensätze zu untersuchen sind
QF_PUBLIC	Systemzeichensätze; diese werden immer vom Betriebssystem bereit gehalten
QF_PRIVATE	Zeichensätze, die in Dateien separat zu den Systemzeichensätzen definiert sind
QF_NO_DEVICE	Ausgabezeichensätze werden nicht berücksichtigt
QF_NO_GENERIC	Musterzeichensätze werden nicht berücksichtigt
pszFacename (PSZ) **- input**	Zeichensatz-Klassen-Name; hierunter können mehrere (Unter)Zeichensätze verwaltet werden
NULL	Alle Zeichensätze durchsuchen, unabhängig vom Klassennamen
plReqFonts (PLONG) **- input/output**	Anzahl Zeichensätze, für die Informationen geladen werden sollen (input). Die Anzahl der tatsächlich geladenen Zeichensatzinformationen wird zurückgegeben (output)
0	Die Anzahl aller verfügbaren Zeichensätze wird ermittelt
lMetricsLength (LONG) **- input**	Länge der Information je Zeichensatz in byte
afmMetrics (PFONTMETRICS) **- output**	Zeiger auf Speicherbereich, der die gesamte Information aufnehmen soll

13.1 Grafikprimitive : Funktionen 493

lRemFonts (LONG)
- return | Anzahl der Zeichensätze, deren Information **nicht** zurückgegeben wurde

    Wert >= 0   Anzahl

    GPI_ALTERROR   Fehler.

GpiQueryPel

Funktion

Der Farbwert des definierten Punktes wird ermittelt.

define

```
#define INCL_GPIBITMAPS oder INCL_GPI oder INCL_PM
#include <os2.h>
```

Aufruf

lColor = GpiQueryPel(hps, pptlPoint);

hps (HPS) - input   Handle des Präsentationsraums

pptlPoint (PPOINTL)
- input   Punktposition in Weltkoordinaten

lColor (LONG)
 - return   Farbindex

    Wert >= 0   Index

    CLR_NOINDEX   Farbe ist nicht in der logischen Farbtabelle

    GPI_ALTERROR   Fehler.

GpiRotate

Funktion

Eine Rotation um einen anzugebenden Winkel wird in die Transformationsmatrix eingetragen.

define

```
#define INCL_GPITRANSFORMS oder INCL_GPI oder INCL_PM
#include <os2.h>
```

Aufruf

fSuccess = GpiRotate(hps, pmatlfArray, lOptions, fxAngle, pptlCenter);

hps (HPS) - input	Handle des Präsentationsraums
pmatlfArray (PMATRIXLF) **- input/output**	Transformationsmatrix
lOptions (LONG) **- input**	Kombinationsmodus; hier wird festgelegt, ob die Transformationsmatrix neu initialisiert werden soll oder ob die Rotation zu einer bereits bestehenden Transformation hinzuzufügen ist
TRANSFORM_REPLACE	Transformation neu beginnen mit der Rotation
TRANSFORM_ADD	Rotation zu der bestehenden Transformation hinzufügen
fxAngle (FIXED) **- input**	Rotationswinkel in Grad
pptlCenter (PPOINTL) **- input**	Koordinaten des Drehpunktes
fSuccess (BOOL) - return	Erfolgsindikator:
TRUE	Kein Fehler
FALSE	Fehler.

GpiScale

Funktion

Eine Skalierung (Stauchung oder Dehnung) wird zu der Transformationsmatrix hinzugefügt

define

```
#define INCL_GPITRANSFORMS oder INCL_GPI oder INCL_PM
#include <os2.h>
```

Aufruf

fSuccess = GpiScale(hps, pmatlfArray, lOptions, afxScale, pptlCenter);

hps (HPS) - input	Handle des Präsentationsraums
pmatlfArray (PMATRIXLF) - input/output	Transformationsmatrix
lOptions (LONG) - input	Kombinationsmodus; hier wird festgelegt, ob die Transformationsmatrix neu initialisiert werden soll oder ob die Rotation zu einer bereits bestehenden Transformation hinzuzufügen ist.
TRANSFORM_REPLACE	Transformation neu beginnen mit der Rotation
TRANSFORM_ADD	Rotation zu der bestehenden Transformation hinzufügen
afxScale (PFIXED) - input	Skalierungsfaktor aus dem Intervall [-1,+1]; das erste Element ist der Skalierungsfaktor in x-Richtung, das zweite der in y-Richtung
pptlCenter (PPOINTL) - input	Skalierungszentrum
fSuccess (BOOL) - return	Erfolgsindikator:
TRUE	Kein Fehler
FALSE	Fehler.

GpiSetArcParams

Funktion

Die Parameter zur Festlegung der Halbachsenlängen und der Orientierung einer Ellipse werden aktuell festgelegt.

define

```
#define INCL_GPIPRIMITIVES oder INCL_GPI oder INCL_PM
#include <os2.h>
```

Aufruf

fSuccess = GpiSetArcParams(hps,parcpArcParams);

hps (HPS) - input   Handle des Präsentationsraums

parcpArcParams
(PARCPARAMS) - input   Ellipsenparameter; dies sind die 4 Werte in der
                                     Struktur vom Typ ARCPARAMS

ARCPARAMS Ellipsenparameter

```
typedef struct _ARCPARAMS {
  LONG    lP;/* P Parameter*/
  LONG    lQ;/* Q Parameter*/
  LONG    lR;/* R Parameter*/
  LONG    lS;/* S Parameter*/
} ARCPARAMS;
```

fSuccess (BOOL) - return   Erfolgsindikator:

   TRUE   Kein Fehler

   FALSE   Fehler.

GpiSetAttrs

Funktion

Die Darstellungsattribute für einige Primitivtypen werden festgelegt.

define

```
#define INCL_GPIPRIMITIVES oder INCL_GPI oder INCL_PM
#include <os2.h>
```

Aufruf

fSuccess = GpiSetAttrs(hps, lPrimType, flAttrMask, flDefMask, ppbunAttrs);

hps (HPS) - input	Handle des Präsentationsraums
lPrimType (LONG) - input	Primitiv-Typ
PRIM_LINE	Linien und Bögen
PRIM_CHAR	Zeichen
PRIM_MARKER	Punktsymbole
PRIM_AREA	Bereiche
PRIM_IMAGE	Bilder
flAttrMask (ULONG) - input	Attributmaske; die jeweils zulässigen Konstantenwerte in den einzelnen Attributen können den Funktionsbeschreibungen

Allgemeine Werte		
Farben	GpiSetColor()	CLR_Farbe
Überlagerung	GpiSetMix()	FM_Mixmodus
	GpiSetBackMix()	BM_Mixmodus

Linien			
Linienbreite	GpiSetLineWidth()	LINEWIDTH_Breite	
geom.Linienbr	GpiSetLineWidthGeom()	Angabe in Weltkoordinaten	
Linientyp		GpiSetLineType()	LINETYPE_Typ
Linienende		GpiSetLineEnd()	LINEEND_Typ
L.verbindung	GpiSetLineJoin()	LINEJOIN_Typ	

Zeichen			
Zeichensatz	GpiSetCharSet()		
Zeichenmodus	GpiSetCharMode()		CM_Modus
Zeichenrechteck	GpiSetCharBox()		Weltkoordinaten
Zeichenwinkel	GpiSetCharAngle()	Weltkoordinaten (Steigungsdreieck)	
Scherungswinkel	GpiSetCharShear()	Weltkoordinaten (Steigungsdreieck)	
Ausrichtung	GpiSetCharDirection()	CHDIRN_Richtung	

Punktsymbole		
Symbolsatz	GpiSetMarkerSet()	LCID_Wert
Symbol	GpiSetMarker()	MARKSYM_Symbol
Rechteck	GpiSetMarkerBox()	Weltkoordinaten

Bereiche (Füllung)

Muster	GpiSetPattern()	PATSYM_Muster

jeweils entnommen werden. Diese Konstanten werden in den nachfolgenden primitivspezifischen Attributen verwendet

1. Linien und Bögen

    LBB_COLOR   Farbe (siehe GpiSetColor())

    LBB_MIX_MODE   Überlagerungsmodus

    LBB_WIDTH   Linienbreite

    LBB_GEOM_WIDTH   Geometrische Breite

    LBB_TYPE   Linientyp

    LBB_END   Linienende

    LBB_JOIN   Linienverbindung

2. Zeichen

    CBB_COLOR   Farbe (siehe GpiSetColor())

    CBB_BACK_COLOR   Hintergrundfarbe (siehe GpiSetColor())

    CBB_MIX_MODE   Überlagerungsmodus

	CBB_BACK_MIX_MODE	Überlagerungsmodus Hintergrund
	CBB_SET	Zeichensatz
	CBB_MODE	Zeichenmodus
	CBB_BOX	Zeichenrechteck (Rechteck um Zeichen)
	CBB_ANGLE	Winkel der Basislinie
	CBB_SHEAR	Scherungswinkel je Zeichen
	CBB_DIRECTION	Zeichenausrichtung zur Basislinie

3. Punktsymbole

	MBB_COLOR	Farbe (siehe GpiSetColor())
	MBB_BACK_COLOR	Hintergrundfarbe (siehe GpiSetColor())
	MBB_MIX_MODE	Überlagerungsmodus
	MBB_BACK_MIX_MODE	Überlagerungsmodus Hintergrund
	MBB_SET	Symbolsatz
	MBB_SYMBOL	Symbol
	MBB_BOX	Rechteck um Symbol

4. Bereiche (Füllung)

	ABB_COLOR	Farbe (siehe GpiSetColor())
	ABB_BACK_COLOR	Hintergrundfarbe (siehe GpiSetColor())
	ABB_MIX_MODE	Überlagerungsmodus
	ABB_BACK_MIX_MODE	Überlagerungsmodus Hintergrund
	ABB_SET	Mustersatz
	ABB_SYMBOL	Muster
	ABB_REF_POINT	Startpunkt für Musterfüllung

5. Bilder

	IBB_COLOR	Farbe (siehe GpiSetColor())
	IBB_BACK_COLOR	Hintergrundfarbe (siehe GpiSetColor())
	IBB_MIX_MODE	Überlagerungsmodus
	IBB_BACK_MIX_MODE	Überlagerungsmodus Hintergrund

flDefMask (ULONG)
- input   Maske Voreinstellung; jedes gesetzte Bit bedingt, daß für das korrespondierende Primitivattribut die Voreinstellung gesetzt wird

ppbunAttrs (PBUNDLE)
- input   Struktur, die zum Typ des Primitivs paßt und alle Attributsetzungen enthält

Linien und Bögen	LINEBUNDLE
Zeichen	CHARBUNDLE
Punktsymbole	MARKERBUNDLE
Füllbereiche	AREABUNDLE
Bilder	IMAGEBUNDLE.

fSuccess (BOOL) - return   Erfolgsindikator:

TRUE	Kein Fehler
FALSE	Fehler.

LINEBUNDLE Linienattribute

```
typedef struct _LINEBUNDLE {
  LONG   lColor;       /* Farbe (siehe GpiSetColor())*/
  LONG   lReserved;    /* Reserviert*/
  ULONG  ulMixMode;    /* Überlagerungsmodus*/
  USHORT usReserved;   /* Reserviert*/
  FIXED  fxWidth;    /* Breite*/
  LONG   lGeomWidth;   /* geometrische Breite*/
  ULONG  ulType;       /* Typ*/
  ULONG  ulEnd;        /* Endtyp*/
  ULONG  ulJoin;       /* Typ Linienverbindung*/
} LINEBUNDLE;
```

CHARBUNDLE Zeichenattribute

```
typedef struct _CHARBUNDLE {
  LONG   lColor;       /* Farbe (siehe GpiSetColor())*/
  LONG   lBackColor;   /* Hintergrundfarbe (siehe
                          GpiSetColor())*/
  USHORT usMixMode;    /* Überlagerungsmodus */
  USHORT usBackMixMode; /* Überlagerungsmodus
                          Hintergrund*/
  USHORT usSet;        /* Zeichensatz*/
```

13.1 Grafikprimitive : Funktionen   *501*

```
    USHORT  usPrecision;      /* Genauigkeit */
    SIZEF   sizfxCell;        /* Rechteckgröße */
    POINTL  ptlAngle;         /* Winkel Basislinie */
    POINTL  ptlShear;         /* Scherungswinkel */
    USHORT  usDirection;      /* Ausrichtung zur Basislinie */
    USHORT  ususTextAlign;    /* Text alignment*/
    FIXED   fxExtra;          /* Zeichenabstand im String */
    FIXED   fxBreakExtra;     /* Zeichenabstand für
                                 Leerzeichen */
} CHARBUNDLE;
```

MARKERBUNDLE Punktsymbolattribute

```
typedef struct _MARKERBUNDLE {
    LONG    lColor;           /* Farbe (siehe GpiSetColor())*/
    LONG    lBackColor;       /* Hintergrundfarbe (siehe
                                 GpiSetColor())*/
    USHORT  usMixMode;        /* Überlagerungsmodus*/
    USHORT  usBackMixMode;    /* Überlagerungsmodus
                                 Hintergrund*/
    USHORT  usSet;            /* Symbolsatz */
    USHORT  usSymbol;         /* Symbol */
    SIZEF   sizfxCell;        /* Rechteck um Symbol*/
} MARKERBUNDLE;
```

AREABUNDLE Füllbereichsattribute

```
typedef struct _AREABUNDLE {
    LONG    lColor;           /* Farbe (siehe GpiSetColor())*/
    LONG    lBackColor;       /* Hintergrundfarbe (siehe
                                 GpiSetColor())*/
    USHORT  usMixMode;        /* Überlagerungsmodus*/
    USHORT  usBackMixMode;    /* Überlagerungsmodus
                                 Hintergrund*/
    USHORT  usSet;            /* Füllmustersatz */
    USHORT  usSymbol;         /* Füllmuster */
    POINTL  ptlRefPoint;      /* Referenzpunkt */
} AREABUNDLE;
```

IMAGEBUNDLE Bildattribute

```
typedef struct _IMAGEBUNDLE {
    LONG    lColor;           /* Farbe (siehe GpiSetColor())*/
    LONG    lBackColor;       /* Hintergrundfarbe (siehe
                                 GpiSetColor())*/
    USHORT  usMixMode;        /* Überlagerungsmodus*/
    USHORT  usBackMixMode;    /* Überlagerungsmodus
                                 Hintergrund*/
} IMAGEBUNDLE;
```

GpiSetBackColor

Funktion

Die Hintergrundfarbe wird gesetzt.

define

```
#define INCL_GPIPRIMITIVES oder INCL_GPI oder INCL_PM
#include <os2.h>
```

Aufruf

fSuccess = GpiSetBackColor(hps, lColor);

hps (HPS) - input   Handle des Präsentationsraums

lColor (LONG) - input   Hintergrundfarbe; zulässig sind alle Indices einer geladenen logischen Farbtabelle [0, n:maximaler Tabellenindex]

CLR_Systemfarben siehe GpiSetColor()

fSuccess (BOOL) - return   Erfolgsindikator:

    TRUE   Kein Fehler

    FALSE   Fehler.

GpiSetBackMix

Funktion

Der Überlagerungsmodus von Hintergrundpixel und bereits bestehendem Pixel wird definiert; die Überlagerung wird immer durch eine bitweise auszuführende logische Operation (oder mehrere log. Operationen) erzeugt.

define

```
#define INCL_GPIPRIMITIVES oder INCL_GPI oder INCL_PM
#include <os2.h>
```

Aufruf

fSuccess = GpiSetBackMix(hps, lMixMode);

hps (HPS) - input	Handle des Präsentationsraums
lMixMode (LONG) - input	Überlagerungsmodus; alle auf einem Gerätekontext verfügbaren Überlagerungsmodi können mittels DevQueryCaps() (CAPS_BACKGROUND_MIX_SUPPORT) ermittelt werden (ein Plotter kann nicht alle Überlagerungsmodi wie z.B. ein Rasterbildschirm)
BM_DEFAULT	Voreinstellung (i.d.R. BM_LEAVEALONE)
BM_OR	Neue und alte Pixel werden sichtbar gemischt
BM_OVERPAINT	neues überschreibt altes
BM_XOR	Neue und alte Pixel werden unterscheidbar gemischt
BM_LEAVEALONE	neues beeinflußt nicht das bereits bestehende
fSuccess (BOOL) - return	Erfolgsindikator:
TRUE	Kein Fehler
FALSE	Fehler.

GpiSetCharAngle

Funktion

Der Winkel der Basislinie eines Textes wird geändert; der Winkel wird durch Angabe des Steigungsdreiecks dy/dx angegeben.

define

```
#define INCL_GPIPRIMITIVES oder INCL_GPI oder INCL_PM
#include <os2.h>
```

Aufruf

fSuccess = GpiSetCharAngle(hps, pgradlAngle);

hps (HPS) - input	Handle des Präsentationsraums
pgradlAngle (PGRADIENTL) - input	Winkel der Basislinie; angegeben werden dx und dy in der Struktur vom Typ GRADIENTL
Wert = (0,0)	Zurücksetzen auf Voreinstellung (1,0)
fSuccess (BOOL) - return	Erfolgsindikator:
TRUE	Kein Fehler
FALSE	Fehler.

GRADIENTL Gradient (Steigungswerte)

Für den Winkel alpha aus den Gradientenwerten gilt tan(alpha) = y / x

```
typedef struct _GRADIENTL {
  LONG   x;    /* x-Komponente des Steigungsdreiecks */
  LONG   y;    /* y-Komponente des Steigungsdreiecks */
} GRADIENTL;
```

GpiSetCharBox

Funktion

Das ein Zeichen umschließende Rechteck wird definiert; bei Vektor(Kurven)Zeichensätzen kann damit die Größe des Zeichens beeinflußt werden

define

```
#define INCL_GPIPRIMITIVES oder INCL_GPI oder INCL_PM
#include <os2.h>
```

Aufruf

fSuccess = GpiSetCharBox(hps, psizfxBox);

hps (HPS) - input   Handle des Präsentationsraums

13.1 Grafikprimitive : Funktionen

psizfxBox (PSIZEF)
- input — Breite und Höhe des Rechtecks in Weltkoordinaten; werden negative Werte angegeben, so wird das Zeichen entsprechend gespiegelt

fSuccess (BOOL) - return — Erfolgsindikator:
- TRUE — Kein Fehler
- FALSE — Fehler.

SIZEF 2dimensionale rationale Größe

```
typedef struct _SIZEF {
FIXED   cx;/* Breite */
FIXED   cy;/* Höhe */
} SIZEF;
```

GpiSetCharBreakExtra

Funktion

Ein zusätzliches horizontales (parallel 4Xx4p4 $5(5,)n)e) En░}onm░knk~mmmn}oz

define

```
#define INCL_GPIPRIMITIVES oder INCL_GPI oder INCL_PL (6 4      *tu?>
```

```
fSuccess = GpiSetCharBreakExtra(hps, fxBreakExtra);
hps (HPS) - input
```
Handle des Präsentationsraums

fxBreakExtra (FIXED)
- input — Inkrementwert in Weltkoordinaten
  - Wert < 0 — Leerzeichen rückt näher an andere Zeichen
  - Wert = 0 — Normaler Abstand
  - Wert > 0 — Leerzeichen rückt weiter ab von anderen Zeichen

fSuccess (BOOL) - return — Erfolgsindikator:

TRUE	Kein Fehler
FALSE	Fehler.

GpiSetCharDirection

Funktion

Ausrichtung der Zeichen eines Strings relativ zur Basislinie.

define

```
#define INCL_GPIPRIMITIVES oder INCL_GPI oder INCL_PM
#include <os2.h>
```

Aufruf

fSuccess = GpiSetCharDirection(hps, lDirection);

hps (HPS) - input	Handle des Präsentationsraums
lDirection (LONG) - input	Ausrichtung
CHDIRN_DEFAULT	Standard (CHDIRN_LEFTRIGHT)
CHDIRN_LEFTRIGHT	Zeichen folgen von links nach rechts
CHDIRN_TOPBOTTOM	Zeichen folgen von oben nach unten; das letzte Zeichen einer Zeichenkette liegt auf der Basislinie und die Zeichenfolge steht senkrecht auf der Basislinie
CHDIRN_RIGHTLEFT	Zeichen folgen von rechts nach links parallel zur Basislinie
CHDIRN_BOTTOMTOP	Zeichenfolge steht senkrecht auf der Basislinie und beginnt mit dem ersten Zeichen auf der Basislinie
fSuccess (BOOL) - return	Erfolgsindikator:
TRUE	Kein Fehler
FALSE	Fehler.

GpiSetCharExtra

Funktion

Ein zusätzliches Inkrement für den Zeichenabstand innerhalb einer Zeichenkette wird festgelegt.

define

```
#define INCL_GPIPRIMITIVES oder INCL_GPI oder INCL_PM
#include <os2.h>
```

Aufruf

fSuccess = GpiSetCharExtra(hps, fxExtra);

hps (HPS) - input	Handle des Präsentationsraums
fxExtra (FIXED) **- input**	Inkrementwert in Weltkoordinaten
Wert < 0	Zeichen rückt näher an andere Zeichen
Wert = 0	Normaler Abstand
Wert > 0	Zeichen rückt weiter ab von anderen Zeichen
fSuccess (BOOL) - return	Erfolgsindikator:
TRUE	Kein Fehler
FALSE	Fehler.

GpiSetCharMode

Funktion

Der grundlegende Darstellungsmodus für Zeichen wird festgelegt.

define

```
#define INCL_GPIPRIMITIVES oder INCL_GPI oder INCL_PM
#include <os2.h>
```

Aufruf

fSuccess = GpiSetCharMode(hps, lMode);

hps (HPS) - input   Handle des Präsentationsraums

lMode (LONG) - input   Modus

    CM_DEFAULT   Voreinstellung (CM_MODE1)

    CM_MODE1   **Raster(Bitmap)Zeichensatz :**

Attribute Winkel, Scherung, Rechteck : werden ignoriert

Zeichenabstand : durch Metrik bestimmt

Vektorzeichensatz :

Attribute Winkel, Scherung, Rechteck : werden benutzt

Zeichenabstand : durch Metrik bestimmt

    CM_MODE2   **Raster(Bitmap)Zeichensatz :**

Attribute Winkel, Scherung, Rechteck : werden ignoriert

Zeichenabstand : durch Metrik bestimmt und zusätzliche Attribute wie Rechteck, Winkel, Scherung

Vektorzeichensatz :

Alle Attribute werden benutzt

Zeichenabstand : durch Metrik bestimmt

    CM_MODE3   **Raster(Bitmap)Zeichensatz :**

Modus ist verboten

Vektorzeichensatz :

Alle Attribute werden benutzt

Zeichenabstand : durch Metrik bestimmt

Werden in einem Programm (unkontrollierbar) gemischt Vektor- und Bitmapzeichensätze verwendet, so liefert CM_MODE2 i.d.R. das beste Ergebnis; der Modus muß vor jeder anderen Zeichenausgabe definiert werden

fSuccess (BOOL) - return	Erfolgsindikator:
TRUE	Kein Fehler
FALSE	Fehler.

GpiSetCharSet

Funktion

Ein neuer Zeichensatz wird als der aktuelle Zeichensatz bestimmt; vorher muß natürlich mittels GpiCreateLogFont() eine gültige ID vergeben worden sein. Anders ausgedrückt : GpiSetCharSet() lädt selbst keine neuen Zeichensätze, sondern aktualisiert lediglich den zu verwendenden Zeichensatz.

define

```
#define INCL_GPIPRIMITIVES oder INCL_GPI oder INCL_PM
#include <os2.h>
```

Aufruf

fSuccess = GpiSetCharSet(hps, llcid);

hps (HPS) - input	Handle des Präsentationsraums
llcid (LONG) - input	Zeichensatz ID eines logischen Zeichensatzes; Wert aus Intervall [1, 254]
fSuccess (BOOL) - return	Erfolgsindikator:
TRUE	Kein Fehler
FALSE	Fehler.

GpiSetCharShear

Funktion

Die Scherung eines Zeichens wird definiert; der Scherungswinkel beeinflußt alle nicht horizontalen Bestandteile eines Zeichens.

define

```
#define INCL_GPIPRIMITIVES oder INCL_GPI oder INCL_PM
#include <os2.h>
```

Aufruf

fSuccess = GpiSetCharShear(hps, pptlAngle);

hps (HPS) - input   Handle des Präsentationsraums

pptlAngle (PPOINTL)

- input   Scherungswinkel alpha wird gegen die y-Achse gemessen; es gilt daher
`cot(alpha) = y/x`

POINTL gibt x- und y-Koordinate für den Scherungswinkel an.

fSuccess (BOOL) - return   Erfolgsindikator:

    TRUE   Kein Fehler

    FALSE   Fehler.

GpiSetClipPath

Funktion

Ein vorher mittels der logischen Klammer GpiBeginPath() und GpiEndPath() definierter Pfad wird als Außenkante eines Ausschnittbereichs definiert. Er kann dabei auch mit bereits bestehenden Ausschnittbereichen kombiniert werden.

Tip : Da Pfade auch mittels Vektorzeichen o.ä. definiert werden können, kann auch die Außenkante eines Zeichens als Ausschnittsbereich definiert werden.

define

```
#define INCL_GPIPATHS oder INCL_GPI oder INCL_PM
#include <os2.h>
```

Aufruf

fSuccess = GpiSetClipPath(hps, lPath, lOptions);

hps (HPS) - input   Handle des Präsentationsraums

13.1 Grafikprimitive : Funktionen 511

lPath (LONG) - input	Pfadmodus
0	vorher definierte Ausschnittsbereiche werden überschrieben
1	der neue Ausschnittsbereich (definiert durch den Pfad) und bereits bestehende werden kombiniert
lOptions (LONG) - input	Bestimmung des Innenbereichs des Pfades
SCP_ALTERNATE	Alternate-Methode (Standard)
SCP_WINDING	Winding-Methode
fSuccess (BOOL) - return	Erfolgsindikator:
TRUE	Kein Fehler
FALSE	Fehler.

GpiSetColor

Funktion

Vordergrundfarbe (für alle folgenden Primitive) wird festgelegt

define

```
#define INCL_GPIPRIMITIVES oder INCL_GPI oder INCL_PM.
#include <os2.h>
```

Aufruf

fSuccess = GpiSetColor(hps, lColor);

hps (HPS) - input	Handle des Präsentationsraums
lColor (LONG) - input	Vordergrundfarbe; zulässig sind alle Indices einer geladenen logischen Farbtabelle [0, n:maximaler Tabellenindex]
CLR_FALSE	Alle Bits = 0
CLR_TRUE	Alle Bits = 1
CLR_DEFAULT	Standardhintergrundfarbe; für Bildschirme = SYSCLR_WINDOW

CLR_WHITE	weiss
CLR_BLACK	schwarz
CLR_BACKGROUND	Hintergrundfarbe; diese Farbe wird von GpiErase() benutzt
CLR_BLUE	Blau
CLR_RED	Rot
CLR_PINK	Pink
CLR_GREEN	Grün
CLR_CYAN	Cyan
CLR_YELLOW	Gelb
CLR_NEUTRAL	Neutral; diese Farbe steht immer in sichtbarem Gegensatz zu CLR_BACKGROUND
CLR_DARKGRAY	Dunkelgrau
CLR_DARKBLUE	Dunkelblau
CLR_DARKRED	Dunkelrot
CLR_DARKPINK	dunles Pink
CLR_DARKGREEN	Dunkelgrün
CLR_DARKCYAN	dunkles Cyan
CLR_BROWN	Braun
CLR_PALEGRAY	Hellgrau

fSuccess (BOOL) - return   Erfolgsindikator:

TRUE	Kein Fehler
FALSE	Fehler.

GpiSetLineEnd

Funktion

Die Form eines Linienendes wird definiert (für Linien und Bögen).

define

```
#define INCL_GPIPRIMITIVES oder INCL_GPI oder INCL_PM
#include <os2.h>
```

Aufruf

fSuccess = GpiSetLineEnd(hps, lLineEnd);

hps (HPS) - input	Handle des Präsentationsraums
lLineEnd (LONG) **- input**	Linienende-Stil
LINEEND_DEFAULT	Voreinstellung (LINEEND_FLAT)
LINEEND_FLAT	Rechteckiges Linienende; Rechteckgrenze geht durch Linienendpunkt
LINEEND_SQUARE	Rechteckiges Linienende; Rechteckgrenze ist die halbe Linienbreite über den Linienendpunkt hinaus gezeichnet
LINEEND_ROUND	Linienende ist Kreisbogen; Mittelpunkte des Kreises ist der Linienendpunkt
fSuccess (BOOL) - return	Erfolgsindikator:
TRUE	Kein Fehler
FALSE	Fehler.

GpiSetLineJoin

Funktion

Modus der Verbindungsart zweier Linien mit gemeinsamen Anfangs- respektive Endpunkt.

define

```
#define INCL_GPIPRIMITIVES oder INCL_GPI oder INCL_PM
#include <os2.h>
```

Aufruf

fSuccess = GpiSetLineJoin(hps, lLineJoin);

hps (HPS) - input   Handle des Präsentationsraums

lLineJoin (LONG)
- input   Verbindungsstil

    LINEJOIN_DEFAULT   Voreinstellung (LINEJOIN_BEVEL)

    LINEJOIN_BEVEL   Anfangspunkt (Linie 2) liegt auf Endpunkt (Linie 1); die ggf. entstandene Ecke wird durch Gerade abgeschnitten

    LINEJOIN_ROUND   Anfangspunkt (Linie 2) liegt auf Endpunkt (Linie 1); die ggf. entstandene Ecke wird durch Kreisbogen abgeschnitten

    LINEJOIN_MITRE   Anfangspunkt (Linie 2) liegt auf Endpunkt (Linie 1); die ggf. entstandene Ecke wird nicht abgeschnitten

fSuccess (BOOL) - return   Erfolgsindikator:

    TRUE   Kein Fehler

    FALSE   Fehler.

GpiSetLineType

Funktion

Linientyp (Strichelungsart) wird festgelegt

define

```
#define INCL_GPIPRIMITIVES oder INCL_GPI oder INCL_PM
#include <os2.h>
```

Aufruf

fSuccess = GpiSetLineType(hps, lLineType);

hps (HPS) - input   Handle des Präsentationsraums

lLineType (LONG)
- input   Linientypen (Strichelungen)

    LINETYPE_DEFAULT   durchgezogen

    LINETYPE_DOT   punktiert

LINETYPE_SHORTDASH	gestrichelt
LINETYPE_DASHDOT	punktiert und gestrichelt
LINETYPE_DOUBLEDOT	
LINETYPE_LONGDASH	
LINETYPE_DASHDOUBLEDOT	
LINETYPE_SOLID	durchgezogen
LINETYPE_ALTERNATE	punktiert invers
LINETYPE_INVISIBLE	unsichtbar
fSuccess (BOOL) - return	Erfolgsindikator:
TRUE	Kein Fehler
FALSE	Fehler.

GpiSetLineWidth

Funktion

Die Breite einer Linie wird festgelegt. Man unterscheidet die einfache (kosmetische) Breite, die gegenüber Skalierungen und Transformationen unempfindlich ist und die geometrische Breite, die bei Transformationen geändert wird (bei Vergrößerungen werden auch die Linien breiter)

define

```
#define INCL_GPIPRIMITIVES oder INCL_GPI oder INCL_PM
#include <os2.h>
```

Aufruf

fSuccess = GpiSetLineWidth(hps, fxLineWidth);

hps (HPS) - input	Handle des Präsentationsraums
fxLineWidth (FIXED) - input	Linienbreite (kosmetisch)

LINEWIDTH_DEFAULT	Voreinstellung (LINEWIDTH_NORMAL)
LINEWIDTH_NORMAL	Standard (1,0) als rationale Zahl; die Linie ist i.d.R. 1 Pel breit
LINEWIDTH_THICK	Dicke Linie (i.d.R. 2 Pel breit)

Zusätzliche Gerätefähigkeiten (z.B. bei Plottern) liefert DevQueryCaps() in den Bereichen CAPS_ADDITIONAL_GRAPHICS und CAPS_LINEWIDTH_THICK

fSuccess (BOOL) - return	Erfolgsindikator:
TRUE	Kein Fehler
FALSE	Fehler.

GpiSetLineWidthGeom

Funktion

Geometrische Breite von Linien wird festgelegt. Man unterscheidet die einfache (kosmetische) Breite, die gegenüber Skalierungen und Transformationen unempfindlich ist und die geometrische Breite, die bei Transformationen geändert wird (bei Vergrößerungen werden auch die Linien breiter).

define

```
#define INCL_GPIPRIMITIVES oder INCL_GPI oder INCL_PM
#include <os2.h>
```

Aufruf

fSuccess = GpiSetLineWidthGeom(hps, lLineWidth);

hps (HPS) - input	Handle des Präsentationsraums
lLineWidth (LONG) - input	Geometrische Linienbreite in Weltkoordinaten >= 0
fSuccess (BOOL) - return	Erfolgsindikator:
TRUE	Kein Fehler
FALSE	Fehler.

GpiSetMarker

Funktion

Punktsymbol wird festgelegt.

define

```
#define INCL_GPIPRIMITIVES oder INCL_GPI oder INCL_PM
#include <os2.h>
```

Aufruf

fSuccess = GpiSetMarker(hps, lSymbol);

hps (HPS) - input   Handle des Präsentationsraums

lSymbol (LONG)
- input   Punktsymbol; ist ein Symbolsatz ausgewählt, so müssen die Werte im ganzzahligen Intervall [1,255] liegen

    MARKSYM_DEFAULT
    MARKSYM_CROSS
    MARKSYM_PLUS
    MARKSYM_SQUARE
    MARKSYM_SIXPOINTSTAR
    MARKSYM_EIGHTPOINTSTAR
    MARKSYM_SOLIDDIAMOND
    MARKSYM_SOLIDSQUARE
    MARKSYM_DOT
    MARKSYM_SMALLCIRCLE
    MARKSYM_BLANK   kein Symbol

fSuccess (BOOL) - return   Erfolgsindikator:

    TRUE   Kein Fehler

    FALSE   Fehler.

GpiSetMarkerBox

Funktion

Das ein Punktsymbol umschließende Rechteck wird festgelegt; dies kann zur Größenänderung des Symbols verwendet werden.

define

```
#define INCL_GPIPRIMITIVES oder INCL_GPI oder INCL_PM
#include <os2.h>
```

Aufruf

fSuccess = GpiSetMarkerBox(hps, psizfxSize);

hps (HPS) -	Handle des Präsentationsraums
psizfxSize (PSIZEF) **- input**	Größe (Breite und Höhe) des Rechtecks in Weltkoordinaten; der gebrochen rationale Teil der Größenwerte sollte identisch 0 sein
fSuccess (BOOL) - return	Erfolgsindikator:
TRUE	Kein Fehler
FALSE	Fehler.

GpiSetMarkerSet

Funktion

Ein neuer Punktsymbolsatz wird als der Aktuelle gewählt. Vorher muß dieser Punktsymbolsatz wie ein logischer Zeichensatz mittels GpiCreateLogFont() definiert worden sein; es wird hier nicht zwischen Punktsymbolsätzen und Zeichensätzen unterschieden.

define

```
#define INCL_GPIPRIMITIVES oder INCL_GPI oder INCL_PM
#include <os2.h>
```

Aufruf

fSuccess = GpiSetMarkerSet(hps, lSet);

hps (HPS) - input	Handle des Präsentationsraums
lSet (LONG) - input	ID des logischen Zeichensatzes, dessen Zeichen als Punktsymbole verwendet werden sollen
LCID_DEFAULT	Systemseitiger Symbolsatz
Wert aus [1-254]	Gültige Zeichensatz ID
fSuccess (BOOL) - return	Erfolgsindikator:
TRUE	Kein Fehler
FALSE	Fehler.

GpiSetMix

Funktion

Der Überlagerungsmodus von Vordergrundpixel und bereits bestehendem Pixel wird definiert; die Überlagerung wird immer durch eine bitweise auszuführende logische Operation (oder mehrere log. Operationen) erzeugt.

define

```
#define INCL_GPIPRIMITIVES oder INCL_GPI oder INCL_PM
#include <os2.h>
```

Aufruf

fSuccess = GpiSetMix(hps, lMixMode);

hps (HPS) - input	Handle des Präsentationsraums
lMixMode (LONG) - input	Überlagerungsmodus; alle auf einem Gerätekontext verfügbaren Überlagerungsmodi können mittels DevQueryCaps() (CAPS_FOREGROUND_MIX_SUPPORT) ermittelt werden (ein Plotter kann nicht alle

		Überlagerungsmodi wie z.B. ein Rasterbildschirm)
	FM_DEFAULT	Voreinstellung (FM_OVERPAINT)
	FM_OR	logisches bitweises OR
	FM_OVERPAINT	Alte Pixel werden überzeichnet
	FM_XOR	logisches bitweises XOR
	FM_LEAVEALONE	unsichtbar
	FM_AND	logisches bitweises AND
	FM_SUBTRACT	logisches bitweises (NOT)quelle AND ziel
	FM_MASKSRCNOT	logisches bitweises quelle AND (NOT ziel)
	FM_ZERO	alle bits = 0
	FM_NOTMERGESRC	logisches bitweises NOT (quelle OR ziel)
	FM_NOTXORSRC	logisches bitweises NOT (quelle XOR ziel)
	FM_INVERT	logisches bitweises NOT ziel
	FM_MERGESRCNOT	logisches bitweises quelle OR (NOT ziel)
	FM_NOTCOPYSRC	logisches bitweises NOT quelle
	FM_MERGENOTSRC	logisches bitweises (NOT quelle) OR ziel
	FM_NOTMASKSRC	logisches bitweises NOT(quelle AND ziel)
	FM_ONE	alle bit = 1
fSuccess (BOOL) - return		Erfolgsindikator:
	TRUE	Kein Fehler
	FALSE	Fehler.

GpiSetPattern

Funktion

Ein Füllmuster wird festgelegt.

define

```
#define INCL_GPIPRIMITIVES oder INCL_GPI oder INCL_PM.
#include <os2.h>
```

Aufruf

fSuccess = GpiSetPattern(hps, lPatternSymbol);

hps (HPS) - input	Handle des Präsentationsraums
lPatternSymbol (LONG) - input	Füllmuster ID
PATSYM_DEFAULT	Voreinstellung (PATSYM_SOLID)
PATSYM_DENSE1	Grauwerte von 1 bis 8
PATSYM_DENSE8	
PATSYM_VERT	
PATSYM_HORIZ	
PATSYM_DIAG1	Diagonalstrichelung mit Ausprägungen 1 bis 4
PATSYM_DIAG4	
PATSYM_NOSHADE	leer
PATSYM_SOLID	schwarz
PATSYM_HALFTONE	grau
PATSYM_BLANK	PATSYM_NOSHADE
fSuccess (BOOL) - return	Erfolgsindikator:
TRUE	Kein Fehler
FALSE	Fehler.

GpiSetPel

Funktion

Die Farbe eines Pixels wird gesetzt.

define

```
#define INCL_GPIBITMAPS oder INCL_GPI oder INCL_PM
#include <os2.h>
```

Aufruf

lHits = GpiSetPel(hps, pptlPoint);

hps (HPS) - input	Handle des Präsentationsraums
pptlPoint (PPOINTL) - input	Pixelkoordinaten in Weltkoordinaten
lHits (LONG) - return	Fehlerindikator
GPI_OK	kein Fehler
GPI_HITS	Korrelation ok
GPI_ERROR	Fehler

GpiSetPS

Funktion

Größe, Koordinatensystemeinheiten und Format eines Präsentationsraums werden festgelegt.

define

```
#define INCL_GPICONTROL oder INCL_GPI oder INCL_PM
#include <os2.h>
```

Aufruf

fSuccess = GpiSetPS(hps, psizlsize, flOptions);

hps (HPS) - input	Handle des Präsentationsraums
psizlsize (PSIZEL) - input	Größe des Präsentationsraums; der Nullpunkt des Präsentationsraums liegt im Ursprung des Seitenkoordinatensystems. Die Größenangaben definieren ein Rechteck mit der linken unteren Ecke am Ursprung (0,0). Dieses Rechteck definiert den Sichtbarkeitsbereich bei der Transformation von Weltkoordinaten in Gerätekoordinaten
x oder y Wert = 0	GPIA_ASSOC muß definert sein; es wird dann der gesamte Geräteausgabebereich benutzt

flOptions (ULONG) - input	Darstellungsoptionen; für jeden Bereich muß ein Wert ausgewählt und mit den anderen bitweise verodert werden
1. PS_UNITS	Einheiten im Präsentationsraum
PU_ARBITRARY	Programm muß selbst für Einheitentransformation sorgen, im Geräteraum wird die maximale Zeichenfläche verfügbar gemacht
PU_PELS	Pixel (pel) Koordinaten
PU_LOMETRIC	Einheit = 0.1 mm
PU_HIMETRIC	Einheit = 0.01 mm
PU_LOENGLISH	Einheit = 0.01 inch
PU_HIENGLISH	Einheit = 0.001 inch
PU_TWIPS	Einheit = 1/1440 inch
2. PS_FORMAT	Koordinatenlänge in byte (maximaler Wertebereich)
GPIF_DEFAULT	Standardeinstellung, wie GPIF_LONG
GPIF_LONG)	4 byte Ganzzahl (int)
GPIF_SHORT	2 byte Ganzzahl (int)
3. PS_TYPE	Typ des Präsentationsraums; wird ignoriert
4. PS_MODE	Modus, wird ignoriert
5. PS_ASSOCIATE	Verbindungsmodus, wird ignoriert
6. PS_NORESET	Falls TRUE, wird das vollständige Löschen des Präsentationsraums verboten
fSuccess (BOOL) - return	Erfolgsindikator:
TRUE	Kein Fehler
FALSE	Fehler.

GpiTranslate

Funktion

Eine Translation (Verschiebung) wird der Transformationsmatrix hinzugefügt.

define

```
#define INCL_GPITRANSFORMS oder INCL_GPI oder INCL_PM
#include <os2.h>
```

Aufruf

fSuccess = GpiTranslate(hps, pmatlfArray, lOptions, pptlTranslation);

hps (HPS) - input   Handle des Präsentationsraums

pmatlfArray (PMATRIXLF)
- input/output   Transformationsmatrix

lOptions (LONG)
- input   Modus der Übernahme der Translation in die bereits bestehende Matrix

    TRANSFORM_REPLACE vorherige Transformationen werden überschrieben

    TRANSFORM_ADD Die Translation wird vorherigen Transformationen hinzugefügt

pptlTranslation (PPOINTL)
- input   Translationsvektor

fSuccess (BOOL) - return Erfolgsindikator:

    TRUE   Kein Fehler

    FALSE   Fehler.

GpiUnloadFonts

Funktion

Ein vorher mittels GpiLoadFonts() geladener physikalischer Zeichensatz wird freigegeben.

define

```
#define INCL_GPILCIDS oder INCL_GPI oder INCL_PM
#include <os2.h>
```

Aufruf

fSuccess = GpiUnloadFonts(hab, pszFilename);

hab (HAB) - input	Handle des Ankerblocks.
pszFilename (PSZ) **- input**	Dateiname; ggf. mit Laufwerks- und Pfadangabe. Der Dateiname muß auf .FON enden; falls die Namenserweiterung fehlt, wird .FON angenommen. Beachten Sie : bei Pfadangaben muß jeweils ein Doppelbackslash \\ verwendet werden
fSuccess (BOOL) - return	Erfolgsindikator:
TRUE	Kein Fehler
FALSE	Fehler.

FONTMETRICS Zeichensatzmetrik

Die Bedeutung der geometrischen Parameter kann der Abb 12.3 in Kapitel 12.10.2 entnommen werden

```
    typedef struct _FONTMETRICS {
    CHAR     szFamilyname[FACESIZE];
                     /* Klassenname (z.B. Times) */

    CHAR     szFacename[FACESIZE];
                     /* Zeichensatzname
                        (z.B. Times Bold */

    USHORT   usRegistry;    /* Registriernummer oder 0 */

    USHORT   usCodePage;    /* Codeseite
                        0       Standardcodeseite
                        65400   ZS mit speziellen
                                Symbolen*/

    LONG    lEmHeight;     /* Em ZSgröße in point */
```

```
LONG    lXHeight;           /* Nominalhöhe oberhalb der
                               Basislinie in Weltkoord.*/

LONG    lMaxAscender;       /* Maximalhöhe oberhalb der
                               Basislinie in Weltkoord.*/

LONG    lMaxDescender;      /* Maximaltiefe unterhalb der
                               Basislinie in Weltkoord. */

LONG    lLowerCaseAscent;
                            /* Maximalhöhe oberhalb der
                               Basislinie in Weltkoord. für
                               kleine Buchstaben [a - z] */

LONG    lLowerCaseDescent;
                            /* Maximaltiefe unterhalb der
                               Basislinie in Weltkoord. für
                               kleine Buchstaben [a - z] */

LONG    lInternalLeading;
                            /* Innerer Freiraum */

LONG    lExternalLeading;
                            /* äußerer Freiraum */

LONG    lAveCharWidth;      /* mittlere Buchstabenbreite*/

LONG    lMaxCharInc;        /* Maximale Zeichenbreite (des
                               umschließenden Rechtecks) */

LONG    lEmInc;             /* Em Inkrement */

LONG    lMaxBaselineExt;
                            /* Maximale Gesamthöhe */

SHORT   sCharSlope;         /* Scherungswinkel des ZS; die
                               Einheit ist Grad, Minuten.
                               Minuten : Bit0 - Bit6
                               Grad    : Bit7 - Bit15*/

SHORT   sInlineDir;         /* Standardausgaberichtung rel.
                               zur Basislinie
                               (normal : 0 Grad =
                               von links nach rechts) */

SHORT   sCharRot;           /* Rotation einzelner Zeichen
```

```
                          rel. zur Basislinie in Grad
                          und Minuten
                          gemäß sCharSlope */

USHORT       usWeightClass; /* Gewichts(Dicke)Klasse
                          1000    ultradünn
                          2000    extradünn
                          3000    dünn
                          4000    mitteldünn
                          5000    normal
                          6000    mitteldick
                          7000    dick (bold)
                          8000    extradick
                          9000    ultradick */

USHORT       usWidthClass;  /* Breitenklasse
                          Wert    % Normale Breite
                          1000    50
                          2000    62.5
                          3000    75
                          4000    87.5
                          5000    100
                          6000    112.5
                          7000    125
                          8000    150
                          9000    200 */

SHORT   sXDeviceRes;    /* horizontale Auflösung
                          BitmapZS    pel/inch
                          VektorZS    Einheiten/Em */

SHORT   sYDeviceRes;    /* vertikale Auflösung
                          BitmapZS    pel/inch
                          VektorZS    Einheiten/Em */

SHORT   sFirstChar;     /* erstes Zeichen im ZS gemäß
                          Codeseite */

SHORT   sLastChar;      /* letztes Zeichen im ZS gemäß
                          Codeseite */

SHORT   sDefaultChar;   /* Zeichencode, der benutzt
                          wird, falls eine nicht
                          definiertes Zeichen dar-
                          gestellt werden soll*/
```

```
SHORT    sBreakChar;        /* Leerzeichen (Codewert) */

SHORT    sNominalPointSize;
                            /* Nominale Punktgröße
                               [1/720 inch] = [1/10 point]*/

SHORT    sMinimumPointSize;
                            /* Minimale Punktgröße
                               [1/720 inch] = [1/10 point]*/

SHORT    sMaximumPointSize;
                            /* Maximale Punktgröße
                               [1/720 inch] = [1/10 point]*/

USHORT       usType;        /* Typ

        FM_TYPE_FIXED     Alle Zeichen gleich breit
        FM_TYPE_LICENSED  Daten geschützt (nicht
                          lesbar)
        FM_TYPE_KERNING   Kerninginformation vorhanden
        FM_TYPE_64K       ZS größer als 64 kbyte
        FM_TYPE_DBCS      Nur 2-byte Code
        FM_TYPE_MBCS      1-und2-byte Code gemischt
        FM_TYPE_FACETRUNC ZSname ist gekürzt
        FM_TYPE_FAMTRUNC  Klassenname ist gekürzt
        FM_TYPE_ATOMS     ZSname und Klassenname sind
                          gültige Systematome
                     */

USHORT       usDefn;        /* Zeichensatzdefinitionsart

        FM_DEFN_OUTLINE   Vektorzeichensatz
        FM_DEFN_GENERIC   GPI kann diesen ZS benutzen;
                          sonst nur Gerätenutzbar
                     */

USHORT       usSelection;   /* Auswahlkriterien

        FM_SEL_ITALIC     Italic-Zeichensatz
        FM_SEL_UNDERSCORE Unterstrichen
        FM_SEL_NEGATIVE   Weiß auf Schwarz Zeichensatz
        FM_SEL_OUTLINE    Vektorzeichensatz (hohl)
        FM_SEL_STRIKEOUT  Durchgestrichen
        FM_SEL_BOLD       Dicke Zeichen
    */
```

```
USHORT          usCapabilities;/* Erweiterte Fähigkeiten

        FM_CAP_NOMIX         Keine Kombination mit Grafik
        QUALITY              0 : undefiniert
                             1 : DP quality
                             2 : DP draft
                             3 : Near letter quality
                             4 : Letter quality
        (dies sind i.d.R. Angaben für DruckerZS)
                */

LONG    lSubscriptXSize;
                    /* empfohlene x-Größe für
                       tiefgestellte Zeichen in
                       Weltkoordinaten */

LONG    lSubscriptYSize;
                    /* empfohlene y-Größe für
                       tiefgestellte Zeichen in
                       Weltkoordinaten */

LONG    lSubscriptXOffset;
                    /* empfohlenes x-Offset für
                       tiefgestellte Zeichen in
                       Weltkoordinaten */

LONG    lSubscriptYOffset;
                    /* empfohlenes y-Offset für
                       tiefgestellte Zeichen in
                       Weltkoordinaten */

LONG    lSuperscriptXSize;
                    /* empfohlene x-Größe für
                       hochgestellte Zeichen in
                       Weltkoordinaten */

LONG    lSuperscriptYSize;
                    /* empfohlene y-Größe für
                       hochgestellte Zeichen in
                       Weltkoordinaten */

LONG    lSuperscriptXOffset;
                    /* empfohlenes x-Offset für
                       hochgestellte Zeichen in
                       Weltkoordinaten */
```

```
    LONG    lSuperscriptYOffset;
                        /* empfohlenes y-Offset für
                           hochgestellte Zeichen in
                           Weltkoordinaten */

    LONG    lUnderscoreSize;
                        /* Breite (Dicke) des
                           Unterstrichs bei
                           FM_SEL_UNDERSCORE*/

    LONG    lUnderscorePosition;
                        /* Position bzgl. der Basislinie
                           des Unterstrichs bei
                           FM_SEL_UNDERSCORE*/

    LONG    lStrikeoutSize;/*
                        /* Breite (Dicke) des
                           Durchstrichs bei
                           FM_SEL_STRIKEOUT*/

    LONG    lStrikeoutPosition;
                        /* Position bzgl. der Basislinie
                           des Durchstrichs bei
                           FM_SEL_STRIKEOUT*/

    SHORT   sKerningPairs;  /* Anzahl Kerningwertepaare */

    SHORT   sFamilyClass;   /* Klassennamen ID */

    LONG    lMatch;         /* ID des gefundenen ZS */

    ATOM    FamilyNameAtom;/* Klassennamen-AtomID */

    ATOM    FaceNameAtom;   /* ZSnamen-AtomID */

    PANOSE  panPanose;      /* Panose ZS Bezeichner */

} FONTMETRICS;
```

ATOM Atomnamen ID

```
typedef USHORT ATOM;
```

PANOSE Zeichensatzbeschreibung

Die PANOSE-Struktur in der Zeichensatzstruktur FONTMETRICS beschreibt zusätzlich Darstellungsmerkmale von Zeichen; der Zeichensatzdesigner vergibt

13.2 Allgemeine Gerätefunktionen

diese zusätzlichen Kennzeichen (deren mögliche Ausprägungsintervalle jeweils angegeben sind) zur besseren Auswahlmöglichkeit von Zeichensätzen durch die Programmlogik.

```
typedef struct _PANOSE {
BYTE    bbFamilyType;      /* Stil=[0,5]*/
BYTE    bbSerifStyle;      /* Serifenstil=[0,15] */
BYTE    bbWeight;          /* Dicke==[0,11] */
BYTE    bbProportion;      /* Proportion=[0,9] */
BYTE    bbContrast;        /* Kontrast=[0,9] */
BYTE    bbStrokeVariation; /* Scherung=[0,8] */
BYTE    bbArmStyle;        /*Serifenintensität=[0,11]*/
BYTE    bbLetterform;      /* Zeichenform=[0,15] */
BYTE    bbMidline;         /* Mittellinie=[0,13] */
BYTE    bbXHeight;         /* x-Höhe=[0,7] */
BYTE    ababReserved[FACESIZE]; /* Reserviert */
} PANOSE;
```

13.2 Allgemeine Gerätefunktionen

DevCloseDC

Funktion

Ein Gerätekontext wird gelöscht; geöffnet wird er mittels DevOpenDC()

define

```
#define INCL_DEV oder INCL_PM.
#include <os2.h>
```

Aufruf

hmf = DevCloseDC(hdc);

hdc (HDC) - input	Handle des Gerätekontext.
hmf (HMF) - return	Fehlerindikator (bei Verwendung mit Metadatei)
DEV_ERROR	Fehler
DEV_OK	Kein Fehler, Kontext außer Metadateikontext ist geschlossen

| Anderer Wert | Metadateikontext geschlossen (Handle wird zurückgegeben |

DevOpenDC

Funktion

Ein Gerätekontext wird geöffnet.

define

```
#define INCL_DEV oder INCL_PM.
#include <os2.h>
```

Aufruf

hdc = DevOpenDC(hab, lType, pszToken, lCount, pdopData, hdcComp);

hab (HAB) - input	Ankerblock Handle.
lType (LONG) - input	Typ des Gerätekontext:
OD_QUEUED	Ausgabegerät mit Gerätespooler (z.B. Drucker, Plotter)
OD_DIRECT	Ausgabegerät ohne zwischengeschalteten Spooler
OD_INFO	Ausgabegerät, auf dessen Gerätetreiber nur lesend zugegriffen werden soll (Informationsermittlung über Gerät)
OD_METADATEI	Metadatei; der Präsentationsraum kann den Sichtbarkeitsbereich ermitteln
OD_METADATEI_NOQUERY	Metadatei; Ermittlung von Parametern nicht erlaubt
OD_MEMORY	Speicherkontext
pszToken (PSZ) - input	Kennzeichen zur Informationsermittlung bzgl. des Gerätes aus der name.INI-Datei des Gerätetreibers, für das der Kontext kreiert werden soll.

13.2 Allgemeine Gerätefunktionen

"*"	keine Information aus name.INI wird ermittelt (Standard); hier werden andere Angaben durch das Betriebssystem **nicht** ausgewertet
lCount (LONG) - input	Anzahl gültiger Feldelemente (nicht byte !) in pdopData; mindestens die ersten 4 Elemente müssen definiert sein
pdopData (PDEVOPENDATA) - input	Informationsstruktur DEVOPENSTRUC mit Treiber und Spoolerinformationen
hdcComp (HDC) - input	Gerätekontext, zu dem ein passender (kompatibler) Gerätekontext kreiert werden soll (nur bei OD_MEMORY)
NULL	Kompatibilität mit Bildschirmfenster wird erzeugt
hdc (HDC) - return	Handle des Gerätekontext:
DEV_ERROR	Fehler
	Wert<>0 Gerätekontext

DevQueryCaps

Funktion

Die Möglichkeiten eines Ausgabegeräts (oder des hierfür installierten Treibers) werden ermittelt.

define

```
#define INCL_DEV oder INCL_PM.
#include <os2.h>
```

Aufruf

fSuccess = DevQueryCaps(hdc, lStart, lCount,alArray);

hdc (HDC) - input	Handle des Gerätekontext des Gerätetreibers, für den Informationen ermittelt werden sollen.

lStart (LONG)
- input

Index des ersten zu ermittelnden Informationsblocks (Basis 0 = erster Infoblock). Für diesen Parameter kann auch der Infoblockname angegeben werden; die Infoblocknamen CAPS_name sind bei alArray definiert

lCount (LONG)
- input

Anzahl der Infoblöcke, die einschließlich des lStart-Blocks ermittelt werden sollen; mit den beiden Parametern lStart und lCount ist die Auswahl eines Informationsintervalls möglich.

alArray (PLONG)
- output

Zeiger auf ein Feld mit Elementen vom Typ LONG; es muß mindestens lCount Elemente haben.

CAPS_FAMILY   Gerätetyp für lType in DevOpenDC()

CAPS_IO_CAPS   Eingabe/Ausgabemöglichkeiten
    CAPS_IO_DUMMY   Dummygerät (gibts gar nicht !)
    CAPS_SUPPORTS_OP   Ausgabe möglich
    CAPS_SUPPORTS_IP   Eingabe möglich
    CAPS_SUPPORTS_IO   Eingabe und Ausgabe möglich

CAPS_TECHNOLOGY Technologie
    CAPS_TECH_UNKNOWN   unbekannte Techniologie
    CAPS_TECH_VECTOR_PLOTTER
        Vektorplotter (oder vektorverarbeitendes Gerät)
    CAPS_TECH_RASTER_DISPLAY   Rastermonitor
    CAPS_TECH_RASTER_PRINTER   Raster (Matrix) Drucker
    CAPS_TECH_RASTER_CAMERA   Rasterkamera
    CAPS_TECH_POSTSCRIPT   Gerät versteht POSTSCRIPT

CAPS_DRIVER_VERSION   Treiberversion

Versionsnummer im niederwertigen Wort (z.B. 1.2 als 0x0120 codiert)

CAPS_WIDTH   Geräteausgabebreite in pel

13.2 Allgemeine Gerätefunktionen

CAPS_HEIGHT Geräteausgabehöhe in pel
Die Definition eines pel ist geräteabhängig (siehe Gerätebeschreibung)
    Rastergerät   pel := Pixel
    Vektorgerät   pel := Positionierungsgenauigkeit (Anzahl Positionierungen für Gesamtausgabedimension)

CAPS_WIDTH_IN_CHARS Anzahl Standardzeichensatz-Zeichen je Zeile

CAPS_HEIGHT_IN_CHARS Anzahl Standardzeichensatz-Zeilen

CAPS_HORIZONTAL_RESOLUTION
                Horizontale Auflösung in pel/meter

CAPS_VERTICAL_RESOLUTION
                Vertikale Auflösung in pel/meter

CAPS_CHAR_WIDTH Standardzeichensatz :
                Breite des Umschließungsrechtecks in pel

CAPS_CHAR_HEIGHT Standardzeichensatz :
                Höhe des Umschließungsrechtecks in pel

CAPS_SMALL_CHAR_WIDTH Standardzeichensatz :
                Breite des Umschließungsrechtecks bei kleinen Zeichen in pel

CAPS_SMALL_CHAR_HEIGHT Standardzeichensatz :
                Höhe des Umschließungsrechtecks bei kleinen Zeichen in pel

CAPS_COLORS Anzahl gleichzeitig darstellbarer Farben (Größe der physikalischen Farbpalette). Bei Plottern Anzahl Stifte + 1 Farbe für Hintergrund

CAPS_COLOR_PLANE Anzahl Farbebenen

CAPS_COLOR_BITCOUNT Anzahl bit/pel

CAPS_COLOR_TABLE_SUPPOR Art der Unterstützung von Farbtabellen
    CAPS_COLTABL_RGB_8
                1, falls mindestens 3 byte (RGB)/pel unterstützt wird

CAPS_COLTABL_RGB_8_PLUS
: 1, falls mehr als 3 byte (RGB)/pel unterstützt werden

CAPS_COLTABL_TRUE_MIX
: 1, falls true color (echte Farbmischung) unterstützt wird. Hierbei wird angenommen, daß die Größe einer logischen Palette <= Größe der physikalischen Palette ist

CAPS_COLTABL_REALIZE
: 1, falls Paletten geladen werden können

CAPS_MOUSE_BUTTON   Anzahl verfügbarer Mausknöpfe

CAPS_FOREGROUND_MIX_SUPPORT
: Vordergrundüberlagerung wird durch Gerätehardware unterstützt

CAPS_FM_OR   Logische ODER Verknüpfung

CAPS_FM_OVERPAINT   Übermalen des alten Inhalts

CAPS_FM_XOR   Logische XOR Verknüpfung

CAPS_FM_LEAVEALONE
: Neues wird von altem separiert

CAPS_FM_AND   Logische UND Verknüpfung

CAPS_FM_GENERAL_BOOLEAN
: Alle anderen Modi

CAPS_BACKGROUND_MIX_SUPPORT
: Hintergrundüberlagerung wird durch Gerätehardware unterstützt

CAPS_BM_OR   Logische ODER Verknüpfung

CAPS_BM_OVERPAINT   Übermalen des alten Inhalts

CAPS_BM_XOR   Logische XOR Verknüpfung

CAPS_BM_LEAVEALONE
: Neues wird von altem separiert

CAPS_BM_AND   Logische UND Verknüpfung

CAPS_BM_GENERAL_BOOLEAN
: Alle anderen Modi

CAPS_VIO_LOADABLE_FONTS
: Anzahl Zeichensätze für Video Ein/Ausgabe

CAPS_WINDOW_BYTE_ALIGNMENT
: Fensterpositionierung auf Bytegrenzen

CAPS_BYTE_ALIGN_REQUIRED
: Immer auf Bytegrenze

CAPS_BYTE_ALIGN_RECOMMENDED
: Möglich (ggf. schneller)

CAPS_BYTE_ALIGN_NOT_REQUIRED
: nicht nötig (oder sinnvoll)

CAPS_BITMAP_FORMAT   Anzahl unterstützter Bitmapformate

CAPS_RASTER_CAPS   Unterstützung von Rasteroperationen durch Hardware

CAPS_RASTER_BITBLT
: GpiBitBlt() und GpiWCBitBlt() werden unterstützt

CAPS_RASTER_BANDING
: Banding wird unterstützt

CAPS_RASTER_BITBLT_SCALING
: GpiBitBlt() und GpiWCBitBlt() mit Skalierung werden unterstützt

CAPS_RASTER_SET_PEL
: GpiSetPel() wird unterstützt

CAPS_RASTER_FONTS   Rasterzeichensätze können dargestellt werden

CAPS_RASTER_FLOOD_FILL
: GpiFloodFill() wird unterstützt

CAPS_MARKER_HEIGHT   Höhe Punktzeichenrechteck in pel

CAPS_MARKER_WIDTH   Breite Punktzeichenrechteck in pel

CAPS_DEVICE_FONTS   Anzahl Gerätezeichensätze

CAPS_GRAPHICS_SUBSET   Grafikcodeunterstützung

CAPS_GRAPHICS_VERSION
: Versionsnummer für Grafikunterstützung

CAPS_GRAPHICS_VECTOR_SUBSET
: Vektorgrafikcodeunterstützung

CAPS_DEVICE_WINDOWING
: Hardwarefensterunterstützung

CAPS_DEV_WINDOWING_SUPPORT
: 1, falls Unterstützung von Fenstern

CAPS_ADDITIONAL_GRAPHICS
: Erweiterte Grafikunterstützung

CAPS_GRAPHICS_KERNING_SUPPORT
: Kerning bei Zeichensätzen

CAPS_FONT_OUTLINE_DEFAULT
: Vektorzeichensätze

CAPS_FONT_IMAGE_DEFAULT
: Gerät hat Standardzeichensatz

CAPS_SCALED_DEFAULT_MARKERS
: Punktsymbole sind skalierbar

CAPS_COLOR_CURSOR_SUPPORT
: Farbige Cursor möglich

CAPS_PALETTE_MANAGER
: Palettenmanagement (GpiCreatePalette).

CAPS_COSMETIC_WIDELINE_SUPPORT
: Kosmetische Linienbreite (GpiSetLineWidth).

CAPS_PHYS_COLORS
: physikalische Farbauflösung

CAPS_COLOR_INDEX
: maximaler Index einer logischen Farbtabelle

CAPS_GRAPHICS_CHAR_WIDTH
: Standardbreite des Umschließungsrechtecks für Zeichen in pel

CAPS_GRAPHICS_CHAR_HEIGHT
: Standardhöhe des Umschließungsrechtecks für Zeichen in pel

CAPS_HORIZONTAL_FONT_RES
: Horizontale Auflösung in pel/inch

CAPS_VERTICAL_FONT_RES
: Vertikale Auflösung in pel/inch

fSuccess (BOOL) - return
: Erfolgsindikator

    TRUE
    : kein Fehler

    FALSE
    : Fehler

DevQueryDeviceNames

Funktion

Die in einer Treiberdatei name.DRV enthaltenen Gerätetreiberinformationen werden ermittelt.

define

```
#define INCL_DEV oder INCL_PM
#include <os2.h>
```

Aufruf

fSuccess = DevQueryDeviceNames(hab, pszDriverName,
    pldn, aDeviceName, aDeviceDesc, pldt,
    aDataType);

hab (HAB) - input
: Ankerblock Handle.

pszDriverName (PSZ) - input
: Treiberdatei (ggf. mit Laufwerk und Pfad) name.DRV

pldn (PLONG) - input/output
: Maximalzahl zu ermittelnder Namen und Infoblöcke

0	Anzahl vorhandener Infoblöcke wird ermittelt und zurückgegeben
ungleich 0	Anzahl tatsächlich zu ladender (input) bzw. tatsächlich geladener (output) Infoblöcke
aDeviceName (PSTR32) - output	Feld von Zeigern auf Gerätenamen (char * STR[32])
aDeviceDesc (PSTR64) - output	Feld von Zeigern auf Geräteinfoblocks (char * STR[64])
pldt (PLONG) - input/output	Maximalzahl zu ermittelnder Datentypen
0	Anzahl unterstützter Datentypen wird ermittelt und zurückgegeben
ungleich 0	Anzahl tatsächlich zu ladender (input) bzw. tatsächlich geladener (output) Datentypen
aDataType (PSTR16) - output	Feld von Zeigern auf Datentypen (char * STR[16])
fSuccess (BOOL) - return	Erfolgsindikator
TRUE	kein Fehler
FALSE	Fehler

Allgemeine Grafikfunktionen

WinGetPS

Funktion

Ein micro-Präsentationsraum passend zu dem Gerätekontext eines Fensters wird eingerichtet; einfache Grafikausgaben, die mit 2-byte Koordinatenangaben auskommen können durchgeführt werden. Das Handle des so eingerichteten Präsentationsraums muß mit WinReleasePS() frei gegeben werden.

define

```
#define INCL_WINWINDOWMGR oder INCL_WIN oder INCL_PM.
#include <os2.h>
```

Aufruf

hps = WinGetPS(hwnd);

hwnd (HWND)
- input   Fensterhandle, für das der Präsentationsraum eingerichtet werden soll

    HWND_DESKTOP   In der gesamten PM-Oberfläche kann gezeichnet werden

    Anderer Wert   Fensterhandle

hps (HPS) - return   Präsentationsraum Handle

WinGetScreenPS

Funktion

Ein micro-Präsentationsraum für die gesamte PM-Oberfläche wird eingerichtet; das Handle des so eingerichteten Präsentationsraums muß mit WinReleasePS() frei gegeben werden.

define

```
#define INCL_WINWINDOWMGR oder INCL_WIN oder INCL_PM
#include <os2.h>
```

Aufruf

hpsScreenPS = WinGetScreenPS(hwndDeskTop);

hwndDeskTop (HWND)
- input   PM-Oberflächenhandle

    HWND_DESKTOP   Standardoberfläche

    Anderer Wert   Handle, sonstiges

hpsScreenPS (HPS)
- **return**   Präsentationsraum Handle

     NULL   Fehler

     Anderer Wert   Handle

WinOpenWindowDC

Funktion

Ein zu einem Fenster passender Gerätekontext wird eingerichtet; dieser Gerätekontext wird automatisch gelöscht, wenn das zugehörige Fenster gelöscht wird.

define

```
#define INCL_WINWINDOWMGR oder INCL_WIN oder INCL_PM.
#include <os2.h>
```

Aufruf

hdc = WinOpenWindowDC(hwnd);

hwnd (HWND)- input   Fenster Handle.

hdc (HDC) - return   Handle des Gerätekontext.

WinPtInRect

Funktion

Es wird geprüft, ob der angegebene Punkt in dem definierten Rechteck liegt; Angaben in Fensterkoordinaten.

define

```
#define INCL_WINRECTANGLES oder INCL_WIN oder INCL_PM
#include <os2.h>
```

Aufruf

f = WinPtInRect(hab, prclrect, pptlpoint);

13.2 Allgemeine Gerätefunktionen

hab (HAB) - input	Ankerblock Handle.
prclrect (PRECTL) - input	Zeiger auf Rechteck
pptlpoint (PPOINTL) - input	Punktkoordinaten
f (BOOL) - return	Suchergebnis
TRUE	Punkt liegt in Rechteck
FALSE	Punkt liegt nicht in Rechteck

WinQueryWindowDC

Funktion

Das Handle des zu einem Fenster gehörenden Gerätekontextes wird ermittelt; der Gerätekontext muß vorher miitels WinOpenWindowDC() geöffnet worden sein.

define

```
#define INCL_WINWINDOWMGR oder INCL_WIN oder INCL_PM
#include <os2.h>
```

Aufruf

hdc = WinQueryWindowDC(hwnd);

hwnd (HWND) - input	Fenster Handle.
hdc (HDC) - return	Handle des Gerätekontext:
NULL	kein Gerätekontext gefunden
Anderer Wert	Gerätekontext

WinQueryWindowRect

Funktion

Das vom gesamten Fenster eingenommene Rechteck wird in Fensterkoordinaten ermittelt. Die Koordinaten der linken unteren Ecke sind daher immer (0,0).

define

```
#define INCL_WINWINDOWMGR oder INCL_WIN oder INCL_PM.
#include <os2.h>
```

Aufruf

fSuccess = WinQueryWindowRect(hwnd, prclRect);

hwnd (HWND) - input	Fenster Handle
prclRect (PRECTL)	
- output	Zeiger auf Fensterrechteck
fSuccess (BOOL) - return	Erfolgsindikator
TRUE	kein Fehler
FALSE	Fehler

WinValidateRect

Funktion

Das definierte Rechteck wird aus dem Ungültigkeitsbereich des Fensters entfernt und damit wieder als gültig und als nicht neu zu zeichnen deklariert.

define

```
#define INCL_WINWINDOWMGR oder INCL_WIN oder INCL_PM
#include <os2.h>
```

Aufruf

fSuccess = WinValidateRect(hwnd, prclRect, fIncludeClippedChildren);

hwnd (HWND) - input	Fensterhandle
HWND_DESKTOP	PM-Oberfläche insgesamt
prclRect (PRECTL)- input	Zeiger auf Rechteck in Fensterkoordinaten
fIncludeClippedChildren	
(BOOL) - input	Gültigkeitsbereich
TRUE	Kindfenster werden mit einbezogen
FALSE	Kindfenster sind ausgeschlossen

13.2 Allgemeine Gerätefunktionen 545

fSuccess (BOOL) - return	Erfolgsindikator
TRUE	kein Fehler
FALSE	Fehler

WinWindowFromDC

Funktion

Das zu einem Gerätekontext gehörende Fenster wird ermittelt (falls das Programm dies einmal vergessen haben sollte !). Der Gerätekontext muß mittels WinOpenWindowDC() geöffnet worden sein.

define

```
#define INCL_WINWINDOWMGR oder INCL_WIN oder INCL_PM
#include <os2.h>
```

Aufruf

hwnd = WinWindowFromDC(hdc);

hdc (HDC) - input	Handle des Gerätekontext.
hwnd (HWND) - return	Fenster Handle:
NULL	Fehler
Anderer Wert	Fenster Handle.

WinWindowFromPoint

Funktion

Das Kindfenster unter dem angegebenen Punkt innerhalb des Elternfensters wird ermittelt, falls es Kindfenster des suchenden Elternfensters ist.

define

```
#define INCL_WINWINDOWMGR oder INCL_WIN oder INCL_PM
#include <os2.h>
```

Aufruf

hwndFound = WinWindowFromPoint(hwndParent, pptlPoint, fEnumChildren);

hwndParent (HWND)
- input Fenster Handle des Elternfensters, das nach einem Kindfenster sucht

    HWND_DESKTOP alle Programmhauptfenster werden getestet; der Punkt ist in Bildschirmkoordinaten anzugeben

    Anderer Wert Handle des Elternfensters; der Punkt ist in (Eltern)Fensterkoordinaten anzugeben

pptlPoint (PPOINTL)
- input Zeiger auf Suchpunkt

fEnumChildren (BOOL) - input Suchmodus

    TRUE Alle Kindfenster (auch weiterer Verwandtschaftgrad : Enkelfenster) werden durchsucht

    FALSE Nur unmittelbare Abkömmlingsfenster werden gesucht

hwndFound (HWND) - return gefundenes Fensterhandle

    NULL Punkt liegt außerhalb des Elternfensters

    hwndParent Kein Kindfenster unter dem Punkt gefunden

    Anderer Wert Fenster Handle

14 Farben

Bevor die Möglichkeiten der Farbprogrammierung detailliert dargestellt werden, muß zunächst das grundsätzliche Prinzip der Ansteuerung externer Gerätedurch das Betriebssystem näher erläutert werden. OS/2 folgt dabei der Philosophie, daß ein *direkter* Zugriff eines Programms auf ein Ausgabegerät grundsätzlich vermieden werden sollte; bei der Ansteuerung von Druckern gibt es eine Möglichkeit, Daten direkt an ein Ausgabegerät zu übergeben.

Jedes PM_Programm kann

1. lesenden (Informationen über das Ausgabegerät werden dem Programm verfügbar gemacht) und
2. schreibenden (das Programm gibt Informationen auf einem Ausgabegerät aus)

Zugriff auf beliebige Ausgabegeräte nie direkt, sondern immer nur zu einem im Hintergrund arbeitenden Treiberprogramm haben. Dieses Treiberprogramm vermittelt alle lesenden und schreibenden Zugriffe auf das externe Gerät; der Treiber übersetzt also die von Seiten des Betriebssystems zugesandten standardisierten Ausgabeinformationen in Informationen, die das ihm zugeordnete physikalische Ausgabegerät interpretieren und darstellen kann. Gleichzeitig ist der Treiber in der Lage, sowohl

1. statische Information (Geräteinformationen, die fest im Treiberprogramm programmiert wurden) und
2. dynamische Informationen (Informationen über den aktuellen Gerätezustand)

so darzustellen, daß sie in einer standardisierten Form vom System abgerufen und dem anfragenden Programm zur Verfügung gestellt werden können.

Dieses Prinzip des zwischengeschalteten Treibers hat für die Programmentwicklung entscheidende Vorteile.

1. Das Treiberprogramm wird vom Gerätehersteller entwickelt und zusammen mit dem Gerät zur Verfügung gestellt. Bei der herstellerseitigen Programmierung eine Treibers müssen natürlich entsprechende Normen, die seitens des Betriebssystems definiert werden erfüllt sein. Durch die Verlagerung der Treiberprogrammierung vom Programmentwickler zum Gerätehersteller wird der Programmentwicklungsaufwand - abhängig von der Intensität der

Nutzung externer Geräte - teilweise erheblich reduziert. Insbesondere bei grafikintensiven Anwendungen kann ansonsten der Programmieraufwand, der auf die Entwicklung aller notwendigen, gängigen Gerätetreiber entfällt teilweise den Umfang der eigentlichen Programmentwicklung übersteigen.

2. Die Programmierung der Darstellung der Programmausgabe (z.B. Grafikprogrammierung) erfolgt im Anwendungsprogramm geräteunabhängig. Das bedeutet konkret, daß z.B. eine Grafikausgabe in Welt- oder Modellkoordinaten einmal programmiert wird und durch die Zuordnung mehrerer Gerätekontexte einmal über einen Bildschirmtreiber auf dem Monitor und anschließend über einen Druckertreiber auf einem beliebigen Drucker ausgegeben werden kann - und dies ohne Änderung der eigentlichen Grafikprogrammierung.

Natürlich müssen bei diesem Konzept auch einige Besonderheiten berücksichtigt werden. So kann z.B. für ein Ausgabegerät (z.B. den Monitor) eine Vielzahl unterschiedlicher Treiber von Seiten des Herstellers geliefert werden. Konkret kann dies bedeuten, daß - abhängig vom aktuellen Treiber - das Programm über eine unterschiedliche Anzahl darstellbarer Farben auf dem Ausgabegerät verfügen kann. Daher müssen alle ausgaberelevanten Programmierungen grundsätzlich aus zwei logischen Teilen bestehen.

1. Erfragen der notwendigen Geräteparameter (bei Monitorausgabe z.B. Geräteart, Auflösung und die Anzahl der Systemfarben).

2. Darstellen der Ausgabeinformation durch geräteunabhängige Programmierung in Welt- und Modellkoordinaten und anschließende Transformation zum aktuellen Gerätekontext.

Die Programmierung der eigentlichen Ausgabeinformation unter (2) muß dabei die unter (1) aktuell erfragten Geräteparameter statt fest vorgegebener Konstanten benutzen.

Diese treibergestützte Methode der Ausgabeprogrammierung gilt natürlich grundsätzlich für alle Arten der Programmausgabe (Rasterbildschirm, Vektorbildschirm, Rasterdrucker, Plotter etc); die Programmierung von Farbausgabeinformation zeigt aber dieses Prinzip besonders deutlich.

14.1 Definition RGB

Die Ausgabe von Farbinformationen kann auf Geräten mit unterschiedlicher Darstellungstechnik erfolgen. Wir wollen unterschiedliche Gerätetechniken kurz am Beispiel eines Farbmonitors erläutern; hier werden grundsätzlich zwei verschiedene Techniken angeboten

- **Rastermonitor**: dieser Monitortyp kann sicherlich als der -zumindest im PC-Bereich- gängigste Monitortyp bezeichnet werden. Hierbei ist die Bildfläche als Lochmaske realisiert, auf der in einem bestimmten Abstand zueinander die einzelnen Bildpunkte in horizontaler und vertikaler Auflösung dargestellt werden; jeder dieser Bildpunkte ist dabei ein Triplett von 3 Maskenlöchern. Jedes dieser Maskenlöcher ist für die Darstellung einer der drei Grundfarben Rot, Grün und Blau (RGB) zuständig. Bei entsprechend hochwertigen Rastermonitoren ist diese Triplettdichte so hoch, daß der Monitor - abhängig von der verwendeten Grafikkarte- durchaus Auflösungen zwischen 1280(horizontal)*1024(vertikal) bis hinunter bis zu 640*480 Farbpixeln (jedes Pixel bestehend aus einem Triplett RGB) realisieren kann. Die einzelnen Triplettpunkte können nun je Farbpixel in unterschiedlicher Intensität dargestellt werden; damit können je Farbpixel eine Vielzahl von Mischfarben erzeugt werden

- **Vektormonitore**: Die Bildfläche eines Vektormonitors ist mit einem Material beschichtet, das bei entsprechender Anregung durch einen Elektronenstrahl eine lange Zeit »nachglüht« - also einmal angeregt auch nach der Anregung Licht abstrahlt. Auf dieser Bildfläche werden nun grafische Informationen (z.B. Linien) dadurch dargestellt, daß die Position des Elektronenstrahls bei ausgeschaltetem Elektronenstrahl auf den Anfangspunkt der darzustellenden Linie positioniert wird, dann der Elektronenstrahl angeschaltet und bis zum Endpunkt der Linie positioniert wird. Dabei werden alle Beschichtungsteilchen zwischen Anfangs- und Endpunkt der Linie angeregt und »glühen nach«. Entscheidend ist, daß die Positionierungsgenauigkeit des Elektronenstrahls lediglich von der physikalischen Justierbarkeit des Elektronenstrahls abhängt und nicht - wie beim Rasterbildschirm - von der Farbpixeldichte. Ein Vektorbildschirm eignet sich daher besonders für grafische Darstellung, die einen sehr hohen Anspruch auf Darstellungsexaktheit (z.B. CAD) haben.

Dieses einfache Beispiel zeigt, wie physikalisch unterschiedlich Ausgabegeräte einer gemeinsamen Geräteklasse sein können.

Greifen wir das Beispiel des (Farb-) Rasterbildschirms noch einmal auf, um die (softwareseitige) Definition von Bildschirmfarben zu vertiefen.

Jedes Farbpixel eines Rasterbildschirms wird durch die Darstellung der drei Triplettfarben Rot, Grün und Blau (RGB) in jeweils unterschiedlichen, wählbaren Intensitäten definiert. Prinzipiell gestattet die Technik des Rasterbildschirms eine analoge (und damit praktisch beliebig genaue) Abstufung der Farbintensität je Triplettpunkt. Allerdings muß die den Bildschirm ansteuernde Grafikkarte jeden Triplettintensitätswert binär speichern können. Daher ist die Intensitätsabstufung von dem der Grafikkarte zur Verfügung stehenden Speicher abhängig. Softwareseitig ist daher aktueller Standard die Beschränkung der Intensitätsabstufung je Triplettpunkt auf 256 verschiedene Intensitätswerte (beginnend von Null = Triplettfarbe nicht dargestellt bis 255 = maximale Helligkeit der Triplettfarbe).

Diese Darstellung der Farbe durch die drei Grundfarben Rot, Grün und Blau nennt man RGB-Darstellung einer Farbe.

Der Gesamtfarbeindruck je Farbpixel bildet sich durch die Überlagerung der drei Grundfarben R, G und B; nimmt man also z.B. 256 (Speicheranforderung 1 byte) mögliche Intensitäten je Grundfarbe an, so ergibt sich eine Gesamtfarbpalette von

```
256(:=R) * 256(:=G) * 256(:=B) = ca. 16 Millionen
```

Farben. OS/2 stellt Farbwerte i.d.R. in einer Struktur vom Typ RGB

```
typedef struct _RGB {
  BYTE bBlue;
  BYTE bGreen;
  BYTE bRed;
} RGB;
```

oder einer Struktur vom Typ RGB2

```
typedef struct _RGB2 {
  BYTE bBlue;
  BYTE bGreen;
  BYTE bRed;
  BYTE fcOptions;
} RGB2;
```

dar. Während in der Struktur RGB tatsächlich jeweils ein Byte für die Grundfarben R, G und B vorhanden ist, sieht die Struktur RGB2 ein zusätzliches Byte zur Aufnahme von Information bezüglich der Darstellungsmodalitäten vor.

14.2 Farbtabellen

Der Speicheraufwand für die Darstellung von Bitmaps (punktweise definierte, rechteckige Grafiken) läßt sich nun sehr einfach berechnen; speichert man die punktweise Bitmapinformation in Strukturen vom Typ RGB (3 Byte), so ergibt sich für eine Bitmap mit einer Größe von 640*480 Bildpunkten ein Speicheraufwand von exakt

```
640*480*sizeof(RGB) = 900 KByte.
```

Die einzelnen Farben werden dann durch Angabe entsprechender Intensitätswerte aus dem Intervall

$$[0,255]_{Dezimal} = [0x00, 0xFF]_{Hexadezimal}$$

zusammengesetzt. Dabei sind folgende Formulierungen für die Definition z.B. der Farbe ROT (reines Rot) gleichwertig.

```
RGB farbe;
farbe.bBlue  = 0x00;
farbe.bGreen = 0x00;
farbe.bRed   = 0xFF;
```

oder

```
LONG farbe;
farbe = 0xFF0000;
```

oder

```
LONG farbe, rot, gruen, blau;
rot = 255L;
farbe = (rot * 65536) + (gruen * 256) + blau;
```

Entsprechendes gilt, wenn der Datentyp RGB2 genutzt wird; die Darstellungsoption fcoptions wird im höchstwertigen byte abgelegt.

14.2 Farbtabellen

Betrachtet man die Fähigkeiten eines Rastermonitors zur Darstellung unterschiedlicher Farben genauer, so ergibt sich - insbesondere wenn man die Anforderungen von mehreren parallel laufenden Programmen an ggf. unterschiedliche Farbdarstellungen berücksichtigt - die Notwendigkeit prinzipiell drei Mengen von RGB-Farbdarstellungen unterscheiden zu müssen.

- **Physikalische Farbauflösung**: Dies ist die Menge aller RGB-Farben, die ein Monitor/Grafikkarten-Paar *prinzipiell* als unterschiedliche Farben darstellen kann. Anders ausgedrückt, ist dies die Fähigkeit der Grafikkarte, digitale Intensitätsangaben je Farbtriplett in analoge Signale umzuwandeln, die vom jeweils betroffenen Elektronenstrahl (R, G oder B) als unterschiedliche Intensitäten dargestellt werden können.

- **Physikalische Farbpalette**: Dies ist die Anzahl unterschiedlicher Farben, die ein Monitor/Grafikkarten-Paar *gleichzeitig* darstellen kann; diese Farbmenge ist notwendigerweise eine Teilmenge der physikalischen Farbauflösung.

Das Verständnis des Unterschiedes zwischen der *physikalischen Farbauflösung* und der *physikalische Farbpalette* ist wesentlich; so kann z.B. ein Monitor/Grafikkartensystem in der Lage sein, 256 unterschiedliche Farben (= physikalische Farbpalette) gleichzeitig darzustellen. Dieses System ist aber unter Umständen in der Lage, diese gleichzeitig darstellbaren 256 Farben aus einer Gesamtmenge von insgesamt 32000 möglichen Farben (= physikalische Farbauflösung) des Systems auszuwählen.

Das bedeutet für den Programmierer, daß je nach Anforderung an die Farbwiedergabe die Menge der gleichzeitig darstellbaren Farben so gewählt werden kann, daß die ausgewählten Farbnuancen den Anforderungen des darzustellenden Bildes möglichst nahe kommen (soll z.B. die Bitmapdarstellung eines Sonnenunterganges gezeichnet werden, so ist es sinnvoll, eine große Menge von Rot- und Gelbfarbnuancen in die physikalische Farbpalette aufzunehmen).

- **Logische Farbtabelle**: Da in einem Multitaskingsystem i.d.R. mehrere Programme parallel arbeiten, muß davon ausgegangen werden, daß jedes Programm unterschiedliche Anforderungen an die Palette der darstellbaren Farben (physikalische Farbpalette) hat.

14.2 Farbtabellen

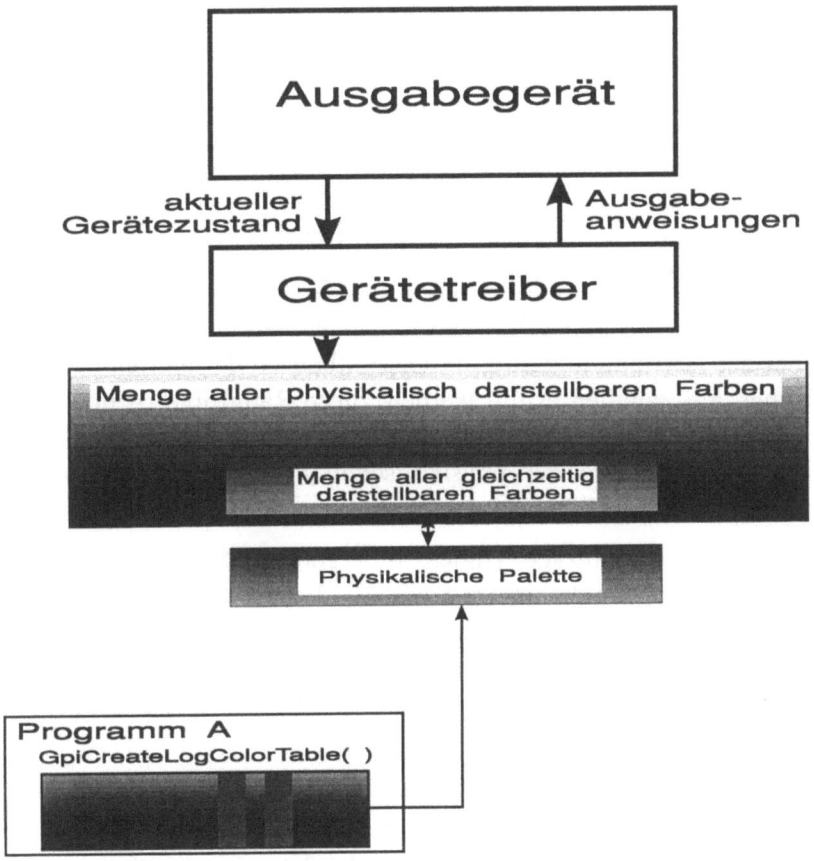

Abb. 14.1 Physikalische und logische Farbpalette

Würde nun jedes Programm hierzu die physikalische Farbpalette manipulieren, so würden sich die Anforderungen an die Farbwiedergabe der einzelnen Programme untereinander stören (die Menge der gleichzeitig darstellbaren Farben ist begrenzt !). Daher wird jedem Programm (eigentlich jedem Präsentationsraum in einem Programm) eine eigene Farbpalette (logische Farbtabelle) zugeordnet. In dieser logischen Farbtabelle kann jedes Programm nach eigenen Anforderungen die notwendigen Farbtöne spezifizieren.

Die hierzu implementierte Technik ist sehr einfach : Eine logische Farbpalette ist eine Liste mit vom Programm wählbarer Länge, bei der jeder Listeneintrag eine programmeigene Farbe durch Angabe der RGB-Werte der gewünschten Farbe festlegt.

Beispiel einer solchen logischen Farbpalette:

```
LONG logFarbPalette[64];
```

Tabellenindex	R	G	B	Farbname
001	0x00	0x00	0x00	Schwarz
002	0xFF	0x00	0x00	Rot
003	0x00	0xFF	0x00	Grün
004	0x00	0x00	0xFF	Blau

Das Betriebssystem sorgt nun dafür, daß folgende Bedingung -sortiert nach hier Relevanz- bei der Befriedigung aller im Gesamtbetrieb definierten programmeigenen logischen Farbtabellen erfüllt werden; diese Rangfolge ist notwendig, da i.d.R. nicht alle logischen Farbpaletten aller gleichzeitig laufenden Programme aufgrund der Beschränkung der physikalischen Farbpalette gleichzeitig vollkommen befriedigt werden können.

1. Die ersten 16 Farbeinträge (Index 0 - Index 15) der physikalischen Farbpalette bleiben möglichst unverändert; diese Farben werden vom Betriebssystem dazu benutzt, die Elemente des PM-Oberflächenfensters und die Fensterrahmenelemente darzustellen. Eine Änderung dieser 16 Systemfarben durch ein Anwendungsprogramm würde notwendigerweise das Aussehen der gesamten PM-Oberfläche ändern.

2. Bereits definierte Einträge in die physikalische Farbpalette bleiben möglichst unverändert. Solange noch undefinierte Einträge (frei Indexzeilen) in der physikalischen Farbpalette verfügbar sind werden Anforderungen von Seiten programmeigener logischer Farbtabellen durch Neueinträge befriedigt.

3. Sind alle Einträge in die physikalische Farbpalette bereits von laufenden Anforderungen belegt (die Anzahl der gleichzeitig darstellbaren Farbtöne ist bereits erreicht) so werden

3.1 Neue Anfragen von logischen Farbtabellen durch wechselweises Mischen bereits vorhandener Farben (*Dithering*) in einem vom Betriebssystem gewählten Muster erzeugt. Hierzu wählt das Betriebssystem aus den bereits eingetragenen physikalischen Farben eine geeignete Grundfarbe aus und überlagert diese Grundfarbe pixelweise mit einem geeigneten Muster mittels einer zweiten Farbe. Dies kann - insbesondere bei der Farbfüllung von Flächen - zu durchaus akzeptablen Ergebnissen führen; sollen allerdings »geometrisch dünne« Linien mit Ditheringfarben erzeugt werden, so kann dies zu unakzeptablen Ergebnissen führen.

3.2 Falls das anfordernde Programm Dithering explizit verbietet werden Einträge in die physikalische Farbpalette mit geringer Wichtigkeit durch die neuen Anforderungen ersetzt. Das Betriebssystem bestimmt die »Wichtigkeit« von bereits bestehenden Farbeinträgen in die physikalische Farbpalette nach zwei Kriterien.

- Die zu ersetzenden Farben gehören zu Programmfenstern, die aktuell nicht den Eingabefokus besitzen (i.d.R. teilweise überdeckt sind) oder
- Die zu ersetzenden Farben werden so ausgewählt, daß sie in ihren RGB-Werten möglichst eine nur geringe Abweichung zu den neu zu setzenden Farbwerten haben.

Nicht alle Treiber von Monitor/Grafikkartensystemen bieten die Möglichkeit, die physikalische Palette zu verändern. OS/2 setzt hier als notwendige Bedingung, daß mindestens 256 mögliche Einträge in die physikalische Palette vorhanden sind (mindestens 256 gleichzeitig darstellbare Farben).

Wie bereits erwähnt kann ein und dieselbe grafische Ausgabe durch Kopplung des Präsentationsraumes, in den die Grafik ausgegeben wurde mit verschiedenen Gerätekontexten (die zu den verschiedenen Ausgabegeräten passen) auf unterschiedlichen Ausgabegeräten ausgegeben werden.

Einfachstes Beispiel hierfür ist die Aufbereitung einer Grafik (*Farbgrafik*) auf dem Monitor und die anschließende Ausgabe dieser Grafik auf einem *einfarbigen* Drucker.

Hierbei versucht der zum Drucker gehörende Treiber, die Farbanforderung, die ihm durch das Betriebssystem übergeben werden, durch entsprechendes Dithering möglichst (nach den Fähigkeiten des Ausgabegerätes) zu simulieren. So werden i.d.R. Farbwerte durch entsprechende Grauschattierung, die durch passende Schwarz/Weiß-Rasterung erzeugt werden, dargestellt.

An dieser Stelle zeigt sich ein geringer Nachteil des betriebssystems- und programmierungsunabhängigen Treiberkonzeptes.

Die Qualität der Grafikinterpretation hängt ausschließlich von der Qualität des Treiberprogramms ab und ist i.d.R. seitens des Programms nicht zu beeinflussen. So ist es dem Treiberprogramm vorbehalten, wie die Anforderung zur Ausgabe einer bestimmter Farbe auf einem Schwarz/Weiß-Drucker durch eine mehr oder weniger geeignete Schwarz/Weiß-Rastung interpretiert wird.

14.3 Programmierung

14.3.1 Abfrage der Gerätefähigkeiten

Einen nicht unerheblichen Umfang bei der Programmierung von Grafikausgaben (die immer möglichst geräteunabhängig sein sollen) nimmt die Ermittlung und Vorverarbeitung der Ausgabegeräteinformation (Fähigkeiten des Ausgabegerätes) ein.

Im Beispielprogramm farben.C wird hierzu unmittelbar bei Erstdarstellung des Fensters (WM_CREATE-Nachricht) alle notwendige Information über die Fähigkeit des Ausgabegerätes (hier Monitor/Grafikkarte) ermittelt.

```
case WM_CREATE:
{
  /*Geraetekontext und Präsentationsraum einrichten*/
  hdc = WinOpenWindowDC(hwnd);
  hps = GpiCreatePS(hab, hdc, &g,
      PU_PELS | GPIF_LONG | GPIA_ASSOC);
```

Die Funktion DevQueryCaps() bietet hier die Möglichkeit, gleich mehrere aufeinanderfolgende Geräteinformationen zu ermitteln.

```
  /*Informationen Gerätetreiber (Grafikkarte)
                                  ermitteln */
  strcpy(text1, "Technologie : ");
  DevQueryCaps(hdc, CAPS_TECHNOLOGY, 1L, infoDC);
```

Die Informationen selbst werden durch die Abfrage von vordefinierten Konstantenwerten im übergebenden Feld infoDC[] abgelegt.

Verknüpft man nun den so ermittelten Rückgabewert bitweise mittels einer logischen UND-Verknüpfung mit den möglichen Konfigurationskonstanten (jede mögliche Gerätekonfiguration ist durch das eindeutige Setzen eines Bits im Rückgabewort gekennzeichnet), so kann die vorhandene Gerätekonfiguration eindeutig ermittelt werden. Im Beispiel wird zunächst einmal die Gerätetechnologie erfragt.

14.3 Programmierung

```
if(infoDC[0] & CAPS_TECH_UNKNOWN)
  strcat(text1, "unbekannt ");
if(infoDC[0] & CAPS_TECH_VECTOR_PLOTTER)
  strcat(text1, "Vektorplotter ");
if(infoDC[0] & CAPS_TECH_RASTER_DISPLAY)
  strcat(text1, "Rasterdisplay ");
if(infoDC[0] & CAPS_TECH_RASTER_PRINTER)
  strcat(text1, "Rasterprinter ");
if(infoDC[0] & CAPS_TECH_RASTER_CAMERA)
  strcat(text1, "RasterKamera ");
if(infoDC[0] & CAPS_TECH_POSTSCRIPT)
  strcat(text1, "POSTSCRIPT ");
```

Anschließend wird ermittelt, wieviele Farben gleichzeitig darstellbar sind, wieviele Farbebenen und wieviele Farbbit pro Pixel dazu notwendig sind. Ebenfalls wird erfragt, ob das Ausgabegerät die Handhabung logischer Farbtabellen unterstützt.

```
/*Informationen ueber Farbunterstuetzung ermitteln */
DevQueryCaps(hdc, CAPS_COLORS, 4L, infoDC);
anzahlfarben = infoDC[0];
sprintf(text2,
  "Farben:%ld Farbebenen:%ld Farbbit/Pel:%ld",
  infoDC[0], infoDC[1], infoDC[2]);
strcpy(text3, "Farbtabellenunterstuetzung : ");
if( infoDC[3] & CAPS_COLTABL_RGB_8)
  strcat(text1, "RGB 8 bit ");
if( infoDC[3] & CAPS_COLTABL_RGB_8_PLUS)
  strcat(text1, "RGB mehr als 8 bit ");
if( infoDC[3] & CAPS_COLTABL_TRUE_MIX)
  strcat(text1, "True Mix Modus ");
if( infoDC[3] & CAPS_COLTABL_REALIZE)
  strcat(text1, "Tabelle darstellbar ");

/* Informationen ueber zusätzkliche
            Grafikunterstützung ermitteln */
```

Die Fähigkeit zusätzlicher Grafikunterstützung (CAPS_ADDITIONAL_GRAPHICS) wird ebenfalls ermittelt; hier ist wesentlich, daß das Ausgabegerät die Handhabung physikalischer Farbpaletten (CAPS_PALETTE_MANAGER) unterstützt. Sollte hier eine geräteseitige Unterstützung nicht vorhanden sein, so werden Änderungen in der physikalischen Farbpalette des Ausgabegerätes grundsätzlich durch Dithering simuliert.

```
    DevQueryCaps(hdc, CAPS_ADDITIONAL_GRAPHICS,
                                        3L, infoDC);
    strcpy(text4, "Zusätzliche Eigenschaften : ");
    if( infoDC[0] & CAPS_PALETTE_MANAGER)
     strcat(text1, "Palettenunterstützung ");
    sprintf(text5,
                    "Farben (physikalisch insgesamt):%ld
                    Maximaler Tabellenindex:%ld",
                                    infoDC[1], infoDC[2]);
   }
   break;
```

Wesentlich ist auch die Ermittlung der insgesamt physikalisch darstellbaren Farben und der maximale Tabellenindex. Der maximal mögliche Tabellenindex kann von der Anzahl der gleichzeitig darstellbaren Farben abweichen; obwohl z.B. nur 16 Farben gleichzeitig darstellbar sind, können durchaus 64 Farbanforderungen (maximaler Index 63) in einer logischen Farbtabelle geführt werden. Die nicht direkt durch physikalische Farben zu befriedigenden Anforderungen der logischen Farbtabelle werden dann durch geeignetes Dithering erzeugt.

Natürlich wird das Beispielprogramm auf Monitor/Grafikkartensystemen, die weniger als 256 gleichzeitig darstellbare Farben und damit keine Palettenunterstützung bieten alle Palettenanforderungen durch Dithering erzeugen und insofern kaum beeindruckende Farbausgaben erzeugen.

14.3.2 Formate der logischen Farbtabelle

Die Definition einer logischen Farbtabelle kann in drei unterschiedlichen Formaten erfolgen; ihre grundsätzliche Bedeutung als ausschließlich und direkt an einen bestimmten Präsentationsraum und ein bestimmtes Programm gebunden und die Art und Weise der Realisierung der logischen Farbtabelle durch die übergeordnete physikalische Farbpalette bleiben durch die Wahl des Definitionsmodus der logischen Farbtabelle unberührt.

Grundsätzlich bietet die Funktion GpiCreateLogColorTable() drei Definitionsmodi.

1. **LCOLF_INDRGB:** Jeder Eintrag in die logische Farbtabelle ist 8 Byte lang. Hierbei sind die ersten vier Byte der beanspruchte Tabellenindex (der Tabellenplatz) und die nachfolgenden vier Byte sind für eine Strukturvariable vom Typ RGB2 vorgesehen, die den Farbwert für den angeforderten Tabellenplatz definiert.

2. **LCOLF_CONSECRGB:** Jeder Tabelleneintrag ist ein Strukturvariable vom Type RGB2 und insofern 4 Byte lang.

3. **LCOLF_RGB:** Der übergebene Wert ist eine Variable vom Typ LONG, wobei die unteren drei Byte die Bytewerte für R, G und B beinhalten.

```
/* Logische Farbtafel/Indexmodus neu definieren */
case ID_LUTLOG :
{
```

Im Beispiel werden vier Einträge in die logische Farbtabelle des Programms, beginnend mit dem Tabellenindex 5 neu definiert.

Diese vier neu gesetzten Tabelleneinträge sind Grauabstufungen; sie werden abhängig vom Inhalt der physikalischen Farbpalette als Vollfarben oder als Ditheringfarben dargestellt.

```
    LONG neuefarben[4] = {
      0x00AAAAAA,
      0x00BBBBBB,
      0x00DDDDDD,
      0x00EEEEEE };

    GpiCreateLogColorTable(
    hps,
    LCOL_RESET,
    LCOLF_CONSECRGB,
    5L,
    4L,
    neuefarben);
```

Die neue Darstellung wird im Fensterausgabebereich erst dann sichtbar, wenn eine WM_PAINT-Nachricht mittels der Funktion WinInvalidateRect() erzeugt wird.

```
    WinInvalidateRect(hwnd, NULL, FALSE);
}
break;
```

Bewegt man nun den Mauszeiger über die im Fensterausgabebereich dargestellte Farbpalette, so wird in der Titelleiste des Fensters der jeweilige RGB-Wert der *Grundfarbe* (wichtig bei Dithering !) dargestellt.

```
case WM_MOUSEMOVE:
{
  punktmaus.x = (LONG)SHORT1FROMMP(mp1);
  punktmaus.y = (LONG)SHORT2FROMMP(mp1);

  /* in welchem Farbrechteck ist der Mauszeiger ? */
  for(c=0;c<anzahlfarben;c++){
     if(punktmaus.x>=(LONG)(c*xstep) &&
                punktmaus.x<(LONG)((c+1)*xstep)){
```

Die Funktion GpiQueryRGBColor() liefert zu einem Index der logischen Farbtabelle den zugeordneten RGB-Wert.

```
          sprintf(textkurz,"RGB : %8X",
          GpiQueryRGBColor(hps, LCOLOPT_REALIZED, c));
          WinSetWindowText(hwndRahmen, textkurz);
          break;
       }
    }
 }
 break;
```

14.3.3 Änderung der physikalischen Farbpalette

Natürlich kann ein Programm auch explizit Einträge in die physikalische Farbpalette des Betriebssystem definieren. Hierzu wird ein Feld mit den neu zu definierenden Vollfarben vom Typ RGB2 angelegt und mit beliebigen - im Beispielprogramm Rotton - Farben belegt.

```
     case ID_PALETTE : /* Palette definieren */
     {
      RGB2 rgb2[8];
      ULONG dummy;

       /* RGB2-Werte füllen (hier mit Rot-Werten) */
       for(c=0; c<8; c++){
        rgb2[c].bRed = c*32;
        rgb2[c].bGreen = 0x0;
        rgb2[c].bBlue = 0x0;
        rgb2[c].fcOptions = 0L;
       }
```

Die Funktion GpiCreatePalette() kreiert mit Hilfe dieser Farbdefinitionen (RGB2 rgb2[8]) eine interne Datenstruktur, die in die physikalische Farbpalette einkopiert werden kann. Sie gibt hierzu ein Handle auf diesen internen Datenbereich (hpalette) zurück.

```
/* Palette definieren */
hpalette = GpiCreatePalette(
    hab,
    0L,
    LCOLF_CONSECRGB,
    8L,
    (PULONG) rgb2);
```

Dieses Palettenhandle muß zunächst mit dem Präsentationsraum durch die Funktion GpiSelectPalette() verbunden werden.

```
/* Palette darstellen */
GpiSelectPalette(hps, hpalette);
```

Für das mit dem Präsentationsraum verbundene Fenster wird die Darstellung der neuen physikalischen Palettenfarben durch die Funktion WinRealizePalette() eingeleitet;

```
WinRealizePalette(hwnd, hpalette, &dummy);
```

nach Ausführung der nächsten WM_PAINT-Nachricht werden dann die neuen Palettenfarben benutzt.

```
    WinInvalidateRect(hwnd, NULL, FALSE);
}
break;
```

Das Betriebssystem wird bei der Realisierung der physikalischen Farbdarstellung die oben definierte Rangfolge berücksichtigen und bestenfalls die vom laufenden Programm angeforderten neuen physikalischen Farbeinträge nur für dieses Fenster realisieren, während Farben anderer Fenster unverändert bleiben.

Im ungünstigsten Fall (wenn alle Einträge in die physikalische Farbpalette bereits belegt sind oder der Treiber des Monitor/Grafikkartensystems kein Palettenmanagement zur Verfügung stellt) werden die geforderten neuen Vollfarben mittels Dithering bereits bestehender Farben simuliert.

14.3.4 Farbtabellen löschen

Mit dem Löschen des mit dem Programmhauptfenster verbundenen Präsentationsraums werden die für diesen Präsentationsraum definierten logischen Farbtabellen automatisch ebenfalls gelöscht (der hierfür benutzte Speicherbereich wird freigegeben).

Dagegen muß die Änderung der *physikalischen Farbpalette* explizit rückgängig gemacht werden. Hierzu wird die Funktion GpiSelectPalette() mit dem Parameter 0L aufgerufen, um die Standardvoreinstellung der physikalischen Farbpalette wieder aktuell zu machen;

```
/* Palette zurücksetzen) */
GpiSelectPalette(hps, 0L);
```

anschließend muß der für die Definition eigener physikalischer Paletten benutzte Speicherbereich durch Freigabe der Palettenhandles mittels der Funktion GpiDeletePalette() freigegeben werden.

```
if(hpalette) GpiDeletePalette(hpalette);
```

14.4 Nachrichten bei Farbtabellen

Kreiert ein Programm für einen eigenen Präsentationsraum eine *logische Farbtabelle*, so ist ausschließlich der Darstellungsumfang des *aufrufenden* Programms von dieser Definition betroffen; eine Benachrichtigung anderer Programme über die Definition einer logischen Farbtabelle muß daher nicht erfolgen.

Anders ist die Situation bei Änderung der *physikalischen Farbpalette*. Im ungünstigsten Fall kann hiervon die Farbdarstellung anderer Programme betroffen werden. Daher müssen alle aktiven Programme des Systems bereits vor der tatsächlichen Ausführung von der geplanten Änderung der physikalischen Farbpalette benachrichtigt werden.

Dies geschieht durch Versenden der Nachricht WM_REALIZEPALETTE; diese Nachricht wird automatisch durch die Funktion WinRealizePalette() erzeugt.

Alle Programme, die von der Handhabung der physikalischen Farbpalette des Systems Gebrauch machen, müssen die Bearbeitung der WM_REALIZEPALETTE-Nachricht vorsehen. Bei Empfangen dieser Nachricht muß das empfangende Programm dafür sorgen, daß der eigene Fensterausgabebereich neu gezeichnet wird.

Das Programm wird dies durch Erklären des gesamten Fensterausgabebereichs als ungültig mittels der Funktion WinInvalidateRect() erzwingen; vor dieser Erzeugung einer WM_PAINT-Nachricht aber kann das Programm - falls nötig -

14.5 Farben : Funktionen 563

erfragen, in welcher Weise die physikalische Farbpalette geändert wurde und ggf. geeignete Farbersetzungen der eigenen logischen Farbtabelle durchführen.

14.5 Farben : Funktionen

GpiAnimatePalette

Funktion

Farbwerte in einer logischen Farbtabelle werden geändert. Es werden nur die Tabellenzeilen geändert, die als PC_RESERVED definiert sind - sowohl bereits in der Tabelle als auch im nachfolgend beschriebenen Feld aulTable. Alle Präsentationsräume, die die angegebene Palette aktuell selektiert haben (GpiSelectPalette()) werden automatisch ohne zusätzlichen Aufruf von WinRealizePalette() der Farbänderung unterworfen und diese Änderung wird dort unmittelbar sichtbar.

define

```
#define INCL_GPILOGCOLORTABLE oder INCL_GPI oder INCL_PM
#include <os2.h>
```

Aufruf

lChanged = GpiAnimatePalette(hpal, ulFormat, ulStart, ulCount, aulTable);

hpal (HPAL) - input	Palette Handle.
ulFormat (ULONG) - input	Format der Farbtabelle
LCOLF_CONSECRGB	RGB-Werte, beginnend mit ulStart aufwärts
ulStart (ULONG) - input	Startindex, falls Farbtabellenformat LCOLF_CONSECRGB ist.
ulCount (ULONG) - input	Anzahl Tabelleneinträge in aulTable
aulTable (PULONG) - input	Farbtabellenzeilen als Folge von ULONG-Werten, deren Aufbau dem Format der Farbta-

belle entsprechen muß; diese Einträge setzen sich als

(F * 16777216) + (R * 65536) + (G * 256) + B

zusammen mit R,G,B := Farbintensitätswerte [0x00, 0xFF] und

F=PC_RESERVED	Tabelleneintrag wird bei der Farbanimierung berücksichtigt
F=PC_EXPLICIT	Das niederwertige Wort ist ein Tabellenindex. Die zugehörige Farbe der physikalischen Farbtabelle wird gezeigt

lChanged (LONG)
- return

	Anzahl der in der physikalischen Farbtabelle geänderter Farben
PAL_ERROR	Fehler
Anderer Wert	Anzahl

GpiCreateLogColorTable

Funktion

Die Einträge (RGB-Werte) in eine logische Farbtabelle werden definiert.

define

```
#define INCL_GPILOGCOLORTABLE oder INCL_GPI oder INCL_PM
#include <os2.h>
```

Aufruf

fSuccess = GpiCreateLogColorTable(hps, flOptions, lFormat, lStart, lCount, alTable);

hps (HPS) - input Präsentationsraum Handle.

flOptions (ULONG)
- input Tabellenoptionen

LCOL_RESET	Die Einträge werden vorher auf die Standardwerte zurückgesetzt
LCOL_PURECOLOR	Kein Dithering erlaubt

14.5 Farben : Funktionen

lFormat (LONG)- input	Tabellenformat
LCOLF_INDRGB	Tabelleneinträge sind definert als : höherwertiges Langwort (4 byte) ist Indexnummer, niederwertiges Langwort ist Farbwert (Typ RGB)
LCOLF_CONSECRGB	Tabelleneintrag ist 4 byte RGB-Wert
LCOLF_RGB	Der Tabellenindex selbst wird als RGB-Wert interpretiert
lStart (LONG) - input	Startindex (nur wichtig bei LCOLF_CONSECRGB)
lCount (LONG) - input	Anzahl Tabelleneinträge
alTable (PLONG) - input	Zeiger auf Speicherbereich, der die Tabelleneinträge seqentiell gemäß dem angegebenen Tabellenformat enthält
fSuccess (BOOL) - return	Erfolgsindikator
TRUE	kein Fehler
FALSE	Fehler

GpiCreatePalette

Funktion

Eine Farbpalette wird eingerichtet; sie kann mittels GpiSelectPalette in einen Präsentationsraum geladen werden.

define

```
#define INCL_GPILOGCOLORTABLE oder INCL_GPI oder INCL_PM
#include <os2.h>
```

Aufruf

hpal = GpiCreatePalette(hab, flOptions, lFormat, lCount, alTable);

hab (HAB) - input	Ankerblock Handle.
flOptions (ULONG) - input	Palettenoptionen (könne kombiniert werden durch verodern)

LCOL_PURECOLOR	kein Dithering erlaubt
LCOL_OVERRIDE_DEFAULT_COLORS	
	Alle Farben der physikalischen Palette werden ggf. überschrieben
lFormat (LONG) - input	Tabellenformat
LCOLF_CONSECRGB	Tabelleneintrag ist 4 byte RGB-Wert
lCount (LONG) - input	Anzahl Tabelleneinträge in alTable
alTable (PLONG) - input	Farbtabellenzeilen als Folge von ULONG-Werten, deren Aufbau dem Format der Farbtabelle entsprechen muß; diese Einträge setzen sich als
	`(F * 16777216) + (R * 65536) + (G * 256) + B`
	zusammen mit R,G,B := Farbintensitätswerte [0x00, 0xFF] und
F=PC_RESERVED	Tabelleneintrag wird bei der Farbanimierung berücksichtigt
F=PC_EXPLICIT	Das niederwertige Wort ist ein Tabellenindex. Die zugehörige Farbe der physikalischen Farbtabelle wird gezeigt
hpal (HPAL) - return	Palette Handle
Wert ungleich 0	Handle
GPI_ERROR	Fehler

GpiDeletePalette

Funktion

Eine Farbpalette wird gelöscht; sie darf nicht aktuell mit einem Präsentationsraum verbunden sein.

define

```
#define INCL_GPILOGCOLORTABLE oder INCL_GPI oder INCL_PM
#include <os2.h>
```

Aufruf

fSuccess = GpiDeletePalette(hpal);

hpal (HPAL) - input	Palette Handle.
fSuccess (BOOL) - return	Erfolgsindikator
TRUE	kein Fehler
FALSE	Fehler

GpiQueryColorIndex

Funktion

Der Farbtabellenindex, der die angegebene RGB-Farbe am besten repräsentiert, (geringste Abweichung) wird ermittelt.

define

```
#define INCL_GPILOGCOLORTABLE oder INCL_GPI oder INCL_PM
#include <os2.h>
```

Aufruf

lIndex = GpiQueryColorIndex(hps, ulOptions, lRgbColor);

hps (HPS) - input	Präsentationsraum Handle.
ulOptions (ULONG) - input	Resreviert NULL
lRgbColor (LONG) - input	RGB-Wert
lIndex (LONG) - return	Index
Wert >= 0	Index
GPI_ALTERROR	Fehler

GpiQueryColorData

Funktion

Informationen über die aktuelle Farbtabelle des Präsentationsraums werden ermittelt.

define

```
#define INCL_GPILOGCOLORTABLE oder INCL_GPI oder INCL_PM
#include <os2.h>
```

Aufruf

fSuccess = GpiQueryColorData(hps, lCount, alArray);

hps (HPS) - input	Präsentationsraum Handle.
lCount (LONG) - input	Anzahl Informationelemente in alArray
alArray (PLONG) - output	Zeiger auf Informationsfeld

    Array[QCD_LCT_FORMAT]   Tabellenformat

                              LCOLF_DEFAULT   Standard

                              LCOLF_INDRGB

                              LCOLF_RGB

                              LCOLF_PALETTE   Palette ist selektiert

    Array[QCD_LCT_LOINDEX] kleinster Index

    Array[QCD_LCT_HIINDEX] Höchster Index

    Array[QCD_LCT_OPTIONS] Darstellungsoption

                              LCOL_PURECOLOR

                              LCOL_OVERRIDE_DEFAULT_COLORS

fSuccess (BOOL) - return	Erfolgsindikator
TRUE	kein Fehler
FALSE	Fehler

GpiQueryLogColorTable

Funktion

Der Inhalt einer logischen Farbtabelle wird ermittelt.

define

```
#define INCL_GPILOGCOLORTABLE oder INCL_GPI oder INCL_PM
#include <os2.h>
```

Aufruf

lRetCount = GpiQueryLogColorTable(hps, flOptions, lStart, lCount, alArray);

hps (HPS) - input	Präsentationsraum Handle.
flOptions (ULONG) - input	Option
0x00	Tabelleneinträge werden als 4-byte-RGB-Werte erwartet
0x01	Tabelleneinträge sind eine Folge von 4-byte-Werten index1, RGB1, index2,...
lStart (LONG) - input	Startindex
lCount (LONG) - input	Anzahl der zu ermittelnden Tabelleneinträge
alArray (PLONG) - output	Information gemäß flOptions
lRetCount (LONG) - return	Anzahl ermittelter Tabellenzeilen
QLCT_RGB	Tabelle ist in RGB-Modus, keine Einträge ermittelt
QLCT_ERROR	Fehler
Wert > 0	Anzahl

GpiQueryNearestColor

Funktion

Zu einem gegebenem RGB-Wert wird derjenige RGB-Wert gefunden, der die geringste Abweichung hat und gleichzeitig aktuell verfügbar ist.

define

```
#define INCL_GPILOGCOLORTABLE oder INCL_GPI oder INCL_PM
#include <os2.h>
```

Aufruf

lRgbOut = GpiQueryNearestColor(hps, ulOptions, lRgbIn);

hps (HPS) - input	Präsentationsraum Handle.
ulOptions (ULONG) - input	Reserviert NULL
lRgbIn (LONG) - input	Gesuchter RGB-Wert
lRgbOut (LONG) - return	Bester RGB-Wert
GPI_ALTERROR	Fehler

GpiQueryPalette

Funktion

Die aktuell mit einem Präsentationsraum assoziierte Palette wird gefunden.

define

```
#define INCL_GPILOGCOLORTABLE oder INCL_GPI oder INCL_PM
#include <os2.h>
```

Aufruf

hpal = GpiQueryPalette(hps);

hps (HPS) - input	Präsentationsraum Handle.
hpal (HPAL) - return	Palette Handle.

14.5 Farben : Funktionen 571

NULL	Kein Palette gefunden
PAL_ERROR	Fehler
Anderer Wert	Handle der Palette

GpiQueryPaletteInfo

Funktion

Die Information zu einer gegebenen Palette wird ermittelt.

define

```
#define INCL_GPILOGCOLORTABLE oder INCL_GPI oder INCL_PM
#include <os2.h>
```

Aufruf

lRetCount = GpiQueryPaletteInfo(hpal, hps, flOptions, lStart, lCount, alArray);

hpal (HPAL) - input	Paletten Handle.
hps (HPS) - input	Präsentationsraum Handle.
flOptions (ULONG) - input	Option
0x00	Paletteneinträge werden als 4-byte-RGB-Werte erwartet
0x01	Paletteneinträge sind eine Folge von 4-byte-Werten index1, RGB1, index2,...
lStart (LONG) - input	Startindex
lCount (LONG) - input	Anzahl der zu ermittelnden Paletteneinträge
alArray (PLONG) - output	Information gemäß flOptions
lRetCount (LONG) - return	Anzahl ermittelter Palettenzeilen
0	keine Paletten gefunden
PAL_ERROR	Fehler
Wert > 0	Anzahl

GpiQueryRealColors

Funktion

Die RGB-Werte der aktuellen physikalischen Farbtabelle werden erfragt.

define

```
#define INCL_GPILOGCOLORTABLE oder INCL_GPI oder INCL_PM
#include <os2.h>
```

Aufruf

lRetCount = GpiQueryRealColors(hps, ulOptions, lStart, lCount, alColors);	
hps (HPS) - input	Präsentationsraum Handle.
ulOptions (ULONG) - input	Option
0x00	Einträge werden als 4-byte-RGB-Werte erwartet
0x01	Einträge sind eine Folge von 4-byte-Werten index1, RGB1, index2,...
lStart (LONG) - input	Reserviert 0L
lCount (LONG) - input	Maximalzahl zu ermittelnder Einträge
alColors (PLONG) - output	Information gemäß flOptions
lRetCount (LONG) - return	Anzahl gefundener Einträge
GPI_ALTERROR	Fehler

GpiQueryRGBColor

Funktion

Zu einem Index wird die aktuelle Farbe (RGB-Wert) der physikalischen Farbtabelle ermittelt.

define

```
#define INCL_GPILOGCOLORTABLE oder INCL_GPI oder INCL_PM
#include <os2.h>
```

Aufruf

lRgbColor = GpiQueryRGBColor(hps, flOptions,lColorIndex);

hps (HPS) - input	Präsentationsraum Handle.
flOptions (ULONG) - input	Option
LCOLOPT_REALIZED	Logische Frabtabelle wird berücksichtigt
NULL	Logische Farbtabelle wird nicht berücksichtigt
lColorIndex (LONG) - input	Farbwert vom Typ CLR_Farbe außer CLR_DEFAULT
lRgbColor (LONG) - return	Bestens passende RGB-Farbe
GPI_ALTERROR	Fehler

GpiSelectPalette

Funktion

Eine Palette wird mit einem Präsentationsraum assoziiert.

define

```
#define INCL_GPILOGCOLORTABLE oder INCL_GPI oder INCL_PM
#include <os2.h>
```

Aufruf

hpalOld = GpiSelectPalette(hps, hpal);

hps (HPS) - input	Präsentationsraum Handle.
hpal (HPAL) - input	Neues Paletten Handle.
NULL	Die Standardpalette soll geladen werden
Anderer Wert	Palette Handle.

hpalOld (HPAL) - return	Vorherig assoziierte Palette
PAL_ERROR	Fehler
NULL	Standardpalette
Anderer Wert	Handle

GpiSetPaletteEntries

Funktion

Die Einträge (RGB-Werte) einer Palette werden geändert. Die Änderungen müssen durch WinRealizePalette sichtbar gemacht werden.

define

```
#define INCL_GPILOGCOLORTABLE oder INCL_GPI oder INCL_PM
#include <os2.h>
```

Aufruf

fSuccess = GpiSetPaletteEntries(hpal,ulFormat, ulStart, ulCount, aTable);

hpal (HPAL) - input	Palette Handle.
ulFormat (ULONG) - input	Palettenformat
LCOLF_CONSECRGB	RGB-Werte (4 byte) ab Index ulStart aufwärts
ulStart (ULONG) - input	Startindex
ulCount (ULONG) - input	Anzahl RGB-Werte in aTable
aTable (PULONG) - input	Farbtabellenzeilen als Folge von ULONG-Werten, deren Aufbau dem Format der Farbtabelle entsprechen muß; diese Einträge setzen sich als (F * 16777216) + (R * 65536) + (G * 256) + B
	zusammen mit R,G,B := Farbintensitätswerte [0x00, 0xFF] und
F=PC_RESERVED	Tabelleneintrag wird bei der Farbanimierung berücksichtigt

14.5 Farben : Funktionen

F=PC_EXPLICIT	Das niederwertige Wort ist ein Tabellenindex. Die zugehörige Farbe der physikalischen Farbtabelle wird gezeigt
fSuccess (BOOL) - return	Erfolgsindikator
TRUE	kein Fehler
FALSE	Fehler

WinRealizePalette

Funktion

Eine vorher für das Fenster mittels GpiSelectPalette() eingestellte logische Farbpalette wird dargestellt und die Farben im Fenster entsprechend geändert. Hat das Fenster den Eingabefocus, wird die Palette ggf. durch Änderung der physikalischen Farbpalette dargestellt; hat das Fenster aktuell nicht den Eingabefocus, werden die Farben ohne Änderung der physikalischen Farbpalette möglichst gut mit den vorhandenen angenähert.

Diese Funktion darf nicht in Bearbeitung einer WM_SETFOCUS-Nachricht aufgerufen werden

define

```
#define INCL_WIN oder INCL_PM
#include <os2.h>
```

Aufruf

lChanged = WinRealizePalette(hwnd, hps, pcclr);

hwnd (HWND) - input	Fenster Handle
hps (HPS) - input	Präsentationsraum Handle.
pcclr (PULONG) - output	Anzahl der tatsächlich geänderten physikalischen Farbtabelleneinträge
0	Palette wird vollkommen dargestellt (ohne Näherung), ohne Änderung der physikalischen Tabelle

Wert > 0	Einträge in die physikalische Palette wurden geändert; eine WM_REALIZEPALETTE-Nachricht wurde an alle Programme geschickt
lChanged (LONG) - return	Anzahl geänderter Farben im Fenster; dieser Wert entscheidet, ob das Fenster neu gezeichnet werden muß
PAL_ERROR	Fehler
Anderer Wert	Anzahl

COLOR Farbwert

```
typedef long COLOR;
```

RGB RGB-Farbwert

```
typedef struct _RGB {
BYTE    bBlue;        /* Komponente Blau */
BYTE    bGreen;       /* Komponente Grün */
BYTE    bRed;         /* Komponente Rot  */
} RGB;
```

RGB2 RGB-Farbwert und Attribut

```
typedef struct _RGB2 {
BYTE    bBlue;         /* Komponente Blau */
BYTE    bGreen;        /* Komponente Grün */
BYTE    bRed;          /* Komponente Rot  */
BYTE    fcOptions;     /* Option
   PC_RESERVED   Tabelleneintrag wird bei der Farbanimierung berücksichtigt
   PC_EXPLICIT   Das niederwertige Wort ist ein Tabellenindex. Die zugehörige Farbe der physikalischen Farbtabelle wird gezeigt */
} RGB2;
```

15 Bitmaphandhabung

Eine Bitmap ist rechteckiger Grafikdarstellungsbereich, dessen Inhalt punktweise (pixel- oder pel-weise) definiert ist. Dabei ist es zunächst unerheblich, ob die einzelnen Bildpunkte ein- oder mehrfarbig definiert sind wie ggf. die Farbinformation gespeichert ist.

Anwendungsprogramme können Bitmaps dazu verwenden,

1. Bitmapgrafiken
2. Icons (Sinnbilder),
3. Bitmapsymbole (Rasterzeichen),
4. Füllmuster für Grafikprimitive

zu definieren. Hauptanwendungsbereich dürfte i.d.R. die Darstellung rechteckiger, bildpunktweise definierter Grafiken sein.

Grundsätzlich kann eine Bitmap auf jedem Ausgabegerät (eigentlich auf jedem Gerätekontext) ausgegeben werden, der in Rastertechnologie (punktweise Grafikdarstellung) arbeitet. Dies sind in erster Linie Rastermonitore und Drucker.

15.1 Darstellung einer Bitmap

Die Darstellungsreihenfolge der einzelnen Bildpunkte auf dem jeweiligen Ausgabegerät hängt von der Technik und dem entsprechenden Gerätetreiber des Ausgabegerätes ab; i.d.R. werden Bitmaps zeilenweise aus dem Kernspeicherbereich, in dem sie temporär definiert werden, auf das Ausgabegerät transportiert und dort ausgegeben.

OS/2 legt hier lediglich zwei notwendige Bedingungen fest.

1. Jede Punktinformation der im Kernspeicher definierten Bitmap (dies können bei Farbdefinitionen durchaus bis zu 3 Byte pro Punkt sein) ist genau einem pel der Bitmapdarstellung auf dem Ausgabegerät zugeordnet.

2. Die Anordnungsreihenfolge der Bildinformation der Bitmap im Kernspeicher wird um 180° gedreht auf dem Ausgabegerät dargestellt. Damit ist der erste Bildpunkt (links oben) der Bitmapdefinition im Kernspeicher abzubilden auf das Gerätepel rechts unten; der Kernspeicherbildpunkt der Bitmap

rechts unten wird entsprechend als links oben liegender Bildpunkt auf dem Ausgabegerät dargestellt.

Ausnahme hiervon ist das Grafikprimitiv **Image**, das mittels der Funktion GpiImage() gehandhabt wird. Hierbei wird die im Kernspeicher temporär dargestellte Bitmapinformation ohne Rotation auf dem Ausgabegerät ausgegeben.

Jede Bildpunktinformation der temporären Kernspeicherbitmap muß nun alle notwendigen Farbinformationen und ggf. sonstigen Attribute des Bildpunktes definieren können; hierzu ist es notwendig mindestens (z.B. bei Darstellung von RGB-Werten) 3*8 bit pro Bildpunkt zur Verfügung zu stellen.

Das Speicherformat der Bitmap gibt an, wie die Farbinformationen je Bildpunkt organisiert sind. Hierbei ist

- eine Farbseparation der gesamten Bitmap in mehrere Farbebenen ebenso möglich wie
- die Darstellung aller Farben innerhalb einer Farbebene mit entsprechend ausreichend großer Anzahl von Bit pro Bildpunkt.

Wir wollen diesen unterschiedlichen Darstellungsmodus von Bitmaps am Beispiel einer Farb-Bitmap verdeutlichen, die je Bildpunkt RGB-Farbwerte mit einer Darstellunsgenauigkeit von 8 Bit pro R,G oder B-Komponente zur Verfügung hält. Damit ist die pro Bildpunkt notwendige Farbinformation insgesamt 3 Byte lang.

- **Eine Farbebene** Wird die Bitmap in einer Farbebene dargestellt, so ist jeder Bildpunkt genau 3 Byte (RGB-Struktur) lang; die ersten drei Byte der Bitmapinformation enthalten also die R,G und B-Werte des ersten Bitmappunktes.

- **Drei Farbebenen** Die Bitmap wird bei dieser Darstellung dreimal hintereinander gespeichert, wobei die erste gepeicherte Bitmap für jeden Bildpunkt die R-Farbwerte definiert. Die zweite, danach folgende Bitmap speichert dann alle G-Werte und die dann folgende dritte Bitmapfarbebene alle B-Werte. Je Farbebene wird hierbei jeder Bildpunkt durch genau 1 Byte (die 8-Bit Darstellungsgenauigkeit je Farbkomponente) repräsentiert.

15.2 Bitmapdaten kopieren

OS/2 2.0 stellt insgesamt 5 Funktionen zur Ausgabe von Bitmaps zur Verfügung, die unterschiedlich programmiert werden.

Funktion()	Eingabeparameter	Ausgabewert
WinDrawBitmap()	Handle der Bitmap	Bitmap auf einem Rastermonitor
GpiImage()	Zeiger auf Kernspeicherbereich mit Bitmapinformation, diese Funktion hat einen Bitmap-Darstellungswinkel von 0°	Einfarbige Bitmap auf einem Rasterausgabegerät
GpiDrawBits()	Zeiger auf einen Kernspeicherbereich mit der Bitmapinformation	Bitmap auf einem Rasterausgabegerät
GpiBitBlt()	Handle eines Präsentationsraum, der die Bitmapdefinition enthält	Bitmap auf einem Rasterausgabegerät oder in einer Metadatei
GpiWCBitBlt()	Handle der Bitmap	Bitmap auf einem Rasterausgabegerät oder in einer Metadatei

1. **WinDrawBitmap()**: Diese Funktion kopiert die durch das Handle spezifizierte Bitmap in den Präsentationsraum eines Monitorfensters (PM-Fenster). Als Gerätekontext muß hier daher ein Bildschirmgerätekontext ausgewählt werden. Alle Koordinatenangaben sind Gerätekoordinaten.

2. **GpiImage()**: Diese Funktion zeichnet monochrome (zweifarbige Bitmaps) die als *Imageprimitive* bezeichnet werden. Hierbei entspricht die Reihenfolge der Bildinformation der Kernspeicherdarstellung der Bitmap genau der Reihenfolge der Bildpunktausgabe auf dem Ausgabegerät; es findet keine Rotation um 180° wie bei allen anderen Bitmapdarstellungsfunktionen statt. Skalierungen (Größenänderungen) der Imageprimitive sind nicht erlaubt.

3. **GpiDrawBits()**: Diese Funktion kopiert Bitmapdaten aus dem Kernspeicherbereich in eine Bitmapstruktur, die vorher an einen Gerätekontext gebunden worden sein muß. Dieser muß seinerseits mit einem Präsentationsraum assoziiert sein. Die Bitmap wird also hier unmittelbar aus dem Speicherbereich in den Gerätekontext geschrieben und muß nicht vorher im Präsentationsraum dargestellt werden.

4. **GpiBitBlt():** Diese Funktion stellt von allen Bitmap-Darstellungsfunktionen die umfangreichsten Leistungen zur Verfügung. Ganz allgemein können hiermit Bitmapdaten:

- Von einem Kernspeicherbereich in einen anderen Kernspeicherbereich (genauer: von einem Kernspeicher-Gerätekontext zu einem anderen Kernspeicher-Gerätekontext)
- Von einem Kernspeicher-Gerätekontext zu einem allgemeinen Gerätekontext (i.d.R. Gerätekontext eine Ausgabegerätes)
- Von einem allgemeinen Gerätekontext zu einem Kernspeicher Gerätekontext
- Von einem Gerätekontext eines Ausgabegerätes zu einem anderen Gerätekontext des selben Ausgabegerätes (speziell: von einem PM-Fenster in ein anderes PM_Fenster)
- kopiert werden

Wird ein Gerätekontext für einen Kernspeicherbereich (Kernspeicher-Gerätekontext) definiert, so muß eine Bitmap mit diesem Kernspeicher-Gerätekontext verbunden werden, bevor die Funktion GpiBitBlt() angewendet werden kann.

5. **GpiWCBitBlt():** Diese Funktion erlaubt das Kopieren von Bitmapdaten vom Gerätekoordinatenraum in den Weltkoordinatenraum. Gleichzeitig wird dadurch die Möglichkeit bereit gestellt, Bitmapdaten in zwischengespeicherte Grafikinformation (Speichergrafik) (retained graphic) auszugeben.

Bei einigen (z.B. GpiBitBlt()) der genannten Bitmaptransfer-Funktionen ist es möglich, wählbare rechteckige Teilbereiche der Quellbitmap in ebenfalls wählbare, rechteckige Bereiche der Zielbitmap zu kopieren; die Funktionen nehmen dabei die notwendige Skalierung (Größenänderungen) automatisch vor. Hinzu kommen vielfältige Möglichkeiten, die Überlagerung von Quellbildpunkten und Zielbildpunkten zu steuern.

15.3 Anlegen einer Bitmap

Folgende Einzelschritte müssen durchgeführt werden, wenn ein Programm eine Bitmap bereitstellen will, in die Grafikprimitive ausgegeben werden sollen.

Zunächst muß ein Kernspeicher-Gerätekontext (memory device context) eröffnet werden, der nur Speicherplatz zur Definition der Eigenschaften der im Kernspei-

15.3 Anlegen einer Bitmap

cher zu installierenden Bitmap - nicht aber ausreichenden Speicherplatz zur Aufnahme der eigentlichen Bitmappunktinformationen - bereitstellt.

Die Beschreibungsparameter des einzurichtenden Gerätekontextes (egal ob im Kernspeicher oder in einer Metadatei) sollten natürlich passend zum geplanten physikalischen Ausgabegerät (z.B. dem Bildschirm) gewählt werden; diese Parameter werden als Typ PDEVOPENDATA der Funktion DevOpenDC() übergeben. Im vorliegenden Fall soll die Bitmap kompatibel zum Rasterbildschirm (»**Display**«) erzeugt werden.

```
PSZ pszdaten[4] = {"Display", NULL, NULL, NULL};

HPS hpsspeicher;
HDC hdcspeicher;

SIZEL hpsgroesse = {0,0};
```

Der Gerätekontext soll nun erzeugt werden; hierzu wird die Funktion DevOpenDC() aufgerufen. Die Funktion gibt als Rückgabewert das Handle *hdcspeicher* auf den Gerätekontext des Speicherbereichs (daher Modus=*OD_MEMORY*) zurück. Soll statt der Verwaltung der anzulegenden Bitmap im Kernspeicher die Bitmapinformation in eine Metadatei geschrieben werden, muß der zweite Parameter der Funktion DevOpenDC() entsprechend als OD_METAFILE gewählt werden.

```
/* Speichergerätekontext und Präsentationsraum */
hdcspeicher = DevOpenDC(hab,
                       OD_MEMORY,
                       »*", «                         4,
                       (PDEVOPENDATA)pszdaten,
                       0L);
```

Nachdem so ein Gerätekontext für die Ablage der Bitmap im Kernspeicher bereitgestellt worden ist, muß dieser Gerätekontext mit einem passenden Präsentationsraum verbunden werden. Hierzu wird die Funktion GpiCreatePS() mit Angabe des Handles des Kernspeichergerätekontextes als zweitem Parameter aufgerufen.

```
hpsspeicher = GpiCreatePS(hab,
                         hdcspeicher,
                         &hpsgroesse,
                         PU_PELS|
                           GPIA_ASSOC|
                           GPIT_MICRO);
```

Die Größe des bereitzustellenden Präsentationsraum wird als (0,0) durch den Parameter *hpsgroesse* angegeben, sodas der gesamte Ausgabebereich des Gerätekontextes zur Verfügung steht. Natürlich ist es hier ebenfalls sinnvoll, die Angabe der Präsentationsraum-Maßeinheiten (PU_PELS) und den Präsentationsraumtyp (GPIT_MICRO) entsprechend dem geplanten physikalischen Ausgabegerät zu wählen.

Bevor die Kernspeicherbitmap tatsächlich angelegt werden kann, müssen vorher noch zwei Informationsstrukturen initialisiert werden, die den Aufbau, die Eigenschaften und den Umfang der einzurichtenden Bitmap genau definieren.

Dies ist zunächst eine Struktur vom Typ BITMAPINFOHEADER2, die den Aufbau und den Speicherbedarf der Kernspeicherbitmap definiert.

```
BITMAPINFOHEADER2 bmp;
.
.
/*Beschreibungsstrukturen für Bitmap initialisieren*/
/* zunächst BITMAPINFOHEADER2 : */
```

Vorher wird die Struktur insgesamt mit NULL-Werten gefüllt, damit nicht explizit definierte Strukturteile einen definierten Wert enthalten.

```
memset(&bmp, 0, sizeof(BITMAPINFOHEADER2));
```

Neben selbstverständlichen Angaben wie Breite und Höhe der Bitmap sowie Anzahl der Farbebenen und Anzahl der Farbbits pro Bildpunkt können hier auch zusätzliche Bitmapeigenschaften wie Kompressionsalgorithmen, Metriken Einheiten des Koordinatensystems) und Farbdarstellungstypen definiert werden.

```
bmp.cbFix = sizeof(BITMAPINFOHEADER2);
bmp.cx = cxBreite; /* Fenstergröße = Bitmapgröße */
bmp.cy = cyHoehe;
bmp.cPlanes = anzahlfarbebenen;
bmp.cBitCount = anzahlbitperpel;
bmp.ulCompression = BCA_UNCOMP;
bmp.cxResolution = 0;
bmp.cyResolution = 0;
bmp.cclrUsed = 0;
bmp.cclrImportant = 0;
bmp.usUnits = BRU_METRIC;
bmp.usRecording = BRA_BOTTOMUP;
bmp.usRendering = BRH_NOTHALFTONED;
bmp.cSize1 = 0;
bmp.cSize2 = 0;
bmp.ulColorEncoding = BCE_RGB;
bmp.ulIdentifier = 0;
```

15.3 Anlegen einer Bitmap

Alle diese Angaben müssen natürlich so gewählt werden, daß sie zu den Grafikeigenschaften des geplanten physikalischen Ausgabegerätes (hier : des Rastermonitors) passen. Die Eigenschaften eines beliebigen Ausgabegerätes (eigentlich des zugehörigen Treibers) müssen vorher durch die Funktion DevQueryCaps() für die Eigenschaften des Gerätekontextes

```
/* Informationen ueber Gerätetreiber
                       (Grafikkarte) ermitteln */
strcpy(text1, "Technologie : ");
DevQueryCaps(hdc, CAPS_TECHNOLOGY, 1L, infoDC);
if(infoDC[0] & CAPS_TECH_UNKNOWN)
 strcat(text1, "unbekannt ");
if(infoDC[0] & CAPS_TECH_VECTOR_PLOTTER)
 strcat(text1, "Vektorplotter ");
if(infoDC[0] & CAPS_TECH_RASTER_DISPLAY)
 strcat(text1, "Rasterdisplay ");
if(infoDC[0] & CAPS_TECH_RASTER_PRINTER)
 strcat(text1, "Rasterprinter ");
if(infoDC[0] & CAPS_TECH_RASTER_CAMERA)
 strcat(text1, "RasterKamera ");
if(infoDC[0] & CAPS_TECH_POSTSCRIPT)
 strcat(text1, "POSTSCRIPT ");

/* Informationen ueber Farbunterstützung ermitteln */
DevQueryCaps(hdc, CAPS_COLORS, 3L, infoDC);
anzahlfarben = infoDC[0];
anzahlfarbebenen = infoDC[1];
anzahlbitperpel = infoDC[2];
sprintf(text2,
 "Farben:%ld Farbebenen:%ld Farbbit/Pel:%ld",
         infoDC[0], infoDC[1], infoDC[2]);

/* Informationen ueber Bitmapformate ermitteln */
DevQueryCaps(hdc, CAPS_BITMAP_FORMATS, 2L, infoDC);
anzahlbitmapformate = infoDC[0];
sprintf(text3,
 »Anzahl Bitmapformate : %ld «, anzahlbitmapformate);
```

und GpiQueryDeviceBitmapFormats() zur Ermittlung derjenigen Geräteeigenschaften, die die Bitmaphandhabung speziell unterstützen, erfragt werden.

```
/* Bitmapformate holen (maximal 16, wg. Feldlänge)*/
anzahlbitmapformate = min(anzahlbitmapformate, 16);
GpiQueryDeviceBitmapFormats(hps,
   2L*anzahlbitmapformate, lbmformate);
```

```
/* Bitmaptechnologie */
if(infoDC[1] & CAPS_RASTER_BITBLT)
  strcat(text4, "+GpiBitBlt()+GpiWCBitBlt() ");
if(infoDC[1] & CAPS_RASTER_BANDING)
  strcat(text4, "+banding ");
if(infoDC[1] & CAPS_RASTER_BITBLT_SCALING)
  strcat(text4,
    "+(GpiBitBlt()+GpiWCBitBlt() mit Skalierung) ");
if(infoDC[1] & CAPS_RASTER_SET_PEL)
  strcat(text4, "+GpiSetPel() ");
if(infoDC[1] & CAPS_RASTER_FONTS)
  strcat(text4, "+Bitmapzeichensätze ");
if(infoDC[1] & CAPS_RASTER_FLOOD_FILL)
  strcat(text4, "+GpiFloodFill() ");
```

Nachdem mit den vorher ermittelten Geräteinformationen die Struktur BITMAP-INFOHEADER2 gefüllt wurde, kann nun der zur Aufnahme der Bildmapbildinformation und der zugehörigen Bitmapinformationsstruktur notwendige Kernspeicher alloziert werden.

```
/* Aufgrund dieser Definition des Bitmapformats wird
   jetzt Speicherplatz für die Bitmapinformation
   alloziert */
DosAllocMem( (PPVOID)&pbmi,
       sizeof(BITMAPINFO2) +
       sizeof(RGB2) * bmp.cPlanes * bmp.cBitCount,
       PAG_COMMIT | PAG_READ | PAG_WRITE);
```

Hierzu wird der Funktion DosAllocMem() die Adresse eines Zeigers auf eine Struktur vom Typ BITMAPINFO2 übergeben (*pbmi*). Nachdem dieser Speicherplatz alloziert worden ist, wird anschließend unter dieser Adresse die eigentliche Strukturinformation der anzulegenden Bitmap definiert. Hierbei werden i.d.R. einige der Informationen der vorher angelegten Struktur BITMAP-INFOHEADER2 kopiert.

```
/* Infostruktur initialisieren */
pbmi->cbFix = bmp.cbFix;
pbmi->cx = bmp.cx;
pbmi->cy = bmp.cy;
pbmi->cPlanes = bmp.cPlanes;
pbmi->cBitCount = bmp.cBitCount;
pbmi->ulCompression = BCA_UNCOMP;
pbmi->cbImage = 0;
pbmi->cxResolution = 0;
pbmi->cyResolution = 0;
pbmi->cclrUsed = 0;
```

```
pbmi->cclrImportant = 0;
pbmi->usUnits = BRU_METRIC;
pbmi->usRecording = BRA_BOTTOMUP;
pbmi->usRendering = BRH_NOTHALFTONED;
pbmi->cSize1 = 0;
pbmi->cSize2 = 0;
pbmi->ulColorEncoding = BCE_RGB;
pbmi->ulIdentifier = 0;
```

Erst die Funktion GpiCreateBitmap() legt dann tatsächlich den zur Aufnahme der gesamten Bitmapgrafikinformation notwendigen Speicherplatz aufgrund der übergebenen Informationsstruktur an. Es wird ein Handle auf die jetzt angelegte Bitmap erzeugt (*hbm*).

```
/* Bitmap kreieren */
hbm = GpiCreateBitmap(hpsspeicher, &bmp, FALSE,
                      (PBYTE)NULL, pbmi);
```

Da für einen Präsentationsraum gleichzeitig mehrere Bitmaps kreiiert werden können, muß die aktuell zu bearbeitende Bitmap speziell angegeben werden. Dies geschieht durch die Funktion GpiSetBitmap(), der entsprechend das Handle des Präsentationsraums und das Handle der aktuell zu bearbeitenden Bitmap übergeben werden.

```
/* Bitmap mit Präsentationsraum verbinden */
GpiSetBitmap(hpsspeicher, hbm);
```

Nachdem nun eine Speicherbitmap in einem eigenen Speichergerätekontext und mit einem eigenen Präsentationsraum so angelegt wurde, daß sie in ihrem Aufbau passend zu einem physikalischen Ausgabegerät (im Beispielprogramm: dem Rastermonitor) ist, können vielfältige Operationen mit dieser Kernspeicherbitmap durchgeführt werden. Das Beispielprogramm bitmap.C zeigt nachfolgend einige der möglichen Nutzungen einer solchen Kernspeicherbitmap.

15.4 Kopieren : Fensterrechteck in Bitmap

Besonders leistungsfähig (da mit sehr kurzer Ausführungszeit vom Betriebssystem realisiert) ist die Nutzungsmöglichkeit, den Inhalt des Fensterausgabebereiches (die im Fensterausgabebereich dargestellte Rastergrafikinformation) in eine bereitgestellte Bitmap (z.B. Kernspeicherbitmap) zu kopieren.

Dies kann von der Programmlogik z.B. dazu benutzt werden, den gesamten Fensterausgabebereich nach umfangreichen Ausgabeoperationen in einer Kernspeicherbitmap zu sichern, um den Fensterinhalt dann nach einer notwendig gewordenen WM_PAINT-Nachricht zu restaurieren.

Das Programm erspart sich damit die Notwendigkeit, umfangreiche und ggf. zeitraubende Grafikausgabeoperationen innerhalb einer WM_PAINT-Nachricht im einzelnen nachvollziehen zu müssen; statt dessen wird der Endzustand einer Grafikausgabeoperation in einer Kernspeicherbitmap zwischengespeichert (gerettet) und bei Bedarf (WM_PAINT) als Bitmapinformation restauriert.

Diese Vorgehensweise kann natürlich nur gewählt werden, wenn sichergestellt ist, daß der zu restaurierende Fensterinhalt exakt dem gespeicherten Bitmapinhalt entspricht. Dies ist aber nur bei einer relativ einfachen Programmlogik sicherzustellen; schon die Verwendung mehrerer Kindfenster und die damit verbundene Möglichkeit, von verschiedenen Programmfunktionen in unterschiedlichen Kindfenstern Grafikausgaben zu erzeugen, macht eine solche Restaurierungskontrolle bei *Bitmaprestaurierung* u.U. zu einem komplizierten Unterfangen. Berücksichtigt man darüber hinaus die Möglichkeit, das unterschiedliche, parallel laufende Prozesse (threads) in unkontrollierter Reihenfolge Grafikausgabe in einem Fenster erzeugen können, so wird die Bitmaprestaurierung von Fensterinhalten sehr schnell unkontrollierbar. In diesen Fällen muß dann die Restaurierung von Fensterinhalten durch andere Methoden (z.B. Speichergrafik := retained graphic) realisiert werden.

Das Kopieren des Fensterinhaltes oder allgemein rechteckiger Ausschnitte aus dem Fensterinhalt in die bereitgestellte Bitmap ist sehr einfach zu programmieren.

Zunächst wird ein Feld vom Typ POINTL mit wahlweise drei oder vier Feldelementen (oder vier Punktangaben) bereitgestellt, das (bei vier Punkten)

1. die linke untere Ecke des zu kopierenden Bildschirmausschnittes (des Quellbereiches) im ersten Feldelement

2. die X- und Y-Ausdehnung des Quellrechtecks im zweiten Feld,

3. die linke untere Ecke des Rechteckes in der aufnehmenden Bitmap (Zielbereich) und

4. die X- und Y-Ausdehnung des Zielrechteckes

definiert. Werden unterschiedliche Angaben der Rechteckgröße für Quell- und Zielbereich gemacht, so wird das Bitmaprechteck einer entsprechenden Skalierung (Stauchung oder Streckung) unterworfen. Wird bei der Angabe des dritten

Feldelementes (Ursprung des Rechteckes im Zielbereich) eine Angabe abweichend vom Nullpunkt (0,0) gemacht, so wird eine Translation (Verschiebung) während des Kopierens vorgenommen.

```
POINTL bmcopyrect[4];
.
.
.
/* Inhalt des Fensters in Bitmap kopieren */
bmcopyrect[0].x = 0; /* Das ganze Fenster kopieren */
bmcopyrect[0].y = 0;
bmcopyrect[1].x = cxBreite;
bmcopyrect[1].y = cyHoehe;
bmcopyrect[2].x = 0; /* keine Translation */
bmcopyrect[2].y = 0;
```

Dieses »Größeninformationsfeld« wird neben anderen Parametern der Funktion GpiBitBlt() übergeben, die nun die eigentliche Kopierarbeit durchführt. Neben Angabe von Quell- und Zielpräsentationsraum und dem Größeninformationsfeld müssen im wesentlichen noch

1. der Überschreibmodus beim Kopieren in den Zielbereich (hier könnte bereits vorhandene Bildinformation überlagert werden müssen) und
2. der Modus des Vorgehens bei Skalierungen (Farbkonvertierung)

definiert werden.

```
GpiBitBlt(hpsspeicher, /* Ziel */
          hps, /* Quelle */
          3L, /* 3 Punkte = keine Skalierung */
          bmcopyrect, /* Copy-Rechteck */
          ROP_SRCCOPY, /* Mixmodus */
          BBO_IGNORE /* Farbkonbvertierung */
         );
```

15.5 Grafikausgabe in Bitmap

Natürlich kann eine Bitmap auch Ziel von Grafikausgabeoperationen sein. Im Beispielprogramm wird als eine Textgrafikausgabe in die Kernspeicherbitmap durchgeführt. Grundsätzlich können natürlich alle Grafikprimitivoperationen genutzt werden, um Grafikausgaben in der Bitmap zu erzeugen.

```
punkt.x = 200;
punkt.y = 150;
GpiCharStringAt(hpsspeicher, &punkt, 4L, "ABCD");
```

Der eigentlich interessante Effekt bei der Grafikausgabe in eine Bitmap liegt darin, daß diese Grafikausgabe natürlich erst dann im Fensterbereich sichtbar wird, wenn die Bitmap (nach Fertigstellung der gesamten Grafikausgabe) in den Fensterausgabebereich als Zielbereich kopiert wird.

Bis dahin erfolgen alle Grafikoperationen innerhalb der Bitmap »unsichtbar« für den Programmbenutzer. Dieser Effekt kann natürlich sehr leicht dazu benutzt werden, komplizierte (und zeitraubende) Grafikoperationen »*im Hintergrund*« unsichtbar für den Programmbenutzer durchzuführen und die so aufgebaute Grafik erst nach Fertigstellung dem Programmbenutzer im Fensterbereich zu präsentieren.

Nutzt man hierzu an dieser Stelle noch die Multitasking-Fähigkeit von OS/2 konsequent aus, so kann ein parallel arbeitender Prozeß (thread) zur Grafikbearbeitung der Bitmap im Hintergrund genutzt werden, während das Programm selbst als eigenständiger Prozeß weiterläuft und - während die Grafik erzeugt wird - dem Benutzer weitere Programmarbeiten ermöglicht.

Der so im Hintergrund geänderte Bitmapinhalt wird nun durch die bekannte Kopierfunktion GpiBitBlt in den mit dem Ausgabefenster verbundenen Präsentationsraum hps kopiert - und erst jetzt für den Programmnutzer sichtbar.

```
/* Inhalt der Bitmap ins Fenster kopieren und
                                  verschieben */
bmcopyrect[0].x = 0;   /*Das ganze Fenster kopieren*/
bmcopyrect[0].y = 0;
bmcopyrect[1].x = cxBreite;
bmcopyrect[1].y = cyHoehe;
bmcopyrect[2].x = -100;   /* Translation */
bmcopyrect[2].y = -100;

GpiBitBlt(hps,      /* Ziel */
        hpsspeicher,   /* Quelle */
        3L,      /* 3 Punkte = keine Skalierung */
        bmcopyrect,    /* Copy-Rechteck */
        ROP_SRCCOPY,   /* Mixmodus */
        BBO_IGNORE     /* Farbkonbvertierung */
        );
```

15.6 Löschen einer Bitmap

Die durch die Funktionen GpiCreateBitmap(), DevOpenDC() und GpiCreatePS() belegten Systemressourcen müssen natürlich nach erfolgter Nutzung (und so schnell wie möglich) wieder freigegeben werden.

Unter Umkehrung der Allozierungsreihenfolge muß daher zunächst

1. die bereitgestellte Bitmap durch die Funktion GpiDeleteBitmap(), dann
2. der Kernspeicherpräsentationsraum mit der Funktion GpiDestroyPS() und zuletzt
3. der Kernspeichergerätekontext mittels der Funktion DevCloseDC() gelöscht werden.

```
/* Speicherressourcen der Bitmap freigeben */
GpiDeleteBitmap(hbm);
GpiDestroyPS(hpsspeicher);
DevCloseDC(hdcspeicher);
```

15.7 Bitmap : Funktionen

GpiBitBlt

Funktion

Ein wählbarer rechteckiger Ausschnitt der Quellbitmap wird in einen ebenfalls frei wählbaren rechteckigen Ausschnitt der Zielbitmap kopiert und ggf. dabei skaliert und/oder verschoben (translatiert). Statt eine Bitmap als Quell- oder Zielobjekt mit einem Gerätekontext zu verbinden kann alternativ auch ein Präsentationsraum mit einem Quell- und/oder Zielgerätekontext verbunden werden, wenn hierbei ein (für Bitmapoperationen) geeignetes Gerät (z.B. Fenster auf Rastermonitor) unterstützt wird.

define

```
#define INCL_GPIBITMAPS oder INCL_GPI oder INCL_PM.
#include <os2.h>
```

Aufruf

lHits = GpiBitBlt(hpsTarget, hpsSource, lCount, ptlPoints, lRop, flOptions);

hpsTarget (HPS) - input	Handle des Ziel-Präsentationsraums
hpsSource (HPS) -	Handle des Quell-Präsentationsraums
lCount (LONG) - input	Anzahl Punkte, die in aptlPoints definiert sind
aptlPoints (PPOINTL) - input	Feld von Punkten vom Typ POINTL; diese Feld enthält wählbar 3 oder 4 Punkte jeweils in Gerätekoordinaten in der folgenden Reigenfolge
Tx1,Ty1	Ecke links unten des Zielrechtecks
Tx2,Ty2	Ecke rechts oben des Zielrechtecks
Sx1,Sy1	Ecke links unten des Quellrechtecks
Sx2,Sy2	Ecke rechts oben des Quellrechtecks

Angaben in Punkt 1 = (Tx1,Ty1) erzwingen eine Translation des Quellrechtecks, wenn sie nicht den Angaben (Sx1,Sy1) entsprechen.

Wird Punkt 4 (Sx2, Sy2) angegeben, so wird ggf. eine Skalierung zwischen unterschiedlich dimensionierten Quell- und Zielrechtecken notwendig; wird Punkt 4 nicht angegeben, so erfolgt in keinem Fall eine Skalierung.

lRop (LONG) - input	**Überlagerungsmodus** zwischen Quellpixel S, Zielpixel T_initial(alter Status, falls hier schon Pixel gesetzt sind) und einem zusätzlich einmischbaren Muster P (Pixelweise) zu dem endgültigen Zielpixel T_final. Dieser Überlagerungsmodus wird pixelweise und je Pixel bitweise definiert.

Für jedes betroffene Pixel und hierin für jedes dieses Pixel beschreibende bit (also unabhängig von der tatsächlichen Farbtiefe bit/pel) gibt es nur 2 mögliche Zustände : 1:bit gesetzt, 0:bit nicht gesetzt. Damit gibt es 8 mögliche Kombinationen für S, P und T_initial :

15.7 Bitmap : Funktionen

P	S	T_init	T_finit
0	0	0	Bit0
0	0	1	Bit1
0	1	0	Bit2
0	1	1	Bit3
1	0	0	Bit4
1	0	1	Bit5
1	1	0	Bit6
1	1	1	Bit7

Sollen z.B. die Pixel der Quellbitmap mit den Pixeln der Zielbitmap ver"odert" werden, aber ein Muster unberücksichtigt bleiben so ergibt sich sofort

P	S	T_init	T_finit = S | T_init
0	0	0	0
0	0	1	1
0	1	0	1
0	1	1	1
1	0	0	0
1	0	1	1
1	1	0	1
1	1	1	1

T_finit = 11101110 = 0x00EE; dies ist dann der Wert für lRop. Einige mögliche und gängige logische bitweise Verknüpfungen sind (mit SRC:=S, DST:=T_init und PAT:=P) vordefiniert als

ROP_SRCCOPY /* SRC

ROP_SRCPAINT/* SRC OR DST

ROP_SRCAND/* SRC AND DST

ROP_SRCINVERT /* SRC XOR DST

ROP_SRCERASE/* SRC AND NOT(DST)

ROP_NOTSRCCOPY/* NOT(SRC)

ROP_NOTSRCERASE /* NOT(SRC) AND NOT(DST)

ROP_MERGECOPY /* SRC AND PAT

ROP_MERGEPAINT /* NOT(SRC) OR DST

ROP_PATCOPY /* PAT

ROP_PATPAINT /* NOT(SRC) OR PAT OR DST

ROP_PATINVERT /* DST XOR PAT

ROP_DSTINVERT /* NOT(DST)

ROP_ZERO /* 0

ROP_ONE /* 1

flOptions (ULONG) - input		Falls eine Skalierung eine Stauchung der Quellbitmap erforderlich macht, müssen je 2 Zeilen und/oder Spalten zu Einer vereinigt werden. Der hier zu verwendende Modus wird definiert
	BBO_OR	Logisch bitweise OR (gut für "weiß auf schwarz"-Darstellungen); Standard
	BBO_AND	Logisch bitweise AND (gut für "schwarz auf weiß"-Darstellungen)
	BBO_IGNORE	Keine Verknüpfung, Zeilen/Spalten werden einfach weggelassen (gut für Farbe)
lHits (LONG) - return		Erfolgsindikator
	GPI_OK	kein Fehler
	GPI_ERROR	Fehler

GpiCreateBitmap

Funktion

Anlegen einer Bitmap; eine Struktur vom Typ BITMAPINFOHEADER2 muß vorher definiert worden sein.

define

```
#define INCL_GPIBITMAPS oder INCL_GPI oder INCL_PM
#include <os2.h>
```

Aufruf

hbm = GpiCreateBitmap(hps, pbmp2New, flOptions, pbInitData, pbmi2InfoTable);	
hps (HPS) - input	Präsentationsraum Handle
pbmp2New (PBITMAP-INFOHEADER2) - input	Zeiger auf Bitmap-Informationsstruktur
flOptions (ULONG) - input	Optionen
CBM_INIT	Bitmapinhalt (Grafik) wird durch die Daten in pbInitData definiert; die Bitmap wird mit diesen Daten initialisiert
0L	keine Initialisierung; Grafikinformation wird später in die Bitmap geschrieben
pbInitData (PBYTE) - input	Zeiger auf Speicherbereich, der die Bitmappixelinformationen enthält (nur wenn CB;_INIT gesetzt ist; sonst NULL)
pbmi2InfoTable (PBITMAP-INFO2) - input	Zeiger auf BITMAPINFO"-Struktur, die das Datenformat der Information in pbInitData beschreibt (nur wenn CB;_INIT gesetzt ist; sonst NULL)
hbm (HBITMAP) - return	Bitmap Handle
Wert ungleich 0	Handle
GPI_ERROR	Fehler

GpiDrawBits

Funktion

Eine anderweitig erstellte Bitmap (in einem Standardformat; z.B. 1 Farbebene, 8 bit/pel) wird in einen Präsentationsraum ausgegeben; die Bitmappixelinformation kann z.B. aus einer programmfremden Datei entnommen sein oder pixelweise berechnet worden sein.

define

```
#define INCL_GPIBITMAPS oder INCL_GPI oder INCL_PM.
#include <os2.h>
```

Aufruf

lHits = GpiDrawBits(hpsTarget, pBits, pbmi2InfoTable, lCount, aptlPoints, lRop, flOptions);

hpsTarget (HPS) - input	Handle des Ziel-Präsentationsraums
pBits (PVOID) - input	Zeiger auf Speicherbereich, der die Bitmappixelinformation enthält
pbmi2InfoTable (PBITMAPINFO2) - input	Zeiger auf BITMAPINFO"-Struktur, die das Datenformat der Information in pBits beschreibt
lCount (LONG) - input	Anzahl Punkte, die in aptlPoints definiert sind
aptlPoints (PPOINTL) - input	Feld von Punkten vom Typ POINTL; diese Feld enthält wählbar 3 oder 4 Punkte in der folgenden Reigenfolge
Tx1,Ty1	Ecke links unten des Zielrechtecks in Weltkoordinaten
Tx2,Ty2	Ecke rechts oben des Zielrechtecks in Weltkoordinaten
Sx1,Sy1	Ecke links unten des Quellrechtecks in Gerätekoordinaten
Sx2,Sy2	Ecke rechts oben des Quellrechtecks in Gerätekoordinaten

Angaben in Punkt 1 = (Tx1,Ty1) erzwingen eine Translation des Quellrechtecks, wenn sie nicht den Angaben (Sx1,Sy1) entsprechen

Wird Punkt 4 (Sx2, Sy2) angegeben, so wird ggf. eine Skalierung zwischen unterschiedlich dimensionierten Quell- und Zielrechtecken notwendig; wird Punkt 4 nicht angegeben, so erfolgt in keinem Fall eine Skalierung.

15.7 Bitmap : Funktionen

lRop (LONG) - input   Überlagerungsmodus zwischen Quellpixel S, Zielpixel T_initial (alter Status, falls hier schon Pixel gesetzt sind) und einem zusätzlich einmischbaren Muster P (Pixelweise) zu dem endgültigen Zielpixel T_final. Dieser Überlagerungsmodus wird pixelweise und je Pixel bitweise definiert.

Für jedes betroffene Pixel und hierin für jedes dieses Pixel beschreibende bit (also unabhängig von der tatsächlichen Farbtiefe bit/pel) gibt es nur 2 mögliche Zustände : 1:bit gesetzt, 0:bit nicht gesetzt. Damit gibt es 8 mögliche Kombinationen für S, P und T_initial :

P	S	T_init	T_finit
0	0	0	Bit0
0	0	1	Bit1
0	1	0	Bit2
0	1	1	Bit3
1	0	0	Bit4
1	0	1	Bit5
1	1	0	Bit6
1	1	1	Bit7

Beispiel hierzu siehe GpiBitBlt(). Einige mögliche und gängige logische bitweise Verknüpfungen sind (mit SRC:=S, DST:=T_init und PAT:=P) vordefiniert als

```
ROP_SRCCOPY      /* SRC
ROP_SRCPAINT    /* SRC OR DST
ROP_SRCAND      /* SRC AND DST
ROP_SRCINVERT   /* SRC XOR DST
ROP_SRCERASE    /* SRC AND NOT(DST)
ROP_NOTSRCCOPY  /* NOT(SRC)
ROP_NOTSRCERASE /* NOT(SRC) AND NOT(DST)
ROP_MERGECOPY   /* SRC AND PAT
ROP_MERGEPAINT  /* NOT(SRC) OR DST
ROP_PATCOPY     /* PAT
ROP_PATPAINT    /* NOT(SRC) OR PAT OR DST
```

ROP_PATINVERT /* DST XOR PAT

ROP_DSTINVERT /* NOT(DST)

ROP_ZERO /* 0

ROP_ONE /* 1

flOptions (ULONG) - input	falls eine Skalierung eine Stauchung der Quellbitmap erforderlich macht, müssen je 2 Zeilen und/oder Spalten zu Einer vereinigt werden. Der hier zu verwendende Modus wird definiert.
BBO_OR	Logisch bitweise OR (gut für »weiß auf schwarz«-Darstellungen); Standard
BBO_AND	Logisch bitweise AND (gut für »schwarz auf weiß«-Darstellungen)
BBO_IGNORE	Keine Verknüpfung, Zeilen/Spalten werden einfach weggelassen (gut für Farbe)
lHits (LONG) - return	Erfolgsindikator
GPI_OK	kein Fehler
GPI_ERROR	Fehler

GpiImage

Funktion

Eine Image-Bitmap wird in den angegebenen Präsentationsraum kopiert; eine Image-Bitmap ist ein quadratischer Bereich mit Pixeln (1 bit/pixel), der in beliebiger Weise als bitFolge definiert worden sein kann. Bei der Darstellung einer Image-Bitmap werden die in einem Speicherbereich definierten Pixel so im Präsentationsraum dargestellt, daß das erste definierte Pixel an der aktuellen Grafikausgabeposition als linke obere Rechteckposition dargestellt wird; das letzte definierte Pixel wird unten rechts dargestellt

define

```
#define INCL_GPIPRIMITIVES oder INCL_GPI oder INCL_PM
#include <os2.h>
```

Aufruf

lHits = GpiImage(hps, lFormat, psizlImageSize, lLength, pbData);

hps (HPS) - input	Präsentationsraum Handle.
lFormat (LONG) - input	Datenformat; reserviert 0L
psizlImageSize (PSIZEL) - input	Breite (=Höhe) der Imagebitmap in pel (pixel); Wert muß <= 2040 sein
lLength (LONG) - input	Länge der Imagedaten in byte. Jede Zeile wird dabei von links nach rechts definiert. Ist psizlImageSize modulo 8 ungleich 0, müssen ggf im rechten byte Pixel = bits undefiniert bleiben.
pbData (PBYTE) - input	Zeiger auf Speicherbereich, der die Pixelinformation enthält
lHits (LONG) - return	Erfolgsindikator
GPI_OK	kein Fehler
GPI_ERROR	Fehler

GpiLoadBitmap

Funktion

Eine Bitmap angelegt und aus einer externen Ressource geladen; ein Handle auf die so kreierte Bitamp wird erzeugt. Eine solche Bitmap kann z.B. mit Hilfe des Ressourcencompilers an die Programmdatei name.EXE angebunden sein; sie wird dann mit der eindeutigen ID aus der Ressourcendefinitionsdatei benannt.

Die so geladene Bitmap muß mittels GpiBitBlt() in einen Präsentationsraum kopiert, bei Nutzungsende mittels GpiSetBitmap() von diesem Präsentationsraum gelöst und dann mittels GpiDeleteBitamp() gelöscht werden

define

```
#define INCL_GPIBITMAPS oder INCL_GPI oder INCL_PM.
#include <os2.h>
```

Aufruf

hbm = GpiLoadBitmap(hps, Resource, idBitmap, lWidth,lHeight);

hps (HPS) - input	Präsentationsraum Handle
Resource (HMODULE) - input	Ressourcen Handle
NULL	Bitmap in name.EXE-Datei
Anderer Wert	Handle aus DosLoadModule()
idBitmap (ULONG) - input	Bitmap ID
lWidth (LONG) - input	Breite der Bitmap in pel
lHeight (LONG) - input	Höhe der Bitmap in pel
hbm (HBITMAP) - return	Bitmaphandle
GPI_ERROR	Fehler

GpiQueryBitmapBits

Funktion

Grafikdaten einer Bitmap werden basierend auf der Bitmapstruktur pixelweise in einen Speicherbereich zur weiteren Programmverwendung kopiert.

define

```
#define INCL_GPIBITMAPS oder INCL_GPI oder INCL_PM
#include <os2.h>
```

Aufruf

lScansReturned = GpiQueryBitmapBits(hps,lScanStart, lScans, pbBuffer, pbmi2InfoTable);

hps (HPS) - input	Präsentationsraum Handle.
lScanStart (LONG) - input	Anfangszeile der Bitmap, die als erste ausgelesen werden soll (unterste Zeile hat Index 0)
lScans (LONG) - input	Anzahl zu kopierender Bitmapzeilen

15.7 Bitmap : Funktionen 599

pbBuffer (PBYTE) - output	Speicherbereich, in den die Pixeldaten geschrieben werden sollen
pbmi2InfoTable (PBITMAP-INFO2) - input/output	Zeiger auf Bitmapaufbauinfo; diese Angaben werden genutzt, um die Grafikinformation pixelweise ablegen zu können
lScansReturned (LONG) - return	Anzahl tatsächlich kopierter Zeilen
GPI_ALTERROR	Fehler

GpiQueryBitmapInfoHeader

Funktion

Zu einer Bitmap wird die Aufbauinformation ermittelt.

define

```
#define INCL_GPIBITMAPS oder INCL_GPI oder INCL_PM
#include <os2.h>
```

Aufruf

fSuccess = GpiQueryBitmapInfoHeader(hbm, pbmp2Data);

hbm (HBITMAP) - input	Bitmap Handle
pbmp2Data (PBITMAPINFO-HEADER2) - input/output	Zeiger auf Aufbauinfostruktur, die die aktuelle Struktur der Bitmap aufnimmt
fSuccess (BOOL) - return	Erfolgsindikator
TRUE	kein Fehler
FALSE	Fehler

GpiQueryDeviceBitmapFormats

Funktion

Die möglichen Bitmapstrukturen, die von dem mit dem angegebenem Präsentationsraum assoziierten Gerätekontext unterstützt werden, werden ermittelt.

define

```
#define INCL_GPIBITMAPS oder INCL_GPI oder INCL_PM
#include <os2.h>
```

Aufruf

fSuccess = GpiQueryDeviceBitmapFormats(hps, lCount, alArray);

hps (HPS) - input	Präsentationsraum Handle
lCount (LONG) - input	Anzahl Infoblöcke, die ermittelt werden können. Jeder Infoblock repräsentiert ein mögliches Bitmapformat als Paar

```
(cPlanes, cBitCount) =
(Anzahl Farbebenen, Anzahl bit/(pel*Farbebene))
```

Die Anzahl aller verfügbaren Bitmapformate kann vorher mittels DevQueryCaps() erfragt werden.

alArray (PLONG) - output	Feld zur Aufname der Formatinformation; es müssen mindestens 2*AnzahlFormate Elemente verfügbar sein
fSuccess (BOOL) - return	Erfolgsindikator
TRUE	kein Fehler
FALSE	Fehler

GpiSetBitmap

Funktion

Eine Bitmap0 wird mit einem Präsentationsraum verbunden; der Präsentationsraum muß dabei mit einem zum Bitmapformat passenden Gerätekontext assoziiert sein. Eine vorher mit dem Präsentationsraum verbundene Bitmap wird automatisch abgemeldet (nicht gelöscht !).

define

```
#define INCL_GPIBITMAPS oder INCL_GPI oder INCL_PM.
#include <os2.h>
```

Aufruf

hbmOld = GpiSetBitmap(hps, hbm);

hps (HPS) - input	Präsentationsraum Handle.
hbm (HBITMAP) - input	Bitmaphandle, diese Bitmap soll angemeldet werden
NULL	es wird nur die bereits angemeldete Bitmap freigegeben
hbmOld (HBITMAP) - return	Handle der vorher angemeldeten Bitmap
NULL	kein Fehler
HBM_ERROR	Fehler
Anderer Wert	Handle

GpiSetBitmapBits

Funktion

Die in einem Speicherbereich gehaltenen Pixelinformationen werden in die Bitmapstruktur kopiert.

define

```
#define INCL_GPIBITMAPS oder INCL_GPI oder INCL_PM
#include <os2.h>
```

Aufruf

lScansSet = GpiSetBitmapBits(hps, lScanStart, lScans, pbBuffer, pbmi2InfoTable);

hps (HPS) - input	Präsentationsraum Handle
lScanStart (LONG) - input	Zeile, ab der kopiert werden soll (unterste Bitmapzeile hat Index 0)
lScans (LONG) - input	Anzahl zu kopierender Zeilen
pbBuffer (PBYTE) - input	Speicherbereich mit Pixeldaten; entsprechend der Bitmapdarstellung aufgebaut
pbmi2InfoTable (PBITMAPINFO2) - input	Bitmapaufbauinfo
lScansSet (LONG) - return	Tatsächlich kopierte Zeilen
GPI_ALTERROR	Fehler

GpiSetBitmapId

Funktion

Eine bereits definierte Bitmap wird mit einer lokalen ID verknüpft. Mit Hilfe dieser ID kann dann die Bitmap wie ein Rasterzeichen verwendet werden. Die lokale ID muß später mit PpiDeleteSetID() wieder freigegeben werden.

define

```
#define INCL_GPIBITMAPS oder INCL_GPI oder INCL_PM
#include <os2.h>
```

Aufruf

fSuccess = GpiSetBitmapId(hps, hbm, lLcid);

hps (HPS) - input	Präsentationsraum Handle.
hbm (HBITMAP) - input	Bitmap Handle; die Bitmap darf aktuell **nicht** mit einem Gerätekontext verbunden sein (GpiSetBitmap() verboten !)

lLcid (LONG) - input	Lokale ID aus Intervall [1,254]; sie muß eindeutig sein
fSuccess (BOOL) - return	Erfolgsindikator
TRUE	kein Fehler
FALSE	Fehler

GpiWCBitBlt

Funktion

Ein rechteckiger Bereich einer aktuell nicht mit einem Speicher-Gerätekontext verbundenen Bitmap wird in ein Zielrechteck einer Bitmap kopiert, die mit einem Gerätekontext verbunden ist, der Rasteroperationen unterstützt (z.B. Rastermonitor). Es wird direkt aus einer Bitmap in einen Rastergerätekontext kopiert.

define

```
#define INCL_GPIBITMAPS oder INCL_GPI oder INCL_PM.
#include <os2.h>
```

Aufruf

lHits = GpiWCBitBlt(hpsTarget, hbmSource, lCount, aptlPoints, lRop, flOptions);

hpsTarget (HPS) - input	Handle des Ziel-Präsentationsraums
hbmSource (HBITMAP) - input	Handle der Quellbitmap
lCount (LONG) - input	Reserviert = 4L
aptlPoints (PPOINTL) - input	Feld von Punkten vom Typ POINTL; diese Feld enthält 4 Punkte in der folgenden Reigenfolge
Tx1,Ty1	Ecke links unten des Zielrechtecks in Weltkoordinaten

Tx2,Ty2	Ecke rechts oben des Zielrechtecks in Weltkoordinaten
Sx1,Sy1	Ecke links unten des Quellrechtecks in Gerätekoordinaten
Sx2,Sy2	Ecke rechts oben des Quellrechtecks in Gerätekoordinaten

Angaben in Punkt 1 = (Tx1,Ty1) erzwingen eine Translation des Quellrechtecks, wenn sie nicht den Angaben (Sx1,Sy1) entsprechen.

lRop (LONG) - input	Überlagerungsmodus zwischen Quellpixel S, Zielpixel T_initial(alter Status, falls hier schon Pixel gesetzt sind) und einem zusätzlich einmischbaren Muster P (Pixelweise) zu dem endgültigen Zielpixel T_final. Dieser Überlagerungsmodus wird pixelweise und je Pixel bitweise definiert.

Für jedes betroffene Pixel und hierin für jedes dieses Pixel beschreibende bit (also unabhängig von der tatsächlichen Farbtiefe bit/pel) gibt es nur 2 mögliche Zustände : 1:bit gesetzt, 0:bit nicht gesetzt. Damit gibt es 8 mögliche Kombinationen für S, P und T_initial :

P	S	T_init	T_finit
0	0	0	Bit0
0	0	1	Bit1
0	1	0	Bit2
0	1	1	Bit3
1	0	0	Bit4
1	0	1	Bit5
1	1	0	Bit6
1	1	1	Bit7

Beispiel siehe GpiBitBlt(). Einige mögliche und gängige logische bitweise Verknüpfungen sind (mit SRC:=S, DST:=T_init und PAT:=P) vordefiniert als

```
ROP_SRCCOPY  /* SRC
ROP_SRCPAINT /* SRC OR DST
ROP_SRCAND   /* SRC AND DST
```

Funktion

ROP_SRCINVERT /* SRC XOR DST
ROP_SRCERASE /* SRC AND NOT(DST)
ROP_NOTSRCCOPY /* NOT(SRC)
ROP_NOTSRCERASE /* NOT(SRC) AND NOT(DST)
ROP_MERGECOPY /* SRC AND PAT
ROP_MERGEPAINT /* NOT(SRC) OR DST
ROP_PATCOPY /* PAT
ROP_PATPAINT /* NOT(SRC) OR PAT OR DST
ROP_PATINVERT /* DST XOR PAT
ROP_DSTINVERT /* NOT(DST)
ROP_ZERO /* 0
ROP_ONE /* 1

flOptions (ULONG) - input	Falls eine Skalierung eine Stauchung der Quellbitmap erforderlich macht, müssen je 2 Zeilen und/oder Spalten zu Einer vereinigt werden. Der hier zu verwendende Modus wird definiert
BBO_OR	Logisch bitweise OR (gut für »weiß auf schwarz«-Darstellungen); Standard
BBO_AND	Logisch bitweise AND (gut für »schwarz auf weiß«-Darstellungen)
BBO_IGNORE	Keine Verknüpfung, Zeilen/Spalten werden einfach weggelassen (gut für Farbe)
lHits (LONG) - return	Erfolgsindikator
GPI_OK	kein Fehler
GPI_ERROR	Fehler

WinDrawBitmap

Funktion

Eine Bitmap wird direkt in den Präsentationsraum eines Zielgerätekontextes (z.B. Rastermonitor) gezeichnet, wobei die für den Präsentationsraum vorher eingestellten Farben und Überlagerungsmodi für IMAGEBUNDLE gelten.

define

```
#define INCL_WINWINDOWMGR oder INCL_WIN oder INCL_PM
#include <os2.h>
```

Aufruf

fSuccess = WinDrawBitmap(hps, hbm, prclSrc, pptlDest, lForeColor, lBackColor, flRgf);

hps (HPS) - input	Handle des Zielpräsentationsraums
hbm (HBITMAP) - input	Bitmap Handle
prclSrc (PRECTL) - input	Rechteckbereich der Bitmap, der gezeichnet werden soll
NULL	Die ganze Bitmap
pptlDest (PPOINTL) - input	Bitmapzielpunkt (unten links) in Zielgerätekoordinaten
lForeColor (LONG) - input	Vordergrundfarbe wird genutzt, falls eine monochrome Bitmap kopiert wird; die gesetzten Pixel der Bitmap werden dann in dieser Farbe gezeichnet.
lBackColor (LONG) - input	Hintergrundfarbe wird genutzt, falls eine monochrome Bitmap kopiert wird; die nicht gesetzten Pixel der Bitmap werden dann in dieser Farbe gezeichnet.
flRgf (ULONG) - input	Zeichenmodus

Funktion

DBM_NORMAL	Bitmap wird mit ROP_SRCCOPY kopiert
DBM_INVERT	Bitmap wird mit ROP_NOTSRCCOPY kopiert
DBM_STRETCH	pptlDest zeigt auf Rechteckstruktur mit Rechteck im Zielpräsentationsraum; die Bitmap wird dann in dieses Rechteck skaliert
DBM_HALFTONE	Ein Muster wird mit der Bitmap ver»odert«; nur verwendbar mit DBM_NORMAL oder DBM_INVERT
DBM_IMAGEATTRS	Die Farbumsetzung der monochromen Bitmap wird durch die Imageattribute definiert
fSuccess (BOOL) - return	Erfolgsindikator
TRUE	kein Fehler
FALSE	Fehler

BITMAPINFO2 Bitmapinformation Typ 2

Informationen zur angelegten Bitmap.
```
typedef struct _BITMAPINFO2 {

   ULONG   cbFix;       /* Strukturlänge ohne zusätzliche
                          RGB-Werte */

   ULONG   cx;          /* Bitmapbreite in pel */

   ULONG   cy;          /* Bitmaphöhe in pel */

   USHORT  cPlanes;     /* Anzahl Farbebenen */

   USHORT  cBitCount;   /* Anzahl bit/(pel*Farbebene) */

   ULONG   ulCompression;
                        /* Kompresssionsalgorithmus für :
                          BCA_UNCOMP      keine Kompression
                          BCA_HUFFMAN1D   1 bit/pel-Bitmaps
                          BCA_RLE4        4 bit/pel-Bitmaps
                          BCA_RLE8        8 bit/pel-Bitmaps
                          BCA_RLE24 24 bit/pel-Bitmaps */

   ULONG   cbImage;     /* Länge Bitmapinformation in bytes*/
```

```
    ULONG    cxResolution;
                     /* Horizontale Auflösung des Ausgabegeräts
                        in usUnits */

    ULONG    cyResolution;
                     /* Vertikale Auflösung des Ausgabegeräts in
                        usUnits */

ULONG cclrUsed; /* Anzahl tatsächlich genutzter Farbin-
dices; Ist der Wert=0, dann werden alle Farbeinträge aus
argb2Color[] benutzt*/

    ULONG    cclrImportant;
                     /* Mindestzahl zu erfüllender Farbanforde
                        rungen */

    USHORT   usUnits;     /* Maßeinheit des Ausgabegeräts
                        BRU_METRIC      pel/meter (standard) */

    USHORT   usReserved;
                     /* Reserviert */

    USHORT   usRecording;
                     /* Definitionsalgorithmus (hier : Zeilen
                        reihenfolge)
                        BRA_BOTTOMUP    Zeilen von oben nach unten
                        definiert */

    USHORT   usRendering;
                     /* Halbtonalgorithmus
                        BRH_NOTHALFTONED    Bitmap ist nicht durch
                        Halbtonauszüge definiert (Standard)
                        BRH_ERRORDIFFUSION
                        Fehlerdiffusionsalgorithmus; cSize1 ist
                        dann die Fehlerrate aus [0,100], cSize2
                        wird ignoriert
                        BRH_PANDA Für nicht codierte Dokumente;
                        cSize1 ist dann die Breite des
                        Halbtonmusters in pel, sSize2 die Höhe des
                        Halbtonmusters in pel
                        BRH_SUPERCIRCLE    Supercircle-Algorith-
mus; cSize1 ist dann die Breite des Halbtonmusters in pel,
sSize2 die Höhe des Halbtonmusters in pel

    ULONG    cSize1;      /* siehe usRendering */
    ULONG    cSize2;      /* siehe usRendering */
```

```
         ULONG   ulColorEncoding;
                         /* Farbdarstellung
                         BCE_RGB    Die Farbtabelle enthält RGB2-
                         Werte */

         ULONG   ulIdentifier;
                         /* programmnutzbarer Platz */

         RGB2    argb2Color[1];
                         /* Feld von RGB2-Werten, das die für die
         Bitmap notwendige Farbinformation (logische Farbtabelle) auf-
         nimmt; cclrUsed ist die Anzahl der hiervon tatsächlich ge-
         nutzten Einträge
         Die Gesamtlänge NargbColor des Feldes ergibt sich aus

         n := Anzahl bit/pel = cPlanes * cBitCount
         NargbColor = 2**n, für n<=8
         Für n = 24 bit/pel (true color) wird dieses Feld nicht benö-
         tigt, da die Standardpalette ausreicht */

         } BITMAPINFO2;
```

BITMAPINFOHEADER2 Bitmapvorspanninformation

Die meisten Informationen entsprechen dem Aufbau der Struktur BITMAP-INFO2; im praktischen Gebrauch werden tatsächlich fast alle Informationen von BITMAPINFOHEADER2 nach BITMAPINFO2 kopiert.

```
         typedef struct _BITMAPINFOHEADER2 {
           ULONG   cbFix;      /* Strukturlänge ohne zusätzliche
                                  RGB-Werte */

           ULONG   cx;         /* Bitmapbreite in pel */

           ULONG   cy;         /* Bitmaphöhe in pel */

           USHORT cPlanes;     /* Anzahl Farbebenen */

           USHORT cBitCount;   /* Anzahl bit/(pel*Farbebene) */

           ULONG   ulCompression;
                               /* Kompresssionsalgorithmus für :
                               BCA_UNCOMP      keine Kompression
                               BCA_HUFFMAN1D   1 bit/pel-Bitmaps
                               BCA_RLE4        4 bit/pel-Bitmaps
                               BCA_RLE8        8 bit/pel-Bitmaps
```

                        BCA_RLE24   24 bit/pel-Bitmaps */

ULONG   cbImage;   /* Länge Bitmapinformation in bytes; bei
                        fehlender Kompression wird hier 0L
                        angegeben*/

ULONG   cxResolution;
                    /* Horizontale Auflösung des Ausgabegeräts
                        in usUnits */

ULONG   cyResolution;
                    /* Vertikale Auflösung des Ausgabegeräts in
                        usUnits */

ULONG   cclrUsed;   /* Anzahl tatsächlich genutzter Farbin
                        dices; Ist der Wert=0, dann werden alle
                        Farbeinträge aus argb2Color[] benutzt*/

ULONG   cclrImportant;
                    /* Mindestzahl zu erfüllender Farbanforde
                        rungen */

USHORT usUnits;   /* Maßeinheit des Ausgabegeräts
                        BRU_METRIC   pel/meter (standard) */

USHORT usReserved;
                    /* Reserviert */

USHORT usRecording;
                    /* Definitionsalgorithmus (hier : Zeilen
                        reihenfolge)
                        BRA_BOTTOMUP   Zeilen von oben nach unten
                        definiert */

USHORT usRendering;
                    /* Halbtonalgorithmus
                        BRH_NOTHALFTONED   Bitmap ist nicht durch
                        Halbtonauszüge definiert (Standard)
                        BRH_ERRORDIFFUSION
                        Fehlerdiffusionsalgorithmus; cSize1 ist
                        dann die Fehlerrate aus [0,100], cSize2
                        wird ignoriert
                        BRH_PANDA Für nicht codierte Dokumente;
                        cSize1 ist dann die Breite des
                        Halbtonmusters in pel, sSize2 die Höhe des
                        Halbtonmusters in pel

                        BRH_SUPERCIRCLE   Supercircle-Algorith
                        mus; cSize1 ist dann die Breite des
                        Halbtonmusters in pel, sSize2 die Höhe des
                        Halbtonmusters in pel

   ULONG   cSize1;   /* siehe usRendering */

   ULONG   cSize2;   /* siehe usRendering */

   ULONG   ulColorEncoding;
                        /* Farbdarstellung
                        BCE_RGB   Die Farbtabelle enthält RGB2-
   Werte */

   ULONG   ulIdentifier;
                        /* programmnutzbarer Platz */

   } BITMAPINFOHEADER2;

16 Druckeransteuerung

Natürlich kann man über OS/2 Drucker direkt über die entsprechende Schnittstelle ansprechen; der druckende Prozeß ist dann für die Aufbereitung der ausgegebenen Druckinformation selbst verantwortlich. Sinnvoller -da nicht nur einfacher zu programmieren, sondern vor allem auch aufgrund der Geräteunabhängigkeit- ist die Erzeugung von Druckaufträgen über das Druckeruntersystem des Betriebssystems.

16.1 Druckeruntersystem

Um laufenden Programmen die Möglichkeit zu geben, beliebige Informationen auf einem Drucker auszugeben, stellt OS/2 das Druckeruntersystem (PrintSubSystem) zur Verfügung. Dieses Druckeruntersystem gliedert sich in nachfolgende Betriebssystemkomponenten.

1. **Spooler**

   Der Spooler ist das zentrale Element des Druckeruntersystem. An ihn können von allen aktiven PM-Programmen Druckaufträge gesendet werden. Der Spooler speichert dann alle mit diesen Druckaufträgen verbundenen Informationen (z.B. Eigentümer des Druckauftrags, Zieldrucker, Druckinformation) und gibt die so übermittelten Druckaufträge an die jeweils ausgewählten Ausgabegeräten (Drucker) weiter. Dies hat den Vorteil, daß eine Programm nicht auf die Fertigstellung der Druckausgabe warten muß, sondern lediglich alle notwendigen Druckauftragsinformationen an den parallel laufenden Spooler übergeben muß - das geht natürlich wesentlich schneller als die Abbarbeitung durch einen Drucker.

   Während ein Druckauftrag noch nicht an einen Drucker gebunden ist (dem Druckertreiber noch nicht übergeben wurde), sondern noch im Spooler verwaltet wird, kann das Eigentümerprogramm (das Programm, das den Druckauftrag kreiert hat) nachträglich noch Änderungen an diesem Druckauftrag vornehmen. Das Eigentümerprogramm kann also vom Spooler Informationen über den gespoolten Druckauftrag abfragen, Änderungen innerhalb des eigenen Druckauftrages vornehmen (z.B. Anzahl der Kopien nachträglich ändern) oder den anstehenden Druckauftrag aus dem Spooler entfernen (löschen).

Zusätzliche Bedeutung bekommt der Spooler, wenn ein Rechnernetzwerk installiert und aktiviert ist. Hier übermittelt der Spooler dem einzelnen PM-Programm Informationen über alle an das Netz angeschlossenen Einzeldrucker. Das Programm muß die Ansteuerung eines Netzwerkdruckers nicht selbst überwachen, sondern übergibt lediglich dem Spooler den Auftrag unter Nennung des anzusteuernden Netzwerkdruckers.

Der Spooler übernimmt dann die Verwaltung des Druckauftrags und die Zusendung der Druckauftragsdaten an den Zieldrucker.

Alle Druckaufträge, die innerhalb des Spoolers aktuell verwaltet werden, werden dort als Spooldateien geführt. Jede dieser Spooldateien enthält einen Datenblock mit den Druckauftragsparametern (Zieldrucker, Anzahl der Kopien, etc.) und den eigentlichen Druckdaten, die letztendlich auf dem Drucker ausgegeben werden sollen. Diese Spooldateien können in zwei verschiedenen Formaten existieren.

- PM_Q_STD: Standardausgabedateien. Standardausgabedateien enthalten die auszugebende Druckinformation als Metadatei; diese Metadateien werden durch eine Folge von Grafik-Ausgabefunktionen automatisch erzeugt und dem Spooler übergeben. Da die eigentlichen Druckerausgabedaten als Metadatei vorliegen, können sie - während der Druckauftrag noch im Spooler liegt - erfragt und z.B. als Bildschirmausgabe sichtbar gemacht werden.

- PM_Q_RAW: Drucker-Rohdaten. Hier sind die auf dem Drucker auszugebenden Informationen vom Programm so an den Spooler übergeben worden, daß die Daten ohne weitere Umformung direkt an den Drucker übergeben werden. Diese Rohdaten sind also nicht etwa in Form von Meta-Dateien zwischengespeicherte Grafikausgabebefehle des GPI, sondern sind seitens des erzeugenden Programms so codiert worden, daß sie unmittelbar als Drucker-Ansteuerungscode verwendet werden können. Will man z.B. einen Postscript-Drucker ansteuern, so muß in diesem Fall die Druckerinformation in Rohdatenform direkt Postscript-Beschreibungssprache sein.

Soll nun ein vom Spooler verwalteter Druckauftrag aktuell ausgeführt (gedruckt) werden, gibt der Spooler diesen Druckauftrag zunächst an den

2. **Druckerspooler (Queue driver)**

Der Druckerspooler ist eine Warteschlange für anstehende Druckaufträge, die sich nur noch auf einen Ausgabedrucker beziehen. Der Druckerspooler ist also ein dem Systemspooler untergeordnetes Betriebssytemelement, das vom Systemspooler Druckaufträge erhält und diese nur noch an genau einen

Drucker (Gerät) weitergeben kann. Der Druckerspooler seinerseits übergibt nun die ihm übermittelten Druckdaten an den

3. **Druckertreiber (printer driver)**

Der Druckertreiber ist ein Softwareprodukt, das vom Gerätehersteller speziell für das Ausgabegerät programmiert wurde. Der Druckertreiber hat daher die Aufgabe, die ihm übermittelten Druckerausgabedaten (falls sie vom Type PM_Q_STD sind) zu interpretieren und in Druckerkontrollinformationen (escape codes) umzuwandeln. Nach dieser Umwandlung werden die Druckerinformationen direkt an das Ausgabegerät (den Drucker) weitergegeben. Sind die dem Druckertreiber übergebenen Daten vom Typ PM_Q_RAW, so prüft der Druckertreiber, ob die zu übermittelnden Druckerkontrollinformationen für den angeschlossenen Drucker korrekt zu verstehen sind. Sollte das den Druckercode erzeugende Programm hier fehlerhaften Druckercode (escape code) erzeugt und an den Druckertreiber weitergegeben haben, so erzeugt der Druckertreiber seinerseits eine Fehlermeldung, die an das den Druckauftrag erzeugende Programm weitergegeben wird.

16.2 Druckerinformationen

Bevor ein Programm tatsächlich Grafikinformation an den Systemspooler übergeben kann, muß es sich zunächst über die Systemmöglichkeiten informieren. Es muß also ermitteln, welche Drucker überhaupt im System verfügbar sind (es können ja durchaus insbesondere in einem Netzwerk mehrere Drucker gleichzeitig ansteuerbar sein).

Für jeden ansteuerbaren Drucker ist sodann zu erfragen, welche Druckformate hier unterstützt werden; die seitens eines bestimmten Druckertreiber unterstützten Druckformate beinhalten Angaben über Seitengrößen, auswählbare Zeichensätze ect. Ist auch diese Information vom Programm erfragt worden, so sind noch Festlegungen bezüglich des zu kreierenden Druckauftrages (Druckauftragsparameter) zu machen; hierunter fallen z.B. die Anzahl der Kopien, Beschränkung des Ausgebens auf bestimmte Seitenteile, inverses Drucken etc.

Viele Programme überlassen die Auswahl der Druckauftragsparameter dem Programmbenutzer und müssen daher entsprechende Benutzerdialoge darstellen. Dies sind im einzelnen :

1. Druckerauswahldialog : Auswahl des anzusteuernden Druckers
2. Seitenauswahldialog : Auswahl des zu benutzenden Seitenformats (A4, Letter etc.)
3. Zeichensatzdialog : Auswahl des zu benutzenden Zeichensatzes; die auf einem Drucker unterstützten Zeichensätze müssen nicht mit den vom Betriebssystem für Rastermonitore zur Verfügung gestellten Zeichensätzen übereinstimmen. So ist ein Nadeldrucker bezüglich seiner Fähigkeit Vektorzeichensätze zu drucken in der Regel wesentlich weniger leistungsfähig als ein angeschlossener Postscriptdrucker.
4. Druckauftragsdialog : Hier legt der Benutzer fest, wieviele Kopien je Druckauftragsseite erzeugt werden sollen, ob invers gedruckt werden soll etc. Insbesondere die innerhalb des Druckauftragdialoges festgelegten Druckparameter sind, solange der Druckauftrag im Systemspooler zwischengespeichert ist, auch nachträglich änderbar.

16.3 Druckerprogrammierung

Nachdem die Druckauftragsparameter im Prinzip beliebig (z.B. durch Benutzerdialoge) bestimmt worden sind, müssen folgende Einzelschritte vom Programm ausgeführt werden, um den Druckauftrag zu erzeugen und an den Systemspooler weiterzuleiten.

1. Ein geeigneter Gerätekontext (Druckerkontext) muß geöffnet werden
2. Der so geöffnete Gerätekontext (Druckerkontext) wird mit einem vorher kreierten Präsentationsraum verbunden
3. Der Druckauftrag wird gestartet
4. Mittels geeigneter GPI-Funktionen wird die Grafikinformation in den Präsentationsraum ausgegeben
5. Ggf. wird eine neue Druckseite erzeugt
6. Der Druckauftrag wird beendet
7. Der Präsentationsraum wird freigegeben; i.d.R. wird hier der Präsentationsraum erneut mit dem Fenstergerätekontext verbunden
8. Der Druckergerätekontext wird gelöscht

Dies ist das Standardverfahren, um Druckaufträge über den Systemspooler zu erzeugen. Die eigentliche Schwierigkeit besteht hierbei in der Erzeugung des

16.3 Druckerprogrammierung

Druckergerätekontextes. Um diesen Kontext erzeugen zu können, muß sich das Programm zunächst über die verfügbaren Druckerspooler (Ausgabegeräte) informieren.

In unserem Beispielprogramm *druck.c* wird zunächst ein Gerätekontext für das Programmausgabefenster erzeugt und hierzu ein Präsentationsraum kreiert, der hier als Koordinateneinheit den Modus PU_LOMETRIC verwendet; hierbei ist eine Zeicheneinheit = 0.1 mm. Es ist nicht sinnvoll, Druckerkontexte mit geräteabhängigen Einheiten (pel) zu erzeugen; werden wie im Beispiel absolute Längeneinheiten verwendet, so ist (oder sollte zumindest) sichergestellt, daß die einmal erzeugte Grafik auf allen an den Präsentationsraum angekoppelten Gerätekontexten gleich dargestellt wird (der Kreis auf dem Bildschirm wird auch auf dem Drucker als Kreis dargestellt und ist genauso groß).

```
/* Geraetekontext und Präsentationsraum einrichten */
hdcfenster = WinOpenWindowDC(hwnd);
hps = GpiCreatePS(hab, hdcfenster, &g,
            PU_LOMETRIC | GPIF_LONG | GPIA_ASSOC);
```

Werden statt einer metrischen Maßeinheit Pixeleinheiten (PU_PEL) verwendet, so wird die Grafikausgabe auf dem Bildschirm größer erscheinen als die - mit gleichen Koordinatenwerten - erzeugte Grafikausgabe auf dem Drucker. Rasterbildschirme haben i.d.R. eine Auflösung von 96 dpi (Punkte pro inch), während Standarddrucker demgegenüber eine Auflösung von 300 dpi haben.

Bevor nun mittels der Funktion DevOpenDC() der Gerätekontext für den Druckertreiber eröffnet werden kann, muß sich das Programm zunächst informieren, welche Druckerspooler (und damit identisch welche physikalischen Druckausgabegeräte) dem System bekannt sind.

Hierzu verwendet das Programm die Funktion SplEnumQueue(). Grundsätzlich ermittelt diese Funktion Informationen von wählbarem Umfang über die dem Programm (eigentlich dem Systemspooler) zugänglichen Druckerspooler; dabei ist natürlich jedem zugänglichen Druckerspooler eindeutig ein Druckertreiber und diesem Druckertreiber jeweils eindeutig ein Druckausgabegerät zugeordnet.

```
/* Spoolerinfo...*/

SplEnumQueue(
  (PSZ)NULL,
  3L,
  ppuffer,
  0L,
  &anzahlgefunden,
  &gesamtanzahl,
  &laengeinbyte,
  NULL);
```

Die Funktion SplEnumQueue() wird zweimal aufgerufen; der erste Aufruf ermittelt lediglich die Anzahl der insgesamt zur Verfügung stehenden Druckerspooler, über die Information eingeholt werden kann. Zusätzlich wird - und dies ist beim ersten Aufruf entscheidend - die Größe der zu ermittelnden Gesamtinformation in Byte (&laengeinbyte) zurückgegeben.

```
DosAllocMem((PPVOID)&ppuffer, laengeinbyte,
    PAG_READ|PAG_WRITE|PAG_COMMIT);
```

Mit Hilfe dieser Größeninformation wird dann mittels der Funktion DosAllocMem() der zur Aufnahme aller Druckerspoolerinformation notwendige Kernspeicherbereich als Pufferbereich ((PPVOID)&ppuffer) bereitgestellt.

Abschließend wird durch den zweiten Aufruf der Funktion SplEnumQueue() der so bereitgestellte Kernspeicherbereich mit der Druckerspoolerinformation gefüllt. Hierbei ist wesentlich, daß das Programm die Detailtiefe (und damit den Umfang) der zu ermittelnden Spoolerinformation wählen kann; die Angabe des zweiten Funktionsparameters (3L) legt hier die Detailtiefe der zu ermittelnden Information fest. Das Beispielprogramm druck.c ermittelt lediglich die wenig umfangreiche Standardinformation pro verfügbarem Druckerspooler.

```
SplEnumQueue(
  (PSZ)NULL,
  3L,
  ppuffer,
  laengeinbyte,
  &anzahlgefunden,
  &gesamtanzahl,
  &laengeinbyte,
  NULL);
pspool = (PPRQINFO3)ppuffer;
```

16.3 Druckerprogrammierung

Nachdem der Kernspeicherbereich ppuffer mit der Information über alle Druckerspooler gefüllt wurde, wird der Zeiger auf den Pufferbereich ppuffer in einen Zeiger auf eine Struktur vom Typ PRQINFO3 umgewandelt; diese Umwandlung ist sinnvoll, da das Programm damit rechnen muß, mehrere Informationsblöcke vom Typ PRQINFO3 von mehr als einem Druckerspooler übergeben zu bekommen. Sollte dies der Fall sein, so kann durch einfaches Inkrement des Zeigers auf diese Informationsstruktur von einem Informationsblock zum nächsten übergegangen werden. Das Beispielprogramm nutzt diese Möglichkeit nicht, sondern gibt lediglich (Teil)Informationen des ersten Informationsblocks zurück.

```
sprintf(text2,
    "Queues : Gesamtzahl %d, gefunden %d, Länge %d",
    gesamtanzahl, anzahlgefunden, laengeinbyte);
if(anzahlgefunden > 0){
 /* nur der erste Spooler wird gelistet */
 /* Auch nur ausgewählte Information ... */
    sprintf(text3,"Queue 1 : Name >%s<, Treiber >%s<",
            pspool->pszName, pspool->pszDriverName);
    sprintf(text4,"Drucker >%s<, Parameter >%s<",
            pspool->pszPrinters, pspool->pszParms);
```

Die so gewonnene Information über vorhandene Druckerspooler ist elementar notwendig, um einen geeigneten Druckergerätekontext zu erzeugen.

```
case ID_DEMO :
{
  PSZ p;
  DEVOPENSTRUC dopDrucker;
  ARCPARAMS kreis;
  POINTL pkt = {600L, 600L};


  WinMessageBox(HWND_DESKTOP, hwnd,
     "Gerätekontext für Drucker einrichten",
      "Druckerdemo", 0, MB_OK);
```

Um diesen Druckergerätekontext erzeugen zu können, muß eine Struktur vom Typ DEVOPENSTRUC (zumindest teilweise) mit den vorher ermittelten Druckerspoolerinformationen gefüllt werden. Im Beispielprogramm werden die notwendigen Minimalinformationen der Struktur dopDrucker vom Typ DEVOPENSTRUC übergeben.

Dies sind im einzelnen
- der Name des Druckertreibers,
- ggf. notwendige Druckertreiberdaten,
- die logische Adresse (dies ist der Name des Druckerspoolers) und
- der Typ der zu ermittelnden Druckerausgabeinformation (hier wird der Typ PM_Q_STD = Metadatei gewählt).

```
/* DC-Struktur mit Spoolerinfo füllen */
p = (PSZ)strchr(pspool->pszDriverName, '.');
if(p) *p='\0';
dopDrucker.pszDriverName = pspool->pszDriverName;
dopDrucker.pdriv = pspool->pDriverData;
dopDrucker.pszLogAddress = pspool->pszName;
dopDrucker.pszDataType = "PM_Q_STD";
```

Erst mit Hilfe dieser Struktur kann die Funktion DevOpenDC() einen geeigneten Druckergerätekontext (OD_QUEUED) erzeugen; der Druckerkontext hdcDrucker wird solange benötigt, bis der Druckauftrag beendet wurde. Während der Druckauftrag dann im Systemspooler gehalten wird, kann das Programm den Gerätekontext bereits löschen.

```
hdcDrucker = DevOpenDC(hab, OD_QUEUED, "*", 4L,
    (PDEVOPENDATA)&dopDrucker,
    NULLHANDLE);
```

Das Beispielprogramm druck.c erzeugt nun zunächst Grafikausgabe (einen gefüllten Kreis) auf dem Bildschirm.

```
kreis.lP = 500;
kreis.lQ = 500;
kreis.lR = 0;
kreis.lS = 0;
GpiSetArcParams(hps, &kreis);
GpiSetPattern(hps, PATSYM_DENSE5);

WinMessageBox(HWND_DESKTOP, hwnd,
    "erst ins Fenster Grafik ausgeben...",
    "Druckerdemo", 0, MB_OK);
GpiErase(hps);
GpiMove(hps, &pkt);
GpiFullArc(hps, DRO_OUTLINEFILL, MAKEFIXED(1,0));


WinMessageBox(HWND_DESKTOP, hwnd,
    "Druckerkontext mit Präsentationsraum verbinden",
    "Druckerdemo", 0, MB_OK);
```

16.3 Druckerprogrammierung

Nachdem die Fenstergrafik dargestellt wurde, wird der Präsentationsraum hps zunächst vom aktuell angebundenen Gerätekontext (das ist der Fenstergerätekontext) gelöst.

```
GpiAssociate(hps, NULLHANDLE);
```

und anschließend mit dem Druckergerätekontext verbunden

```
GpiAssociate(hps, hdcDrucker);
```

Erst jetzt werden grafikerzeugende GPI-Funktionen ihre Ausgabe in den Druckergerätekontext schreiben.

```
WinMessageBox(HWND_DESKTOP, hwnd,
"Start Drucken...",
  "Druckerdemo", 0, MB_OK);
```

Bevor so Grafikinformation erzeugt werden kann, muß für den Druckauftrag (der zur Zeit noch nicht an den Systemspooler übergeben worden ist) ein Vorspann erzeugt werden; die Funktion DevEscape() übergibt hierzu dem aktuellen bearbeiteten Druckauftrag die Konstante DEVESC_STARTDOC.

```
DevEscape(hdcDrucker, DEVESC_STARTDOC,
    0L, (PBYTE)NULL, (PLONG)NULL, (PBYTE)NULL);
```

Jetzt kann beliebige Grafikinformation in den Druckergerätekontext ausgegeben werden; wir haben im Beispielprogramm mit Bedacht die Ausgabe eine Kreises gewählt. Die Güte eines Druckertreibers ist sehr leicht durch die Darstellung eines Kreises zu überprüfen, der bedauerlicherweise bei einigen Druckertreibern als (bestenfalls) Ellipse dargestellt wird.

```
kreis.lP = 500;
kreis.lQ = 500;
kreis.lR = 0;
kreis.lS = 0;
GpiSetArcParams(hps, &kreis);
GpiSetPattern(hps, PATSYM_DENSE5);

GpiMove(hps, &pkt);
GpiFullArc(hps, DRO_OUTLINEFILL, MAKEFIXED(1,0));

WinMessageBox(HWND_DESKTOP, hwnd,
"Jetzt neue Seite anfangen...",
  "Druckerdemo", 0, MB_OK);
```

Mittels der Druckersteuerfunktion DevEscape() fordern wir jetzt den Drucker auf, eine neue Seite zu erzeugen. Die aktuell bearbeitete Druckerseite wird hierzu ausgeworfen und eine neue Seite gemäß des ausgewählten Druckseitenformates wird begonnen.

```
DevEscape(hdcDrucker, DEVESC_NEWFRAME,
    0L, (PBYTE)NULL, (PLONG)NULL, (PBYTE)NULL);
```

Das Beispielprogramm erzeugt hier einen mit einem anderen Füllmuster gefüllten Kreis.

```
kreis.lP = 500;
kreis.lQ = 500;
kreis.lR = 0;
kreis.lS = 0;
GpiSetArcParams(hps, &kreis);
GpiSetPattern(hps, PATSYM_DIAG1);

GpiMove(hps, &pkt);
GpiFullArc(hps, DRO_OUTLINEFILL, MAKEFIXED(1,0));
```

Der Druckauftrag wird beendet, indem durch die Druckersteuerfunktion DevEscape() explizit das Ende des Druckauftrages bekannt gegeben wird (DEVESC_ENDDOC).

```
DevEscape(hdcDrucker, DEVESC_ENDDOC,
    0L, (PBYTE)NULL, (PLONG)NULL, (PBYTE)NULL);
```

Der Aufruf dieser Funktion beendet den Druckauftrag; die vorher abgesetzten Informationen an den Systemspooler sind von diesem jedoch bereits verarbeitet worden. Entweder hält der Systemspooler jetzt den gesamten Druckauftrag in seiner Warteschlange, um ihn an den ausgewählten Zieldruckerspooler weiterzugeben oder der Systemspooler hat die bereits erzeugten Druckausgabeinformationen (z.B bei nicht ausgelastetem System) bereits an den Zieldruckerspooler weitergegeben, sodaß hier bereits eine Druckausgabe erfolgt.

```
WinMessageBox(HWND_DESKTOP, hwnd,
    "Fensterkontext mit Präsentationsraum verbinden",
    "Druckerdemo", 0, MB_OK);
```

Jetzt muß der Präsentationsraum vom aktuellen Gerätekontext (hier Druckerkontext) gelöst werden.

```
GpiAssociate(hps, NULLHANDLE);
```

und sodann mit dem Fenstergerätekontext erneut assoziiert werden.

```
GpiAssociate(hps, hdcfenster);
```

16.3 Druckerprogrammierung

Erst jetzt kann - und soll aus Ressourcengründen - der Druckergerätekontext freigegeben werden.

```
    /* Druckerkontext löschen */
    DevCloseDC(hdcDrucker);
}
break;
```

Während der Funktion DevOpenDc() im ersten Beispiel nur die ersten vier unbedingt notwendigen Parameter der Struktur vom Typ DEVOPENSTRUC übergeben wurden, zeigt das folgende Beispiel insbesondere die Verwendung von Parametern, die die Arbeit des Druckerspoolers beeinflussen können.

```
case ID_DEMO2 :
{
  PSZ p;
  DEVOPENSTRUC dopDrucker;

  ARCPARAMS kreis;
  POINTL pkt = {600L, 600L};

  WinMessageBox(HWND_DESKTOP, hwnd,
    "Gerätekontext für Drucker einrichten",
     "Druckerdemo 2", 0, MB_OK);

  /* DC-Struktur mit Spoolerinfo füllen */
  memset(&dopDrucker, 0, sizeof(DEVOPENSTRUC));
  p = (PSZ)strchr(pspool->pszDriverName, '.');
  if(p) *p='\0';
  dopDrucker.pszDriverName = pspool->pszDriverName;
  dopDrucker.pdriv = pspool->pDriverData;
  dopDrucker.pszLogAddress = pspool->pszName;
  dopDrucker.pszDataType = "PM_Q_STD";
  dopDrucker.pszQueueProcParams =
    "COP=2 ARE=50,50,0,0 FIT=S";
```

Im Beispiel wird der Druckerspooler dazu aufgefordert,

- zwei Kopien der übergebenen Druckinformation zu erzeugen (COP = 2),
- den zu bedruckenden Seitenbereich auf 50 % der Standardgröße sowohl in X- als auch in Y-Richtung zu beschränken (ARE = 50,50,0,0) und zuletzt
- die gesamte Druckinformation so zu skalieren (zu stauchen), daß sie in dem verringerten Seitenbereich dargestellt werden kann (FIT = S).

Mittels der so erweiterten DEVOPENSTRUC-Struktur wird nun wieder mit der Funktion DevOpenDC() der Druckergerätekontext erzeugt, entsprechend dem ersten Beispiel der Druckauftrag kreiert und an den Systemspooler übergeben.

```
hdcDrucker = DevOpenDC(hab, OD_QUEUED, "*", 9L,
    (PDEVOPENDATA)&dopDrucker,
    NULLHANDLE);

kreis.lP = 500;
kreis.lQ = 500;
kreis.lR = 0;
kreis.lS = 0;
GpiSetArcParams(hps, &kreis);
GpiSetPattern(hps, PATSYM_DENSE5);

WinMessageBox(HWND_DESKTOP, hwnd,
"erst ins Fenster Grafik ausgeben...",
  "Druckerdemo", 0, MB_OK);
GpiErase(hps);
GpiMove(hps, &pkt);
GpiFullArc(hps, DRO_OUTLINEFILL, MAKEFIXED(1,0));


WinMessageBox(HWND_DESKTOP, hwnd,
"Druckerkontext mit Präsentationsraum verbinden",
  "Druckerdemo", 0, MB_OK);
GpiAssociate(hps, NULLHANDLE);
GpiAssociate(hps, hdcDrucker);


WinMessageBox(HWND_DESKTOP, hwnd,
"Start Drucken...",
  "Druckerdemo", 0, MB_OK);
DevEscape(hdcDrucker, DEVESC_STARTDOC,
 0L, (PBYTE)NULL, (PLONG)NULL, (PBYTE)NULL);

kreis.lP = 500;
kreis.lQ = 500;
kreis.lR = 0;
kreis.lS = 0;
GpiSetArcParams(hps, &kreis);
GpiSetPattern(hps, PATSYM_DENSE5);

GpiMove(hps, &pkt);
GpiFullArc(hps, DRO_OUTLINEFILL, MAKEFIXED(1,0));
```

16.3 Druckerprogrammierung 625

```
        DevEscape(hdcDrucker, DEVESC_ENDDOC,
          0L, (PBYTE)NULL, (PLONG)NULL, (PBYTE)NULL);


        WinMessageBox(HWND_DESKTOP, hwnd,
        "Fensterkontext mit Präsentationsraum verbinden",
          "Druckerdemo", 0, MB_OK);
        GpiAssociate(hps, NULLHANDLE);
        GpiAssociate(hps, hdcfenster);

        /* Druckerkontext löschen */
        DevCloseDC(hdcDrucker);
      }
      break;
```

Vollkommen anders ist das Vorgehen im dritten Programmbeispiel. Hier wird unter Umgehung des Systemspoolers der gesamte Druckauftrag unmittelbar an den an den Druckertreiber gekoppelten Druckerspooler gesendet.

```
    case ID_DEMO3 :
    {
      PSZ p;
      DEVOPENSTRUC dopDrucker;
      HSPL hspool;
      char string[128];


      /* DC-Struktur mit Spoolerinfo füllen */
      memset(&dopDrucker, 0, sizeof(DEVOPENSTRUC));
      p = (PSZ)strchr(pspool->pszDriverName, '.');
      if(p) *p='\0';
      dopDrucker.pszDriverName = pspool->pszDriverName;
      dopDrucker.pdriv = pspool->pDriverData;
      dopDrucker.pszLogAddress = pspool->pszName;
      dopDrucker.pszDataType = "PM_Q_STD";
      dopDrucker.pszQueueProcParams =
                  "COP=2 ARE=50,75,0,0 FIT=S";
```

Zunächst muß wieder eine DEVOPENSTRUC-Struktur mit den notwendigen Gerätekontextinformationen gefüllt werden.

Danach wird durch die Funktion SplQmOpen() ein temporäres Handle hspool für den in der Informationsstruktur genannten Druckerspooler (pspool->pszName) erzeugt.

```
hspool = SplQmOpen("*", 9L,
                   (PDEVOPENDATA)&dopDrucker);
sprintf(string,
        "Spool %X wurde geöffnet. Start Drucken...",
        hspool);
WinMessageBox(HWND_DESKTOP, hwnd, string,
  "Druckerdemo 3", 0, MB_OK);
```

Anschließend wird der Druckauftrag unmittelbar an den Druckertreiber durch die Funktion SplQmStartDoc() übergeben.

```
SplQmStartDoc(hspool, "Beliebiger Jobname");
```

Hier zeigt sich nun der wesentliche Unterschied zu der Methode der Übermittlung von Druckdaten an den Systemspooler.

Während dem Systemspooler i.d.R. Druckdaten vom Typ PM_Q_STD übergeben werden können, können bei direkter Übermittlung von Druckdaten an den Druckerspooler lediglich Druckerrohdaten (PM_Q_RAW) übergeben werden.

Diese Rohdaten müssen den vom Ausgabegerät (eigentlich dem Gerätetreiber) direkt interpretierbaren Kontrolldaten entsprechen. Sollte auf diesem Wege Druckerinformation an einen Druckertreiber übergeben werden, die seitens des Ausgabegerätes nicht interpretiert werden können, so wird der vorgeschaltete Druckertreiber eine entsprechende Fehlermeldung an das aufrufende (sendende) Programm schicken.

Die Druckerdaten werden mittels der Funktion SplQmWrite() an den Druckertreiber direkt übermittelt.

```
strcpy(string,"Dies sind die Daten an den Spooler");
SplQmWrite(hspool, strlen(string), (PVOID)string);
```

Der Druckauftrag muß durch die Funktion SplQmEndDoc() beendet werden.

```
SplQmEndDoc(hspool);
```

Danach kann das Handle des Druckertreibers durch Verwendung der Funktion SplQmClose() gelöscht werden.

```
    SplQmClose(hspool);
  }
  break;
```

Insgesamt kann durch die Funktion SplQmWrite() maximal ein Datenblock von 65535 Byte übergeben werden. Sollte die Übermittlung von größeren Datenmengen direkt an den Druckerspooler notwendig sein, so müssen mehrere Aufrufe der Funktion SplQmWrite() hintereinander die aufeinander folgenden Datenblöcke übermitteln.

Bei dieser direkten Übermittlung von Druckerausgabedaten an den Druckerspooler ist das sendende Programm dafür verantwortlich, nur solche Informationen an den Druckerspooler zusenden, die vom Druckertreiber direkt an das Ausgabegerät weitergegeben werden können; eine gerätespezifische Umsetzung geräteunabhängiger Grafikinformation, die durch den Aufruf von GPI-Funktionen erzeugt wird, finden nicht statt.

Ist ein Druckauftrag einmal an einen Spooler (den Systemspooler) übergeben, so kann ein Programm nachträglich.

1. Informationen über den aktuellen Zustand des Druckauftrages durch die Funktion SplEnumJob() oder SplQueryJob() erlangen,
2. Druckauftragsparameter noch im Spoolerstadium verändern durch die Funktion SplSetJob() und
3. den im Spooler befindlichen Druckauftrag durch die Funktion SplDeleteJob() löschen.

16.4 Informationen über Druckertreiber

Vielfach ist es notwendig, vor der Erzeugung eines konkreten Druckauftrages Informationen über die Darstellungsmöglichkeiten des anzusteuernden Druckertreibers einholen zu können.

```
case ID_INFO :
{
  PSZ p;
  DEVOPENSTRUC dopDrucker;
  LONG anzform, anzaktuell;
  PHCINFO phcinfo;

  WinMessageBox(HWND_DESKTOP, hwnd,
  "Gerätekontext für Drucker einrichten",
    "Druckerinfo", 0, MB_OK);
```

Hierzu wird zunächst wieder ein Gerätekontext für den Druckerspooler erzeugt, über den Informationen eingeholt werden sollen. Dabei wird wiederum eine Struktur vom Typ DEVOPENSTRUC mit den Angaben über den zu befragenden Druckertreiber gefüllt. Es wird dann durch die Funktion DevOpenDC() ein Gerätekontext vom Typ OD_INFO erzeugt; dieser Gerätekontext darf nicht dazu verwendet werden, Grafikinformationen an das angesprochene Gerät zu übermitteln - er darf nur benutzt werden, um Informationen über dieses Gerät (den Gerätetreiber) zu ermitteln.

```
/* DC-Struktur mit Spoolerinfo füllen */
p = (PSZ)strchr(pspool->pszDriverName, '.');
if(p) *p='\0';
dopDrucker.pszDriverName = pspool->pszDriverName;
dopDrucker.pdriv = pspool->pDriverData;
dopDrucker.pszLogAddress = pspool->pszName;
dopDrucker.pszDataType = "PM_Q_STD";

hdcDrucker = DevOpenDC(hab, OD_INFO, "*", 4L,
    (PDEVOPENDATA)&dopDrucker,
    NULLHANDLE);
```

Die Geräteinformationen selbst werden durch die Funktionen DevQueryHardcopyCaps() ermittelt. Hierzu wird diese Funktion zunächst aufgerufen, um die Menge der bereitstehenden Geräteinformation zu ermitteln (anzform).

```
/* Anzahl aller Infostrukturen ermitteln */
anzform = DevQueryHardcopyCaps(hdcDrucker,
    0L, 0L, NULL);
```

Die Funktion DosAllocMem() stellt dann den notwendigen Kernspeicherbereich zur Aufnahme dieser Information zur Verfügung.

```
/* Speicher für Infostrukturen holen */
DosAllocMem((PPVOID)&phcinfo,
        anzform * sizeof(HCINFO),
        PAG_READ|PAG_WRITE|PAG_COMMIT);
```

Durch eine zweiten Aufruf der Funktion DevQueryHardcopyCaps() wird dann der so bereitgestellte Speicherbereich mit Informationen vom Strukturtyp HCINFO gefüllt.

```
/* Infos laden */
anzaktuell = DevQueryHardcopyCaps(hdcDrucker,
    0L, anzform, phcinfo);
```

16.5 Direktes Drucken 629

Unmittelbar danach kann und sollte aus Ressourcengründen der Gerätekontext freigegeben werden.

```
/* Druckerkontext löschen */
DevCloseDC(hdcDrucker);
```

Das Beispielprogramm listet lediglich Teilinformationen der ersten beiden übergebenen Informationsstrukturen.

```
sprintf(text1,
        "Anzahl gefundener Druckerstrukturen %d",
        anzaktuell);
if(anzaktuell>0)
 sprintf(text2,
         "Name %s, Größe (mm) %d*%d",
         phcinfo->szFormname,
         phcinfo->cx,
         phcinfo->cy
        );
```

Das »Weiterschalten« von einem Informationsblock zum nächsten kann durch einfaches Inkrementieren des Zeigers vom Typ HCINFO durchgeführt werden.

```
if(anzaktuell>1){
 phcinfo++;
 sprintf(text3,
         "Name %s, Größe (mm) %d*%d",
         phcinfo->szFormname,
         phcinfo->cx,
         phcinfo->cy
        );
}

DosFreeMem(phcinfo);
```

Abschließend muß natürlich der benutzte Speicher freigegeben werden.

16.5 Direktes Drucken

Während im dritten Beispiel der Systemspooler umgangen und Druckinformationen direkt an den Druckerspooler gesendet wurde (das sendende Programm muß hierbei dafür sorgen, daß direkt druckerinterpretierbare Information versendet wird) zeigt das nachfolgende Beispiel, wie unter Umgehung aller zwischengeschalteter Spooler (also auch des druckereigenen Spoolers) direkt Druckinformation an den Druckertreiber gesendet werden kann.

Der Druckertreiber wird die ihm übergebene Druckinformation gemäß des Informationstyps (hier PM_Q_STD) interpretieren und unmittelbar auf der entsprechenden Schnittstelle (im Beispiel ist die parallele Schnittstelle LPT1 ausgewählt) an das Gerät übergeben.

```
case ID_DEMO4 :
{
  PSZ p;
  DEVOPENSTRUC dopDrucker;
  ARCPARAMS kreis;
  POINTL pkt = {600L, 600L};


  WinMessageBox(HWND_DESKTOP, hwnd,
                "Gerätekontext für Drucker einrichten",
                "Druckerdemo4", 0, MB_OK);

  /* DC-Struktur mit Spoolerinfo füllen */
  p = (PSZ)strchr(pspool->pszDriverName, '.');
  if(p) *p='\0';
  dopDrucker.pszDriverName = pspool->pszDriverName;
  dopDrucker.pdriv = pspool->pDriverData;
  dopDrucker.pszLogAddress = "LPT1";
  dopDrucker.pszDataType = "PM_Q_STD";

  hdcDrucker = DevOpenDC(hab, OD_DIRECT, "*", 4L,
                         (PDEVOPENDATA)&dopDrucker,
                         NULLHANDLE);


  kreis.lP = 500;
  kreis.lQ = 500;
  kreis.lR = 0;
  kreis.lS = 0;
  GpiSetArcParams(hps, &kreis);
  GpiSetPattern(hps, PATSYM_DENSE5);

  WinMessageBox(HWND_DESKTOP, hwnd,
                "erst ins Fenster Grafik ausgeben...",
                "Druckerdemo", 0, MB_OK);
  GpiErase(hps);
  GpiMove(hps, &pkt);
  GpiFullArc(hps, DRO_OUTLINEFILL, MAKEFIXED(1,0));
```

16.5 Direktes Drucken

```
WinMessageBox(HWND_DESKTOP, hwnd,
   "Druckerkontext mit Präsentationsraum verbinden",
   "Druckerdemo", 0, MB_OK);
GpiAssociate(hps, NULLHANDLE);
GpiAssociate(hps, hdcDrucker);


WinMessageBox(HWND_DESKTOP, hwnd,
            "Start Drucken...",
            "Druckerdemo", 0, MB_OK);
DevEscape(hdcDrucker, DEVESC_STARTDOC,
        0L, (PBYTE)NULL, (PLONG)NULL, (PBYTE)NULL);

kreis.lP = 500;
kreis.lQ = 500;
kreis.lR = 0;
kreis.lS = 0;
GpiSetArcParams(hps, &kreis);
GpiSetPattern(hps, PATSYM_DENSE5);

GpiMove(hps, &pkt);
GpiFullArc(hps, DRO_OUTLINEFILL, MAKEFIXED(1,0));

DevEscape(hdcDrucker, DEVESC_ENDDOC,
        0L, (PBYTE)NULL, (PLONG)NULL, (PBYTE)NULL);


WinMessageBox(HWND_DESKTOP, hwnd,
   "Fensterkontext mit Präsentationsraum verbinden",
   "Druckerdemo", 0, MB_OK);
GpiAssociate(hps, NULLHANDLE);
GpiAssociate(hps, hdcfenster);

/* Druckerkontext löschen */
DevCloseDC(hdcDrucker);
}
break;
```

Obwohl hier sowohl der Systemspooler als auch der Gerätespooler (Druckerspooler) umgangen werden, ist trotzdem eine Erzeugung von Grafikausgabe mittels der GPI-Funktionen möglich.

Andererseits ist das direkte Ansteuern eines Ausgabegerätes unter Umgehung aller zwischengeschalteter Spooler und damit unter Umgehung aller vom Betriebssystem kontrollierter Ressourcenfreigabe nur in wenigen Fällen unter einem Multitasking-Betriebssytem sinnvoll.

Einer dieser möglichen sinnvollen Fälle der direkten Druckerausgabe ist das Drucken von zu schützender Information; immerhin können Druckaufträge, die einem Spooler übergeben wurden durch geeignete Programme kopiert werden. Dies ist ausgeschlossen, wenn unmittelbar der Gerätetreiber angesprochen wird und dieser - wie im vorliegenden Fall - die Druckausgabe unmittelbar der Schnittstelle übergibt.

16.6 Gerätefunktionen

DevEscape

Funktion

Gerätefunktionen, die nicht durch API-Funktionen angesprochen werden können, müssen mittels einer gerätespezifischen Steuerzeichenfolge erreicht werden. Diese sogenannnte Escape-Sequenz ist geräteabhängig und muß vom Gerätetreiber direkt verstanden werden. Die Escape-Sequenz wird mittels DevEscape an den Gerätetreiber direkt geschickt.

define

```
#define INCL_DEV oder INCL_PM
#include <os2.h>
```

Aufruf

lResult   =   DevEscape(hdc,lCode,lInCount,pbInData,   plOutCount, pbOutData);

hdc (HDC) - input   Handle des Gerätekontext.

lCode (LONG) - input   Escape-Sequenz; folgende Intervalle werden abei für zusätzliche Sequenzen genutzt

   [32768, 40959]   Nicht Metadatei und nicht aufgezeichnet

   [40960 ,49151]   Nur Metadatei

16.6 Gerätefunktionen

[49152, 57343]   Metadatei und aufgezeichnet (nicht an Gerätetreiber)

[57344, 65535]   Nur aufgezeichnet (nicht an Gerätetreiber)

Folgende Standardsequenzen sind vordefiniert (Werte aus Headerdatei entnehmen)
   DEVESC_QUERYESCSUPPORT
   DEVESC_GETSCALINGFACTOR
   DEVESC_STARTDOC
   DEVESC_ENDDOC
   DEVESC_NEXTBAND
   DEVESC_ABORTDOC
   DEVESC_NEWFRAME
   DEVESC_DRAFTMODE
   DEVESC_FLUSHOUTPUT
   DEVESC_RAWDATA
   DEVESC_QUERYVIOCELLSIZES
   DEVESC_CHAR_EXTRA
   DEVESC_BREAK_EXTRA
   DEVESC_SETMODE

lInCount (LONG) - input   Anzahl byte im Eingabepuffer

pbInData (PBYTE) - input   Eingabepuffer mit Daten (byte-Folge), die anschließend an den Escape-Wert gesendet werden

plOutCount (PLONG) - input/output   Länge des Ausgabepuffers in byte; als Ausgabewert Anzahl byte im Ausgabepuffer

pbOutData (PBYTE) - output   Ausgabepuffer, die der Gerätetreiber zurückgesendet hat

lResult (LONG) - return   Fehler

   DEVESC_FEHLER   Fehler
   DEVESC_NOTIMPLEMENTED   Escape unbekannt
   DEV_OKOK   kein Fehler

16.7 Spoolerfunktionen

SplCopyJob

Funktion
Ein Druckauftrag wird in die Druckerwarteschlange kopiert.

define
```
#define INCL_SPL oder INCL_PM
#include <os2.h>
```

Aufruf

rc = SplCopyJob(pszSrcComputerName,pszSrcQueueName,
 ulSrcJob,pszTrgComputerName,
 pszTrgQueueName,pulTrgJob);

pszSrcComputerName (PSZ) - input	Name des Rechners, von dem der Druckauftrag stammt
NULL	Lokaler Rechner
pszSrcQueueName (PSZ) - input	Name der Warteschlange, aus der der Druckauftrag kopiert wird
ulSrcJob (ULONG) - input	QuellenID
pszTrgComputerName (PSZ) - input	Name des Rechners, zu dem der Druckauftrag kopiert wird
NULL	Lokaler Rechner
pszTrgQueueName (PSZ) - input	Name der Warteschlange, zu der der Druckauftrag kopiert wird
pulTrgJob (PULONG) - output	Neue AuftragsID

16.7 Spoolerfunktionen

rc (SPLERR) - return   Fehlercodes

    NO_FEHLER (0)

    ERROR_ACCESS_DENIED (5)

    ERROR_NOT_SUPPORTED (50)

    ERROR_INVALID_PARAMETER (87)

    NERR_NetNotStarted (2102)

    NERR_QNotFound (2150)

    NERR_JobNotFound (2151)

    NERR_SpoolerNotLoaded (2161)

    NERR_InvalidComputer (2351)

SplDeleteJob

Funktion

Ein Auftrag wird aus der Warteschlange entfernt.

define

```
#define INCL_SPL oder INCL_PM
#include <os2.h>
```

Aufruf

rc = SplDeleteJob(pszComputerName, pszQueueName, ulJob);

pszComputerName
(PSZ) - input   Name des Rechners

    NULL   Lokaler Rechner

pszQueueName (PSZ) - input   Warteschlange-Name.

ulJob (ULONG) - input   AuftragsID

rc (SPLERR) - return   Fehlercodes

    NO_FEHLER (0)

    ERROR_ACCESS_DENIED (5)

ERROR_NOT_SUPPORTED (50)

ERROR_BAD_NETPATH (53)

NERR_NetNotStarted (2102)

NERR_JobNotFound (2151)

NERR_ProcNoRespond (2160)

NERR_SpoolerNotLoaded (2161)

NERR_InvalidComputer (2351)

SplEnumDevice

Funktion

Die verfügbaren Geräte werden aufgelistet.

define

```
#define INCL_SPL oder INCL_PM
#include <os2.h>
```

Aufruf

rc = SplEnumDevice(pszComputerName, ulLevel, pBuf, cbBuf, pcReturned, pcTotal, pcbNeeded, pReserved);

pszComputerName (PSZ) - input	Name des Rechners
NULL	Lokaler Rechner
ulLevel (ULONG) - input	Detailgrad der Information
0	Feld von Schnittstellennamen PSZ name[]
2	Feld von Druckertreibernamen PSZ name[]
3	Feld mit Elementen vom Typ PRDINFO3
pBuf (PVOID) - output	Puffer zur Aufnahme der Information.
cbBuf (ULONG) - input	Größe des Puffers in byte

pcReturned (PULONG)
- output Anzahl gefundener Informationsblöcke (Geräte)

pcTotal (PULONG) - output Anzahl Geräte insgesamt

pcbNeeded (PULONG)
- output Größe der Information (insgesamt) in byte

pReserved (PVOID)
- output Reserviert NULL

rc (SPLERR) - return Fehlercode

   NO_FEHLER (0)

   ERROR_NOT_SUPPORTED (50)

   ERROR_BAD_NETPATH (53)

   ERROR_INVALID_PARAMETER (87)

   ERROR_INVALID_LEVEL (124)

   ERROR_MORE_DATA (234)

   NERR_NetNotStarted (2102)

   NERR_SpoolerNotLoaded (2161)

   NERR_InvalidComputer (2351)

SplEnumDriver

Funktion

Verfügbare Gerätetreiber werden aufgelistet.

define

```
#define INCL_SPL oder INCL_PM
#include <os2.h>
```

Aufruf

rc = SplEnumDriver(pszComputerName, ulLevel, pBuf, cbBuf,
                   pcReturned, pcTotal, pcbNeeded,
                   pReserved);

pszComputerName (PSZ) - input	Name des Rechners
NULL	Lokaler Rechner
ulLevel (ULONG) - input	Detailgrad der Information (nur Wert 0 erlaubt); es wird ein Feld von Strukturen vom Typ PRDDRIVINFO zurückgegeben
pBuf (PVOID) - output	Puffer zur Aufnahme der Information.
cbBuf (ULONG) - input	Größe des Puffers in byte
pcReturned (PULONG) - output	Anzahl gefundener Informationsblöcke
pcTotal (PULONG)- output	Anzahl Infoblöcke insgesamt
pcbNeeded (PULONG) - output	Größe der Information (insgesamt) in byte
pReserved (PVOID) - output	Reserviert NULL
rc (SPLERR) - return	Fehlercode

    NO_FEHLER (0)

    ERROR_ACCESS_DENIED (5)

    ERROR_NOT_SUPPORTED (50)

    ERROR_BAD_NETPATH (53)

    ERROR_INVALID_PARAMETER (87)

    ERROR_INVALID_LEVEL (124)

    ERROR_MORE_DATA (234)

    NERR_NetNotStarted (2102)

    NERR_BufTooSmall (2123)

    NERR_SpoolerNotLoaded (2161)

    NERR_InvalidComputer (2351)

SplEnumJob

Funktion

Die Druckaufträge in einer Warteschlange werden gelistet.

define

```
#define INCL_SPL oder INCL_PM
#include <os2.h>
```

Aufruf

rc = SplEnumJob(pszComputerName, pszQueueName, ulLevel, pBuf,
                cbBuf, pcReturned, pcTotal, pcbNeeded,
                pReserved);

pszComputerName (PSZ) - input	Name des Rechners
NULL	Lokaler Rechner
pszQueueName (PSZ) - input	Name der Warteschlange
ulLevel (ULONG) - input	Detailgrad der Information
0	ULONG feld[] mit AuftragsID in jedem Feldelement
2	PRJINFO2 feld[]
pBuf (PVOID) - output	Puffer zur Aufnahme der Information.
cbBuf (ULONG) - input	Größe des Puffers in byte
pcReturned (PULONG) - output	Anzahl gefundener Informationsblöcke
pcTotal (PULONG) - output	Anzahl Infoblöcke insgesamt
pcbNeeded (PULONG) - output	Größe der Information (insgesamt) in byte
pReserved (PVOID) - output	Reserviert NULL

rc (SPLERR) - return   Fehlercode

   NO_FEHLER (0)

   ERROR_NOT_SUPPORTED (50)

   ERROR_INVALID_PARAMETER (87)

   ERROR_INVALID_LEVEL (124)

   ERROR_MORE_DATA (234)

   NERR_NetNotStarted (2102)

   NERR_Qnotfound (2150)

   NERR_SpoolerNotLoaded (2161)

   NERR_InvalidComputer (2351)

SplEnumPort

Funktion

Verfügbare Druckerschnittstellen werden gelistet.

define

```
#define INCL_SPL oder INCL_PM
#include <os2.h>
```

Aufruf

rc = SplEnumPort(pszComputerName, ulLevel, pBuf, cbBuf, pcReturned, pcTotal, pcbNeeded, pReserved);

       `pszComputerName (PSZ) - input`

Name des Rechners

   NULL   Lokaler Rechner

ulLevel (ULONG) - input   Detailgrad der Information

   0   PRPORTINFO feld[]

   1   PRPORTINFO1 feld[]

pBuf (PVOID) - output   Puffer zur Aufnahme der Information.

16.7 Spoolerfunktionen

cbBuf (ULONG) - input	Größe des Puffers in byte
pcReturned (PULONG) - output	Anzahl gefundener Informationsblöcke
pcTotal (PULONG) - output	Anzahl Infoblöcke insgesamt
pcbNeeded (PULONG) - output	Größe der Information (insgesamt) in byte
pReserved (PVOID) - output	Reserviert NULL
rc (SPLERR) - return	Fehlercode

    NO_FEHLER (0)

    ERROR_ACCESS_DENIED (5)

    ERROR_NOT_SUPPORTED (50)

    ERROR_BAD_NETPATH (53)

    ERROR_INVALID_PARAMETER (87)

    ERROR_INVALID_LEVEL (124)

    ERROR_MORE_DATA (234)

    NERR_NetNotStarted (2102)

    NERR_SpoolerNotLoaded (2161)

    NERR_InvalidComputer (2351)

    NERR_BufTooSmall (2123)

SplEnumQueue

Funktion

Verfügbare Warteschlange werden gelistet.

define

```
#define INCL_SPL oder INCL_PM
#include <os2.h>
```

Aufruf

rc = SplEnumQueue(pszComputerName, ulLevel, pBuf, cbBuf,
　　　　　　　　　　pcReturned, pcTotal, pcbNeeded,
　　　　　　　　　　pReserved);

pszComputerName (PSZ) - input	Name des Rechners
NULL	Lokaler Rechner
ulLevel (ULONG) - input	Detailgrad der Information
3	PRQINFO3 feld[]
4	PRQINFO3 feld[]; an jedes Feldelement schließt sich PRJINFO2 druckauftrag[] an
5	PSZ Warteschlange-Name
6	PRQINFO6 feld[]
pBuf (PVOID) - output	Puffer zur Aufnahme der Information.
cbBuf (ULONG) - input	Größe des Puffers in byte
pcReturned (PULONG) - output	Anzahl gefundener Informationsblöcke
pcTotal (PULONG)- output	Anzahl Infoblöcke insgesamt
pcbNeeded (PULONG) - output	Größe der Information (insgesamt) in byte
pReserved (PVOID) - output	Reserviert NULL
rc (SPLERR) - return	Fehlercode
NO_FEHLER (0)	
ERROR_ACCESS_DENIED (5)	
ERROR_NOT_SUPPORTED (50)	
ERROR_BAD_NETPATH (53)	
ERROR_INVALID_PARAMETER (87)	
ERROR_INVALID_LEVEL (124)	

ERROR_MORE_DATA (234)

NERR_NetNotStarted (2102)

NERR_SpoolerNotLoaded (2161)

NERR_BufTooSmall (2123)

NERR_InvalidComputer (2351)

SplPurgeQueue

Funktion

Der Inhalt einer Warteschlange wird gelöscht.

define

```
#define INCL_SPL oder INCL_PM
#include <os2.h>
```

Aufruf

rc = SplPurgeQueue(pszComputerName, pszQueueName);

pszComputerName
(PSZ) - input   Name des Rechners

    NULL   Lokaler Rechner

pszQueueName
(PSZ) - input   Warteschlange-Name.

rc (SPLERR) - return   Fehlercode

    NO_FEHLER (0)

    ERROR_ACCESS_DENIED (5)

    ERROR_NOT_SUPPORTED (50)

    ERROR_BAD_NETPATH (53)

    ERROR_INVALID_PARAMETER (87)

NERR_NetNotStarted (2102)

NERR_SpoolerNotLoaded (2161)

NERR_InvalidComputer (2351)

NERR_QNotFound (2150)

SplQmClose

Funktion

Die Warteschlange wird geschlossen.

define

```
#define INCL_SPL oder INCL_PM
#include <os2.h>
```

Aufruf

fSuccess = SplQmClose(hspl);

hspl (HSPL) - input	Spoolerhandle.
fSuccess (BOOL) - return	Erfolgsindikator
TRUE	Kein Fehler
FALSE	Fehler

SplQmEndDoc

Funktion

Ein Druckauftrag wird beendet.

define

```
#define INCL_SPL oder INCL_PM
#include <os2.h>
```

Aufruf

ulJob = SplQmEndDoc(hspl);

hspl (HSPL) - input	Spoolerhandle.
ulJob (ULONG) - return	AuftragsID
SPL_FEHLER	Fehler.

SplQmOpen

Funktion

Der Spooler wird geöffnet; ein Druckauftrag kann erzeugt werden.

define

```
#define INCL_SPL oder INCL_PM
#include <os2.h>
```

Aufruf

hspl = SplQmOpen(pszToken,lCount, pqmdopData);

pszToken (PSZ) - input	Zu suchende Spoolerinformation
"*"	keine Information über Spooler suchen
lCount (LONG) - input	Anzahl Einträge, die in pqmdopData zu berücksichtigen sind
pqmdopData (PQMOPENDATA) - input	Parameter für Eröffnung des Druckauftrags
hspl (HSPL) - return	Spoolerhandle:
SPL_FEHLER	Fehler

SplQmStartDoc

Funktion

Druckauftrag wird gestartet.

define

```
#define INCL_SPL oder INCL_PM
#include <os2.h>
```

Aufruf

fSuccess = SplQmStartDoc(hspl, pszDocName);

hspl (HSPL) - input   Spoolerhandle.

**pszDocName
(PSZ) - input**   Name des zu druckenden Dokuments

fSuccess (BOOL) - return   Erfolgsindikator

    TRUE   Kein Fehler

    FALSE   Fehler

SplQmWrite

Funktion

Ein Pufferspeicher wird in die Spoolerdatei eines Druckauftrags kopiert.

define

```
#define INCL_SPL oder INCL_PM
#include <os2.h>
```

Aufruf

fSuccess = SplQmWrite(hspl, lCount, pData);

hspl (HSPL) - input   Spoolerhandle.

lCount (LONG) - input   Länge der Daten in byte

pData (PVOID) - input   Datenpuffer

fSuccess (BOOL) - return   Erfolgsindikator

    TRUE   Kein Fehler

    FALSE   Fehler

SplQueryDevice

Funktion

Informationen über eine Drucker werden ermittelt.

define

```
#define INCL_SPL oder INCL_PM
#include <os2.h>
```

Aufruf

rc = SplQueryDevice(pszComputerName, pszPrintDeviceName, ulLevel, pBuf, cbBuf, pcbNeeded);

pszComputerName (PSZ) - input	Name des Rechners
NULL	Lokaler Rechner
pszPrintDeviceName (PSZ) - input	Druckername
ulLevel (ULONG) - input	Detailgrad der Information
0	PSZ Schnittstellenname
2	PSZ Druckername
4	PRDINFO3
pBuf (PVOID) - output	Puffer zur Aufnahme der Information.
cbBuf (ULONG) - input	Größe des Puffers in byte
pcbNeeded (PULONG) - output	Größe der Information (insgesamt) in byte
rc (SPLERR) - return	Fehlercode
NO_FEHLER (0)	
ERROR_ACCESS_DENIED (5)	
ERROR_NOT_SUPPORTED (50)	

ERROR_BAD_NETPATH (53)

ERROR_INVALID_PARAMETER (87)

ERROR_INVALID_LEVEL (124)

ERROR_MORE_DATA (234)

NERR_NetNotStarted (2102)

NERR_SpoolerNotLoaded (2161)

NERR_BufTooSmall (2123)

NERR_InvalidComputer (2351)

NERR_DestNotFound (2152)

SplQueryJob

Funktion

Informationen über einen Druckauftrag ermitteln.

define

```
#define INCL_SPL oder INCL_PM
#include <os2.h>
```

Aufruf

rc = SplQueryJob(pszComputerName, pszQueueName, ulJob, ulLevel,
　　　　　　　　　pBuf, cbBuf, pcbNeeded);

pszComputerName (PSZ) - input	Name des Rechners
NULL	Lokaler Rechner
pszQueueName (PSZ) - input	Warteschlange-Name
ulJob (ULONG) - input	AuftragsID
ulLevel (ULONG) - input	Detailgrad der Information
0	ULONG AuftragsID

16.7 Spoolerfunktionen

2	PRJINFO2
3	PRJINFO3
pBuf (PVOID) - output	Puffer zur Aufnahme der Information.
cbBuf (ULONG) - input	Größe des Puffers in byte
pcbNeeded (PULONG) - output	Größe der Information (insgesamt) in byte
rc (SPLERR) - return	Fehlercode

    NO_FEHLER (0)

    ERROR_ACCESS_DENIED (5)

    ERROR_NOT_SUPPORTED (50)

    ERROR_BAD_NETPATH (53)

    ERROR_INVALID_PARAMETER (87)

    ERROR_INVALID_LEVEL (124)

    ERROR_MORE_DATA (234)

    NERR_NetNotStarted (2102)

    NERR_SpoolerNotLoaded (2161)

    NERR_BufTooSmall (2123)

    NERR_InvalidComputer (2351)

    NERR_JobNotFound (2151)

SplSetJob

Funktion

Die Parameter eines bereits gespoolten Druckauftrags werden nachträglich geändert.

define

```
#define INCL_SPL oder INCL_PM
#include <os2.h>
```

Aufruf

rc = SplSetJob(pszComputerName, pszQueueName, ulJob, ulLevel, pBuf, cbBuf, ulParmNum);

pszComputerName (PSZ) - input	Name des Rechners
NULL	Lokaler Rechner
pszQueueName (PSZ) - input	Warteschlange-Name
ulJob (ULONG) - input	AuftragsID
ulLevel (ULONG) - input	Detailgrad der Information
nur 3 erlaubt	PRJINFO3
pBuf (PVOID) - output	Puffer, der die neu zu setzende Information enthält
cbBuf (ULONG) - input	Größe des Puffers in byte
ulParmNum (ULONG) - input	Angabe einzelner Parameter
0	pBuf muß eine vollständig definierte PRJINFO3-Struktur enthalten

Sonst muß pBuf einen jeweils gültigen Wert für einen der nachfolgend genannten Strukturteile enthalten.

pszNotifyName	PRJ_NOTIFYNAME_PARMNUM
pszDataType	PRJ_DATATYPE_PARMNUM
pszParms	PRJ_PARMS_PARMNUM
uPosition	PRJ_POSITION_PARMNUM
pszComment	PRJ_COMMENT_PARMNUM
pszDocument	PRJ_DOCUMENT_PARMNUM
pszStatus	PRJ_STATUSCOMMENT_PARMNUM
uPriority	PRJ_PRIORITY_PARMNUM

16.7 Spoolerfunktionen

pszQProcParms	PRJ_PROCPARMS_PARMNUM
pDriverData	PRJ_DRIVERDATA_PARMNUM
rc (SPLERR) - return	Fehlercode

    NO_FEHLER (0)

    ERROR_ACCESS_DENIED (5)

    ERROR_NOT_SUPPORTED (50)

    ERROR_BAD_NETPATH (53)

    ERROR_INVALID_PARAMETER (87)

    ERROR_INVALID_LEVEL (124)

    NERR_NetNotStarted (2102)

    NERR_SpoolerNotLoaded (2161)

    NERR_BufTooSmall (2123)

    NERR_InvalidComputer (2351)

    NERR_JobNotFound (2151)

    NERR_JobInvalidState (2164)

    NERR_SpoolNoMemory (2165)

    NERR_DriverNotFound (2166)

    NERR_ProcNotFound (2168)

DEVOPENSTRUC Gerät öffnen

```
typedef struct _DEVOPENSTRUC {
PSZ     pszLogAddress; /* Logische Adresse
PSZ     pszDriverName; /* Treibername
PDRIVDATA pdriv;/* Treiberdaten
PSZ     pszDataType;/* Datentyp
PSZ     pszComment; /* Kommentar
PSZ     pszQueueProcName; /* Warteschlange-Name
PSZ     pszQueueProcParams;/* Warteschlange-Parameter
PSZ     pszSpoolerParams; /* Spooler-Parameter
PSZ     pszNetworkParams; /* Netzparameter
} DEVOPENSTRUC;
```

DRIVDATA Treiberdaten

```
typedef struct _DRIVDATA {
  LONG cb; /* Länge
  LONG lVersion; /* Version
  CHAR szDeviceName[32];/* Gerätename
  CHAR abGeneralData[1];/* Daten
} DRIVDATA;
```

DRIVPROPS Druckerstruktur

```
typedef struct _DRIVPROPS {
  PSZ    pszKeyName;/* Schlüsselbegriff
  ULONG  cbBuf; /* Länge der Daten
  PVOID  pBuf;/* Datenbereich
} DRIVPROPS;
```

HCINFO Papierausgabefähigkeit

```
typedef struct _HCINFO {
  CHAR szFormname[32];/* Formatname
  LONG cx;/* Breite in millimetern
  LONG cy;/*Höhe in millimetern
  LONG xLeftClip; /* Linker Rand in millimetern
  LONG yBottomClip;/* Unterer Rand in millimetern
  LONG xRightClip;/* Rechter Rand in millimetern
  LONG yTopClip;/* Oberer Rand in millimetern
  LONG xPels;
         /* Horizontale Anzahl pels zwischen Rändern
  LONG yPels;/* Vertikale Anzahl pels zwischen Rändern
  LONG flAttributes; /* Attribute
} HCINFO;
```

PRDINFO3 Druckerinfo3

```
typedef struct _PRDINFO3 {
  PSZ    pszPrinterName;/* Drucker Name
  PSZ    pszUserName;/* Auftraggeber Druckauftrag
  PSZ    pszLogAddr;/* Logische Adresse (z.B. LPT1)
  USHORT uJobId; /* Druckauftrag ID
  USHORT     fsStatus;/* Zustand des Druckers
  PSZ    pszStatus;
         /* Druckerkommentar während des Druckens
  PSZ    pszComment;/* Druckerbeschreibung
  PSZ    pszDrivers;/* Treibername
  USHORT     time;/* verbrauchte Druckzeit(Minuten)
  USHORT usTimeOut; /* max Wartezeit (Sekunden)
} PRDINFO3;
```

PRDINFO4 Druckerinfo4

```
typedef struct _PRDINFO4 {
 PSZ    pszPrinterName;/* Drucker Name
 PSZ    pszUserName;/* Auftraggeber Druckauftrag
 PSZ    pszLogAddr;/* Logische Adresse (z.B. LPT1)
 USHORT uJobId; /* Druckauftrag ID
 USHORT      fsStatus;/* Zustand des Druckers
 PSZ    pszStatus;
               /* Druckerkommentar während des Druckens
 PSZ    pszComment;/* Druckerbeschreibung
 PSZ    pszDrivers;/* Treibername
 USHORT      time;/* verbrauchte Druckzeit(Minuten)
 USHORT usTimeOut; /* max Wartezeit (Sekunden)
 ULONG  cDriverProps; /* Anzahl DRIVPROPS
} PRDINFO4;
```

PRDRIVINFO Druckerinfo 0

```
typedef struct _PRDRIVINFO {
 CHAR szDriverName[DRIV_NAME_SIZE
                  +DRIV_DEVICENAME_SIZE+2];
                 /* Alle Namen der Druckertreiber
} PRDRIVINFO;
```

PRINTERINFO Druckauftraginfo0

```
typedef struct _PRINTERINFO {
 ULONG flType; /* Druckertyp
 PSZ pszComputerName; /* Computername
 PSZ pszPrintDestinationName;/* Name des Druckziels
 PSZ pszDescription;/* Beschreibung des Druckziels
 PSZ pszLocalName; /* Hintergrundname des Druckziels
} PRINTERINFO;
```

PRJINFO2 Druckauftraginfo2

```
typedef struct _PRJINFO2 {
 USHORT uJobId; /* DruckauftragsID
 USHORT uPriority; /* Druckauftragspriorität
 PSZ pszUserName;/* Quelle des Druckauftrags
 USHORT uPosition; /* Druckauftragsposition in Warteschlange
 USHORT fsStatus;/* Druckauftragsstatus
 ULONG ulSubmitted;/* Startzeit Druckauftrag
 ULONG ulSize; /* Druckauftragsumfang (byte)
 PSZ pszComment;/* Kommentar
 PSZ pszDocument;/* Name Dokument
} PRJINFO2;
```

PRJINFO3 Druckauftraginfo3

```
typedef struct _PRJINFO3 {
 USHORT uJobId; /* DruckauftragsID
 USHORT uPriority; /* Druckauftragspriorität
 PSZ pszUserName;/* Quelle des Druckauftrags
 USHORT uPosition; /* Druckauftragsposition in Warteschlange
 USHORT fsStatus;/* Druckauftragsstatus
 ULONG ulSubmitted;/* Startzeit Druckauftrag
 ULONG ulSize; /* Druckauftragsumfang (byte)
 PSZ pszComment;/* Kommentar
 PSZ pszDocument;/* Name Dokument
 PSZ pszNotifyName;/* Text Druckeralarm
 PSZ pszDataType;/* Typ der Druckdatei
 PSZ pszParms;/* Parameter
 PSZ pszStatus; /* Statustext
 PSZ pszQueue;/* Warteschlange Name
 PSZ pszQProcName; /* Warteschlangeenprogramm
 PSZ pszQProcParms;/* Parameter hierzu
 PSZ pszDriverName;/* Treibername
 PDRIVDATA pDriverData;/* Treiberparameter
 PSZ pszPrinterName;/* Druckername
} PRJINFO3;
```

PRPORTINFO Schnittstelleninfo0

```
typedef struct _PRPORTINFO {
 CHAR szPortName[PDLEN+1]; /* Name Schnittstelle
} PRPORTINFO;
```

PRPORTINFO1 Schnittstelleninfo1

```
typedef struct _PRPORTINFO1 {
 PSZ pszPortName;/* Name Schnittstelle
 PSZ pszPortDriverName;/* Treibername
 PSZ pszPortDriverPathName;/* Pfadname des Treibers
} PRPORTINFO1;
```

PRQINFO3 Warteschlangeninfo3

```
typedef struct _PRQINFO3 {
 PSZ pszName;/* Warteschlange Name
 USHORT uPriority;/* Warteschlange Priorität
 USHORT uStartTime;/* Aktivierungszeit Warteschlange
 USHORT uUntilTime;/* Ende Laufzeit Warteschlange
 USHORT fsType;/* Warteschlange Typ
 PSZ pszSepFile;
 PSZ pszPrProc;/* Warteschlange Programm
```

16.7 Spoolerfunktionen

```
  PSZ pszParms;   /* Parameter hierzu
  PSZ pszComment;/* Warteschlange Beschreibung
  USHORT fsStatus; /* Warteschlange Status
  USHORT cJobs;   /* Anzahl Jobs in Warteschlange
  PSZ pszPrinters;  /* Drucker an Warteschlange
  PSZ pszDriverName;/* Standarddruckertreiber
  PDRIVDATA pDriverData;  /* Daten hierzu
  } PRQINFO3;
```

PRQINFO6 Warteschlangeninfo6

```
  typedef struct _PRQINFO6 {
  PSZ pszName;/* Warteschlange Name
  USHORT uPriority;/* Warteschlange Priorität
  USHORT uStartTime;/* Aktivierungszeit Warteschlange
  USHORT uUntilTime;/* Ende Laufzeit Warteschlange
  USHORT fsType;/* Warteschlange Typ
  PSZ pszSepFile;
  PSZ pszPrProc;/* Warteschlange Programm
  PSZ pszParms;   /* Parameter hierzu
  PSZ pszComment;/* Warteschlange Beschreibung
  USHORT fsStatus; /* Warteschlange Status
  USHORT cJobs;   /* Anzahl Jobs in Warteschlange
  PSZ pszPrinters;  /* Drucker an Warteschlange
  PSZ pszDriverName;/* Standarddruckertreiber
  PDRIVDATA pDriverData;  /* Daten hierzu
  PSZ pszRemoteComputerName;
          /*Name Hintergrundrechner im Netz
  PSZ pszRemoteQueueName;
          /* Name Hintergrund Warteschlange im Netz
  } PRQINFO6;
```

PRQPROCINFO Warteschlangentreiberinfo

```
  typedef struct _PRQPROCINFO {
  CHAR szQProcName[DRIV_NAME_SIZE+1]; /* Name Treiberprogramm
  } PRQPROCINFO;
```

QMOPENSTRUC Warteschlange öffnen

```
  typedef struct _QMOPENSTRUC {
  PSZ pszQueueName;/* Warteschlange Name
  PSZ pszDriverName;  /* Treiber Name
  PDRIVDATA pdrivDriverData;/* Treiber data
  PSZ pszDataType;/* Datentyp
  PSZ pszComment;  /* Kommentar
  PSZ pszQueueProcName;  /* Warteschlangen Programm
  PSZ pszQueueProcParams;/* Parameter hierzu
```

```
    PSZ pszSpoolerParams; /* Spoolerparameter
    PSZ pszNetworkParams; /* Netzparameter
} QMOPENSTRUC;
```

17 Speichergrafik (retained graphic)

Bislang wurde Grafikausgabe durch entsprechende Gpifunktionen derart erzeugt, daß sie unmittelbar in dem an den Präsentationsraum angeschlossenen Gerätekontext dargestellt wurde. Diese Darstellung konnte entweder auf dem Rasterbildschirm (eigentlich dem Programmfenster) oder einem angeschlossenen Gerätetreiber (z.B. Drucker) stattfinden.

17.1 Definition

Zwischengespeicherte Grafik (retained graphic) oder kurz *Speichergrafik* bietet nun zusätzlich die Möglichkeit, wählbare Folgen von Grafikausgabe erzeugenden oder definierenden Gpifunktionsaufrufen temporär (dh. nur während der Laufzeit des Programms existent) in Speicherbereichen - sogenannten Segmenten - zwischenzuspeichern. Die Programmlogik kann hierbei durch die Funktion GpiSetDrawingMode() wählen, ob

1. die Grafikprimitive direkt im Gerätekontext dargestellt werden (DM_DRAW)
2. die Grafikprimitive ausschließlich in einem Segment zwischengespeichert werden (DM_RETAIN) oder
3. die Grafikprimitive sowohl direkt auf dem Gerätekontext dargestellt als auch in einem Segment zwischengespeichert werden (DM_DRAWANDRETAIN)

Zwischengespeicherte Grafik bietet gegenüber der direkten Grafikerzeugung durch entsprechende Gpifunktionen einige Vorteile; mittels zwischengespeicherter Grafik kann.

1. ein Gesamtbild über mehrere Segmentteile verteilt konstruiert werden und
2. darauf aufbauend ein beliebiges Gesamtbild durch Abruf auswählbarer Segmente zusammensetzt werden; hier ist z.B. die Möglichkeit gegeben, in einfachster Form eine Segmentbibliothek anzulegen und komplexe Gesamtgrafiken durch Verwendung von Einzelsegmenten beliebig zusammenzusetzen zu können
3. Segmentinhalte sind nachträglich editierbar (veränderbar); sollte bei einem Gesamtbild eine geringfügige Änderung notwendig sein, so kann bei Verwendung zwischengespeicherter Grafik die notwendige Änderung lediglich

durch Editierung eines einzigen Segments durchgeführt werden - die Neuausgabe der gesamten Zeichnung entfällt damit.

4. Sollten Teile des Fensterausgabebereiches als ungültig erklärt worden sein, so kann die Restaurierung des Fensterinhaltes sich auf die im ungültigen Fensterrechteck dargestellten Einzelsegmente beschränken

Neben der Möglichkeit, eine bestimmte Folge von grafikprimitiverzeugenden Gpifunktionen innerhalb eines Segment zu speichern besteht noch die zusätzliche Möglichkeit, einzelne so definierte Segment miteinander zu verketten (chained segments). Dies ist nützlich, wenn es die Programmlogik erforderlich macht, bestimmte Teile des Gesamtbildes immer gemeinsam oder auch in einer bestimmten Reihenfolge darzustellen. In diesem Fall werden die so definierten Einzelsegmente in einer Aufrufkette (chain), d.h. in einer festen linearen Aufrufreihenfolge zusammengefügt. Die Gesamtfolge der so zusammengebundenen Segmente kann durch einfachen Aufruf der Funktion GpiDrawChain() abgespielt werden.

17.2 Programmierung

Wesentlich für die Programmierung von Speichergrafik ist die Einstellung des aktuellen Zeichenmodus mittels der Funktion GpiSetDrawingMode(); besondere Einschränkungen bzgl. des verwendeten Gerätekontextes oder des mit dem Gerätekontext assoziierten Präsentationsraums existieren nicht. Davon ausgenommen ist die Rahmenbedingung, daß der assoziierte Präsentationsraum vom Typ GPIT_NORMAL sein muß; alle anderen Parameter des Präsentationsraums sind im Prinzip frei wählbar.

```
/*Geraetekontext und Präsentationsraum einrichten */
hdcfenster = WinOpenWindowDC(hwnd);
hps = GpiCreatePS(hab, hdcfenster, &g,
    PU_LOMETRIC | GPIF_LONG |
    GPIA_ASSOC | GPIT_NORMAL);

/* Jetzt den Zeichenmodus definieren */
GpiSetDrawingMode(hps, DM_DRAWANDRETAIN);

/* den gesamten Zeichenmodus ermitteln */
sprintf(text1, "Zeichenmodus ist %lX",
        GpiQueryDrawingMode(hps));
WinInvalidateRect(hwnd, (PRECTL)NULL, TRUE);
```

Soll das Programm Grafikprimitive sowohl unmittelbar auf dem Gerätekontext (Ausgabegerät) darstellen als auch gleichzeitig diese Grafikprimitive als Speichergrafik-Segmente zwischenspeichern, so müssen zwei Bedingungen erfüllt werden.

1. Die Funktion GpiCreatePS() muß das Attribut GPIA_ASSOC (Präsentationsraum und Gerätekontext sind assoziiert) verwenden und
2. die Funktion GpiSetDrawingMode() muß das Attribut DM_DRAWANDRETAIN (direkte Grafikausgabe und gleichzeitig Zwischenspeicherung) verwenden.

Insgesamt zeigt die nachfolgende Tabelle die neun Kombinationsmöglichkeiten zwischen den möglichen DM_Parametern und den drei möglichen Segmentzuständen.

1. Grafikprimitiv wird in einem verketteten Segment ausgegeben
2. Grafikprimitiv wird in einem unverketteten Segment ausgegeben
3. Grafikprimitiv wird außerhalb eines Segments ausgegeben.

	Kontext		
GpiSetDrawing-Mode()	Verkettet	Unverkettet	kein Segment
DM_DRA-WANDRETAIN	zeichnen und speichern	speichern	zeichnen
DM_RETAIN	speichern	speichern	zeichnen
DM_DRAW	zeichnen	speichern	zeichnen

Bevor nun Grafikprimitivaufrufe (Gpifunktionen) innerhalb eines Segments definiert werden können, muß das Programm zunächst festlegen, welche Attribute mit den nachfolgenden Segmentdefinitionen verbunden werden sollen. Die Funktion GpiSetInitialSegmentAttrs() ermöglicht es dem Programm eine Reihe von Segmentattributen an- oder auszuschalten.

```
case ID_DEMO_UNVERKETTET :
{
  /* zunächst Grafikausgabe in
     zwei Segmenten erzeugen */
```

Das Beispielprogramm retain.c definiert zwei unverkettete Segmente: hier wird also zunächst die Funktion GpiSetInitialSegmentAttrs() aufgerufen, um das Verkettungsattribut ATTR_CHAINED auszuschalten (ATTR_OFF). Solange dieser Attributstatus nicht durch einen nachfolgenden Aufruf der gleichen Funktion umgesetzt wird, gilt er für alle nachfolgend definierten Segment .

```
/* die Segmente sind nicht verkettet (unchained) */
GpiSetInitialSegmentAttrs(hps,
                          ATTR_CHAINED, ATTR_OFF);
```

Der Gültigkeitsbereich (Definitionsbereich) eines Segments wird durch die logische Klammer der zwei Funktionsaufrufe GpiOpenSegment() und GpiCloseSegment() gebildet.

```
/* Segment 1 erzeugen... */
GpiOpenSegment(hps, 1L);
{
 POINTL p = {200L, 300L};
 GpiMove(hps, &p);
 GpiSetColor(hps, CLR_RED);
 GpiSetPattern(hps, PATSYM_DIAG3);
 p.x = 500L;
 p.y = 700L;
 GpiBox(hps, DRO_OUTLINEFILL, &p, 50L, 50L);
}
GpiCloseSegment(hps);

/* Segment 2 erzeugen... */
GpiOpenSegment(hps, 2L);
{
 POINTL p = {210L, 310L};
 GpiMove(hps, &p);
 GpiSetColor(hps, CLR_BLUE);
 GpiSetPattern(hps, PATSYM_DIAG1);
 p.x = 500L;
 p.y = 700L;
 GpiBox(hps, DRO_OUTLINEFILL, &p, 50L, 50L);
}
GpiCloseSegment(hps);

aktivedemo = DEMO_NOKETTE;
WinInvalidateRect(hwnd, (PRECTL)NULL, TRUE);

/* Die weiteren Menueeinträge werden
   wählbar gemacht */
WinSendMsg(
```

```
                WinWindowFromID(hwndRahmen, FID_MENU),
                MM_SETITEMATTR,
                MPFROM2SHORT(ID_DEMO_KETTE,TRUE),
                MPFROM2SHORT(MIA_DISABLED,0)
                );

        }
        break;
```

Die die Segmentdefinition einleitende Funktion GpiOpenSegment() erwartet als zweiten Parameter eine natürliche Zahl größer oder gleich 0, die als eindeutige ID des nachfolgenden Segmentes fungiert.

Vorausgesetzt, der aktuelle Grafikausgabemodus ist als DM_DRAWANDRETAIN oder als DM_RETAIN festgelegt gilt für die Vergabe von Segment IDs folgendes.

1. Ist die vergebene ID größer 0 und nicht bereits für ein anderes Segment vergeben, so wird ein neues Segment mit der angegebenen ID eingerichtet.

2. Ist die ID größer 0 und bereits für ein anderes Segment vergeben, so wird im DM_RETAIN-Modus das Segment mit dem neuen Identifikator 0 versehen; ist der Draw_and_Retain-Modus eingestellt, so wird ein Fehler gemeldet.

3. Wird als Segment-ID der Wert 0 vergeben, so wird auf jeden Fall ein neues Segment mit der ID 0 erzeugt; es können mehrere Segmente mit der ID 0 gleichzeitig definiert sein. Solche Segmente mit der ID 0 dürfen allerdings nur als verkettete Segmente innerhalb der einen Kette des Präsentationsraums definiert werden.

Innerhalb einer Segmentklammer werden alle grafikprimitiverzeugenden oder attributdefinierenden Gpifunktionen in die interne Segmentbeschreibung übernommen. Andere Anweisungszeilen wie z.B das Definieren einer Variablen p vom Typ POINTL oder das Zuweisen neuer Punktkoordinaten werden nicht in die Segmentbeschreibung übernommen, sie werden jedoch als parameterbestimmende Elemente der Gpifunktionen genutzt.

Die Ablage von Gpifunktionen innerhalb einer Segmentdefinition geschieht elementeweise; i.d.R. erzeugt der Aufruf jeder Gpifunktion ein Segmentelement.

Anschaulich bedeutet dies, daß ein Segment eine Folge von Anweisungszeilen repräsentiert, wobei jede Anweisungszeile ein *Grafikelement* beschreibt.

Durch die logische Klammer der beiden Funktionen GpiBeginElement() und GpiEndElement() wird ebenfalls nur eine einzige Beschreibungszeile innerhalb der Segmentbeschreibung festgelegt; innerhalb dieser logischen Funktionsklammer können allerdings mehrere primitiverzeugende oder -definierende Funktionen aufgerufen werden und so zu einem einzigen Segmentelement zusammengefaßt werden.

Im Beispielprogramm werden so zwei unverkettete Segmente mit den IDs 1 und 2 erzeugt. Der Programmlogik bleibt es nun überlassen, die so definierten Segmente an beliebiger Programmstelle und in beliebiger Reihenfolge und Auswahl aufzurufen. Eine mögliche sinnvolle Verwendung zeigt das Beispielprogramm; die Wiederherstellung des Fensterausgabebereichs nach dem Eintreffen einer WM_PAINT-Nachricht erfordert nun lediglich den Aufruf der Funktion GpiDrawSegment(), wobei hier als zweiter Funktionsparameter jeweils die Nummer des (unverketteten) Segmentes genannt werden muß.

```
case DEMO_NOKETTE :
{
  /* Ausgabe der Grafik durch Abruf der Segmente */
  GpiDrawSegment(hps, 1L);
  GpiDrawSegment(hps, 2L);
}
break;
```

Eine weitere mögliche Verwendung ist die selektive Zusammenstellung einer Grafikausgabe durch -von der Programmlogik ausgewählte- einzelne Segmente.

17.3 Verkettete Segmente

Will man auf die Möglichkeit der selektiven Darstellung einzelner Segmente verzichten und statt dessen eine festgelegte lineare Reihenfolge vorher definierter Einzelsegmente möglichst durch eine einzige Befehlszeile neuzeichnen, so bietet OS/2 die Möglichkeit, durch Setzen des Attributes ATTRCHAINED mittels der Funktion GpiSetInitialSegmentAttrs() den Verkettungsmodus für Segmente einzuschalten. Hiermit werden alle nachfolgend definierten Segmente in der Definitionsreihenfolge zu einer einzigen Segmentaufrufkette zusammengefügt.

```
case ID_DEMO_KETTE :
{
  /* zunächst Grafikausgabe in
     zwei Segmente erzeugen */

  /* die Segmente sind nicht verkettet (unchained) */
  GpiSetInitialSegmentAttrs(hps,
```

17.3 Verkettete Segmente

```
                          ATTR_CHAINED, ATTR_ON);

   /* Segment 3 erzeugen... */
   GpiOpenSegment(hps, 3L);
   {
    POINTL p = {100L, 500L};
    char text[128] = "Segment3 in Kette";

    GpiErase(hps);
    GpiSetColor(hps, CLR_CYAN);
    GpiCharStringAt(hps, &p, strlen(text), text);
/*LABEL 1*/ GpiLabel(hps, 1L);
   }
   GpiCloseSegment(hps);

   /* Segment 4 erzeugen... */
   GpiOpenSegment(hps, 4L);
   {
    POINTL p = {100L, 400L};
    MATRIXLF matrix;
    char text[128] = "Segment4 in Kette";
    FIXED skale[2];

    GpiSetColor(hps, CLR_DARKRED);
    GpiCharStringAt(hps, &p, strlen(text), text);
    strcpy(text,
       "Jetzt wird Segment 1 transformiert
                                  und eingefügt");
    p.x = 100L; p.y = 300;
    GpiCharStringAt(hps, &p, strlen(text), text);


   }
   GpiCloseSegment(hps);

   /* Jetzt ist die aktuelle Kette definiert...*/
   aktivedemo = DEMO_KETTE;
   WinInvalidateRect(hwnd, (PRECTL)NULL, TRUE);

   WinSendMsg(
      WinWindowFromID(hwndRahmen, FID_MENU),
      MM_SETITEMATTR,
      MPFROM2SHORT(ID_DEMO_EDIT,TRUE),
      MPFROM2SHORT(MIA_DISABLED,0)
      );
 }
 break;
```

Im Beispiel werden hierzu zwei zusätzliche Segmente mit den IDs 3 und 4 erzeugt und zu einer Kette zusammengefügt.

Alle innerhalb dieser Kette definierten Segmente können durch Aufruf der Funktion GpiDrawChain() insgesamt und hintereinander dargestellt werden.

```
case DEMO_KETTE :
{
  /* aktuelle Kette ausführen... */
  GpiDrawChain(hps);
}
break;
```

Innerhalb eines Präsentationsraums kann maximal eine Segmentkette gleichzeitig aktiv sein.

Das Verkettungsattribut kann mittels der Funktion GpiSetInitialSegmentAttrs() jederzeit an- oder ausgeschaltet werden. So kann natürlich während der Definition von verketteten Segmenten dieses Attribut ausgeschaltet werden, ein unverkettetes Segment definiert und anschließend die Definition der Segmentkette wieder eingeschaltet werden.

17.4 Editieren von Segmentinhalten

Der Inhalt von verketteten und unverketteten Segmenten kann nachträglich vom Programm geändert werden. Hierzu können alle notwendigen Editierfunktionen auf Segmentzeilen (d.h. auf einzelne Segmentelemente) angewendet werden.

Ein Segment darf nur editiert werden, wenn der Modus DM_RETAIN (kein direktes Zeichen erlaubt!) eingestellt ist.

17.4.1 Positionieren auf Segmentelementen

Eine Ausgabeoperation auf eine Segmentzeile (ein Segmentelement) erfordert zunächst die Positionierung eines Schreibzeigers (Segmentzeiger) auf die entsprechende Segmentzeile.

Hier stellt OS/2 prinzipiell zwei Möglichkeiten zur Verfügung;

1. einmal kann mittels der Funktion GpiSetElementPointer() durch Angabe der absoluten Elementnummer der Segmentzeiger auf das entsprechende Element gesetzt werden.

2. Die zweite Möglichkeit erfordert entsprechende Vorbereitung bei der Definition des Segmentes; hier müssen durch die Funktion GpiLabel() eindeutige Sprungmarken innerhalb der Segmentanweisungsfolge gesetzt worden sein. Diese Sprungmarken können während des Editierens des Segmentinhaltes dann durch die Funktion GpiSetElementPointerAtLabel() entsprechend angesteuert werden.

   /*LABEL 1*/ **GpiLabel**(hps, 1L);

Alle weiteren Editierfunktionen wirken dann bezogen auf die aktuelle eingestellte Segmentzeigerposition.

17.4.2 Einfügen neuer Segmentzeilen

Um ein vorher definiertes Segment editieren zu können, muß dieses zunächst durch die Funktion GpiOpenSegment() geöffnet und nach erfolgter Änderung durch die Funktion GpiCloseSegment() wieder geschlossen werden. Vor dem Öffnen des zu ändernden Segments muß vorher der Zeichenmodus durch die Funktion GpiSetDrawingMode() in DM_RETAIN geändert werden; Segment können ausschließlich in diesem Zeichenmodus editiert werden.

```
case ID_DEMO_EDIT :
{
  /* Modus = DM_RETAIN - Sonst Editieren
     nicht erlaubt */
  GpiSetDrawingMode(hps, DM_RETAIN);

  GpiOpenSegment(hps, 3L);
  {
   POINTL p;
   char text[128];

   GpiSetEditMode(hps, SEGEM_INSERT);
   GpiSetElementPointerAtLabel(hps, 1L);
   {
    p.x = 100L; p.y = 700L;
    strcpy(text,
           "Neuer Text in Segment3 (Kettensegment)");
    GpiCharStringAt(hps, &p, strlen(text), text);
   }
  }
  GpiCloseSegment(hps);
  GpiSetDrawingMode(hps, DM_DRAWANDRETAIN);
}
break;
```

Ist das zu ändernde Segment geöffnet worden, kann zeilenweise der Inhalt des Segmentes geändert werden.

Hierzu wird zunächst je Segmentzeile der Edit-Modus durch die Funktion GpiSetEditMode() festgelegt. Der Edit-Modus kann entweder auf

1. einfügendes Schreiben (hier neu aufgerufene Gpifunktionen werden nach der Segmentzeile, auf die der Segmentzeiger aktuell eingestellt ist eingefügt und der vorherige Segmentinhalt wird dabei jeweils um eine Zeile nach unten verschoben und bleibt somit erhalten) oder auf
2. überschreibendes Editieren (beginnend mit der Zeile, auf die aktuell der Segmentzeiger eingestellt ist werden bereits bestehende Segmentzeilen durch die neu definierten Gpifunktionsaufrufe zeilenweise überschrieben)

eingestellt werden.

Im Beispielprogramm wird durch die Funktion GpiSetElementPointerAtLabel() das vorher definierte Label 1 im zu editierenden geöffneten Segment 3 angesteuert.

Anschließend an die Segmentzeile, die mit Label 1 gekennzeichnet ist wird sodann eine neue Gpifunktion (hier GpiCharString() in das Segment 3 eingefügt (SEGM_INSERT). Nach dem Schließen des so geänderten Segmentes durch die Funktion GpiCloseSegment() kann nun - abhängig von der Programmlogik - der Zeichenmodus wieder in der gewünschten Modus versetzt werden.

17.4.3 Aufrufen von Segmenten durch Segmente

Jedes abgeschlossen definierte, **unverkettete** Segment kann von anderen Segmenten (auch verketteten Segmenten) während der laufenden Segmentdefinition - sozusagen als Segmentunterprogramm - aufgerufen werden.

Hierzu wird die Funktion GpiCallSegmentMatrix() aufgerufen, der man als zweiten Parameter die eindeutige ID des aufzurufenden Segmentes übergibt. An dieser Stelle wird ein Verweis auf das aufgerufene Segment in die laufende Segmentdefinition eingefügt; wird z.B. nachträglich das aufgerufene Segment durch geeignete Editier-Operationen geändert, so gilt diese Änderung auch direkt für solche aufrufenden Segmentverweise.

17.4.4 Segmenttransformationen

Die Funktion GpiCallSegmentMatrix() ermöglicht allerdings noch eine weitere, über das reine Verweisen auf das aufgerufene Segment hinausgehende Manipulationsmöglichkeit.

```
/* Erst Transformationsmatrix definieren */
p.x = 200L; p.y = 100L;
GpiTranslate(hps, &matrix, TRANSFORM_REPLACE, &p);

p.x = 400L; p.y = 400L;
GpiRotate(hps, &matrix, TRANSFORM_ADD,
          MAKEFIXED(20,0), &p);

skale[0] = MAKEFIXED(0,32000);
skale[1] = MAKEFIXED(0,45000);
p.x = 450L; p.y = 450L;
GpiScale(hps, &matrix, TRANSFORM_ADD,
         (PFIXED)&skale, &p);

/* Jetzt Segment 1 einfügen */
GpiCallSegmentMatrix(hps, 1L, 9L, &matrix,
                     TRANSFORM_ADD);
```

Als vierter Funktionsparameter wird die Adresse einer Transformationssmatrix (**&matrix**) übergeben, in der vorher alle zulässigen Matrixoperationen (im Beispiel sind dies Verschiebung, Rotation und Skalierung) definiert wurden. Das aufgerufene Segment wird allen zusammengesetzten, durch diese Matrix beschriebenen Transformationen unterworfen, bevor es tatsächlich dargestellt wird.

17.4.5 Kopieren von Elementen

Einzelne Segmentzeilen (Elemente) können durch die Funktion GpiQueryElement() in einen Pufferspeicher kopiert und anschließend durch die Funktion GpiElement() an eine andere Position (die vorher angewählte aktuelle Segmentzeigerposition) kopiert werden. Folgende Einschränkungen sind hierbei zu beachten.

- Der Modus DM_RETAIN muß eingestellt sein
- GpiQueryElement() kann nicht auf eine Segmentzeile angewendet werden, die sich innerhalb einer logischen Elementeklammer GpiBeginElement() und GpiEndElement() befindet.

17.5 Speichergrafik : Funktionen

GpiCallSegmentMatrix

Funktion

Ein anderweitig bereits definiertes Segment wird ausgeführt; ggf. wird vorher eine Transformationsmatrix angewandt.

define

```
#define INCL_GPITRANSFORMS oder INCL_GPI oder INCL_PM
#include <os2.h>
```

Aufruf

lHits = GpiCallSegmentMatrix(hps,lSegment, lCount,
     pmatlfArray,lOptions);

hps (HPS) - input	Präsentationsraum Handle.
lSegment (LONG)- input	ID des Segmentes (nur unchained segments erlaubt)
lCount (LONG) - input	Anzahl der Elemente der Transformationsmatrix, die berücksichtigt werden sollen
Wert = 0	Einheitsmatrix (keine Transformation)
pmatlfArray (PMATRIXLF) - input	Transformationsmatrix
lOptions (LONG) - input	Transformationsmodus
TRANSFORM_REPLACE	Eine alte Transformationsmatrix wird durch die angegebene Neue ersetzt
TRANSFORM_ADD	Vorherige und neue Transformationsmatrix werden durch Matrizenmultiplikation (deshalb logischerweise »_ADD« !) gemäß MATRIX_KOMBI = MATRIX_NEU * MATRIX_ALT kombiniert

17.5 Speichergrafik : Funktionen

TRANSFORM_PREEMPT	Vorherige und neue Transformationsmatrix werden durch Matrizenmultiplikation gemäß MATRIX_KOMBI = MATRIX_ALT * MATRIX_NEU kombiniert
lHits (LONG) - return	Fehlerindikator
GPI_OK	kein Fehler
GPI_FEHLER	Fehler

GpiCloseSegment

Funktion

Das aktuelle Segment wird geschlossen; es wurde mittels GpiOpenSegment() geöffnet.

define

```
#define INCL_GPISEGMENTS oder INCL_GPI oder INCL_PM
#include <os2.h>
```

Aufruf

fSuccess = GpiCloseSegment(hps);

hps (HPS) - input	Präsentationsraum Handle.
fSuccess (BOOL) - return	Erfolgsindikator
TRUE	Kein Fehler
FALSE	Fehler

GpiDeleteElement

Funktion

Das Element, auf das der Elementezeiger aktuell zeigt wird gelöscht; diese Funktion darf nur im Modus *retain* benutzt werden.

define

```
#define INCL_GPISEGEDITING oder INCL_GPI oder INCL_PM
#include <os2.h>
```

Aufruf

fSuccess = GpiDeleteElement(hps);

hps (HPS) - input	Präsentationsraum Handle.
fSuccess (BOOL) - return	Erfolgsindikator
TRUE	Kein Fehler
FALSE	Fehler

GpiDeleteElementsBetweenLabels

Funktion

Alle Elemente, die zwischen zwei Segmentmarken (Labeln) liegen werden gelöscht; die Label selbst bleiben bestehen. Der Modus muß als *retain* gesetzt sein.

define

```
#define INCL_GPISEGEDITING oder INCL_GPI oder INCL_PM
#include <os2.h>
```

Aufruf

fSuccess = GpiDeleteElementsBetweenLabels(hps,lFirstLabel,lLastLabel);

hps (HPS) - input	Präsentationsraum Handle.
lFirstLabel (LONG) - input	Anfangsmarke
lLastLabel (LONG) - input	Endmarke
fSuccess (BOOL) - return	Erfolgsindikator
TRUE	Kein Fehler
FALSE	Fehler

GpiDeleteSegment

Funktion

Ein Segment wird gelöscht.

define

```
#define INCL_GPISEGMENTS oder INCL_GPI oder INCL_PM
#include <os2.h>
```

Aufruf

fSuccess = GpiDeleteSegment(hps,lSegid);

hps (HPS) - input	Präsentationsraum Handle.
lSegid (LONG) - input	SegmentID > 0.
fSuccess (BOOL) - return	Erfolgsindikator
TRUE	Kein Fehler
FALSE	Fehler

GpiDrawChain

Funktion

Alle Segmente der aktuellen Segmentkette werden gezeichnet.

define

```
#define INCL_GPISEGMENTS oder INCL_GPI oder INCL_PM
#include <os2.h>
```

Aufruf

fSuccess = GpiDrawChain(hps);

hps (HPS) - input	Präsentationsraum Handle.
fSuccess (BOOL) - return	Erfolgsindikator

| TRUE | Kein Fehler |
| FALSE | Fehler |

GpiDrawFrom

Funktion

Ein Teil der aktuellen Segmentkette wird gezeichnet.

define

```
#define INCL_GPISEGMENTS oder INCL_GPI oder INCL_PM
#include <os2.h>
```

Aufruf

fSuccess = GpiDrawFrom(hps,lFirstSegment, lLastSegment);

hps (HPS) - input	Präsentationsraum Handle.
lFirstSegment (LONG) - input	Erstes Segment der Kette, das gezeichnet werden soll; ID muß > 0 sein
lLastSegment (LONG) - input	Letztes Segment der Kette, das gezeichnet werden soll;
	ID muß >= lFirstSegment sein
fSuccess (BOOL) - return	Erfolgsindikator
TRUE	Kein Fehler
FALSE	Fehler

GpiDrawSegment

Funktion

Das angegeben Segment wird gezeichnet.

17.5 Speichergrafik : Funktionen

define

```
#define INCL_GPISEGMENTS oder INCL_GPI oder INCL_PM
#include <os2.h>
```

Aufruf

fSuccess = GpiDrawSegment(hps,lSegment);

hps (HPS) - input	Präsentationsraum Handle.
lSegment (LONG) - input	SegmentID
fSuccess (BOOL) - return	Erfolgsindikator
TRUE	Kein Fehler
FALSE	Fehler

GpiElement

Funktion

In das aktuelle Segment wird ein Element eingefügt.

define

```
#define INCL_GPISEGEDITING oder INCL_GPI oder INCL_PM
#include <os2.h>
```

Aufruf

lHits = GpiElement(hps,lType, pszDesc, lLength, pbData);

hps (HPS) - input	Präsentationsraum Handle.
lType (LONG) - input	Elementtyp

Programmeigene Typwerte (Elementetypen) dürfen nur im Intervall [0x81000000, 0xFFFFFFFF] liegen, um Konflikte mit systemeigenen Typen zu vermeiden

pszDesc (PSZ) - input	Elementbeschreibung (Kommentartext)
lLength (LONG) - input	Größe des Elements (der Elementdaten) in byte <= 63KB

pbData (PBYTE) - input	Elementdaten
lHits (LONG) - return	Fehlerindikator
GPI_OK	kein Fehler
GPI_FEHLER	Fehler

GpiBeginElement

Funktion

Die Definition eines Elements wird begonnen; diese Definition wird mit GpiEndElement() beendet.

define

```
#define INCL_GPISEGEDITING oder INCL_GPI oder INCL_PM
#include <os2.h>
```

Aufruf

fSuccess = GpiBeginElement(hps,lType, pszDesc);

hps (HPS) - input	Präsentationsraum Handle.
lType (LONG) - input	Elementtyp

Programmeigene Typwerte (Elementetypen) dürfen nur im Intervall [0x81000000, 0xFFFFFFFF] liegen, um Konflikte mit systemeigenen Typen zu vermeiden.

pszDesc (PSZ) - input	Elementbeschreibung (Kommentartext)
fSuccess (BOOL) - return	Erfolgsindikator
TRUE	Kein Fehler
FALSE	Fehler

GpiEndElement

Funktion

Die Definition eines Elements wird beendet; diese Definition wurde mit GpiBeginElement() begonnen.

17.5 Speichergrafik : Funktionen 675

define

```
#define INCL_GPISEGEDITING oder INCL_GPI oder INCL_PM
#include <os2.h>
```

Aufruf

fSuccess = GpiEndElement(hps);

hps (HPS) - input	Präsentationsraum Handle.
fSuccess (BOOL) - return	Erfolgsindikator
TRUE	Kein Fehler
FALSE	Fehler

GpiLabel

Funktion

Innerhalb eines Segmentes kann mittels dieser Funktion eine Segmentmarke definiert werden, die später für Zugriffsoperationen (Editieren des Segments) genutzt werden können.

define

```
#define INCL_GPISEGEDITING oder INCL_GPI oder INCL_PM
#include <os2.h>
```

Aufruf

fSuccess = GpiLabel(hps,lLabel);

hps (HPS) - input	Präsentationsraum Handle.
lLabel (LONG) - input	Markenname
fSuccess (BOOL) - return	Erfolgsindikator
TRUE	Kein Fehler
FALSE	Fehler

GpiOpenSegment

Funktion

Die Definition eines Segments wird begonnen.

define

```
#define INCL_GPISEGMENTS oder INCL_GPI oder INCL_PM
#include <os2.h>
```

Aufruf

fSuccess = GpiOpenSegment(hps,lSegment);

hps (HPS) - input	Präsentationsraum Handle.
lSegment (LONG) - input	SegmentID >= 0
fSuccess (BOOL) - return	Erfolgsindikator
TRUE	Kein Fehler
FALSE	Fehler

GpiQueryElement

Funktion

Die Daten eines Elements werden in einen Puffer kopiert.

define

```
#define INCL_GPISEGEDITING oder INCL_GPI oder INCL_PM
#include <os2.h>
```

Aufruf

lRetLength = GpiQueryElement(hps,lOff, lMaxLength, pbData);

hps (HPS) - input	Präsentationsraum Handle.
lOff (LONG) - input	Startoffset (in Byte) ab dem kopiert werden soll
lMaxLength (LONG) - input	Länge des Puffers in byte

17.5 Speichergrafik : Funktionen

pbData (PBYTE) - output	Puffer zur Aufnahme der Elementdaten
lRetLength (LONG) - return	Tatsächlich kopierte bytes
GPI_ALTERROR	Fehler.

GpiSetDrawControl

Funktion

Optionen für alle folgenden Grafikausgabefunktionen werden gesetzt.

define

```
#define INCL_GPICONTROL oder INCL_GPI oder INCL_PM
#include <os2.h>
```

Aufruf

fSuccess = GpiSetDrawControl(hps, lControl, lValue);

hps (HPS) - input	Präsentationsraum Handle.
lControl (LONG) - input	Modus; gilt für alle folgenden Grafikoperationen.
DCTL_ERASE	Zeichenfläche vor Ausgabe löschen
DCTL_DISPLAY	Ausgaben werden auf dem Ausgabemedium dargestellt (Gilt auch für micro-Präsentationsräume)
DCTL_BOUNDARY	Das alle Grafikausgaben umfassende Rechteck wird kummuliert über alle folgenden Grafikausgabeoperationen (Gilt auch für micro-Präsentationsräume)
DCTL_DYNAMIC	Dynamische Segmente werden gezeichnet
lValue (LONG) - input	Die vorher definierten Kontrollwerte lControl können ein/ausgeschaltet werden
DCTL_OFF	ausschalten (gelten nicht mehr)
DCTL_ON	einschalten (Kontrollwerte gelten)

fSuccess (BOOL) - return	Erfolgsindikator
TRUE	Kein Fehler
FALSE	Fehler

GpiSetDrawingMode

Funktion

Der Zeichenmodus für nachfolgende Grafikoperationen wird gesetzt; dies ist insbesondere bei Verwendung zwischengespeicherter Grafik (retained graphic) wichtig.

define

```
#define INCL_GPICONTROL oder INCL_GPI oder INCL_PM
#include <os2.h>
```

Aufruf

fSuccess = GpiSetDrawingMode(hps,lMode);

hps (HPS) - input	Präsentationsraum Handle.
lMode (LONG) - input	Zeichenmodus
DM_DRAW	Grafik zeichnen
DM_RETAIN	Grafik nicht zeichnen, sondern in einem Segment speichern; das Segment muß geöffnet sein
DM_DRAWANDRETAIN	Zeichen und in einem Segment speichern
fSuccess (BOOL) - return	Erfolgsindikator
TRUE	Kein Fehler
FALSE	Fehler

GpiSetEditMode

Funktion

Der Editmodus wird gesetzt, indem Elemente in das geöffnete Segment geschrieben werden.

define

```
#define INCL_GPISEGEDITING oder INCL_GPI oder INCL_PM
#include <os2.h>
```

Aufruf

fSuccess = GpiSetEditMode(hps,lMode);

hps (HPS) - input	Präsentationsraum Handle.
lMode (LONG) - input	Editmodus
SEGEM_INSERT	Einfügend
SEGEM_REPLACE	Überschreibend
fSuccess (BOOL) - return	Erfolgsindikator
TRUE	Kein Fehler
FALSE	Fehler

GpiSetElementPointer

Funktion

Der Editorzeiger wird auf ein bestimmtes Element im aktuell geöffneten Segment gesetzt; die nachfolgende Elementoperation bezieht sich dann auf diese Position.

define

```
#define INCL_GPISEGEDITING oder INCL_GPI oder INCL_PM
#include <os2.h>
```

Aufruf

fSuccess = GpiSetElementPointer(hps, lElement);

hps (HPS) - input	Präsentationsraum Handle.
lElement (LONG) - input	Nummer des Elements, beginnend mit Nummer = 0 für das erste Element
Wert > 0	Relativposition vom Segmentanfang

Wert < 0	Segmentanfang
Wert > Gesamtzahl Elemente	Segmentende
fSuccess (BOOL) - return	Erfolgsindikator
TRUE	Kein Fehler
FALSE	Fehler

GpiSetElementPointerAtLabel

Funktion

Der Editorzeiger (Elementzeiger) wird im aktuell geöffneten Segment auf die spezifierte Marke gesetzt; die nachfolgende Elementoperation bezieht sich dann auf diese Position.

define

```
#define INCL_GPISEGEDITING oder INCL_GPI oder INCL_PM
#include <os2.h>
```

Aufruf

fSuccess = GpiSetElementPointerAtLabel(hps,lLabel);

hps (HPS) - input	Präsentationsraum Handle.
lLabel (LONG) - input	Markenwert
fSuccess (BOOL) - return	Erfolgsindikator
TRUE	Kein Fehler
FALSE	Fehler

GpiSetInitialSegmentAttrs

Funktion

Die Attribute für das nachfolgend geöffnete Segment werden bestimmt.

define

```
#define INCL_GPISEGMENTS oder INCL_GPI oder INCL_PM
#include <os2.h>
```

Aufruf

fSuccess = GpiSetInitialSegmentAttrs(hps, lAttribute,lValue);

hps (HPS) - input	Präsentationsraum Handle.
lAttribute (LONG) - input	Segmentattribute
ATTR_VISIBLE	Segment kann auf dem Ausgabegerät sichtbar gemacht werden
ATTR_CHAINED	Segment wird in die Segmentkette des Programms eingefügt
ATTR_DYNAMIC	dynamisches Segment; Segment wird mit logischer XOR-Verknüpfung mit dem Hintergrund verknüpft und kann damit leicht (durch erneutes Zeichne an derselben Position) gelöscht werden
ATTR_FASTCHAIN	Bei der Segmentausgabe werden Primitivattribute nicht zurückgesetzt; dies beschleunigt die Ausgabe
ATTR_PROP_VISIBLE	Modus ATTR_VISIBLE wird auf alle nachfolgenden Segmente übertragen
lValue (LONG) - input	Die vorher definierten Attribute können ein/ausgeschaltet werden
ATTR_OFF	ausschalten (gelten nicht mehr)
ATTR_ON	einschalten (Kontrollwerte gelten)
fSuccess (BOOL) - return	Erfolgsindikator
TRUE	Kein Fehler
FALSE	Fehler

GpiSetSegmentAttrs

Funktion

Die Attribute für ein Segment werden bestimmt. Wird das aktuell geöffnete Segment angegeben, so gelten die Änderungen nur für den *retain*-Modus.

define

```
#define INCL_GPISEGMENTS oder INCL_GPI oder INCL_PM
#include <os2.h>
```

Aufruf

fSuccess = GpiSetSegmentAttrs(hps,lSegid,lAttribute,lValue);

hps (HPS) - input	Präsentationsraum Handle.
lSegid (LONG) - input	Segmentattribute
ATTR_VISIBLE	Segment kann auf dem Ausgabegerät sichtbar gemacht werden
ATTR_CHAINED	Segment wird in die Segmentkette des Programms eingefügt
ATTR_DYNAMIC	dynamisches Segment; Segment wird mit logischer XOR-Verknüpfung mit dem Hintergrund verknüpft und kann damit leicht (durch erneutes Zeichne an derselben Position) gelöscht werden
ATTR_FASTCHAIN	Bei der Segmentausgabe werden Primitivattribute nicht zurückgesetzt; dies beschleunigt die Ausgabe
ATTR_PROP_VISIBLE	Modus ATTR_VISIBLE wird auf alle nachfolgenden Segmente übertragen
lValue (LONG) - input	Die vorher definierten Attribute können ein/ausgeschaltet werden
ATTR_OFF	ausschalten (gelten nicht mehr)
ATTR_ON	einschalten (Kontrollwerte gelten)

17.5 Speichergrafik: Funktionen 683

fSuccess (BOOL) - return	Erfolgsindikator
TRUE	Kein Fehler
FALSE	Fehler

GpiSetSegmentTransformMatrix

Funktion

Die Transformationsmatrix für ein Segment wird bestimmt.

define

```
#define INCL_GPITRANSFORMS oder INCL_GPI oder INCL_PM
#include <os2.h>
```

Aufruf

fSuccess = GpiSetSegmentTransformMatrix(hps, lSegid, lCount, pmatlfarray, lOptions);

hps (HPS) - input	Präsentationsraum Handle.
lSegid (LONG) - input	SegmentID > 0
lCount (LONG) - input	Anzahl der Elemente der Transformationsmatrix, die berücksichtigt werden sollen
Wert = 0	Einheitsmatrix (keine Transformation)
pmatlfArray (PMATRIXLF) - input	Transformationsmatrix
lOptions (LONG) - input	Transformationsmodus
TRANSFORM_REPLACE	Eine alte Transformationsmatrix wird durch die angegebene Neue ersetzt
TRANSFORM_ADD	Vorherige und neue Transformationsmatrix werden durch Matrizenmultiplikation (deshalb logischerweise »_ADD« !) gemäß MATRIX_KOMBI = MATRIX_NEU * MATRIX_ALT kombiniert

TRANSFORM _PREEMPT		Vorherige und neue Transformationsmatrix werden durch Matrizenmultiplikation gemäß MATRIX_KOMBI = MATRIX_ALT * MATRIX_NEU kombiniert
fSuccess (BOOL) - return		Erfolgsindikator
	TRUE	Kein Fehler
	FALSE	Fehler

18 Metadateien

Metadateien speichern ebenso wie Grafiksegmente aufeinanderfolgende grafikprimitiverzeugende- oder definierende Gpifunktionen. Der Inhalt einer Metadatei kann ebenso wie Segmente dazu genutzt werden, die durch ihn repräsentierte Ausgabegrafik in einfachster Form erneut zu erzeugen.

18.1 Definition

Metadateien können grundsätzlich in drei verschiedenen Formen existieren.

1. Innerhalb eines laufendes Programms wird zunächst maximal eine Metadatei geöffnet. Diese Datei wird in dem für das Programm verfügbaren Kernspeicher abgelegt.
2. Die so im Kernspeicher abgelegt Metadatei kann auf einem externen Speichermedium (Platte) abgelegt werden; hierzu kann ein Dateinname **name.met** angegeben werden.
3. Solche auf externen Datenspeichern abgelegte Metadateien können nachfolgend (von beliebigen Programmen) erneut in den Programmkernspeicher geladen werden und sind hier editierbar sowie innerhalb eines Präsentationsraums darstellbar.

Metadateien können zwischen unterschiedlichen PM-Programmen ausgetauscht werden und stehen auch als Kernspeicher-Metadateien parallelen Prozessen eines Hauptprogramms zur Verfügung.

Insbesondere die einfache Möglichkeit der Speicherung von Metadateien auf externen Datenträgern ermöglicht eine gegenüber der Verwaltung von Grafikelementen in Segmenten (Speichergrafik) einfache Konservierungsmethode von Grafikinformationen. Der Inhalt von Metadateien ist prizipiell unabhängig vom Gerätekontext und kann daher dazu benutzt werden, auf verschiedenen Gerätekontexten die gleichen grafische Ausgaben zu erzeugen.

Bei der Erstellung einer Metadatei muß beachtet werden, daß ausschließlich nachfolgend genannte Grafikprimitive und Grafikattribute in einer Metadatei gespeichert werden können .

1. Bereichsangaben
2. Bitmaps

3. Zeichenfolgen (auch Zeichensatzattribute)
4. Farben- und Überlagerungsmodi
5. Linien, Kreisbögen und zugehörige Attribute
6. Pfade (einschließlich Ausschneidebereiche)
7. Aktuelle Positionen (erzeugt durch GpiMove())
8. Transformationen (Matrixtransformationen)

Dagegen dürfen nachfolgend genannte Gpifunktionsbereiche nicht verwendet werden, während eine Metadatei erzeugt wird (zumindest funktionieren die nachfolgend genannten Funktion nicht zuverlässig bei der Erzeugung einer Metadatei).

1. DevEscape() (Ansteuerung externer Ausgabegeräte)
2. Gpifunktionen, die pixelweise Grafikausgabe erzeugen wie z.B. GpiBitBlt() oder GpiSetPel()
3. Präsentationsraumfunktionen
4. GpiErase()

18.2 Programmierung

Eine Metadatei wird geöffnet, wenn ein entsprechender Gerätekontext für die Metadatei durch die Funktion DevOpenDC() als Gerätekontext für eine Metadatei durch das Attribut OD_METAFILE geöffnet wird.

```
case ID_METARAM :
{
   LONG i;
   POINTL p;
   SIZEL g = {0,0}; /* Benutze Groesse des hdc */
   DEVOPENSTRUC dop = {NULL,
       "DISPLAY",
       NULL,
       NULL
       };
```

Die Einträge in die hierzu notwendige Gerätebeschreibungsstruktur vom Typ DEVOPENSTRUC sollten hierbei so gewählt werden, daß sie dem geplanten physikalischen Ausgabegerät, auf dem später die Metadatei abgespielt werden

18.2 Programmierung

soll möglichst entspricht; im Beispiel wird hier als Ausgabegerät ein Rasterbildschirm (Display) vorgesehen.

```
/*Geraetekontext und Präsentationsraum
   einrichten */
hdcMeta = DevOpenDC(hab,
    OD_METAFILE,
    "*",
    4L,
    (PDEVOPENDATA)&dop,
    NULLHANDLE);
```

Der so definierte Metagerätekontext wird dann durch die Funktion GpiCreatePS() mit einem Präsentationsraum verbunden.

```
hps = GpiCreatePS(hab, hdcMeta, &g,
                PU_LOMETRIC | GPIF_LONG |
                GPIA_ASSOC);
```

Alle nun nachfolgenden Gpifunktionen, die entweder Grafikattribute setzen oder Grafikprimitive als Grafikausgabe erzeugen, werden nun in der Metadatei gespeichert. Diese Metadatei wird in diesem Stadium als Speichermetadatei (imKernspeicher es Programms) vom laufenden Programm verwaltet.

```
/* Grafik ausgeben, gleichzeitig
   in Metadatei schreiben */
GpiSetMix(hps, FM_XOR);
for(i=1;i<8;i++){
 p.x = i*250; p.y = i*150;
 GpiMove(hps, &p);
 GpiSetColor(hps, 2*i);
 p.x = 300L+i*100L;
 p.y = 300L+i*50L;
 GpiBox(hps, DRO_OUTLINEFILL, &p, 20L, 80L);
}
```

Erst wenn die Metadatei geschlossen ist, werden nachfolgende Gpifunktionen nicht mehr in der Kernspeichermetadatei mitprotokolliert. Das Schließen der Metadatei erfolgt durch die Funktion DevCloseDC(), die den Metadateigerätekontext schließt. In diesem Fall wird ein Handle auf die Kernspeichermetadatei vom Typ HMF von dieser Funktion zurückgegeben. Bevor der Metadatei-Gerätekontext geschlossen werden kann, muß vorher der mit diesem Gerätekontext verbundene Präsentationsraum disassoziiert werden.

```
    /* Metadatei schließen */
    GpiAssociate(hps, (HDC)NULL);
    hmf = DevCloseDC(hdcMeta);
```

Anschließend kann der freigewordene Präsentationsraum mit einem anderen Gerätekontext - der im Aufbau dem Gerätekontext der bereits geschlossenen Metadatei entsprechen sollte - verbunden werden.

```
    /* Präsentationsraum mit Fensterkontext
       verbinden */
    GpiAssociate(hps, hdcFenster);
}
break;
```

Der Inhalt des Kernspeicherbereiches, auf den das Handle HMF der Metadatei zeigt kann nun auf verschiedene Art und Weise benutzt werden.

Einmal kann unter Angabe dieses Metadatei-Handles durch die Funktion GpiSaveMetaFile() der Inhalt dieses Speicherbereichs (d.h. die Kernspeichermetadatei) unter einem wählbaren Dateinamen auf einem externen Datenträger gespeichert werden.

```
case ID_METASICHERN :
{
    GpiSaveMetaFile(hmf, "metatest.met");
}
break;
```

Die Kernspeicher-Metadatei , die durch hmf repräsentiert wird, kann aber auch an beliebigen Stellen des Programms durch die Funktion GpiPlayMetaFile() in den aktiven Präsentationsraum und den mit diesem Präsentationsraum assoziierten Gerätekontext ausgegeben werden.

```
case WM_PAINT:
{
    GpiPlayMetaFile(hps, hmf, 8L, mfopt,
                    (PLONG)NULL, 0L, (PSZ)NULL);

    /* keine weiteren WM_PAINT-Nachrichten erzeugen */
    WinValidateRect(hwnd, (PRECTL)NULL, TRUE);
}
break;
```

18.2 Programmierung

Beim Abspielen einer Metadatei können Transformationsoptionen (mfopt) gewählt werden, die die Anpassung des Inhaltes der Metadatei an den aktuell gewählten Präsentationsraum und Gerätekontext beeinflussen. Diese Optionen werden in einem 10-elemente großen Feld vom Typ LONG gespeichert.

```
/* Abspieloptionen für Metadatei hier einstellen */
/* Beim Abspielen sind sie dann schon definiert */
mfopt[PMF_SEGBASE]       = 0;
mfopt[PMF_LOADTYPE]      = LT_DEFAULT;
mfopt[PMF_RESOLVE]       = RS_DEFAULT;
mfopt[PMF_LCIDS]         = LC_DEFAULT;
mfopt[PMF_RESET]         = RES_DEFAULT;
mfopt[PMF_SUPPRESS]      = SUP_DEFAULT;
mfopt[PMF_COLORTABLES]   = CTAB_DEFAULT;
mfopt[PMF_COLORREALIZABLE] = CREA_DEFAULT;
```

Hiermit kann die Präsentation des Metadateiinhaltes auf verschiedene Ausgabegeräte (Kontexten) flexibel angepaßt werden.

Ist eine Metadatei einmal auf einem externen Datenspeicher unter Angabe eines Dateinamens **name.met** abgelegt, so kann sie von beliebigen anderen PM-Programmen zu einem späteren Zeitpunkt geladen werden. Hierzu wird die Funktion GpiLoadMetaFile() benutzt, die den Inhalt der angegebenen Plattendatei liest, in einem Kernspeicherbereich des laufenden Programms ablegt und ein Handle auf diese so erzeugte Kernspeichermetadatei hmf zurückgibt.

```
case ID_METALADEN :
{
    SIZEL g = {0,0}; /* Benutze Groesse des hdc */

    hmf = GpiLoadMetaFile(hab, "metatest.met");

    /* Präsentationsraum mit Fensterkontext verbinden */
    hps = GpiCreatePS(hab, hdcFenster, &g,
                PU_LOMETRIC | GPIF_LONG |
                GPIA_ASSOC);

    WinInvalidateRect(hwnd, (PRECTL)NULL, TRUE);

}
break;
```

Sowohl Speichergrafik (retained graphic) als auch Metadateien speichern die in ihnen enthaltene Grafikausgabe nicht etwa als Pixelinformation, wie sie auch in Bitmaps abgelegt werden könnte (durch Verwenden der Funktion GpiBitBlt()), sondern hierbei werden in der Reihenfolge der grafikerzeugenden Gpifunktionen spezifische Codefolgen erzeugt, die

1. die erzeugende Gpifunktion,
2. alle Funktionsparameter und
3. ggf. weitere Beschreibungsdaten

als Binärinformation ablegen. Diese Binärinformation wird als *Grafikbefehl* bezeichnet. Solche Grafikbefehle definieren in einer festgelegten Form die sie erzeugende Gpifunktion.

Der Aufbau eines Grafikbefehls ist immer

- Byte 0 (erstes Byte) : Funktionscode; dieses Byte beschreibt eindeutig die erzeugende Gpifunktion
- Nachfolgende Bytes : Parameter der Funktion

18.3 Metadatei : Funktionen

GpiCopyMetaFile

Funktion

Eine neue Metadatei wird geöffnet und der Inhalt einer bereits bestehenden Metadatei in die neue kopiert.

define

```
#define INCL_GPIMETAFILES oder INCL_GPI oder INCL_PM
#include <os2.h>
```

Aufruf

hmfNew = GpiCopyMetaFile(hmf);

hmf (HMF) - input	Metadateihandle (Quelle)
hmfNew (HMF) - return	Metadateihandle (Ziel, neue Metadatei)
Wert != 0	Handle
GPI_FEHLER	Fehler.

18.3 Metadatei : Funktionen

GpiDeleteMetaFile

Funktion
Eine Metadatei wird gelöscht.

define
```
#define INCL_GPIMETAFILES oder INCL_GPI oder INCL_PM
#include <os2.h>
```

Aufruf

fSuccess = GpiDeleteMetaFile(hmf);

hmf (HMF) - input	Metadateihandle.
fSuccess (BOOL) - return	Erfolgsindikator
TRUE	Kein Fehler
FALSE	Fehler

GpiLoadMetaFile

Funktion
Der Inhalt einer Plattendatei wird in eine Metadatei geladen.

define
```
#define INCL_GPIMETAFILES oder INCL_GPI oder INCL_PM
#include <os2.h>
```

Aufruf

hmf = GpiLoadMetaFile(hab, pszFilename);

hab (HAB) - input	Ankerblockhandle.
pszFilename (PSZ) - input	Dateiname
hmf (HMF) - return	Metadateihandle
Wert != 0	Handle
GPI_FEHLER	Fehler.

GpiPlayMetaFile

Funktion

Der Inhalt einer Metadatei wird in den aktuellen Präsentationsraum ausgegeben.

define

```
#define INCL_GPIMETAFILES oder INCL_GPI oder INCL_PM
#include <os2.h>
```

Aufruf

lHits = GpiPlayMetaFile(hps,hmf, lCount1, alOptarray, plSegCount, lCount2, pszDesc);

hps (HPS) - input Präsentationsraum Handle.

hmf (HMF) - input Metadateihandle

lCount1 (LONG) - input Anzahl Optionsangaben in alOptarray

alOptarray (PLONG) - input Optionsangaben; die Länge des Feldes (je Feldelement eine Optionsangabe) ist lCount1. Die Wahl der Optionen basiert auf Angabe der Feldindexkonstanten PMF-Konstante und wird wie folgt programmiert.

```
LONG optionen[4] = {0, /* fuer PMF_SEGBASE */
                    LT_DEFAULT, /*PMF_LOADTYPE */
                    0, /*PMF_RESOLVE*/
                    LC_DEFAULT}; /*PMF_LCIDS*/
```

Optarray.[PMF_SEGBASE] reserviert NULL

Optarray.[PMF_LOADTYPE] Transformationsmodus

    LT_DEFAULT wie LT_NOMODIFY

    LT_NOMODIFY aktuelle Transformationsmatrix wird übernommen

    LT_ORIGINALVIEW Transformation wird aus Metadatei entnommen

Optarray.[PMF_RESOLVE] reserviert NULL

18.3 Metadatei : Funktionen

Optarray.[PMF_LCIDS]		Verwendung von Zeichensätzen oder Bitmapmustern
	LC_DEFAULT	wie LC_NOLOAD
	LC_NOLOAD	Keine logischen Zeichensätze oder Muster laden; es wird angenommen, daß die korrekten Objekte bereits geladen sind
	LC_LOADDISC	entsprechende Objekte aus Metadatei laden und bereits existierende des Präsentationsraums damit überschreiben
Optarray.[PMF_RESET]		Einheiten des Präsentationsraums (z.B. Koordinatensystem)
	RES_DEFAULT	wie RES_NORESET
	RES_NORESET	Einheiten werden nicht geladen
	RES_RESET	Beschreibungen aus der Metadatei laden
Optarray.[PMF_SUPPRESS]		Inhalt der Metadatei wird dargestellt oder es werden nur Optionen aus der Metadatei geladen
	SUP_DEFAULT	wie SUP_NOSUPPRESS
	SUP_NOSUPPRESS	Inhalt tatsächlich zeichnen
	SUP_SUPPRESS	Nur Parameter gemäß PMF_RESET laden
Optarray [PMF_COLORTABLES]		Verwendung von Farbpaletten
	CTAB_DEFAULT	wie CTAB_NOMODIFY
	CTAB_NOMODIFY	Paletten des Präsentationsraums bleiben unverändert
	CTAB_REPLACE	Farbtabellen werden aus Metadatei geladen und überschreiben Definitionen des Präsentationsraums
	CTAB_REPLACEPALETTE	Paletten werden aus Metadatei geladen und überschreiben Definitionen des Präsentationsraums
Optarray [PMF_COLORREALIZABLE]		Farbtabelle in der Metadatei soll realisierbar sein (das Attribut LCOL_REALIZABLE haben)

	CREA_DEFAULT	wie CREA_NOREALIZE
	CREA_DOREALIZE	Farbtabelle laden und realisieren
	CREA_NOREALIZE	Farbtabelle laden und nicht realisieren

Optarray.[PMF_DEFAULTS] Voreinstellungen in Metadatei

	DDEF_DEFAULT	wie DDEF_IGNORE
	DDEF_IGNORE	Voreinstellungen in Metadatei ignorieren
	DDEF_LOADDISC	Voreinstellungen aus Metadatei benutzen

plSegCount (PLONG)
- output   Reserviert NULL
lCount2 (LONG) - input   Größe von pszDesc in byte
pszDesc (PSZ) - output   Metadatei-Beschreibung (maximal 253 byte); dieser Satz wird von DevOpenDC() bei Anlegen der Metadatei erzeugt

lHits (LONG) - return   Fehler

	GPI_OK	kein Fehler
	GPI_FEHLER	Fehler.

GpiQueryMetaFileBits

Funktion

Der gesamte Inhalt einer Metadatei wird unformatiert in einen Speicherbereich geladen; die Länge der Metadatei-Daten in byte wird vorher durch GpiQueryMetaFileLength() bestimmt.

define

```
#define INCL_GPIMETAFILES oder INCL_GPI oder INCL_PM
#include <os2.h>
```

Aufruf

fSuccess = GpiQueryMetaFileBits(hmf, Offset, lLength, pbData);

hmf (HMF) - input   Speicher-Metadateihandle.

18.3 Metadatei : Funktionen

lOffset (LONG) - input	Offset der Quelldaten, ab dem (einschließlich) der Datentransfer beginnen soll
lLength (LONG) - input	Länge in byte der Metadatei-Daten
pbData (PBYTE) - input	Zeiger auf Speicherbereich, in den die Daten kopiert werden sollen; der Speicher muß vorher alloziert und fixiert werden (DosAllocMem())
fSuccess (BOOL) - return	Erfolgsindikator
TRUE	Kein Fehler
FALSE	Fehler

GpiQueryMetaFileLength

Funktion

Die Länge der Daten einer Metadatei in byte wird bestimmt.

define

```
#define INCL_GPIMETAFILES oder INCL_GPI oder INCL_PM
#include <os2.h>
```

Aufruf

lLength = GpiQueryMetaFileLength(hmf);

hmf (HMF) - input	Speicher-Metadateihandle.
lLength (LONG) - return	Gesamtdatenmenge in byte in der Metadatei
GPI_ALTERROR	Fehler.

GpiSaveMetaFile

Funktion

Eine Metadatei (die ursprünglich nur temporär im Prozesseigenen Speicher definiert ist) wird auf einen Datenträger geschrieben.

define

```
#define INCL_GPIMETAFILES oder INCL_GPI oder INCL_PM
#include <os2.h>
```

Aufruf

fSuccess = GpiSaveMetaFile(hmf, pszFilename);

hmf (HMF) - input	Metadateihandle.
pszFilename (PSZ) - input	Dateiname der Plattendatei; die Datei darf noch nicht existieren
fSuccess (BOOL) - return	Erfolgsindikator
TRUE	Kein Fehler
FALSE	Fehler

GpiSetMetaFileBits

Funktion

Binärdaten, die in einem prozesseigenen Speicher definiert sind werden in eine Speichermetadatei geschrieben; es wird nicht auf Plausibilität der kopierten Daten geachtet.

define

```
#define INCL_GPIMETAFILES oder INCL_GPI oder INCL_PM
#include <os2.h>
```

Aufruf

fSuccess = GpiSetMetaFileBits(hmf, lOffset, lLength, pbBuffer);

hmf (HMF) - input	Metadatei-Handle; in diese Metadatei soll kopiert werden
lOffset (LONG) - input	Speicherbereichsoffset, ab dem einschließlich Daten kopiert werden sollen
lLength (LONG) - input	Anzahl zu kopierender byte
pbBuffer (PBYTE) - input	Speicherbereich, in dem die Binärdaten liegen
fSuccess (BOOL) - return	Erfolgsindikator
TRUE	Kein Fehler
FALSE	Fehler

19 Dateisystem

Der mit *application programming interface (API)* benannte Teil des OS/2 Betriebssystems beschreibt die grundlegenden, nicht mit der grafischen Ausgabe oder der Beschreibung der grafischen Benutzeroberfläche befaßten Funktionsbereiche des Betriebssystems.

Hierunter fallen

- **Dateisysteme**; OS/2 unterstützt zwei verschiedene Formen der Dateiorganisation: das herkömmliche, bereits von DOS her bekannte FAT-Organisationsmodell und das nur dem Betriebssystem OS/2 selbst zugängliche HPFS (high performance file system) und seine Programmierung.
- **Kernspeicherverwaltung**
- **Verwaltung paralleler Arbeitsabläufe** (parallel (gleichzeitig) laufende Programme oder Programmteile); hiermit verbunden ist die Handhabung des
- **Nachrichtenaustausch**s zwischen parallelen Arbeitsabläufen. Dies wird durch die Objekte *Semaphoren, Pipes und Queues* gehandhabt.

19.1 Definitionen

OS/2 unterstützt zur Zeit die folgenden zwei Datei(organisations)systeme.

1. **FAT**: Das FAT-Dateisystem (File Allocation Table) ist das von DOS her bekannte Dateisystem. Dateien, die auf einer Partitition der Festplatte liegen, die ihrerseits als FAT-System installiert ist können sowohl von OS/2 als auch von DOS gehandhabt werden.

2. **HPFS** (High Performance File System): Dieses Dateisystem ist im Gegensatz zum FAT-System ein installierbares Dateisystem; dies bedeutet, daß es nicht unmittelbarer Bestandteil des Betriebssystems (des OS/2) selbst ist, sondern beim Starten von OS/2 als installierbares Dateisystem hinzugeladen wird. Prinzipiell können auf diese Weise weitere installierbare Dateisysteme den Betriebssystemfunktionen von OS/2 zugänglich gemacht werden.

Grundsätzlich handhabt ein Dateiverwaltungssystem die Schnittstelle zwischen Betriebssystemfunktionen, die Daten in Dateien transportieren oder aus Dateien auslesen und der zur physikalischen Speicherung der Daten notwendigen Hardware.

Beide Dateisysteme (FAT und HPFS) unterstützen dabei

1. logische Laufwerke (Partitions)
2. Ansteuerung mehrerer und unterschiedlicher physikalischer Speichergeräte
3. Ordnerstrukturen
4. Dateinamen
5. Dateiattribute

HPFS unterstützt darüber hinaus die Handhabung von

6. Langen Dateinamen
7. Erweiterte Attributbeschreibungen (:= extended attribut := EA) der Dateien
8. HPFS-interner Cache für den Transport von Daten zwischen Datenträger und Betriebssystem
9. Verwaltung von Mehrfach-Dateienzugriff (mehrere parallele Arbeitsabläufe greifen gleichzeitig auf eine Datei zu)
10. Hintergrundschreiben; werden Daten von einem Programm von einem Datenträger gelesen, so müssen diese Daten möglichst schnell dem Programm verfügbar gemacht werden, um Wartezeiten zu verhindern. Schreibt dagegen ein Programm Daten auf einen externen Datenträger, so ist der weitere Programmablauf prinzipiell davon unabhängig, wann die so auf den Datenträger auszugebenden Daten tatsächlich (physikalisch) auf den Datenträger geschrieben werden. HPFS unterstützt automatisch das Schreiben von Ausgabedaten in einen OS/2-eigenen Cachespeicher (das geht sehr schnell) und von da aus eine automatisch im Hintergrund durchgeführte weitere Speicherung der Daten vom Cachespeicher auf den physikalischen Speicher.

19.1.1 HPFS-Dateien

Die vollständige Benennung einer HPFS-Datei besteht aus

- Laufwerksangabe,
- Verzeichnispfad,
- Dateiname und
- Dateiattribut

Dabei ist lediglich die Nennung des Dateinamens obligatorisch, wenn durch geeignete Voreinstellungen die anderen Komponenten eindeutig sind.

Beispiel :   C:\DATEI1.XYZ \ORDNERNAMEABC\DATEIZWEI?.###

Jeder Bestandteil der Pfadangabe (d.h. jeder Ordnername und der Dateiname inklusive Dateiattribut) können jeder für sich eine maximale Länge von 255 Byte inclusive \0 umfassen.

Die vollständige Pfadangabe darf allerdings insgesamt 259 Zeichen zzgl. der abschließenden NULL nicht überschreiten. Die maximal erlaubte Pfadlänge ist zusätzlich durch die Funktion DosQuerySysInfo() zur ermitteln.

Zur Bildung von Pfaden (also Ordnernamen und Dateinamen) ist die Verwendung aller Zeichen der aktuellen Codeseite erlaubt; ausgeschlossen sind alle Zeichen mit einem ASCII-Code kleiner als 32 sowie die nachfolgend genannten Sonderzeichen.
- <
- >
- :
- /
- \
- |

Da die aktuelle Codeseite wechseln kann, ist es sinnvoll zur Namensbildung nur Zeichen mit ASCII-Code im Intervall [32,127] zu verwenden.

Folgende weitere Regeln gelten bei der Behandlung von Pfadnamen

1. Es wird bei beliebigen Zugriffen auf Datei- und Ordnernamen nicht zwischen Groß- und Kleinschreibung unterschieden; trotzdem wird die Groß/Kleinschreibung bei Anlegen eines Namens (als Datei oder Ordner) durch das HPFS exakt gespeichert und so auch den Betriebssystemfunktionen übergeben.

2. Leerzeichen, die am Anfang oder am Ende einer vollständigen Pfadbeschreibung in den Beschreibungsstring eingefügt sind, werden gestrichen. Leerzeichen innerhalb einer vollständigen Pfadangabe sind signifikant (werden also berücksichtigt).

3. Punkte außerhalb der vollständigen Pfadangabe werden gelöscht; Punkte innerhalb einer vollständigen Pfadangabe sind signifikant

19.1.2 Verwendung von Metazeichen in Namen

Metazeichen sind die bereits aus der DOS-Umgebung bekannten Suchzeichen
- *
- ?

Ihre Funktionsweise soll hier noch einmal erläutert werden.

1. *****: Setzt man das Metazeichen * als Suchzeichen ein, so werden [0,N] beliebige Zeichen hierdurch ersetzt (gefunden). Der Suchprozeß überschreitet niemals das Zeichen NULL oder \; es können also damit immer nur einzelne Namen, nie aber eine gesamte Pfadangabe gefunden werden. Setzt man das * als Editor-Metazeichen ein, so werden beliebig viele Zeichen, die vorher durch das Such-Metazeichen * gefunden wurden hierdurch ersetzt
2. **?**: Eingesetzt als Such-Metazeichen, findet das Fragezeichen genau ein anderes beliebiges Zeichen. Der . (Punkt) und das Stringendezeichen NULL werden nicht erkannt; bei der Suche wird der \ nicht überschritten.
3. Ansonsten finden in einem Suchvorgang alle anderen Zeichen genau sich selbst. Aus Kompatibilitätsgründen wird allerdings ein Punkt als letztes Zeichen einer Suchkette unterdrückt; dies bedeutet, daß »**XYZ.**« alle Zeichenketten »**XYZ**« findet.

19.1.3 Spezielle Gerätenamen

Eine vollständige Pfadangabe kann optional mit der Angabe eines logischen Laufwerks gemäß der Syntax.

Laufwerksbuchstabe :

beginnen. OS/2 hat neben der Bezeichnung der logischen Laufwerke durch einzelne Buchstaben bestimmte physikalische Ausgabegeräte mit festen Gerätenamen belegt.

- CLOCK$ Uhr
- COM1 - COM4   Serielle Schnittstelle 1 - 4

  (hier muß der Treiber ASYNC für die serielle Schnittstelle geladen sein
- CON   Tastatur und Bildschirm
- KBD$ Tastatur
- LPT1 - LPT3   Parallele Schnittstelle 1 - 3
- MOUSE$ Maus

  (hier muß der Treiber ASYNC für die serielle Schnittstelle geladen sein
- NUL   Nicht existierender Gerätetreiber
- POINTER$ Zeigersensitives Anzeigegerät

  (hier muß der Treiber ASYNC für die serielle Schnittstelle geladen sein
- PRN   Standarddrucker (i.d.R. LPT1)
- SCREEN$ Bildschirm

Diese Gerätebezeichnungen können statt eines gültigen Dateinamens in der Funktion DosOpen() und damit für Standardein/ausgabeoperationen verwendet werden.

19.2 Programmierung von Laufwerken

Ein Laufwerk ist die logische Bezeichnung für einen ganzen oder einen Teil eines physikalischen Datenträgers, mit der von seiten der Betriebssystemfunktionen der Datenspeicher angesprochen wird. Physikalische Datenspeicher wie z.B. Festplatten können mehrere Partititionen beinhalten, die jede für sich als separates logisches Laufwerk definiert und von seiten des Betriebssystems als ein solches angesprochen wird.

Diese logischen Laufwerke können unterschiedliche Dateisysteme verwalten und entsprechend unterschiedlich formatiert sein.

Daher muß das Betriebssystem bei erstmaligem Ansprechen eines logischen Laufwerks den Dateisystemtyp auf diesem logischen Laufwerk ermitteln; diese Dateisystemermittlung wird wiederholt, wenn der physikalische Datenträger eine Änderung des Speichermediums meldet (dies ist i.d.R. nur bei wechselbaren Datenträgern wie z.B. Diskettenlaufwerken der Fall).

Natürlich muß ein Programm in der Lage sein, über diese Standardbehandlung von logischen Laufwerken von seiten des Betriebssystems hinausgehend

- eigenständig Informationen über logische Laufwerke zu erfragen und weiterhin
- ein bestimmtes logisches Laufwerk als aktuellen Standarddatenträger zu erklären.

Hierzu werden die Betriebssystemfunktionen DosQueryCurrentDisk() und DosSetCurrentDisk() bereitgehalten.

```
    /* Aktuellen Pfad ermitteln */
    {
        ULONG lwAktuell, lwGesamt;
        ULONG dirLaenge;

        /* aktuelles Laufwerk + gültige Laufwerke */
        DosQueryCurrentDisk(&lwAktuell, &lwGesamt);

    }
```

Informationen über ein logisches Laufwerk bzw. Änderung dieser Laufwerksinformation ist möglich durch Anwendung der Betriebssystemfunktion DosQueryFSInfo() oder DosSetFSInfo().

19.3 Verzeichnishandhabung

Jedes logische Laufwerk kann prinzipiell beliebig viele Verzeichnisse und darin geschachtelt Unterverzeichnisse enthalten. Jedes Verzeichnis wird durch einen den Benennungskonventionen des jeweiligen Dateisystems entsprechenden Namen gekennzeichnet; Inhalt eines Verzeichnisses dürfen Verzeichnisse oder Dateien sein.

Ähnlich wie bei logischen Laufwerken muß das Programm in der Lage sein, alle notwendigen Operationen in Verzeichnissen durchzuführen.

- **Erfragen des aktuellen Verzeichnisses** durch die Funktion DosQueryCurrentDir()

  ```
  /* Aktuellen Pfad ermitteln */
  {
      ULONG lwAktuell, lwGesamt;
      ULONG dirLaenge;

      /* aktueller Pfad */
      dirLaenge = sizeof(buffer);
      DosQueryCurrentDir(lwAktuell, aktuellerPfad,
                                    &dirLaenge);
  }
  ```

- **Anlegen von Verzeichnissen**; ein neues Verzeichnis wird kreiert, indem durch die Funktion DosCreateDir() ein logisch existierender Pfad (optionale Laufwerksangabe und existierende logische Staffelung von Verzeichnissen) angegeben wird.

  ```
  PEAOP2 eaHierLeer = 0;

  apiret = DosCreateDir("TESTXYZ", eaHierLeer);
  ```

- **Löschen eines Verzeichnisses**; ein existierendes Verzeichnis kann durch die Funktion DosDeleteDir() gelöscht werden, wenn sich weder weitere Verzeichnisse noch Dateien in dem zu löschenden Verzeichnis befinden.

```
sprintf(buffer,
        "Im aktuellen Pfad\n%s\nwird jetzt
         Ordner TESTXYZ gelöscht",
        text1);

/* zunächst Aktuellen Pfad ändern, da aktueller Pfad
   nicht gelöscht werden darf */

apiret = DosSetCurrentDir("\\");

/*obwohl tatsächlich der aktuelle Pfad geändert
   wurde, steht in aktuellerPfad noch der alte Pfad*/

apiret = DosDeleteDir(aktuellerPfad);
```

- Setzen eines **voreingestellten Standardverzeichnisses**; das Programm kann durch die Funktion DosSetCurrentDir() ein (Unter-)Verzeichnis auswählen, das immer dann als Standardverzeichnis genutzt wird, wenn bei nachfolgenden Datei- oder Verzeichnisoperationen kein gültiger Verzeichnispfad angegeben wird.

```
apiret = DosSetCurrentDir("TESTXYZ");
```

19.4 Datei öffnen und schließen

Dateien sind logisch als Inhalt von Verzeichnissen organisiert. Um also eine Datei von seiten eines Programms ansprechen zu können, muß entweder direkt oder indirekt über DosSetCurrentDir() der gültige vollständige Verzeichnispfad angegeben werden, in dem sich die zu bearbeitende Datei befindet.

Eine Datei besteht logisch aus

1. ihrem Namen gemäß den Benennungskonventionen des Dateisystem
2. Dateiattributen (Standardattribute); diese Dateiattribute bestimmen die Lese- und Schreiberlaubnis für der Datei, sowie Sichtbarkeits-, Archivierungs- und Systemstatus der Datei.
3. Erweiterte Dateiattribute; hier können weitere (prinzipiell beliebige) zusätzliche Informationen über die Datei vom Programm definiert werden
4. Dateiinhalt; der eigentliche Dateiinhalt als eine unformatierte Folge von Bytes.

Jeder Bearbeitungsvorgang einer Datei besteht aus der logische Aufrufklammer.

- **DosOpen**(); hiermit wird die Datei zur Bearbeitung geöffnet. Dabei kann der aktuell zulässige Bearbeitungsstatus (z.B. nur lesender oder auch schreibender Zugriff; im Beispiel : OPEN_ACCESS_READWRITE) gewählt werden.

Die Funktion DosOpen() erzeugt zur Identifizierung der geöffneten Datei ein *Dateihandle*. Mit Hilfe dieses Dateihandles können nachfolgende Bearbeitungsfunktionen die so geöffnete Datei identifizieren

```
/* Anlegen einer privaten Datei Datei */

apiret = DosOpen("DATEI_2.XYZ",
                 &hf2,
                 &aktion,
                 0,
                 FILE_NORMAL,
                 OPEN_ACTION_CREATE_IF_NEW,
                 OPEN_SHARE_DENYREADWRITE |
                 OPEN_ACCESS_READWRITE,
                 (PEAOP2)NULL);
```

Die Funktion DosOpen() kann allerdings auch auf andere Objekte als nur auf Dateien angewendet werden, sie kann die Bearbeitung nachfolgend genannter Objekte einleiten.

1. Eine neue (vorher nicht existierende) Datei wird kreiert und gleichzeitig zur Bearbeitung geöffnet
2. Eine bereits existierende Datei wird zur Bearbeitung geöffnet
3. Ein benanntes Sondergerät (siehe 19.1.3) wird zur Bearbeitung geöffnet
4. Das Zielende einer benannten Pipe wird zur Bearbeitung geöffnet

Neben anderen Parametern kann die Funktion DosOpen() bestimmen, welche Aktionen aktuell auf die so geöffnete Datei ausgeübt werden dürfen. So kann z.B. explizit ein *Nur-Lesestatus* für die Datei eingerichtet werden (OPEN_ACCESS_READONLY) oder auch der gemeinsame Zugriff mehrerer paralleler Programme auf die Datei erlaubt werden (OPEN_SHARE_DENYNONE).

Das zu öffnende Objekt (i.d.R. die zu öffnende Datei) muß mit einem eindeutigen Namen gekennzeichnet sein; die Verwendung von Metazeichen (?,*) ist hierbei nicht erlaubt. Soll eine Datei geöffnet werden, deren Namen nicht exakt bekannt ist und der lediglich ein bestimmtes Suchmuster erfüllen muß, so muß dieser exakte Dateiname durch Verwendung der entsprechenden Dateisuchfunktionen DosFindFirst() und DosFindNext() vorher ermittelt werden

19.4 Datei öffnen und schließen

- **DosClose**(); diese Funktion beendet die Bearbeitung der geöffneten Datei und löscht die Gültigkeit des vorher erzeugten Dateihandles.

    ```
    DosClose(hf2);
    ```

    Ein Programm kann maximal 20 Dateien gleichzeitig geöffnet halten (die Maximalzahl verfügbarer Dateihandle je aktuell laufendem Programm ist auf 20 Handle beschränkt; dieser Wert kann im Rahmen der OS/2-Konfigurierung geändert werden).

Während der Bearbeitung einer Datei (also nach Öffnen der Datei durch DosOpen()) wird zusätzlich zum Dateihandle ein Dateizeiger kreiert, der die aktuelle Eingabe/Ausgabeposition (Byteposition) innerhalb der geöffneten Datei angibt. Unmittelbar nach dem Öffnen der Datei durch DosOpen() zeigt der Dateizeiger auf das erste Byte der Datei. Nach jedem Lese- oder Schreibvorgang wird der Dateizeiger aktualisiert.

```
apiret = DosSetFilePtr(hf1,
                       0L,
                       FILE_BEGIN,
                       (PULONG)&dummy);
```

Zusätzlich kann das Programm selbst die Position des Dateizeigers durch die Funktion DosSetFilePtr() willkürlich bestimmen; dabei wird immer die Anzahl der relativ zur Ausgangsposition zu verschiebenden Byte (hier : 0L) und die absolute Position (hier : FILE_BEGIN) angegeben.

19.4.1 Kopieren von Dateien

Dateien können vom aktuellen Verzeichnis in ein anderes Verzeichnis (auch auf andere Laufwerke) kopiert werden. Hierzu benötigt die Funktion DosCopy() die vollständige Pfadangabe der Datei und den vollständigen Dateinamen sowie die vollständige Pfadangabe des Zielverzeichnisses, in das die Datei zu kopieren ist.

```
UCHAR quelle[64] = "A:\\quelldatei.tst";
UCHAR ziel[64]   = "C:\\ORDNER1\\altedatei.xyz";
ULONG modus = DCPY_FAILEAS | DCPY_APPEND

DosCopy(quelle, ziel, modus);
```

Es werden nicht nur der Dateiname und der Dateiinhalt, sondern alle mit der Datei verbundenen weiteren Attribute kopiert. Falls als Kopierziel eine existierende Datei (wie im Beispiel) angegeben wird, kann bestimmt werden, ob der Inhalt der Quelldatei an die Zieldatei angehängt wird (DCPY_APPEND) oder ob die Zieldatei überschrieben wird (DCPY_EXISTING).

19.4.2 Verschieben von Dateien

Ebenso wie die Funktion DosCopy() eine Quelldatei in ein Zielverzeichnis kopiert und dabei die Quelldatei unverändert beläßt, kopiert die Funktion DosMove() die angegebene Quelldatei zum Zielverzeichnis und löscht anschließend die Quelldatei.

```
UCHAR quelle[64] = "altername.tst";
UCHAR ziel[64]   = "neuername.tst";

DosMove(quelle, ziel);
```

Bei dem Kopiervorgang kann der Name der Quelldatei in einen neuen Zieldateinamen geändert werden.

19.4.3 Löschen von Dateien

Durch Angabe des vollständigen Verzeichnispfades und des Namens der zu löschenden Datei kann die Funktion DosDelete() die so spezifizierte Datei aus dem Unterverzeichnis löschen. Hierbei ist zu beachten, daß schreibgeschützte Dateien (das entsprechende Schreibschutzattribut ist gesetzt) nicht gelöscht werden können; um eine solche Datei doch löschen zu können, muß vorher das Schreibschutzattribut entfernt werden.

19.4.4 Änderung der Dateigröße

Die Größe einer Datei (dies ist nur die Dateiinhaltsmenge ohne Beschreibungsattribute) kann durch die Funktion DosSetFileSize() geändert werden; diese Änderung kann sowohl eine Vergrößerung als auch eine Verkleinerung der Dateigröße bedeuten.

19.4.5 Sperren von Dateibereichen

Da das Multitasking des OS/2 auch den gleichzeitigen Zugriff von mehreren parallel laufenden Programmen auf eine Datei zuläßt, können Situationen in der

19.4 Datei öffnen und schließen

Programmlogik auftreten, die es erforderlich machen bestimmte Bereiche einer Datei zeitlich begrenzt vor anderweitigen Zugriffen zu schützen.

Das Programm, das neben anderen die Datei geöffnet hat und nun einen bestimmten Dateibereich vor Zugriffen anderer Programme schützen will, ruft hierzu die Funktion DosSetFileLocks() auf und definiert hier das Byteintervall innerhalb der Datei, auf das andere laufende Programme den Dateizeiger nicht setzen dürfen und insofern innerhalb dieses so geschützten Bereiches keine Aktionen ausführen dürfen.

Nur das Programm, das aktuell einen Bereich der Datei gesperrt hat, kann diese Sperre wieder aufheben.

Dabei sind für die anderen laufenden Programme, die dieselbe Datei geöffnet halten nicht nur

- Lese- und
- Schreiboperationen verboten, sondern auch
- Sperroperationen durch die Funktion DosSetFileLocks(), die den seitens eines anderen Programms gesperrten Dateibereich in irgendeiner Weise berühren.

Das bedeutet, daß sich Sperrbereiche verschiedener Programme innerhalb einer Datei nicht überlappen dürfen. Zur guten Programmierpraxis gehört hierbei, daß selbstverständlich eine solche Dateibereichssperrung nur so kurz wie möglich durchgeführt werden darf und ein Entsperren so schnell wie möglich zu erfolgen hat.

```
       /* Anlegen einer gemeinsam nutzbaren Datei */
       apiret = DosOpen("DATEI_1.XYZ",
                  &hf1,
                  &aktion,
                  0,
                  FILE_NORMAL,
                  OPEN_ACTION_CREATE_IF_NEW,
                  OPEN_SHARE_DENYNONE |
                  OPEN_ACCESS_READWRITE,
                  (PEAOP2)NULL);
   .
   .
   .
   {
     FILELOCK sperre;
     sperre.lOffset = 10;/* erstes byte der Schutzzone */
```

```
        sperre.llRange = 5; /*Länge der Schutzzone in byte */

        DosSetFileLocks(hf1, /*Dateihandle*/
                    (PFILELOCK)NULL,/*Sperre nicht lösen*/
                    (PFILELOCK)&sperre,/*Sperre setzen*/
                    1000L,/*max.Wartezeit millisec*/
                    0L);/*modusbits*/
}
```

Sollte eine Datei mittels DosClose() geschlossen werden, bevor alle vom schließenden Programm ausgesprochenen Bereichssperrungen von eben demselben schließenden Programm aufgehoben worden sind, werden diese Bereiche in einer undefinierten Reihenfolge von seiten des Betriebssystems automatisch freigegeben.

19.4.6 Dateisuche

Im aktuellen Verzeichnis (und nur in diesem einen Verzeichnis) kann ein Programm nach einer Datei suchen, deren Namen ein bestimmtes Suchmuster unter optionaler Verwendung der Metazeichen * und ? erfüllt.

Hierzu wird der Suchvorgang durch die Funktion DosFindFirst() eingeleitet und durch die Funktion DosFindNext() fortgeführt (d.h. nach Auffinden der ersten Datei werden weitere Dateien, die das genannte Kriterium erfüllen gesucht). Die Funktion DosFindClose() schließt den Suchvorgang ab.

```
    /* erste Datei suchen */
    {
      HDIR hdir;
      FILEFINDBUF3 gefundeneDateien;
      ULONG anzahlDateien = 1L;

      hdir = HDIR_SYSTEM;
      apiret = DosFindFirst("*.XYZ",
                        &hdir,
                        0L,
                        &gefundeneDateien,
                        sizeof(gefundeneDateien),
                        &anzahlDateien,
                        FIL_STANDARD);


      /* alle folgenden Dateien suchen */

      while(DosFindNext(hdir,
                    (PVOID)&gefundeneDateien,
```

19.4 Datei öffnen und schließen

```
                    sizeof(gefundeneDateien),
                    &anzahlDateien) == 0)
{
   sprintf(text2, "DosFindNext : Anzahl %ld Name:%s",
   anzahlDateien, gefundeneDateien.achName);
   WinInvalidateRect(hwnd, (PRECTL)NULL, FALSE);
}
}
```

Es wird immer nach einer Datei gesucht, die

1. im aktuell angegebenen Verzeichnis liegt und
2. deren Namen das angegebene Suchmuster erfüllt.

Die Funktionen DosFindFirst() (hiermit wird der Suchvorgang eingeleitet und nach der ersten passenden Datei gesucht) und DosFindNext() (hiermit wird nach allen passenden Dateien gesucht) liefern im Wesentlichen einen Informationsbereich vom Strukturtyp FILEFINDBUF zurück, in dem neben dem tatsächlich gefundenen Dateinamen weitere - insbesondere Attributinformationen - der gefundenen Datei aufgeführt werden.

Um zu verhindern, daß Dateien gefunden werden, die bereits in einem vorhergehenden Aufruf von DosFindNext() gefunden wurden wird ein jeweils aktualisiertes Verzeichnishandle vom Typ HDIR von der Funktion DosFind-First() angelegt und von allen nachfolgenden Funktionsaufrufen DosFindNext() jeweils aktualisiert.

Um dieses Verzeichnishandle für möglicherweise späteren Gebrauch auf seinen Anfangszustand zurückzusetzen, muß das Ende der Dateisuche durch die Funktion DosFindClose() angezeigt werden.

```
DosFindClose(hdir);
```

Neben der Möglichkeit, in einem festen und vollständig spezifizierten Unterverzeichnis (durch Angabe des vollständigen Verzeichnispfades) nach Dateien zu suchen, deren Namen ein vorgegebenes Suchmuster erfüllt, kann durch die Funktion DosSearchPath() in mehreren Pfaden hintereinander nach Dateien mit zu einem Suchmuster passenden Dateinamen gesucht werden.

Hierzu wird der Funktion DosSearchPath() eine Zeichenkette übergeben, die alle zu durchsuchenden Verzeichnisse durch Angabe aller vollständigen Verzeichnispfade enthält; die einzelnen vollständigen Verzeichnispfade sind innerhalb dieser Zeichenkette durch Semikolon voneinander getrennt aneinanderzureihen.

Als Ergebnis wird, falls eine Datei gefunden wurde, der vollständige Verzeichnispfad und der gefundene Dateiname (ggf. noch mit Metazeichen) als Zeichenkette zurückgegeben.

19.4.7 Lesen aus Dateien

Nachdem durch die Funktion DosOpen() ein gültiges Dateihandle erzeugt wurde, kann die Funktion DosRead() mit Hilfe dieses Dateihandles geöffnete Dateien ansprechen und eine wählbare Anzahl von Byte aus dieser Datei in einen wählbaren Pufferbereich kopieren. Der Dateizeiger wird nach Ausführung der Leseoperation auf das Byte der Datei gesetzt, das unmittelbar nach dem letzten gelesenen Byte folgt.

```
/* ganzen Dateiinhalt lesen */
{
  FILESTATUS3 fstatus;
  ULONG dummy;

  apiret = DosSetFilePtr( hf1,
                          0L,
                          FILE_BEGIN,
                          (PULONG)&dummy);

  apiret = DosQueryFileInfo( hf1,
                             FIL_STANDARD,
                             (PVOID)&fstatus,
                             sizeof(fstatus));
  sprintf(text2,
          "DosQueryFileInfo : %d, Länge der Datei %d",
          apiret, fstatus.cbFile);

  /* Zuletzt den ganzen Inhalt lesen */
  DosRead(hf1,
          (PVOID)text3,
          fstatus.cbFile,
          (PULONG)&dummy);
}
```

Versucht man mittels der Funktion DosRead() über das Informationsende der Datei hinaus zu lesen, wird bis zum Ende der Datei gelesen und die Anzahl der tatsächlich gelesenen Byte zurückgegeben; hierbei wird keine Fehlermeldung erzeugt.

Sollte der Dateizeiger bereits auf dem Dateiende positioniert sein und anschließend die Funktion DosRead() ein weiteres Einlesen von Byte aus der Datei fordern, so wird als Anzahl der eingelesenen Zeichen eine 0 zurückgegeben.

19.4.8 Schreiben in Dateien

In eine Datei, für die ein gültiges Dateihandle durch erfolgreiches Ausführen der Funktion DosOpen() erzeugt wurde, kann mittels der Funktion DosWrite() geschrieben werden.

Hierbei wird die angegebene Anzahl Byte aus einem ebenfalls anzugebenden Pufferbereich in die Datei geschrieben; Schreibanfang in der Datei ist dabei das Byte, auf das aktuell der Dateizeiger zeigt. Nach Durchführung der Schreiboperationen wird der Dateizeiger auf das Byte positioniert, das unmittelbar dem zuletzt geschriebenen Datenbyte folgt.

```
/* Daten schreiben in Datei */

  strcpy(buffer, ">1234567890<");
  apiret = DosWrite( hf1,
                     buffer,
                     strlen(buffer),
                     &aktion);
```

In jedem Fall gibt die Funktion die Anzahl der tatsächlich geschriebenen Byte zurück und ermöglicht so dem Programm eine einfache Überprüfung, ob alle geforderte Information tatsächlich in die Datei geschrieben wurde.

Normalerweise transportiert die Funktion DosWrite() die zu schreibenden Bytes lediglich von einem programmeigenen Pufferbereich in einen Systempufferbereich (den Schreibcache). Damit sind die Daten zwar für das Programm »logisch« bereits in die Datei geschrieben worden; »physikalisch« liegen die Dateidaten aber nach wie vor in einem Kernspeicherbereich.

Von hier werden sie immer dann, wenn das Betriebssystem für diesen Rechenprozeß Prozessorzeit zur Verfügung stellt von diesem Systemspeicher (cache) auf das physikalische Ausgabegerät transportiert (dieser Vorgang wird in der Originalliteratur als »*lazy writing*« bezeichnet).

Ist ein Programm gezwungen, ein unmittelbares Beschreiben des physikalischen Datenträgers zu erzwingen, so ermöglicht die Funktion DosSetFHState() das Ändern des entsprechenden Schreibstatus (OPEN_FLAGS_WRITE_THROUGH) innerhalb des Dateihandles der zu beschreibenden Datei.

Insgesamt können die mit der Dateiöffnung verbundenen Dateimodi durch die Funktion DosQueryFHState() abgefragt werden.

Das durch die Funktion DosOpen() erzeugte Dateihandle beinhaltet also nicht nur einen Verweis auf die geöffnete Datei, sondern führt auch weitere Statusinformation der aktuell geöffneten Datei mit sich. Wird die Datei durch die Funktion DosClose() geschlossen, so wird.

- der Inhalt des Dateisystemspeicherbereiches vollständig auf den physikalischen Datenträger geschrieben und dann
- das Handle der Datei gelöscht; es ist danach nicht mehr gültig.

19.5 Erweiterte Dateiattribute

Mit jeder existierenden Datei ist ein Informationsblock automatisch verbunden, der als Stufe 1 - Information bezeichnet wird. Inhalt dieser Stufe 1 - Information sind die Standardangaben

- Datum und Zeit der Dateikreation
- Datum und Zeit des letzten Dateizugriffs
- Datum und Zeit des letzten Schreibzugriffs
- Dateigröße in Byte
- Maximalgröße in Byte
- Schreib/Leseattribute der Datei

Diese Stufe 1 - Informationen können durch die Funktion DosQueryFileInfo() erfragt und durch die Funktion DosSetFileInfo() geändert werden; Informationen werden hierbei in einer Struktur vom Typ FILESTATUS3 verwaltet.

```
FILESTATUS3 fstatus;

apiret = DosQueryFileInfo( hf1,
                           FIL_STANDARD,
                           (PVOID)&fstatus,
                           sizeof(fstatus));
```

Mit den gleichen Funktionen können weitere Informationsstufen ermittelt bzw. geändert werden; diese Stufe 2 und Stufe 3-Dateiinformationen enthalten die sogenannten erweiterten Dateiattribute in Datenstrukturen vom Typ FILESTATUS4 (Level 2 Informationen) und EAOP2 (Level 3 Informationen).

19.5 Erweiterte Dateiattribute

Diese erweiterten Dateiattribute haben folgende Eigenschaften.

- Sie sind optional und werden in Anzahl und Inhalt ausschließlich vom Programm selbst - und nicht vom Betriebssystem - angelegt und definiert.
- Sie werden dazu genutzt, in Art und Umfang beliebig gestaltbare zusätzliche Information zur betroffenen Datei zu speichern und für späteren Gebrauch (z.B. Suche nach Dateiinhalten) abfragbar zu machen.
- Alle erweiterten Attribute werden nicht zusammen mit der eigentlichen Dateiinformation abgelegt, sondern anderweitig vom Betriebssystem verwaltet und lediglich durch einen Verweis durch das Betriebssystem mit der zugehörigen Datei verknüpft.
- Die Verwaltung erweiterter Attribute wird vom HPFS des OS/2 2.0 unterstützt.

19.5.1 Aufbau von erweiterten Attributen

Der Aufbau eines erweiterten Attributes (EA) ist standardisiert als Folge der beiden Informationseinheiten

    EA := EAname EAdaten

(zu lesen als : EA ist definert als Folge EAname EAdaten)

Der Name (EAname) eines EA ist eine Standardzeichenkette (durch NULL abgeschlossen); prinzipiell muß ein EAname entsprechend den Benennungsregeln für Dateinamen aufgebaut sein.

    EAname := Standardname

Die Benennungen von EAs müssen eindeutig sein (dies bezieht sich auch auf EAnamen anderer (fremder) Programme); es empfiehlt sich daher, eigene EAnamen mit eindeutigen Abkürzungen wie z.B. dem Programmnamen zu beginnen.

OS/2 selbst stellt eine Reihe vordefinierter Namen zur Verfügung, die alle mit einem Punkt beginnen. Diese standardisierten erweiterten Attribute (SEA) sind

.ASSOCTABLE	Hiermit werden grundsätzlich Dateien mit den Programmen verbunden, die diese Dateien bearbeiten können (z.B. wird eine Datei name.DOC mit dem Textverarbeitungsprogramm verknüpft, das diese Datei erstellt hat). Die

	EAdaten zu dem EAnamen .ASSOCTABLE sind vom EAtyp EAT_MVMT und beinhalten
	Dateityp (geschachteltes EA .TYPE),
	Dateiextension,
	Icondaten der Datei
.CODEPAGE	Codeseite, die von der Datei genutzt wird
.COMMENTS	Kommentare zu einer Datei; EAdaten sind von beliebigem Typ
.HISTORY	Änderungshistorie der Datei (Autor, Änderungsdaten); EAdaten sind vom Typ EAT_MVMT
.ICON	Iconbeschreibungsdaten; die ist unmittelbar die Binärdarstellung des Icons der Datei. EAdaten sind vom Typ EAT_ICON
.KEYPHRASES	Kurztexte (Phrasen) zur Kennzeichnung des (beliebigen) Dateiinhalts; so können z.B. Kurztexte zur Beschreibung des Inhalts einer Bilddatei angegeben werden. EAdaten sind vom Typ EAT_ASCII oder bei Verwendung mehrerer Textstrings vom Typ EAT_MVST und nachfolgenden EAT_ASCII-Werten
.LONGNAME	Lange Dateinamen für Dateisysteme, die dies nicht unterstützen; EAdaten sind vom Typ EAT_ASCII
.SUBJECT	Kurztitel einer Datei; es darf nur ein maximal 40 byte langer String angegeben werden. EAdaten sind vom Typ EAT:ASCII
.TYPE	Dateityp der Datei; EAdaten vom Typ EAT_ASCII
.VERSION	Versionsnummer der Datei; EAdaten vom Typ EAT_ASCII oder EAT_BINARY

Prinzipiell können den selbstdefinierten EAnamen (nicht SEA !) beliebige Daten folgen. Das Betriebssystem prüft die einem EAnamen folgenden Daten nicht auf

19.5 Erweiterte Dateiattribute

Verwendbarkeit oder Konsistenz; die gesamte Verwaltung von EAdaten bleibt dem Anwendungsprogramm überlassen.

Damit nun EAdaten von fremden Programmen verstanden und verwaltet (z.B. abgefragt) werden können, definiert OS/2 eine Reihe von Standard-Datentypen (EAtyp), die im Prinzip alle sinnvollen Anwendungsbereiche von erweiterten Attributen abdecken.

Um auf diese Weise eine Standardisierung der EA-Anwendung zu erzwingen, muß das dem EAnamen nachfolgende erste Wort der EAdaten den Standarddatentyp der nachfolgenden weiteren EAdaten spezifizieren.

```
EAdaten := (WORD)EAtyp EAtypspezifische_daten
```

Das Programm sollte nur einen der nachfolgend spezifizierten Standard-Datentypen hierzu verwenden.

```
EAtyp := EAstandardtyp | EAeigener_typ
```

(zu lesen als : EAtyp ist definiert als EAstandardtyp oder EAeigener_typ)

Grundsätzlich können aber alle eigenen Datentypen im Wertebereich

```
EAeigener_typ := (WORD) aus [0x0000,0x7FFF]
```

definiert werden. Die OS/2-eigenen (Standard)Datentypen sind der nachfolgenden Liste zu entnehmen.

EAstandardtyp	Wert	Beschreibung
EAT_BINARY	FFFE	Beliebige Binärdaten; das erste WORD nach dem Datentyp muß die Länge der Binärdaten in Byte angeben
EAR_ASCII	FFFD	Beliebiger ASCII-Text; das erste WORD nach dem Datentyp muß die Länge der ASCII-Daten in Byte angeben
EAT_BITMAP	FFFB	Das erste WORD nach dem Datentyp muß die Länge der Bitmapdaten in Byte angeben
EAT_METAFILE	FFFA	Metadateidaten; das erste WORD nach dem Datentyp muß die Länge der Daten in Byte angeben
EAT_ICON	FFF9	Icon-Daten; das erste WORD nach dem Datentyp muß die Länge der Daten in Byte angeben

EAstandardtyp	Wert	Beschreibung
EAT_EA	FFEE	ASCII-Name eines anderen EAs, das an dieser Stelle in das laufende EA eingefügt werden soll; das erste WORD nach dem Datentyp muß die Länge der einzufügenden EAdaten angeben
EAT_MVMT	FFDF	(multi value multi type) Nachfolgend werden mehrere unterschiedliche Datentypen mit unterschiedlichen eigenen Daten angegeben; das erste WORD nach dem Typ muß die gültige Codeseite (i.d.R. NULL) angeben, das zweite WORD nach dem Datentyp gibt die Anzahl der nachfolgenden Datentyp, Datenblocks an. Nachfolgend werden dann einzelne Datenblocks bestehend aus einem ersten WORD Datentyp und nachfolgenden Datentypdaten angereiht. EAT_MVMT Codeseite Anzahl [EAtyp EAdaten] WORD WORD WORD WORD ...
EAT_MVST	FFDE	(multivalue single type) Nachfolgend werden mehrere Datenwerte eines festen Datentypes angegeben. Das erste WORD nach dem EAtyp muß die gültige Codeseite (i.d.R. NULL) angeben, das zweite WORD nach dem Datentyp gibt die Anzahl der nachfolgenden Datenblocks an, das dritte WORD nach dem Datentyp gibt den Date0ntyp der nachfolgenden Daten an. Hierauf folgen die einzelnen Datenblocks EAT_MVST Codeseite Anzahl EAtyp [EAdaten] WORD WORD WORD WORD ...

19.5.2 Programmierung von erweiterten Attributen

EAs können unmittelbar bei der Kreation einer neuen Datei durch die Funktion DosOpen() mit der neuerzeugten Datei verknüpft werden; bereits existierende Dateien können durch die Funktion DosSetFileInfo() mit einer neuen oder geänderten EA-Struktur versehen werden. Die Abfrage von EAs wird durch die Funktion DosQueryFileInfo() durchgeführt.

19.5 Erweiterte Dateiattribute

In allen Fällen werden der dateierzeugenden Funktion DosOpen() oder der attributändernden Funktion DosSetFileInfo() ineinander gestaffelte Strukturen der Typen

```
EAOP2 eaop;
FEA2LIST fealist;
GEA2LIST gealist;
FEA2 fea;
GEA2 gea;
```

übergeben, die vorher vollständig mit den jeweils zu definierenden oder zu ändernden EA gefüllt wurden.

Dabei gilt die Staffelung :

1. EAOP2 zeigt auf GEALIST und FEALIST,
2. GEALIST zeigt auf Feld vom Typ GEA2 (Erfragen von EA's) und
3. FEALIST zeigt auf Feld vom Typ FEA2 (Setzen von EA's);

jedes der Feldelemente beschreibt genau ein erweitertes Attribut (EA). GEA2 liest dabei EA, FEA2 schreibt EA. Obwohl beim Setzen erweiterter Attribute lediglich die FEALIST gefüllt werden muß (GEALIST wird ignoriert), muß trotzdem Speicher für die GEALIST (minimaler Umfang = ein Feldelement) bereitgestellt werden. Gleiches gilt umgekehrt bei der Abfrage von EA mittels DosQueryFileInfo(); hier muß Speicherplatz für eine minimale FEALIST bereitgestellt werden.

```
/* Datei kreieren */
apiret = DosOpen( "DATEI_2.XYZ",
 &hf2,
 &aktion,
 0,
 FILE_NORMAL,
 OPEN_ACTION_CREATE_IF_NEW,
 OPEN_SHARE_DENYREADWRITE |
 OPEN_ACCESS_READWRITE,
 (PEAOP2)&eaop);
```

Das Abfragen der EA's mittels DosQueryFileInfo() funktioniert entsprechend; die Strukturen werden dann von dieser Funktion gefüllt und die Strukturteile können im Programm verwendet werden.

19.6 Dateihandhabung : Funktionen

DosClose

Funktion

Ein gültiges Handle einer Datei, einer Informationsleitung (pipe) oder eines Gerätes (device) wird gelöscht; das angeschlossene Medium wird geschlossen.

define

```
#define INCL_DOSFILEMGR
#include <os2.h>
```

Aufruf

ulrc = DosClose(FileHandle);

FileHandle (HFILE) - input	Handle; muß erzeugt sein durch DosCreateNPipe(), DosCreatePipe(), DosOpen()
ulrc (ULONG) - return	Rückgabewert
0	NO_ERROR
2	ERROR_FILE_NOT_FOUND
5	ERROR_ACCESS_DENIED
6	ERROR_INVALID_HANDLE

DosCopy

Funktion

Kopieren von

1. Datei nach Datei

2. Datei nach Ordner

3. Ordner nach Ordner

define

```
#define INCL_DOSFILEMGR
#include <os2.h>
```

Aufruf

ulrc = DosCopy(pszSourceName, pszTargetName,ulOpMode);

pszSourceName (PSZ) - input   Zeiger auf vollständige Pfadangabe der zu kopierenden Quelle

pszTargetName (PSZ) - input   Zeiger auf vollständige Pfadangabe des Ziels des Kopiervorgangs

ulOpMode (ULONG) - input   Modus; in einem ULONG-Wert werden entsprechende Bits gesetzt

bit 31-3	Reserviert NULL
bit 2	DCPY_FAILEAS = 0x00000004

0 :

Erweiterte Attribute (EA) werden genau dann gelöscht, wenn das Kopierziel solche EA nicht verwalten kann

1 :

Falls das Ziel EA nicht unterstützt, soll die Funktion mit Fehler abgebrochen werden

bit 1   DCPY_APPEND = 0x00000002

0 :

Das Ziel wird durch die Quelle ersetzt (überschrieben)

1 :

Die Quelle wird an das Ziel angehängt

bit 0   DCPY_EXISTING = 0x00000001

	0 :
	Falls das Ziel bereits existiert (z.B. bestehende Zieldatei), soll mit Fehler abgebrochen werden
	1 :
	auf jeden Fall ins Ziel kopieren
ulrc (ULONG) - return	Rückgabewert.
0	NO_ERROR
2	ERROR_FILE_NOT_FOUND
3	ERROR_PATH_NOT_FOUND
5	ERROR_ACCESS_DENIED
26	ERROR_NOT_DOS_DISK
32	ERROR_SHARING_VIOLATION
36	ERROR_SHARING_PUFFER_EXCEEDED
87	ERROR_INVALID_PARAMETER
108	ERROR_DRIVE_LOCKED
112	ERROR_DISK_FULL
206	ERROR_FILENAME_EXCED_RANGE
267	ERROR_DIRECTORY
282	ERROR_EAS_NOT_SUPPORTED
283	ERROR_NEED_EAS_FOUND

DosCreateDir

Funktion

Ein neuer Ordner (Verzeichnis, directory) wird erzeugt.

define

```
#define INCL_DOSFILEMGR
#include <os2.h>
```

19.6 Dateihandhabung : Funktionen 721

Aufruf

ulrc = DosCreateDir(pszDirName, pEABuf);

pszDirName (PSZ) - input	Zeiger auf String, der die vollständige Angabe eines existierenden Pfades enthält, in dem der neue Ordner angelegt werden soll. Falls eine Laufwerksangabe fehlt, wird das aktuelle Laufwerk angenommen
pEABuf (EAOP2) - input/output	Zeiger auf Puffer, der ggf. die Erweiterten Attribute (EA) des Ordners in einer EAOP2 beschreibt.

Als Eingabe wird hierin die Teilstruktur GEA2List ignoriert (es muß trotzdem Speicher hierfür vorgesehen sein); die EA sind in FEA2List zu definieren;

Als Ausgabe werden die Strukturinhalt unverändert zurückgegeben

input NULL	keine EA zu definieren
ulrc (ULONG) - return	Rückgabewert.
0	NO_ERROR
3	ERROR_PATH_NOT_FOUND
5	ERROR_ACCESS_DENIED
26	ERROR_NOT_DOS_DISK
87	ERROR_INVALID_PARAMETER
108	ERROR_DRIVE_LOCKED
206	ERROR_FILENAME_EXCED_RANGE
254	ERROR_INVALID_EA_NAME
255	ERROR_EA_LIST_INCONSISTENT
	ERROR_EA_VALUE_UNSUPPORTABLE

EAOP2 Erweitere Attribute Struktur

```
typedef struct _EAOP2 {
  PGEA2LIST    ppfpGEA2List; /* EA Lesen-Liste */
  PFEA2LIST    ppfpFEA2List; /* EA Schreiben-Liste */
```

```
    ULONG       uloError;      /* Fehlercode; dies ist der
                                  Offset relativ zur
                                  Adresse von EAOP2 */
} EAOP2;
```

GEA2LIST EA-Liste ermitteln

Die GEA2-Liste muß so erweitert werden, daß alle EA Platz finden. Die Liste selbst muß in einem Speicherbereich (DosAllocMem) gehalten werden. Als Struktureintrag wird dann für das erste Listenelement list[0] der Zeiger auf diesen Speicherbereich angegeben.

```
typedef struct _GEA2LIST {
  ULONG  ulcbList; /* Gesamtlänge incl. der Liste */
  GEA2   list[1];  /* Liste von GEA2-Strukturen */
} GEA2LIST;
```

GEA2 EA-Holen Struktur

```
typedef struct _GEA2 {
  ULONG  uloNextEntryOffset;
                    /* Offset zum nächsten Eintrag */
  BYTE   bcbName;   /* Länge des EA-Namens ohne \0 */
  CHAR   chszname[1]; /* EA-Name */
} GEA2;
```

FEA2LIST EA-Liste schreiben

Die FEA2-Liste muß so erweitert werden, daß alle zu setzenden EA Platz finden. Die Liste selbst muß in einem Speicherbereich (DosAllocMem) gehalten werden. Als Struktureintrag wird dann für das erste Listenelement list[0] der Zeiger auf diesen Speicherbereich angegeben.

```
typedef struct _FEA2LIST {
  ULONG  ulcbList; /* Gesamtlänge incl. der Liste */
  FEA2   list[1];  /* Liste von FEA2-Strukturen */
} FEA2LIST;
```

FEA2 EA-Schreiben Struktur

```
typedef struct _FEA2 {
  ULONG  uloNextEntryOffset;
                    /* Offset zum nächsten Eintrag */
  BYTE   bfEA;      /* Flags */
  BYTE   bcbName;   /* Länge des EA-Namens ohne \0 */
  USHORT uscbValue; /* Länge des EA-Wertes */
  CHAR   chszname[1]; /* EA-Name und EA-Wert */
} FEA2;
```

19.6 Dateihandhabung : Funktionen

DosDelete

Funktion

Eine Datei wird gelöscht.

define

```
#define INCL_DOSFILEMGR
#include <os2.h>
```

Aufruf

ulrc = DosDelete(pszFileName);

pszFileName (PSZ) - input	Vollständiger Dateiname (mit Pfad, falls nicht im aktuellen Pfad)
ulrc (ULONG) - return	Rückgabewert.
0	NO_ERROR
2	ERROR_FILE_NOT_FOUND
3	ERROR_PATH_NOT_FOUND
5	ERROR_ACCESS_DENIED
26	ERROR_NOT_DOS_DISK
32	ERROR_SHARING_VIOLATION
36	ERROR_SHARING_PUFFER_EXCEEDED
87	ERROR_INVALID_PARAMETER
206	ERROR_FILENAME_EXCED_RANGE

DosDeleteDir

Funktion

Ein Ordner wird gelöscht; dieser Ordner muß aktuell leer (keine Dateien oder Unterordner außer . und ..) sein.

Ein Ordner wird gelöscht; dieser Ordner muß aktuell leer (keine Dateien oder Unterordner außer . und ..) sein.

define

```
#define INCL_DOSFILEMGR
#include <os2.h>
```

Aufruf

ulrc = DosDeleteDir(pszDirName);

pszDirName (PSZ) - input	Vollständiger Pfadname
ulrc (ULONG) - return	Rückgabewert.
0	NO_ERROR
2	ERROR_FILE_NOT_FOUND
3	ERROR_PATH_NOT_FOUND
5	ERROR_ACCESS_DENIED
16	ERROR_CURRENT_DIRECTORY
26	ERROR_NOT_DOS_DISK
87	ERROR_INVALID_PARAMETER
108	ERROR_DRIVE_LOCKED
206	ERROR_FILENAME_EXCED_RANGE

DosFindClose

Funktion

Das Suchen nach weiteren Dateien wird beendet; das Suchhandle wird gelöscht. Eine solche Suche nach Dateien muß mittels DosFindFirst() eingeleitet und mittels DosFindNext() weitergeführt werden; insgesamt wird ein Suchhandle, das hier gelöscht wird genutzt

define

```
#define INCL_DOSFILEMGR
#include <os2.h>
```

Aufruf

ulrc = DosFindClose(hdirDirHandle);

hdirDirHandle (HDIR) - input uchhandle

ulrc (ULONG) - return ückgabewert.

    0   NO_ERROR

    6   ERROR_INVALID_HANDLE

FILEFINDBUF3 Dateisuche ohne EA

```
typedef struct _FILEFINDBUF3 {
 ULONG uloNextEntryOffset; /*Offset nächste Struktur*/
 FDATE fdateCreation;
 FTIME ftimeCreation;
 FDATE fdateLastAccess;
 FTIME ftimeLastAccess;
 FDATE fdateLastWrite;
 FTIME ftimeLastWrite;
 ULONG ulcbFile; /* logische Dateilänge */
 ULONG ulcbFileAlloc; /* physikalische Länge */
 ULONG ulattrFile;
 UCHAR ucchName;
 CHAR  chachName(CCHMAXPATHCOMP);
} FILEFINDBUF3;
```

FILEFINDBUF4 Dateisuche mit EA

```
typedef struct _FILEFINDBUF4 {
 ULONG uloNextEntryOffset;
 FDATE fdateCreation;
 FTIME ftimeCreation;
 FDATE fdateLastAccess;
 FTIME ftimeLastAccess;
 FDATE fdateLastWrite;
 FTIME ftimeLastWrite;
 ULONG ulcbFile;
 ULONG ulcbFileAlloc;
 ULONG ulattrFile;
 UCHAR ucchName;
 CHARchachName(CCHMAXPATHCOMP);
} FILEFINDBUF4;
```

FILESTATUS3 Dateiinformation ohne EA

```
typedef struct _FILESTATUS3 {
 FDATE fdateCreation;
 FTIME ftimeCreation;
 FDATE fdateLastAccess;
 FTIME ftimeLastAccess;
 FDATE fdateLastWrite;
 FTIME ftimeLastWrite;
 ULONG ulcbFile;
 ULONG ulcbFileAlloc;
 ULONG ulattrFile;
} FILESTATUS3;
```

FILESTATUS4 Dateiinformation mit EA

```
typedef struct _FILESTATUS4 {
 FDATE fdateCreation;
 FTIME ftimeCreation;
 FDATE fdateLastAccess;
 FTIME ftimeLastAccess;
 FDATE fdateLastWrite;
 FTIME ftimeLastWrite;
 ULONG ulcbFile;
 ULONG ulcbFileAlloc;
 ULONG ulattrFile;
 ULONG ulcbList;
} FILESTATUS4;
```

FDATE Datum (Datei)

```
typedef struct _FDATE {
 USHORT usday;
 USHORT usmonth;
 USHORT usyear;
} FDATE;
```

FTIME Zeit (Datei)

```
typedef struct _FTIME {
 USHORT ustwosecs;
 USHORT usminutes;
 USHORT ushours;
} FTIME;
```

19.6 Dateihandhabung : Funktionen 727

DosFindFirst

Funktion

Das Suchen nach Dateien in einem Ordner wird eingeleitet; das Suchhandle wird initialisiert. Eine solche Suche nach Dateien muß mittels DosFindNext() weitergeführt und durch DosFindClose() beendet werden.

define

```
#define INCL_DOSFILEMGR
#include <os2.h>
```

Aufruf

ulrc = DosFindFirst(pszFileName, phdirDirHandle, ulAttribute, ResultBuf, ulResultBufLen, SearchCount, ulFileInfoLevel);

pszFileName (PSZ) - input	Pfad und Dateisuchmuster der Suche
pphdirDirHandle (PHDIR) - input/output	Zeiger auf das Suchhandle, das hier erstmalig erzeugt wird. Diese Handle wird in folgenden Aufrufen DosFindNext() benutzt, um sicherzustellen, daß keine Datei 2mal gefunden wird
	Eingabe :
HDIR_SYSTEM	Standardausgabehandle
HDIR_CREATE	Handle wird automatisch erzeugt
ulAttribute (ULONG) - input	Attribute der zu suchenden Dateien
bit 31-14	Reserviert NULL
bit 13	MUST_HAVE_ARCHIVED; Datei muß Archivbit haben
bit 12	MUST_HAVE_DIRECTORY; Datei muß Ordner sein
bit 11	Reserviert NULL
bit 10	MUST_HAVE_SYSTEM; Datei muß Systemdatei sein

bit 9		MUST_HAVE_HIDDEN; Datei muß verborgen sein sein
bit 8		MUST_HAVE_READONLY; Datei muß NurLesenModus haben
bit 5		FILE_ARCHIVED; Datei darf Archvbit haben
bit 4		FILE_DIRECTORY; Datei darf Ordner sein
bit 3		Reserviert NULL
bit 2		FILE_SYSTEM; Datei darf Systemdatei sein
bit 1		FILE_HIDDEN; Datei darf verborgen sein
bit 0		FILE_READONLY; Datei darf NurLesenModus haben

pResultBuf (PVOID)
- input/output   Zeiger auf Resultatpufferbereich (siehe ulFileInfoLevel)

ulResultBufLen
(ULONG)- input   Länge des Resultatpuffers in byte.

pSearchCount (PULONG)
- input/output   Eingabe : Anzahl zu suchender Dateien

                           Ausgabe : Anzahl gefundener Dateien (= Einträge in Resultatpuffer)

ulFileInfoLevel
(ULONG) - input   Informationslevel, das für jede gefundene Datei ermittelt werden soll

    FIL_STANDARD   Resultatpuffer pResultBuf ist eine FILEFINDBUF3-Struktur

    FIL_QUERYEASIZE   Resultatpuffer pResultBuf ist eine FILEFINDBUF4-Struktur

    FIL_QUERYEASFROMLIST Resultatpuffer pResultBuf ist eine EAOP2-Struktur mit EA-Information in GEA2LIST

ulrc (ULONG) - return Rückgabewert.
    0   NO_ERROR
    2   ERROR_FILE_NOT_FOUND
    3   ERROR_PATH_NOT_FOUND

19.6 Dateihandhabung : Funktionen   729

6	ERROR_INVALID_HANDLE
18	ERROR_NO_MORE_FILES
26	ERROR_NOT_DOS_DISK
87	ERROR_INVALID_PARAMETER
108	ERROR_DRIVE_LOCKED
111	ERROR_PUFFER_OVERFLOW
113	ERROR_NO_MORE_SEARCH_HANDLES
206	ERROR_FILENAME_EXCED_RANGE
208	ERROR_META_EXPANSION_TOO_LONG
254	ERROR_INVALID_EA_NAME
255	ERROR_EA_LIST_INCONSISTENT
275	ERROR_EAS_DIDNT_FIT

DosFindNext

Funktion

Das Suchen nach Dateien in einem Ordner wird weitergeführt; das Suchhandle wurde mittels DosFindFirst() initialisiert. Eine solche Suche nach Dateien muß durch DosFindClose() beendet werden.

define

```
#define INCL_DOSFILEMGR
#include <os2.h>
```

Aufruf

**ulrc = DosFindNext(hdirDirHandle, pResultBuf, ulResultBufLen,
                    pSearchCount);**

hdirDirHandle (HDIR)
- **input**   Suchhandle aus DosFindFirst()

pResultBuf (PVOID)
- **input/output**   Resultatpuffer (siehe DosFindFirst)

ulResultBufLen (ULONG)
- **input**   Länge des Resultatpuffers

pSearchCount (PULONG)
- input/output   Eingabe : Anzahl zu suchender Dateien

Ausgabe : Anzahl gefundener Dateien (= Einträge in Resultatpuffer)

ulrc (ULONG) - return   Rückgabewert.

0	NO_ERROR
6	ERROR_INVALID_HANDLE
18	ERROR_NO_MORE_FILES
26	ERROR_NOT_DOS_DISK
87	ERROR_INVALID_PARAMETER
111	ERROR_PUFFER_OVERFLOW
275	ERROR_EAS_DIDNT_FIT

DosMove

Funktion

Eine Datei wird vom Quellordner (wo sie ursprünglich ist) zu einem (nicht zwingend neuen) Zielordner verschoben; die Quelldatei existiert anschließend nur noch im Zielordner. Beim Verschieben kann gleichzeitig ein neuer Dateiname vergeben werden; die Datei wird damit umbenannt

define

```
#define INCL_DOSFILEMGR
#include <os2.h>
```

Aufruf

ulrc = DosMove(pszOldPathName, pszNewPathName);
pszOldPathName (PSZ)
- input   Quellpfad und Quelldatei

pszNewPathName (PSZ)
- input   Zielpfad und ggf. Zieldatei

ulrc (ULONG) - return	Rückgabewert.
0	NO_ERROR
2	ERROR_FILE_NOT_FOUND
3	ERROR_PATH_NOT_FOUND
5	ERROR_ACCESS_DENIED
17	ERROR_NOT_SAME_DEVICE
26	ERROR_NOT_DOS_DISK
32	ERROR_SHARING_VIOLATION
36	ERROR_SHARING_PUFFER_EXCEEDED
87	ERROR_INVALID_PARAMETER
108	ERROR_DRIVE_LOCKED
206	ERROR_FILENAME_EXCED_RANGE
250	ERROR_CIRCULARITY_REQUESTED
251	ERROR_DIRECTORY_IN_CDS

DosOpen

Funktion

Öffnen einer existierenden Datei, Ändern von Kennwerten einer existierenden Datei oder Neuanlegen einer Datei.

define

```
#define INCL_DOSFILEMGR
#include <os2.h>
```

Aufruf

ulrc = DosOpen(pszFileName, ppshfFileHandle, pActionTaken, ulFileSize,
                ulFileAttribute, ulOpenFlag, ulOpenMode,
                pEABuf);

pszFileName (PSZ)
- input   Vollständige Pfadangabe und Dateiname der zu bearbeitenden Datei

(PHFILE) - output   Dateihandle

pActionTaken (PULONG)
- output   Zeiger auf Variable, die anschließend den Code der tatsächlich durchgeführten Operation enthält; dieser Wert ist nur gültig, falls kein Fehler aufgetreten ist

    FILE_EXISTED   Datei existierte bereits

    FILE_CREATED   Datei ist kreiert worden

    FILE_TRUNCATED   Datei existierte und wurde in ihrer Größe geändert

ulFileSize (ULONG)
- input   Neue logische Dateigröße in byte

ulFileAttribute (ULONG)
- input   Dateiattribute für neue Datei

    bit 31-6   Reserviert NULL

    bit 5   FILE_ARCHIVED; Archivierungsflag setzen

    bit 4   FILE_DIRECTORY; ist Ordner

    bit 3   Reserviert NULL

    bit 2   FILE_SYSTEM; ist Systemdatei

    bit 1   FILE_HIDDEN; ist verborgen

    bit 0   FILE_READONLY; nur Lesen erlaubt

    bit 0   FILE_NORMAL; Standarddatei (Lesen und Schreiben)

ulOpenFlag (ULONG)
- input   Verfahren, falls Datei existiert

    bit 31-8   Reserviert NULL

    bit 7-4   OPEN_ACTION_FAIL_IF_NEW; Existierende Datei öffnen, sonst Fehler

bit 3-0		OPEN_ACTION_CREATE_IF_NEW, falls Datei nicht existent, soll sie kreiert werden
		OPEN_ACTION_FAIL_IF_EXISTS; Fehler, falls Datei existiert
		OPEN_ACTION_OPEN_IF_EXISTS; Existierende Datei öffnen
		OPEN_ACTION_REPLACE_IF_EXISTS; ersetze existierende Datei durch neue Datei
ulOpenMode (ULONG) - input		Modus des Dateiöffnens
bit 31-16		Reserviert NULL
bit 15		OPEN_FLAGS_DASD
		0 : Dateiname bezeichnet Datei
		1 : Dateiname bezeichnet Laufwerk zum dirketen Zugriff (z.B. A:)
bit 14		OPEN_FLAGS_WRITE_THROUGH
		0 : Benutzung des DateiCache erlaubt
		1 : Direkt in die Plattendatei schreiben ohne Cache
bit 13		OPEN_FLAGS_FAIL_ON_ERROR
		0 : Datenträgerfehler via Fehlerhandling melden
		1 : Datenträgerfehler als Rückgabewert melden
bit 12		OPEN_FLAGS_NO_CACHE
		0 : Lese/SchreibCache erlaubt
		1 : Lese/SchreibCache nicht erlaubt
bit 11		Reserviert NULL
bit 10-8		Die Art des Dateizugriffs kann sequentiell (an einem Punkt beginnend und dann Zugriff auf logisch aufeinander folgende Datensätze) oder Random (Zugriff auf beliebige Datensätze ohne

feste Folge) sein; die korrekte Auswahl dieses Flags bedingt die interne Organisation der Datei und kann ggf. eine schnellere Dateibearbeitung zur Folge haben.

OPEN_FLAGS_NO_LOCALITY; keine Angaben über Dateizugriff

OPEN_FLAGS_SEQUENTIAL; meist sequentieller Zugriff auf Datei

OPEN_FLAGS_RANDOM; meist Randomzugriff auf Datei

OPEN_FLAGS_RANDOMSEQUENTIAL; gemischter Zugriff möglich

bit 7　　　　OPEN_FLAGS_NOINHERIT

0 : Dateihandle kann von anderen Kindprozessen genutzt werden

1 : Dateihandle ist privat

bit 6-4　　　Gemeinsame Nutzbarkeit der Datei (sharing) durch mehrere Prozesse oder threads

OPEN_SHARE_DENYREADWRITE; gemeinsames Lesen und Schreiben verboten

OPEN_SHARE_DENYWRITE; gemeinsames Schreiben verboten

OPEN_SHARE_DENYREAD; gemeinsames Lesen verboten

OPEN_SHARE_DENYNONE; gemeinsame Nutzung vollständig erlaubt

bit 3　　　　Reserviert NULL

bit 2-0　　　Zugriffsmodus

OPEN_ACCESS_READONLY; nur Lesen erlaubt

OPEN_ACCESS_WRITEONLY; nur Schreiben erlaubt

19.6 Dateihandhabung : Funktionen

	OPEN_ACCESS_READWRITE; Lesen und Schreiben erlaubt
pEABuf (EAOP2)	
- input/output	Eingabe : EAOP2-Struktur mit zu setzenden EA in FEA2LIST
	Ausgabe : Struktur wird unverändert zurückgegeben
NULL	keine EA definiert
ulrc (ULONG) - return	Rückgabewert.
0	NO_ERROR
2	ERROR_FILE_NOT_FOUND
3	ERROR_PATH_NOT_FOUND
4	ERROR_TOO_MANY_OPEN_FILES
5	ERROR_ACCESS_DENIED
12	ERROR_INVALID_ACCESS
26	ERROR_NOT_DOS_DISK
32	ERROR_SHARING_VIOLATION
36	ERROR_SHARING_PUFFER_EXCEEDED
82	ERROR_CANNOT_MAKE
87	ERROR_INVALID_PARAMETER
99	ERROR_DEVICE_IN_USE
108	ERROR_DRIVE_LOCKED
110	ERROR_OPEN_FAILED
112	ERROR_DISK_FULL
206	ERROR_FILENAME_EXCED_RANGE
231	ERROR_PIPE_BUSY

DosQueryCurrentDir

Funktion

Der aktuell eingestellt Pfad wird ermittelt; das Laufwerk wird nicht zurückgegeben. Die Pfadangabe beginnt nicht mit einem \ und endet mit \0.

define

```
#define INCL_DOSFILEMGR
#include <os2.h>
```

Aufruf

ulrc = DosQueryCurrentDir(ulDriveNumber, pbDirPath, pDirPathLen);

ulDriveNumber (ULONG) - input		Laufwerksnummer
	0	aktuelles Laufwerk
	1	A:
	2	B:
	usw	
pbDirPath (PBYTE) - output		Speicher für den ermittelten aktuellen Pfad
pDirPathLen (PULONG) - input/output		Länge des Pfades in byte (Eingabe : Länge Puffer)
ulrc (ULONG) - return		Rückgabewert.
	0	NO_ERROR
	15	ERROR_INVALID_DRIVE
	26	ERROR_NOT_DOS_DISK
	108	ERROR_DRIVE_LOCKED
	111	ERROR_PUFFER_OVERFLOW

DosQueryCurrentDisk

Funktion

Das aktuelle Laufwerk wird ermittelt; es wird die Nummer des Laufwerks zurückgegeben. Dabei ist A=1, B=2 usw.

define

```
#define INCL_DOSFILEMGR
#include <os2.h>
```

Aufruf

ulrc = DosQueryCurrentDisk(pDriveNumber,pLogicalDriveMap);

pDriveNumber (PULONG)
- output   Zeiger auf Variable, die die Laufwerksnummer aufnehmen soll

(PULONG) - output   Zeiger auf 32-bit Variable; für jedes ansprechbare (angeschlossene) Laufwerk wird hier das entsprechende Bit gesetzt (bit 0 = A, bit 1 = B etc)

ulrc (ULONG) - return   Rückgabewert.
    0   NO_ERROR

DosQueryFileInfo

Funktion

Es werden Informationen über eine Datei ermittelt.

define

```
#define INCL_DOSFILEMGR
#include <os2.h>
```

Aufruf

ulrc = DosQueryFileInfo(FileHandle, ulFileInfoLevel, pFileInfoBuf, ulFileInfoBufSize);

FileHandle (HFILE) - input	Dateihandle.
ulFileInfoLevel (ULONG) - input	Informationsdetailgrad
FIL_STANDARD	FILESTATUS3-Struktur in pFileInfoBuf
FIL_QUERYEASIZE	FILESTATUS4-Struktur in pFileInfoBuf
FIL_QUERYEASFROMLIST	EAOP2-Struktur in pFileInfoBuf
pFileInfoBuf (PVOID) - output	Zeiger auf entsprechende Resultatstruktur gemäß ulFileInfoLevel
(ULONG) - input	Länge des Resultatpuffers in byte
ulrc (ULONG) - return	Rückgabewert.
0	NO_ERROR
5	ERROR_ACCESS_DENIED
6	ERROR_INVALID_HANDLE
111	ERROR_PUFFER_OVERFLOW
124	ERROR_INVALID_LEVEL
130	ERROR_DIRECT_ACCESS_HANDLE
254	ERROR_INVALID_EA_NAME
255	ERROR_EA_LIST_INCONSISTENT

DosQuerySysInfo

Funktion

Systeminformationen werden ermittelt.

define

```
#define INCL_DOSFILEMGR
#include <os2.h>
```

Aufruf

ulrc = DosQuerySysInfo(ulStartIndex, ulLastIndex, pDataBuf, ulDataBufLen);

ulStartIndex (ULONG)
- input   Index der ersten zu ermittelnden Systemvariablen

ulLastIndex (ULONG)
- input   Index der letzten zu ermittelnden Systemvariablen. Die möglichen Indices sind

    1. QSV_MAX_PATH_LENGTH

        Maximale Pfadlänge in byte

    2. QSV_MAX_TEXT_SESSIONS

        Maximalzahl paralleler Prozesse im Textmodus

    3. QSV_MAX_PM_SESSIONS

        Maximalzahl paralleler Prozesse im PMmodus

    4. QSV_MAX_VDM_SESSIONS

        Maximalzahl paralleler Prozesse im DOSmodus

    5. QSV_BOOT_DRIVE   BootLaufwerk (letzter Boot-Vorgang)

    6. QSV_DYN_PRI_VARIATION

        Priorität des fragenden Prozesses

    7. QSV_MAX_WAIT   Maximale Wartezeit sec

    8. QSV_MIN_SLICE   kleinste Zeitscheibe des multitasking

    9. QSV_MAX_SLICE   größte Zeitscheibe des multitasking

    10. QSV_PAGE_SIZE   Speicherseite in kbyte

    11. QSV_VERSION_MAJOR

        Hauptversionsnummer

    12. QSV_VERSION_MINOR

        Unterversionsnummer

13. QSV_VERSION_REVISION

        Revisionsnummer

14. QSV_MS_COUNT   Systemlebenszeit in millisec (beim OS/2-Start = 0 gesetzt)

15. QSV_TIME_LOW

16. QSV_TIME_HIGH   Zeit in millisec seit dem 1.1.1970 (insgesamt 64 bit lang)

17. QSV_TOTPHYSMEM   Gesamtzahl verfügbarer Speicherseiten

18. QSV_TOTRESMEM   Gesamtzahl verfügbarer residenter Speicherseiten

19. QSV_TOTAVAIL-MEM

        Maximalzahl von allen Prozessen allozierbarer Speicherseiten (Vorsicht : Wert ändert sich ständig !)

20. QSV_MAXPRMEM   Maximalgröße (byte) des vom fragenden Prozess allozierbaren privaten Speichers (Vorsicht : Wert ändert sich ständig !)

21. QSV_MAXSHMEM   Maximalgröße (byte) des allozierbaren gemeinsamen Speichers (Vorsicht : Wert ändert sich ständig !)

22. QSV_TIMER_INTERVAL

        Zeitgeberintervall in millisec

23. QSV_MAX_COMP_LENGTH

        Maximallänge eines Pfadteils (\ordnername oder \dateiname.extension) in byte

pDataBuf (PVOID) - output   Zeiger auf Puffer, der die geforderten Informationen aufnehmen soll; jede Systemvariable ist dabei sizeof(ULONG) lang

ulDataBufLen (ULONG) - input   Länge des Puffers in byte

ulrc (ULONG) - return   Rückgabewert.

19.6 Dateihandhabung : Funktionen 741

0	NO_ERROR
87	ERROR_INVALID_PARAMETER
111	ERROR_PUFFER_OVERFLOW

DosRead

Funktion

Lesen von Binärinformation (unformattiert) aus Datei, Infoleitung (pipe) oder Gerät.

define

```
#define INCL_DOSFILEMGR
#include <os2.h>
```

Aufruf

ulrc = DosRead(FileHandle, pBufferArea, ulBufferLength, pBytesRead);

FileHandle (HFILE) - input	Dateihandle
pBufferArea (PVOID) - output	Puffer, der die gelesene Information aufnehmen soll
ulBufferLength (ULONG) - input	Länge des Puffers in byte
pBytesRead (PULONG) - output	Zeiger auf Variable, die die Anzahl der tatsächlich gelesenen byte enthalten soll
ulrc (ULONG) - return	Rückgabewert.
0	NO_ERROR
5	ERROR_ACCESS_DENIED
6	ERROR_INVALID_HANDLE
26	ERROR_NOT_DOS_DISK
33	ERROR_LOCK_VIOLATION
109	ERROR_BROKEN_PIPE
234	ERROR_MORE_DATA

DosSearchPath

Funktion

Innerhalb mehrerer Pfade wird nach Dateien gesucht.

define

```
#define INCL_DOSFILEMGR
#include <os2.h>
```

Aufruf

ulrc = DosSearchPath(ulControl, pszPathRef, pszFileName, pbResultBuffer, ulResultBufferLen);

ulControl (ULONG) - input

bit 31-3	Reserviert NULL
bit 2	SEARCH_IGNORENETERRS; wenn dieses bit gesetzt ist, werden Netzwerkfehler ignoriert und die Suche fortgesetzt
bit 1	SEARCH_ENVIRONMENT;
	0: PathRef zeigt auf Suchpfad
	1: PathRef zeigt auf Umgebungsvariable des Prozesses, die einen Suchpfad enthält
bit 0	SEARCH_CUR_DIRECTORY;
	0 : der aktuelle Pfad wird nur durchsucht, wenn er explizit angegeben wird
	1 : der aktuelle Pfad wird immer zuerst durchsucht

pszPathRef (PSZ) - input

Zeiger auf Pfadbeschreibung; eine Pfadbeschreibung setzt sich aus durch Semikolon getrennten gültigen Einzelpfaden zusammen.

19.6 Dateihandhabung : Funktionen

Beispiel :

```
strcpy(pszPathRef, "A:\pfad1 ; C:\aaa\bbb");
```

pszFileName (PSZ) - input	Zu suchender Dateiname
pbResultBuffer (PBYTE) - output	Falls die Datei in einem Pfad gefunden wurde, wird hier die vollständige Pfadbeschreibung abgelegt.
ulResultBufferLen (ULONG) - input	Länge des Resultatpuffers
ulrc (ULONG) - return	Rückgabewert
0	NO_ERROR
1	ERROR_INVALID_FUNCTION
2	ERROR_FILE_NOT_FOUND
87	ERROR_INVALID_PARAMETER
111	ERROR_BUFFER_OVERFLOW
203	ERROR_ENVVAR_NOT_FOUND

DosSetCurrentDir

Funktion
Der aktuelle Pfad wird festgelegt.

define
```
#define INCL_DOSFILEMGR
#include <os2.h>
```

Aufruf
ulrc = DosSetCurrentDir(pszDirName);

pszDirName (PSZ) - input	Zeiger auf vollständigen Pfadnamen
ulrc (ULONG) - return	Rückgabewert.
0	NO_ERROR
2	ERROR_FILE_NOT_FOUND

3	ERROR_PATH_NOT_FOUND
5	ERROR_ACCESS_DENIED
8	ERROR_NOT_ENOUGH_MEMORY
26	ERROR_NOT_DOS_DISK
87	ERROR_INVALID_PARAMETER
108	ERROR_DRIVE_LOCKED
206	ERROR_FILENAME_EXCED_RANGE

DosSetDefaultDisk

Funktion

Das aktuelle Standardlaufwerk wird festgelegt..

define

```
#define INCL_DOSFILEMGR
#include <os2.h>
```

Aufruf

ulrc = DosSetDefaultDisk(ulDriveNumber);

ulDriveNumber (ULONG) **- input**	Nummer des neuen Standardlaufwerks (A=1, B=2 usw)
ulrc (ULONG) - return	Rückgabewert.
0	NO_ERROR
15	ERROR_INVALID_DRIVE

DosSetFileInfo

Funktion

Dateiinformationen werden für eine existierende Datei festgelegt oder bestehende Informationen geändert; dies kann dazu genutzt werden, nachträglich EA (Erweiterte Attribute) für eine Datei zu ändern.

define

```
#define INCL_DOSFILEMGR
#include <os2.h>
```

Aufruf

ulrc = DosSetFileInfo(FileHandle, ulFileInfoLevel, pFileInfoBuf, ulFileInfoBufSize);

FileHandle (HFILE) - input	Dateihandle
ulFileInfoLevel (ULONG) - input	Informationsdetailgrad
FIL_STANDARD	FILESTATUS3-Struktur in pFileInfoBuf
FIL_QUERYEASIZE	EAOP2-Struktur in pFileInfoBuf
pFileInfoBuf (PVOID) - output	Zeiger auf entsprechende Struktur gemäß ulFileInfoLevel
(ULONG) - input	Länge des Resultatpuffers in byte
ulrc (ULONG) - return	Rückgabewert.
0	NO_ERROR
1	ERROR_INVALID_FUNCTION
5	ERROR_ACCESS_DENIED
6	ERROR_INVALID_HANDLE
87	

DosWrite

Funktion

Schreiben von Binärinformation (unformattiert) in eine Datei.

define

```
#define INCL_DOSFILEMGR
#include <os2.h>
```

Aufruf

ulrc = DosWrite(FileHandle, pBufferArea, ulBufferLength, pBytesWritten);

FileHandle (HFILE)
- input   Dateihandle

pBufferArea (PVOID)
- output   Puffer, der die zu schreibende Information enthält

ulBufferLength (ULONG)
- input   Länge des Puffers in byte

pBytesWritten (PULONG)
- output   Zeiger auf Variable, die die Anzahl der tatsächlich geschriebenen byte enthalten soll

ulrc (ULONG)
- return   Rückgabewert.

0	NO_ERROR
5	ERROR_ACCESS_DENIED
6	ERROR_INVALID_HANDLE
19	ERROR_WRITE_PROTECT
26	ERROR_NOT_DOS_DISK
29	ERROR_WRITE_FAULT
33	ERROR_LOCK_VIOLATION
109	ERROR_BROKEN_PIPE

19.6 Dateihandhabung : Funktionen 747

DosSetFilePtr

Funktion

Der Dateizeiger zeigt immer auf eine bestimmte Position (ein bestimmtes byte) in der Datei; er wird durch DosRead() und DosWrite verändert. DosSetFilePtr setzt diesen Dateizeiger auf eine wählbare Position in der Datei, die dann für nachfolgende Lese/Schreiboperationen gültig ist.

define

```
#define INCL_DOSFILEMGR
#include <os2.h>
```

Aufruf

ulrc = DosSetFilePtr(FileHandle, lDistance, ulMoveType, pNewPointer);

FileHandle (HFILE) - input	Dateihandle
lDistance (LONG) - input	Anzahl byte, um die der Dateizeiger verschoben werden soll
Wert > 0	Verschieben Richtung Dateiende
Wert < 0	Verschieben Richtung Dateianfang
ulMoveType (ULONG) - input	Relativposition, von der aus der Zeiger verschoben werden soll
FILE_BEGIN	Vom Dateianfang aus
FILE_CURRENT	Von der aktuellen Dateizeigerposition aus
FILE_END	Vom Dateiende aus
pNewPointer (PULONG) - output	Neue Dateizeigerposition
ulrc (ULONG) - return	Rückgabewert.
0	NO_ERROR
1	ERROR_INVALID_FUNCTION
6	ERROR_INVALID_HANDLE

132	ERROR_SEEK_ON_DEVICE
131	ERROR_NEGATIVE_SEEK
130	ERROR_DIRECT_ACCESS_HANDLE

DosSetFileLocks

Funktion

Für gemeinsam genutzte Dateien (von mehreren Prozessen gleichzeitig genutzt) bestimmt diese Funktion für wählbare Dateibereiche einen Schutzmodus, der dann entsprechende Zugriffe fremder Prozesse auf diesen Bereich untersagt. Da mehrere Prozesse solche Schutzzonen einrichten können, dürfen sich Schutzzonen nicht überschneiden. Wird eine Datei von einem Prozess geschlossen, so werden die von diesem Prozess eingerichteten Schutzzonen automatisch freigegeben.

define

```
#define INCL_DOSFILEMGR
#include <os2.h>
```

Aufruf

ulrc = DosSetFileLocks(FileHandle, pUnLockRange, pLockRange, ulTimeOut, ulFlags);

FileHandle (HFILE) - input   Dateihandle

pUnLockRange (PFILELOCK)
- input   Zeiger auf FILELOCK-Struktur, die die zu löschende Schutzzone definiert

pLockRange (PFILELOCK)
- input   Zeiger auf FILELOCK-Struktur, die die zu errichtende Schutzzone definiert

ulTimeOut (ULONG)
- input   Maximale Wartezeit in millisec, die der Prozess auf die Durchführung der Schutzzonenoperation wartet

19.6 Dateihandhabung : Funktionen

ulFlags (ULONG) - input	Aktionsmodus
bit 31-2	Reserviert NULL
bit 1	0
bit 0	nicht gesetzt : andere Prozesse haben keinen Zugriff auf die Schutzzone
	gesetzt : anderen Prozessen ist das Lesen der Schutzzone erlaubt
ulrc (ULONG) - return	Rückgabewert.
0	NO_ERROR
6	ERROR_INVALID_HANDLE
33	ERROR_LOCK_VIOLATION
36	ERROR_SHARING_PUFFER_EXCEEDED
87	ERROR_INVALID_PARAMETER
95	ERROR_INTERRUPT
174	ERROR_ATOMIC_LOCK_NOT_SUPPORTED
175	ERROR_READ_LOCKS_NOT_SUPPORTED

FILELOCK Datei Schutzzone

```
typedef struct _FILELOCK {
  LONG llOffset;  /* erstes byte der Schutzzone */
  LONG llRange;   /* Länge der Schutzzone in byte */
} FILELOCK;
```

20 Speicherverwaltung

OS/2 arbeitet grundsätzlich mit 32-Bit langen Zeigern auf Datenobjekte; von daher können maximal vier Gigabyte Speicherraum adressiert werden.

Leider können die gesamten vier Gigabyte Speicherraum nicht komplett einem Anwendungsprogramm zur Verfügung gestellt werden, da die Verwaltungsarbeit des Betriebssystems prinzipiell verfügbaren Adressraum benötigt.

20.1 Speichergröße

Jedem Programm wird daher ein maximaler linear adressierbarer Speicherbereich von 512 MB zur Verfügung gestellt. Von diesen 512 MB programmeigenen Speicherbereichs werden mindestens 64 MB globaler, von mehreren parallel laufenden Programmen gemeinsam benutzbarer Speicherbereich reserviert, so daß 448 MB für das Programm als privater, linear adressierbarer Speicher übrig bleiben.

Von diesen 448 MB reserviert das Betriebssystem für die Verwaltung programmspezifischer Betriebssystemdaten (z.B. Ankerblockdaten) einen weiteren, sehr kleinen Anteil, sodas mit einem Minimum von letztendlich **ca. 440 MB** Speicherbereich für die Benutzung des Programms gerechnet werden kann.

Natürlich ist der insgesamt verfügbare Speicherbereich durch die Summe aus Kernspeicher und Plattenspeicherkapazität physikalisch beschränkt.

Der Speicherbereich eines Programmes wird vom Betriebssystem in Segmenten von 4 KB Größe verwaltet; diese kleinste Speichereinheit wird als Speicherseite bezeichnet.

Benötigt ein Programm einen linear adressierbaren Speicherbereich bekannter Größe, so muß dieser als Systemressource vom Betriebssystem angefordert werden; diesen Vorgang bezeichnet man mit der *Allozierung von Speicher*. Die Funktion DosAllocMem() alloziert Speicherbereiche für die Verwendung durch genau ein Programm.

```
{
    PBYTE pSpeicher;

    /* Speicher (privat) allozieren */
    /* Obwohl nur 21 kb alloziert werden, stellt OS/2 */
    /* ein Vielfaches von 4kb (also hier 24 kb) zur
       Verfügung */

    apiret = DosAllocMem((PVOID *) &pSpeicher,
                         21L*KB,
                         PAG_READ | PAG_WRITE);
}
```

Sollte also ein Programm z.B. 256 Byte zur Abspeicherung einer Zeichenkette benötigen und diesen Speicherplatz allozieren, so wird ein Speicherbereich von 4 KB als kleinste allozierbare Einheit hierzu verfügbar gemacht. Die restlichen, durch die 256 notwendigen Byte nichtbelegten Byte der Speicherseite werden daher nicht genutzt.

Sie sind aber anderweitig auch nicht mehr nutzbar, da sie durch die seitenweise Speicherplatzallozierung als belegt gekennzeichnet wurden.

Alle verfügbaren Speicherseiten können den Status

1. Frei (nicht alloziert)
2. Privat (vom laufenden Programm alloziert) oder
3. gemeinsam nutzbar (shared): Gemeinsamer Speicherbereich zwischen zwei oder mehr laufenden Programmen

annehmen.

I.d.R. wird der Programmspeicherbereich nicht vollkommen im Kernspeicher des Rechners gehalten werden können (weil er zu groß ist); OS/2 lagert daher - unsichtbar und nicht beeinflußbar vom Programm - aktuell ungenutzte Teile des Programmspeicherbereichs auf die Festplatte aus.

Alle so ausgelagerten Speicherbereiche (von allen laufenden Programmen !) werden insgesamt in der Systemdatei SWAPPER.DAT auf der Festplatte gespeichert.

20.2 Speicherfixierung (commitment)

Damit ein Programm bereits allozierten privaten Speicherbereich tatsächlich benutzen kann, muß dieser - möglichst unmittelbar vor der Nutzung - *fixiert* werden.

Allozierte Datenbereiche werden nämlich durch das Betriebssystem, abhängig von den Speicheranforderungen insgesamt innerhalb des verfügbaren Speicherraums verschoben. Damit ändern sich die physikalischen Startadressen der einzelnen allozierten Speicherbereiche ständig.

Erst wenn tatsächlich in einen Speicherbereich geschrieben oder aus einem Speicherbereich gelesen werden soll, muß ein Verschieben dieses Speicherbereiches während des Lese- und Schreibvorgangs unterbunden werden - mit anderen Worten: der aktuell bearbeitete Speicherbereich muß fixiert werden. Dem vorher (oder auch gleichzeitig) allozierten Speicher muß das Attribut PAG_COMMIT verliehen werden; dies kann entweder direkt während der Allozierung durch DosAllocMem() oder zu jedem späteren Zeitpunkt mittels DosSetMem() geschehen.

Ein sinnvoller Umgang mit Programmspeicherbereichen ist also

1. die frühzeitige (möglichst bei Programmstart) Allozierung des notwendigen Speicherraums,
2. die Fixierung (commitment) des notwendigen Speicherbereiches kurz vor einem Lese- oder Schreibvorgriff und
3. die Defixierung (decommitment) des Speicherbereichs möglichst unmittelbar nach dem Lese/Schreibvorgang; das sofortige Defixieren des Speicherbereiches ermöglicht es dem Betriebssystem, den Speicherbereich erneut nach eigenen Anforderungen zu verschieben und dient damit der Erhöhung der Systemgeschwindigkeit.

```
PBYTE pSpeicher, pTeilspeicher;

/* Einen Teil des Speichers fixieren (commit)
   und nutzen */

pTeilspeicher = pSpeicher + 5L*SPEICHERSEITE;
apiret = DosSetMem(pTeilspeicher,
                   SPEICHERSEITE,
                   PAG_COMMIT | PAG_DEFAULT);
```

Einmal mit einem festen Wert allozierte Speicherbereiche können unter OS/2 in ihrer Größe nicht mehr verändert werden. In den meisten Fällen ist die notwendige Größe eines Speicherbereichs vorher zu ermitteln; eine Größenänderung ist in solchen Fällen daher nicht notwendig.

Ist es in besonderen Fällen nicht möglich, den benötigten Speicherumfang vorab zu bestimmen, so muß das Programm einen übergroßen, in jedem Fall ausreichenden Speicherraum allozieren und später im Verlauf des Programms die benötigten Teile dieses Speicherbereichs nach Bedarf fixieren.

Die Funktion DosAllocMem() alloziert einen programmeigenen Speicherbereich mit wählbaren Attributen in wählbarer Größe für das aufrufende Programm. In jedem Fall muß dieser Speicherbereich bei Beendigung des Programms, möglichst aber zu einem früheren Zeitpunkt (wenn der fixierte Speicher nicht mehr benötigt wird) durch die Funktion DosFreeMem() wieder freigegeben werden.

```
apiret = DosAllocMem((PVOID *) &pSpeicher,
                     20L*KB,
                     PAG_READ | PAG_WRITE);
.
.
.
DosFreeMem(pSpeicher);
```

Entweder kann der so allozierte Speicherbereich bereits zum Zeitpunkt der Fixierung durch die Funktion DosAllocMem() fixiert und somit verwendbar gemacht werden oder zu einem späteren Zeitpunkt durch Verwendung der Funktion DosSetMem() fixiert werden. Das Defixieren (den Speicherbereich erneut verschiebbar machen) wird ebenfalls mittels der Funktion DosSetMem() durchgeführt.

Während eines laufenden Programms können zu beliebigen Zeitpunkten beliebig viele Speicherbereiche alloziert, fixiert, defixiert und wieder freigegeben werden.

20.3 Speicherschutz

Zum Zeitpunkt der Allozierung von Kernspeicherbereichen durch die Funktion DosAllocMem() können wählbare Speicherschutzattribute für den allozierten Speicherbereich angegeben werden.

- **PAG_READ**: Aus diesem Speicherbereich darf nur gelesen, aber nicht in diesen Speicherbereich hineingeschrieben werden

20.3 Speicherschutz

- **PAG_WRITE**: Der so angelegte Speicherbereich kann beschrieben werden; dieses Attribut beinhaltet automatisch auch die Leseerlaubnis PAG_READ.
- **PAG_EXECUTE**: Der Inhalt des Speicherbereichs darf als ausführbare Binärinformation geladen und ausgeführt werden; für 80386-Systeme und nachfolgende Prozessoren ist dies identisch mit der Leseerlaubnis PAG_READ

Versucht ein Programm auf einen Speicherbereich zuzugreifen, der aktuell nicht alloziert und nicht fixiert ist, wird für dieses Programm ein Speicherschutzalarm ausgelöst, der i.d.R. zum Abbruch des betroffenen Programms führt.

Hierzu ein Hinweis: Es ist oft geübte Programmierpraxis, die Überschreitung zulässiger Speicherbereichsgrenzen durch Lese- oder Schreiboperationen (logische Programmfehler) dadurch aufzuspüren, daß dieser Speicherschutzalarm erzeugt und die ihn hervorrufende Quelltextpassage ermittelt wird.

Dieses Verfahren ist nun nicht länger verläßlich, da die Mindestmenge allozierbaren Speichers durch die Speicherseitengröße von 4 KB vorgegeben ist und insofern Speichergrenzen überschreitende Lese/Schreiboperationen wie z.B der Zugriff auf ein Charakterfeld von 1024 Zeichen Länge mit dem 1025.ten Zeichen durchaus noch in die allozierte und fixierte Speicherseite von 4 KB fällt und daher an dieser Stelle kein Speicherschutzalarm ausgelöst wird.

Obwohl zum Zeitpunkt der Allozierung durch die Funktion DosAllocMem() die entsprechenden Speicherschutzmodi definiert werden können, können sie zu einem späteren Zeitpunkt durch die Funktion DosSetMem() beliebig geändert werden; so kann ein Speicherbereich, der zunächst als *Nur-Lesebereich* alloziert wurde zu einem späteren Zeitpunkt durchaus mittels der Funktion DosSetMem() als beschreibbar definiert werden.

```
PBYTE pSpeicher;
ULONG lspeicher, flagspeicher;

/* Information über Speicherbereich ermitteln */
lspeicher = 6L*SPEICHERSEITE; /* kompletten Speicher */
apiret = DosQueryMem(pSpeicher,
                     &lspeicher,
                     &flagspeicher);
sprintf(text2, "DosQueryMem : %d, %d byte mit Flag %s",
               apiret, lspeicher,
               _itoa(flagspeicher,buffer,2));
```

Der aktuelle Speicherschutzstatus eines Speicherbereichs kann durch die Funktion DosQueryMem() ermittelt werden

20.4 Unterallozierung (suballocating)

Es können Situationen auftreten (immer dann, wenn der verfügbare Speicherbereich knapp bemessen ist), in denen die Mindestseitengröße von 4 KB zu einer unnötigen und nicht akzeptablen Vergeudung von Speicherbereich führt.

Dies ist insbesondere dann der Fall, wenn viele, aber gleichzeitig sehr kleine Datenobjekte, deren Größe im einzelnen wesentlich unter 4 KB liegt gleichzeitig benutzt werden müssen. Zusätzlich kann es notwendig sein, diese kleinen Datenobjekte nicht als Felder mit fester Länge sondern als Speicherbereiche mit flexibler Länge zu gestalten.

Hierzu bietet OS/2 die Möglichkeit der Unterallozierung von Speicherbereich. Hierzu müssen folgende Arbeitsschritte durchgeführt werden.

1. Ein für alle Datenobjekte ausreichender, großer Speicherbereich wird wie bekannt durch die Funktion DosAllocMem() alloziert.

   ```
   PBYTE pSpeicher, pUnterspeicher, pTeilspeicher;
   ULONG lspeicher, flagspeicher;


   /* Speicher (privat) allozieren */

   apiret = DosAllocMem((PVOID *) &pSpeicher,
                       20L*KB,
                       PAG_READ | PAG_WRITE);
   ```

2. Das Handle dieses großen Speicherbereiches wird sodann der Funktion DosSubSetMem() übergeben und hiermit zur Unterallozierung vorbereitet.

   ```
   /* Innerhalb des Speichers Unterspeicher allozieren */
   /* Vielfache von 8byte werden alloziert */

   apiret = DosSubSetMem((PVOID)pSpeicher,
                        DOSSUB_INIT|DOSSUB_SPARSE_OBJ,
                        128L);
   ```

3. Ab jetzt können beliebig kleine Speicherbereiche unteralloziert werden, indem die Funktion DosSubAllocMem() mit dem Handle des vorher allozierten großen Speicherbereiches aufgerufen wird; es werden jetzt (fast) beliebig

kleine Speicherbereiche eingerichtet, die innerhalb des großen Speicherbereichs durch das Betriebssystem angeordnet und verwaltet werden. Die einzige Einschränkung bezüglich der unterallozierten Speichergröße ist das Abrunden der Speicheranforderung auf die nächste 8-Bytegrenze (Speicherbedarf Modulo 8 =0).

```
/* 2*UNTERSPEICHER = 2*8 byte allozieren */

apiret = DosSubAllocMem(pSpeicher,
                (PVOID *)&pUnterspeicher,
                2L*UNTERSPEICHER);

/* Speichernutzung */
*pUnterspeicher = 13;
```

4. Auch unterallozierte Speicherbereiche müssen nach Gebrauch freigegeben werden; hierzu wird die Funktion DosSubFreeMem() benutzt. Innerhalb eines zur Suballozierung vorbereiteten großen Speicherbereiches können - solange dieser Speicherbereich ausreicht - beliebig viele Unterbereiche alloziert werden.

```
/* Speicherbereiche frei geben */

apiret = DosSubFreeMem(pSpeicher,
                pUnterspeicher,
                2L*UNTERSPEICHER);
apiret = DosSubUnsetMem(pSpeicher);
apiret = DosFreeMem(pSpeicher);
```

5. Die Unterallozierbarkeit des großen Speicherbereiches muß abschließend durch die Funktion DosSubUnsetMem() beendet werden, bevor abschließend der allozierte große Speicherbereich durch die Funktion DosFreeMem () wieder freigegeben werden kann.

20.5 Gemeinsamer Speicherbereich

Mehrere parallel laufende Programme können einen gemeinsamen Speicherbereich (shared memory) benutzen. OS/2 unterscheidet dabei grundsätzlich zwischen

1. **benannter gemeinsamer Speicherbereich** (named shared memory) wobei dem gemeinsamen Speicherbereich ein eindeutiger Name der Syntax

\SHAREMEM\name

zugeordnet wird. Alle Programme, die den so vergebenen eindeutigen Namen des gemeinsamen Speicherbereiches kennen, können dann auf diesen Speicherbereich zugreifen. Noch ein Hinweis: Obwohl **\SHAREMEM** die Syntax eines Verzeichnisses hat, existiert tatsächlich **kein** solches Verzeichnis. Diese Bezeichnung dient lediglich dem Betriebssystem zur Verwaltung des gemeinsamen Speicherbereiches. Der anschließende Name des gemeinsamen Speicherbereiches muß all den Programmen, die ihn benutzen wollen bekannt gemacht werden.

2. **Unbenannter gemeinsamer Speicherbereich** (unnamed shared memory): die zweite Möglichkeit ist die Einrichtung von unbenanntem gemeinsamem Speicherbereichs, für den lediglich ein Zeiger auf diesen Speicherbereich von dem einrichtenden Programm ermittelt wird. Dieses den Speicherbereich einrichtende Programm muß nun dafür sorgen, daß dieser Zeiger auf den gemeinsamen Speicherbereich anderen Programmen, die ihn ebenfalls benutzen sollen, zugänglich gemacht wird. Dies geschieht i.d.R. durch die Übermittlung des Zeigers als Nachrichtenparameter oder andere Methoden der Interprozeßkommunikation.

Die Einrichtung und Bearbeitung von benanntem gemeinsamen Speicherbereich ist besonders einfach; die Funktion DosAllocSharedMem() alloziert in bekannter Weise einen Kernspeicherbereich und verbindet ihnen mit einem der Funktion übergebenen Speicherbereichsnamen; dieser Name kann vom Programm beliebig gewählt werden.

```
PBYTE pSpeicher;

/* Benannten gemeinsamen Speicherbereich allozieren */

apiret = DosAllocSharedMem((PVOID *)&pSpeicher,
                "\\SHAREMEM\\irgendein_name",
                SPEICHERSEITE,
                PAG_READ |
                PAG_WRITE |
                PAG_COMMIT);
```

Will nun ein anderes, parallel laufendes Programm diesen gemeinsamen Speicherbereich ebenfalls nutzen, so muß es einen Zeiger auf diesen Speicherbereich ermitteln können.

Hierzu übergibt das zweite Programm der Funktion DosGetNamedSharedMem() den Speicherbereichsnamen.

20.5 Gemeinsamer Speicherbereich

```
    PVOID pSB;

    /* Versuch, den gemeinsamen Speicher */
    /* \SHAREMEM\irgendein_name zu öffnen */

    strcpy(buffer, "\\SHAREMEM\\irgendein_name");
    while(DosGetNamedSharedMem(&pSB,
                            buffer,
                            PAG_READ |
                            PAG_WRITE)
    != 0){
        WinMessageBox(HWND_DESKTOP, hwnd,
            "Gemeinsamer Speicher nicht gefunden...",
            "Speicherdemo B/Gemeinsamer Speicher", 0,
            MB_OK);
    }

    sprintf(text1,
        "Speicherbereich gefunden mit Wert %d",
        *((PULONG)pSB));
```

Dieses Verfahren ist natürlich nur dann sinnvoll zu benutzen, wenn der Name des gemeinsam zu nutzenden Speicherbereichs allen zusammenarbeitenden Programmen gleichzeitig bekannt ist.

Dies wird i.d.R. dann der Fall sein, wenn ein Softwareentwickler die Möglichkeit realisiert, mehrere eigene Programme über den Zugriff auf einen gemeinsamen Speicherbereich zusammenwirken zu lassen.

Nutzt ein Programm (oder eigentlich mehrere Programme) einen gemeinsam benutzten Speicherbereich, so müssen einige Vorsichtsmaßnahmen getroffen werden.

1. Nur das Programm, daß den gemeinsamen Speicherbereich alloziert oder aktuell die Verfügungsgewalt (den Zeiger auf den Speicher) hat, darf ihn auch löschen.

2. Irgendeine Form von Zugriff auf einen gemeinsam genutzten Speicherbereich muß immer den Rückgabewert der entsprechenden Funktion auf das Vorliegen eines Funktionsfehlers abfragen; immerhin könnte der gemeinsam genutzte Speicherbereich auf den ein Programm z.B. schreibend zugreifen will in der Zwischenzeit durch ein anderes, den gleichen Speicherbereich benutzendes Programm mit einem Schreibschutz versehen oder gar freigegeben worden sein.

Wie bei allen anderen gemeinsam genutzten Systemressourcen (z.B. Dateien) kann es sinnvoll sein, daß sich die beteiligten Programme durch in geeigneter Weise in ihrem Zugriff koordinieren (siehe z.B. Semaphore).

20.6 Speicher : Funktionen

DosAllocMem

Funktion

Ein privater Speicherbereich wird für die Nutzung eines threads alloziert; er kann nur von dem zum allozierenden thread gehörenden Prozess benutzt werden

define

```
#define INCL_DOSMEMMGR
#include <os2.h>
```

Aufruf

ulrc = DosAllocMem(pBaseAddress, ulObjectSize, ulAllocationFlags);

pBaseAddress (PPVOID)
- output   Zeiger auf Variable, die den Zeiger auf den Anfang des allozierten Speichers aufnimmt

ulObjectSize (ULONG)
- input   Größe des Speichers in byte; die Größe wird aufgerundet zur nächsten vollen Speicherseite (Speicherseitengröße ist mittels DosQuerySys() zu ermitteln und auf 80386 ff.-Basis 4096 byte)

ulAllocationFlags
(ULONG) - input   Attribute des Speicherbereichs

    PAG_COMMIT   der allozierte Speicher wird sofort fixiert und ist damit unmittelbar nutzbar, kann aber vom Betriebssystem nicht mehr verschoben werden (Leistung des Systems nimmt ab)

20.6 Speicher : Funktionen

OBJ_TILE	Speicherseiten sind in den unteren 512 Mbyte des virtuellen Adressraums zu allozieren
PAG_EXECUTE	Inhalt des allozierten Speichers darf als ausführbarer Binärcode geladen und gestartet werden
PAG_READ	Inhalt des allozierten Speichers darf gelesen werden
PAG_WRITE	Inhalt des allozierten Speichers darf beschrieben werden

Es muß mindestens eines der Attribute PAG_EXECUTE, PAG_READ, PAG_WRITE gesetzt werden

ulrc (ULONG) - return	Rückgabewert.
0	NO_ERROR
8	ERROR_NOT_ENOUGH_MEMORY
87	ERROR_INVALID_PARAMETER
95	ERROR_INTERRUPT

```
typedef PVOID FAR *PPVOID;
```

DosAllocSharedMem

Funktion

Es wird ein gemeinsam nutzbarer (von mehreren Prozessen gemeinsam) Speicher alloziert.

define

```
#define INCL_DOSMEMMGR
#include <os2.h>
```

Aufruf

ulrc = DosAllocSharedMem(pBaseAddress, pszName, ulObjectSize, ulFlags);

**pBaseAddress (PPVOID)
- output**   Zeiger auf Variable, die den Zeiger auf den Anfang des allozierten Speichers aufnimmt

pszName (PSZ) - input   Optionale Vergabe eines Namens für den gemeinsamen Speicherbereich; dieser Name muß der Syntax
                                   \SHAREMEM\name_des_speicherbereichs
                                   gehorchen. Ein Verzeichnis mit dem Namen \SHAREMEM existiert nicht

**ulObjectSize (ULONG)
- input**   Größe des Speichers in byte; die Größe wird aufgerundet zur nächsten vollen Speicherseite (Speicherseitengröße ist mittels DosQuerySys() zu ermitteln und auf 80386 ff.-Basis 4096 byte)

ulFlags (ULONG) - input   Attribute des Speicherbereichs

    PAG_COMMIT   der allozierte Speicher wird sofort fixiert und ist damit unmittelbar nutzbar, kann aber vom Betriebssystem nicht mehr verschoben werden (Leistung des Systems nimmt ab)

    OBJ_TILE   Speicherseiten sind in den unteren 512 Mbyte des virtuellen Adressraums zu allozieren

    OBJ_GIVEABLE   der Zugriff (eigentlich die Adresse) auf den Speicherbereich kann mittels DosGiveSharedMem() an andere Prozesse vergeben werden; nach dieser Weitergabe kann der gebende Prozess diesen Speicher nicht mehr ansprechen

    OBJ_GETABLE   Der Speicher kann von einem fremden Prozess, der die Speicheradresse kennt mittels DosGetSharedMem() zugriffsfähig gemacht werden

    PAG_EXECUTE   Inhalt des allozierten Speichers darf als ausführbarer Binärcode geladen und gestartet werden

    PAG_READ   Inhalt des allozierten Speichers darf gelesen werden

    PAG_WRITE   Inhalt des allozierten Speichers darf beschrieben werden

20.6 Speicher : Funktionen

Es muß mindestens eines der Attribute PAG_EXECUTE, PAG_READ, PAG_WRITE gesetzt werden.

ulrc (ULONG) - return   Rückgabewert.

0	NO_ERROR
8	ERROR_NOT_ENOUGH_MEMORY
87	ERROR_INVALID_PARAMETER
95	ERROR_INTERRUPT
123	ERROR_INVALID_NAME
183	ERROR_ALREADY_EXISTS

DosFreeMem

Funktion

Vorher mittels DosAllocMem() allozierter Speicher wird frei gegeben; er kann nicht mehr benutzt werden und sein Inhalt ist verloren.

define

```
#define INCL_DOSMEMMGR
#include <os2.h>
```

Aufruf

ulrc = DosFreeMem(pBaseAddress);

pBaseAddress (PVOID)
- input   Speicheradresse

ulrc (ULONG) - return   Rückgabewert.

0	NO_ERROR
5	ERROR_ACCESS_DENIED
95	ERROR_INTERRUPT
487	ERROR_INVALID_ADDRESS

DosGetNamedSharedMem

Funktion

Ein fremder Prozess macht einen mittels DosAllocSharedMem() benannten Speicherbereich nutzbar.

define

```
#define INCL_DOSMEMMGR
#include <os2.h>
```

Aufruf

ulrc = DosGetNamedSharedMem(pBaseAddress, pszSharedMemName, ulAttributeFlags);

pBaseAddress (PPVOID) - output	Speicheradresse
pszSharedMemName (PSZ) - input	Name des benannten Speichers; dieser Name muß dem Prozess bekannt sein
ulAttributeFlags (ULONG) - input	Gewünschte Verwendungsattribute
PAG_EXECUTE	Inhalt des allozierten Speichers darf als ausführbarer Binärcode geladen und gestartet werden
PAG_READ	Inhalt des allozierten Speichers darf gelesen werden
PAG_WRITE	Inhalt des allozierten Speichers darf beschrieben werden

Es muß mindestens eines der Attribute PAG_EXECUTE, PAG_READ, PAG_WRITE gesetzt werden

ulrc (ULONG) - return	Rückgabewert.
0	NO_ERROR
2	ERROR_FILE_NOT_FOUND

8	ERROR_NOT_ENOUGH_MEMORY
87	ERROR_INVALID_PARAMETER
95	ERROR_INTERRUPT
123	ERROR_INVALID_NAME
212	ERROR_LOCKED

DosGetSharedMem

Funktion

Ein fremder Prozess erlangt Verfügungsgewalt über einen gemeinsamen Speicherbereich; er muß hierzu seine ursprüngliche Adresse kennen. Der Speicher muß mit dem Attribut OBJ_GETABLE kreiert sein.

define

```
#define INCL_DOSMEMMGR
#include <os2.h>
```

Aufruf

ulrc = DosGetSharedMem(pBaseAddress, ulAttributeFlags);

pBaseAddress (PVOID)
- input — Adresse des Speichers

ulAttributeFlags (PULONG)
- output — Gewünschte Verwendungsattribute

    PAG_EXECUTE — Inhalt des allozierten Speichers darf als ausführbarer Binärcode geladen und gestartet werden

    PAG_READ — Inhalt des allozierten Speichers darf gelesen werden

    PAG_WRITE — Inhalt des allozierten Speichers darf beschrieben werden

Es muß mindestens eines der Attribute PAG_EXECUTE, PAG_READ, PAG_WRITE gesetzt werden

ulrc (ULONG) - return	Rückgabewert.
0	NO_ERROR
5	ERROR_ACCESS_DENIED
8	ERROR_NOT_ENOUGH_MEMORY
87	ERROR_INVALID_PARAMETER
95	ERROR_INTERRUPT
212	ERROR_LOCKED

DosGiveSharedMem

Funktion

Ein Prozess gibt die Verfügungsgewalt eines gemeinsamen Speicherbereichs an einen anderen Prozess weiter; anschließend hat der gebende Prozess keine gültige Speicheradresse mehr, da diese an den empfangenden Prozess angepaßt wurde. Der Speicher muß mit dem Attribut OBJ_GIVEABLE kreiert worden sein.

define

```
#define INCL_DOSMEMMGR
#include <os2.h>
```

Aufruf

ulrc = DosGiveSharedMem(pBaseAddress, idProcessId, ulAttributeFlags);

pBaseAddress (PVOID) - input	Speicheradresse
idProcessId (PID) - input	ID des empfangenden Prozesses (typedef ULONG PID)
ulAttributeFlags (ULONG) - input	Gewünschte Verwendungsattribute
PAG_EXECUTE	Inhalt des allozierten Speichers darf als ausführbarer Binärcode geladen und gestartet werden.

PAG_READ	Inhalt des allozierten Speichers darf gelesen werden.
PAG_WRITE	Inhalt des allozierten Speichers darf beschrieben werden.

Es muß mindestens eines der Attribute PAG_EXECUTE, PAG_READ, PAG_WRITE gesetzt werden.

ulrc (ULONG) - return   Rückgabewert.

0	NO_ERROR
5	ERROR_ACCESS_DENIED
8	ERROR_NOT_ENOUGH_MEMORY
87	ERROR_INVALID_PARAMETER
95	ERROR_INTERRUPT
212	ERROR_LOCKED
303	ERROR_INVALID_PROCID
487	ERROR_INVALID_ADDRESS

DosQueryMem

Funktion

Iformation über einen allozierten Speicherbereich wird ermittelt.

define

```
#define INCL_DOSMEMMGR
#include <os2.h>
```

Aufruf

ulrc = DosQueryMem(pBaseAddress, pulRegionSize, pulAllocationFlags);

pBaseAddress (PVOID)
- input   Adresse einer Speicherseite

pulRegionSize (PULONG)
- **input/output**   Eingabe : Größe des zu testenden Speicherbereichs in byte

Ausgabe : Aktuelle Größe des Speiherbereichs in byte

pulAllocationFlags(PULONG)
- **output**   Zeiger auf Variable, die die gesetzten Attributebits aufnimmt

PAG_COMMIT (0x00000010)	Speicherseiten sind fixiert
PAG_FREE (0x00004000)	Speicherseiten sind frei (nicht alloziert)
PAG_SHARED (0x00002000)	Speicherseiten sind gemeinsam nutzbar (shared)
PAG_BASE (0x00010000)	pBaseAddress ist erste Seite eines allozierten Bereichs
PAG_EXECUTE (0x00000004)	Seiten fixiert und ausführbar (startbar)
PAG_READ (0x00000001)	Seiten fixiert und lesbar
PAG_WRITE (0x00000002)	Seiten fixiert und beschreibbar

ulrc (ULONG) - return   Rückgabewert.
  0   NO_ERROR
  87   ERROR_INVALID_PARAMETER
  95   ERROR_INTERRUPT
  487   ERROR_INVALID_ADDRESS

DosSetMem

Funktion

Innerhalb eines allozierten Speicherbereichs wird ein Speicherseitenintervall fixiert oder defixiert.

define

```
#define INCL_DOSMEMMGR
#include <os2.h>
```

Aufruf

ulrc = DosSetMem(pBaseAddress, ulRegionSize, ulAttributeFlags);

pBaseAddress (PVOID) - input	Startadresse des zu (de)fixierenden Speicherseitenintervalls
ulRegionSize (ULONG) - input	Größe des zu (de)fixierenden Speicherbereichs in byte; der Wert wird auf volle Speicherseiten aufgerundet
ulAttributeFlags (ULONG) - input	Gewünschte Verwendungsattribute
PAG_COMMIT	Speicher fixieren
PAG_DECOMMIT	Speicher defixieren
PAG_EXECUTE	Inhalt des allozierten Speichers darf als ausführbarer Binärcode geladen und gestartet werden
PAG_READ	Inhalt des allozierten Speichers darf gelesen werden
PAG_WRITE	Inhalt des allozierten Speichers darf beschrieben werden
PAG_DEFAULT	Attribute gemäß Allozierung übernehmen

Es muß mindestens eines der Attribute PAG_EXECUTE, PAG_READ, PAG_WRITE oder statt dessen PAG_DEFAULT gesetzt werden, wenn PAG_DECOMMIT nicht gesetzt ist

ulrc (ULONG) - return	Rückgabewert.
0	NO_ERROR
5	ERROR_ACCESS_DENIED
8	ERROR_NOT_ENOUGH_MEMORY

87	ERROR_INVALID_PARAMETER
95	ERROR_INTERRUPT
212	ERROR_LOCKED
487	ERROR_INVALID_ADDRESS
32798	ERROR_CROSSES_OBJECT_BOUNDARY

DosSubAllocMem

Funktion

Ein Teilspeicherbereich innerhalb eines mittels DosSubSetMem() bereitgestellten wird alloziert. Zu Anfang muß dieser Speicher durch DosAllocMem() zur Verfügung gestellt werden.

define

```
#define INCL_DOSMEMMGR
#include <os2.h>
```

Aufruf

ulrc = DosSubAllocMem(pOffset, pBlockOffset, ulSize);

pOffset (PVOID) - input	Basisadresse des Unterspeichers
pBlockOffset (PPVOID) - output	Zeiger auf ULONG, in dem die Anfangsadresse des Teilspeichers zurückgegeben wird
ulSize (ULONG) - input	Größe des Teilspeichers in byte
ulrc (ULONG) - return	Rückgabewert.
0	NO_ERROR
87	ERROR_INVALID_PARAMETER
311	ERROR_DOSSUB_NOMEM
532	ERROR_DOSSUB_CORRUPTED

DosSubFreeMem

Funktion

Ein vorher mittels DosSubAllocMem() allozierter Teilspeicher wird freigegeben.

define

```
#define INCL_DOSMEMMGR
#include <os2.h>
```

Aufruf

ulrc = DosSubFreeMem(pOffset, pBlockOffset, ulSize);

pOffset (PVOID) - input	Basisadresse des Unterspeichers
pBlockOffset (PVOID) - input	Anfangsadresse des Teilspeichers
ulSize (ULONG) - input	Größe des Teilspeichers in byte
ulrc (ULONG) - return	Rückgabewert.
0	NO_ERROR
87	ERROR_INVALID_PARAMETER
312	ERROR_DOSSUB_OVERLAP
532	ERROR_DOSSUB_CORRUPTED

DosSubSetMem

Funktion

Innerhalb eines durch DosAllocMem() allozierten Speicherbereichs wird ein Teil zur Unterallozierung vorbereitet. In diesem Unterspeicher können Blöcke zu je 8 byte alloziert werden - gegenüber der Speicherseitengröße (i.d.R. 4096 byte) kann das Platz sparen !

define

```
#define INCL_DOSMEMMGR
#include <os2.h>
```

Aufruf

ulrc = DosSubSetMem(pOffset, ulFlags, ulSize);

pOffset (PVOID) - input	Adresse des (großen) Speicherbereichs, in dem ein Unterbereich suballoziert werden soll
ulFlags (ULONG) - input	Attribute des Unterspeichers
DOSSUB_INIT	Unterspeicher initialisieren; wenn diese Attribut nicht gesetzt ist, soll auf den Unterspeicher eines anderen Prozesses zugegriffen werden
DOSSUB_GROW	Die Größe eines bestehenden Unterbereichs soll erhöht werden
DOSSUB_SPARSE_OBJ	Die Fixierung (commitment) des Unterbereichs soll von DosSubAllocMem() übernommen werden
DOSSUB_SERIALIZE	Die im (großen) Speicherbereich angelegten Unterspeicher sollen virtuell im Adressraum hintereinander liegen. Damit ist die tatsächliche Lage der Speicherbereiche im physikalischen Adressraum nicht zu beeinflussen !
ulSize (ULONG) - input	Größe des Unterspeichers in bytes (**abgerundet auf Vielfache von 8 byte**)
ulrc (ULONG) - return	Rückgabewert.
0	NO_ERROR
87	ERROR_INVALID_PARAMETER
310	ERROR_DOSSUB_SHRINK

DosSubUnsetMem

Funktion

Ein Unterspeicherbereich wird freigegeben.

define

```
#define INCL_DOSMEMMGR
#include <os2.h>
```

Aufruf

ulrc = DosSubUnsetMem(pOffset);

pOffset (PVOID) - input	Adresse des Speicherbereichs
ulrc (ULONG) - return	Rückgabewert.
0	NO_ERROR
532	ERROR_DOSSUB_CORRUPTED

21 Parallelverarbeitung

OS/2 ist ein preemptives Multitasking-System und insofern in der Lage, mehrere Abläufe parallel zu bearbeiten.

Insgesamt werden hierbei drei verschiedene Arten von parallel zu verarbeitenden Abläufen unterschieden.

1. **Thread**: dies ist die kleinste Verarbeitungseinheit, die von OS/2 im Multitasking-Betrieb ausgeführt wird. Ein Thread besteht aus einer Folge von CPU-Anweisungen, aus verfügbaren CPU-Registern und einem Stack. Ein Anwendungsprogramm (process) enthält mindestens einen Thread (den Hauptthread Nummer 1), kann aber mehrere Threads von sich aus starten und kontrollieren.

2. **Prozesse**: Ein Prozeß ist die Gesamtmenge an ausführbarem Code, Programmdaten und Programmressourcen (Dateihandle, Speicherhandle ect.) eines Programms und bildet somit in seiner Gesamtheit ein Anwendungsprogramm. Alle Systemressourcen werden prozeßbezogen von OS/2 verwaltet

3. **Sitzung** (session): Eine Sitzung besteht aus einem virtuellen Bildschirm, einer virtuellen Tastatur und einer virtuellen Maus. Eine solche Sitzung enthält mindestens einen Prozeß (mindestens ein Anwendungsprogramm) und stellt diesem Prozeß als aktuellen Bildschirm ein Ausgabefenster zur Verfügung; die virtuellen Eingabeinstrumente Tastatur und Maus werden durch entsprechende sitzungseigene Pufferbereiche simuliert. Der Wechsel von einer Sitzung zur anderen wird durch Aktivieren des entsprechenden Sitzungsfensters (Bildschirmfensters) durchgeführt. Das so aktivierte Sitzungsfenster erhält damit für seine Eingabepuffer (Tastatur- und Mauspuffer) den Eingabefokus; damit werden alle Eingaben der physikalischen Eingabegeräten in die entsprechenden Sitzungspuffer geleitet.

OS/2 unterstützt die Verwaltung von maximal 255 gleichzeitigen Sitzungen, maximal (für alle Sitzungen zusammen) 4095 Prozessen und maximal systemweit (für alle Sitzungen und Prozesse) 4095 Threads. Damit ist offensichtlich, daß die Anzahl der Threads pro Prozeß deutlich kleiner als die Maximalzahl 4095 sein muß, da andere, parallel laufende Prozesse ebenfalls Threads benutzen.

Offensichtlich gibt es aufgrund der drei unterschiedlichen Formen von Parallelobjekten mehrere Möglichkeiten, Parallelverarbeitung zu realisieren.

Vergleicht man das Multitasking auf Basis von Prozessen mit dem Multitasking auf Basis von Threads miteinander, so zeigen sich folgende Unterschiede.

1. Das Starten und Beenden eines Prozesses fordert mehr Systemressourcen (im wesentlichen Rechenzeit und Kernspeicher) als das Starten und Beenden eines Threads.

2. Der Datenaustausch zwischen parallel arbeitenden Prozessen (Programmen) muß über aufwendige, relativ langsam arbeitende Mechanismen wie z.B. die Nutzung gemeinsamen Speicherbereichs durchgeführt werden. Dagegen verfügen *Threads über den gesamten Kernspeicherbereich des Prozesses*, der die einzelnen Threads gestartet hat. Hier geschieht das betriebssystemseitige Wechseln von einem Thread zum anderen wesentlich schneller als das Wechseln zwischen parallelen Prozessen.

Von daher ist die Programmierung paralleler Threads, die von einem Programm (Prozeß) gestartet werden, die gängigste (und schnellste) Methode zur Realisierung von Multitaskingverhalten innerhalb eines Programms.

22 Threadprogrammierung

Die Nutzung paralleler Threads innerhalb eines Programms bietet sehr viele Vorteile.

So können allgemein rechenzeitintensive Vorgänge, die bei ihrer Bearbeitung keinerlei Benutzerinteraktion erforderlich machen, durch einen separaten Thread *im Hintergrund* durchgeführt werden, während das eigentliche Programm *im Vordergrund* weiterhin Benutzerinteraktionen bearbeitet.

Bei der Bitmap-Programmierung ist ein Beispiel für dieses Vorgehen genannt worden; die Zusammenstellung einer komplizierten Grafik kann besonders rechenzeitintensiv sein und sollte daher einem eigenen Thread überlassen werden, der die Bitmapgrafik im Hintergrund in einer Speicherbitmap erzeugt und erst nach Fertigstellung diese Bitmap in den Fensterausgabebereich kopiert.

22.1 Multitasking Strategie

OS/2 ist ein

1. prioritätsgestütztes,
2. preemtives

Multitaskingsystem. *Preemtiv* bedeutet, daß das Betriebssystem selbst die Zuteilung von Systemressourcen (insbesondere Rechenzeit) selbständig den einzelnen laufenden Threads zuteilt und wieder entzieht. Ein Anwendungsprogramm (Prozeß) hat also keinerlei Möglichkeit, die Aktivierung eines anderen Prozesses (genauer die Aktivierung eines Threads eines anderen Prozesses) zu verhindern.

Prioritätsgestützt meint, daß nicht alle Threads in Bezug auf die Zuteilung der Prozessorzeit gleichbehandelt werden.

Alle dem Betriebssystem bekannten Threads (gleichgültig ob aktuell aktiv oder passiv) haben eine ihnen zugeordnete Priorität. Ausgehend von dieser Priorität wird nun Rechenzeit an die einzelnen Threads verteilt; dabei bekommen Threads (und die ihnen übergeordneten Programme) mit höherer Priorität bevorzugt CPU-Zeit zugeteilt.

Meldet z.B. ein Thread mit hoher Priorität seine Ausführbereitschaft an das Betriebssystem, so wird das Betriebssystem einem aktuell die CPU benutzenden

Thread mit niedrigerer Priorität die CPU entziehen und den ausführungsbereiten Thread mit der höchsten Priorität der CPU-Verarbeitung zuführen.

Threads mit gleicher Priorität werden in einem FIFO-Verfahren (first in - first out) mit Rechenzeit versorgt.

Insgesamt vergibt OS/2 vier unterschiedliche Prioritätsklassen.

1. **zeitkritische Threads** : Höchste Priorität ; diese Priorität sollte nur dann vergeben werden, wenn die Anwendung zeitkritisch ist (z.B. Ansteuerung eines Echtzeitgerätes wie z.B. eines Roboterarms). Threads mit dieser Priorität blockieren i.d.R. die Weiterverarbeitung aller anderen Threads.

2. **Hoch** (Fixed high): Mit dieser Prioritätsstufe sollten Threads ausgestattet werden, deren Arbeitsergebnisse von anderen Threads benötigt werden. Solange nämlich ein notwendiges Arbeitsergebnis nicht vorliegt, können ggf. wartende Threads mit der Weiterverarbeitung nicht fortfahren und blockieren somit u.U. ganze Prozesse (Programme).

3. **Regulär**: Dies ist die Standardpriorität, die vergeben wird, wenn keine explizite Prioritätsvergabe vorgenommen wird.

4. **Langsam** (Idle-time): Niedrige Priorität; Threads dieser Priorität werden nur dann gestartet, wenn kein anderer Thread höherer Priorität als arbeitsbereit dem Betriebssystem gemeldet ist.

Innerhalb jeder dieser vier Prioritätsklassen können intern 32 Prioritätsstufen (Prioritätsstufen 0 - 31) vergeben werden; dabei ist 0 die niedrigste Prioritätsstufe, 31 die höchste Prioritätsstufe.

22.2 Programmieren von Threads

22.2.1 Threads starten

Ein Prozeß (Programm) kann an beliebiger Stelle einen Thread starten, überwachen und beenden. Es können innerhalb eines Prozesses mehrere Threads gleichzeitig gestartet sein.

Die Funktion DosCreateThread() startet einen solchen Thread und gibt im ersten Parameter eine Identifikationskennung (ID) für den gestarteten Thread zurück.

```
TID idthreadping1;
```

22.2 Programmieren von Threads

```
DosCreateThread(&idthreadping1,
  (PFNTHREAD)threadping1,
  (ULONG)0,
  (ULONG)0,
  (ULONG)4096);
```

Die Arbeit, die der so gestartete Thread ausführen soll (seine Funktionalität), muß in einer separaten Funktion (die ihrerseits natürlich Unterfunktionen enthalten darf) definiert sein.

```
/* Prototypen */
VOID threadping1(ULONG);
.
.
.
VOID threadping1(ulp)
ULONG ulp;
{
   while(strlen(text1) < 60){
      strcat(text1,"P");
      WinInvalidateRect(hwndAnwendung,  (PRECTL)NULL,
                       FALSE);
   }
}
```

Die Adresse dieser Thread-Funktion wird der Funktion DosCreateThread() als zweiter Parameter übergegeben.

Als dritter Wert kann optional ein Parameter des Typs ULONG an die Thread-Funktion übergeben werden. Soll mehr als der eine zulässige Parameter vom Typ ULONG an den gestarteten Thread übergeben werden, so muß dieser Parameter eine Adresse auf eine Datenstruktur sein, die dann die weiteren Parameterthreads enthält.

Der vierte Parameter der Funktion DosCreateThread() bestimmt den Ausführungsmodus des gestarteten Threads; der fünfte Parameter bestimmt die Größe des vom Thread zu belegenden threadeigenen Speicherbereiches (stack).

Die Größe des threadeigenen Speicherbereichs (stack) wird bei Starten des Threads vom aufrufenden Prozeß vorgegeben; hierbei ist zu beachten, daß die Anzahl und der Typ der innerhalb des Threads verwendeten lokalen Variablen ebenso den Stack belastet wie der Aufruf von Unterfunktionen. Soll der Thread selbst Betriebssystemfunktionen des OS/2 aufrufen, so ist eine Mindeststackgröße von 8 KB nötig; der Stack sollte niemals kleiner als 4 KB sein.

22.2.2 Beenden eines Threads

Ein Thread wird unter zwei Bedingungen beendet.

1. Die Arbeit des Threads ist logisch beendet und die Threadfunktion führt insofern von sich aus die Funktion DosExit() aus oder endet auch ohne diesen Aufruft

2. Das den Thread aufrufende Programm ruft die Funktion DosKillThread() auf und beendet die Ausführung des Threads von sich aus. Es ist an dieser Stelle nur sehr schwer zu überwachen, an welcher logischen Stelle hier der Thread abgebrochen wird; damit ist nicht sichergestellt, daß bestimmte Teilergebnisse der Threadarbeit bereits vorliegen oder nicht.

22.2.3 Informationen über einen Thread

Die Funktion DosGetInfoBlocks() ermittelt in einer Struktur vom Typ PTIB alle notwendigen Informationen über den laufenden Thread.

22.2.4 Berarbeitung eines Threads

Die Funktion DosSetPriority() ändert die Priorität eines laufenden Threads.

```
/*Für diesen thread wird jetzt die Priorität geändert */
DosSetPriority(PRTYS_THREAD, PRTYC_IDLETIME, 0,
               idthreadpong1);
```

Der laufende Thread selbst kann seine Weiterverarbeitung für eine bestimmte Zeitspanne unterbrechen, indem er der Funktion DosSleep() die Anzahl der Millisekunden Unterbrechungszeit übergibt. Eine Selbstunterbrechung des Threads kann z.B. dann sinnvoll sein, wenn eine bestimmte Zeit zwischen einer Benutzereingabe und einer Reaktion abgewartet werden soll.

Das den Thread startende Programm selbst kann die Weiterverarbeitung eines Threads selbstverständlich auch beeinflussen.

```
DosSuspendThread(idthread2);
..
.
DosResumeThread(idthread2);
```

Die Funktion DosSuspendThread() unterbricht die Weiterverarbeitung des genannten Threads, bis das aufrufende Programm die Funktion DosResumeThread() benutzt, um die Weiterverarbeitung des Threads erneut zu starten.

22.2.5 Kritische Thread-Bereiche

Das Betriebssystem unterbricht die Bearbeitung eines Threads an beliebiger Stelle der den Thread beschreibenden Funktion (eigentlich an beliebiger Stelle des die Funktion beschreibenden Maschinencodes).

Beachtet man jetzt, daß die Thread-Funktion selbstverständlich als Binärinformation vorliegt, (sie ist kompiliert und gelinkt) dann bedeutet diese beliebige Unterbrechung, daß die Threadbearbeitung durchaus innerhalb der Auswertung eines arithmetischen oder logischen Ausdruckes vom Betriebssystem unterbrochen werden kann. Dies kann ggf. zu einem Programmfehlverhalten führen (wenn z.B. übergeordnete Prozeßteile ein Ergebnis benötigen, dessen Berechnung unterbrochen wurde).

Um die Unterbrechung eines Threads in einer solchen kritischen Auswertungssituation zu verhindern, kann die kritische Codepassage in eine logische Klammer der Funktionsaufrufe

- DosEnterCritSec()
- DosExitCritSec()

eingefügt werden. Zwischen diesen beiden Funktionen ist es dem Betriebssystem dann nicht möglich, dem Thread Rechenzeit zu entziehen.

Damit ist klar, daß natürlich keinerlei langwierige Operationen innerhalb einer kritischen Sektion durchgeführt werden dürfen, da ansonsten der gesamte Betrieb des Prozesses gestört würde.

Außerdem dürfen in einer kritischen Sektion keinerlei DLL-Aufrufe stattfinden, da die DLL-Funktion ansonsten für andere Zugriffe blockiert wäre.

Logische Klammern DosEnterCritSec() und DosExitCritSec() können geschachtelt werden. Jeder Aufruf der Funktion DosEnterCritSec() erhöht einen internen Zähler um 1; der Aufruf der Funktion DosExitCritSec() dekrementiert diesen Zähler. Erst wenn der Wert des Zählers wieder 0 ist, kann dem Thread wieder CPU-Zeit entzogen werden.

22.2.6 Nebenwirkungen

Neben der Notwendigkeit, unterbrechungssensitive Bereiche eines Threads als kritische Sektion durch die logische Klammer DosEnterCritSec() und DosExitCritSec() vor unbeabsichtigtem und funktionsstörendem Entzug der Prozessorzeit zu schützen, gibt es noch ein weiteres Problem bei der Benutzung von

Threads, das aus der preemtiven Multitaskingrealisierung des Betriebssystems resultiert.

Werden in einer Threadfunktion **oder einer von ihr direkt oder indirekt aufgerufenen Funktion** lokale Variablen benutzt, so werden deren Inhalte vor dem Entzug der Prozessorzeit durch das Betriebssystems in einem Systembereich zwischengespeichert und bei Neustarten des Threads an der Unterbrechungsstelle mit ihren Werten unmittelbar vor dem vorherigen Abbrechen des Threads restauriert.

Auch wenn ein und dieselbe Funktion von unterschiedlichen, parallel laufenden Threads gleichzeitig genutzt wird (dies ist z.B. dann der Fall, wenn dieselbe Threadfunktion mehrfach hintereinander zum Starten eines Thread benutzt wird) so sorgt das Betriebssystems trotzdem dafür, daß die gleichen Variablenbereiche in unterschiedlichen Threads separat voneinander geführt werden. Im Beispielprogramm parallel.c können alle threads mehrfach parallel gestartet werden.

Ein Problem tritt erst dann auf, wenn ein Thread (und das ist sowohl erlaubt als auch gerade der große Vorteil der Threadprogrammierung) auf *globale, übergeordnete Variablen* des den Thread startenden Programms zugreift.

In diesen Fällen kann natürlich das Betriebssystems nicht dafür sorgen, daß der Inhalt der globalen, vom Thread benutzten Variablen bei Entzug der Prozessorzeit gesichert und bei Wiederzuteilung der Prozessorzeit in dem vorherigen Zustand dem gestarteten Thread zur Verfügung gestellt wird; in der Zwischenzeit können sowohl das Hauptprogramm als auch ggf. andere Threads auf diese globale Variable zugegriffen und den Inhalt - für den neugestarteten Thread unkontrollierbar - geändert haben.

Es muß also grundsätzlich sichergestellt sein, daß die Programmierung der Threadfunktion und aller von ihr *direkt oder indirekt* aufgerufenen weiteren Funktionen *reentrant* gestaltet wird.

Letztlich ist dabei die Benutzung lokaler Variablen aufgrund des threadeigenen, vom Betriebssystems betreuten Variablensicherungsbereiches unproblematisch.

Benutzt eine vom Thread aufgerufene Unterfunktion lokale statische Variablen (static), so besteht hier die Gefahr, daß das gleiche Unterprogramm von einem anderen Thread ebenfalls aufgerufen wird und somit an dieser Stelle ein Konflikt bei der unkorrekteweise gemeinsam benutzten statischen Variablen auftreten kann.

Alle Betriebssystemfunktionen des OS/2-Kerns sind reentrant programmiert, so daß diese ohne Vorsichtsmaßnahmen in beliebiger Schachtelung in einem Thread benutzt werden können.

Ist die Benutzung statischer oder globaler Variablen in einem Thread nicht zu vermeiden, so muß der Zugriff auf diese potentiell mit anderen Threads gemeinsam genutzten Speicherbereiche (allgemeine Ressourcen) so gehandhabt werden, daß ein Zugriff auf eine gemeinsame Ressource durch den Thread A erst dann erfolgen darf, wenn alle notwendigen Bedingungen hierfür vorliegen; im Einzelfall also dann, wenn ein anderer Thread B die Benutzung einer gemeinsamen Ressource (z.B. eines gemeinsamen Variablenraums) explizit erlaubt hat (siehe hierzu Semaphore).

22.3 Prozeßprogrammierung

Ein OS/2-Programm, das vom Betriebssystems in den Speicher geladen und gestartet wurde beinhaltet ausführbaren Code, Programmdaten und Zugriffe auf Rechnerressourcen wie Speicher, Laufwerke, Bildschirm, Tastatur, Maus Geräteschnittstellen und Rechenzeit. Ein solches ausgeführtes OS/2 Programm wird als Prozeß bezeichnet.

Ein laufender Prozeß kann durch die Funktion DosExecPgm() einen separaten Prozeß starten; der startende Prozeß wird Elternprozeß, der gestartete Prozeß Kindprozeß genannt. Hierbei wird der Funktion DosExecPgm() im wesentlichen der Name des zu startenden Kindprozesses, eine Adresse für einen optionalen Rückgabewert sowie der Synkronisationsmodus (hier EXEC_SYNC) übergeben.

```
CHAR fehler[128];
RESULTCODES rc;

DosExecPgm(fehler,
           sizeof(fehler),
           EXEC_SYNC,
           (PSZ)NULL,
           (PSZ)NULL,
           &rc,
           "KIND.EXE");
```

- Wird die **synchrone Ausführung** von Eltern- und Kindprozeß gewählt, so wartet der Elternprozeß, bis der Kindprozeß beendet ist;

- bei der **asynchronen Ausführung** von Eltern- und Kindprozeß werden beide Prozesse unabhängig voneinander parallel ausgeführt.

Der Funktion wird als vorletzter Parameter die Adresse einer Variablen rc vom Typ RESULTCODES übergeben; diese Struktur enthält wichtige Information über den gestarteten Kindprozeß. Die Information kann dazu verwendet werden, von seiten des Elternprozesses den Ablauf des Kindprozesses zu überwachen und ggf. von außen zu beenden.

Über die Möglichkeit des synchronen oder asynchronen Ablaufs von Eltern- und Kindprozeß hinaus kann ein Hintergrundprozeß (Modus EXEC_BACKGROUND) gestartet werden; dieser Hintergrundprozeß wird unabhängig vom startenden Elternprozeß verwaltet. Hintergrundprozesse sollten weder Eingabeaktionen von seiten der Tastatur oder der Maus noch Ausgabeoperationen auf Ausgabegeräte (z.B. Bildschirm) vornehmen.

Grundsätzlich können durch die Funktion DosGetInfoBlocks(), der Zeiger auf Strukturen vom Typ PTIB (Threadinformationen) und vom Type PPIB (Prozeßinformationen) zu übergeben sind Informationen über laufende Prozesse bzw. Threads ermittelt werden.

Hat ein Elternprozeß mittels DosExecPgm() einen Kindprozeß asynkron gestartet (d.h. der Elternprozeß arbeitet weiter) so kann mittels der Funktion DosWaitChild() der Elternprozeß dazu veranlaßt werden, auf die Beendigung eines auswählbaren Prozesses zu warten.

```
ULONG procID
 .
 .
 .
DosWaitChild(DCWA_PROCESS,
             DCWW_WAIT,
             &rc,  /* aus DosExecPgm() ermittelt */
             &procID, /* output */
             rc.ulcodeTerminate);
```

So ist es durchaus möglich, von einem Elternprozeß aus zwei Kindprozesse A und B gleichzeitig zu starten und selektiv lediglich auf die Beendigung des Kindprozesses B zu warten.

Ein gestarteter Kindprozeß beendet sich selbst an beliebiger logischer Programmstelle durch Aufruf der Funktion DosExit().

- Wird diese Funktion mit dem Parameter EXIT_PROCESS aufgerufen, so werden alle laufenden Threads des Prozesses gleichzeitig beendet und der Prozeß selbst kehrt zum zugehörigen Elternprozeß zurück.
- Wird die Funktion DosExit() jedoch mit dem Parameter EXIT_THREAD aufgerufen , so wird lediglich der Thread, in dem der Aufruf erfolgt beendet; alle anderen Threads des Prozesses und der Kindprozeß selbst bleiben hiervon unberührt.

Ein Elternprozeß kann die Ausführung eines Kindprozesses explizit beenden, indem die Funktion DosKillProcess() aufgerufen wird.

Eine explizite Prioritätsvergabe (bevorzugte Behandlung bei der Vergabe von CPU-Zeit) für einen Prozeß ist nicht möglich; lediglich die Threads eines Prozesses (also auch der standardmäßig gestartete Hauptthread 1 des Prozesses selbst) können mittels der Funktion DosSetPriority() explizit mit Prioritäten versehen werden.

22.4 Parallelprogrammierung : Funktionen

DosBeep

Funktion

Der rechnerinterne Lautsprecher wird angesteuert.

define

```
#define INCL_DOSPROCESS
#include <os2.h>
```

Aufruf

ulrc = DosBeep(ulFrequency, ulDuration);

ulFrequency (ULONG)
- input   Frequenz des Tons in Hertz [0x25, 0x7FFF]

ulDuration (ULONG)
- input   Länge des Tons in millisec

ulrc (ULONG) - return	Rückgabewert.
0	NO_ERROR
395	ERROR_INVALID_FREQUENCY

DosCreateThread

Funktion

Für den laufenden Prozess wird ein asynchroner thread gestartet. Der so gestartete thread hat Zugriff auf alle Ressourcen des Prozesses (Dateien, globale Variablen etc.)

define

```
#define INCL_DOSPROCESS
#include <os2.h>
```

Aufruf

ulrc = DosCreateThread(pptidThreadID, ppThreadAddr, ulThreadArg, ulThreadFlags, ulStackSize);

pptidThreadID (PTID)
- output   Zeiger auf Variable, die die threadID aufnehmen soll

ppThreadAddr (PFNTHREAD)
- input   Anfangsadresse der thread-Funktion; i.d.R der Name der thread-Funktion

ulThreadArg (ULONG)
- input   Einziges Funktionsargument, das an die thread-Funktion übergeben wird (ggf. Zeiger auf Struktur)

ulThreadFlags (ULONG)
- input   thread Startbedingungen

    bit 0 = 0   Sofortiger Start

    bit 0 = 1   thread wird kreiert im Zustand »gestoppt«; er muß explizit mit DosResumeThread() gestartet werden

22.4 Parallelprogrammierung : Funktionen

bit 1 = 0	Stack wird in Standardmodus alloziert
bit 1 = 1	Stack wird sofort fixiert (commited)
ulStackSize (ULONG) - input	Größe des Stacks (thread-eigener Speicher) in byte; mindestens 4096 byte sollten hier vorgesehen werden. Sollten Funktionen des GUI oder des GPI benutzt werden, so sind mindestens 2 Speicherseiten zu allozieren.
ulrc (ULONG) - return	Rückgabewert.
0	NO_ERROR
8	ERROR_NOT_ENOUGH_MEMORY
95	ERROR_INTERRUPT
115	ERROR_PROTECTION_VIOLATION
164	ERROR_MAX_THRDS_REACHED

DosEnterCritSec

Funktion

Die Funktion verhindert das Unterbrechen des threads im laufenden Prozess; der Prozess selbst unterliegt nach wie vor dem Multitasking. Dieser Zustand wird durch DosExitCritSec() beendet.

define

```
#define INCL_DOSPROCESS
#include <os2.h>
```

Aufruf

ulrc = DosEnterCritSec();

ulrc (ULONG) - return	Rückgabewert.
0	NO_ERROR
309	ERROR_INVALID_THREADID
484	ERROR_CRITSEC_OVERFLOW

DosExecPgm

Funktion

Ein Prozess startet hiermit einen untergeordneten Kindprozess. Der Elternprozess kann den laufenden Kindprozess kontrollieren. Der Kindprozess ist ein vollwertiges PM-Programm und kann selbst wieder Kindprozesse starten oder Fenster öffnen.

define

```
#define INCL_DOSPROCESS
#include <os2.h>
```

Aufruf

**ulrc = DosExecPgm(pObjNameBuf, lObjNameBufL, ulExecFlags,
                        pszArgPointer, pszEnvPointer, pReturn-
                        Codes,pszPgmPointer);**

pObjNameBuf (CHAR)
- output   Fehlerpuffer; hier werden Fehlermeldungen abgelegt

lObjNameBufL (LONG)
- input   Länge des Fehlerpuffers in byte

ulExecFlags (ULONG)
- input   Laufmodus des Kindprozesses

    EXEC_SYNC   Elternprozess und Kindprozess laufen synchron; der Elternprozess wartet auf die Beendigung des Kindprozesses

    EXEC_ASYNC   Elternprozess und Kindprozess laufen asynchron; der Elternprozess wartet nicht auf die Beendigung des Kindprozesses. Der Rückgabewert des Kindprozesses geht verloren

    EXEC_ASYNCRESULT   Elternprozess und Kindprozess laufen asynchron; der Elternprozess wartet nicht auf die Beendigung des Kindprozesses. Der Rückga-

22.4 Parallelprogrammierung : Funktionen

	bewert des Kindprozesses kann durch DosWaitChild() erfragt werden.
EXEC_TRACE	wie EXEC_ASYNCRESULT; zusätzlich kann der Kindprozess debugged werden
EXEC_BACKGROUND	Ausführung asynchron vom Elternprozess; endet der Elternprozess, so ist dies unerheblich für den Kindprozess. Der Kindprozess darf aber keine Ein/Ausgaben (Tastatur, Bildschirm etc.) durchführen.
EXEC_LOAD	der Kindprozess wird im Speicher initialisiert, aber nicht gestartet
EXEC_ASYNC-RESULTDB	wie EXEC_ASYNCRESULT, zusätzlich ist der Kindprozess selbst und seine eigenen Kindprozesse debugging-fähig
pszArgPointer (PSZ) - input	Zeiger auf String, der die "Kommandozeile" für den Kindprozess enthält
pszEnvPointer (PSZ) - input	Zeiger auf String, der die »Umgebungskonstanten« für den Kindprozess enthält
pReturnCodes (PRESULTCODE) - output	Zeiger auf Struktur, die die ProzessID und/oder den Rückgabecode des Prozesses aufnimmt
pszPgmPointer (PSZ) - input	Name des zu startenden (Kind)Prozesses
ulrc (ULONG) - return	Rückgabewert.
0	NO_ERROR
1	ERROR_INVALID_FUNCTION
2	ERROR_FILE_NOT_FOUND
3	ERROR_PATH_NOT_FOUND
4	ERROR_TOO_MANY_OPEN_FILES

5	ERROR_ACCESS_DENIED
8	ERROR_NOT_ENOUGH_MEMORY
10	ERROR_BAD_ENVIRONMENT
11	ERROR_BAD_FORMAT
13	ERROR_INVALID_DATA
26	ERROR_NOT_DOS_DISK
32	ERROR_SHARING_VIOLATION
33	ERROR_LOCK_VIOLATION
36	ERROR_SHARING_PUFFER_EXCEEDED
89	ERROR_NO_PROC_SLOTS
95	ERROR_INTERRUPT
108	ERROR_DRIVE_LOCKED
127	ERROR_PROC_NOT_FOUND
182	ERROR_INVALID_ORDINAL
190	ERROR_INVALID_MODULETYPE
191	ERROR_INVALID_EXE_SIGNATURE
192	ERROR_EXE_MARKED_INVALID
195	ERROR_INVALID_MINALLOCSIZE
196	ERROR_DYNLINK_FROM_INVALID_RING

RESULTCODE Prozess-Rückgabewert

```
typedef struct _RESULTCODE {
 ULONG ulcodeTerminate; /* Prozess ID */
 ULONG ulcodeResult;    /* Rückgabewert
   TC_EXIT         Normales Prozessende
   TC_HARDERROR    Fehler
   TC_TRAP         Trap für 16-bit Prozess
   TC_KILLPROCESS  Ende durch DosKillProcess()
   TC_EXCEPTION    Exceptionbehandlung für 32bit Prozess
} RESULTCODE;
```

DosExit

Funktion

Beenden des aufrufenden Prozesses oder threads.

define

```
#define INCL_DOSPROCESS
#include <os2.h>
```

Aufruf

DosExit(ulActionCode, ulResultCode);

ulActionCode (ULONG)
- input   Modus

    EXIT_THREAD   Beenden des aufrufenden threads

    EXIT_PROCESS   Beenden des aufrufenden Prozesses (alle threads enden)

ulResultCode (ULONG)
- input   Endecode; wird mittels DosWaitChild() erfragt

DosExitCritSec

Funktion

Die mittels DosEnterCritSec() eingeleitete thread-bezogene regionale Unterbrechung des Multitaskings wird wieder aufgehoben.

define

```
#define INCL_DOSPROCESS
#include <os2.h>
```

Aufruf

ulrc = DosExitCritSec();

ulrc (ULONG) - return		Rückgabewert.
	0	NO_ERROR
	309	ERROR_INVALID_THREADID
	485	ERROR_CRITSEC_UNDERFLOW

DosKillProcess

Funktion

Der Elternprozess beendet damit einen von ihm selbst durch DosExecPgm() erzeugten Kindprozess.

define

```
#define INCL_DOSPROCESS
#include <os2.h>
```

Aufruf

ulrc = DosKillProcess(ulActionCode, idProcessID);

ulActionCode (ULONG) - input Modus

DKP_PROCESSTREE	Der Kindprozess und alle seine eigenen Kindprozesse (die Enkelprozesse des aufrufenden Prozesses) werden beendet
DKP_PROCESS	Nur der angegeben Kindprozess selbst wird beendet

idProcessID (PID) - input ProzessID des zu beendenden Kindprozesses

ulrc (ULONG) - return		Rückgabewert.
	0	NO_ERROR
	13	ERROR_INVALID_DATA
	217	ERROR_ZOMBIE_PROCESS
	303	ERROR_INVALID_PROCID
	305	ERROR_NOT_DESCENDANT

DosKillThread

Funktion

Innerhalb des eigenen Prozesses bedingt ein thread die Beendigung eines anderen threads; ein thread kann sich hiermit aber nicht selbst beenden. Der laufende Prozess besteht zunächst nur aus dem vom Betriebssystem automatisch gestarteten thread 1. Wenn dieser thread 1 durch DosKillThread() beeendet wird, wird der ganze Prozess (mit allen threads) beendet - dies ist ein nicht unbedingt zu empfehlender Weg

define

```
#define INCL_DOSPROCESS
#include <os2.h>
```

Aufruf

ulrc = DosKillThread(idThreadID);

idThreadID (TID) - input	threadID
ulrc (ULONG) - return	Rückgabewert.
0	NO_ERROR
170	ERROR_BUSY
309	ERROR_INVALID_THREADID

DosGetInfoBlocks

Funktion

Diese Funktion ermittelt Informationen über den aktuellen (die Funktion aufrufenden) thread und ebenso das aktuelle Programm (Prozess).

define

```
#define INCL_DOSPROCESS
#include <os2.h>
```

Aufruf

ulrc = DosGetInfoBlocks(pptib, pppib);

pptib (PTIB) - output   Zeiger auf thread-infoblock

pppib (PPIB) - output   Zeiger auf Prozess-infoblock

ulrc (ULONG) - return   keine Rückgabewerte

TIB Thread Information

```
typedef struct _TIB {
 PVOID ptib_pexchain;
 PVOID ptib_pstack; /* Anfangsadresse des Stacks */
 PVOID ptib_pstacklimit;/* Endadresse des Stacks */
 PTIB2 pptib_ptib2; /*Zeiger auf TIB2-Struktur*/
 ULONG ultib_version;/*Versionsnummer*/
 PVOID ptib_arbpointer;/*Ordnungsnummer des thread*/
} TIB;
```

TIB2 Thread Information

```
typedef struct _TIB2 {
   ULONG     ultib2_ultid;/*Aktuelle threadID*/
   ULONG     ultib2_ulpri;/*Aktuelle thread Priorität*/
   ULONG     ultib2_version;/*Versionsnummer*/
   USHORT    ustib2_usMCCount;
   USHORT    ustib2_usMCForceFlag;
} TIB2;
```

PIB Prozess Information

```
typedef struct _PIB {
 ULONG ulpib_ulpid;/* ProzessID*/
 ULONG ulpib_ulppid;/*ID des Elternprozesses*/
 ULONG ulpib_hmte;/*Modulhandle*/
 PCHAR pppib_pchcmd;/*Kommandozeile*/
 PCHAR pppib_pchenv;/*Umgebungsvariablen*/
 ULONG ulpib_flstatus;/*Prozessstatus*/
 ULONG ulpib_ultype;/*Prozesstyp*/
} PIB;
```

DosResumeThread

Funktion

Ein angehaltener thread (mittels DosSuspendThread()) wird weiter ausgeführt (neu angestoßen).

define

```
#define INCL_DOSPROCESS
#include <os2.h>
```

Aufruf

ulrc = DosResumeThread(idThreadID);

idThreadID (TID) - input threadID

ulrc (ULONG) - return Rückgabewert.

    0 NO_ERROR

    309 ERROR_INVALID_THREADID

DosSleep

Funktion

Der aufrufende thread hält sich selbst für eine wählbare Zeit an; danach startet er automatisch (läuft weiter).

define

```
#define INCL_DOSPROCESS
#include <os2.h>
```

Aufruf

ulrc = DosSleep(ulTimeInterval);

ulTimeInterval (ULONG) - input Ruhezeit in millisec; für zeitkritische Anwendungen ist dies zu ungenau

ulrc (ULONG) - return	Rückgabewert.
0	NO_ERROR
322	ERROR_TS_WAKEUP

DosSuspendThread

Funktion

Ein thread wird mittels DosSuspendThread() angehalten; er kann mittels DosResumeThread() neu angestoßen werden.

define

```
#define INCL_DOSPROCESS
#include <os2.h>
```

Aufruf

ulrc = DosSuspendThread(idThreadID);

idThreadID (TID) - input	threadID
ulrc (ULONG) - return	Rückgabewert.
0	NO_ERROR
309	ERROR_INVALID_THREADID

DosWaitChild

Funktion

Der diese Funktion aufrufende thread A unterbricht sich selbst und wartet auf die Beendigung eines Kindprozesses B des eigenen Prozesses. Wenn B endet, erhält der thread A die Prozessinformation und den Rückgabewert von B und läuft selbst weiter.

define

```
#define INCL_DOSPROCESS
#include <os2.h>
```

22.4 Parallelprogrammierung : Funktionen

Aufruf

ulrc = DosWaitChild(ulActionCode, ulWaitOption, pReturnCodes, ppRetProcessID, idProcessID);

ulActionCode (ULONG) - input	Modus
DCWA_PROCESS	Warten auf idProcessID
DCWA_PROCESSTREE	Warten auf idProcessID und alle seine Unterprozesse (Kindprozesse)
ulWaitOption (ULONG) - input	Verhalten bei fehlendem thread-Ende (thread B endet nicht)
DCWW_WAIT	Warten auf Prozessende oder bis keine Kindprozesse mehr aktiv
DCWW_NOWAIT	Nicht auf Prozessende warten
pReturnCodes (PRESULTCODE) - output	Zeiger auf Struktur zur Aufnahme des Rückgabecodes des beendeten Prozesses
ppRetProcessID (PPID) - output	Zeiger auf ProzessID, die vom endenden Kindprozess zurückgegeben wird
idProcessID (PID) - input	ID des Kindprozesses, auf den gewartet werden soll
Wert = 0	Warten auf das Ende irgendeines Prozesses
sonst	ID
ulrc (ULONG) - return	Rückgabewert.
0	NO_ERROR
13	ERROR_INVALID_DATA
128	ERROR_WAIT_NO_CHILDREN
129	ERROR_CHILD_NOT_COMPLETE
184	ERROR_NO_CHILD_PROCESS
303	ERROR_INVALID_PROCID

DosWaitThread

Funktion

Thread A unterbricht sich selbst und wartet auf das Ende eines anderen threads desselben Prozesses.

define

```
#define INCL_DOSPROCESS
#include <os2.h>
```

Aufruf

ulrc = DosWaitThread(pptidThreadID, ulWaitOption);

pptidThreadID (PTID)
- input/output   threadID des threads, auf den gewartet wird

    Wert = 0   Warten auf irgendeinen thread

ulWaitOption (ULONG)
- input   Wartemodus

    DCWW_WAIT)   Warten auf den thread

    DCWW_NOWAIT   nicht warten

ulrc (ULONG) - return   Rückgabewert.

    0   NO_ERROR

    294   ERROR_THREAD_NOT_TERMINATED

    309   ERROR_INVALID_THREADID

23 Semaphore

Semaphore sind spezielle, vom Betriebssystems direkt unterstützte Nachrichten, die von einem Thread zu anderen Threads gesandt werden können und die Verfügbarkeit gemeinsam benutzter Ressourcen anzeigen. OS/2 bietet dabei grundsätzlich 3 unterschiedliche Semaphoretypen an.

1. **Ereignissemaphore** (event semaphores): Ereignissemaphoren werden dazu benutzt, das Auftreten eines beliebigen Ereignisses in einem aktiven Thread allen anderen wartenden Threads mitzuteilen. Dies kann z.B. dazu benutzt werden, die Abarbeitung eines Threads A solange zu stoppen, bis ein zur Weiterbearbeitung notwendiges Zwischenergebnis von einem anderen Thread B erzeugt wurde.

2. **Wechselseitig ausschließliche Semaphore** (Mutex-Semaphore): Mutex-Semaphore regeln den serialisierten Zugriff auf gemeinsame Ressourcen. Dabei wird vom Betriebssystems sichergestellt, daß eine Mutex-Semaphore nur von genau einem Thread aktuell genutzt (besessen) werden darf; alle anderen Threads werden in der Nutzung des speziellen Mutex-Semaphores gesperrt. Hierdurch kann sehr leicht geregelt werden, daß immer nur genau einer von mehreren Threads, die gemeinsam eine Ressource nutzen, diese aktuell besitzen und ändern darf.

3. **Mehrfachsemaphoren Muxwait-Semaphore** (multiple wait semaphores): Dies Muxwait-Semaphore werden dazu benutzt, auf das *gleichzeitige* Eintreten mehrerer Ereignisse zu warten, um so das gleichzeitige und gemeinsame Vorliegen der Voraussetzungen zur Durchführung einer Threadoperation sicherzustellen. Der die Muxwait-Semaphore definierende Thread kann entscheiden, ob er entweder auf das gemeinsame Vorliegen aller Bedingungen der Muxwait-Semaphore wartet, oder ob er auf das Vorliegen mindestens eines Ereignisses der Muxwait-Semaphoreliste wartet bis er weiterarbeitet.

Neben den 3 genannten Semaphoretypen gibt es grundsätzlich zwei Verwaltungsarten für alle Semaphoretypen.

1. **Benannte Semaphore**: ein benannter Semaphore wird erzeugt, wenn bei der Kreation des Semaphores ein Name der Gestalt

    \SEM32\name

für den Semaphore vergeben wird. Benannte Semaphore sind grundsätzlich für alle laufenden Prozesse und ihre Threads verfügbar, wenn der vergebene Semaphorename bekannt ist.

2. **Anonyme Semaphore**: ein anonymer Semaphore kann entweder auf den den Semaphore kreierenden Prozeß beschränkt sein (privater Semaphor) oder für alle laufenden Prozesse zugreifbar gemacht werden.

Insgesamt können 64 K gemeinsam nutzbare (von mehreren Prozessen gemeinsam nutzbare) Semaphore gleichzeitig verwaltet werden. Zusätzlich kann jeder Prozeß bis zu 64 K private Semaphore gleichzeitig aktivieren.

Ein Semaphore wird von einem bestimmten Thread kreiert und muß danach zur weiteren Abfrage von anderen Threads geöffnet werden. Es sind maximal

```
64 K - 1
```

gleichzeitige Öffnungszugriffe auf ein und denselben Semaphore zulässig

Falls ein Prozeß beendet wird, ohne das vorher alle geöffneten Semaphoren von den verantwortlichen Threads geschlossen wurden, sorgt das Betriebssystems selbst dafür, daß diese noch offenen Semaphore korrekt beendet werden.

Zusätzlich zur Wahl des Semaphoretyps und der Semaphorezugriffsfähigkeit (benannt oder unbenannt) kann das den Semaphore kreierende Programm festlegen, wie lange ein Thread auf das Eintreffen des von ihm geöffneten Semaphorezustandes warten muß, bevor er automatisch neu gestartet werden muß. Neben der Möglichkeit, explizit eine Anzahl von Millisekunden als Wartezeit anzugeben, besteht noch unter anderem die Möglichkeit, die Wartezeit als unendlich lange (SEM_INDEFINITEWAIT) zu wählen.

23.1 Ereignissemaphore

Ereignissemaphore werden dazu benutzt, um das Vorliegen einer beliebigen Bedingung für die Weiterverarbeitung eines Threads zu testen. Eine Standardanwendung besteht z.B. darin, einen Thread A mit der Vorbereitung bestimmter Daten zu betrauen und anschließend wartende Threads durch einen Ereignissemaphore über das Vorliegen der fertig vorbereiteten Daten zu informieren.

Ereignissemaphore können entweder privat oder gemeinsam nutzbar sein.

- Dabei sind private Semaphoren grundsätzlich unbenannt und daher nur durch ihr Handle zu identifizieren; nur die Threads des laufenden Prozesses können auf unbenannte Semaphore über ihr Handle zugreifen.

23.1 Ereignissemaphore

- Gemeinsam benutzte Semaphoren sind i.d.R. benannt (prinzipiell können sie auch unbenannt sein, wenn das Handle anderen laufenden Prozessen mitgeteilt wird); ein Semaphorename muß mit dem Semaphorekürzel **\SEM32** beginnen.

Grundsätzlich kann ein Ereignissemaphore 2 verschiedene Zustände wiedergeben:

1. Zurückgesetzt (reset) : Wert = 0
2. Gesetzt (posted) : Wert = 1

Diese zwei Zustände können zur Meldung eines Ereignisses zwischen mehreren Threads dienen.

Die Bearbeitung eines Ereignissemaphores erfolgt in drei Schritten.

1. Der Ereignissemaphore wird **kreiert** durch die Funktion DosCreateEventSem(). Hierbei wird entschieden, ob ein benannter oder unbenannter Semaphore zur Verfügung gestellt wird. Gleichzeitig wird der Anfangszustand des Semaphores festgelegt (dies ist i.d.R. der Zustand reset = 0).

2. Der vorher kreierte Semaphore wird bei Eintreten eines zu meldenden Ereignisses vom Besitzer **gesetzt (freigegeben)**. Hierzu wird die Funktion DosPostEventSem() mit dem Handle des vorher kreierten Semaphores aufgerufen. Alle auf diesen Ereignissemaphore wartenden Threads (gleichgültig ob zum kreierenden Prozeß oder anderen Prozessen gehörend), werden jetzt vom Betriebssystems automatisch von der Änderung des Semaphorezustandes unterrichtet.

3. **Abfragen des Semaphorzustandes**; die Funktion DosWaitEventSem() wartet auf das Setzten (Wert = 1) des Ereignissemaphoren. Threads des den Semaphore kreierenden Prozesses können auf das vorherige Öffnen des Semaphores durch die Funktion DosOpenEventSem() verzichten; Threads anderer Prozesse müssen diesen Aufruf vor der Funktion DosWaitEventSem() durchgeführt haben.

Dies ist natürlich nur für gemeinsam nutzbare Semaphoren möglich. Dabei ist zu beachten, daß ein Ereignissemaphore grundsätzlich nur einmal pro Prozeß (pro Programm) geöffnet werden muß. Es ist dabei unerheblich, welcher Thread des Fremdprozesses dieses Öffnen eines Ereignissemaphores vornimmt.

Die Funktion DosCloseEventSem() schließt dabei den Zugriff auf den Ereignissemaphore. Sind alle aktuellen Zugriffe auf ein und denselben Ereignissemaphore auf diese Weise geschlossen, so wird der Ereignissemaphore automatisch vom Betriebssystems gelöscht.

Der Zustand des Ereignissemaphore kann - während der Existenz des Semaphores - durch die Funktion DosResetEventSem() wieder mit dem Wert Null (Reset) besetzt werden.

Der den Semaphore vorher kreierende Prozeß (der Besitzer) wird den Semaphore durch die Funktion DosCloseEventSem() löschen, wenn er ihn nicht mehr benötigt.

Im Beispielprogramm parallel.c werden zwei Threads unterschiedlicher Priorität gestartet; die Prioritätsunterschiede sind dabei so groß, daß idthreadpong2 praktisch überhaupt nicht über die CPU verfügen kann.

```
TID idthreadping2, idthreadpong2;

DosCreateThread(&idthreadping2,
 (PFNTHREAD)threadping2,
 (ULONG)0,
 (ULONG)0,
 (ULONG)4096);
DosSetPriority(PRTYS_THREAD, PRTYC_IDLETIME, 0,
            idthreadpong2);

DosCreateThread(&idthreadpong2,
 (PFNTHREAD)threadpong2,
 (ULONG)0,
 (ULONG)0,
 (ULONG)4096);
DosSetPriority(PRTYS_THREAD, PRTYC_TIMECRITICAL, 0,
            idthreadping2);
```

Um den Thread mit der niedrigen Priorität dennoch zum Arbeiten bringen zu können, wird zusätzlich ein Ereignis-Semaphore geöffnet, der die einmalige Bearbeitung des Threads mit der hohen Priorität melden soll.

```
/* Ereignissemaphore definieren */

DosCreateEventSem((PSZ)NULL, /* unbenannt */
   &hev, /* Handle Semaphore */
   0L, /* Privat */
   (BOOL32)0); /* nicht gesetzt */
```

Während jetzt der Thread mit der hohen Priorität auf das Freigeben des Semaphores durch den niederwertigen Thread warten muß...

```
VOID threadping2(ulp)
ULONG ulp;
{
   ULONG dummy;

   while(strlen(text1) < 60){
      DosWaitEventSem(hev, SEM_INDEFINITE_WAIT);
      strcat(text1,"P");
      WinInvalidateRect(hwndAnwendung, (PRECTL)NULL,
                        FALSE);
```

...und den Ereignis-Semaphore unmittelbar nach einmaliger Ausführung der Threadfunktion wieder zurücksetzen muß...

```
      DosResetEventSem(hev, &dummy);
   }
}
```

kann der niederwertige Thread immer dann arbeiten, wenn der höherwertige Thread auf die...

```
VOID threadpong2(ulp)
ULONG ulp;
{
   ULONG dummy;

   while(strlen(text1) < 60){
      DosResetEventSem(hev, &dummy);
      strcat(text1,".");
      WinInvalidateRect(hwndAnwendung, (PRECTL)NULL,
                        FALSE);
```

...Freigabe des Semaphore warten muß.

```
      DosPostEventSem(hev);
   }
}
```

23.2 Mutexsemaphore

Mutexsemaphore werden genutzt, um gemeinsam genutzte Ressourcen (gleichgültig ob gemeinsam zwischen Prozessen oder gemeinsam zwischen Threads eines einzigen Prozesses genutzt) vor einem gleichzeitigen Zugriff zu schützen. Ein einfaches Beispiel hierfür ist der gemeinsame Zugriff mehrerer parallellaufender Prozesse (Programme) auf ein und dieselbe Plattendatei. Ein Mutexsemaphore durchläuft dabei folgende Stadien.

1. Der Mutexsemaphore wird durch die Funktion DosCreateMutexSem() kreiert; er wird damit für den ihn kreierenden Prozeß geöffnet. Gleichzeitig wird hier der Anfangszustand des Mutexsemaphore angeben. Ein Mutexsemaphore kann dabei grundsätzlich zwei Zustände einnehmen.

   Belegt (Wert 1)

   unbelegt (Wert 0)

   Selbstverständlich können auch Mutexsemaphore wieder über ihr Handle (private Semaphore) oder bei benannten Semaphoren über ihren Namen prozeßintern oder prozeßüberlagernd verfügbar gemacht werden.

   ```
   BOOL32 status;
   HMTX hmutexsem;

   DosCreateMutexSem("\\SEM32\\mutexbeispiel",
                     &hmutexsem, /* output : Handle */
                     (ULONG)NULL,
                     (BOOL32)0); /* kein Besitzer */
   ```

2. Öffnen des Mutexsemaphore; die Funktion DosOpenMutexSem() öffnet einen Mutexsemaphore zur weiteren Überwachung.

   ```
   DosOpenMutexSem("\\SEM32\\mutexbeispiel",
                   &hmutexsem); /* in/output : Handle */
   ```

   Dies müssen nur Threads außerhalb des den Mutexsemaphore kreierenden Prozesses durchführen. Die Funktion DosCloseMutexSem() schließt einen vorher so geöffneten Semaphore; sind alle Öffnungsaufrufe eines Mutexsemaphore durch nachfolgendes Schließen rückgängig gemacht worden, so löscht das Betriebssystems den Mutexsemaphore.

3. Der Zustand des Mutexsemaphore kann von jedem Thread, für den der Mutexsemaphore vorher geöffnet wurde, durch die Funktion DosRequestMutexSem() abgefragt werden.

   ```
   DosRequestMutexSem(hmutexsem, SEM_INDEFINITE_WAIT);
   ```

   Diese Funktion ermöglicht es dem aufrufenden Thread, den Mutexsemaphore (falls er bei Anfrage aktuell ungesetzt ist) für sich selbst zu belegen und gleichzeitig den Zustand des Semaphores als besetzt zu melden.

4. Nach Gebrauch durch den aktuell im Besitz des Mutexsemaphore befindlichen Threads muß dieser den Mutexsemaphore durch die Funktion DosReleaseMutexSem() wieder freigeben; hierdurch wird der Zustand des Mutexsemaphore als ungesetzt gekennzeichnet.

   ```
   DosReleaseMutexSem(hmutexsem);
   ```

   Erst danach können sich andere Threads den Mutexsemaphore durch die Funktion DosRequestMutexSem() aneignen.

5. Schließen des Muxtexsemaphore; sowohl beim Öffnen als auch beim Kreieren des Muxtexsemaphore wird ein interner, semaphorespezifischer Zähler inkrementiert. Die Funktion DosCloseMutexSem() dekrementiert diesen Zähler bei jedem Aufruf. Ist der Zählerinhalt identisch 0, so wird der Muxtexsemaphore insgesamt gelöscht.

23.3 Muxwaitsemaphore

Immer dann, wenn mehrere Bedingungen gleichzeitig erfüllt sein müssen, oder wenn mindestens eine Bedingung aus einer Liste von Bedingungen erfüllt sein muß, wird dieser Zustand durch die Versendung eines Muxwaitsemaphores ermittelt.

Dies kann z.B. dann sinnvoll sein, wenn ein Prozeß den gleichzeitigen Zugriff auf mehrere, gleichzeitig genutzte Betriebssystemressourcen aufgrund seiner Programmlogik haben muß.

Ein Muxwaitsemaphoren wird hierbei in folgenden Einzelschritten bearbeitet.

1. Die Funktion DosCreateMuxWaitSem() kreiert den Muxwaitsemaphore, öffnet ihn für Threads des kreierenden Prozesses und erhöht den internen Semaphorezähler um 1.

   ```
   SEMRECORD sem[10];
   .
   ..../* hier Ereignissemaphore (10 Stück) definieren */
      /* und in Liste sem[] eintragen */
   .
   DosCreateMuxWaitSem("\\SEM32\\muxwaitbeispiel",
                      &hmux, /* output Handle */
                      10L,   /* Listengröße */
                      sem,   /* Liste mit Semaphoren */
                      DCMW_WAIT_ANY); /* warten auf alle*/
   ```

Hierbei muß dem Muxwaitsemaphore eine Liste mit den abzufragenden Einzelbedingungen übergeben werden. Diese Liste kann entweder Ereignissemaphore oder Muxtexsemaphore, nie aber eine Mischung von beiden Semaphoretypen enthalten.

Insgesamt dürfen maximal 64 Einzelsemaphore die Ereignisliste eines Muxwaitsemaphores bilden.

Grundsätzlich dürfen keine Muxwaitsemaphore Element einer Muxwaitsemaphore-Liste sein. Alle Semaphore, die Teil einer Muxwaitsemaphore-Liste sind, müssen vorher entsprechend ihres Typs kreiert worden sein und noch existieren.

Natürlich können Muxwaitsemaphore wie alle anderen Semaphore privat (nur durch das Handle identifizierbar) oder benannt sein; sollen Muxwaitsemaphore von mehreren Prozessen gleichzeitig nutzbar sein, so muß ihr Name oder ihr Handle den anderen Prozessen mitgeteilt werden oder allgemein bekannt sein.

2. Abfrage eines Muxwaitsemaphore; die Funktion DosWaitMuxWaitSem() wartet auf das Vorliegen des beim Kreieren des Muxwaitsemaphore festgelegten notwendigen Ereignisses; dies kann entweder

- das Vorliegen **aller** Listensemaphore oder
- das Vorliegen **mindestens eines** der Listensemaphoren

sein. Dabei müssen Prozesse, die den Muxwaitsemaphore nicht kreiert haben, diesen vorher durch die Funktion DosOpenMuxWaitSem() geöffnet haben.

Wartet der die Funktion DosWaitMuxWaitSem() benutzende Thread auf das Eintreffen aller Ereignisse einer Ereignissemaphorliste (Modus DCW_WAIT_ALL), so kann er nur dann weiterarbeiten, wenn alle Ereignissemaphore den Status »Gesetzt« (posted) haben.

Dabei ist es nicht ausreichend, daß der »gesetzt«-Status der einzelnen Listenelemente nacheinander erreicht wird, sondern er muß für alle Listenelemente gleichzeitig erfüllt sein.

Wird für eine Muxwaitsemaphore-Liste auf das gleichzeitige Eintreffen aller Semaphoreignisse gewartet, so hat der anfragende Thread erst dann Zugriff auf alle mit den einzelnen Muxwaitsemaphoren verbundenen Ressourcen, wenn alle Listensemaphore gleichzeitig »unbesetzt« sind.

Wartet der anfragende Thread dagegen auf den Unbesetztmodus mindestens eines Muxtexsemaphore (DCMW_WAIT_ANY), so bekommt der wartende Thread lediglich den Zugriff auf diejenigen Muxtexsemaphore, die tatsächlich als unbesetzt gemeldet werden.

Hier kann ein Sonderfall eintreten: ein Thread A kann auf das Eintreffen eines Muxtexsemaphore (Status unbesetzt) warten, während derselbe Muxtexsemaphore gleichzeitig Bestandteil einer Muxwaitsemaphore-Liste eines anderen Threads B ist. In diesem Fall erhält derjenige Thread (hier B), der über eine Muxwaitsemaphore-Liste den Mutexsemaphore abfragt, den Vorrang.

3. Wird ein Prozeß beendet, dessen Ereignis- oder Mutexsemaphore aktiver Bestandteil einer Muxwaitsemaphore-Liste eines anderen Prozesses ist, so wird dieser Sonderzustand durch das Setzen des Status ERROR_SEM_OWNER_DIED dem Besitzer der Muxwaitsemaphore-Liste mitgeteilt; dieser muß diesen Sonderstatus (und alle anderen Zustände der Muxwaitsemaphore-Liste durch die Funktion DosQueryMutexSem() ermitteln.

4. Einträge in die Muxwaitsemaphore-Liste können während der Existenz des Muxwaitsemaphore selbst gelöscht werden; hierzu wird die Funktion DosDeleteMuxWaitSem() benutzt.

Dies darf nur durch Threads des Prozesses durchgeführt werden, der den Muxwaitsemaphore kreiert hat. Ebenfalls nur diese Threads dürfen zusätzliche Einträge in die Muxwaitsemaphore-Liste während der Lebenszeit des Muxwaitsemaphore einfügen; hierzu wird die Funktion DosAddMuxWaitSem() benutzt.

23.4 Semaphore : Funktionen

DosAddMuxWaitSem

Funktion

In eine MuxWaitSemaphore-Liste wird entweder ein Ereignis-Semaphore oder ein MutexSemaphore eingefügt; MuxWaitSemaphore-Listen dürfen nur genau eine Semaphoreart beinhalten.

define

```
#define INCL_DOSSEMAPHORES
#include <os2.h>
```

Aufruf

ulrc = DosAddMuxWaitSem(hmux, pSemRec);

hmux (HMUX) - input	Handle des MuxWaitSemaphore
(PSEMRECORD) - input	Zeiger auf Semaphore-Struktur mit dem einzufügenden Semaphore
ulrc (ULONG) - return	Rückgabewert.
0	NO_ERROR
6	ERROR_INVALID_HANDLE
8	ERROR_NOT_ENOUGH_MEMORY
87	ERROR_INVALID_PARAMETER
100	ERROR_TOO_MANY_SEAPHORES
105	ERROR_SEM_OWNER_DIED
284	ERROR_DUPLICATE_HANDLE
292	ERROR_WRONG_TYPE

SEMRECORD Muxwait-Semaphore Satz

```
typedef struct _SEMRECORD {
  HSEM   hsemCur;/*Semaphore Handle */
  ULONG  ulUser; /*frei definierbarer Wert*/
} SEMRECORD;
typedef VOID FAR *HSEM;
```

DosCloseEventSem

Funktion

Ein Ereignis-Semaphore wird geschlossen.

define

```
#define INCL_DOSSEMAPHORES
#include <os2.h>
```

Aufruf

ulrc = DosCloseEventSem(hev);

hev (HEV) - input	Handle des Ereignis-Semaphore
ulrc (ULONG) - return	Rückgabewert.
0	NO_ERROR
6	ERROR_INVALID_HANDLE
301	ERROR_SEM_BUSY

DosCloseMutexSem

Funktion

Ein MutexSemaphore wird geschlossen.

define

```
#define INCL_DOSSEMAPHORES
#include <os2.h>
```

Aufruf

ulrc = DosCloseMutexSem(hmtx);

hmtx (HMTX) - input	Handle des MutexSemaphore
ulrc (ULONG) - return	Rückgabewert.
0	NO_ERROR
6	ERROR_INVALID_HANDLE
301	ERROR_SEM_BUSY

DosCloseMuxWaitSem

Funktion

Ein MuxWaitSemaphore wird geschlossen.

define

```
#define INCL_DOSSEMAPHORES
#include <os2.h>
```

Aufruf

ulrc = DosCloseMuxWaitSem(hmux);

hmux (HMUX) - input	Handle des MuxWaitSemaphore
ulrc (ULONG) - return	Rückgabewert.
0	NO_ERROR
6	ERROR_INVALID_HANDLE
301	ERROR_SEM_BUSY

DosCreateEventSem

Funktion

Ein Ereignis-Semaphore wird eingerichtet.

define

```
#define INCL_DOSSEMAPHORES
#include <os2.h>
```

Aufruf

ulrc = DosCreateEventSem(pszName, pphev, ulflattr, f32fState);

23.4 Semaphore : Funktionen

pszName (PSZ) - input	Zeiger auf Semaphore Namen; dieser Name muß der Syntax
	`\SEM32\semaphorename`
	gehorchen. Wird NULL angegeben, so ist der Semaphore unbenannt.
pphev (PHEV) - output	Zeiger auf Handle des Semaphore
ulflattr (ULONG) - input	Attribute des Semaphore
DC_SEM_SHARED	Semaphore von mehreren Prozessen nutzbar (shared); wird nur für unbenannte Semaphore getestet. Alle benannten Semaphore sind automatisch von mehrerer Prozessen nutzbar
f32fState (BOOL32) - input	Anfangszustand des Semaphore
FALSE)	gesetzt
TRUE	frei gegeben (posted)
ulrc (ULONG) - return	Rückgabewert.
0	NO_ERROR
8	ERROR_NOT_ENOUGH_MEMORY
87	ERROR_INVALID_PARAMETER
123	ERROR_INVALID_NAME
285	ERROR_DUPLICATE_NAME
290	ERROR_TOO_MANY_HANDLES

DosCreateMutexSem

Funktion

Ein MutexSemaphore wird eingerichtet.

define

```
#define INCL_DOSSEMAPHORES
#include <os2.h>
```

Aufruf

ulrc = DosCreateMutexSem(pszName, pphmtx, ulflAttr, f32fState);

pszName (PSZ) - input	Zeiger auf Semaphore Namen; dieser Name muß der Syntax
	`SEM32\semaphorename`
	gehorchen. Wird NULL angegeben, so ist der Semaphore unbenannt
pphmtx (PHMTX) - output	Zeiger auf Handle des Semaphore
ulflattr (ULONG) - input	Attribute des Semaphore
DC_SEM_SHARED	Semaphore von mehreren Prozessen nutzbar (shared); wird nur für unbenannte Semaphore getestet. Alle benannten Semaphore sind automatisch von mehrerer Prozessen nutzbar.
f32fState (BOOL32) - input	Anfangszustand des Semaphore
FALSE)	unbenutzt (unowned)
TRUE	benutzt (owned)
ulrc (ULONG) - return	Rückgabewert.
0	NO_ERROR
8	ERROR_NOT_ENOUGH_MEMORY
87	ERROR_INVALID_PARAMETER
123	ERROR_INVALID_NAME
285	ERROR_DUPLICATE_NAME
290	ERROR_TOO_MANY_HANDLES

DosCreateMuxWaitSem

Funktion

Ein MuxWaitSemaphore wird eingerichtet.

define

```
#define INCL_DOSSEMAPHORES
#include <os2.h>
```

Aufruf

ulrc = DosCreateMuxWaitSem(pszName, pphmux, ulcSemRec, ppSemRec, ulflAttr);

pszName (PSZ) - input	Zeiger auf Semaphore Namen; dieser Name muß der Syntax
	`\SEM32\semaphorename`
	gehorchen. Wird NULL angegeben, so ist der Semaphore unbenannt
pphmux (PHMUX) - output	Zeiger auf Handle des Semaphore
ulcSemRec (ULONG) - input	Anzahl der möglichen Einträge in der Semaphore-Liste
ppSemRec (PSEMRECORD) - input	Zeiger auf Feld von SEMRECORD-Strukturen zu Aufnahme der Semaphore-Einträge; dieses Feld darf entweder nur Ereignis-Semaphore oder nur MutexSemaphore beinhalten.
ulflAttr (ULONG) - input	Attribute
DC_SEM_SHARED	Semaphore von mehreren Prozessen nutzbar (shared); wird nur für unbenannte Semaphore getestet. Alle benannten Semaphore sind automatisch von mehrerer Prozessen nutzbar.
DCMW_WAIT_ANY	Der Semaphore wird ausgelöst, wenn mindestens ein Semaphore der Liste ausgelöst wird.
DCMW_WAIT_ALL	Der Semaphore wird erst dann ausgelöst, wenn alle Semaphore der Liste **gleichzeitig** ausgelöst sind.
ulrc (ULONG) - return	Rückgabewert.
0	NO_ERROR
6	ERROR_INVALID_HANDLE

8	ERROR_NOT_ENOUGH_MEMORY
87	ERROR_INVALID_PARAMETER
100	ERROR_TOO_MANY_SEAPHORES
105	ERROR_SEM_OWNER_DIED
123	ERROR_INVALID_NAME
284	ERROR_DUPLICATE_HANDLE
285	ERROR_DUPLICATE_NAME
290	ERROR_TOO_MANY_HANDLES
292	ERROR_WRONG_TYPE

DosDeleteMuxWaitSem

Funktion

Aus einer MuxWaitSemaphore-Liste wird ein Eintrag (entweder ein Ereignis-Semaphore oder ein MutexSemaphore) gelöscht.

define

```
#define INCL_DOSSEMAPHORES
#include <os2.h>
```

Aufruf

ulrc = DosDeleteMuxWaitSem(hmux, hsem);

hmux (HMUX) - input	Handle des MuxWaitSemaphore-Listeneigentümers
hsem (HSEM) - input	Semaphore-Handle, das aus der Liste gelöscht werden soll
ulrc (ULONG) - return	Rückgabewert.
0	NO_ERROR
6	ERROR_INVALID_HANDLE
286	ERROR_EMPTY_MUXWAIT

DosOpenEventSem

Funktion

Ein Prozess öffnet den Ereignis-Semaphore, der von einem anderen Prozess kreiert wurde, zur gemeinsamen Nutzung.

define

```
#define INCL_DOSSEMAPHORES
#include <os2.h>
```

Aufruf

ulrc = DosOpenEventSem(pszName, pphev);

pszName (PSZ) - input	Name des zu öffnenden Semaphore; für einen unbenannten Semaphore wird hier (PSZ)NULL angegeben. Ein unbenannter Semaphore wird durch sein Handle pphev identifiziert. Ist der Semaphore benannt, so muß pphev = 0 gesetzt werden.
pphev (PHEV) - input/output	Ist der Semaphore benannt, so muß pphev = 0 gesetzt werden. Ansonsten ist hier das Handle des Semaphore anzugeben.
ulrc (ULONG) - return	Rückgabewert.
0	NO_ERROR
6	ERROR_INVALID_HANDLE
8	ERROR_NOT_ENOUGH_MEMORY
87	ERROR_INVALID_PARAMETER
123	ERROR_INVALID_NAME
187	ERROR_SEM_NOT_FOUND
291	ERROR_TOO_MANY_OPENS

DosOpenMutexSem

Funktion

Ein Prozess öffnet den MutexSemaphore, der von einem anderen Prozess kreiert wurde, zur gemeinsamen Nutzung.

define

```
#define INCL_DOSSEMAPHORES
#include <os2.h>
```

Aufruf

ulrc = DosOpenMutexSem(pszName, pphmtx);

pszName (PSZ) - input	Name des zu öffnenden Semaphore; für einen unbenannten Semaphore wird hier (PSZ)NULL angegeben. Ein unbenannter Semaphore wird durch sein Handle pphev identifiziert. Ist der Semaphore benannt, so muß pphev = 0 gesetzt werden.
pphmtx (PHMTX) - input/output	Ist der Semaphore benannt, so muß pphev = 0 gesetzt werden. Ansonsten ist hier das Handle des Semaphore anzugeben.
ulrc (ULONG) - return	Rückgabewert.
0	NO_ERROR
6	ERROR_INVALID_HANDLE
8	ERROR_NOT_ENOUGH_MEMORY
87	ERROR_INVALID_PARAMETER
105	ERROR_SEM_OWNER_DIED
123	ERROR_INVALID_NAME
187	ERROR_SEM_NOT_FOUND
291	ERROR_TOO_MANY_OPENS

DosOpenMuxWaitSem

Funktion

Ein Prozess öffnet den MuxWaitSemaphore, der von einem anderen Prozess kreiert wurde, zur gemeinsamen Nutzung.

define

```
#define INCL_DOSSEMAPHORES
#include <os2.h>
```

Aufruf

ulrc = DosOpenMuxWaitSem(pszName, pphmux);

pszName (PSZ) - input	Name des zu öffnenden Semaphore; für einen unbenannten Semaphore wird hier (PSZ)NULL angegeben. Ein unbenannter Semaphore wird durch sein Handle pphev identifiziert. Ist der Semaphore benannt, so muß pphev = 0 gesetzt werden.
pphmux (PHMUX) - input/output	Ist der Semaphore benannt, so muß pphev = 0 gesetzt werden. Ansonsten ist hier das Handle des Semaphore anzugeben.
ulrc (ULONG) - return	Rückgabewert.
0	NO_ERROR
6	ERROR_INVALID_HANDLE
8	ERROR_NOT_ENOUGH_MEMORY
87	ERROR_INVALID_PARAMETER
105	ERROR_SEM_OWNER_DIED
123	ERROR_INVALID_NAME
187	ERROR_SEM_NOT_FOUND
291	ERROR_TOO_MANY_OPENS

DosPostEventSem

Funktion

Ein Ereignis-Semaphore wird freigegeben (er erhält den Wert TRUE) und kann jetzt von anderen threads gesetzt werden (DosResetEventSem()).

define

```
#define INCL_DOSSEMAPHORES
#include <os2.h>
```

Aufruf

ulrc = DosPostEventSem(hev);

hev (HEV) - input	Handle des Semaphore
ulrc (ULONG) - return	Rückgabewert.
0	NO_ERROR
6	ERROR_INVALID_HANDLE
298	ERROR_TOO_MANY_POSTS
299	ERROR_ALREADY_POSTED

DosQueryEventSem

Funktion

Die Höhe des TRUE-Zählers des Ereignis-Semaphore wird ermittelt; dieser Zähler wird durch jeden Aufruf der Funktion DosPostEventSem() inkrementiert

define

```
#define INCL_DOSSEMAPHORES
#include <os2.h>
```

Aufruf

ulrc = DosQueryEventSem(hev, ppulPostCt);

23.4 Semaphore : Funktionen 819

hev (HEV) - input	Handel des Semaphore
ppulPostCt (PULONG) - output	Zeiger auf Zähler
ulrc (ULONG) - return	Rückgabewert.
0	NO_ERROR
6	ERROR_INVALID_HANDLE
87	ERROR_INVALID_PARAMETER

DosQueryMutexSem

Funktion

Informationen über einen MutexSemaphore werden ermittelt. Hierzu werden die PID (Prozessinfo) und TID (threadinfo) des aktuellen Eigentümers sowie der Zähler des MutexSemaphore ermittelt.

define

```
#define INCL_DOSSEMAPHORES
#include <os2.h>
```

Aufruf

ulrc = DosQueryMutexSem(hmtx, pppidppidOwner, pptidptidOwner, ppulCount);

hmtx (HMTX) - input	Handle des Semaphore
pppidppidOwner (PPID) - output	Zeiger auf PID-Struktur des aktuellen Eigentümerprozesses
pptidptidOwner (PTID) - output	Zeiger auf TID-Struktur des aktuellen Eigentümerthreads
ppulCount (PULONG) - output	Zeiger auf Anfragezähler des MutexSemaphore; dieser Zähler wird durch die Funktion DosRequestMutexSem() inkrementiert und durch

	DosReleaseMutexSem() dekrementiert. Die Werte beziehen sich auf den aktuellen thread.
ulrc (ULONG) - return	Rückgabewert.
0	NO_ERROR
6	ERROR_INVALID_HANDLE
87	ERROR_INVALID_PARAMETER
105	ERROR_SEM_OWNER_DIED

DosQueryMuxWaitSem

Funktion

Die Einträge einer MuxWaitSemaphore-Liste werden abgefragt.

define

```
#define INCL_DOSSEMAPHORES
#include <os2.h>
```

Aufruf

ulrc = DosQueryMuxWaitSem(hmux, ppcSemRec, ppSemRec, ppflAttr);

hmux (HMUX) - input	Handle des MuxWaitSemaphore (des Listeneigentümers)
ppcSemRec (PULONG)	
- input/output	Eingabe : maximal zu ermittelnde Listeneinträge für den Pufferspeicher pSemRec.
	Ausgabe : tatsächlich ermittelte Listeneinträge in dem Pufferspeicher pSemRec.
ppSemRec (PSEMRECORD)	
- output	Zeiger auf Pufferbereich, der die Listeneinträge aufnimmt.
ppflAttr (PULONG)	
- output	Attribut, das der Liste in DosCreateMuxWaitSem() beigegeben wurde : DC_SEM_SHARED, DCMW_WAIT_ANY oder DCMW_WAIT_ALL (siehe dort)

23.4 Semaphore : Funktionen   *821*

ulrc (ULONG) - return	Rückgabewert.	
0	NO_ERROR	
6	ERROR_INVALID_HANDLE	
8	ERROR_NOT_ENOUGH_MEMORY	
87	ERROR_INVALID_PARAMETER	
105	ERROR_SEM_OWNER_DIED	
289	ERROR_PARAM_TOO_SMALL	

DosReleaseMutexSem

Funktion

Ein MutexSemaphore wird freigegeben; die Eigentümerschaft des freigebenden threads wird beendet.

define

```
#define INCL_DOSSEMAPHORES
#include <os2.h>
```

Aufruf

ulrc = DosReleaseMutexSem(hmtx);

hmtx (HMTX) - input	Handle des Semaphore
ulrc (ULONG) - return	Rückgabewert.
0	NO_ERROR
6	ERROR_INVALID_HANDLE
288	ERROR_NOT_OWNER

DosRequestMutexSem

Funktion

Ein thread fordert die Eigentümerschaft an einem MutexSemaphore; der Zähler des MutexSemaphore wird inkrementiert.

define

```
#define INCL_DOSSEMAPHORES
#include <os2.h>
```

Aufruf

ulrc = DosRequestMutexSem(hmtx, ululTimeout);

hmtx (HMTX) - input	Handle des Semaphore
ululTimeout (ULONG) - input	Maximale Wartezeit auf die Erlangung des Eigentums am MutexSemaphore in millisec; der thread ist solange angehalten (blockiert).
SEM_IMMEDIATE_RETURN	DosRequestMutexSem() kehrt sofort zurück und blockiert daher nicht den thread
SEM_INDEFINITE_WAIT	DosRequestMutexSem() wartet beleiebig lange
Wert	Wartezeit in millisec
ulrc (ULONG) - return	Rückgabewert.
0	NO_ERROR
6	ERROR_INVALID_HANDLE
95	ERROR_INTERRUPT
103	ERROR_TOO_MANY_SEM_REQUESTS
105	ERROR_SEM_OWNER_DIED
640	ERROR_TIMEOUT

DosResetEventSem

Funktion

Ein Ereignis-Semaphore wird gesetzt (Wert FALSE).

define

```
#define INCL_DOSSEMAPHORES
#include <os2.h>
```

Aufruf

ulrc = DosResetEventSem(hev, ppulPostCt);

hev (HEV) - input	Handle des Semaphore
ppulPostCt (PULONG) - output	Zeiger auf Ereignis-Semaphore-Zähler; DosPostEventSem() inkrementiert diesen Zähler.
ulrc (ULONG) - return	Rückgabewert.
0	NO_ERROR
6	ERROR_INVALID_HANDLE
300	ERROR_ALREADY_RESET

DosWaitEventSem

Funktion

Ein thread wartet auf das Freigeben (Wert TRUE) eines Ereignis-Semaphore.

define

```
#define INCL_DOSSEMAPHORES
#include <os2.h>
```

Aufruf

ulrc = DosWaitEventSem(hev, ululTimeout);

hev (HEV) - input	Handle des Semaphore
ululTimeout (ULONG) - input	Maximale Wartezeit auf die Erlangung des Eigentums am MutexSemaphore in millisec; der thread ist solange angehalten (blockiert)

SEM_IMMEDIATE_RETURN	DosRequestMutexSem() kehrt sofort zurück und blockiert daher nicht den thread
SEM_INDEFINITE_WAIT	DosRequestMutexSem() wartet beleiebig lange
Wert	Wartezeit in millisec

ulrc (ULONG) - return Rückgabewert.

0	NO_ERROR
6	ERROR_INVALID_HANDLE
8	ERROR_NOT_ENOUGH_MEMORY
95	ERROR_INTERRUPT
640	ERROR_TIMEOUT

DosWaitMuxWaitSem

Funktion

Die Funktion wartet auf das Auslösen eines MuxWaitSemaphore.

define

```
#define INCL_DOSSEMAPHORES
#include <os2.h>
```

Aufruf

ulrc = DosWaitMuxWaitSem(hmux, ulTimeout, pUser);

hmux (HMUX) - input Handle des MuxWaitSemaphore

ulTimeout (ULONG) - input Maximale Wartezeit auf die Erlangung des Eigentums am MutexSemaphore in millisec; der thread ist solange angehalten (blockiert).

23.4 Semaphore : Funktionen

SEM_IMMEDIATE_RETURN	DosRequestMutexSem() kehrt sofort zurück und blockiert daher nicht den thread
SEM_INDEFINITE_WAIT	DosRequestMutexSem() wartet beliebig lange
Wert	Wartezeit in millisec
pUser (PULONG) - output	Zeiger auf das frei definierbare Feld SEMRECORD.ulUser des MuxWaitSemaphore.
ulrc (ULONG) - return	Rückgabewert.
0	NO_ERROR
6	ERROR_INVALID_HANDLE
8	ERROR_NOT_ENOUGH_MEMORY
87	ERROR_INVALID_PARAMETER
95	ERROR_INTERRUPT
103	ERROR_TOO_MANY_SEM_REQUESTS
105	ERROR_SEM_OWNER_DIED
286	ERROR_EMPTY_MUXWAIT
287	ERROR_MUTEX_OWNED
292	ERROR_WRONG_TYPE
640	ERROR_TIMEOUT

24 Informationsleitung (pipe)

Im Gegensatz zu den von einem Prozeß aus gestarteten Threads, die vollständigen Zugriff auf die Ressourcen, insbesondere die globalen Variablen des startenden Prozesses haben, besteht kein direkter Zugriff vom Kindprozeß auf die Datenstrukturen und Ressourcen des Elternprozesses.

Natürlich können Prozesse über prozeßinterne Ereignisse durch gemeinsam nutzbare Semaphore i(i.d.R. benannte Semaphore) Information austauschen. Hierdurch ist aber lediglich eine Abstimmung bezüglich der Verwendung gemeinsam benutzter Ressourcen möglich; ein direkter Datenaustausch zwischen je zwei Prozessen ist hiermit nicht realisierbar.

Hierzu stellt OS/2 2.0 eine nützliche Möglichkeit zur Verfügung.

24.1 Definition

Informationsleitungen (pipes): Eine Informationsleitung ist eine in beiden Richtungen funktionierende Verbindung von genau zwei Prozessen.

1. Dabei werden **unbenannte Informationsleitungen** genutzt, um Informationen zwischen Eltern- und Kindprozessen auszutauschen; der Zugriff auf unbenannte Informationsleitungen erfolgt über das nur dem Eltern-, Kindprozeß bekannte Handle.

   Die Funktion DosCreatePipe() installiert eine unbenannte Informationsleitung; es werden zwei Handle von dieser Funktion zurückgegeben: ein Handle um in die Informationsleitung zu schreiben, und das andere Handle um aus dieser Informationsleitung Informationen auszulesen. Nach der Bereitstellung einer unbenannten Informationsleitung durch die Funktion DosCreatePipe() wird Dateneingabe- oder ausgabe durch diese unbenannte Informationsleitung behandelt wie die Datenein- und ausgabe in den Standardeingabekanal und den Standardausgabekanal.

2. **Benannte Informationsleitungen** (named pipes): Benannte Informationsleitungen sind wesentlich flexibler einsetzbar als unbenannte Informationsleitungen; sie gestatten grundsätzlich den Datenaustausch zwischen beliebigen Prozessen (keine Beschränkung auf Eltern/Kindprozesse). Darüber hinaus können benannte Informationsleitungen auch zum Datenaustausch zwischen

Prozessen dienen, die auf verschiedenen physikalischen Rechnern, verbunden durch ein Netzwerk, ablaufen.

Hierbei wird unterschieden zwischen dem bedienenden Prozeß (server process), der die benannte Informationsleitung einrichtet und dem bedienten Prozeß (client process) der die so bereitgestellte benannte Informationsleitung benutzt. Dabei kann der bediente Prozeß (client) durchaus auch mit einem Netzwerk verbunden auf einem anderen Rechner des Systems ablaufen.

Benannte Informationsleitung werden durch die Funktion DosCreateNPipe() eingerichtet. Schreibender und lesender Zugriff auf die Informationen innerhalb der benannten Informationsleitung wird wiederum durch die Funktion DosRead() bzw. DosWrite() realisiert.

Eine benannte Informationsleitung kann dabei in einem der folgenden vier Zustände sein

1. **Verbunden (connected)**: Die Informationsleitung ist kreiert und sowohl mit bedienendem (server) als auch mit bedientem (client) Prozeß verbunden.

2. **Teilweise geschlossen (closing)**: Die Informationsleitung ist seitens des bedienten Prozesses (client) geschlossen worden; der bedienende Prozeß (server) ist allerdings noch an die Informationsleitung angeschlossen.

3. **Geschlossen (disconnected)**: Die Informationsleitung ist zwar seitens des bedienenden Prozesses (server) kreiert worden; sie ist allerdings an noch keinen Prozeß (client) angeschlossen. Dieser Zustand kann auch erreicht werden, indem eine bereits angeschlossene Informationsleitung explizit von beiden Prozessen abgekoppelt wird. Eine abgekoppelte Informationsleitung kann nicht mittels der Funktion DosOpen() bearbeitet werden.

4. **Wartend (listening)**: Die Nachrichtenleitung ist kreiert (vom server) und seitens des bedienenden Programms (server) angeschlossen. Ein bedienter Prozeß (client) ist allerdings noch nicht angekoppelt worden.

24.2 Programmierung

Folgende Einzelschritte müssen bei der Programmierung einer benannten Informationsleitung beachtet werden.

1. Der bedienende Prozeß (server) kreiert die Informationsleitung durch die Funktion DosCreateNPipe(). Neben anderen Parametern wird hier im wesentlichen der Leitungsname gemäß der Syntax

24.2 Programmierung

\PIPE\Leitungsname

übergeben. Die Funktion gibt ein Handle auf die so eingerichtete Informationsleitung zurück; der bedienende Prozeß benutzt dieses Handle sowohl für den lesenden als auch für den schreibenden Zugriff auf Informationsleitungen.

```
char pname[] = "\\PIPE\\INFOLEITUNGSNAME";

apiret = DosCreateNPipe(
        pname,
        &ilHandle, /* IL Handle */
        NP_ACCESS_DUPLEX, /* beide Richtungen */
        NP_NOWAIT | /* DosRead + DosWrite warten
                                              nicht */
        NP_TYPE_MESSAGE | /* Nachrichten, keine
                                              bytes */
        NP_READMODE_MESSAGE |
        0x01,
                /* Nachrichten werden gelesen */
        4096L, /* Puffer Server -> Client */
        2048L, /* Puffer Client -> Server */
        1000); /* Wartezeit */
```

2. Der bedienende Prozeß (server) versetzt die Nachrichtenleitung in den Zustand 4 (wartend) durch die Funktion DosConnectNPipe();

```
apiret = DosConnectNPipe(ilHandle); /* IL Handle */
```

erst danach kann diese einseitig verbundene Informationsleitung vom bedienten Prozeß (client) genutzt werden.

3. Ein bedienter Prozeß (client), der den Namen der benannten Informationsleitung kennt, übergibt diesen Namen der Funktion DosOpen(); diese Funktion gibt ein Handle auf die Informationsleitung zurück.

```
apiret = DosOpen(
        "\\PIPE\\INFOLEITUNGSNAME",
        &ilHandle, /* IL Handle */
        &ergebnis, /* Ergebnis des Öffnens */
        0, /* logische Dateigröße */
        FILE_NORMAL, /*Lesen+Schreiben erlaubt*/
        OPEN_ACTION_OPEN_IF_EXISTS, /* Aktion */
        OPEN_ACCESS_READWRITE |
        OPEN_SHARE_DENYNONE,
        (PEAOP2)NULL); /* kein EA */
```

Auch hier wird dieses Handle sowohl für lesenden als auch für schreibenden Zugriff benutzt. Liegt der bedienende Prozeß (server) auf einem anderen Rechner eines Netzwerkes, so muß der gültige Name der genannten Informationsleitung gemäß der Syntax

```
\\Computername\PIPE\Leitungsname
```

angegeben werden.

4. Die tatsächliche Kommunikation zwischen bedienendem und bedientem Prozeß (zwischen server und client) findet durch Benutzung der Funktion DosRead()und DosWrite() statt. Die Funktion DosResetBuffer() kann dabei zur Synchronisation dieses Dialoges verwendet werden. Hierbei wird dafür gesorgt, daß die Daten, die der diese Funktion aufrufende Prozeß in die Informationsleitung geschrieben hat, vom anderen Prozeß vollständig gelesen wurde.

```
{
   char nachricht[128];
   SHORT nl;
   ULONG anzahl;
   SHORT i;

   /* Nachricht konstruieren */
   /* Jede Nachricht hat folgende Syntax : */
   /* Byte0,Byte1 : Länge LN der Nachricht in byte */
   /* folgende byte : Nachrichteninhalt (LN-2) byte */

   strcpy(buffer, "Nachricht server -> client");
   nl = strlen(buffer)+2;
   nachricht[0] = (UCHAR)nl;
   nachricht[1] = (UCHAR)(nl>>8);
   nachricht[2] = '\0';
   strcat(nachricht, buffer);

   /* Nachricht an client schicken */

   apiret = DosWrite(ilHandle,
                     nachricht,
                     nl,
                     &anzahl);
}


{
   char nachricht[128];
```

24.2 Programmierung

```
    SHORT n1;
    ULONG anzahl;

    /* Nachricht von client lesen */
    apiret = DosRead(ilHandle,
                     nachricht,
                     sizeof(nachricht),
                     &anzahl);
}
```

5. Die Nutzung der Informationsleitung wird beendet, indem der bediente Prozeß (client) die Funktion DosClose() aufruft und damit das diesseitige (sein eigenes) Ende der Nachrichtenleitung entkoppelt. Damit ist die Nachrichtenleitung im Zustand 2 (teilweise geschlossen).

```
{
    apiret = DosClose(ilHandle);
}
```

6. Der bedienende Prozeß (server) kann daraufhin die Funktion DosDisConnectNPipe() dazu benutzen, die Nachrichtenleitung in Zustand 3 (geschlossen) zu versetzen.

```
{
    apiret = DosDisConnectNPipe(ilHandle);
}
```

Der bedienende Prozeß kann nun, falls ein neuer bedienter Prozeß (client) angekoppelt werden soll, erneut die Funktion DosConnectNPipe() aufrufen und damit den Vorgang beginnend mit Punkt 2 wiederholen. Andererseits kann die Benutzung der benannten Informationsleitung vollkommen abgeschlossen werden, indem der bedienende Prozeß (server) mittels der Funktion DosClose() die Informationsleitung vollkommen schließt und das Handle der Informationsleitung ungültig macht.

24.3 Informationsleitung : Funktionen

DosCreatePipe

Funktion

Eine unbenannte Informationsleitung (pipe) wird erzeugt.

define

```
#define INCL_DOSQUEUES
#include <os2.h>
```

Aufruf

ulrc = DosCreatePipe(ppReadHandle, ppWriteHandle, ulPipeSize);
　　　　　ppReadHandle

(PHFILE) - output	Informationsleitung (pipe) Handle für Lesezugriff
ppWriteHandle	
(PHFILE) - output	Informationsleitung (pipe) Handle für Schreibzugriff
ulPipeSize	
(ULONG) - input	Informationsleitung (pipe) Größe in byte
ulrc (ULONG) - return	Rückgabewert.
0	NO_ERROR
8	ERROR_NOT_ENOUGH_MEMORY

DosConnectNPipe

Funktion

Eine vorher durch DosCreateNPipe() eingereichtete Informationsleitung (benannt) wird vom einrichtenden Server in den Zustand versetzt, auf das Ankopppeln eines Clientprozesses zu warten (listening state). Nur wenn die Infor-

24.3 Informationsleitung : Funktionen 833

mationsleitung (benannt) als nicht blockierend kreiert wurde, wartet diese Funktion nicht auf das Ankoppeln eines Client.

define

```
#define INCL_DOSNMPIPES
#include <os2.h>
```

Aufruf

ulrc = DosConnectNPipe(hpipeHandle);

hpipeHandle (HPIPE) - input   Handle der Informationsleitung (benannt)

ulrc (ULONG) - return   Rückgabewert.

0	NO_ERROR
95	ERROR_INTERRUPT
109	ERROR_BROKEN_PIPE
230	ERROR_BAD_PIPE
233	ERROR_PIPE_NOT_CONNECTED

DosCreateNPipe

Funktion

Ein Serverprozess kreiert eine Informationsleitung (benannt).

define

```
#define INCL_DOSNMPIPES
#include <os2.h>
```

Aufruf

ulrc = DosCreateNPipe(pszFileName, pipePipeHandle, ulOpenMode, peMode, ulOutBufSize, BufSize, ulTimeOut);

pszFileName (PSZ)
- input

Name der Informationsleitung (benannt). Dieser Name muß der Syntax

`\PIPE\name_der_informationsleitung`

genügen; es existiert dabei kein Verzeichnis mit dem Namen \PIPE\

pphpipePipeHandle (PHPIPE) - output

Zeiger auf Handle der Informationsleitung (benannt)

ulOpenMode (ULONG)
- input

Bearbeitungsmodus

bit 31-16   Reserviert NULL.

bit 15   Reserviert NULL

bit 14   Direktes Schreiben in Hintergrund-Informationsleitung (Informationsleitung (benannt) in einem Netzwerk mit Partnern auf unterschiedlichen Rechnern).

0 = NP_WRITEBEHIND : Hintergrundschreiben ist erlaubt

1 = NP_NOWRITEBEHIND : Hintergrundschreiben verboten; Daten für Partnerprozess werden erst auf dem Senderrechner zwischengespeichert und später über das Netz geschickt.

bit 13-8   Reserviert

bit 7   Weitergabe (Vererben) des Handles der Informationsleitung (benannt)

0 = NP_INHERIT : Handle vererbbar an Kindprozesse

1 = NP_NOINHERIT : Handle ist privat und darf nicht weitergegeben werden.

bit 6-3   Reserviert NULL

bit 2-0   Zugriffsmodus

000 = NP_ACCESS_INBOUND : Nur Richtung Client an Server erlaubt

		001 = NP_ACCESS_OUTBOUND : Nur Richtung Server an Client erlaubt
		010 = NP_ACCESS_DUPLEX : Beide Richtungen gleichzeitig erlaubt
ulPipeMode (ULONG)		
- input		Einrichtungsmodus
	bit 31-16	Reserviert NULL.
	bit 15	Blockierungsmodus
		0 = NP_WAIT : Zugriffsfunktionen auf Informationsleitung (benannt) warten auf Daten
		1 = NP_NOWAIT : Zugriffsfunktionen auf Informationsleitung (benannt) warten nicht auf Daten
	bit 14-12	Reserviert NULL.
	bit 11-10	Typ der Informationsleitung (benannt)
		00 = NP_TYPE_BYTE : Es werden unformatierte Daten als byte-Strom übertragen
		01 = NP_TYPE_MESSAGE : Es werden Nachrichten gemäß der Syntax
		`Byte0,byte1` : Länge der Nachricht;
		`folgende bytes` : Nachricht
		übertragen
	bit 9-8	Lesemodus
		00 = NP_READMODE_BYTE : Es werden byte aus der Informationsleitung (benannt) gelesen
		01 = NP_READMODE_MESSAGE : es werden Nachrichten (def. s.o.) gelesen
		Nachrichten in einer Informationsleitung (benannt) können sowohl als Nachricht als auch als byteStrom gelesen werden
	bit 7-0	Mehrfachnutzung der Informationsleitung (benannt)
		Wert = 1 : Nur einmalige Nutzung erlaubt

	1 < Wert < 255 : Mehrfache Nutzung bis zur angegebenen Anzahl erlaubt
	Wert = -1 : Unbegrenzte Mehrfachnutzung erlaubt
	Wert= 0 : Reserviert
ulOutBufSize (ULONG) - input	Größe des Puffers für Kommunikation Client nach Server
ulInBufSize (ULONG) - input	Größe des Puffers für Kommunikation Server nach Client
ulTimeOut (ULONG) - input	Wartezeit für DosWaitNPipe() in millisec
0	Standard = 50 millisec
ulrc (ULONG) - return	Rückgabewert.
0	NO_ERROR
3	ERROR_PATH_NOT_FOUND
8	ERROR_NOT_ENOUGH_MEMORY
84	ERROR_OUT_OF_STRUCTURES
87	ERROR_INVALID_PARAMETER
231	ERROR_PIPE_BUSY

DosDisConnectNPipe

Funktion

Wenn ein Clientprozess sein Ende der Informationsleitung (benannt) mittels DosClose() geschlossen hat, muß der Besitzer der Informationsleitung (benannt) (der Server), falls er die Informationsleitung (benannt) weiter benutzen will diese Funktion aufrufen, um wieder eine neue Kommunikation mit der Informationsleitung (benannt) aufbauen zu können (mittels DosConnectNPipe()).

define

```
#define INCL_DOSNMPIPES
#include <os2.h>
```

Aufruf

ulrc = DosDisConnectNPipe(hpipeHandle);

hpipeHandle (HPIPE) - input   Handle der Informationsleitung (benannt)

ulrc (ULONG) - return   Rückgabewert.

0	NO_ERROR
109	ERROR_BROKEN_PIPE
230	ERROR_BAD_PIPE

DosPeekNPipe

Funktion

Daten werden aus einer Informationsleitung (benannt) gelesen, ohne das sie dabei aus der Informationsleitung (benannt) entfernt werden (dies ist der Unterschied zu DosRead()).

define

```
#define INCL_DOSNMPIPES
#include <os2.h>
```

Aufruf

**ulrc = DosPeekNPipe(hpipeHandle, pBuffer, ulBufferLen, pBytesRead,
                                  pBytesAvail, pPipeState);**

hpipeHandle (HPIPE) - input   Handle der Informationsleitung (benannt)

pBuffer (PVOID) - output   Ausgabepuffer

**ulBufferLen (ULONG)
- input**   Anzahl zu lesender Zeichen = Größe des Ausgabepuffers

pBytesRead (PULONG)
- output Anzahl gelesener Zeichen

pBytesAvail (PAVAILDATA)
- output Zeiger auf 4 byte, die Informationen über die verfügbaren Zeichen in der Informationsleitung (benannt) enthalten

    bit 32-16 Gesamtzahl byte in der Informationsleitung (benannt)

    bit 15-0 Anzahl byte in der aktuellen Nachricht

pPipeState (PULONG)
- output Zustand der Informationsleitung (benannt)

    NP_STATE_DISCONNECTED

        Informationsleitung (benannt) abgekoppelt

    NP_STATE_LISTENING Informationsleitung (benannt) wartet auf Clientankopplung

    NP_STATE_CONNECTED

        Informationsleitung (benannt) an Client gekoppelt

    NP_STATE_CLOSING Zustand nach DosCreateNPipe() oder DosDisConnectNPipe()

ulrc (ULONG) - return Rückgabewert.

0	NO_ERROR
230	ERROR_BAD_PIPE
231	ERROR_PIPE_BUSY
233	ERROR_PIPE_NOT_CONNECTED

DosQueryNPipeInfo

Funktion

Informationen über eine Informationsleitung (benannt) werden ermittelt.

define

```
#define INCL_DOSNMPIPES
#include <os2.h>
```

Aufruf

ulrc = DosQueryNPipeInfo(hpipeHandle, ulInfoLevel, pInfoBuf, ulInfoBufSize);

hpipeHandle (HPIPE) - input	Handle der Informationsleitung (benannt)
ulInfoLevel (ULONG) - input	Informationsdetailgrad
pInfoBuf (PVOID) - output	Zeiger auf Speicherbereich, der die Information aufnehmen soll

ulInfoLevel = 1

outbufsize (USHORT)	Größe Ausgabepuffer der Informationsleitung (benannt)
inbufsize (USHORT)	Größe Eingabepuffer der Informationsleitung (benannt)
maxnuminstances (UCHAR)	Mehrfachnutzungsanzahl (Maximum)
numinstances (UCHAR)	Aktuelle Mehrfachnutzungszahl
namelength (UCHAR)	Länge des Namens der Informationsleitung (benannt)
pipename (CHAR)	Name der Informationsleitung (benannt)

ulInfoLevel = 2

2 byte lange ID der Informationsleitung (benannt)

ulInfoBufSize (ULONG) - input	Länge des Infopuffers pInfoBuf
ulrc (ULONG) - return	Rückgabewert.
0	NO_ERROR
111	ERROR_PUFFER_OVERFLOW
124	ERROR_INVALID_LEVEL
230	ERROR_BAD_PIPE

DosWaitNPipe

Funktion

Ein Client nutzt diese Funktion, um auf die Verfügbarkeit einer Informationsleitung (benannt) zu warten, die aktuell bis zu ihrer zulässigen Maximalzahl genutzt wird (von anderen Clientprozessen); die Wartezeit kann der Client selbst bestimmen.

define

```
#define INCL_DOSNMPIPES
#include <os2.h>
```

Aufruf

ulrc = DosWaitNPipe(pszFileName, ulTimeOut);

pszFileName (PSZ) - input	Name der Informationsleitung (benannt)
ulTimeOut (ULONG) - input	Maximale Wartezeit in millisec
Wert = 0	Wartezeit aus DosCreateNPipe() wird genutzt
Wert = -1	unbegrenztes Warten
ulrc (ULONG) - return	Rückgabewert.
0	NO_ERROR
2	ERROR_FILE_NOT_FOUND
95	ERROR_INTERRUPT
231	ERROR_PIPE_BUSY

25 Infowarteschlangen (queues)

Infowarteschlangen können dazu benutzt werden, um Informationen zwischen Threads eines einzelnen Prozesses oder zwischen beliebigen Prozessen auszutauschen. Informationen, die über die Infowarteschlange ausgegeben werden können sind in Einheiten von 32 Bit Größe organisiert.

25.1 Definitionen

Der entscheidende Unterschied zur Informationsleitung besteht darin, daß

1. der Prozeß, der die Infowarteschlange einleitet (der Infowarteschlangeneigentümer) Informationen der eigenen Infowarteschlange ausschließlich lesen kann.

2. Mehr als ein angeschlossener Prozeß (client) kann dagegen schreibend auf diese Infowarteschlange zugreifen.

Während also eine Informationsleitung (pipe) sowohl lesenden als auch schreibenden Zugriff für miteinander kommunizierende, an die Infoleitung angeschlossene Prozesse ermöglicht, hat eine Infowarteschlange den Zweck, mehreren bedienten Prozessen (clients) die Möglichkeit zu geben, Informationen an ein und denselben bedienenden Prozeß (server) senden können. Dieser Weg ist **nicht umkehrbar**.

Jeder Thread des Prozesses, der die Infowarteschlange eingerichtet hat, kann Informationen aus dieser Infowarteschlange abrufen. Die Reihenfolge der Informationsermittlung aus dieser Infowarteschlange ist dabei prinzipiell in drei verschieden Modi möglich.

1. FIFO: Der zuerst in die Infowarteschlange eingefügte 32- Bit-Informationsblock wird als erster vom Infowarteschlangen-Eigentümer gelesen

2. LIFO: Der zuletzt in die Infowarteschlange eingefügte 32-Bit-Informationsblock wird als erster seitens des Schlangeneigentümers gelesen.

3. Die 32-Bit-Informationsblöcke werden mit Prioritäten versehen und entsprechend dieser Prioritäten seitens des Warteschlangeneigentümers gelesen.

Informationsblocks können aus der Infowarteschlange gelesen und gleichzeitig entfernt (DosReadQueue()) oder alternativ nur gelesen (DosPeekQueue()) werden. Der Verzicht auf ein Entfernen von Informationsblöcken aus der Infowarteschlange ermöglicht es anderen Threads des Eigentümerprozesses, dieselben Nachrichtenblöcke aus der Infowarteschlange auszulesen.

25.2 Programmierung

Eine Infowarteschlange wird durch die Funktion DosCreateQueue() eingerichtet; sie erhält dabei einen Namen gemäß der Syntax

```
\QUEUES\Warteschlangenname
```

Der die Warteschlange einrichtende Prozeß wird Eigentümer- oder Serverprozeß genannt. Ist die Warteschlange einmal eingerichtet, so kann jeder Thread des Eigentümerprozesses lesend auf die Warteschlange zugreifen.

Dagegen muß ein abhängiger Prozeß (client) (bevor er Informationsblöcke in die Infowarteschlange schreibt) diese Warteschlange vorher durch die Funktion DosOpenQueue() öffnen. Natürlich muß der Clientprozeß dabei den Namen oder (bei unbenannten Queues das Handle) der Infowarteschlange kennen.

Anschließend können die abhängigen Prozesse durch Verwendung der Funktion DosWriteQueue() 32-Bit-Informationsblöcke in die Infowarteschlange einfügen.

Der Infowarteschlangen-Eigentümer kann dagegen durch die Funktion DosReadQueue() in beschriebener Reihenfolge diese Informationsblöcke aus der Infowarteschlange auslesen. Dabei werden die so gelesenen Informationsblöcke aus der Infowarteschlange entfernt.

Alternativ kann die Funktion DosPeekQueue() verwendet werden, die lediglich den Inhalt des zu lesenden Informationsblocks ermittelt, den Informationsblock selber aber nicht aus der Infowarteschlange entfernt.

Der Eigentümerprozeß kann den gesamten Inhalt der Infowarteschlange durch Aufruf der Funktion DosPurgeQueue() löschen; die Infowarteschlange ist anschließend vollständig geleert - existiert aber noch.

Ruft ein abhängiger Prozeß (client) die Funktion DosCloseQueue(), so wird i.d.R. der Zugriff des abhängigen Prozesses auf die Infowarteschlange beendet.

Ruft stattdessen der Eigentümerprozeß die Funktion DosCloseQueue(), so wird die Infowarteschlange gelöscht; das Handle der Infowarteschlange ist danach ungültig.

25.2 Programmierung

```c
/******SERVER ***** INFOWARTESCHLANGE IWS (QUEUE) **/

case ID_IWSSTART: /* IWS einrichten */
{
 char pname[] = "\\QUEUES\\IWSBEISPIEL";

 apiret = DosCreateQueue(
            &iwsHandle, /* Handle der IWS */
            QUE_FIFO | /* Abfragereihenfolge */
            QUE_CONVERT_ADDRESS, /* automatisch 16bit-
                                                >32bit */
            pname); /* Name */
}
break;

case ID_IWSEMPFANGEN:
{
 REQUESTDATA nachricht;
 ULONG lgnachricht;
 ULONG code = 0; /* von Anfang an lesen */
 PULONG adresse;
 BOOL32 wait = 0; /* Warten, bis Element in IWS */
 BYTE prioritaet;

 if(iwsHandle){

 /* Nachricht von client lesen */

 apiret = DosReadQueue(iwsHandle,
                       &nachricht,
                       &lgnachricht,
                       (PVOID *)&adresse,
                       code,
                       wait,
                       &prioritaet,
                       (HEV)0);
 sprintf(text1, "Server <- Client Fehler = %d", apiret);
 sprintf(text2, "Gelesen wurden %d byte", lgnachricht);
 sprintf(text3, "Nachricht >%d<", nachricht.ulData);
 WinInvalidateRect(hwnd, (PRECTL)NULL, FALSE);
 }
}
break;

/****** Client *** INFOWARTESCHLANGE IWS (QUEUE) *****/
```

```
case ID_IWSSTART: /* IWS öffnen */
{
 char pname[] = "\\QUEUES\\IWSBEISPIEL";
 PID pidname;

 apiret = DosOpenQueue(
                 &pidname,
                 &iwsHandle, /* Handle der IWS */
                 pname); /* Name */
}
break;
```

25.3 Infowarteschlange : Funktionen

DosCloseQueue

Funktion

Eine Informationswarteschlange wird geschlossen (falls ein Client diese Funktion aufruft) oder gelöscht (falls der Server diese Funktion aufruft).

define

```
#define INCL_DOSQUEUES
#include <os2.h>
```

Aufruf

ulrc = DosCloseQueue(QueueHandle);

QueueHandle (HQUEUE)
- input   Handle der Informationswarteschlange

ulrc (ULONG) - return   Rückgabewert.

    0   NO_ERROR

    337   ERROR_QUE_INVALID_HANDLE

DosCreateQueue

Funktion

Eine Informationswarteschlange wird vom Server kreiert.

define

```
#define INCL_DOSQUEUES
#include <os2.h>
```

Aufruf

ulrc = DosCreateQueue(pphqRWHandle, ulQueueFlags, pszQueueName);

pphqRWHandle (PHQUEUE)
- output   Handel der Informationswarteschlange; ein DosOpenQueue() ist für den Serverprozess nicht mehr nötig

ulQueueFlags (ULONG)
- input   Modus Informationswarteschlange

    QUE_FIFO   Ordnung first in first out in der Informationswarteschlange

    QUE_LIFO   Ordnung last in first out in der Informationswarteschlange

    QUE_PRIORITY   Ordnung prioritätsgestützt

    QUE_NOCONVERT_ADDRESS

        16-bit Adressen werden nicht konvertiert

    QUE_CONVERT_ADDRESS

        16-bit Adressen werden konvertiert in 32-bit Adressen

pszQueueName (PSZ) - input Name der Informationswarteschlange; dieser Name muß der Syntax

    \QUEUES\name_der_informationswarteschlange

gehorchen

ulrc (ULONG) - return	Rückgabewert.
0	NO_ERROR
87	ERROR_INVALID_PARAMETER
332	ERROR_QUE_DUPLICATE
334	ERROR_QUE_NO_MEMORY
335	ERROR_QUE_INVALID_NAME

DosOpenQueue

Funktion

Ein Clientprozess öffnet eine vorher von einem anderen Prozess kreierte Informationswarteschlange zum schreibenden Gebrauch.

define

```
#define INCL_DOSQUEUES
#include <os2.h>
```

Aufruf

ulrc = DosOpenQueue(pppidOwnerPID, pphqQueueHandle, pszQueueName);

pppidOwnerPID (PPID) - output	Zeiger auf ProzessID des Servers der Informationswarteschlange
pphqQueueHandle (PHQUEUE) - output	Schreibhandel der Informationswarteschlange
pszQueueName (PSZ) - input	Name der Informationswarteschlange
ulrc (ULONG) - return	Rückgabewert.
0	NO_ERROR
334	ERROR_QUE_NO_MEMORY
341	ERROR_QUE_PROC_NO_ACCESS
343	ERROR_QUE_NAME_NOT_EXIST

DosPurgeQueue

Funktion

Der Server kann den gesamten Inhalt der Informationswarteschlange durch diese Funktion löschen; die Informationswarteschlange selbst wird nicht gelöscht.

define

```
#define INCL_DOSQUEUES
#include <os2.h>
```

Aufruf

ulrc = DosPurgeQueue(QueueHandle);

QueueHandle (HQUEUE) - input	Handle der Informationswarteschlange
ulrc (ULONG) - return	Rückgabewert.
0	NO_ERROR
330	ERROR_QUE_PROC_NOT_OWNED
337	ERROR_QUE_INVALID_HANDLE

DosReadQueue

Funktion

Es wird ein Informationselement aus der Informationswarteschlange gelesen; die gelesene Information wird aus der Informationswarteschlange gelöscht.

define

```
#define INCL_DOSQUEUES
#include <os2.h>
```

Aufruf

ulrc = DosReadQueue(QueueHandle, pRequest, pDataLength,
                                pDataAddress, pulElementCode, f32NoWait,
                                pbElemPriorty, SemHandle);

QueueHandle (HQUEUE)
- input   Handle der Informationswarteschlange

(PREQUESTDATA) - output   Zeiger auf Infostruktur

pDataLength (PULONG)
- output   Länge der gelesenen Information in byte

pDataAddress (PPVOID)
- output   Zeiger auf die Informationsdaten

(PULONG) - input/output   Elementezeiger

    Wert = 0   Das logisch erste Element der Informationswarteschlange wird gelesen (logisch gemäß FIFO, LIFO oder Priorität)

    Wert != 0   Das Element mit dem angegebenen Index wird gelesen (der Index bezieht sich auf die logische Elementefolge gemäß FIFO, LIFO oder Priorität

f32NoWait (BOOL32) - input Warteverhalten, falls keine Elemente in der Informationswarteschlange vorhanden sind

    DCWW_WAIT   auf Element warten

    DCWW_NOWAIT   nicht warten; es wird der Fehler ERROR_QUE_EMPTY erzeugt

pbElemPriorty (PBYTE)
- output   Priorität des gelesenen Elemenst

SemHandle (HEV) - input   Handle eines Ereignissemaphore, der gesetzt wird, wenn ein Element in die Informationswarteschlange geschrieben wird (durch den Client); dieser Parameter wird nur ausgewertet, wenn f32NoWait = DCWW_NOWAIT gesetzt ist.

25.3 Infowarteschlange : Funktionen

ulrc (ULONG) - return	Rückgabewert.
0	NO_ERROR
87	ERROR_INVALID_PARAMETER
330	ERROR_QUE_PROC_NOT_OWNED
333	ERROR_QUE_ELEMENT_NOT_EXIST
337	ERROR_QUE_INVALID_HANDLE
342	ERROR_QUE_EMPTY
433	ERROR_QUE_INVALID_WAIT

REQUESTDATA QUEUEINFORMATION

```
typedef struct _REQUESTDATA {
 PID    idpid;/* ID des schreibenden Prozesses */
 ULONG ulData;/*prozesseigene Daten */
} REQUESTDATA;
typedef ULONG PID;
```

DosWriteQueue

Funktion

Ein thread (entweder des Servers selbst oder eines an die Informationswarteschlange angeschlossenen Client) schreibt ein Informationselement in die Informationswarteschlange.

define

```
#define INCL_DOSQUEUES
#include <os2.h>
```

Aufruf

ulrc = DosWriteQueue(QueueHandle, ulRequest, ulDataLength, pDataBuffer, ulElemPriorty);

QueueHandle (HQUEUE)
- input   Handle der Informationswarteschlange

pulRequest (ULONG)
- input

Beliebig verwendbarer Wert; der lesende thread sollte ihn interpretieren können oder muß ihn ignorieren.

ulDataLength (ULONG)
- input

Länge der Information in byte

pDataBuffer (PVOID)
- input

Zeiger auf Informationsdatenpuffer

ulElemPriorty (ULONG)
- input

Priorität des Informationselements; diese Priorität wird natürlich nur von prioritätsgestützten Informationswarteschlangen ausgewertet. Die höchste zulässige Priorität ist 15, die niedrigste 0.

ulrc (ULONG) - return Rückgabewert.

0	NO_ERROR
334	ERROR_QUE_NO_MEMORY
337	ERROR_QUE_INVALID_HANDLE

26 Komplexer Datenaustausch

Während Semaphoren, Informationsleitungen und Infowarteschlangen den Datenaustausch zwischen Threads und Prozessen auf elementarer Ebene bereitstellen, dieser Datenaustausch entsprechend direkt vom Betriebssystem gehandhabt wird und dementsprechend schnell ist, gibt es weiter Möglichkeiten der Realisierung komplexerer Formen des Datenaustauschs zwischen PM_Programmen.

1. **Clipboard**: Das Clipboard ist ein vom Betriebssystems bereitgestellter interner Speicherbereich, in den (meistens nach Aufforderung durch den Benutzer) Daten wählbaren Formats geschrieben, bzw. aus dem umgekehrt diese Daten gelesen und in einen programmeigenen Speicher kopiert werden können. Beispiel für die Verwendung eines Clipboards ist die Ausschneide/Einfügeoption eines Editors, bei dem markierte Textabschnitte in das Clipboard transportiert bzw. aus dem Clipboard in den Text einkopiert werden können.

2. **Dynamischer Datenaustausch DDE** (DynamicDataExchange) : Diese Methode stellt ein standardisiertes Protokoll zur Verfügung, mit dem unter zur Hilfenahme von speziellen Betriebssystemfunktionen und speziellen DDE_Nachrichten Daten zwischen Programmen unter Nutzung eines gemeinsamen Speicherbereichs ausgetauscht werden können.

Im Gegensatz zum Clipboard, bei dem i.d.R. der Programmbenutzer selbst den Zeitpunkt und den Umfang des Datenimports oder Datenexport in einen gemeinsamen Speicherbereich - und nicht mehr - bestimmt, wird das DDE-Protokoll i.d.R. unabhängig vom Programmbenutzer von der Programmlogik selbst eröffnet und ausgeführt. Im Gegensatz zur Verwendung eines Clipboards wird das einmal eingeleitete DDE_Protokoll dazu genutzt, einen ständigen Datenaustausch zwischen zwei Programmen (für die Lebensdauer beider Programme) zu etablieren.

26.1 Clipboard-Programmierung

Das Clipboard als Mittel des Datenaustausches zwischen zwei Programmen sollte nur dann verwendet werden, wenn dieser Datenaustausch (eigentlich lediglich der Transport von Daten von einer Anwendung in das Clipboard oder zu einem anderen Zeitpunkt der Transport von Daten vom Clipboard in ein Programm) explizit vom Benutzer ausgewählt wurde.

Die im Clipboard befindlichen Daten können jederzeit durch ein OS/2-Dienstprogramm (den clipboard-viewer) sichtbar gemacht werden.

Es ist schon aus diesem Grunde nicht sinnvoll, verdeckten, im Hintergrund für den Benutzer unsichtbaren Datenaustausch zwischen Programmen oder Programmteilen über das Clipboard auszuführen - im übrigen sind die hierfür geeigneten Mittel wie z.B. Informationsleitungen (pipes) und Infowarteschlangen (queues) wesentlich variabler und vor allen Dingen in der Ausführung wesentlich schneller.

Clipboard-Operationen unterteilen sich prinzipiell in drei Bereiche.

1. **Ausschneideoperationenen** (cut); ein (meistens vom Benutzer selektierter) Datenbereich des Programms wird in das Clipboard kopiert und im Bereich des Anwendungsprogrammes gelöscht.

2. **Kopieren** (copy); ein Datenbereich des Programms wird in das Clipboard kopiert und bleibt gleichzeitig für die Verwendung im Programm selbst existent.

3. **Einfügen** (paste); der Inhalt des Clipboards wird an eine vom Benutzer ausgesuchte Position des Anwendungsprogramms kopiert. Der Inhalt des Clipboards bleibt dabei unverändert. Ist vor der Einfügeoperation ein Datenbereich des Anwendungsprogramms vom Benutzer selektiert worden, wird dieser durch den Inhalt des Clipboards überschrieben.

26.1.1 Kopieren von Daten in das Clipboard

Bevor Operationen von seiten eines Anwendungsprogramms mit dem Clipboardbereich durchgeführt werden können, muß dieser durch die Funktion WinOpenClipbrd() an das Programm gebunden werden; nach erfolgreicher Operation muß das Programm die Clipboardbindung durch die Funktion WinCloseClipbrd() wieder auflösen, um so anderen Programmen den Zugriff auf das Clipboard zu ermöglichen.

```
case ID_CZEIGEN:
{
    PSZ ptext;

    if( WinOpenClipbrd(hab) ){
        sprintf(text1, "Clipboard geöffnet");
        WinInvalidateRect(hwnd, (PRECTL)NULL, FALSE);
```

26.1 Clipboard-Programmierung

```
         WinCloseClipbrd(hab);
      }
      else
      {
         sprintf(text1, "Clipboard besetzt");
         WinInvalidateRect(hwnd, (PRECTL)NULL, FALSE);
      }
   }
   break;
```

Nachdem ein Programm mittels der Funktion WinOpenClipbrd() die Verfügungsgewalt über das Clipboard erlangt hat, können beliebige Operationen mit dem Clipboard durchgeführt werden.

Grundsätzlich wird mittels der Funktion WinSetClipbrdData() ein programmeigener Datenbereich in das Clipboard kopiert. Hierbei sind zwei unterschiedliche Verfahren zu unterscheiden.

1. **Kopieren von Text in das Clipboard**; hierzu muß zunächst ein gemeinsamer Speicherbereich durch die Funktion DosAllocSharedMem() bereitgestellt werden, in den die programmeigene Zeichenkette kopiert wird. Der Zeiger auf diesen gemeinsamen Speicherbereich wird dann der Funktion WinSetClipbrdData() übergeben. Das Clipboard selbst speichert lediglich einen Zeiger auf die Zeichenkette, die im gemeinsamen Speicherbereich abgelegt wurde.

```
case ID_CSCHREIBEN:
{
   char text[]="Dies ist der Probetext";
   PSZ ptext;
   PSZ pQ, pZ;

   if( WinOpenClipbrd(hab) ){

      apiret = DosAllocSharedMem(
               (PVOID)&ptext,
               NULL,
               strlen(text)+1,
               PAG_WRITE|PAG_COMMIT|OBJ_GIVEABLE);

      pQ = text;
      pZ = ptext;
      while(*pZ++ = *pQ++);

      WinEmptyClipbrd(hab);
```

```
    WinSetClipbrdData(hab,
        (ULONG)ptext,
        CF_TEXT,
        CFI_POINTER);

    WinCloseClipbrd(hab);

}
break;
```

2. **Bitmap oder Metadatei** kopieren; bei der Übergabe einer Bitmap oder einer Metadatei in das Clipboard muß der Funktion WinSetClipbrdData() lediglich das Handle des Objektes übergeben werden; die Funktion sorgt dann selbst dafür, daß das übergebene Handle des Objektes und die mit ihm verbundenen eigentlichen Daten in einen gemeinsam nutzbaren Speicherbereich kopiert werden. Das Clipboard selbst speichert wiederum nur den Zeiger (in diesem Fall das Handle) des Speicherobjektes.

Sind einmal die Daten (eines beliebigen Datentyps) des Anwendungsprogramms in das Clipboard kopiert worden, so können sie anschließend (ohne Datenverlust) im Programm selbst gelöscht werden; sie stehen nach wie vor im Clipboard zur Verfügung.

26.1.2 Kopieren von Daten aus dem Clipboard

Sollen umgekehrt Daten, die im Clipboard gespeichert sind, in ein Anwendungsprogramm kopiert werden, so muß ebenfalls das Anwenderprogramm die Verfügungsgewalt über das Clipboard durch die Funktion WinOpenClipbrd() erlangen; ebenfalls muß der Clipboardzugriff anschließend durch die Funktion WinCloseClipbrd() wieder freigegeben werden.

Die Funktion WinQueryClipbrdData() ermöglicht es, einen Zeiger auf einen Datenbereich im gemeinsam nutzbaren Speicher zu erlangen, der dem ausgewählten Clipboarddatenformat (zweiter Parameter der Funktion) entspricht.

```
        ptext = (PSZ)WinQueryClipbrdData(hab, CF_TEXT);

        sprintf(text2,
                "Pointer auf CF_TEXT = %lX mit %d byte",
                ptext, strlen(ptext));
        if(ptext){
           strcpy(text3, ptext);
        }
        WinInvalidateRect(hwnd, (PRECTL)NULL, FALSE);
```

Noch während das Clipboard zur Benutzung geöffnet ist, muß mittels dieses Zeigers auf das Datenobjekt im gemeinsamen Speicherbereich dieser Speicherbereich in einen programmeigenen Speicherbereich kopiert werden; erst danach darf das Clipboard durch WinCloseClipbrd() wieder geschlossen werden.

Während in den beiden vorangegangenen Beispielen tatsächlich eine Kopie von einem Speicherbereich in einen anderen (vom gemeinsamen Speicherbereich in den programmeigenen Speicherbereich und umgekehrt) stattgefunden hat, kann der durch die Funktion WinQueryClipbrdData() ermittelte Zeiger auf das Datenobjekt im gemeinsamen Speicherbereich natürlich auch dazu benutzt werden, diesen gemeinsamen Speicherbereich direkt als Informationsquelle zu nutzen und einen Kopiervorgang in dem programmeigenen Speicherbereich zu unterlassen.

Dies kann dazu genutzt werden, den Inhalt des Clipboards sichtbar zu machen, ohne den Aufwand (Zeit- und Speicheraufwand) des Kopierens der Clipboarddaten in programmeigene Speicherbereiche auf sich nehmen zu müssen.

Natürlich muß auch in diesem Fall die Verfügungsgewalt des Clipboards durch die Funktion WinOpenClipbrd() erlangt werden; diese darf mittels WinCloseClipbrd() erst dann wieder freigegeben werden, wenn die gesuchten Clipboarddaten im Programmhauptfenster dargestellt wurden.

26.2 Dynamischer Datenaustausch

Das DDE-Protokoll wird (i.d.R. auf Veranlassung des Benutzers) zwischen zwei aktuell laufenden Programmen initialisiert und anschließend (unsichtbar und nicht beeinflußt durch den Benutzer) von diesen beiden Programmen im Hintergrund weitergeführt

Das DDE-Protokoll ermöglicht dabei die Zusammenarbeit in einem bedienenden Programm (server) und einem bedienten Programm (client); hierbei ist wesentlich, daß *ausschließlich das Client-Programm jede DDE-Interaktion auslöst*. Das Serverprogramm reagiert also immer nur auf Anfragen eines DDE-Clientprogrammes.

Eine wichtige Anwendungsmöglichkeit für den DDE-Datenaustausch zwischen zwei Programmen ist die im Hintergrund arbeitende Zusammenarbeit zweier Programme mit unterschiedlicher Spezialisierung.

So kann z.B. ein Programm darauf spezialisiert sein, Daten vom Benutzer entgegenzunehmen, (es werden im Programm A Meßwerte als Zahlenketten eingegeben und editiert) während das zweite Programm spezialisiert ist, beliebige Daten grafisch darzustellen, im Beispiel könnte dies die Darstellung von Meßwerten als Kurvenverläufe sein.

Der Austausch von Daten zwischen Programmen mittels des DDE-Protokolls ist natürlich wesentlich langsamer und komplexer zu programmieren als die Benutzung von Informationsleitungen und Infowarteschlangen. Der Vorteil liegt in der überaus flexiblen Gestaltung des Datenaustauschdialoges zwischen zwei Programmen; das DDE-Protokoll erlaubt eine ausgesprochen leistungsfähige, nur von der Programmlogik gestützte Form des Datenaustauschs.

Der prinzipielle Bau eines DDE-Protokolls zwischen dem Client-Programm und dem Server-Programm folgt dabei nachfolgend genannten Teilschritten.

26.2.1 Initialisierung des Protokolls

Das Client-Programm initialisiert zunächst eine Struktur vom Typ DDEINIT (die im wesentlichen den Namen des gewünschten Server-Programms enthält) und sendet diese Struktur mittels der Funktion WinDdeInitate() an alle Hauptprogrammfenster der PM-Oberfläche.

Diese Funktion wartet erst die Antwort von allen so angesprochenen Programmhauptfenstern ab, bevor ein Rückgabewert an das Clientprogramm gegeben wird. Auf diese Weise werden alle Programmhauptfenster (eigentlich alle Programmhauptfensterfunktionen), die aktuell aktiv sind, angesprochen.

Alle so angesprochenen Fensterfunktionen empfangen auf diese Art und Weise eine Nachricht vom Typ **WM_DDE_INITIATE**, auf die sie ggf. (falls das angesprochene Programm ein potentieller DDE-Server ist und als solcher programmiert wurde), reagieren können.

In Abarbeitung dieser WM_DDE_INITIATE-Nachricht prüft das angesprochene Server-Programm, ob

1. der übergebene Servername gültig ist und
2. das definiert und abgefragte DDE-Protokoll unterstützt wird.

Sollte dies der Fall sein, so sendet das potentielle (weil noch nicht fest etablierte) Serverprogramm mittels der Funktion WinDdeRespond() eine Nachricht vom Typ **WM_DDE_INITIATEACK** an das Clientprogramm zurück.

Hat das Clientprogramm die Nachricht WM_DDE_INITIATEACK empfangen und kann diese auswerten (das Clientprogramm sollte diese Nachricht auswerten können), so ist die Verbindung zwischen Clientprogramm und Serverprogramm durch die ersten Schritte des DDE-Protokolls initialisiert worden.

26.2.2 Transaktionen

Es können nachfolgend Transaktionen vom Client-Programm ausgelöst werden und anschließend vom Server-Programm beantwortet werden.

Insgesamt werden fünf Transaktionstypen unterstützt. Jeder dieser Transaktionstypen hat dabei den selben nachfolgend genannten Aufbau.

1. Das Client-Programm alloziert in einem gemeinsam nutzbaren Speicherbereich ein DDE-Objekt, füllt dieses mit Daten und sendet mittels der Funktion WinDdePostMsg() eine Nachricht an das Server-Programm. Diese Nachricht enthält neben dem Handle des sendenden Client-Programms einen Zeiger auf das DEE-Speicherobjekt.

2. Das Server-Programm reagiert auf den Inhalt des DDE-Speicherobjektes, verarbeitet dieses und alloziert dann, um die Antwort zurückzugeben ebenfalls ein DDE-Speicherobjekt in einem gemeinsamen Speicherbereich und sendet seinerseits eine Nachricht mittels WinDdePostMsg() an das Client-Programm. Ein solches DDE-Speicherobjekt setzt sich (in dieser Reihenfolge) zusammen aus

- einem Vorspann vom Typ DDESTRUCT,
- dem nachfolgenden Namen des Speicherobjektes und abschließend
- den Daten, die zwischen den beiden Programmen ausgetauscht werden können.

Hierbei ist wichtig, daß unabhängig von der Senderichtung (Client nach Server oder Server nach Client) die Funktion WinDdePostMsg() den allozierten gemeinsamen Speicherbereich vom Sender zum Empfänger transportiert und diesen Speicherbereich für das Senderprogramm automatisch freigibt; der Speicherbereich ist anschließend nur noch für das empfangende Programm verfügbar.

Das bedeutet aber, daß das sendende Programm nicht explizit den allozierten Speicherbereich mit DosFreeMem() freigeben muß; dies wird automatisch erledigt.

Folgende fünf Transaktionen werden nun vom DDE_Protokoll unterstützt.

1. **Datenholen** (Request) und
2. **Datengeben** (Poke)

Beide Transaktionstypen dienen zum einfachen (und einmaligen) Austausch von beliebigen, im gemeinsamen Speicherbereich abgelegten Datenobjekten; einmal fordert das Client-Programm das Server-Programm zur Übersendung von bestimmten Daten auf (**WM_DDE_REQUEST**) oder das Client-Programm übergibt dem Serverprogramm selber bestimmte Daten (**WM_DDE_POKE**).

Im ersten Fall (*Client fordert Daten von Server*) empfängt das Serverprogramm eine Nachricht vom Typ WM_DDE_REQUEST; falls die Anforderung nicht erfüllbar ist, wird eine Nachricht vom Typ **WM_DDE_ACK** mit verneinendem Inhalt zurückgeschickt.

Kann das Server-Programm jedoch die Anfrage erfüllen und die Daten bereitstellen, wird eine Nachricht vom Type **WM_DDE_DATA** an das Client-Programm geschickt, nachdem ein entsprechendes DDE-Speicherobjekt angelegt wurde.

Sollte das Server-Programm auf diese Art und Weise dem Client-Programm Daten übergeben haben, so kann es das Client-Programm explizit auffordern (in der Struktur DDESTRUCT des DDE-Speicherobjektes ist das DDE_ACKREQ-Bit gesetzt) eine Bestätigung in Form einer WM_DDE_ACK-Nachricht nach Empfang des Datenblocks zurückzusenden.

3. **Einrichten eines permanenten Datenstroms** und
4. **Auflösen eines permanenten Datenstroms**

Neben der einfachen Übermittlung von Datenblöcken, die eine explizite Aufforderung gemäß Punkt 1 und 2 erfordern, gibt es darüber hinaus die Möglichkeit, von seiten des Client-Programms eine permanente Verbindung zu bestimmten Datenstrukturen des Serverprogramms zu schaffen.

Immer dann, wenn diese Datenstrukturen innerhalb des Server-Programmes geändert wurden, wird - bei bestehender permanenter Verbindung - das Serverprogramm selbsttätig die so geänderten Daten an das Client-Programm verschicken, ohne daß dieses explizit dazu auffordern muß.

Hierzu sendet das Client-Programm eine Nachricht vom Typ **WM_DDE_ADVISE** an das Server-Programm. Diese Nachricht enthält einen Zeiger auf ein DDE-Speicherobjekt, das den Namen der permanent zu verbindenden Datenstruktur des Serverprogramms, Formatierungsanweisungen für diese Daten und gewisse Statusinformationen an das Server-Programm übergibt.

Falls das Server-Programm seinerseits sowohl Zugriff auf die angefragten Datenbereiche hat als auch die gewünschte Formatierung vornehmen kann, sendet es eine positive WM_DDE_ACK-Nachricht an das anfragende Client-Programm.

Das Server-Programm ist dafür verantwortlich (d.h. die Programmlogik muß dazu fähig sein) die Änderung der angesprochenen Datenbereiche zu überwachen und bei vorliegender Änderung eine entsprechende WM_DDE_DATA-Nachricht an das Client-Programm mit den geänderten Datenbereichen zu senden.

Dieser permanente Datenfluß wird aufrechterhalten, bis das Client-Programm (und nur dieses darf den Prozeß beenden) eine Nachricht vom Type **WM_DDE_UNADVISE** an das Server-Programm geschickt hat, das den vorher eingerichteten permanenten Datenfluß dann auflöst.

5. Ausführungstransaktion

Hierbei veranlaßt das Client-Programm durch Zusenden einer Nachricht vom Typ **WM_DDE_EXECUTE** an das Server-Programm dieses zur Ausführung einer bestimmten Aktion. Der Name der Aktion und ggf. notwendige Parameterfunktion werden in einer entsprechenden DDE-Speicherstruktur dem Server-Programm übergeben. Falls die Aktion ausführbar war und vollständig und fehlerlos ausgeführt wurde, sendet das Server-Programm eine positive Nachricht vom Typ WM_DDE_ACK zurück; falls ein Fehler aufgetreten ist, wird diese Nachricht mit einem negativen Parameter ebenfalls an das Client-Programm gesendet.

26.2.3 Beenden des DDE-Protokolls

Die DDE-Verbindung zwischen zwei Programmen wird beendet, indem eines der beiden Programme eine Nachricht vom Typ **WM_DDE_TERMINATE** an das andere Programm sendet; ausnahmsweise darf hier auch das Server-Programm Sender dieser Nachricht sein. Als Antwort auf eine WM-DDE_TERMINATE_Nachricht darf ausschließlich die gleiche Nachricht vom Empfänger an den Sender zurückgesandt werden (keine andere Nachricht!).

26.2.4 DDE-Datenfomat

Bei jeder Form des DDE-Datenaustauschs wird ein DDE-Speicherobjekt im gemeinsam nutzbaren Speicher angelegt;

Erster Teil dieses DDE-Speicherobjektes ist eine Struktur vom Typ DDE-STRUCT. Innerhalb dieser Struktur wird im Strukturteil usFormat der Datentyp des anschließend gespeicherten Datenbereiches angegeben; Standard ist hier der Datentyp DDEFMT_TXT.

26.3 DDE : Funktionen

WinDdeInitiate

Funktion

Dynamischer Daten Austausch (DDE) Richtung : Client an Server.

Ein Clientprogramm beginnt hiermit die Initialisierung einer DDE-Sitzung; es wird eine WM_DDE_INITIATE an alle Programmfenster gesendet (alle Fenster, deren Elternfenster das PM_Oberflächenfenster ist). Ein potentieller Server muß

1. die WM_DDE_INITIATE-Nachricht auswerten
2. anhand der Nachrichtenparameter entscheiden, ob er als Server in Frage kommt
3. mit der Funktion WinDdeRespond() eine WM_DDE_INITIATEACK an den Client zurückschicken

define

```
#define INCL_WINDDEoder INCL_WIN oder INCL_PM
#include <os2.h>
```

Aufruf

fSuccess = WinDdeInitiate(hwndClient, pszAppName, pszTopicName, pContext);

hwndClient (HWND) - input	Handle des Clientprogramms
pszAppName (PSZ) - input	Name des vom Client gewünschten Servers; es werden hiervon unabhängig alle Programmfenster verständigt.

26.3 DDE : Funktionen

pszTopicName (PSZ) - input   Bezeichnung des vom Client gewünschten DDE-Protokolls; diese Bezeichnung ist frei wählbar und muß dem Serverprogramm bekannt sein. Die Protokollbezeichnung identifiziert die gewünschte Art des Datenaustauschs (wann sendet der Server welche Daten etc.).

pContext (PCONVCONTEXT)
- input   Konversationshilfe; Zeiger auf CONVCONTEXT-Struktur; i.d.R. (keine Sprachübersetzung) hat dieser Parameter den Wert (PCONVCONTEXT)NULL

fSuccess (BOOL) - return   Erfolgsindikator

    TRUE   kein Fehler

    FALSE   Fehler

CONVCONTEXT DDE Übersetzungsstruktur

```
typedef struct _CONVCONTEXT {
 ULONG cb;/* Länge der Struktur in byte */
 ULONG ulContext; /* Option :
                    DDECTXT_CASESENSITIVE :
                    Groß/Kleinschrift wird unterschieden
 ULONG ulCountry; /* Ländercode */
 ULONG ulCodepage;/* Codeseite */
 ULONG usLangID;/* SprachenID */
 ULONG usSubLangID;/* SubSprache */
} CONVCONTEXT;
```

WinDdePostMsg

Funktion

Dynamischer Daten Austausch (DDE) Richtung : beide Richtungen.

Nach der erfolgreichen Initialisierung einer DDE-Sitzung kommunizieren Client und Server durch Versenden von Nachrichten vom Typ WM_DDE_nachricht miteinander; diese Nachrichten dürfen nur mittels dieser Funktion versendet werden.

Der Client spricht dabei immer als erster Beteiligter den Server an - nie umgekehrt.

Sollen Daten übermittelt werden, so muß vorher ein gemeinsam nutzbarer Speicherbereich kreiert und entsprechend mit den zu übermittelnden Daten gefüllt werden

define

```
#define INCL_WINDDEoder INCL_WIN oder INCL_PM
#include <os2.h>
```

Aufruf

fSuccess = WinDdePostMsg(hwndTo, hwndFrom, usMsgId, pData, ulOptions);

hwndTo (HWND) - input Fensterhandle des Ziels (entweder server oder client)

hwndFrom (HWND) - input Fensterhandle der Quelle (entweder server oder client)

usMsgId (USHORT) - input Nachrichten ID; folgende DDE-Nachrichten sind gültig

    WM_DDE_ACK

    WM_DDE_ADVISE

    WM_DDE_DATA

    WM_DDE_EXECUTE

    WM_DDE_POKE

    WM_DDE_REQUEST

    WM_DDE_TERMINATE

    WM_DDE_UNADVISE

pData (PDDESTRUCT) - input DDE-Struktur

ulOptions (ULONG) - input Nachrichtenoption

    DDEPM_RETRY Falls die Nachrichtenwarteschlange des Ziels belegt ist, wird die Nachrichtenzustellung in Abständen von 1 sec wiederholt; der sendende Prozess kann derweil selbst Nachrichten empfangen

26.3 DDE : Funktionen

DDEPM_NOFREE	Der Nachrichtenempfänger darf den gemeinsamen Speicherbereich nicht löschen; dies muß der Nachrichtensender selbst tuen (natürlich erst, nachdem der Empfänger ggf. Daten aus diesem Bereich gelesen oder Daten hinein geschrieben hat !)
fSuccess (BOOL) - return	Erfolgsindikator
TRUE	kein Fehler
FALSE	Fehler

DDESTRUCT DDE-Infostruktur

```
typedef struct _DDESTRUCT {
  ULONG  ulData;/* Gesamtlänge inkl. Daten */
  USHORT usStatus; /* Status */

/************* DDE Status Werte *******************/

DDE_FACK           positive Antwort
DDE_FBUSY      Programm ist z.Zt. beschäftigt
DDE_FNODATA    es liegen keine Daten vor
DDE_FACKREQ    Antwort wird erwünscht
DDE_FRESPONSE  Antwort auf WM_DDE_REQUEST-Nachricht
DDE_NOTPROCESSED DDE-Nachricht ist unbekannt
DDE_FAPPSTATUS 8-bit-Bereich für eigene Verwendung
/*************************************************/

  USHORT usFormat; /* Datenformat
                      DDEFMT_TEXT : ASCII-Text oder
                      eigenes Format als Atomdefinition */

  USHORT offszItemName;/* Offset */
  USHORT offabData;/* Offset für Datenbeginn */
} DDESTRUCT;
```

WinDdeRespond

Funktion

Dynamischer Daten Austausch (DDE) Richtung : Server an Client.

Ein Clientprogramm hat die Initialisierung einer DDE-Sitzung durch Zusenden einer WM_DDE_INITIATE-Nachricht begonnen. Der diese Nachricht empfangende potentielle Server muß nun

1. anhand der Nachrichtenparameter entscheiden, ob er als Server in Frage kommt
2. mit der Funktion WinDdeRespond() eine WM_DDE_INITIATEACK an den Client zurückschicken, falls er als Server fungieren will

define

```
#define INCL_WINDDEoder INCL_WIN oder INCL_PM
#include <os2.h>
```

Aufruf

mresReply = WinDdeRespond(hwndClient, hwndServer, pszAppName,
                         pszTopicName, pContext);

hwndClient (HWND) - input   Handle des Clientfensters

hwndServer (HWND) - input   Handle des Servers

pszAppName (PSZ) - input   Name des Serverprogramms; dieser String muß länger als 0 byte sein !

pszTopicName (PSZ)
- input   Name des DDE-Protokolls; dieser String muß länger als 0 byte sein !

pContext (PCONVCONTEXT)
- input   Konversationshilfe, meist NULL

mresReply (MRESULT)
- return   Nachrichtenrückgabewert

26.4 DDE : Nachrichten

WM_DDE_ACK

Richtung : Beide Richtungen.

Diese Nachricht wird als Antwort auf eine korrekt ausführbare (vom Empfänger verstandene und bearbeitbare) Nachricht

    WM_DDE_EXECUTE,

    WM_DDE_DATA,

    WM_DDE_ADVISE,

    WM_DDE_UNADVISE oder

    WM_DDE_POKE

an den Sender dieser Nachricht zurückgeschickt. Diese Antwort wird sofort - noch vor der eigentlichen Bearbeitung - gesendet

param1 HWND hwndhwnd   Handle des Senders

param2
PDDESTRUCT pDdeStruct   DDE Struktur

Der Status in der DDE-Struktur wird gesetzt als

DDE_FACK	1 = Anfrage akzeptiert
DDE_FBUSY	1 = bin z.Zt. beschäftigt, kann nicht antworten
DDE_NOTPROCESSED	eigene 8 bit (muß vom Empfänger verstanden werden)
DDE_FAPPSTATUS	Nachricht nicht verstanden

pDdeStruct->offszItemName bezeichnet das Item (Objekt), für das die Nachricht gesendet wird

Rückgabewert
ULONG flReply   Reserviert NULL.

WM_DDE_ADVISE

Richtung : Client an Server

Der Client fordert den Server auf, bei Änderung von bestimmten Daten von sich aus (ohne weitere Aufforderung) die geänderten Daten an den Client zu melden. Der Client erwartet als sofortige Antwort eine WM_DDE_ACK-Nachricht. Der Server muß die Daten später (bei Datenänderung) mittels WM_DDE_DATA senden.

param1 HWND hwndhwnd   Handle des Senders

param2
PDDESTRUCT pDdeStruct   DDE Struktur

Der Status in der DDE-Struktur wird gesetzt als

    DDE_FACKREQ   1 = Falls der Server Daten mit WM_DDE_DATA schickt, soll er dann das DDE_FACKREQ-Bit setzen.

    DDE_FNODATA   1 = Der Server soll seine WM_DDE_DATA-Nachrichten ohne Daten (Länge=0) senden; dies kann als Alarm ohne Datenwert gelten.

pDdeStruct->offszItemName bezeichnet das Item (Objekt), für das die Daten gesendet werden sollen

pDdeStruct->usFormat ist das vom Client gewünschte Datenformat

Rückgabewert
ULONG flReply   Reserviert NULL.

WM_DDE_DATA

Richtung : Server an Client.

Der Server teilt dem Client mit, daß die gewünschten Daten vorliegen

param1 HWND hwndhwnd   Handle des Senders (der Server)

param2
PDDESTRUCT pDdeStruct   DDE Struktur

Der Status in der DDE-Struktur wird gesetzt als

    DDE_FACKREQ   1 = Der Client soll eine WM_DDE_ACK-Nachricht senden, wenn er die Daten aus dem Speicherbereich kopiert hat

DDE_FRERESPONSE	1 = Die Daten sind eine Antwort auf WM_DDE_REQUEST des Client
	0 = Die Daten sind eine Antwort auf WM_DDE_ADVISE des Client

pDdeStruct->offszItemName bezeichnet das Item (Objekt), für das die Daten verfügbar sind

pDdeStruct->offabData sind die gesendeten Daten (ggf. Zeiger auf gemeinsamen Speicher)

Rückgabewert
ULONG flReply   Reserviert NULL.

WM_DDE_EXECUTE

Richtung : Client an Server.

Der Client übergibt dem Server einen String, der als Text Kommandos enthält, die der Server ausführen soll. Der Server muß sofort mit WM_DDE_ACK antworten.

param1 HWND hwndhwnd   Handle des Servers

**param2
PDDESTRUCT pDdeStruct**   DDE Struktur

pDdeStruct->offabData ist der Kommandostring (ggf. Zeiger auf gemeinsamen Speicher)

Rückgabewert
ULONG flReply   Reserviert NULL.

WM_DDE_INITIATE

Richtung : Client an alle potentiellen Server.

Die Nachricht wird automatisch von WinDdeInitiate() erzeugt und an alle potentiellen Server geschickt.

param1 HWND hwndhwnd   Handle des Senders

**param2
PDDEINIT pData**   Zeiger auf DDEINIT Struktur

Rückgabewert BOOL flReply

 TRUE   kein Fehler

 FALSE   Fehler

WM_DDE_INITIATEACK

Richtung : Server an Client.

Der Server teilt dem Client mit, daß er als Server fungieren kann; diese Nachricht wird automatisch durch WinDdeRespond() erzeugt.

param1 HWND hwndhwnd   Handle des Senders (der Server)

param2 PDDEINIT pData   Zeiger auf DDEINIT Struktur; der Empfänger der Nachricht muß den gemeinsamen Speicherbereich, auf den pData zeigt freigeben.

Rückgabewert BOOL flReply

 TRUE   kein Fehler

 FALSE   Fehler

WM_DDE_POKE

Richtung : Beide Richtungen.

Der Empfänger wird aufgefordert, vorher von ihm nicht erbetene Daten anzunehmen.

param1 HWND hwndhwnd   Handle des Senders

param2
PDDESTRUCT pDdeStruct   DDE Struktur

pDdeStruct->offszItemName bezeichnet das Item (Objekt), für das die Daten verfügbar sind

pDdeStruct->offabData sind die gesendeten Daten (ggf. Zeiger auf gemeinsamen Speicher)

Rückgabewert
ULONG flReply   Reserviert NULL.

WM_DDE_REQUEST

Richtung : Client an Server.

Der Client teilt dem Client mit, daß dieser bestimmte Daten senden soll.

param1 HWND hwndhwnd   Handle des Servers

param2
PDDESTRUCT pDdeStruct   DDE Struktur

pDdeStruct->offszItemName bezeichnet das Item (Objekt), für das die Daten verfügbar gemacht werden sollen.

pDdeStruct->usFormat ist das vom Client gewünschte Datenformat

Rückgabewert
ULONG flReply   Reserviert NULL.

WM_DDE_TERMINATE

Richtung : Beide Richtungen.

Entweder der Server oder der Client beenden hiermit die DDE-Sitzung; Das angesprochene Programm (Empfänger) muß auch diese Nachricht als Antwort senden.

param1 HWND hwndhwnd   Handle des Senders

param2 ULONG flReserved   Reserviert NULL

Rückgabewert
ULONG flReply   Reserviert NULL.

WM_DDE_UNADVISE

Richtung : Client an Server.

Der Client teilt dem Server mit, daß die mittels WM_DDE_ADVISE aufgebaute permanente Datenübersendung abgebrochen werden soll.

param1 HWND hwndhwnd   Handle des Senders
param2
PDDESTRUCT pDdeStruct   DDE Struktur

pDdeStruct->offszItemName bezeichnet das Item (Objekt), für das der permanente Datenaustausch gestoppt werden soll. Ist dies der String "" (leerer String), so werden alle permanenten Links abgebrochen

Rückgabewert
ULONG flReply   Reserviert NULL.

27 Atomtabellen

Eine Atomtabelle ist eine vom Betriebssystem zur Verfügung gestellte, betriebssystemweit (d.h. für alle laufenden Programme gleichzeitig verfügbar) bekannte Tabelle, in die Zeichenketten so eingetragen werden können, daß je Zeichenkette (die von allen anderen verschieden ist) eine eindeutige 32-Bit lange Identifikationsnummer(ID) zurückgegeben wird.

Alle anderen Anwendungsprogramme können nun diese eindeutige Identifikationsnummer statt der (i.d.R. länger als 32-Bit langen) Zeichenkette verwenden.

Neben der Möglichkeit, mittels dieser Atomtabelle Speicherplatz einzusparen, gibt es weitere wichtige Anwendungsbereiche.

So müssen

1. Selbstdefinierte Nachrichtentypen,

2. Selbstdefinierte Clipboardformate und

3. selbstdefinierte DDE-Formate

in die globale Atomtabelle eingetragen werden, so daß die AtomIDs in den entsprechenden Betriebssystemfunktion und Nachrichten verwendet werden können.

Einige Betriebssystemfunktionen unterstützen die Verwendung von AtomIDs statt Zeigern auf Zeichenketten.

Neben einer systemweiten, für alle laufenden Programme verfügbaren Atomtabelle kann jedes Programm eine nur innerhalb dieses Programms verfügbare private Atomtabelle anlegen. Damit sind natürlich die in dieser privaten Atomtabelle angelegten Zeichenketten und Ihre IDs nur innerhalb dieses Programms verfügbar.

Insgesamt unterstützt OS/2 zwei Typen von Atomen:

1. Zeichenkettenatome; hierzu werden mit dem Nullbyte abgeschlossene Zeichenketten in die Atomtabelle eingefügt und 32-Bit Integer-IDs als Zeiger auf die Atomtabelleneinträge in eindeutiger Weise vergeben. Es gelten dabei folgende Einschränkungen.

   Die maximale Anzahl von Zeichenketten in einer Atomtabelle sind 16 K Zeichenketten. Die Werte der Zeichenketten-Atome liegen dabei zwischen [0xC000, 0xFFFF]. Maximal können insgesamt 64 K Verwaltungsdaten für eine Atomtabelle angelegt werden; diese setzen sich zusammen aus 32-Byte zur Tabellenverwaltung plus 6 Byte für jedes Zeichenkettenatom.

Jede Zeichenkette darf maximal 255 Zeichen lang sein. Die Zeichenketten werden nach Groß- und Kleinbuchstaben unterschieden.

2. Ganzzahlatome (integer atoms); die gültigen Werte für Ganzzahlatome sind [0x0001, 0xBFFF]. Der gültige Aufbau eines Ganzzahlatoms muß gemäß der Syntax

```
ddddd
(d:dezimale Ziffer)
```

erfolgen.

Ganzzahlatome werden von seiten des Betriebssystems dazu benutzt, Fensterklassen eindeutig und in speichersparender Form zu verwalten.

27.1 Programmierung von Atomtabellen

Jede Atomtabelle hat ein eindeutiges Handle. Um das Handle der systemweiten Atomtabelle zu ermitteln, muß die Funktion WinQuerySystemAtomTable() aufgerufen werden.

Um hingegen eine programmeigene, private Atomtabelle zu kreieren, muß die Funktion WinCreateAtomTable() benutzt werden.

Ist einmal das Handle der Atomtabelle bekannt, so kann mittels der Funktion WinAddAtom() ein neuer Eintrag in die Atomtabelle eingefügt werden. Diese Funktion durchsucht dann die aufgerufene Atomtabelle nach einem ggf. bereits existierenden Eintrag, der mit dem potentiellen Neueintrag identisch ist.

Sollte dies der Fall sein, wird der Nutzungszähler dieses Atomtabelleneintrags inkrementiert und die ID des bereits existierenden Eintrags zurückgegeben.

Existiert ein solcher Eintrag noch nicht, so wird die neue Zeichenkette oder das neue Ganzzahlatom als neue Tabellenzeile eingetragen und eine eindeutige ID hierfür vergeben.

Soll ein Tabelleneintrag gelöscht werden, so wird der Funktion WinDeleteAtom() die AtomID übergeben; hierbei wird lediglich der Nutzungszähler des Tabelleneintrages dekrementiert. Erst wenn dieser Nutzungszeiger identisch 0 ist, wird die Tabellenzeile tatsächlich gelöscht.

27.2 Atome : Funktionen 873

Die Funktionen WinFindAtom() und WinQueryAtomName() ermitteln entweder zu einem Atominhalt das in der Atomtabelle vergebene AtomID oder umgekehrt aus dem AtomID den entsprechenden zugehörigen Tabelleneintrag.

Besonders effektiv läßt sich die systemweite Atomtabelle dazu benutzen, selbstdefinierte Nachrichten und Datenformate (z.B. für das Clipboard oder das DDE-Protokoll) zu definieren.

Durch den Eintrag dieser selbstdefinierten Nachrichten oder Formate in die systemweite Atomtabelle werden im wesentlichen zwei Effekte erreicht.

1. Die so neudefinierten Nachrichten und Formate stehen prinzipiell allen laufenden Programmen eindeutig zur Verfügung und
2. die Eindeutigkeit bei der Definition ist gewährleistet, da Doppeldefinitionen von Nachrichten oder Formaten durch die Funktion WinAddAtom() vermieden wird.

27.2 Atome : Funktionen

| WinAddAtom |

Funktion

Ein neues Atom wird in eine Atomtabelle eingefügt; es wird vor dem Eintrag in die Tabelle geprüft, ob das Atom ggf. bereits vorhanden ist - dann erfolgt kein Neueintrag.

define

```
#define INCL_WINATOModer INCL_WIN oder INCL_PM
#include <os2.h>
```

Aufruf

atom = **WinAddAtom(hatomtblAtomTbl, pszAtomName);**

hatomtblAtomTbl (HATOMTBL) - input	Atomtabellen Handle. Diese Handle muß durch WinCreateAtomTable() oder WinQuerySystemAtomTable() erzeugt worden sein
pszAtomName (PSZ) - input	Atomname. Neuer Tabelleneintrag (String)
String beginnt mit #	die folgenden 5 ASCII-Zeichen werden in eine Integerzahl gewandelt
String beginnt mit !	die folgenden 2 byte werden als Atom interpretiert. Falls dies ein Integeratom ist, wird das AtomID zurück gegeben. Ansonsten wird für ein gültiges Atom die ID zurück gegeben; bei ungültigem Wert wird 0 zurück gegeben
atom (ATOM) - return	Atomwert
typedef USHORT ATOM;	
Atom	AtomID
0	Fehler

WinCreateAtomTable

Funktion

Eine neue (leere) Atomtabelle wird angelegt. Besitzer der Tabelle ist der sie anlegende Prozess (Programm). Sie wird bei Prozessende automatisch gelöscht.

define

```
#define INCL_WINATOModer INCL_WIN oder INCL_PM
#include <os2.h>
```

Aufruf

hatomtblAtomTbl = WinCreateAtomTable(ulInitial, ulBuckets);

27.2 Atome : Funktionen

ulInitial (ULONG) - input	Größe der Tabelle in byte (nur Anfangswert); die tatsächliche Größe wird automatisch den Anforderungen (Anzahl Einträge) angepaßt
0	Minimalgröße
ulBuckets (ULONG) - input	Größe der Hash-Tabelle (interne Verwaltungsstruktur der Atomtabelle; ermöglicht schnelles Suchen mit Hashcode)
0	Minimalgröße (37 Einträge) wird genommen
hatomtblAtomTbl (HATOMTBL) - return	Atomtabelle Handle:
NULL	Fehler
Anderer Wert	Handle

WinDeleteAtom

Funktion

Ein Eintrag (Atom) wird aus der Atomtabelle entfernt.

define

```
#define INCL_WINATOModer INCL_WIN oder INCL_PM
#include <os2.h>
```

Aufruf

ReturnCode = WinDeleteAtom(hatomtblAtomTbl, atom);

hatomtblAtomTbl (HATOMTBL) - input	Atomtabelle Handle
atom (ATOM) - input	AtomID des zu löschenden Atoms
ReturnCode (ATOM) - return	Rückgabewert
0	kein Fehler
Anderer Wert	Fehler

WinDestroyAtomTable

Funktion

Eine mittels WinCreateAtomTable() eingerichtete Tabelle wird gelöscht; dies geschieht automatisch bei Ende des die Tabelle erzeugenden Prozesses. Die Systematomtabelle kann natürlich nicht gelöscht werden

define

```
#define INCL_WINATOModer INCL_WIN oder INCL_PM
#include <os2.h>
```

Aufruf

hatomtblReturnCode = WinDestroyAtomTable(hatomtblAtomTbl);

hatomtblAtomTbl (HATOMTBL) - input	Atomtabelle Handle
hatomtblReturnCode (HATOMTBL) - return	Rückgabewert
0	kein Fehler
Anderer Wert	Fehler

WinFindAtom

Funktion

Ein Atom wird in einer Atomtabelle gesucht; hierzu wird der gesuchte String übergeben und hierzu die gültige AtomID gefunden.

define

```
#define INCL_WINATOModer INCL_WIN oder INCL_PM
#include <os2.h>
```

Aufruf

atom = WinFindAtom(hatomtblAtomTbl, pszAtomName);

hatomtblAtomTbl (HATOMTBL) - input	Atomtabelle Handle
pszAtomName (PSZ) - input	Atomname. Neuer Tabelleneintrag (String)
String beginnt mit #	die folgenden 5 ASCII-Zeichen werden in eine Integerzahl gewandelt
String beginnt mit !	die folgenden 2 byte werden als Atom interpretiert. Falls dies ein Integeratom ist, wird das AtomID zurück gegeben. Ansonsten wird für ein gültiges Atom die ID zurück gegeben; bei ungültigem Wert wird 0 zurück gegeben
atom (ATOM) - return	Atomwert
Atom	AtomID
0	Fehler

WinQueryAtomLength

Funktion

Die Länge eines Atoms (Tabelleneintrag) in byte wird ermittelt.

define

```
#define INCL_WINATOModer INCL_WIN oder INCL_PM
#include <os2.h>
```

Aufruf

ulretlen = WinQueryAtomLength(hatomtblAtomTbl, atom);

hatomtblAtomTbl (HATOMTBL) - input	Atomtabelle Handle
atom (ATOM) - input	AtomID
ulretlen (ULONG) - return	Stringlänge in byte des Eintrags
0	Fehler

WinQueryAtomName

Funktion

Der zu einer AtomID in der Tabelle geführte Name (String) wird ermittelt.

define

```
#define INCL_WINATOModer INCL_WIN oder INCL_PM
#include <os2.h>
```

Aufruf

ulretlen = WinQueryAtomName(hatomtblAtomTbl,atom, pszBuffer, ulBufferMax);

hatomtblAtomTbl (HATOMTBL) - input	Atomtabelle Handle
atom (ATOM) - input	AtomID
pszBuffer (PSZ) - output	Zeiger auf Speicherbereich zur Aufnahme des Namens
ulBufferMax (ULONG) - input	Puffer Größe in bytes
ulretlen (ULONG) - return	Tatsächlich ermittelte Stringlänge in byte **ohne** \0
0	Fehler

WinQueryAtomUsage

Funktion

Anzahl der aktuellen Nutzungen eines Atoms wird ermittelt; bei jedem Zugriff auf ein Atom wird der zugehörige Nutzungszähler inkrementiert.

define

```
#define INCL_WINATOModer INCL_WIN oder INCL_PM
#include <os2.h>
```

Aufruf

ulcount = WinQueryAtomUsage(hatomtblAtomTbl, atom);

hatomtblAtomTbl (HATOMTBL) - input	Atomtabelle Handle
atom (ATOM) - input	AtomID
ulcount (ULONG) - return	Nutzungszahl (aktuell)
65535	IntegerAtom
0	Fehler
Anderer Wert	Anzahl

WinQuerySystemAtomTable

Funktion

Das Handle der Systematomtabelle wird ermittelt; diese Tabelle wird automatisch während des Hochfahren von OS/2 erzeugt.

define

```
#define INCL_WINATOM oder INCL_WIN oder INCL_PM
#include <os2.h>
```

Aufruf

hatomtblAtomTbl = WinQuerySystemAtomTable(VOID);

hatomtblAtomTbl (HATOMTBL) - return	System Atomtabellen Handle.

28 Initialisationsdateien

Initialisationsdateien sind Binärdateien (ihr Inhalt ist mittels eines Texteditors nicht lesbar und nicht veränderbar), die dazu dienen, Anfangsbedingungen für ein Anwendungsprogramm zum Programmstart zu laden und somit das Anwendungsprogramm in geeigneter Weise zu konfigurieren.

So können z.B. benutzerseitige Einstellungen, die nach einem erneuten Programmstart wiederhergestellt werden sollen in Initialisationsdateien gespeichert werden.

Die Benennung von Initialisationsdateien muß der Syntax

```
name.ini
```

folgen

OS/2 selbst führt zwei eigene Initialisationsdateien mit den Namen OS2.ini und OS2sys.ini. Auch diese Initialisationsdateien sind mit den nachfolgend beschriebenen Methoden lesbar und änderbar.

28.1 Programmierung

Alle Initialisationsdatei können durch die Funktion PrfOpenProfile() neu angelegt (kreiert) oder - falls bereits existierend - zum erneuten Gebrauch geöffnet werden.

Sollte eine Initialisationsdatei nicht mehr vom Programm genutzt werden, so muß sie - wie jede andere Datei auch - so schnell wie möglich geschlossen werden; Initialisationsdateien werden durch die Funktion PrfCloseProfile() geschlossen.

Jede Initialisationsdatei ist intern in Sektionen aufgeteilt, wobei jede Sektion eindeutig durch Ihren Sektionsnamen beschrieben ist.

Innerhalb einer Sektion werden mehrere Untereinträge (Schlüssel) darüber hinaus verwaltet; diese Schlüsselbegriffe (Key name) müssen beim Lesen und Schreiben aus und in Initialisationsdateien angegeben werden.

Die Funktion PrfWriteProfileData() verlangt daher neben dem

1. Handle der geöffneten Initialisationsdatei die Angabe eines
2. Sektionsnamens, die innerhalb dieser Sektion vorhandene
3. Schlüsselabteilung, deren Name als dritter Parameter übergeben werden muß und anschließend die in diesen Schlüsselbereich zu schreibende
4. Information.

Beim Beschreiben einer Initialisationsdatei gilt dabei folgende Regel:

Existiert die zu beschreibende Stelle (durch Sektionsname und Schlüsselname spezifiziert) nicht, so wird sie neu angelegt; dabei werden ggf. der Schlüsselbereich und/oder der Sektionsbereich jeweils neu angelegt.

Existiert die angegebene Stelle innerhalb der Initialisationsdatei bereits, wird lediglich ihr Inhalt mit den angegebenen Daten neu beschrieben.

Beim Auslesen von Informationen einer Initialisationsdatei muß zunächst durch die Funktion PrfQueryProfileSize() die Größe des einzulesenden Eintrags in Byte ermittelt werden und anschließend durch die Funktion PrfQueryProfileData() der eigentliche Eintrag in den programmeigenen Speicherbereich kopiert werden.

28.2 Initialisationsdateien : Funktionen

PrfCloseProfile

Funktion

Eine Initialisationsdatei wird geschlossen und ist nicht mehr zugriffsbereit.

define

```
#define INCL_WINSHELLDATAoder INCL_WIN oder INCL_PM
#include <os2.h>
```

Aufruf

fSuccess = PrfCloseProfile(hini);

hini (HINI) - input   Handle der Initialisationsdatei

28.2 Initialisationsdateien : Funktionen

fSuccess (BOOL) - return   Erfolgsindikator

    TRUE   kein Fehler

    FALSE   Fehler

PrfOpenProfile

Funktion

Eine Initialisationsdatei wird geöffnet; dies ist eine programmprivate Initialisationsdatei. Die Handle der systemeigenene Initialisationsdateien sind immer als HINI_USERPROFILE und HINI_SYSTEMPROFILE verfügbar.

define

```
#define INCL_WINSHELLDATAoder INCL_WIN oder INCL_PM
#include <os2.h>
```

Aufruf

hini = PrfOpenProfile(hab, pszFileName);

hab (HAB) - input   Handle Ankerblock

pszFileName (PSZ) - input   Initialisationsdatei-Name

hini (HINI) - return   Handle Initialisationsdatei

    NULL   Fehler

PrfQueryProfile

Funktion

Information über eine Initialisationsdatei wird ermittelt.

define

```
#define INCL_WINSHELLDATAoder INCL_WIN oder INCL_PM
#include <os2.h>
```

Aufruf

fSuccess = PrfQueryProfile(hab, pprfproProfile);

hab (HAB) - input	Handle des Ankerblocks.
pprfproProfile (PRFPROFILE) - input/output	Infostruktur
fSuccess (BOOL) - return	Erfolgsindikator
TRUE	kein Fehler
FALSE	Fehler

PRFPROFILE Profileinformation

```
typedef struct _PRFPROFILE {
  ULONG cchUserName;/* Länge Initialisationsdatei Name
                       (USER)*/
  PSZpszUserName;/* Initialisationsdatei Name (USER)*/
  ULONG cchSysName;/* Länge Initialisationsdatei Name
                      (SYSTEM)*/
  PSZpszSysName;/* Initialisationsdatei Name (SYSTEM)*/
} PRFPROFILE;
```

PrfQueryProfileData

Funktion

Der Inhalt einer Initialisationsdatei wird für einen gegebenen Programmnamen und Schlüsselbegriff ermittelt; diese Daten werden unformatiert als Bytefolge gelesen.

define

```
#define INCL_WINSHELLDATAoder INCL_WIN oder INCL_PM
#include <os2.h>
```

Aufruf

fSuccess = PrfQueryProfileData(hini, pszApp, pszKey, pBuffer, pulBufferMax);

28.2 Initialisationsdateien : Funktionen 885

hini (HINI) - input	Initialisationsdatei Handle.
HINI_PROFILE	USER und SYSTEM Initialisationsdatei
HINI_USERPROFILE	USER Initialisationsdatei
HINI_SYSTEMPROFILE	SYSTEM Initialisationsdatei
Anderer Wert	Handle einer eigenen Initialisationsdatei
pszApp (PSZ) - input	Programmname in der Initialisationsdatei
pszKey (PSZ) - input	Schlüsselbegriff
pBuffer (PVOID) - output	Pufferbereich zur Aufnahme der Binärinformation
pulBufferMax (PULONG) - input/output	Größe des Pufferbereichs in byte; bei Ausgabe enthält dieser Wert die Anzahl der tatsächlich gelesenen Byte
fSuccess (BOOL) - return	Erfolgsindikator
TRUE	kein Fehler
FALSE	Fehler

PrfQueryProfileInt

Funktion

Ein spezifizierter Teil einer Initialisationsdatei wird als integer-Wert gelesen.

define

```
#define INCL_WINSHELLDATAoder INCL_WIN oder INCL_PM
#include <os2.h>
```

Aufruf

lResult = PrfQueryProfileInt(hini, pszApp, pszKey, lDefault);

hini (HINI) - input	Initialisationsdatei Handle.
HINI_PROFILE	USER und SYSTEM Initialisationsdatei
HINI_USERPROFILE	USER Initialisationsdatei

HINI_SYSTEMPROFILE	SYSTEM Initialisationsdatei
Anderer Wert	Handle einer eigenen Initialisationsdatei
pszApp (PSZ) - input	Programmname in der Initialisationsdatei
pszKey (PSZ) - input	chlüsselbegriff
lDefault (LONG) - input	stwert; dieser Wert wird zurückgegeben, wenn der gesuchte Teil der Initialisationsdatei nicht gefunden wurde
lResult (LONG) - return	nteger-Wert der Initialisationsdatei
0	Wert ist nicht integer

PrfQueryProfileSize

Funktion

Für einen spezifizierten Teil einer Initialisationsdatei wird die Länge der Information in byte bestimmt.

define

```
#define INCL_WINSHELLDATAoder INCL_WIN oder INCL_PM
#include <os2.h>
```

Aufruf

fSuccess = PrfQueryProfileSize(hini, pszApp, szKey, pDataLen);

hini (HINI) - input	Initialisationsdatei Handle.
HINI_PROFILE	USER und SYSTEM Initialisationsdatei
HINI_USERPROFILE	USER Initialisationsdatei
HINI_SYSTEMPROFILE	SYSTEM Initialisationsdatei
Anderer Wert	Handle einer eigenen Initialisationsdatei
pszApp (PSZ) - input	Programmname in der Initialisationsdatei
pszKey (PSZ) - input	Schlüsselbegriff
pDataLen (PULONG) - output	Länge der Information in byte

28.2 Initialisationsdateien : Funktionen   887

fSuccess (BOOL) - return	Erfolgsindikator
TRUE	kein Fehler
FALSE	Fehler

PrfQueryProfileString

Funktion

Für einen spezifizierten Teil einer Initialisationsdatei wird die Information als Zeichenkette bestimmt.

define

```
#define INCL_WINSHELLDATAoder INCL_WIN oder INCL_PM
#include <os2.h>
```

Aufruf

pulLength = PrfQueryProfileString(hini, pszApp, pszKey, pszDefault, pszBuffer, cchBufferMax);

hini (HINI) - input	Initialisationsdatei Handle.
HINI_PROFILE	USER und SYSTEM Initialisationsdatei
HINI_USERPROFILE	USER Initialisationsdatei
HINI_SYSTEMPROFILE	SYSTEM Initialisationsdatei
Anderer Wert	Handle einer eigenen Initialisationsdatei
pszApp (PSZ) - input	Programmname in der Initialisationsdatei
pszKey (PSZ) - input	Schlüsselbegriff
pszDefault (PSZ) - input	Testzeichenkette; wird der Informationsteil nicht gefunden, so wird diese Zeichenkette zurückgegeben
pszBuffer (PSZ) - output	Informationsstring
cchBufferMax (ULONG) - input	Länge des Puffers pzsBuffer in byte

pulLength (ULONG)
- return   Länge der gelesenen Information in byte

PrfReset

Funktion

Hier wird festgelegt, welche Initialisationsdateien als USER und SYSTEM Initialisationsdateien benutzt werden sollen. Damit können also während des Rechnerbetriebs die Voreinstellungen der CONFIG.SYS-Datei (Parameter PROTSHELL) geändert werden, indem neue Initialisationsdateien aktiviert werden.

define

```
#define INCL_WINSHELLDATAoder INCL_WIN oder INCL_PM
#include <os2.h>
```

Aufruf

fSuccess = PrfReset(hab, pprfproProfile);

hab (HAB) - input	Handle des Ankerblocks.
pprfproProfile (PRFPROFILE) - input	Initialisationsdatei-Struktur
fSuccess (BOOL) - return	Erfolgsindikator
TRUE	kein Fehler
FALSE	Fehler

PrfWriteProfileData

Funktion

Daten werden unformatiert als Binärinfprmation in den angegebenen Infoteil der Initialisationsdatei geschrieben.

define

```
#define INCL_WINSHELLDATAoder INCL_WIN oder INCL_PM
#include <os2.h>
```

Aufruf

fSuccess = PrfWriteProfileData(hini, pszApp, pszKey, pData, cchDataLen);

hini (HINI) - input	Initialisationsdatei Handle.
HINI_PROFILE	USER und SYSTEM Initialisationsdatei
HINI_USERPROFILE	USER Initialisationsdatei
HINI_SYSTEMPROFILE	SYSTEM Initialisationsdatei
Anderer Wert	Handle einer eigenen Initialisationsdatei
pszApp (PSZ) - input	Programmname in der Initialisationsdatei
pszKey (PSZ) - input	Schlüsselbegriff
pData (PVOID) - input	Zeiger auf Binärdaten
cchDataLen (ULONG) - input	Größe der Binärdaten in byte
fSuccess (BOOL) - return	Erfolgsindikator
TRUE	kein Fehler
FALSE	Fehler

PrfWriteProfileString

Funktion

Eine Zeichenkette wird in den angegebenen Infoteil der Initialisationsdatei geschrieben.

define

```
#define INCL_WINSHELLDATA oder INCL_WIN oder INCL_PM
#include <os2.h>
```

Aufruf

fSuccess = PrfWriteProfileString(hini, pszApp, pszKey, pszData);

hini (HINI) - input	Initialisationsdatei Handle.
HINI_PROFILE	USER und SYSTEM Initialisationsdatei

HINI_USERPROFILE	USER Initialisationsdatei
HINI_SYSTEMPROFILE	SYSTEM Initialisationsdatei
Anderer Wert	Handle einer eigenen Initialisationsdatei
pszApp (PSZ) - input	Programmname in der Initialisationsdatei
pszKey (PSZ) - input	Schlüsselbegriff
pszData (PSZ) - input	Zeichenkette
fSuccess (BOOL) - return	Erfolgsindikator
TRUE	kein Fehler
FALSE	Fehler

A1 Definition von Ressourcen

A1.1 Allgemeines

Die Befehle zur Beschreibung externer Programmressourcen werden mit einem Standardeditor als ASCII-Text in einer Datei (mit der Extension name.RC) editiert. Diese Datei wird mittels eines Ressourcencompilers übersetzt und kann an das PM-Programm angebunden werden.

Nachfolgend werden die wichtigsten Kommandos zur Ressourcendefinition beschrieben. Ausgenommen hiervon sind Beschreibungskommandos, die dem Aufbau von Dialogfenstern (Dialogressourcen) dienen; diese Kommandos werden von Dialogbox-Editoren, die den Entwicklungssystemen beiliegen, automatisch generiert und können hier ausgespart werden. Außerdem sind alle Stil- und Attributeangaben dieser Dialogressourcen jeweils im Zuge der Besprechung dieser Elemente aufgeführt, so daß hier eine zusätzliche Besprechung entfallen kann.

A1.2 Ressourcenbeschreibungsbefehle

Bei der Verwendung des Backslashs (oktal 092) beachten Sie bitte, daß der Backslash die Darstellung eines Sonderzeichens einleitet. Um also den Backslash selbst darzustellen (z.B. in einer Pfadangabe) ist jeweils ein doppelter Backslash (\\ ) anzugeben.

Beispiel: Pfadangabe : A:\\ORDNER1\\DATEI.EXT

Identifikationskonstanten sind grundsätzlich im Intervall [0,2**16-1] zu wählen, als Dezimal- oder Hexadezimalzahl zu schreiben und eindeutig einer Ressource zuzuordnen.

ACCELTABLE acceltable-id [mem-option]

```
BEGIN
key-value, command[, accelerator-options]
    .
    .
    .
END
```

Beschreibung

Mit Hilfe dieses Kommandos werden Tastaturkombinationen definiert, die der schnellen Auswahl von Menüoperationen dienen. Statt also mit der Maus einen bestimmten Menüpunkt auszuwählen, wird über eine geeignete Tastaturkombination sofort ein spezieller Menüpunkt (auch bei nicht herabgeklapptem Menü) ausgewählt. Diese Methode unterscheidet sich insofern auch von der Menüauswahlmethode mittels der ALT-Tastenkombination (Mnemoauswahl).

Jede RC-Datei kann beliebig viele acceltable-Befehle enthalten. Die Zuordnung zwischen auszuführender Aktion und Tastaturkombination muß allerdings in jedem Fall eindeutig sein.

Elementdefinitionen

acceltable-id   Eindeutige Idetifikationskonstante im Bereich [0,65535]

mem-option   Option zur Steuerung der Verwaltung der Ressource im Systemspeicher

    FIXED   Das System hält die Ressource an einer festen Stelle im Kernspeicher

    MOVEABLE   Das System kann die Ressource falls notwendig im Kernspeicher bewegen; das ist die Voreinstellung.

    DISCARDABLE   Das System kann die Ressource aus dem Kernspeicher löschen, falls diese nicht mehr benötigt wird.

key-value   Bezeichnet den Code für den Buchstaben, den Scan-Code oder den virtuellen Tasten-Code, der als Beschleunigungstaste definiert werden soll.

Entweder muß ein einzelnes Zeichen in doppelten Anführungsstrichen (") oder eine natürliche Zahl im Bereich [0,255] angegeben werden. Natürliche Zahlen müssen dezimal oder hexadezimal angegeben werden. Wird eine natürliche Zahl angegeben, so muß als Option CHAR, SCANCODE, oder VIRTUALKEY gewählt werden.

command   Angabe des Parameterwertes für die zugehörige Systemnachricht als natürliche Zahl im Bereich zwischen [0,65535].

accelerator-options	Folgende Optionen spezifizieren den Typ des Tastaturcodes; die Optionen können kombiniert werden.
VIRTUALKEY	Virtueller Tastaturcode
SCANCODE	Tastatur-Scan-Code
CHAR	Zeichen
SHIFT	Der Benutzer muß die Shift-Taste drüken
CONTROL	Die Strg-Taste (oder die Ctrl-Taste) muß gedrückt werden
ALT	Die Alt-Taste muß gedrückt werden
LONEKEY	Nur die geforderte Taste darf allein gedrückt sein
SYSCOMMAND	Eine WM_SYSCOMMAND Nachricht wird erzeugt; Voreinstellung : WM_COMMAND
HELP	Es wird eine WM_HELP Nachricht erzeugt; Voreinstellung : WM_COMMAND

Achtung:

(VIRTUALKEY, SCANCODE, CHAR) und (SYSCOMMAND, HELP) schließen sich gegenseitig aus.

In der Datei OS2.H sind folgende Konstanten entsprechend der oben genannten Optionswerte vordefiniert und können stattdessen verwendet werden; Kombinationen dieser Konstanten müssen durch geeignete bitweise Oder-Verknüpfung erzeugt werden: AF_ALT, AF_CHAR, AF_CONTROL, AF_HELP, AF_LONEKEY, AF_SCANCODE, AF_SHIFT, AF_SYSCOMMAND, AF_VIRTUALKEY

Beispiel:

Das Beispiel definiert zunächst für die Zeichen Ctrl+»x« und Ctrl+»X« (Abdeckung Groß/Kleinschreibweise) das Erzeugen einer WM_COMMAND Nachricht mit dem Parameterwert 101. Für die Tastaturkombination Alt+»Y« wird der WM_COMMAND-Parameterwert 102 abgesetzt.

```
ACCELTABLE 1000
BEGIN
"x", 101, CHAR, CONTROL
"X", 101, CHAR, CONTROL
"Y", 102, CHAR, ALT
END
```

BITMAP bitmap-id [load-option]
　　　　[mem-option] filename

Beschreibung

Der bitmap-Befehl definiert eine bitmap-Ressource für ein Programm. Eine solche bitmap, die durch einen geeigneten Systemeditor (z.B. OS.2 Icon-Editor) definiert worden ist, wird innerhalb eines Programms im Programmfenster, im Dialog oder innerhalb eines Menüs verwendet. Der Befehl leistet prinzipiell lediglich den Transport der bitmap-Information von der Definitionsdatei in die Ressourcendatei des Programms. Ein PM-Programm kann eine solche bitmap-Ressource durch die Funktion GpiLoadBitmap() dynamisch hinzuladen.

Elementdefinition

bitmap id	Ressourcenidentifikation; der Wert muß eine natürliche Zahl aus dem Intervall [0,65535] sein.
load-option	Modus des Ladens der Ressource; legt fest, wie die Ressource in den Kernspeicher geladen wird gemäß folgender Optionen.
PRELOAD	Laden der Ressource beim Programmstart
LOADONCALL	Laden beim Aufruf von GpiLoadBitmap(); dies ist die Voreinstellung
mem-option	Behandlung der geladenen Ressource im Speicher gemäß folgender Optionen

FIXED	Die Ressource bleibt an einer festen Position im Speicher.
MOVEABLE	Voreinstellung; die Ressource kann bei Bedarf im Speicher verschoben werden.
DISCARDABLE	Die Ressource wird aus dem Speicher gelöscht, wenn sie nicht mehr gebraucht wird.
filename	Name der Datei, die die ursprüngliche Bitmapdefinition enthält.

Beispiel

```
BITMAP 2001 D:\\bilder\\beispiel.bmp
```

Die Bitmap in der Datei beispiel.bmp ist unter dem Identifikator 2001 bearbeitbar; ein Pfad kann optional mit angegeben werden.

FONT font-id load-option
    mem-option filename

Beschreibung

Die Font-Anweisung macht eine Zeichensatzressource unter einem wählbaren Identifikator verfügbar. Der Zeichensatz wird in der Regel durch einen geeigneten Font-Editor entworfen und in einer Font-Datei abgespeichert. Ein PM-Programm lädt mittels der Funktion GpiLoadFont() die mittels des Identifikators gekennzeichnete Zeichensatzbeschreibung.

Elementdefinition

font-id	Ressourcenidentifikation; der Wert muß eine natürliche Zahl aus dem Intervall [0,65535] sein.
load-option	Modus des Ladens der Ressource; legt fest, wie die Ressource in den Kernspeicher geladen wird gemäß folgender Optionen.
PRELOAD	Laden der Ressource beim Programmstart
LOADONCALL	Laden beim Aufruf von GpiLoadFonts( ); dies ist die Voreinstellung

mem-option	Behandlung der geladenen Ressource im Speicher gemäß folgender Optionen
FIXED	Die Ressource bleibt an einer festen Position im Speicher
MOVEABLE	Voreinstellung; die Ressource kann bei Bedarf im Speicher verschoben werden
DISCARDABLE	Die Ressource wird aus dem Speicher gelöscht, wenn sie nicht mehr gebraucht wird; die Voreinstellung ist (MOVEABLE DISCARDABLE).
filename	Name der Datei, die die ursprüngliche Ressourcendefinition enthält.

Beispiel

```
FONT 2002 F:\\mathsym.fon
```

Die Zeichensatzbeschreibung in der angegebenen Datei wird mit der ID 2002 bearbeitbar gemacht.

ICON icon-id load-option
  mem-option filename

Beschreibung

Das Kommando verbindet eine Icon-Definition, die mittels eines geeigneten Systemeditors bearbeitet und in einer Datei abgespeichert wurde über die Identifikationsnummer mit der Definition des Programmfensters, falls bei der Fensterdefinition der Stil FS_ICON angegeben wurde.

Elementdefinition

icon-id	Ressourcenidentifikation; der Wert muß eine natürliche Zahl aus dem Intervall [0,65535] sein. Die ID mit dem Wert 1 wählt als Sonderfall ein Standard-Icon aus.

A1.2 Ressourcenbeschreibungsbefehle

load-option	Modus des Ladens der Ressource; legt fest, wie die Ressource in den Kernspeicher geladen wird gemäß folgender Optionen.
PRELOAD	Laden der Ressource beim Programmstart
LOADONCALL	Laden beim Aufruf von WinCreateStdWindow(); dies ist die Voreinstellung
mem-option	Behandlung der geladenen Ressource im Speicher gemäß folgender Optionen
FIXED	Die Ressource bleibt an einer festen Position im Speicher.
MOVEABLE	Voreinstellung; die Ressource kann bei Bedarf im Speicher verschoben werden.
DISCARDABLE	Die Ressource wird aus dem Speicher gelöscht, wenn sie nicht mehr gebraucht wird; die Voreinstellung ist (MOVEABLE DISCARDABLE).
filename	Name der Datei, die die ursprüngliche Ressourcendefinition enthält.

Beispiel

```
ICON 2000 sinnbild.ico
```

Die ICON-Definition in der Datei sinnbild.ico (nomen est omen !) wird mit der ID 2000 verknüpft und (wie im Beispiel HALLO_2.C) bei Aufruf der Funktion WinCreateStdWindow() mit dem Rahmenfenster verbunden.

MENU menu-id load-option mem-option

```
BEGIN
menuitem-definition
  .
  .
  .
END
```

Beschreibung

Das Menu-Kommando beschreibt den Inhalt und Aufbau von programmeigenen Menüs, die über die zugeordnete Identifikationsnummer mit den einzelnen Programmfenstern verbunden werden können. Die ausführliche Definition des Menüs wird nach der Zeile mit dem Menu-Kommando in einem Block mit Einzeldefinitionen direkt durchgeführt. Hierzu werden zusätzlich die RC-Kommandos PRESPARAMS, MENUITEM und SUBMENU benötigt.

Ein so definiertes Menü kann entweder unmittelbar bei der Definition eines Programmfensters mit diesem verbunden werden oder aber bei Bedarf durch die Funktion WinLoadMenu() dynamisch hinzugeladen werden.

Elementdefinition

menu-id	Ressourcenidentifikation; der Wert muß eine natürliche Zahl aus dem Intervall [0,65535] sein.
load-option	Modus des Ladens der Ressource; legt fest, wie die Ressource in den Kernspeicher geladen wird gemäß folgender Optionen.
PRELOAD	Laden der Ressource beim Programmstart
LOADONCALL	Laden beim Aufruf von WinLoadMenu(); dies ist die Voreinstellung
mem-option	Behandlung der geladenen Ressource im Speicher gemäß folgender Optionen
FIXED	Die Ressource bleibt an einer festen Position im Speicher.
MOVEABLE	Voreinstellung; die Ressource kann bei Bedarf im Speicher verschoben werden.
DISCARDABLE	Die Ressource wird aus dem Speicher gelöscht, wenn sie nicht mehr gebraucht wird; die Voreinstellung ist (MOVEABLE DISCARDABLE).
menuitem-definition	Folgende Werte können verwendet werden; eine Kombination von Werten in einer Zeile ist nicht gestattet.

A1.2 Ressourcenbeschreibungsbefehle

PRESPARAMS	Kontrolle des Layouts der Menüpunkte (Zeichensatz, Farbe); der Befehl PRESPARAMS darf nur direkt hinter BEGIN stehen.
MENUITEM	Definiert einzelnen Menüeintrag
SUBMENU	Leitet Definition eines eingeschachtelten Menüs ein

Beispiel

```
MENU 100
BEGIN
   MENUITEM "Eintrag 1",101
   MENUITEM "Eintrag 2", 102, MIS_TEXT, MIA_CHECKED
   SUBMENU "Hier folgt noch mehr..",103
   BEGIN
       MENUITEM "Untereintrag 1",1031
       MENUITEM "Untereintrag 2",1032
   END
END
```

Hier wird ein Menü mit zwei Einträgen (Eintrag1, Eintrag2) und einem Untermenü definiert.

MENUITEM text, menu-id, menu-style, menu-attribute

MENUITEM SEPARATOR

Beschreibung

Dieses RC-Kommando definiert einen einzelnen Eintrag in einem Menü. Daher ist es lediglich zur Verwendung innerhalb eines Blocks in einem MENU- oder SUBMENU-Kommando zugelassen.

Es werden der Eintragstext, die Identifikationsnummer und die speziellen Attribute des Menüeintrags definiert. Die hier festgelegte Identifikationsnummer wird später als Parameter einer WM_COMMAND-Nachricht an die bearbeitende Fensterfunktion gesandt.

Als zweite Möglichkeit kann man das RC-Kommando MENUITEM SEPARATOR angeben, das keine weiteren Parameter verlangt. Hierdurch wird ein horizontaler Trennstrich zwischen zwei aufeinander folgenden Menüeinträgen erzeugt, der auch selber nicht auswählbar ist. Er dient lediglich als optische Trennung zwischen zwei Menüeinträgen.

Elementdefinitionen

text
Text des Menüeintrags; der Texteintrag darf auch leer sein. In jedem Fall muß ein Textstring in Doppelhochkommata (") eingeschlossen sein. Spezielle Bedeutung haben folgende Zeichen/Zeichenkombinationen.

\t
Einfügen eines Tabulators in den Text

\a
Der nachfolgende Text wird rechtsbündig dargestellt

~
Die »Tilde« ~ kennzeichnet das nachfolgende Zeichen als Mnemo-Zeichen zur Kurzwahl des Menüpunktes; die Tilde selbst wird nicht dargestellt, statt dessen wird das nachfolgende Zeichen unterstrichen

\b
Leitet die Nennung einer Bitmap-ID ein; die Bitmap-ID muß in Doppelhochkommata stehen; falls der Menustil (menu-style) als MIS_BITMAP gewählt wird, muß der Name ein Bitmap-ID sein, der logisch vorher durch ein entsprechendes BITMAP-Kommando definiert worden sein muß.

menu-id
Ressourcenidentifikation; der Wert muß eine natürliche Zahl aus dem Intervall [0,65535] sein.

menu-style
Definiert den Stil des jeweiligen Menüeintrags; die nachfolgenden Optionen dürfen kombiniert werden.

MIS_BITMAP
Der Name ist ein Bitmap-ID; damit wird eine Bitmap in ein Menü eingebunden

MIS_BREAK
Innerhalb des Menüs beginnt eine zweite Spalte

MIS_BREAK-SEPARATOR	Es werden senkrechte Trennlinien zwischen Menüspalten gezogen
MIS_BUTTON-SEPARATOR	Der Menüpunkt ist nur mit der Maus auswählbar; optisch wird der Menüeintrag zentriert dargestellt (sonst linksbündig)
MIS_HELP	Es wird bei Anwahl eine WM_HELP-Nachricht erzeugt
MIS_OWNERDRAW	Die bearbeitende Fensterfunktion zeichnet diesen Eintrag selbst. Hierzu sendet das Menü WM_DRAWITEM und WM_MEASUREITEM Nachrichten an die Fensterfunktion
MIS_SEPARATOR	Es wird ein waagerechter Trennstrich (Separator) gesetzt; dieser ist nicht auswählbar. Die zwingend anzugebenden Parameter menu-id und item-name werden ignoriert
MIS_STATIC	Der Menüeintrag ist nicht wählbar; dies wird zur Darstellung (statischer) Texte genutzt
MIS_SUBMENU	Das MENUITEM-Kommando wird als SUBMENU-Kommando interpretiert (an dieser Stelle muß die Frage erlaubt sein : wozu ?)
MIS_SYSCOMMAND	Es wird eine WM_SYSCOMMAND-Nachricht erzeugt
MIS_TEXT	Der Eintrag item-name ist ein String in Doppelhochkommata; Voreinstellung
menu-attribute	Definiert die zusätzlichen Attribute des Menüeintrags; folgende Optionskonstanten dürfen kombiniert werden.
MIA_CHECKED	Ein »Check«-Zeichen (Häkchen) wird zum Eintrag gezeichnet
MIA_DISABLED	Der Eintrag wird als nicht wählbar (grau) dargestellt; wichtig ist, daß bei Auswahl tatsächlich keine Nachricht erzeugt wird

MIA_FRAMED	Ein Rahmen wird um den Eintrag gesetzt
MIA_HILITED	Eintrag und Hintergrund werden invertiert (highlight setting)
MIA_NODISMISS	Das sichtbare Untermenü wird nach Anwahl des Eintrags weiterhin angezeigt

---

POINTER pointer-id load-option
           mem-option filename

Beschreibung

Mit dem POINTER-Kommando wird das Aussehen des Mauszeigers auf dem Bildschirm bestimmt. Hierzu wird mit einem geeigneten Icon-Editor eine Bitmap erzeugt und in einer Datei abgespeichert, die dann hier mit einer Identifikationsnummer verbunden wird.

Die POINTER-Ressource kann durch die Funktion WinLoadPointer() dynamisch zugeladen werden.

Elementdefinition

pointer-id	Ressourcenidentifikation; der Wert muß eine natürliche Zahl aus dem Intervall [0,65535] sein.
load-option	Modus des Ladens der Ressource; legt fest, wie die Ressource in den Kernspeicher geladen wird gemäß folgender Optionen.
PRELOAD	Laden der Ressource beim Programmstart
LOADONCALL	Laden beim Aufruf von WinLoadPointer(); dies ist die Voreinstellung
mem-option	Behandlung der geladenen Ressource im Speicher gemäß folgender Optionen
FIXED	Die Ressource bleibt an einer festen Position im Speicher
MOVEABLE	Voreinstellung; die Ressource kann bei Bedarf im Speicher verschoben werden

DISCARDABLE	Die Ressource wird aus dem Speicher gelöscht, wenn sie nicht mehr gebraucht wird; die Voreinstellung ist (MOVEABLE DISCARDABLE).
filename	Name der Datei, die die ursprüngliche Ressourcendefinition enthält.

Beispiel

```
POINTER 1000 katze.cur
```

Hier wird unter dem Identifikationswert 1000 die in der Datei katze.cur gespeicherte Bitmap als Cursor zugriffsfähig gemacht.

PRESPARAMS presparam, value, presparam, value, ...

Beschreibung

Dieses Kommando kontrolliert den Stil der Darstellung von Dialogboxen, Menüs, Fenstern oder allgemein Kontrollelementen. Hierzu wird eine lineare Folge von Parametertypen und Werten vereinbart, die seitens der zuständigen Fensterprozedur bzw. Dialogboxprozedur, beim Aufbau von Menüs, Fenstern oder allgemein Kontrollelementen empfangen und ausgewertet werden. Die Auswertung bedingt dann die Darstellungsform der Elemente.

Elementdefinition

presparam	Definition des Präsentationsparamter-Attributes (presentation parameter attribute); folgende Parameter sind eine Auswahl der Möglichkeiten.
PP_BACKGROUND-COLOR, PP_BACKGROUND-COLORINDE	Hintergrundfarbe
PP_BORDERCOLOR, PP_BORDERCOLORINDEX	Rahmenfarbe

PP_FONTNAMESIZE	Font und Fontgröße
PP_FOREGROUND-COLOR,	
PP_FOREGROUND-COLORINDEX	Unselektierter Text
PP_HILITEBACKGROUND-COLOR,	
PP_HILITEBACKGROUND-COLORINDEX	Auswahl- und Cursorfarbe
PP_HILITEFOREGROUND-COLOR,	
PP_HILITEFOREGROUND-COLORINDEX	selektierter Text
value	Wert für das definierte Feld

Beispiel

```
MENU 100
BEGIN
    PRESPARAMS PP_FONTNAMESIZE, "12.Helv"
    MENUITEM "New", 100
END
```

Es wird ein Menü mit einem Eintrag erstellt, dessen Text in Helvetica 12 Punkt dargestellt wird.

RCINCLUDE filename

Beschreibung

Das RCINCLUDE_Kommando bedingt die Einbindung einer weiteren RC-Datei und entspricht in seiner Wirkung dem INCLUDE-Kommando der C-Syntax. Wichtig ist insbesondere, daß vor der Ausführung irgendeines anderen RC-Kommandos zunächst alle RCINCLUDE-Kommandos ausgeführt werden, so daß bei Beginn der Kommandointerpretation ein vollständiger Beschreibungstext vorliegt.

Elementdefinition

filename Name der RC-Datei (name.RC)

```
STRINGTABLE load-option mem-option
```

```
BEGIN
   string-id string-definition
   .
   .
   .
END
```

Beschreibung

Mit jeder STRINGTABLE-Anweisung wird eine Zeichenkette mit einer eindeutigen Identifikationsnummer verknüpft, so daß sie während der Programmausführung dynamisch durch die Funktion WinLoadString() geladen werden kann.

Dies hat zwei entscheidende Vorteile; einmal ist die sprachspezifische Anpassung von Programmen durch externe Definition der Textkonstanten wesentlich erleichtert. Zum anderen belegen Textkonstanten Kernspeicherbereiche nur, wenn sie aktuell benötigt werden. .

Elementdefinitionen

load-option	Modus des Ladens der Ressource; legt fest, wie die Ressource in den Kernspeicher geladen wird gemäß folgender Optionen
PRELOAD	Laden der Ressource beim Programmstart
LOADONCALL	Laden beim Aufruf von WinLoadString(); dies ist die Voreinstellung
mem-option	Behandlung der geladenen Ressource im Speicher gemäß folgender Optionen
FIXED	Die Ressource bleibt an einer festen Position im Speicher
MOVEABLE	Voreinstellung; die Ressource kann bei Bedarf im Speicher verschoben werden

DISCARDABLE	Die Ressource wird aus dem Speicher gelöscht, wenn sie nicht mehr gebraucht wird; die Voreinstellung ist (MOVEABLE DISCARDABLE).
string-id	Ressourcenidentifikation; der Wert muß eine natürliche Zahl aus dem Intervall [0,65535] sein.
string-definition	Zeichenkette; dies ist der eigentliche Text, der unter der string-id zur Programmausführungszeit geladen werden kann. Die Zeichenkette muß in Doppelhochkommata (") eingeschlossen sein.

Beispiel

```
#define ID_TEXT 1000
STRINGTABLE
BEGIN
   ID_TEXT "Dies ist die Textkonstante"
END
```

Hier wird eine Textkonstante unter der Identifikation ID_TEXT (=1000) bearbeitbar gemacht.

SUBMENU text, submenu-id, menu-style

```
BEGIN
   menuitem-definition
      .
      .
      .
END
```

Beschreibung

Das SUBMENU-Kommando definiert ein Untermenü, das dem Hauptpunkt einer Menüleiste zugeordnet ist. Bei Auswahl dieses Hauptpunktes wird das gesamte Untermenü für die Benutzerauswahl dargestellt. Die einzelnen Einträge innerhalb des SUBMENU-Blocks bedingen die Präsentationsreihenfolge innerhalb des Programms.

Elementdefinition

text
Text des Untermenütitels. Hier ist eine Textkonstante mit 0 oder mehr Zeichen, eingeschlossen in Doppelhochkommata erforderlich. Die Angabe einer Tilde (~) bedingt die Mnemokürzel-Zuweisung an das folgende Zeichen; die Tilde wird nicht dargestellt, das folgende Zeichen wird unterstrichen.

submenu-id
Ressourcenidentifikation; der Wert muß eine natürliche Zahl aus dem Intervall [0,65535] sein.

menu-style
Definiert den Darstellungsstil des Untermenüs. Es sind Kombinationen der MIS_-Konstanten zulässig, die unter MENUITEM spezifiziert werden.

menuitem-definition
Hier sind zulässige Anweisungen MENUITEM, SUBMENU-Blöcke (zur Definition von geschachtelten Menüs) und PRESPARAM; beachten Sie die zugehörigen Definitionen.

A2 Inhaltsindex

A2.1 Anwendung

Zunächst können Funktionen, Strukturen und Nachrichten sowie Konstanten über das alphabetisch sortierte Sachwortverzeichnis gefunden werden; alle hier aufgeführten Funktionen, Strukturen und Nachrichten sind zur besseren Orientierung fett gedruckt. Eine solche Suche ist natürlich nur dann sinnvoll, wenn die Benennung der gesuchten Information sowie ihre Verwendung bereits exakt bekannt sind.

Sollen jedoch Fragen wie

- gibt es eine Funktion zum Zeichnen von Rechtecken ?
- kann man innerhalb eines MLE-Elements nach Texten suchen ?
- gibt es eine vordefinierte Struktur, um Rechteckkoordinaten abzulegen ?
- welche Manipulationsmöglichkeiten bei der Fensterdarstellung gibt es ?

beantwortet werden, so ist hierzu der nachfolgende **inhaltssortierte Index (Inhaltsindex)** geeignet. Dieser Inhaltsindex ist grundsätzlich nach dem *Verwendungszweck* von Funktionen, Strukturen und Nachrichten sortiert.

Die einzelnen Indexkapitel beinhalten folgende Informationsspalten.

1. **K** Kurzbezeichnung des Eintragtyps

    S Struktur

    F Funktion

    N Nachricht

2. **Name** Bezeichnung der Funktion, Struktur oder Nachricht
3. **Seite** Verweis auf die Definitionsstelle im Text
4. **Inhalt** Kurzbeschreibung der Funktion des Eintrags

A2.2 Inhaltsindex

A2.2.1 Atom

K	Name	Seite	Inhalt
S	ATOM	530	Atomnamen ID
F	WinAddAtom	873	neues Atom in Atomtabelle eingefügen
F	WinCreateAtomTable	874	neue Atomtabelle wird angelegt
F	WinDeleteAtom	875	Eintrag (Atom) wird aus Atomtabelle entfernt
F	WinDestroyAtomTable	876	Atomtabelle wird gelöscht
F	WinFindAtom	876	Atom wird in Atomtabelle gesucht
F	WinQueryAtomLength	877	Länge eines Atoms wird ermittelt
F	WinQueryAtomName	878	Name zu AtomID wird ermittelt
F	WinQueryAtomUsage	878	aktueller Nutzungsgrad eines Atoms wird ermittelt
F	WinQuerySystemAtomTable	879	Handle Systematomtabelle wird ermittelt

A2.2.2 Bitmap

K	Name	Seite	Inhalt
S	BITMAPINFO2	607	Bitmapinformation Typ 2
S	BITMAPINFOHEADER2	609	Bitmapvorspanninformation
F	GpiBitBlt	589	Quellbitmap in Zielrechteck kopieren
F	GpiCreateBitmap	592	Anlegen Bitmap
F	GpiDeleteSetId	473	Zeichensatz- oder BitmapID wird ungültig gemacht
F	GpiDrawBits	593	Bitmap zeichnen
F	GpiImage	596	Bitmap in Präsentationsraum kopieren
F	GpiLoadBitmap	597	Bitmap aus externer Ressource laden
F	GpiQueryBitmapBits	598	Bitmapbits in Speicherbereich kopieren
F	GpiQueryBitmapInfoHeader	599	Bitmap - Aufbauinformation ermitteln

F	GpiQueryDeviceBitmapFormats	600	Bitmapstrukturen, die ein Gerätekontext unterstützt
F	GpiSetBitmap	600	Bitmap mit Präsentationsraum verbinden
F	GpiSetBitmapBits	601	Pixelinformationen in Bitmapstruktur kopieren
F	GpiSetBitmapId	602	Bitmap mit lokaler ID verbinden
F	GpiWCBitBlt	603	rechteckigen Bereich kopieren
N	SM_QUERYHANDLE	211	Icon- oder Bitmaphandle wird ermittelt
N	SM_SETHANDLE	211	Handle für Icon oder Bitmap wird gesetzt
F	WinDrawBitmap	606	Bitmap in Präsentationsraum eines Gerätekontextes kopieren
F	WinGetSysBitmap	374	vordefinierte Bitmaps laden

A2.2.3 Notizbuchdialog

K	Name	Seite	Inhalt
N	BKM_CALCPAGERECT	265	Berechnung Seitenrechteck
N	BKM_DELETEPAGE	265	Seite löschen
N	BKM_INSERTPAGE	266	Einfügen neuen Seite
N	BKM_INVALIDATETABS	266	Lesemarken neu zeichnen
N	BKM_QUERPAGEDATA	267	4 byte programmeigene Information abgefragen
N	BKM_QUERYPAGECOUNT	267	Ermittlung Anzahl Notizbuchseiten
N	BKM_QUERYPAGEID	267	Abfrage Seiten ID
N	BKM_QUERYPAGESTIL	268	Stil Seite
N	BKM_QUERYPAGE-WINDOWHWND	268	Handle Seite aus ID
N	BKM_QUERYSTATUSLINETEXT	268	Text Statuszeile ermittelt
N	BKM_QUERYTABBITMAP	269	Handle Bitmap Lesemarke
N	BKM_QUERYTABTEXT	269	Textinformation Seite
N	BKM_SETDIMENSIONS	269	Höhe und Breite Lesemarken und Seitenknöpfe wird festgelegt
N	BKM_SETNOTEBOOKCOLORS	270	Farben des Notizbuchs werden gesetzt
N	BKM_SETPAGEDATA	271	Beschreiben programmeigenen 4-byte je Seite

	BKM_SETPAGEWINDOW-HWND	271	Notizbuchseite mit Fensterhandle verknüpfen
N	BKM_SETSTATUSLINETEXT	271	Text Statuszeile wird gesetzt
N	BKM_SETTABBITMAP	272	Lesemarke duch Bitmap ersetzen
N	BKM_SETTABTEXT	272	Text Lesemarke setzen
N	BKM_TURNTOPAGE	272	Seite wird zur aktuellen (oberen) Seite gemacht
S	BOOKTEXT	273	Notizbuch : Text Statuszeile
S	DELETENOTIFY	273	Satz aus Notizbuch löschen
S	PAGESELECTNOTIFY	273	Notizbuch Auswahlseite

A2.2.4 Auswahlknopf (button)

K	Name	Seite	Inhalt
N	BM_CLICK	198	Klick auf Element simulieren
N	BM_QUERYCHECK	199	Ermittlung des Selektionsstatus eines Elements
N	BM_QUERYCHECKINDEX	199	Index des selektierten Radioknopfes wird ermittelt
N	BM_QUERYHILITE	199	Markierungsmodus ermitteln
N	BM_SETCHECK	200	Selektionsstatus eines Knopfs wird gesetz
N	BM_SETDEFAULT	200	Voreinstellungsstatus für Element wird gesetzt
N	BM_SETHILITE	201	Knopf wird markiert (mit dickem Rand)

A2.2.5 Combobox

K	Name	Seite	Inhalt
N	CBM_HILITE	192	Editorfeld wird aktiv (highlight) dargestellt
N	CBM_ISLISTSHOWING	193	Sichtbarkeit Listbox ermitteln
N	CBM_SHOWLIST	193	Listbox wird (un)sichtbar gemacht

A2.2.6 Clipboard

K	Name	Seite	Inhalt
F	WinCloseClipbrd	311	Bearbeitung des Clipboards wird beendet
F	WinEmptyClipbrd	315	Daten im Clipboard werden gelöscht
F	WinOpenClipbrd	321	Clipboard wird geöffnet
F	WinQueryClipbrdData	321	Handle auf Clipboard-Daten wird ermittelt
F	WinQueryClipbrdFmtInfo	322	Information über Clipboard-Datenformat ermitteln
F	WinSetClipbrdData	323	Daten werden ins Clipboard geschrieben

A2.2.7 Handhabung von Comboboxen

K	Name	Seite	Inhalt
N	CM_ALLOCDETAILFIELDINFO	283	Speicherplatz für FIELDINFO-Strukturen wird alloziert
N	CM_ALLOCRECORD	284	Speicherplatz für Datensätze in RECORDCORE-Strukturen wird alloziert
N	CM_ARRANGE	284	Containerinhalte in Iconsicht werden plaziert
N	CM_CLOSEEDIT	284	MLE-Element in Containertext schließen
N	CM_COLLAPSTREE	285	In Baumsicht wird Elternsatz eingeklappt
N	CM_ERASERECORD	285	Containerinhaltselement löschen
N	CM_EXPANDTREE	285	In Baumsicht wird Elternsatz aufgeklappt
N	CM_FILTER	286	Filterfunktion wird aktiviert
N	CM_FREEDETAILFIELDINFO	286	Speicherplatz FIELDINFO Strukturen wird freigegeben
N	CM_FREERECORD	287	Speicherplatz für RECORDCORE Strukturen wird freigegeben
N	CM_HORZSCROLLSPLITWINDOW	287	In zweigeteilter Detailsicht wird Informationsteil horizontal gescrollt
N	CM_INSERTDETAILFIELDINFO	288	FIELDINFO Strukturen werden eingefügt
N	CM_INSERTRECORD	288	RECORDCORE Strukturen werden eingefügt

N	CM_INVALIDATEDETAIL-FIELDINFO	288	FIELDINFO Struktur ist ungültig, Containerinhalt wird neu dargestellt
N	CM_INVALIDATERECORD	289	RECORDCORE Strukturen sind ungültig. Containerinhalt wird neu dargestellt
N	CM_OPENEDIT	290	MLE-Element zur Editierung von Containertext wird geöffnet
N	CM_PAINTBACKGROUND	290	Containerhintergrund wird neu gezeichnet
N	CM_QUERYCNRINFO	290	CNRINFO Struktur des Containers wird ermittelt
N	CM_QUERYDETAILFIELDINFO	291	Zeiger auf FIELDINFO Struktur wird ermittelt
N	CM_QUERYDRAGIMAGE	291	Handle Icon oder Bitmap des Datensatzes wird ermittelt
N	CM_QUERYRECORD	292	Zeiger auf RECORDCORE Struktur wird ermittelt
N	CM_QUERYRECORDFROMRECT	292	Containersatz in einem Rechteck wird ermittelt
N	CM_QUERYRECORDINFO	293	Satzinhalte werden aktualisiert
N	CM_QUERYRECORDRECT	293	Umschließendes Rechteck eines Satzes wird ermittelt
N	CM_QUERYVIEWPORTRECT	294	Rechteck des Containerausgabebereichs wird ermittelt
N	CM_REMOVEDETAILFIELDINFO	294	Löschen von FIELDINFO Strukturen des Containers
N	CM_REMOVERECORD	295	RECORDCORE Strukturen werden gelöscht
N	CM_SCROLLWINDOW	295	Containerausgabebereich wird gescrollt
N	CM_SEARCHSTRING	296	Containersatz mit String wird gesucht
N	CM_SETCNRINFO	296	Containerdaten werden neu gesetzt
N	CM_SORTRECORD	298	Sätze im Container werden sortiert
S	CNRDRAGINFO	298	DragDrop-Aktion auf Container
S	CNRDRAGINIT	299	DragDrop-Aktion in Container
S	CNREDITDATA	299	Containertext direkt editieren
S	CNRINFO	300	Containerhauptinformation
S	CTIME	302	Container Zeit für Detailsicht
S	FIELDINFO	302	Container Spalteninformation
S	FIELDINFOINSERT	304	Container Spaltendaten
S	QUERYRECFROMRECT	307	Containersatz aus Rechteck
S	QUERYRECORDRECT	307	Containerrechteck aus Satz

A2.2 Inhaltsindex

S	RECORDCORE	308	Container Satz
S	RECORDINSERT	309	Container SatzInfo
S	CDATE	298	Container Datum für Detailsicht
S	MINIRECORDCORE	304	Containersatz (Mini)
S	NOTIFYDELTA	305	Container Deltainformation
S	NOTIFYRECORDENTER	306	Container EingabeInfo
S	NOTIFYSCROLL	306	Container ScrollInfo
S	OWNERBACKGROUND	306	Container Hintergrundfarbe
S	OWNERITEM	190	Definition eines Objekts
S	SEARCHSTRING	310	Container Textsuche
S	TREEITEMDESC	308	ContainerIcon (Baumsicht)

A2.2.8 Cursor und Textzeiger

K	Name	Seite	Inhalt
S	CURSORINFO	386	Cursorinformation
S	POINTERINFO	378	Pointerinformation
F	WinCreateCursor	383	neuer Textzeiger wird kreiert
F	WinCreatePointer	372	Pointer (Mauszeigersymbol) wird aus Bitmap erzeugt
F	WinDestroyCursor	384	Cursor wird gelöscht
F	WinDestroyPointer	373	Pointer oder Icon wird gelöscht
F	WinFreeFileIcon	318	Zeiger auf Icon wird freigegeben
F	WinLoadFileIcon	320	Icon aus Datei laden
F	WinLoadPointer	376	externe Zeigerdefinition aus Ressource laden
F	WinQueryCursorInfo	385	Information über Cursor ermitteln
F	WinQueryPointer	377	Handle des aktuellen Mauszeigers wird ermittelt
F	WinQueryPointerInfo	378	Mauszeiger - Gesamtinformation ermitteln
F	WinQueryPointerPos	379	Position des Mauszeigers wird ermittelt
F	WinQuerySysPointer	379	Handle eines vordefinierten Mauszeiger wird ermittelt
F	WinSetPointer	381	neuer Mauszeiger wird angezeigt
F	WinSetPointerPos	382	Position des Mauszeigers wird neu gesetzt
F	WinShowCursor	385	Sichtbarkeitsstatus des Cursors wird manipuliert

A2.2.9 DDE

K	Name	Seite	Inhalt
S	CONVCONTEXT	861	DDE Übersetzungsstruktur
F	DDES_PABDATA	129	PBYTE auf DDE-Daten
F	DDES_PSZITEMNAME	129	PSZ auf DDE-Name
S	DDESTRUCT	863	DDE-Infostruktur
F	WinDdeInitiate	860	Dynamischer Daten Austausch, Anfang
F	WinDdePostMsg	861	Dynamischer Daten Austausch, Nachricht senden
F	WinDdeRespond	863	Dynamischer Daten Austausch, Server antwortet
N	WM_DDE_ACK	865	Antwort auf korrekte Anfrage
N	WM_DDE_ADVISE	865	DauerDDE-Dialog einrichten
N	WM_DDE_DATA	866	Daten liegen bereit
N	WM_DDE_EXECUTE	867	Kommandoübermittlung
N	WM_DDE_INITIATE	867	DDE einleiten
N	WM_DDE_INITIATEACK	868	DDE-Initialisierung bestätigen
N	WM_DDE_POKE	868	Nachrichten annehmen
N	WM_DDE_REQUEST	868	Sendeforderung
N	WM_DDE_TERMINATE	869	DDE-Ende
N	WM_DDE_UNADVISE	869	Daueraustausch beenden

A2.2.10 Geräteansteuerung

K	Name	Seite	Inhalt
F	DevCloseDC	531	Gerätekontext wird gelöscht
F	DevEscape	632	Gerätefunktionen angesprochen
F	DevOpenDC	532	Gerätekontext wird geöffnet
F	DevQueryCaps	533	Möglichkeiten eines Ausgabegeräts
F	DevQueryDeviceNames	539	Gerätetreiberinformationen
S	DEVOPENSTRUC	651	Gerät öffnen
S	DRIVDATA	652	Treiberdaten
S	DRIVPROPS	652	Druckerstruktur
S	HCINFO	652	Papierausgabefähigkeit
S	PRDINFO3	652	Druckerinfo3
S	PRDINFO4	653	Druckerinfo4
S	PRDRIVINFO	653	Druckerinfo 0
S	PRPORTINFOx	654	Schnittstelleninfo0 und 1

A2.2.11 Dialog

K	Name	Seite	Inhalt
F	WinCreateDlg	311	Dialogfenster wird kreiert und dargestellt
F	WinDefDlgProc	312	Standardbehandlungen Dialogfunktionen
F	WinDismissDlg	313	Dialogbox wird gelöscht
F	WinDlgBox	314	Dialog starten und bearbeiten
F	WinLoadDlg	319	Dialogstruktur aus Ressource laden und Dialogfenster öffnen
F	WinMessageBox	82	Nachrichtenbox kreieren
F	WinProcessDlg	327	Dialog bearbeiten
N	WM_INITDLG	329	Dialogfenster wird dargestellt und erstmalig aktiviert

A2.2.11.1 Dateiauswahldialog

N	FDM_ERROR	248	Fehlermeldung angezeigen
N	FDM_FILTER	249	Datei der Dateiliste hinzufügen
N	FDM_VALIDATE	249	Benutzer hat Datei ausgewählt
S	FILEDLG	250	Hauptinfo Dateidialog
F	WinFileDlg	316	Dateiauswahldialog wird geöffnet und bearbeitet
F	WinFreeFileDlgList	317	Optionale Vorbereitung eines Dateiauswahldialogs

A2.2.11.2 Zeichensatzauswahldialog

N	FNTM_FACENAME-CHANGED	253	Zeichensatzname wurde geändert
N	FNTM_FILTERLIST	253	Zeichensatzname, Stilname oder Zeichensatzgröße der Filterliste hinzufügen
N	FNTM_POINTSIZE-CHANGED	254	Zeichensatzgröße wurde geändert
N	FNTM_STYLECHANGED	254	Zeichensatzstil wurde geändert
N	FNTM_UPDATEPREVIEW	254	Vorschautext des Zeichensatzes neu schreiben
S	FONTDLG	255	Hauptinfo Zeichensatz
F	WinFontDlg	317	Zeichensatzauswahldialog wird geöffnet und bearbeitet

A2.2.12 Editorfeld

K	Name	Seite	Inhalt
N	EM_CLEAR	147	Text wird gelöscht
N	EM_COPY	147	Text wird ins Clipboard kopiert
N	EM_CUT	148	Text wird ins Clipboard kopiert und im Editorfeld gelöscht
N	EM_PASTE	148	Text wird durch Text im Clipboard ersetzt
N	EM_QUERYCHANGED	148	Abfrage, ob Text des Editorfeldes geändert wurde
N	EM_QUERYFIRSTCHAR	149	Erster links im Editorfeld sichtbarer Buchstabe
N	EM_QUERYREADONLY	149	Ermittelt, ob readonly (NurLesen) Status für Editorfeld aktiviert ist
N	EM_QUERYSEL	149	Grenzen der aktuellen Markierung ermitteln
N	EM_SETFIRSTCHAR	150	Setzen des ersten im Editorfeld sichtbaren Buchstabens
N	EM_SETINSERTMODE	150	Einschalten des Einfügemodus (insert mode)
N	EM_SETREADONLY	150	Einschalten des NurLesen-Status (read only mode)
N	EM_SETSEL	151	Grenzen Textmarkierung werden gesetzt
N	EM_SETTEXTLIMIT	151	Maximale Anzahl byte im Editorfeld festgelegen

A2.2.13 Farbe

K	Name	Seite	Inhalt
S	COLOR	576	Farbwert
F	GpiAnimatePalette	563	Farbwerte in logischer Farbtabelle werden geändert
F	GpiCreateLogColorTable	564	RGB-Werte in logischer Farbtabelle werden definiert
F	GpiCreatePalette	565	Farbpalette wird eingerichtet
F	GpiDeletePalette	566	Farbpalette wird gelöscht
F	GpiQueryColorData	568	Informationen über Farbtabelle werden ermittelt
F	GpiQueryColorIndex	567	Farbtabellenindex zu RGB-Wert bestimmen

F	GpiQueryLogColorTable	569	Inhalt logischen Farbtabelle wird ermittelt
F	GpiQueryNearestColor	570	Bestpassender RGB-Wert
F	GpiQueryPalette	570	mit Präsentationsraum assoziierte Palette bestimmen
F	GpiQueryPaletteInfo	571	Information zu gegebener Palette ermitteln
F	GpiQueryRealColors	572	RGB-Werte der physikalischen Farbtabelle bestimmen
F	GpiQueryRGBColor	572	Zu Index wird aktuelle Farbe (RGB-Wert) ermittelt
F	GpiSelectPalette	573	Palette wird mit Präsentationsraum assoziiert
F	GpiSetColor	511	Vordergrundfarbe festlegen
F	GpiSetPaletteEntries	574	Einträge in Palette festlegen
S	RGBx	576	RGB-Farbwert und Attribut
F	WinRealizePalette	575	logische Farbpalette wird dargestellt
N	WM_REALIZEPALETTE	337	physikalische Frabpalette wurde geändert

A2.2.14 Datei

K	Name	Seite	Inhalt
F	DosClose	718	Datei, Informationsleitung (pipe) schließen
F	DosCopy	718	Dateien/Ordner kopieren
F	DosCreateDir	720	Ordner wird erzeugt
F	DosDelete	723	Datei wird gelöscht
F	DosDeleteDir	723	Ordner wird gelöscht
F	DosFindClose	724	Suchen nach Dateien wird beendet
F	DosFindFirst	727	Suchen nach Dateien wird eingeleitet
F	DosFindNext	729	Suchen nach Dateien wird weitergeführt
F	DosMove	730	Datei verschieben
F	DosOpen	731	Öffnen oder neu anlegen Datei, Ändern von Kennwerten existierenden Datei
F	DosQueryCurrentDir	736	aktuell eingestellten Pfad ermitteln
F	DosQueryCurrentDisk	737	aktuelles Laufwerk ermitteln
F	DosQueryFileInfo	737	Informationen über Datei ermitteln
F	DosRead	741	Lesen aus Datei, Infoleitung (pipe)

K	Name	Seite	Inhalt
F	DosSearchPath	742	Innerhalb mehrerer Pfade wird nach Dateien gesucht
F	DosSetCurrentDir	743	aktueller Pfad wird festgelegt
F	DosSetDefaultDisk	744	aktuelles Standardlaufwerk wird festgelegt
F	DosSetFileInfo	744	Dateiinformationen werden festgelegt
F	DosSetFileLocks	748	Dateischutzbereiche bestimmen
F	DosSetFilePtr	747	Dateizeiger setzen
F	DosWrite	746	Schreiben in Datei
S	EAOP2	721	Erweitere Attribute Struktur, Dateien
S	FDATE	726	Datum (Datei)
S	FEA2	722	EA-Schreiben Struktur, Datei
S	FEA2LIST	722	EA-Liste schreiben
S	FILEFINDBUF3	725	Dateisuche ohne EA
S	FILEFINDBUF4	725	Dateisuche mit EA
S	FILELOCK	749	Datei Schutzzone
S	FILESTATUS3	726	Dateiinformation ohne EA
S	FILESTATUS4	726	Dateiinformation mit EA
S	FTIME	726	Zeit (Datei)
S	GEA2	722	EA-Holen
S	GEA2LIST	722	EA-Liste ermitteln

A2.2.15 Zeichensatz

K	Name	Seite	Inhalt
S	PANOSE	530	Zeichensatzbeschreibung
S	FATTRS	470	Zeichensatzattribute
S	FONTMETRICS	525	Zeichensatzmetrik
F	GpiCreateLogFont	469	logischer Zeichensatz wird definiert
F	GpiLoadFonts	479	physikalische Zeichensätze aus externer Ressource laden
F	GpiQueryFontMetrics	491	Metrikangaben Zeichensatz bestimmen
F	GpiQueryFonts	491	Angaben zu physikalischen Zeichensätzen werden ermittelt
F	GpiSetCharSet	509	neuer Zeichensatz wird zum aktuellen Zeichensatz bestimmt
F	GpiSetMarkerSet	518	neuer Punktsymbolsatz wird gewählt
F	GpiUnloadFonts	524	physikalischer Zeichensatz wird freigegeben
S	STYLECHANGE	255	Stiländerung bei Zeichensatzdialog

A2.2.16 Grafikbereich

K	Name	Seite	Inhalt
F	GpiBeginArea	459	Beginn Bereichsdefinition
F	GpiBeginPath	460	Beginn Pfaddefinition
F	GpiCloseFigure	466	Automatisches Schließen eines Pfades
F	GpiDestroyPS	474	Präsentationsraum wird gelöscht
F	GpiEndArea	474	Ende Bereichsdefinition
F	GpiEndPath	475	Ende Pfaddefinition
F	GpiExcludeClipRectangle	476	rechteckiger Bereich aus Ausschneidebereich entfernen
F	GpiFillPath	477	Innenbereich Pfad füllen
F	GpiQueryClipBox	489	Umschließungsrechteck ermitteln
F	GpiSetClipPath	510	Ausschneidepfad festlegen
F	WinQueryUpdateRegion	102	Update Region ermitteln
F	WinInvalidateRect	76	Rechteck zur "update region" hinzufügen
F	WinInvalidateRegion	78	Fensterregion zur update region hinzufügen
F	WinValidateRect	544	Rechteck wird aus Ungültigkeitsbereich des Fensters entfernt

A2.2.17 Grafiksegment

K	Name	Seite	Inhalt
F	GpiBeginElement	674	Beginn Elementdefinition
F	GpiCallSegmentMatrix	668	definiertes Segment wird ausgeführt
F	GpiCloseSegment	669	Segment wird geschlossen
F	GpiDeleteElement	669	Element wird gelöscht
F	GpiDeleteElementsBetweenLabels	670	Elemente zwischen Segmentmarken werden gelöscht
F	GpiDeleteSegment	671	Segment wird gelöscht
F	GpiDrawChain	671	Segmentkette wird gezeichnet
F	GpiDrawFrom	672	Teil der Segmentkette wird gezeichnet
F	GpiDrawSegment	672	Segment wird gezeichnet
F	GpiElement	673	Element wird in Segment eingefügt
F	GpiEndElement	674	Ende Elementdefinition
F	GpiLabel	675	Segmentmarke definieren
F	GpiOpenSegment	676	Definition eines Segments wird begonnen
F	GpiQueryElement	676	Element in Puffer kopieren

F	GpiSetDrawControl	677	Optionen für Grafikausgabefunktionen werden gesetzt
F	GpiSetEditMode	678	Editmodus für Segmente wird gesetzt
F	GpiSetElementPointer	679	Editorzeiger wird auf Element im Segment gesetzt
F	GpiSetElementPointerAtLabel	680	Editorzeiger wird auf Marke im Segment gesetzt
F	GpiSetInitialSegmentAttrs	680	Attribute für Segment werden bestimmt
F	GpiSetSegmentAttrs	682	Attribute für Segment werden bestimmt
F	GpiSetSegmentTransformMatrix	683	Transformationsmatrix für Segment wird bestimmt

A2.2.18 Grafikinitialisierung

K	Name	Seite	Inhalt
F	GpiAssociate	459	Präsentationsraum mit Gerätekontext verbinden oder lösen
F	GpiCreatePS	471	Präsentationsraum wird bereitgestellt
F	GpiQueryDevice	490	Handle des mit dem Präsentationsraum verbundenen Gerätekontextes ermitteln
F	GpiSetPS	522	Präsentationsraumatrribute werden definiert
F	WinGetPS	540	micro-Präsentationsraum passend zu Gerätekontext eines Fensters wird eingerichtet
F	WinGetScreenPS	541	micro-Präsentationsraum für PM-Oberfläche wird eingerichtet
F	WinOpenWindowDC	542	Fenster-Gerätekontext wird eingerichtet
F	WinQueryWindowDC	543	Handle des zu Fenster gehörenden Gerätekontextes wird ermittelt
F	WinWindowFromDC	545	Fenster zu Gerätekontext wird ermittelt
N	WM_PAINT	126	Teil des Fensterausgabebereichs muß neu gezeichnet werden

A2.2.19 Grafik : Metadatei

K	Name	Seite	Inhalt
F	GpiCopyMetaFile	690	Metadatei wird geöffnet
F	GpiDeleteMetaFile	691	Metadatei wird gelöscht
F	GpiLoadMetaFile	691	Metadatei laden
F	GpiPlayMetaFile	692	Inhalt Metadatei zeichnen
F	GpiQueryMetaFileBits	694	Metadatei unformattiert in Speicherbereich laden
F	GpiQueryMetaFileLength	695	Länge Metadatei ermitteln
F	GpiSaveMetaFile	695	Metadatei speichern
F	GpiSetMetaFileBits	696	Binärdaten in Metadatei kopieren

A2.2.20 Grafiktransformation

K	Name	Seite	Inhalt
F	GpiConvert	466	Koordinatenangaben umrechnen
F	GpiConvertWithMatrix	467	Koordinaten werden Matrixtransformation unterzogen
F	GpiRotate	493	Rotation in Transformationsmatrix eintragen
F	GpiScale	494	Skalierung in Transformationsmatrix eintragen
F	GpiTranslate	524	Translation wird Transformationsmatrix hinzugefügt
S	MATRIXLF	469	Transformationsmatrix

A2.2.21 Listbox

K	Name	Seite	Inhalt
N	LM_DELETEALL	183	Alle Zeilen in Listbox werden gelöscht
N	LM_DELETEITEM	184	Zeile Listbox wird gelöscht
N	LM_INSERTITEM	184	Zeile wird eingefügt
N	LM_QUERYITEMCOUNT	185	Anzahl Zeilen in Listbox wird ermittelt
N	LM_QUERYITEMHANDLE	185	Handle Zeile wird ermittelt
N	LM_QUERYITEMTEXT	185	Text einer Zeile wird ermittelt
N	LM_QUERYITEMTEXTLENGTH	186	Länge Zeilentext wird ermittelt
N	LM_QUERYSELECTION	186	Anzahl markierter Zeilen wird ermittelt

N	LM_QUERYTOPINDEX	187	Satzindex der obersten Position in Listbox wird ermittelt
N	LM_SEARCHSTRING	187	Satzindex gemäß Suchtext bestimmen
N	LM_SELECTITEM	188	Satz mit Index wird selektiert oder deselektiert
N	LM_SETITEMHANDLE	188	Zu Satzindex wird Handle spezifiziert
N	LM_SETITEMHEIGTH	189	Höhe eines Listboxsatzes wird vorgegeben
N	LM_SETITEMTEXT	189	Text eines Satzes wird gesetzt
N	LM_SETTOPINDEX	189	Satz mit Index wird an oberste Position positioniert
N	WM_DRAWITEM	183	Zeile in Listbox gezeichnet
N	WM_MEASUREITEM	183	Höhe und Breite Listbox-Zeile erfragen

A2.2.22 Maus

K	Name	Seite	Inhalt
N	WM_BEGINDRAG	335	Verschiebeoperation (DragDrop) wird begonnen
N	WM_BUTTON(123)CLICK	329	Maustaste 1,2 oder 3 Einfachklick
N	WM_BUTTON(123)DBLCLK	330	Maustaste 1,2 oder 3 Doppelklick
N	WM_BUTTON(123)DOWN	331	Maustaste 1,2 oder 3 gedrückt
N	WM_BUTTON(123)MOTIONEND	334	Verschiebeoperation Ende
N	WM_BUTTON(123)MOTIONSTART	333	Verschiebeoperation Anfang
N	WM_BUTTON(123)UP	332	Maustaste 1,2 oder 3 losgelassen
N	WM_ENDDRAG	335	Verschiebeoperation (DragDrop) wird beendet
N	WM_MOUSEMOVE	335	Mauszeiger wird bewegt

K	Name	Seite	Inhalt
F	DosQueryMem	767	Information über allozierten Speicherbereich ermitteln
F	DosAllocMem	760	privater Speicherbereich wird alloziert
F	DosAllocSharedMem	761	gemeinsam nutzbarer Speicherbnereich wird alloziert
F	DosFreeMem	763	allozierter Speicher wird frei gegeben
F	DosGetNamedSharedMem	764	Verfügungsgewalt über gemeinsamen Speicher erlangen
F	DosGetSharedMem	765	Verfügungsgewalt über unbenannten gemeinsamen Speicher erlangen
F	DosGiveSharedMem	766	Verfügungsgewalt eines gemeinsamen Speicherbereichs weitergeben
F	DosSetMem	768	Speicherseitenintervall fixieren
F	DosSubAllocMem	770	Teilspeicherbereich bereitstellen
F	DosSubFreeMem	771	Teilspeicher freigeben
F	DosSubSetMem	771	Teilspeicher zu Unterallozierung vorbereiten
F	DosSubUnsetMem	772	Unterspeicherbereich wird freigegeben

A2.2.24 Mehrzeilen Editorfeld (MLE)

K	Name	Seite	Inhalt
S	IPT	176	Einfügepunkt in MLE-Elementen
S	MLECTLDATA	176	MLE-Kontrollstruktur
S	MLESEARCHDATA	176	MLE-Stringsuche
S	MLEMARGSTRUCT	175	MLE-Ränderinformation
S	MLEOVERFLOW	175	MLE-Überlauffehler
N	MLM_CHARFROMLINE	160	erster Einfügepunkt in Textzeile
N	MLM_CLEAR	159	Löschen aktuelle Markierung
N	MLM_COPY	159	Aktuelle Markierung ins Clipboard kopieren
N	MLM_CUT	159	Aktuelle Markierung ins Clipboard kopieren und im MLE löschen
N	MLM_DELETE	160	Textbereich (auch unmarkiert) löschen
N	MLM_DISABLEREFRESH	160	Neuzeichnen Ausgabebereich unterbinden
N	MLM_ENABLEREFRESH	160	Neuzeichnen Ausgabebereich erlauben

N	MLM_EXPORT	161	Textexport in Pufferbereich
N	MLM_FORMAT	161	Definieren Textformat
N	MLM_IMPORT	162	Text aus externem Puffer importieren
N	MLM_INSERT	162	aktuelle Textmarkierung durch Textstring ersetzen
N	MLM_LINEFROMCHAR	162	Zeilennummer, in der der Einfügepunkt steht
N	MLM_PASTE	162	aktuelle Markierung durch Text des Clipboards ersetzen
N	MLM_QUERFORMAT-RECT	164	Ermittlung Formatrechteck und -modus
N	MLM_QUERYBACK-COLOR	163	Hintergrundfarbe des MLE-Fenster wird ermittelt
N	MLM_QUERYCHANGED	163	Abfrage, ob Text geändert wurde
N	MLM_QUERYFIRSTCHAR	163	Ermittlung des ersten (links oben) im MLE sichtbaren Zeichens
N	MLM_QUERYFONT	163	Ermittlung des aktuell benutzten Zeichensatzes
N	MLM_QUERYFORMAT-LINELENGTH	164	Anzahl Zeichen bis zum Zeilenende
N	MLM_QUERYFORMAT-TEXTLENGTH	164	Anzahl Zeichen in definiertem Bereich
N	MLM_QUERYIMPORT-EXPORT	165	Zustand des aktuellen Import/Export-Puffers ermitteln
N	MLM_QUERYLINECOUNT	165	Anzahl Textzeilen im MLE ermitteln
N	MLM_QUERYLINE-LENGTH	165	Anzahl Zeichen zwischen Startpunkt und Zeilenende ermitteln
N	MLM_QUERYREADONLY	165	NurLeseStatus ermitteln
N	MLM_QUERYSEL	166	Position Markierung wird ermittelt
N	MLM_QUERYSELTEXT	166	Markierung wird in Puffer kopiert
N	MLM_QUERYTABSTOP	167	Ermittlung Tabulatorabstände in pel
N	MLM_QUERYTEXTCOLOR	167	Abfrage Textfarbe im MLE
N	MLM_QUERYTEXT-LENGTH	167	Anzahl Zeichen im Text
N	MLM_QUERYTEXTLIMIT	167	Ermittlung Maximalgröße in byte des MLE

N	MLM_QUERYUNDO	167	Ermittlung möglichen UNDO oder REDO Operationen
N	MLM_QUERYWRAP	168	Aktivstatus des automatischen Zeilenumbruchs
N	MLM_RESETUNDO	169	UNDO-Operation wird verboten
N	MLM_SEARCH	169	Suche nach einem String innerhalb des MLE-Textes
N	MLM_SETBACKCOLOR	170	Hintergrundfarbe des MLE-Fensters wird gesetzt
N	MLM_SETCHANGED	170	Änderungsstatus wird manipuliert
N	MLM_SETFIRSTCHAR	171	erster sichtbarer Buchstabe (links oben) wird gewählt
N	MLM_SETFONT	171	neuer Zeichensatz wird bestimmt
N	MLM_SETFORMATRECT	171	Textausgaberechtecks neu bestimmen
N	MLM_SETIMPORTEXPORT	172	Größe Import/Export-Puffer ändern
N	MLM_SETREADONLY	173	NurLeseStatus wird geändert
N	MLM_SETSEL	173	Textmarkierung wird gesetzt
N	MLM_SETTABSTOP	173	Abstand zwischen Tabulatormarken wird gewählt
N	MLM_SETTEXTCOLOR	173	Farbe des MLE-Textes wird gewählt
N	MLM_SETTEXTLIMIT	174	Maximalzahl byte im MLE wird gesetzt
N	MLM_SETWRAP	174	Wortumbruch-Status wird geändert
N	MLM_UNDO	174	UNDO-Operation wird durchgeführt

A2.2.25 Menue

K	Name	Seite	Inhalt
S	MENUITEM	365	Info Menueeintrag
N	MM_DELETEITEM	355	Löschen eines Menueeintrags
N	MM_ENDMENUMODE	356	Selektion von Menueeinträgen wird beendet
N	MM_INSERTITEM	356	In Menue wird zusätzlicher Eintrag eingefügt
N	MM_ISITEMVALID	356	Ermittelt, ob Eintrag selektierbar ist
N	MM_ITEMIDFROMPOSITION	357	Aus Index wird ID ermittelt
N	MM_ITEMPOSITIONFROMID	357	Aus ID wird Index ermittelt
N	MM_QUERITEMTEXT	360	Text eines Eintrags wird ermittelt

N	MM_QUERYITEM	358	Information zu Eintrag wird ermittelt
N	MM_QUERYITEMATTR	358	Darstellungsattribute eines Eintrags werden ermittelt
N	MM_QUERYITEMCOUNT	359	Anzahl Einträge im Menue
N	MM_QUERYITEMRECT	359	Rechteck um Menueeintrag wird ermittelt
N	MM_QUERYITEMTEXTLENGTH	360	Textlänge eines Eintrags wird ermittelt
N	MM_QUERYSELITEMID	360	ID des selektierten Eintrags wird ermittelt
N	MM_REMOVEITEM	361	Eintrag wird gelöscht
N	MM_SELECTITEM	361	Eintrag wird selektiert oder deselektiert
N	MM_SETITEM	362	Definition eines Eintrags wird neu gesetzt
N	MM_SETITEMATTR	363	Attribute eines Eintrags werden neu gesetzt
N	MM_SETITEMHANDLE	364	neues Handle für einen Eintrag wird gesetzt
N	MM_SETITEMTEXT	364	Eintrag erhält neuen Text
N	MM_STARTMENUMODE	364	Selektion von Menueeinträgen soll begonnen werden
F	WinLoadMenu	349	Menue wird kreiert
F	WinPopupMenu	350	PopUp-Menue wird kreiert, sichtbar gemacht und bearbeitet
N	WM_INITMENU	353	Menue wird aktiviert
N	WM_MENUEND	353	Bearbeitung eines Menues wird beendet
N	WM_MENUSELECT	353	Menueeintrag wurde selektiert
N	WM_SYSCOMMAND	354	Benutzeraktion innerhalb des Systemmenues

A2.2.26 Nachrichten

K	Name	Seite	Inhalt
F	CHAR(1234)FROMMP	128	byte aus Nachrichtenparameter (LONG) extrahieren
F	PVOIDFROMMP	128	Pointer aus MPARAM extrahieren
F	PVOIDFROMMR	129	Pointer aus MRESULT extrahieren
F	MPFROMP	128	Pointer in MPARAM Variable wandeln
F	MRFROMP	129	Pointer in MRESULT Variable wandeln
F	HWNDFFROMMP	128	Handle aus MPARAM
F	LONGFROMMP	129	LONG aus MPARAM
F	LONGFROMMR	129	LONG aus MRESULT
F	MPFROMxx	128	MPARAM aus verschiedenen Datentypen
F	MRFROMxx	129	MRESULT aus verschiedenen Datentypen
F	WinDestroyMsgQueue	66	existierende Nachrichtenwarteschlange wird gelöscht
F	WinDispatchMsg	67	Nachricht wird an Fensterfunktion übergeben
F	WinGetMsg	74	Nachricht aus Nachrichtenwarteschlange holen
F	WinPeekMsg	86	Nachricht aus Nachrichtenwarteschlange kopieren
F	WinPostMsg	87	Nachricht an Nachrichtenwarteschlange senden
F	WinPostQueueMsg	88	Nachricht an beliebige Nachrichtenwarteschlange senden
F	WinQueryMsgPos	93	Position des Mauszeigers bei Nachrichtenzustellung
F	WinQueryMsgTime	93	Systemzeit bei Nachrichtenzustellung
F	WinQueryQueueInfo	95	Informationen über Nachrichtenwarteschlange ermitteln
F	WinBroadcastMsg	55	Nachricht gleichzeitig an mehrere Fenster senden
F	WinCreateMsgQueue	56	Nachrichtenwarteschlange wird eingerichtet
F	WinSendMsg	107	Nachricht direkt an Fensterfunktion übergeben

A2.2.27 Parallelverarbeitung

K	Name	Seite	Inhalt
F	DosCreateThread	786	asychroner thread wird gestartet
F	DosEnterCritSec	787	Verhindern des Unterbrechens eines threads
F	DosExecPgm	788	Prozess startet untergeordneten Kindprozeß
F	DosExit	791	Beenden des laufenden Prozesses
F	DosExitCritSec	791	DosEnterCritSec aufheben
F	DosGetInfoBlocks	793	Informationen über thread und Prozeß
F	DosKillProcess	792	Elternprozeß beendet Kindprozeß
F	DosKillThread	793	Thread wird von außen beendet
F	DosResumeThread	795	angehaltener thread wird weiter ausgeführt
F	DosSleep	795	thread hält sich selbst an
F	DosSuspendThread	796	thread wird angehalten
F	DosWaitChild	796	Prozeß wartet auf Kindprozeß
F	DosWaitThread	798	thread wartet auf thread
S	PIB	794	Prozess Information
S	RESULTCODE	790	Prozess-Rückgabewert
S	TIB	794	Thread Information
S	TIB2	794	Thread Information Stufe 2

A2.2.28 Infoleitung (pipe)

K	Name	Seite	Inhalt
F	DosConnectNPipe	832	Informationsleitung wird verbunden
F	DosCreateNPipe	833	Informationsleitung wird kreiert
F	DosCreatePipe	832	unbenannte Informationsleitung wird erzeugt
F	DosDisConnectNPipe	836	Informationsleitung frei geben
F	DosPeekNPipe	837	Daten aus Informationsleitung (benannt) lesen
F	DosQueryNPipeInfo	838	Informationen über Informationsleitung (benannt) werden ermittelt
F	DosWaitNPipe	840	Client wartet auf Verfügbarkeit Infoleitung

A2.2.29 PM-Hauptprogramm

K	Name	Seite	Inhalt
S	CLASSINFO	120	Klasseninformation
S	MQINFO	121	Informationsstruktur Nachrichtenwarteschlange
S	MRESULT	119	Nachrichtenrückgabewert
S	QMSG	119	Nachrichtenstruktur
S	REQUESTDATA	849	Queueinfo
S	SWP	120	Fensterdefinitionsstruktur
F	WinInitialize	76	Alle Leistungen PM-Schnittstelle initialisieren
F	WinQueryClassInfo	90	Informationen zu Fensterklasse ermitteln
F	WinQueryClassName	91	Name der Fensterklasse eines Fensters ermitteln
F	WinQueryDesktopWindow	92	Handle PM-Oberflächenfenster wird ermittelt
F	WinQueryWindowModel	104	gültiges Speicherverwaltungsmodell ermitteltn
F	WinRegisterClass	106	Fensterklasse wird registriert
F	WinTerminate	118	PM-Programm wird beeendet
N	WM_ACTIVATE	122	Aktivierung oder Deaktivierung eines Fensters
N	WM_CLOSE	123	Fenster schließen
N	WM_CREATE	124	Kreieren eines Fensters
N	WM_DESTROY	125	Zerstörung eines Fensters
N	WM_QUIT	127	Programm beenden

A2.2.30 Initialisationsdatei (profile)

K	Name	Seite	Inhalt
F	PrfCloseProfile	882	Initialisationsdatei wird geschlossen
F	PrfOpenProfile	883	Initialisationsdatei wird geöffnet
S	PRFPROFILE	884	Profileinformation
F	PrfQueryProfile	883	Information über Initialisationsdatei wird ermittelt
F	PrfQueryProfileData	884	Inhalt Initialisationsdatei für Programmname und Schlüsselbegriff ermitteln
F	PrfQueryProfileInt	885	Teil Initialisationsdatei wird als integer-Wert gelesen

K	Name	Seite	Inhalt
F	PrfQueryProfileSize	886	Länge Information eines Teils der Initialisationsdatei
F	PrfQueryProfileString	887	Teil Initialisationsdatei wird als Zeichenkette bestimmt, 728
F	PrfReset	888	Festlegen der System-Initialisationsdateien
F	PrfWriteProfileData	888	Binärinformation in Initialisationsdatei kopieren
F	PrfWriteProfileString	889	Zeichenkette in Initialisationsdatei kopieren

A2.2.31 Grafikprimitive

K	Name	Seite	Inhalt
S	ARCPARAMS	496	Ellipsenparameter
S	AREABUNDLE	501	Füllbereichsattribute
S	CHARBUNDLE	500	Grafikattribute für Zeichen
F	GpiBox	461	Rechteck wird gezeichnet
F	GpiCharString	462	Zeichenkette ausgeben
F	GpiCharStringAt	462	Zeichenkette an angegebener Position ausgeben
F	GpiCharStringPos	463	Zeichenkette ausgeben mit Formatierungen
F	GpiCharStringPosAt	464	Zeichenkette an angegebener Position ausgeben mit Formatierungen
F	GpiErase	475	Zeichenbereichsinhalt löschen
F	GpiFullArc	478	Ellipse um Mittelpunkt zeichen
F	GpiLine	479	Linie zeichnen
F	GpiMarker	480	Punktmarkierung zeichnen
F	GpiMove	481	aktuelle Grafikausgabeposition verschieben
F	GpiPartialArc	481	Ellipsenteilbogen zeichnen
F	GpiPointArc	482	Ellipsenbogen durch 3 definierte Punkte zeichnen
F	GpiPolyFillet	483	Filletkurve zeichnen
F	GpiPolyFilletSharp	484	Filletkurve mit bestimmbarer Krümmung zeichnen
F	GpiPolygons	485	Polygon zeichnen
F	GpiPolyLine	486	Folge von Linien zeichnen

A2.2 Inhaltsindex

F	GpiPolyMarker	486	Punktsymbole in mehreren Punkten zeichnen
F	GpiPolySpline	487	Folge von Beziersplines zeichnen
F	GpiQueryAttrs	488	Darstellungsattribute für Grafikprimitiv werden ermittelt
F	GpiQueryCurrentPosition	490	Grafikausgabepunkt bestimmen
F	GpiQueryPel	493	Farbwert des definierten Punktes bestimmen
F	GpiSetArcParams	495	Ellipsenparameter festlegen
F	GpiSetAttrs	496	Darstellungsattribute für Grafikprimitive werden festgelegt
F	GpiSetBackColor	502	Hintergrundfarbe wird gesetzt
F	GpiSetBackMix	502	Überlagerungsmodus wird definiert
F	GpiSetCharAngle	503	Winkel Basislinie eines Textes wird geändert
F	GpiSetCharBox	504	Zeichenumschließendes Rechteck wird definiert
F	GpiSetCharDirection	506	Ausrichtung Zeichen relativ zur Basislinie setzen
F	GpiSetCharExtra	507	zusätzliches Inkrement für Zeichenabstand wird festgelegt
F	GpiSetCharMode	507	Darstellungsmodus für Zeichen wird festgelegt
F	GpiSetCharShear	509	Scherung eines Zeichens wird definiert
F	GpiSetDrawingMode	678	Zeichenmodus Grafikoperationen wird gesetzt
F	GpiSetLineEnd	512	Form eines Linienendes wird definiert
F	GpiSetLineJoin	513	Modus Verbindungsart zweier Linien festlegen
F	GpiSetLineType	514	Linientyp (Strichelungsart) wird festgelegt
F	GpiSetLineWidth	515	Breite einer Linie wird festgelegt
F	GpiSetLineWidthGeom	516	Geometrische Breite von Linien wird festgelegt
F	GpiSetMarker	517	Punktsymbol wird festgelegt
F	GpiSetMarkerBox	518	Punktsymbol umschließendes Rechteck wird festgelegt
F	GpiSetMix	519	Überlagerungsmodus setzen
F	GpiSetPattern	520	Füllmuster wird festgelegt

K	Name	Seite	Inhalt
F	GpiSetPel	521	Farbe eines Pixels wird gesetzt
S	GRADIENTL	504	Gradient
S	IMAGEBUNDLE	501	Bildattribute
S	LINEBUNDLE	500	Linienattribute
S	MARKERBUNDLE	501	Punktsymbolattribute
S	POINTS	337	Punktstruktur (kurz)
S	POLYGON	337	Polygonstruktur
S	RECTL	120	Rechteckstruktur

A2.2.32 Infowarteschlange (queue)

K	Name	Seite	Inhalt
F	DosCloseQueue	844	Informationswarteschlange wird geschlossen
F	DosCreateQueue	845	Informationswarteschlange wird kreiert
F	DosOpenQueue	846	Clientprozess öffnet Informationswarteschlange
F	DosPurgeQueue	847	gesamter Inhalt Informationswarteschlange löschen
F	DosReadQueue	847	Informationselement aus Informationswarteschlange lesen
F	DosWriteQueue	849	Schreiben in Infowarteschlange

A2.2.33 Rollbalken

K	Name	Seite	Inhalt
S	SBCDATA	232	Rollbalkenverwaltung
N	SBM_QUERYPOS	231	Aktuelle Schieberposition ermitteln
N	SBM_QUERYRANGE	231	Rollbalkenintervall wird ermittelt
N	SBM_SETPOS	231	Schieberposition wird gesetzt
N	SBM_SETSCROLLBAR	232	Rollbalkenintervall und Schieberposition werden gesetzt
N	SBM_SETTHUMBSIZE	232	Größe des Schiebers wird gesetzt
N	WM_HSCROLL	229	Aktion auf einen horizontalen Rollbalken
N	WM_VSCROLL	229	Aktion auf einen vertikalen Rollbalken

A2.2.34 Semaphore

K	Name	Seite	Inhalt
F	DosAddMuxWaitSem	807	Neueintrag in MuxWaitSemaphore-Liste
F	DosCloseEventSem	808	Ereignis-Semaphore wird geschlossen
F	DosCloseMutexSem	809	MutexSemaphore wird geschlossen
F	DosCloseMuxWaitSem	810	MuxWaitSemaphore wird geschlossen
F	DosCreateEventSem	810	Ereignissemaphore wird eingerichtet
F	DosCreateMutexSem	811	MutexSemaphore wird eingerichtet
F	DosCreateMuxWaitSem	812	MuxWaitSemaphore wird eingerichtet
F	DosDeleteMuxWaitSem	814	Eintrag aus MuxWaitSemaphore-Liste löschen
F	DosOpenEventSem	815	Ereignissemaphore öffnen
F	DosOpenMutexSem	816	MutexSemaphore öffnen
F	DosOpenMuxWaitSem	817	MuxWaitSemaphore öffnen
F	DosPostEventSem	818	Ereignissemaphore freigeben
F	DosQueryEventSem	818	TRUE-Zähler eines Ereignissemaphore ermitteltn
F	DosQueryMutexSem	819	Informationen über MutexSemaphore werden ermittelt
F	DosQueryMuxWaitSem	820	Einträge MuxWaitSemaphore-Liste werden abgefragt
F	DosReleaseMutexSem	821	MutexSemaphore freigeben
F	DosRequestMutexSem	821	thread fordert Eigentum an Mutex-Semaphore
F	DosResetEventSem	822	Ereignissemaphore wird gesetzt
F	DosWaitEventSem	823	thread wartet Ereignissemaphore
F	DosWaitMuxWaitSem	824	Warten auf MuxWaitSemaphore
S	SEMRECORD	808	Muxwait-Semaphore Satz
N	WM_SEM(1234)	336	Semaphoreereignis

A2.2.35 Werteschieber

K	Name	Seite	Inhalt
S	SLDCDATA	222	Schieberhauptstruktur
N	SLM_ADDDETENT	216	Inkrementmarke an Schieber positionieren
N	SLM_QUERYDETENTPOS	216	Position Inkrementmarke wird erfragt
N	SLM_QUERYSCALETEXT	216	Text Inkrementmarke wird ermittelt

N	SLM_QUERYSLIDERINFO	217	Informationen über Schieberelement werden ermittelt
N	SLM_QUERYTICKPOS	218	Position Inkrementmarke wird ermittelt
N	SLM_QUERYTICKSIZE	219	Dicke Inkrementmarke (Strichdicke) wird ermittelt
N	SLM_REMOVEDETENT	219	Inkrementmarke wird gelöscht
N	SLM_SETSCALETEXT	219	Text für Inkrementmarke wird gesetzt
N	SLM_SETSLIDERINFO	219	Schieberparameter werden gesetzt
N	SLM_SETTICKSIZE	221	Länge Inkrementmarke (Strichlänge) wird gesetzt

A2.2.36 Drehknopf (spin button)

K	Name	Seite	Inhalt
N	SPBM_OVERRIDESET-LIMITS	205	Intervallgrenzen des Elements werden gesetzt
N	SPBM_QUERYVALUE	205	aktuelle Wert des Editorfeldes wird erfragt
N	SPBM_SETARRAY	206	Gesamtliste Drehknopfeinträge wird neu gesetzt
N	SPBM_SETCURRENTVALUE	207	Neuer Feldindex wird gesetzt
N	SPBM_SETLIMITS	207	zulässiges Werteintervall festlegen
N	SPBM_SETMASTER	207	Master wird gesetzt
N	SPBM_SETTEXTLIMIT	207	Maximalzahl erlaubter Zeichen im Editorfeld wird festgelegt
N	SPBM_SPINDOWN	208	Drehknopf wird um Anzahl Positionen zurückgesetzt
N	SPBM_SPINUP	208	Drehknopf wird um Anzahl Positionen vorgesetzt

A2.2.37 Spooler

K	Name	Seite	Inhalt
S	PRINTERINFO	653	Druckauftraginfo0
S	PRJINFO2	653	Druckauftraginfo2
S	PRJINFO3	654	Druckauftraginfo3
S	PRQINFO3	654	Warteschlangeninfo3
S	PRQINFO6	655	Warteschlangeninfo6

A2.2 Inhaltsindex

S	PRQPROCINFO	655	Warteschlangentreiberinfo
S	QMOPENSTRUC	655	Warteschlange öffnen
F	SplCopyJob	634	Druckauftrag wird in Druckerwarteschlange kopiert
F	SplDeleteJob	635	Auftrag wird aus Warteschlange entfernt
F	SplEnumDevice	636	verfügbaren Geräte werden aufgelistet
F	SplEnumDriver	637	Verfügbare Gerätetreiber werden aufgelistet
F	SplEnumJob	639	Druckaufträge in Warteschlange werden gelistet
F	SplEnumPort	640	Verfügbare Druckerschnittstellen werden gelistet
F	SplEnumQueue	641	Verfügbare Warteschlange werden gelistet
F	SplPurgeQueue	643	Inhalt Warteschlange wird gelöscht
F	SplQmClose	644	Warteschlange wird geschlossen
F	SplQmEndDoc	644	Druckauftrag wird beendet
F	SplQmOpen	645	Spooler wird geöffnet
F	SplQmStartDoc	645	Druckauftrag wird gestartet
F	SplQmWrite	646	Pufferspeicher in Spoolerdatei eines Druckauftrags kopieren
F	SplQueryDevice	647	Informationen über Drucker werden ermittelt
F	SplQueryJob	648	Informationen über einen Druckauftrag ermitteln
F	SplSetJob	649	Parameter eines gespoolten Druckauftrags werden nachträglich geändert

A2.2.38 System allgemein

K	Name	Seite	Inhalt
F	DosBeep	785	rechnerinterne Lautsprecher wird angesteuert
F	DosQuerySysInfo	738	Systeminformationen werden ermittelt
S	ERRINFO	121	Fehlerinformationsstruktur
F	MAKEFIXED	408	Rationale Zahl (Bruch) aus zwei integer-Werten
S	SIZEF	505	2dimensionale rationale Größe
F	WinFlashWindow	69	Auf- und Abblenden eines Fensterrahmens
F	WinGetErrorInfo	71	Ausführliche Fehlerinformation
F	WinGetLastError	71	Einfache Fehlerinformation
F	WinLoadString	326	Zeichenkette laden
F	WinQueryAnchorBlock	90	Handle des Ankerblocks ermitteln
F	WinQuerySysValue	95	aktuelle Einstellung für Systemparameter ermitteln
F	WinSetSysModalWindow	328	Fenster wird systemmodal gemacht
F	WinSetSysValue	111	Wert des Systemparameters wird neu gesetzt
F	WinSubclassWindow	117	Fensterunterklasse wird festgelegt
N	WM_CHAR	394	Taste bedient

A2.2.39 Zeitgeber

K	Name	Seite	Inhalt
F	WinGetCurrentTime	70	Systemzeit seit Programmstart
F	WinStartTimer	390	interner Timer wird gestartet
F	WinStopTimer	391	laufender Timer wird gestoppt
N	WM_TIMER	391	eingestelltes Timerintervall abgelaufen

A2.2.40 Werteset (value set)

K	Name	Seite	Inhalt
N	VM_QUERYITEM	238	Inhalt eines Wertesetelements wird ermittelt
N	VM_QUERYITEMATTR	239	Attribute eines Werteset-Elements werden ermittelt
N	VM_QUERYMETRICS	240	Größe eines Elements wird ermittelt
N	VM_QUERYSELECTED-ITEM	240	aktuell selektierte Element wird ermittelt
N	VM_SELECTITEM	240	Element wird selektiert
N	VM_SETITEM	241	Element wird geändert
	VM_SETITEMATTR	241	Stil eines Elements wird geändert
N	VM_SETMETRICS	242	Größe eines Elements wird gesetzt
S	VSCDATA	243	Werteset Hauptinformation
S	VSDRAGINFO	243	Werteset DragDrop-Information
S	VSDRAGINIT	244	Werteset DragDrop Startinfo
S	VSTEXT	244	Werteset Textinformation

A2.2.41 Fenster

K	Name	Seite	Inhalt
F	WinBeginEnumWindows	54	Aufzählungsprozess für Kindfenster beginnen
F	WinCreateStdWindow	57	Standardfenster wird eingerichtet
F	WinCreateWindow	64	neues Fenster der anzugebenden Klasse wird definiert
F	WinDefWindowProc	65	Standardbehandlungen Fensterfunktionen
F	WinDestroyWindow	67	Fenster und alle untergeordneten Kindfenster werden gelöscht
F	WinEnableWindow	68	Aktivieren eines bereits dargestellten Fensters
F	WinEnableWindowUpdate	325	Neuzeichnen des Fensterausgabebereichs sperren / entsperren
F	WinEndEnumWindows	69	Aufzählungsprozess für Kindfenster beenden
F	WinGetMaxPosition	72	Größe und Position eines Fensters ermitteln
F	WinGetMinPosition	73	Iconposition eines minimierten Fensters ermitteln

F	WinGetNextWindow	75	Nächstes Kindfenster ermitteln
F	WinIsChild	79	Test, ob Eltern- Kindbeziehung zwischen zwei Fenstern besteht
F	WinIsWindow	80	Test,ob angegebenes Fensterhandle gültig ist
F	WinIsWindowEnabled	80	Test, ob Fenster aktiviert / deaktiviert ist
F	WinIsWindowShowing	81	Test, ob Teil des Fensters pysikalisch sichtbar ist
F	WinIsWindowVisible	81	Test, ob Fensterstil WS_VISIBLE gesetzt ist
F	WinMultWindowFromIDs	85	Kindfenster zu gegebenem Elternfenster finden
F	WinPtInRect	542	Test, ob Punkt in Rechteck liegt
F	WinQueryActiveWindow	89	Handle des aktiven Kindfensters ermitteln
F	WinQueryObjectWindow	94	Handle Objektfenster
F	WinQueryUpdateRect	102	Updateregion umschließendes Rechteck ermitteltn
F	WinQueryWindow	103	Fensterbeziehungen ermitteln
F	WinQueryWindowPos	105	Fenstergröße und -position ermitteln
F	WinQueryWindowRect	543	Fensterumschließendes Rechteck wird ermittelt
F	WinQueryWindowText	105	Fenstertext wird in Textpuffer kopiert
F	WinSetActiveWindow	108	Fenster zum aktiven Fenster machen
F	WinSetMultWindowPos	109	WinSetWindowPos() für mehrere Fenster gleichzeitig
F	WinSetOwner	109	Neues Eigentümerfenster eingestellen
F	WinSetParent	110	Elternfenster eintragen
F	WinSetWindowPos	113	Positionierung und Größenänderung für Fenster
F	WinSetWindowText	115	Fenstertext für Fenster neu setzen
F	WinShowWindow	116	Sichtbarkeitsstatus des Fensters ändern
F	WinWindowFromID	325	Fenster zu ID wird ermittelt
F	WinWindowFromPoint	545	Fenster unter Koordinate wird ermittelt

N	WM_ADJUSTWINDOWPOS	122	Fenster neu positioniert oder vergrößert/verkleinert
N	WM_COMMAND	123	Kontrollelement sendet Nachricht
N	WM_CONTROL	124	Aktion auf Kontrollelement
N	WM_ENABLE	125	Aktivitätsstatus eines Fensters geändert
	WM_ERASEWINDOW	125	Teil des Fensters ist ungültig geworden
N	WM_MINMAXFRAME	126	Fenster wurde minimiert, maximiert oder restauriert
N	WM_MOVE	126	Position eines Fensters mit Stil CS_MOVENOTIFY geändert
N	WM_SHOW	127	Sichtbarkeitsstatus (WS_VISIBLE) eines Fensters geändert

Sachwortverzeichnis

Funktionen, Strukturen und Nachrichten sind fett gedruckt

A

Abfrage von Menueaktionen, 343
ACCELTABLE , Ressourcendefinition, 891
Allozieren, Definition, 751
anchor block handle, Definition, 23
Ankerblock, Definition, 23
Ankerpunkt, Definition, 152
Anonyme Semaphore, Definition, 800
API, Aufbau, 2
API, Struktur, 697
ARCPARAMS Ellipsenparameter, 496
ARCPARAMS, Beispiel, 422
ARCPARAMS, Wahl der Kreisparameter, 421
AREABUNDLE Füllbereichsattribute, 501
AREABUNDLE, Beispiel, 431
ATOM Atomnamen ID, 530
Atomtabelle , Definition, 871
ATTRCHAINED, Beispiel, 662
Ausschneidebereich im Seitenkoordinatensystem, 412
Ausschneidebereiche im Geräteraum, 412
Ausschneidebereiche, Definition, 410
Ausschneidepfad im Modellraum, 411
Ausschneidepfad im Weltkoordinatensystem, 411
Ausschnittbereiche, Programmierung, 434
Auswahlknopf (button), BM_Nachrichten an, 198
Auswahlknopf (button), BS_Stilangaben), 196
Auswahlknopf (button), Ereignismeldung), 197
Auswahlknopf (button), Programmierung, 194

B

Basislinie Definition, 438
BCA_Kompressionsalgorithmus, 607; 609
Begrenzungslinie eines Bereichs, Programmierung, 430
Benannte Semaphore, Definition, 799
benannter gemeinsamer Speicherbereich, Definition, 757
Besitzfenster, Definition, 35
Betriebssystem, Struktur, 2
Bildschirmauflösung ermitteln, 53
bitmap font, Definition, 437
Bitmap, als Menuezeile, 341
Bitmap, als Ziel von Grafikausgabeoperationen, 587
Bitmap, Anlegen, 580
Bitmap, Grafikausgabe im Hintergrund, 588
Bitmap, Kopierfunktionen, 579
Bitmap, Löschen, 589

Bitmap, Nutzung, 577
BITMAP, Ressourcendefinition, 894
Bitmap, Speicherformat, 578
Bitmap-Zeichensätze, Definition, 437
Bitmapausgabefunktionen, 579
BITMAPINFO2 , Beispiel, 584
BITMAPINFO2 Bitmapinformation Typ 2, 607
BITMAPINFOHEADER2 Bitmapvorspanninformation, 609
BITMAPINFOHEADER2, Beispiel, 582
BKM_CALCPAGERECT, 265
BKM_DELETEPAGE, 265
BKM_INSERTPAGE, 266
BKM_INVALIDATETABS, 266
BKM_Nachrichten, 264
BKM_QUERPAGEDATA, 267
BKM_QUERYPAGECOUNT, 267
BKM_QUERYPAGEID, 267
BKM_QUERYPAGESTIL, 268
BKM_QUERYPAGEWINDOWHWND, 268
BKM_QUERYSTATUSLINETEXT, 268
BKM_QUERYTABBITMAP, 269
BKM_QUERYTABTEXT, 269
BKM_SETDIMENSIONS, 269
BKM_SETNOTEBOOKCOLORS, 270
BKM_SETPAGEDATA, 271
BKM_SETPAGEWINDOWHWND, 271
BKM_SETSTATUSLINETEXT, 271
BKM_SETTABBITMAP, 272
BKM_SETTABTEXT, 272
BKM_TURNTOPAGE, 272
BKM_Aktion, 264
BKS_Stilangaben, 263
Blocksatz, Definition, 445
BM_CLICK, 198
BM_Nachrichten an Auswahlknopf (button), 198
BM_QUERYCHECK, 199
BM_QUERYCHECK, Beispiel, 196
BM_QUERYCHECKINDEX, 199
BM_QUERYHILITE, 199
BM_SETCHECK, 200
BM_SETDEFAULT, 200
BM_SETHILITE, 201
BMSG_Nachrichtenmodus Werte, 55
BN_ Aktion bei Auswahlknopf (button), 198
BOOKTEXT, 273
bounding box, Definition, 439
BS_Stilangaben zu Auswahlknopf (button), 196
button control (Auswahlknopf), Programmierung, 194

C

CBM_HILITE, 192
CBM_ISLISTSHOWING, 193
CBM_Nachrichten an Combobox, 191
CBM_SHOWLIST, 193
CBN_Ereignis bei Combobox, 191
CBS_Stilangaben zu Combobox, 190
CDATE, 298
CFA_Containerattribute, 302
CF_Datenformat, Clipboard, 322
chained segments, Definition, 658
CHAR1FROMMP, 128
CHAR2FROMMP, 128
CHAR3FROMMP, 128
CHAR4FROMMP, 128
CHARBUNDLE , Beispiel, 442
CHARBUNDLE Zeichenattribute, 500
CHDIRN_BOTTOMTOP, Beispiel, 440
Checkmarke, bei Menuezeilen, 342
CLASSINFO Klasseninformationsstruktur, 120
Clipboard, CF_Datenformat, 322
Clipboard, Definition, 851
Clipboard, Programmierbeispiel, 154
clipping, Definition, 410
CLR_Systemfarben, 511
CM_ALLOCDETAILFIELDINFO, 283
CM_ALLOCRECORD, 284
CM_ARRANGE, 284
CM_CLOSEEDIT, 284
CM_COLLAPSTREE, 285
CM_ERASERECORD, 285
CM_EXPANDTREE, 285
CM_FILTER, 286
CM_FREEDETAILFIELDINFO, 286
CM_FREERECORD, 287
CM_HORZSCROLLSPILTWINDOW, 287
CM_INSERTDETAILFIELDINFO, 288
CM_INSERTRECORD, 288
CM_INVALIDATEDETAILFIELDINFO, 288
CM_INVALIDATERECORD, 289
CM_MODEx, Zeichendarstellungsmodus, 438
CM_Nachrichten, 283
CM_OPENEDIT, 290
CM_PAINTBACKGROUND, 290
CM_QUERYCNRINFO, 290
CM_QUERYDETAILFIELDINFO, 291
CM_QUERYDRAGIMAGE, 291
CM_QUERYRECORD, 292
CM_QUERYRECORDFROMRECT, 292
CM_QUERYRECORDINFO, 293
CM_QUERYRECORDRECT, 293
CM_QUERYVIEWPORTRECT, 294
CM_REMOVEDETAILFIELDINFO, 294
CM_REMOVERECORD, 295
CM_SCROLLWINDOW, 295
CM_SEARCHSTRING, 296
CM_SETCNRINFO, 296
CM_SORTRECORD, 298
CN_Aktion, 280
CNRDRAGINFO, 298
CNRDRAGINIT, 299
CNREDITDATA, 299
CNRINFO, 300
COLOR Farbwert, 576
Combobox CBS_Stilangaben), 190
Combobox Ereignismeldung), 191
Combobox, CBM_Nachrichten an, 191
Combobox, CBN_Ereignis, 191
Combobox, Editorfeldnachrichten in, 192
Combobox, Listbox-Nachrichten in, 191
Combobox, Programmierung, 177
CONVCONTEXT DDE Übersetzungsstruktur, 861
Container, 273; 274; 278; 279; 283; 298; 302; 305
CRA_Containerattribute, 305
CSS_Stilangaben, 278
CTIME, 302
Codeseite, Definition, 444
Cursor, Programmierung, 370
Cursorgütigkeitsbereich, 371
CURSORINFO Cursorinformation, 386
Cursorpositionierung, 371
Cursorpunkt, Definition, 152
CVTC_Koordinatensysteme, 467

D

Darstellungsmethode, Grafik, 401
Datei kreieren, 703
Datei öffnen, 703
Datei schließen, 703
Dateiattribute (erweiterte), 712
Dateiattribute erfragen, 712
Dateiauswahl, 248; 246; 247; 250
Dateibereiche sperren, 706
Dateien, Maximalzahl gleichzeitig aktiver, 705
Dateihandle, Definition, 704
Dateinamen, erlaubte Zeichen, 699
Dateisysteme, Unterschiede, 698
Dateizeiger , Definition, 705
Datenstrukturen bei Listbox, 190
Datenstrukturen bei Menues, 365
Datenstrukturen bei MLE-Elementen, 175
Datenstrukturen bei Rollbalken (scrollbar), 232
Datenstrukturen bei Schieber (slider), 222
Datenstrukturen bei Werteset (value set), 243
DDE-Protokoll, Definition, 855
DDE_Status für DDESTRUCT, 863
DDES_PABDATA 129
DDES_PSZITEMNAME, 129

Sachwortverzeichnis

DDESTRUCT, Beispiel, 857
DDESTRUCT DDE-Infostruktur, 863
DELETENOTIFY, 273
desktop window (PM-Oberflächenfenster),
Definition, 33
DevCloseDC, 531
DEVESC_ENDDOC, Beispiel, 622
DEVESC_STARTDOC, Beispiel, 621
DevEscape, 632
DevEscape, Beispiel, 621
device context, Definition, 401
device space, Eigenschaften, 405
DevOpenDC, 532
DevOpenDC, Beispiel Drucken, 617
DevOpenDC, Programmierung, 581
DEVOPENSTRUC , Beispiel, 619
DEVOPENSTRUC Gerät öffnen, 651
DevQueryCaps, 533
DevQueryCaps, Beispiel, 556; 583
DevQueryDeviceNames, 539
DevQueryHardcopyCaps, Beispiel, 628
Dialog, Begriffsdefinition, 131
Dialog, Darstellen des Dialogs, 136
Dialog, Kontrollelemente, 132
Dialog, Kreieren im Programm, 50
Dialog, wichtige Nachrichten, 137
Dialogdefinition, Beispiel, 134
Dialogfenster (dialog-window), Definition, 36
Dialogfenster, Bestandteile, 132
Dialogfenster, Lebensdauer, 131
Dialogfunktion, Aufrufhierarchie, 133
Dialogfunktion, Verbinden mit Ressource, 136
Dialoginitialisierung, WM_INITDLG, 134
Dithering, Definition, 554
DLGTEMPLATE, Beispiel einer Dialogdefinition, 134
DM_DRAW, Definition, 657
DM_DRAWANDRETAIN, Definition, 657
DM_RETAIN, Definition, 657
DOS-Programmierung, Unterschied zu OS/2-Programmierung, 6
DosAddMuxWaitSem, 807
DosAddMuxWaitSem, Beispiel, 807
DosAllocMem, 760
DosAllocMem, Beispiel, 454; 584; 751
DosAllocSharedMem, 761
DosAllocSharedMem, Beispiel, 758
DosBeep, 785
DosClose, 718
DosClose, Beispiel, 705
DosCloseEventSem, 808
DosCloseEventSem, Beispiel, 801
DosCloseMutexSem, 809
DosCloseMutexSem, Beispiel, 804
DosCloseMuxWaitSem, 810
DosCloseQueue, 844

DosCloseQueue, Beispiel, 842
DosConnectNPipe, 832
DosConnectNPipe, Beispiel, 829
DosCopy, 718
DosCopy, Beispiel, 705
DosCreateDir, 720
DosCreateDir, Beispiel, 702
DosCreateEventSem, 810
DosCreateEventSem, Beispiel, 801
DosCreateMutexSem, 811
DosCreateMutexSem, Beispiel, 804
DosCreateMuxWaitSem, 812
DosCreateMuxWaitSem, Beispiel, 805
DosCreateNPipe, 833
DosCreateNPipe, Beispiel, 828
DosCreatePipe, 832
DosCreatePipe, Beispiel, 827
DosCreateQueue, 845
DosCreateQueue, Beispiel, 842
DosCreateThread, 786
DosCreateThread, Beispiel, 778
DosDelete, 723
DosDelete, Beispiel, 706
DosDeleteDir, 723
DosDeleteDir, Beispiel, 702
DosDeleteMuxWaitSem, 814
DosDeleteMuxWaitSem, Beispiel, 807
DosDisConnectNPipe, 836
DosDisConnectNPipe, Beispiel, 831
DosEnterCritSec, 787
DosEnterCritSec, Beispiel, 781
DosExecPgm, 788
DosExecPgm, Beispiel, 783
DosExit, 791
DosExitCritSec, 791
DosExitCritSec, Beispiel, 781
DosFindClose, 724
DosFindClose, Beispiel, 708
DosFindFirst, 727
DosFindFirst, Beispiel, 708
DosFindNext, 729
DosFindNext, Beispiel, 708
DosFreeMem, 763
DosGetInfoBlocks, 793
DosGetInfoBlocks, Beispiel, 780
DosGetNamedSharedMem, 764
DosGetNamedSharedMem, Beispiel, 758
DosGetSharedMem, 765
DosGiveSharedMem, 766
DosKillProcess, 792
DosKillProcess, Beispiel, 785
DosKillThread, 793
DosKillThread, Beispiel, 780
DosMove, 730
DosMove, Beispiel, 706
DosOpen, 731

DosOpen, Beispiel, 704
DosOpenEventSem, 815
DosOpenEventSem, Beispiel, 801
DosOpenMutexSem, 816
DosOpenMutexSem, Beispiel, 804
DosOpenMuxWaitSem, 817
DosOpenMuxWaitSem, Beispiel, 806
DosOpenQueue, 846
DosOpenQueue, Beispiel, 842
DosPeekNPipe, 837
DosPeekQueue, Beispiel, 842
DosPostEventSem, 818
DosPostEventSem, Beispiel, 801
DosPurgeQueue, 847
DosPurgeQueue, Beispiel, 842
DosQueryCurrentDir, 736
DosQueryCurrentDir, Beispiel, 702
DosQueryCurrentDisk, 737
DosQueryCurrentDisk, Beispiel, 701
DosQueryEventSem, 818
DosQueryFileInfo, 737
DosQueryFileInfo, Beispiel, 712
DosQueryFSInfo, Beispiel, 702
DosQueryMem, 767
DosQueryMem, Beispiel, 756
DosQueryMutexSem, 819
DosQueryMutexSem, Beispiel, 807
DosQueryMuxWaitSem, 820
DosQueryNPipeInfo, 838
DosQuerySysInfo, 738
DosQuerySysInfo, Beispiel, 699
DosRead, 741
DosRead, Beispiel, 710
DosReadQueue, 847
DosReadQueue, Beispiel, 842
DosReleaseMutexSem, 821
DosReleaseMutexSem, Beispiel, 805
DosRequestMutexSem, 821
DosRequestMutexSem, Beispiel, 804; 805
DosResetEventSem, 822
DosResetEventSem, Beispiel, 802
DosResumeThread, 795
DosResumeThread, Beispiel, 780
DosSearchPath, 742
DosSearchPath, Beispiel, 709
DosSetCurrentDir, 743
DosSetCurrentDir, Beispiel, 703
DosSetCurrentDisk, Beispiel, 701
DosSetDefaultDisk, 744
DosSetFHState, Beispiel, 711
DosSetFileInfo, 744
DosSetFileInfo, Beispiel, 712
DosSetFileLocks, 748
DosSetFileLocks, Beispiel, 707
DosSetFilePtr, 747
DosSetFileSize, Beispiel, 706

DosSetFSInfo, Beispiel, 702
DosSetMem, 768
DosSetMem, Beispiel, 753
DosSetPriority, Beispiel, 780
DosSleep, 795
DosSleep, Beispiel, 780
DosSubAllocMem, 770
DosSubAllocMem, Beispiel, 756
DosSubFreeMem, 771
DosSubFreeMem, Beispiel, 757
DosSubSetMem, 771
DosSubSetMem, Beispiel, 756
DosSubUnsetMem, 772
DosSubUnsetMem, Beispiel, 757
DosSuspendThread, 796
DosSuspendThread, Beispiel, 780
DosWaitChild, 796
DosWaitChild, Beispiel, 784
DosWaitEventSem, 823
DosWaitEventSem, Beispiel, 801
DosWaitMuxWaitSem, 824
DosWaitMuxWaitSem, Beispiel, 806
DosWaitNPipe, 840
DosWaitThread, 798
DosWrite, 746
DosWrite, Beispiel, 711
DosWriteQueue, 849
DosWriteQueue, Beispiel, 842
Drehknopf (spinbutton), Ereignismeldung), 204
Drehknopf (spinbutton), Programmierung, 202
Drehknopf (spinbutton), SPBS_Stilangaben), 203
Drehknopf, SPBM_Nachrichten an, 205
DRIVDATA Treiberdaten, 652
DRIVPROPS Druckerstruktur, 652
Druckauftrag beenden, 622
Drucken direkt an Schnittstelle, 629
Drucken, Benutzerdialoge, 615
Drucker, Informationen über, 615
Drucker-Rohdaten (PM_Q_RAW), Definition, 614
Druckerprogrammierung, 616
Druckerspooler (queue driver), 614
Druckerspooler, direkte Programmierung, 625
Druckerspooler, Information über, 618
Druckerspooler, Parameter, 623
Druckertreiber (printer driver), 615
Druckertreiber, Information über, 627
Druckeruntersystem (printsubsystem), Bedeutung, 613
Druckformat, Informationen über, 615
Druckknopf (pushbutton), WM_COMMAND, 194
Dynamischer Datenaustausch DDE, Definition, 851

E

EA (erweiterte Dateiattribute), 712
EAOP2 Erweitere Attribute Struktur, 721
Editieren von Segmenten, 664
Editorfeld (entry field), Ereignismeldung), 146
Editorfeld (entry field), ES_Stilangaben), 146
Editorfeld (entry field), Programmierung, 142
Editorfeld, EM_Nachrichten an, 147
Editorfeld, Mehrzeilen (MLE), MLS_Stilangaben), 155
Eigentümerfenster, Definition, 35
Eingabefokus (input focus), Definition, 36
Eingabefokus, Wirkung auf Cursor, 371
Elementarobjekte, grafische, Definition, 399
Elementzeiger positionieren, 664
Ellipsenfunktionen, 421
Elternfenster (parent window), Definition, 34
Elternprozeß, Definition, 783
EM_CLEAR, 147
EM_COPY, 147
EM_CUT, 148
EM_Nachrichten an Editorfeld, 147
EM_PASTE, 148
EM_QUERYCHANGED, 148
EM_QUERYFIRSTCHAR, 149
EM_QUERYREADONLY, 149
EM_QUERYSEL, 149
EM_QUERYSEL, Beispiel, 144
EM_SETFIRSTCHAR, 150
EM_SETINSERTMODE, 150
EM_SETREADONLY, 150
EM_SETSEL, 151
EM_SETTEXTLIMIT, 151
entry field (Editorfeld), Programmierung, 142
Ereignissemaphore, Definition, 799
ERRINFO Fehlerinformationsstruktur, 121
ES_Stilangaben zu Editorfeld, 146
event semaphore, Definition, 799

F

family name, Definition, 445
Farbauflösung, physikalische, Definition, 551
Farben und Musterverknüpfungen, Definition, 399
Farben, Systemkonstanten CLR_Farbe, 511
Farbpalette, physikalische ändern, 560
Farbpalette, physikalische, Definition, 552
Farbtabelle, logische, Definition, 552
Farbtabelle, logische, Formate, 558
Farbtabelle, löschen, 561
Farbtabelle, maximaler Listenindex, 558
Farbtabelle, Nachrichten bei, 562
FAT, Definition, 697

FATTR_SEL_Zeichensatztyp, 470
FATTR_TYPE_Zeichensatztyp, 471
FATTRS , Programmierung, 453
FATTRS Zeichensatzattribute, 470
FATTRS, Definition, 452
FATTRS, Programmierung, 455
FCF_Fenstermodus Werte, 60
FDATE Datum (Datei), 726
FDM_ERROR, 248
FDM_FILTER, 249
FDM_Nachrichten, 248
FDM_VALIDATE, 249
FDS_Stil, 247
FDS_Stilangaben, 247
FEA2 EA-Schreiben Struktur, 722
FEA2LIST EA-Liste schreiben, 722
Fehler in Headerdateien, Strukturdefinition, 455
Fehlerbearbeitung, 49
Fenster, aktives, Eingabefocus, 36
Fenster, Eigentümer, 35
Fenster, Elternfenster, 34
Fenster, Inhalt neu zeichen (WM_PAINT), 41
Fenster, Kindfenster, 34
Fenster, systemmodal, Definition, 37
Fenster, Z-Ordnung manipulieren, 44
Fenster, zusammengesetztes, Definition, 36
Fenster-Gerätekontext, Eigenschaften, 404
Fensteranordnung SWP_Werte, 114
Fensterbeziehung QW_Werte, 103
Fensterbeziehungen untereinander ermitteln, 43
Fensterfunktion, Definition, 24
Fenstergrößenänderung, bei Eigentümerfenstern, 35
Fensterklasse, Definition, 24
Fensterklasse, öffentliche (PublicWindowClasses), Definition, 37
Fensterklasse, private (PrivatWindowClasses), Definition, 37
Fensterklassen, Definition, 37
Fensterkoordinatensystem, Eigenschaften, 406
Fenstermodus, FCF_Werte, 60
Fensterposition und Größe manipulieren, 44
Fensterposition, bei Eigentümerfenstern, 35
Fensterposition, Definition, 34
Fensterrahmen invertieren, 47
Fensterstil WS_Werte, 58
Fenstertitel ändern, 46
FID_SYSMENU, Beispiel, 349
FIELDINFO, 302
FIELDINFOINSERT, 304
file, 246
FILEDLG, 250
FILEFINDBUF3 Dateisuche ohne EA, 725
FILEFINDBUF4 Dateisuche mit EA, 725
FILELOCK Datei Schutzzone, 749
FILESTATUS3 , Beispiel, 712
FILESTATUS3 Dateiinformation ohne EA, 726

FILESTATUS4 Dateiinformation mit EA, 726
Filletkurve, Bedeutung, 426
FM_SEL_ Zeichensatzstil, 528
FM_TYPE_Zeichensatztyp, 528
FM_Überlagerungsmodus, 520
FNTM_FACENAMECHANGED, 253
FNTM_FILTERLIST, 253
FNTM_Nachrichten, 252
FNTM_POINTSIZECHANGED, 254
FNTM_STYLECHANGED, 254
FNTM_UPDATEPREVIEW, 254
FNTS_Stilangaben, 251
FONT , Ressourcendefinition, 895
font, 251
font name, Definition, 445
FONTDLG, Zeichensatzdialogstruktur, 255
FONTMETRICS Zeichensatzmetrik, 525
FONTMETRICS, Definition, 446
FS_Rahmenstil Werte, 59
FTIME Zeit (Datei), 726
Füllbereich aus Vektorzeichen, 435
Füllbereiche, Programmierung, 430
Füllmuster, Definition, 431

G

GEA2 EA-Holen Struktur, 722
GEA2LIST EA-Liste ermitteln, 722
Gemeinsame Gerätekontexte, Eigenschaften, 404
Gemeinsamer Speicher (shared memory), 757
Geräteansteuerung, Prinzip, 547
Gerätekontext (Device context), Definition, 401
Gerätekontext, Eigenschaften, 404
Gerätenkoordinatensystem, Eigenschaften, 405
Gerätetreiber, 547
Gerätetreiber, bei Grafikausgabe, 401
Geschwisterfenster (sibling windows), Definition, 34
glyph, Definition, 444
GPI, Aufbau, 4
GpiAnimatePalette, 563
GpiAssociate, 459
GpiAssociate, Beispiel, 621
GpiBeginArea, 459
GpiBeginArea, Beispiel, 430
GpiBeginElement, 674
GpiBeginElement, Beispiel, 661
GpiBeginPath, 460
GpiBitBlt, 589
GpiBitBlt, Beispiel, 587
GpiBitBlt, Definition, 579
GpiBox, 461
GpiCallSegmentMatrix, 668
GpiCallSegmentMatrix, Beispiel, 666
GpiCharString, 462

GpiCharStringAt, 462
GpiCharStringPos, 463
GpiCharStringPosAt, 464
GpiCloseFigure, 466
GpiCloseSegment, 669
GpiCloseSegment, Beispiel, 660
GpiConvert, 466
GpiConvert, Beispiel, 422
GpiConvertWithMatrix, 467
GpiCopyMetaFile, 690
GpiCreateBitmap, 592
GpiCreateBitmap, Beispiel, 585
GpiCreateLogColorTable, 564
GpiCreateLogColorTable, Beispiel, 558
GpiCreateLogFont, 469
GpiCreateLogFont, Programmierung, 456
GpiCreatePalette, 565
GpiCreatePalette, Beispiel, 561
GpiCreatePS, 471
GpiCreatePs, Beispiel, 581
GpiDeleteElement, 669
GpiDeleteElementsBetweenLabels, 670
GpiDeleteMetaFile, 691
GpiDeletePalette, 566
GpiDeletePalette, Beispiel, 562
GpiDeleteSegment, 671
GpiDeleteSetId, 473
GpiDeleteSetId, Programmierung, 458
GpiDestroyPS, 474
GpiDrawBits, 593
GpiDrawBits, Definition, 579
GpiDrawChain, 671
GpiDrawChain, Definition, 658
GpiDrawFrom, 672
GpiDrawSegment, 672
GpiDrawSegment, Beispiel, 662
GpiElement, 673
GpiElement, Beispiel, 667
GpiEndArea, 474
GpiEndArea, Beispiel, 430
GpiEndElement, 674
GpiEndElement, Beispiel, 661
GpiEndPath, 475
GpiErase, 475
GpiExcludeClipRectangle, 476
GpiFillPath, 477
GpiFillPath, Beispiel, 436
GpiFullArc, 478
GpiFullArc, Beispiel, 424
GpiImage, 596
GpiImage, Beispiel, 578
GpiImage, Definition, 579
GpiLabel, 675
GpiLabel, Beispiel, 665
GpiLine, 479
GpiLoadBitmap, 597

Sachwortverzeichnis

GpiLoadFonts, 479
GpiLoadFonts, Programmierung, 456
GpiLoadMetaFile, 691
GpiLoadMetaFile, Beispiel, 689
GpiMarker, 480
GpiMarker, Beispiel, 429
GpiMove, 481
GpiOpenSegment, 676
GpiOpenSegment, Beispiel, 660
GpiPartialArc, 481
GpiPlayMetaFile, 692
GpiPlayMetaFile, Beispiel, 688
GpiPointArc, 482
GpiPointArc, Beispiel, 425
GpiPolyFillet, 483
GpiPolyFilletSharp, 484
GpiPolygons, 485
GpiPolyLine, 486
GpiPolyMarker, 486
GpiPolySpline, 487
GpiQueryAttrs, 488
GpiQueryBitmapBits, 598
GpiQueryBitmapInfoHeader, 599
GpiQueryClipBox, 489
GpiQueryColorData, 568
GpiQueryColorIndex, 567
GpiQueryCurrentPosition, 490
GpiQueryDevice, 490
GpiQueryDeviceBitmapFormats, 600
GpiQueryDeviceBitmapFormats, Beispiel, 583
GpiQueryElement, 676
GpiQueryElement, Beispiel, 667
GpiQueryFontMetrics, 491
GpiQueryFonts, 491
GpiQueryFonts, Beispiel, 453
GpiQueryLogColorTable, 569
GpiQueryMetaFileBits, 694
GpiQueryMetaFileLength, 695
GpiQueryNearestColor, 570
GpiQueryPalette, 570
GpiQueryPaletteInfo, 571
GpiQueryPel, 493
GpiQueryRealColors, 572
GpiQueryRGBColor, 572
GpiQueryRGBColor, Beispiel, 560
GpiRotate, 493
GpiSaveMetaFile, 695
GpiSaveMetaFile, Beispiel, 688
GpiScale, 494
GpiSelectPalette, 573
GpiSelectPalette, Beispiel, 561
GpiSelectPalette, Löschen von Farbtabellen, Beispiel, 562
GpiSetArcParams, 495
GpiSetArcParams, Beispiel, 423; 424
GpiSetAttrs, 496

GpiSetAttrs, Beispiel, 442
GpiSetAttrs, Programmierung, 415
GpiSetBackColor, 502
GpiSetBackColor, Beispiel, 441
GpiSetBackMix, 502
GpiSetBackMix, Beispiel, 441
GpiSetBitmap, 600
GpiSetBitmap, Beispiel, 585
GpiSetBitmapBits, 601
GpiSetBitmapId, 602
GpiSetCharAngle, 503
GpiSetCharAngle, Beispiel, 439
GpiSetCharBox, 504
GpiSetCharBox, Beispiel, 439
GpiSetCharBreakExtra, 505
GpiSetCharBreakExtra, Programmierung, 442
GpiSetCharDirection, 506
GpiSetCharDirection, Beispiel, 440
GpiSetCharExtra, 507
GpiSetCharExtra, Programmierung, 442
GpiSetCharMode, 507
GpiSetCharMode, Beispiel, 438
GpiSetCharSet, 509
GpiSetCharSet, Standardzeichensatz laden, 446
GpiSetCharShear, 509
GpiSetCharShear, Beispiel, 441
GpiSetClipPath, 510
GpiSetColor, 511
GpiSetColor, Beispiel, 441
GpiSetDrawControl, 677
GpiSetDrawingMode, 678
GpiSetDrawingMode, Beispiel, 657
GpiSetEditMode, 678
GpiSetEditMode, Beispiel, 666
GpiSetElementPointer, 679
GpiSetElementPointer, Beispiel, 664
GpiSetElementPointerAtLabel, 680
GpiSetElementPointerAtLabel, Beispiel, 665; 666
GpiSetInitialSegmentAttrs, 680
GpiSetInitialSegmentAttrs, Beispiel, 659; 660
GpiSetLineEnd, 512
GpiSetLineJoin, 513
GpiSetLineType, 514
GpiSetLineWidth, 515
GpiSetLineWidthGeom, 516
GpiSetMarker, 517
GpiSetMarker, Beispiel, 429
GpiSetMarkerBox, 518
GpiSetMarkerSet, 518
GpiSetMetaFileBits, 696
GpiSetMix, 519
GpiSetMix, Beispiel, 441
GpiSetPaletteEntries, 574
GpiSetPattern, 520
GpiSetPel, 521
GpiSetPS, 522

GpiSetSegmentAttrs, 682
GpiSetSegmentTransformMatrix, 683
GpiTranslate, 524
GpiUnloadFonts, 524
GpiWCBitBlt, 603
GpiWCBitBlt, Definition, 579
GRADIENTL Gradient (Steigungswerte), 504
GRADIENTL, Beispiel, 438
Grafik, Verzerrungen bei Druckausgabe, 617
Grafikausgabe im Hintergrund, 588
Grafikausgabe, Bedeutung von Gerätetreibern, 401
Grafikausgabeposition, Definition, 413
Grafikprimitive, Definition, 399
Grafikprogrammierung, 413
Grafikprogrammierung, Grundsätze, 402
Grafikprogrammierung, prinzipieller Aufbau, 548
Grafiktransformation, Einzelleistungen, 406
Gruppierungsbox, Anwendung, 194
GUI, Aufbau, 3

H

Handle von Kontrollelementen, 52
Hauptfenster (main window, top-level window), Definition, 34
HCINFO , Beispiel, 629
HCINFO Papierausgabefähigkeit, 652
Headerdatei, <os2.h>
  Verwendung von #define INCL_name, 23
hotspot, Definition, 368
HPFS, Definition, 697
HWNDFROMMP, 128

I

ICON , Ressourcendefinition, 896
Identifikationskonstanten, zulässiges Intervall, 891
IMAGEBUNDLE Bildattribute, 501
INCL_name, Verwendung bei #include <os2.h>, 23
Informationsleitungen , Definition, 827
Infowarteschlangen , Definition, 841
Initialisationsdateien , Definition, 881
IPT Einfügepunkt in MLE-Elementen, 176

K

KC_Tastaturkontrollcode, 394
Kerning, Definition, 444
Kindfenster (child-window), Definition, 34
Kindprozeß , Definition, 783
Kontrollelement, ID aus mp1 ermitteln, 140

Kontrollelement, Senden einer Nachricht an, 141
Kontrollelementaktivierung, WM_CONTROL, 134
Kontrollelemente, als Dialogbestandteil, 132
Kontrollelemente, Handle von, 52
Kontrollelemente, Übersicht, 141
Kontrollelementeklassen WC_ Werte, 62
Kontrollelementeklassen, in Dialogen, 132
Kontrollfenster (control-window), Definition, 36
Koordinatenraum, Definitionen, 404
Koordinatensysteme CVTC_, 467
Kreisbogenfunktionen, 421
Kreisparamter in ARCPARAMS, 421
Kurven, Darstellung "glatter", 425
Kurvenzeichensatz, Definition, 437

L

Laden von Zeichensätzen, Programmierung, 445
LCID_DEFAULT, Beispiel, 446
LCOLF_CONSECRGB, Beispiel, 558
LCOLF_INDRGB, Beispiel, 558
LCOLF_RGB, Beispiel, 559
LINEBUNDLE Linienattribute, 500
LINEBUNDLE, Anwendung, 417
LINEEND_Linienende, 513
LINEJOIN_Verbindung von Linien, 514
LINETYPE_Linientypen, 514
LINEWIDTH_Linienbreite, 515
Linienattribute, 417
Linienbreite, LINEWIDTH_systembreiten, 515
Linienendestil LINEEND_Stil, 513
Linienprimitive, Programmierung, 417
Linientypen LINETYPE_Strichelung, 514
Linienverbindung
  LINEJOIN_Verbindungsmodus, 514
Listbox , Ereignismeldung, 182
Listbox, Datenstrukturen, 190
Listbox, LM_Nachrichten an, 183
Listbox, LS_Stilangaben), 182
Listbox, Programmierung, 177
LM_DELETEALL, 183
LM_DELETEITEM, 184
LM_INSERTITEM, 184
LM_INSERTITEM, Beispiel, 179
LM_Nachrichten an Listbox, 183
LM_QUERYITEMCOUNT, 185
LM_QUERYITEMHANDLE, 185
LM_QUERYITEMTEXT, 185
LM_QUERYITEMTEXTLENGTH, 186
LM_QUERYSELECTION, 186
LM_QUERYSELECTION, Beispiel, 181
LM_QUERYTOPINDEX, 187
LM_SEARCHSTRING, 187
LM_SELECTITEM, Beispiel, 181
LM_SELECTITEM, 188

LM_SETITEMHANDLE, 188
LM_SETITEMHEIGTH, 189
LM_SETITEMTEXT, 189
LM_SETTOPINDEX, 189
Logische Klammer, bei Bereichsdefinition, 430
Logischer Zeichensatz, Definition, 445
LONGFROMMP, 129
LONGFROMMR, 129
LS_MULTIPLESEL
   bei LM_QUERYSELECTION, 186
LS_Stilangaben zu Listbox, 182

M

MAKEFIXED, rationale Zahl erstellen, 408
Makros, Behandlung DDESTRUCT- und DDEINIT-Strukturen, 129
Makros, Daten aus MPARAM extrahieren, 128
Makros, Daten aus MRESULT extrahieren, 129
Makros, Daten in MPARAM Variable wandeln, 128
Makros, Daten in MRESULT Variable wandeln, 129
Manipulation von Menuezeilen, 347
MARKERBUNDLE Punktsymbolattribute, 501
MARKSYM_Punktsymbole, 517
MATRIXLF Transformationsmatrix, 469
Mauszeiger, andere Darstellung, 367
Mauszeiger, Positionsbestimmung, 367
Mauszeiger, Programmierung, 368
Mauszeigerpunkt (hotspot), Definition, 368
MBID_Rückgabe Werte, 85
media space, Eigenschaften, 406
Mehrfachgenutzer Präsentationsraum, Eigenschaften, 403
Mehrfach Semaphore Muxwait-Semaphore, Definition, 799
Mehrzeilen-Editorfeld (MLE), MLFEFR_Fehlercode, 157
Mehrzeilen-Editorfeld (MLE), MLM_Nachrichten an, 159
Meldungen, einfache ausgeben, 48
MENU , Ressourcendefinition, 897
Menue, Abfrage von Benutzeraktionen, 343
Menue, Bitmap einbinden, 341
Menue, Checkmarke, 342
Menue, Ereignismeldung), 353
Menue, Stilattribute, 340
Menue, Untermenues, 341
Menueeintrag, MIA_Attribut, 901
Menueeintrag, MIS_Stil, 900
Menuekontrolstil MS_Stil, 352
Menueleiste, Definition, 339
Menueprogrammierung, 339
Menues, Datenstrukturen, 365
Menues, MM_Nachrichten an, 355

Menueschachtelung, 341
Menuezeilen, Manipulation von, 347
MENUITEM Info Menueeintrag, 365
MENUITEM , Ressourcendefinition, 899
MENUITEM SEPARATOR, Ressourcendefinition, 899
MENUITEM-Struktur, Anwendung, 349
Metadatei versus Speichergrafik, 685
Metadatei, Abspielen, 689
Metadatei, Darstellungsoptionen, 689
Metadatei, Definition, 685
Metadateien, Definition, 400
Metadateihandle HMF, 687
Metrikparameter , Definition, 451
MIA_Menueeintragattribut, 901
MINIRECORDCORE, 304
MIS_Menueeintragstil, 900
MLE (MehrZeilenEditorfeld), Programmierung, 152
MLE, Arbeitsmodus, 152
MLE, Definition Textmarkierung, 152
MLE, maximaler Textumfang, 152
MLE-Element, Datenstrukturen, 175
MLE-Element, Ereignismeldung, 155
MLESEARCHDATA MLE-Stringsuche, 176
MLE_SEARCHDATA, Beispiel, 154
MLECTLDATA MLE-Kontrollstruktur, 176
MLEMARGSTRUCT MLE-Ränderinformation, 175
MLEOVERFLOW MLE-Überlauffehler, 175
MLFEFR_ Fehlercode bei MLE-Elementen, 157
MLFIE_Textformat bei MLE-Elementen, 161
MLFQS_Modus bei MLM_QUERYSEL, 166
MLM_CHARFROMLINE, 160
MLM_CLEAR, 159
MLM_COPY, 159
MLM_CUT, 159
MLM_DELETE, 160
MLM_DISABLEREFRESH, 160
MLM_ENABLEREFRESH, 160
MLM_EXPORT, 161
MLM_FORMAT, 161
MLM_IMPORT, 162
MLM_INSERT, 162
MLM_LINEFROMCHAR, 162
MLM_Nachrichten an MLE-Element, 159
MLM_PASTE, 162
MLM_QUERFORMATRECT, 164
MLM_QUERYBACKCOLOR, 163
MLM_QUERYCHANGED, 163
MLM_QUERYFIRSTCHAR, 163
MLM_QUERYFONT, 163
MLM_QUERYFORMATLINELENGTH, 164
MLM_QUERYFORMATTEXTLENGTH, 164
MLM_QUERYIMPORTEXPORT, 165
MLM_QUERYLINECOUNT, 165

MLM_QUERYLINELENGTH, 165
MLM_QUERYREADONLY, 165
MLM_QUERYSEL, 166
MLM_QUERYSELTEXT, 166
MLM_QUERYTABSTOP, 167
MLM_QUERYTEXTCOLOR, 167
MLM_QUERYTEXTLENGTH, 167
MLM_QUERYTEXTLIMIT, 167
MLM_QUERYUNDO, 167
MLM_QUERYWRAP, 168
MLM_RESETUNDO, 169
MLM_SEARCH, 169
MLM_SEARCH, Beispiel, 155
MLM_SETBACKCOLOR, 170
MLM_SETCHANGED, 170
MLM_SETFIRSTCHAR, 171
MLM_SETFONT, 171
MLM_SETFORMATRECT, 171
MLM_SETIMPORTEXPORT, 172
MLM_SETREADONLY, 173
MLM_SETSEL, 173
MLM_SETTABSTOP, 173
MLM_SETTEXTCOLOR, 173
MLM_SETTEXTLIMIT, 174
MLM_SETWRAP, 174
MLM_UNDO, 174
MLN_PASTE, Beispiel, 153
MLS_Stilangaben zu MLE-Element, 155
MM_DELETEITEM, 355
MM_ENDMENUMODE, 356
MM_INSERTITEM, 356
MM_ISITEMVALID, 356
MM_ITEMIDFROMPOSITION, 357
MM_ITEMPOSITIONFROMID, 357
MM_Nachricht, Programmierung bei Menues, 347
MM_Nachrichten an Menues, 355
MM_QUERITEMTEXT, 360
MM_QUERYITEM, 358
MM_QUERYITEMATTR, 358
MM_QUERYITEMCOUNT, 359
MM_QUERYITEMRECT, 359
MM_QUERYITEMTEXTLENGTH, 360
MM_QUERYSELITEMID, 360
MM_REMOVEITEM, 361
MM_SELECTITEM, 361
MM_SETITEM, 362
MM_SETITEMATTR, 363
MM_SETITEMATTR,Beipiel, 347
MM_SETITEMHANDLE, 364
MM_SETITEMTEXT, 364
MM_STARTMENUMODE, 364
Modal, Nichtmodal, Definition, 36
monospaced fonts, Definition, 444
MPFROM2SHORT, 128
MPFROMCHAR, 128
MPFROMHWND, 128

MPFROMLONG, 128
MPFROMP, 128
MPFROMSH2CH, 128
MPFROMSHORT, 128
MQINFO Informationsstruktur
Nachrichtenwarteschlange, 121
MRESULT Nachrichtenrückgabewert, 119
MRFROM2SHORT, 129
MRFROMLONG, 129
MRFROMP, 129
MRFROMSHORT, 129
MS_Menuekontrolstil, 352
Multitasking, 1
Musterverknüpfungen und Farben, Definition, 399
Mutex-Semaphore, Definition, 799

Nachricht an Kontrollelement, 141
Nachrichten, Definition, 38
Nachrichtenfenster (message-box), Definition, 36
Nachrichtenkonstanten, grundsätzliche Bedeutung, 26
Nachrichtenkonstanten,
    wichtige in Dialogfunktionen, 137
Nachrichtentypen, Definition, 38
Nachrichtenversandmodus BMSG_Werte, 55
Nachrichtenverwaltung, Prinzip, 12
Nachrichtenwarteschlange, Notwendigkeit einer, 12
Nachrichtenwarteschlange. Prioritäten, 40
Neuzeichen Fenster erzwingen, 43
normal presentation space, Eigenschaften, 403
Normaler Präsentationsraum, Eigenschaften, 403
note book, 257
NOTIFYDELTA, 305
NOTIFYRECORDENTER, 306
NOTIFYSCROLL, 306
Notizbuch, 257; 263; 264; 273

OD_INFO, Beispiel, 628
Öffentliche Zeichensätze
    (public fonts), Definition, 445
Ordnernamen, erlaubte Zeichen, 699
outlinefont, Definition, 437
OWNERBACKGROUND, 306
OWNERITEM Definition eines Objekts, 190

P

page space, Eigenschaften, 405
PAGESELECTNOTIFY, 273
PANOSE Zeichensatzbeschreibung, 530
PDDEITOSEL, 129
PDDESTOSEL, 129
PDEVOPENDATA , Beispiel, 581
pel, Definition, 34
Pfade, Definition, 400
PFONTMETRICS , Programmierung, 453
Physikalische Farbpalette, Bedingung für Änderbarkeit, 555
Physikalischer Zeichensatz, Definition, 445
PIB Prozess Information, 794
PM-Anwendung, grundsätzlicher Aufbau, 11
PM-Oberflächenfenster
    (desktop window), Definition, 33
PM-Oberflächenfenster, Koordinatensystem, 34
PM-Programm, Definition, 11; 33
PM_Q_RAW (Drucker-Rohdaten), Definition, 614
PM_Q_STD (Standardausgabedatei), Definition, 614
point, Zeichensatzgröße, Definition, 443
POINTER , Ressourcendefinition, 902
POINTERINFO Pointerinformation, 378
POINTS Punktstruktur, 337
POLYGON Polygonstruktur, 337
Popup Menue, Definition, 340
Popupmenue, Erzeugung, 345
Position des Cursors, 371
Position des Mauszeigers, 367
Präsentationsmanager, Definition, 11
Präsentationsraum (Grafik), Einzelheiten, 402
Präsentationsraum
    (presentation space), Definition, 401
Präsentationsraumtypen, Eigenschaften, 403
PRDINFO3 Druckerinfo3, 652
PRDINFO4 Druckerinfo4, 653
PRDRIVINFO Druckerinfo0, 653
preemptives Multitasking, 1
presentation space, Definition, 401
PRESPARAMS , Ressourcendefinition, 903
PrfCloseProfile, 882
PrfCloseProfile, Beispiel, 881
PrfOpenProfile, 883
PrfOpenProfile, Beispiel, 881
PRFPROFILE Profileinformation, 884
PrfQueryProfile, 883
PrfQueryProfileData, 884
PrfQueryProfileData, Beispiel, 882
PrfQueryProfileInt, 885
PrfQueryProfileSize, 886
PrfQueryProfileSize, Beispiel, 882
PrfQueryProfileString, 887
PrfReset, 888

PrfWriteProfileData, 888
PrfWriteProfileData, Beispiel, 881
PrfWriteProfileString, 889
Primitivattribute, Programmierung, 415
printer driver (Druckertreiber), 615
PRINTERINFO Druckauftraginfo0, 653
Prioritätsstaffelung, bei Nachrichten, 40
privat fonts, Definition, 445
Private Zeichensätze (privat fonts), Definition, 445
PRJINFO2 Druckauftraginfo2, 653
PRJINFO3 Druckauftraginfo3, 654
Programmfehlerbearbeitung, 49
Programmfenster, Bestandteile, 35
Programmierung des Cursors, 370
Programmierungsgrundsätze, Grafik, 402
Programminstanz, Definition, 6
Programmressourcen, Einbindung von, 32
Proportional-Zeichensatz, Definition, 444
Prozeß , Definition, 783
Prozeß, Definition, 775
Prozeß, Synkronisationsmodus, 783
PRPORTINFO Schnittstelleninfo0, 654
PRPORTINFO1 Schnittstelleninfo1, 654
PRQINFO3 Warteschlangeninfo3, 654
PRQINFO3, Abfrage mehrerer Geräteinformationen, 619
PRQINFO6 Warteschlangeninfo6, 655
PRQPROCINFO Warteschlangentreiberinfo, 655
PTIB , Beispiel, 780
PU_LOMETRIC, Beispiel, 617
public fonts, Definition, 445
PullDownMenue, Definition, 339
punkt, Zeichensatzgröße, Definition, 443
Punktsymbole (marker), Programmierung, 428
Punktsymbole MARKSYM_Symbol, 517
pushbutton (Druckknopf), WM_COMMAND, 194
PVOIDFROMMP, 128
PVOIDFROMMR, 129

Q, R

QMOPENSTRUC Warteschlange öffnen, 655
QMSG Nachrichtenstruktur, 119
QMSG, Datenstruktur, Bedeutung, 38
QUERYRECFROMRECT, 307
QUERYRECORDRECT, 307
queue driver (Druckerspooler), 614
QW_Fensterbeziehung Werte, 103
Rahmenfenster (frame-window), Definition, 35
Rahmenstil FS_Werte, 59
Rastermonitor, Technik, 549
RCINCLUDE , Ressourcendefinition, 904
RECORDCORE, 308
RECORDINSERT, 309

Sachwortverzeichnis

RECTL Rechteckstruktur, 120
Regionen, Definition, 400
REQUESTDATA QUEUEINFORMATION, 849
Ressourcen, Definition, 30
Ressourcen, externe Erstellung, 891
Ressourcenbeschreibungsbefehle, 891
Ressourceneditor, Bedeutung, 134
RESULTCODE Prozess-Rückgabewert, 790
retained graphic, Definition, 400; 657
RGB RGB-Farbwert, 576
RGB-Darstellung, Definition, 550
RGB-Triplett, 549
RGB2 RGB-Farbwert und Attribut, 576
Rollbalken (scrollbar), Datenstrukturen, 232
Rollbalken (scrollbar), Ereignismeldung, 229
Rollbalken (scrollbar), Programmierung, 223
Rollbalken (scrollbar), SBM_Nachrichten an, 231
Rollbalken (scrollbar), SBS_Stilangaben, 229
ROP_Mixmodus bei Bitmap, 590
Rotation, Grafiktransformation, 406
Rotationstransformation, mittels MATRIXLF, 409
Rückgabewerte WinMessageBox MBID_Werte, 85

S

SB_Aktion bei Rollbalken, 229
SBM_Nachrichten an Rollbalken (scrollbar), 231
SBM_QUERYPOS, 231
SBM_QUERYRANGE, 231
SBM_SETPOS, 231
SBM_SETPOS, Beispiel, 228
SBM_SETSCROLLBAR, 232
SBM_SETSCROLLBAR, Beispiel, 225
SBM_SETTHUMBSIZE, 232
SBM_SETTHUMBSIZE, Beispiel, 225
SBMP_Systembitmaps, 374
SBS_Stilangaben zu Rollbalken (scrollbar), 229
Scherung, Grafiktransformation, 407
Scherungstransformation, mittels MATRIXLF, 410
Schieber (slider) , Programmierung, 212
Schieber (slider) , SLS_Stilangaben, 214
Schieber (slider) SMA_Parameter, 217
Schieber (slider), Datenstrukturen, 222
Schieber (slider), Ereignismeldung, 215
Schieber (slider), SLM_Nachrichten an, 216
Schlüsselbegriffe , Definition, 881
scrollbar (Rollbalken), Programmierung, 223
SEARCHSTRING, 310
SEGM_INSERT, Beispiel, 666
Segment, Definition, 657
Segmente editieren, 664
Segmente verketten, Definition, 658
Segmentelement, Definition, 661
Segmentelemente einfügen, 665
Segmentelemente kopieren, 667

Segmentkette (chain) definieren, 662
Segmenttransformationen, 667
Segmentverweise, 666
Segmentzeiger, Definition, 664
Seitenkoordinatensystem, Eigenschaften, 405
Sektionen , Definition, 881
Sektionsnamen , Definition, 881
SELTOPDDES, 129
Semaphore, wechselseitig ausschließliche, 799
SEMRECORD Muxwait-Semaphore Satz, 808
Serverprozeß , Definition, 842
shared memory, 757
SHORT1FROMMP, 129
SHORT1FROMMR, 129
SHORT2FROMMR, 129
Sichtbarkeitsbereich des Cursors, 371
Sichtweisen, 274
Sitzung (session), Definition, 775
SIZEF 2dimensionale rationale Größe, 505
Skalierungstransformation, mittels MATRIXLF, 408
SLDCDATA Schieberhauptstruktur, 222
SLDCDATA, Beispiel, 212
slider (Schieber) SMA_Parameter, 217
slider (Schieber), Programmierung, 212
SLM_ADDDETENT, 216
SLM_Nachrichten an Schieber (slider), 216
SLM_QUERYDETENTPOS, 216
SLM_QUERYSCALETEXT, 216
SLM_QUERYSLIDERINFO, 217
SLM_QUERYTICKPOS, 218
SLM_QUERYTICKSIZE, 219
SLM_REMOVEDETENT, 219
SLM_SETSCALETEXT, 219
SLM_SETSLIDERINFO, 219
SLM_SETTICKSIZE, 221
SLM_SETTICKSIZE, Beispiel, 213
SLN_Aktion bei Schieber, 215
SLN_CHANGE, Beispiel, 213
SLS_Stilangaben zu Schieber (slider), 214
SM_Nachrichten an StaticText, 211
SM_QUERYHANDLE, 211
SM_SETHANDLE, 211
SMA_Schieberparameter, 217
SPBM_Nachrichten an Drehknopf, 205
SPBM_OVERRIDESETLIMITS, 205
SPBM_QUERYVALUE, 205
SPBM_SETARRAY, 206
SPBM_SETCURRENTVALUE, Beispiel, 202
SPBM_SETCURRENTVALUE, 207
SPBM_SETLIMITS, 207
SPBM_SETLIMITS, Beispiel, 202
SPBM_SETMASTER, 207
SPBM_SETTEXTLIMIT, 207
SPBM_SPINDOWN, 208
SPBM_SPINUP, 208

Sachwortverzeichnis

SPBN_Aktion bei Drehknopf, 204
SPBN_CHANGE, Beispiel, 203
SPBS_Stilangaben zu Drehknopf, 203
Speicher fixieren (commiting), 753
Speicherauslagerung (SWAPPER DAT), 752
Speicherbereich, maximaler, 751
Speichergrafik, Definition, 657
Speicherschutzalarm, 755
Speicherschutzattribute, Definition, 754
Speicherseite, Definition, 751
Speicherseite, mögliche Zustände, 752
Sperren von Dateibereichen, 706
spinbutton (Drehknopf), Programmierung, 202
SplCopyJob, 634
SplDeleteJob, 635
SplDeleteJob, Beispiel, 627
SplEnumDevice, 636
SplEnumDriver, 637
SplEnumJob, 639
SplEnumJob, Beispiel, 627
SplEnumPort, 640
SplEnumQueue, 641
SplEnumQueue, Beispiel, 617
Splines, Bedeutung, 427
SplPurgeQueue, 643
SplQmClose, 644
SplQmEndDoc, 644
SplQmEndDoc, Beispiel, 626
SplQmOpen, 645
SplQmOpen, Beispiel, 625
SplQmStartDoc, 645
SplQmStartDoc, Beispiel, 626
SplQmWrite, 646
SplQmWrite, Beispiel, 626
SplQueryDevice, 647
SplQueryJob, 648
SplQueryJob, Beispiel, 627
SplSetJob, 649
SplSetJob, Beispiel, 627
Spooldatei, Definition, 614
Spooler, Aufgaben, 613
Spoolerprogrammierung, 627
SS_Stilangaben zu StaticText, 209
standard presentation space, Eigenschaften, 402
Standard-Präsentationsraum, Eigenschaften, 402
Standardausgabedatei (PM_Q_STD), Definition, 614
StaticText, Ereignismeldung, 211
StaticText, Programmierung, 209
StaticText, SM_Nachrichten an, 211
StaticText, SS_Stilangaben), 209
STRINGTABLE , Ressourcendefinition, 905
Strukturdefinition, Fehler in Headerdatei, 455
STYLECHANGE, Zeichensatzdialog : Stiländerung, 255

SUBMENU , Ressourcendefinition, 906
SV_Systemparameter Werte, 96
SWP Fensterdefinitionsstruktur, 120
SWP_Fensteranordnung Werte, 114
Syntaxbeschreibung, bei Datenstrukturen, 9
Syntaxbeschreibung, bei Funktionen, 8
Syntaxbeschreibung, bei Nachrichten, 8
Systembitmap, SBMP_Konstanten, 374
Systemmenue, Definition, 340
Systemmenue, Programmierung, 349
Systemparameter ermitteln, 53
Systemparameter SV_Werte, 96
Systemzeit, absolute, 387

Tastaturabfrage, 393
Tastaturkontrollcode, bei WM_CHAR, 394
Text, Grafikausgabe, 436
Textausgaberichtung, Programmierung, 440
Textausgabewinkel, Programmierung, 438
Thread, Definition, 775
Thread, Maximalzahl, 775
Thread, Stackgröße, 779
Thread, Starten, 779
Threadfunktion definieren, 779
Threads, Prioritätsklassen, 778
Threads, Prioritätsstufen, 778
TIB Thread Information, 794
TIB2 Thread Information, 794
TID_USERMAX, Anwendung bei Timern, 388
Timer, Definition, 387
Transformationen, Grafik, Definition, 406
Transformationsmatrix
    bei Grafiktransformationen, 469
Translation, Grafiktransformation, 407
Translationstransformation, mittels MATRIXLF, 409
TREEITEMDESC, 308
Treiberprogramm , Definition, 547

Überdeckungsordnung, bei Eigentümerfenstern, 35
Überlagerung bei Grafikausgabe (pixelweise) FM_Modus, 520
Überlagerungsmodus ROP_Modus bei Bitmap, 590
Umschließungsrechteck, Definition, 439
Unbenannter gemeinsamer Speicherbereich, Definition, 758
Unterallozierung, Definition, 756
Untereinträge (Schlüssel), Definition, 881
Untermenues, 341
update region, Verwendung bei WinInvalidateRect, 76

V

value set (Werteset), Programmierung, 234
Vektormonitore, Technik, 549
Vektorzeichensatz, Definition, 437
Verzeichnisnamen, erlaubte Zeichen, 699
VIA_Stilangabe bei Werteset, 239
views, 274
Virtueller Tastencode VK_Code, 396
VK_Virtueller Tastencode, 396
VM_Nachrichten an Werteset (value set), 238
VM_QUERYITEM, 238
VM_QUERYITEMATTR, 239
VM_QUERYMETRICS, 240
VM_QUERYSELECTEDITEM, 240
VM_SELECTITEM, 240
VM_SETITEM, 241
VM_SETITEM, Beispiel, 234; 236
VM_SETITEMATTR, 241
VM_SETITEMATTR, Beispiel, 236
VM_SETMETRICS, 242
VN_Aktion bei Werteset, 237
VN_SELECT, Beispiel, 235
VS_Stilangaben zu Werteset (value set), 237
VSCDATA Werteset
    Hauptinformation, 243
VSDRAGINFO Werteset
    DragDrop-Information, 243
VSDRAGINIT Werteset
    DragDrop Startinfo, 244
VSTEXT Werteset
    Textinformation, 244

W

WC_Kontrollelementeklasse Werte, 62
Weltkoordinaten, Eigenschaften, 405
Werteset (value set), Programmierung, 234
Werteset (value set), VS_Stilangaben), 237
Werteset (value set), Datenstrukturen, 243
Werteset (value set), Ereignismeldung), 237
Werteset (value set), VM_Nachrichten an, 238
Werteset, Initialisierung, 234
WinAddAtom, 873
WinAddAtom, Beispiel, 872
WinBeginEnumWindows, 54
WinBroadcastMsg, 55
WinCloseClipbrd, 311
WinCloseClipBrd, Beispiel, 852
WinCreateAtomTable, 874
WinCreateAtomTable, Beispiel, 872
WinCreateCursor, 383
WinCreateCursor, Beispiel, 371
WinCreateDlg, 311

WinCreateMsgQueue, 56
WinCreateMsgQueue, Beispiel hallo2.c, 24
WinCreatePointer, 372
WinCreateStdWindow, 57
WinCreateStdWindow, Beispiel hallo2.c, 24
WinCreateWindow, 64
WinCreateWindow, Anwendung, 52
WinDdeInitate, Beispiel, 856
WinDdeInitiate, 860
WinDdePostMsg, 861
WinDdePostMsg, Beispiel, 857
WinDdeRespond, 863
WinDdeRespond, Beispiel, 856
WinDefDlgProc, 312
WinDefWindowProc, 65
WinDefWindowProc, Beispiel hallo2.c, 18; 26
WinDeleteAtom, 875
WinDeleteAtom, Beispiel, 872
WinDestroyAtomTable, 876
WinDestroyCursor, 384
WinDestroyCursor, Beispiel, 371
WinDestroyMsgQueue, 66
WinDestroyMsgQueue, Beispiel hallo2.c, 25
WinDestroyPointer, 373
WinDestroyWindow, 67
WinDestroyWindow, Beispiel, 137
WinDestroyWindow, Beispiel hallo2.c, 25
WinDismissDlg, 313
WinDismissDlg, Beispiel, 138
WinDispatchMsg, 67
WinDlgBox, 314
WinDlgBox, Beispiel, 137
window device context, Eigenschaften, 404
WinDrawBitmap, 606
WinDrawBitmap, Definition, 579
WinEmptyClipbrd, 315
WinEnableWindow, 68
WinEnableWindowUpdate, 325
WinEnableWindowUpdate, Beispiel, 145
WinEndEnumWindows, 69
WinFileDlg, 316
WinFindAtom, 876
WinFindAtom, Beispiel, 873
WinFlashWindow, 69
WinFlashWindow, Anwendung, 47
WinFontDlg, 317
WinFreeFileDlgList, 317
WinFreeFileIcon, 318
WinFreeFileIcon, Beispiel, 370
WinGetCurrentTime, 70
WinGetCurrentTime, Bedeutung, 387
WinGetCurrentTime, Beispiel, 389
WinGetErrorInfo, 71
WinGetErrorInfo, Anwendung, 49
WinGetLastError, 71
WinGetLastError, Anwendung, 49

Sachwortverzeichnis

WinGetMaxPosition, 72
WinGetMinPosition, 73
WinGetMsg, 74
WinGetNextWindow, 75
WinGetPS, 540
WinGetScreenPS, 541
WinGetSysBitmap, 374
WinInitialize, 76
WinInitialize, Beispiel hallo2.c, 23
WinInvalidateRect, 76
WinInvalidateRegion, 78
WinInvalidateRegion, Beispiel hallo2.c, 27
WinIsChild, 79
WinIsWindow, 80
WinIsWindowEnabled, 80
WinIsWindowShowing, 81
WinIsWindowVisible, 81
Winkel der Textausgaben, Programmierung, 438
WinLoadDlg, 319
WinLoadDlg, Beispiel, 136
WinLoadFileIcon, 320
WinLoadFileIcon, Beispiel, 236; 369
WinLoadMenu, 349
WinLoadMenu, Beispiel, 345
WinLoadPointer, 376
WinLoadString, 326
WinLoadString, Beispiel hallo2.c, 26
WinMessageBox, 82
WinMessageBox, Anwendung, 48
WinMultWindowFromIDs, 85
WinOpenClipbrd, 321
WinOpenClipbrd, Beispiel, 852
WinOpenWindowDC, 542
WinPeekMsg, 86
WinPopupMenu, 350
WinPopupMenu, Beispiel, 346
WinPostMsg, 87
WinPostMsg, Beispiel hallo2.c, 26
WinPostQueueMsg, 88
WinProcessDlg, 327
WinProcessDlg, Beispiel, 137
WinPtInRect, 542
WinQueryActiveWindow, 89
WinQueryAnchorBlock, 90
WinQueryAtomLength, 877
WinQueryAtomName, 878
WinQueryAtomName, Beispiel, 873
WinQueryAtomUsage, 878
WinQueryClassInfo, 90
WinQueryClassName, 91
WinQueryClipbrdData, 321
WinQueryClipbrdData, Beispiel, 854
WinQueryClipbrdFmtInfo, 322
WinQueryCursorInfo, 385
WinQueryDesktopWindow, 92
WinQueryMsgPos, 93

WinQueryMsgTime, 93
WinQueryObjectWindow, 94
WinQueryPointer, 377
WinQueryPointer, Beispiel, 369
WinQueryPointerInfo, 378
WinQueryPointerPos, 379
WinQueryQueueInfo, 95
WinQuerySysPointer, 379
WinQuerySysPointer, Beispiel, 369
WinQuerySystemAtomTable, 879
WinQuerySystemAtomTable, Beispiel, 872
WinQuerySysValue, 95
WinQuerySysValue, Anwendung, 53
WinQueryUpdateRect, 102
WinQueryUpdateRegion, 102
WinQueryWindow, 103
WinQueryWindow, Anwendung, 43
WinQueryWindowDC, 543
WinQueryWindowModel, 104
WinQueryWindowPos, 105
WinQueryWindowRect, 543
WinQueryWindowText, 105
WinQueryWindowText, Beispiel, 146
WinRealizePalette, 575
WinRealizePalette, Beispiel, 561
WinRegisterClass, 106
WinRegisterClass, Beispiel hallo2.c, 24
WinSendMsg, 107
WinSetActiveWindow, 108
WinSetClipbrdData, 323
WinSetClipbrdData, Beispiel, 853
WinSetMultWindowPos, 109
WinSetOwner, 109
WinSetParent, 110
WinSetPointer, 381
WinSetPointer, Beispiel, 370
WinSetPointerPos, 382
WinSetSysModalWindow, 328
WinSetSysModalWindow, Anwendung, 37
WinSetSysValue, 111
WinSetSysValue, Anwendung, 53
WinSetWindowPos, 113
WinSetWindowPos, Anwendung, 44
WinSetWindowPos, Beispiel in hallo2.c, 25
WinSetWindowText, 115
WinSetWindowText, Anwendung, 46
WinSetWindowText, Beispiel, 146
WinSetWindowText, Beispiel bei StaticText, 209
WinShowCursor, 385
WinShowCursor, Beispiel, 371
WinShowWindow, 116
WinShowWindow, Beispiel, 145
WinStartTimer, 390
WinStartTimer, Beispiel, 388
WinStopTimer, 391
WinStopTimer, Beispiel, 388

WinSubclassWindow, 117
WinTerminate, 118
WinTerminate, Beispiel hallo2.c, 25
WinValidateRect, 544
WinWindowFromDC, 545
WinWindowFromID, 325
WinWindowFromID, Anwendung, 53
WinWindowFromID, Beipiel, 347
WinWindowFromPoint, 545
WM_ACTIVATE, 122
WM_ADJUSTWINDOWPOS, 122
WM_BEGINDRAG, 335
WM_BUTTON1CLICK, 329
WM_BUTTON1CLICK, Beispiel, 372
WM_BUTTON1DBLCLK, 330
WM_BUTTON1DOWN, 331
WM_BUTTON1MOTIONEND, 334
WM_BUTTON1MOTIONSTART, 333
WM_BUTTON1UP, 332
WM_BUTTON2CLICK, 329
WM_BUTTON2CLICK, Beispiel Popupmenue, 345
WM_BUTTON2CLICK, Ermittlung Mauskoordinaten, 345
WM_BUTTON2DBLCLK, 330
WM_BUTTON2DOWN, 331
WM_BUTTON2MOTIONEND, 334
WM_BUTTON2MOTIONSTART, 333
WM_BUTTON2UP, 332
WM_BUTTON3CLICK, 329
WM_BUTTON3DBLCLK, 330
WM_BUTTON3DOWN, 331
WM_BUTTON3MOTIONEND, 334
WM_BUTTON3MOTIONSTART, 333
WM_BUTTON3UP, 332
WM_CHAR, 394
WM_CHAR, Bedeutung, 393
WM_CLOSE, 123
WM_CLOSE, Beispiel hallo1.c, 17
WM_CLOSE, Beispiel hallo2.c, 28
WM_CLOSE, prinzipieller Nachrichtenaustausch, 26
WM_COMMAND, 123
WM_COMMAND bei Druckknopf (button), 197
WM_COMMAND, Bedeutung bei Menues, 343
WM_COMMAND, Beispiel hallo1.c, 17
WM_COMMAND, Beispiel hallo2.c, 26
WM_CONTROL, 124
WM_CONTROL bei Auswahlknopf (button), 197
WM_CONTROL bei Combobox, 191
WM_CONTROL bei Drehknopf, 204
WM_CONTROL bei Editorfeld, 146
WM_CONTROL bei Listbox, 182
WM_CONTROL bei Mehrzeilen-Editorfeld (MLE), 155

WM_CONTROL bei Schieber (slider), 215
WM_CONTROL bei Werteset (value set), 237
WM_CONTROL, Anwendung in Dialogen, 134
WM_CREATE, 124
WM_CREATE, Beispiel hallo1.c, 17
WM_CREATE, Beispiel hallo2.c, 26
WM_DDE_ACK, 865
WM_DDE_ACK, Beispiel, 858
WM_DDE_ADVISE, 865
WM_DDE_ADVISE, Beispiel, 858
WM_DDE_DATA, 866
WM_DDE_DATA, Beispiel, 858
WM_DDE_EXECUTE, 867
WM_DDE_EXECUTE, Beispiel, 859
WM_DDE_INITIATE, 867
WM_DDE_INITIATE, Beispiel, 856
WM_DDE_INITIATEACK, 868
WM_DDE_POKE, 868
WM_DDE_POKE, Beispiel, 858
WM_DDE_REQUEST, 868
WM_DDE_REQUEST, Beispiel, 858
WM_DDE_TERMINATE, 869
WM_DDE_TERMINATE, Beispiel, 859
WM_DDE_UNADVISE, 869
WM_DDE_UNADVISE, Beispiel, 859
WM_DESTROY, 125
WM_DRAWITEM bei Listbox, 183
WM_ENABLE, 125
WM_ENDDRAG, 335
WM_ERASEWINDOW, 125
WM_Ereignismeldung bei Listbox, 182
WM_HSCROLL bei Rollbalken (scrollbar), 229
WM_HSCROLL, Beispiel, 226
WM_INITDLG, 329
WM_INITDLG, Anwendung in Dialogen, 134
WM_INITMENU, 353
WM_INITMENU, Bedeutung bei Menues, 343
WM_MEASUREITEM bei Listbox, 183
WM_MENUEND, 353
WM_MENUSELECT, 353
WM_MINMAXFRAME, 126
WM_MOUSEMOVE, 335
WM_MOUSEMOVE, Beispiel, 370; 560
WM_MOVE, 126
WM_Nachricht bei Menues, 353
WM_PAINT, 126
WM_PAINT, Beispiel hallo2.c, 27
WM_PAINT,Beispiel hallo1.c, 17
WM-PAINT, Programmierung, 41
WM_QUIT, 127
WM_REALIZEPALETTE, 337
WM_REALIZEPALETTE, Programmierung, 562
WM_SEM1, 336
WM_SEM2, 336
WM_SEM3, 336
WM_SEM4, 336

Sachwortverzeichnis

WM_SETFOCUS, Beispiel, 371
WM_SETWINDOWPARAMS, Beispiel, 212
WM_SHOW, 127
WM_SYSCOMMAND, 354
WM_SYSCOMMAND, Bedeutung bei Menues, 344
WM_SYSCOMMAND, bei Systemmenues, 340
WM_TIMER, 391
WM_TIMER, Ablage in Nachrichtenschlangen, 387
WM_TIMER, Bedeutung, 387
WM_VSCROLL bei Rollbalken (scrollbar), 229
WNDPARAMS, Beispiel, 212
world coordinate space, Eigenschaften, 405
WS_Fensterstil Werte, 58

Z

Zeichenabstand, Programmierung, 442
Zeichenattribute auswählen, Programmierung, 455
Zeichenfarbe und Überschreibmodus,
    Programmierung, 441
Zeichengröße, Programmierung, 439
Zeichenmodus, Definition, 438
Zeichensatz (public) laden, Programmierung, 453
Zeichensatz frei geben, Programmierung, 458
Zeichensatz, Definitionen, 444
Zeichensatzarten, Definition, 437
Zeichensatzauswahl, 251; 252; 255
Zeichensätze, Programmierung, 442
Zeichensatzgröße, 443
Zeichensatzklasse, Definition, 445
Zeichensatzname, Definition, 445
Zeichensatzstil FM_SEL_, 528
Zeichensatztyp FATTR_SEL_, 470
Zeichensatztyp FATTR_TYPE_, 471
Zeichensatztyp FM_TYPE_, 528
Zeichenscherung, Programmierung, 441
Zeitbestimmung, Ungenauigkeit bei, 387
Zwischengespeicherte Grafik (retained graphic),
Definition, 400; 657

Vieweg Software-Trainer Microsoft Access für Windows

von Dagmar Sieberichs und Hans-Joachim Krüger

1993. XII, 661 Seiten mit Diskette. Gebunden DM 79,–
ISBN 3-528-05312-7

Das Buch ist das Komplettwerk zu Microsoft Access für Windows. Es vermittelt im ersten Teil allgemeine Kenntnisse zu Windows, theoretische Grundlagen zum Design relationaler Datenbanken sowie Kenntnisse zur Datenabfragesprache SQL. Im weiteren stellt das Buch professionelle Techniken des Datenbankdesigns unter Access vor, die anhand einer mitgelieferten Anwendung, einem ausgefeilten Vertriebsinformationssystem, illustriert werden. Den Abschluß bildet eine fundierte Einführung in die Programmierung unter Access mittels Access Basic.

Verlag Vieweg · Postfach 58 29 · D-6200 Wiesbaden 1

MIX
Papier aus verantwortungsvollen Quellen
Paper from responsible sources
FSC® C105338

If you have any concerns about our products,
you can contact us on
ProductSafety@springernature.com

In case Publisher is established outside the EU,
the EU authorized representative is:
**Springer Nature Customer Service Center GmbH
Europaplatz 3, 69115 Heidelberg, Germany**

Printed by Libri Plureos GmbH
in Hamburg, Germany